职业教育职业培训*改革创新教材*
全国高等职业院校、技师学院、技工及高级技工学校规划教材
模具设计与制造专业

机床夹具设计

陈向云　主　编
李飞飞　陈少友　副主编

電子工業出版社
Publishing House of Electronics Industry
北京 • BEIJING

内 容 简 介

本书根据高等职业院校、技师学院“模具设计与制造专业”的教学计划和教学大纲，以“国家职业标准”为依据，按照“以工作过程为导向”的课程改革要求，以典型任务为载体，从职业分析入手，切实贯彻“管用”、“够用”、“适用”的教学指导思想，把理论教学与技能训练很好地结合起来，并按技能层次分模块逐步加深机床夹具设计相关内容的学习和技能操作训练。本书较多地编入新技术、新设备、新工艺的内容，还介绍了许多典型的应用案例，便于读者借鉴，以缩短学校教育与企业需求之间的差距，更好地满足企业用人需求。

本书可作为高等职业院校、技师学院、技工及高级技工学校、中等职业学校模具相关专业的教材，也可作为企业技师培训教材和相关设备维修技术人员的自学用书。

图书在版编目（CIP）数据

机床夹具设计/陈向云主编. —北京：电子工业出版社，2013.7
职业教育职业培训改革创新教材　全国高等职业院校、技师学院、技工及高级技工学校规划教材.
模具设计与制造专业

ISBN 978-7-121-17859-7

Ⅰ. ①机…　Ⅱ. ①陈…　Ⅲ. ①机床夹具—设计—高等职业教育—教材　Ⅳ. ①TG750.2

中国版本图书馆 CIP 数据核字（2012）第 185253 号

策划编辑：关雅莉　　杨　波
责任编辑：郝黎明　　　文字编辑：裴　杰
印　　刷：北京京师印务有限公司
装　　订：北京京师印务有限公司
出版发行：电子工业出版社
　　　　　北京市海淀区万寿路 173 信箱　邮编：100036
开　　本：787×1092　1/16　印张：25.5　字数：652.8 千字
印　　次：2013 年 7 月第 1 次印刷
定　　价：46.50 元

凡所购买电子工业出版社图书有缺损问题，请向购买书店调换。若书店售缺，请与本社发行部联系，联系及邮购电话：（010）88254888。

质量投诉请发邮件至 zlts@phei.com.cn，盗版侵权举报请发邮件至 dbqq@phei.com.cn。

服务热线：（010）88258888。

职业教育职业培训*改革创新教材*

全国高等职业院校、技师学院、技工及高级技工学校规划教材

模具设计与制造专业　教材编写委员会

出版说明

百年大计，教育为本。教育是民族振兴、社会进步的基石，是提高国民素质、促进人的全面发展的根本途径，寄托着亿万家庭对美好生活的期盼。2010 年 7 月，国务院颁发了《国家中长期教育改革和发展规划纲要（2010—2020）》。这份《纲要》把“坚持能力为重”放在了战略主题的位置，指出教育要“优化知识结构，丰富社会实践，强化能力培养。着力提高学生的学习能力、实践能力、创新能力，教育学生学会知识技能，学会动手动脑，学会生存生活，学会做人做事，促进学生主动适应社会，开创美好未来。”这对学生的职前教育、职后培训都提出了更高的要求，需要建立和完善多层次、高质量的职业培养机制。

为了贯彻落实党中央、国务院关于大力发展高等职业教育、培养高等技术应用型人才的战略部署，解决技师学院、技工及高级技工学校、高职高专院校缺乏实用性教材的问题，我们根据企业工作岗位要求和院校的教学需要，充分汲取技师学院、技工及高级技工学校、高职高专院校在探索、培养技能应用型人才方面取得的成功经验和教学成果，组织编写了本套“全国高等职业院校、技师学院、技工及高级技工学校规划教材”丛书。在组织编写中，我们力求使这套教材具有以下特点。

以促进就业为导向，突出能力培养：学生培养以就业为导向，以能力为本位，注重培养学生的专业能力、方法能力和社会能力，教育学生养成良好的职业行为、职业道德、职业精神、职业素养和社会责任。

以职业生涯发展为目标，明确专业定位：专业定位立足于学生职业生涯发展，突出学以致用，并给学生提供多种选择方向，使学生的个性发展与工作岗位需要一致，为学生的职业生涯和全面发展奠定基础。

以职业活动为核心，确定课程设置：课程设置与职业活动紧密关联，打破“三段式”与“学科本位”的课程模式，摆脱学科课程的思想束缚，以国家职业标准为基础，从职业（岗位）分析入手，围绕职业活动中典型工作任务的技能和知识点，设置课程并构建课程内容体系，体现技能训练的针对性，突出实用性和针对性，体现“学中做”、“做中学”，实现从学习者到工作者的角色转换。

以典型工作任务为载体，设计课程内容：课程内容要按照工作任务和工作过程的逻辑关系进行设计，体现综合职业能力的培养。依据职业能力，整合相应的知识、技能及职业素养，实现理论与实践的有机融合。注重在职业情境中能力的养成，培养学生分析问题、解决问题的综合能力。同时，课程内容要反映专业领域的新知识、新技术、新设备、新工艺和新方法，突出教材的先进性，更多地将新技术融入其中，以期缩短学校教育与企业需要之间的差距，更好地满足企业用人的需要

以学生为中心，实施模块教学：教学活动以学生为中心、以模块教学形式进行设计和组织。围绕专业培养目标和课程内容，构建工作任务与知识、技能紧密关联的教学单元模块，为学生提供体验完整工作过程的模块式课程体系。优化模块教学内容，实现情境教学，融合课堂教学、动手实操和模拟实验于一体，突出实践性教学，淡化理论教学，采用"教"、"学"、"做"相结合的"一体化教学"模式，以培养学生的能力为中心，注重实用性、操作性、科学性。模块与模块之间层层递进、相互支撑，贯彻以技能训练为主线、相关知识为支撑的编写思路，切实落实"管用"、"够用"、"适用"的教学指导思想。以实际案例为切入点，并尽量采用以图代文的编写形式，降低学习难度，提高学生的学习兴趣。

此次出版的"全国高等职业院校、技师学院、技工及高级技工学校规划教材"丛书，是电子工业出版社作为国家规划教材出版基地，贯彻落实全国教育工作会议精神和《国家中长期教育改革和发展规划纲要（2010—2020）》，对职业教育理念探索和实践的又一步，希望能为提升广大学生的就业竞争力和就业质量尽自己的绵薄之力。

电子工业出版社　职业教育分社

2012 年 8 月

前　言

本书根据技师学院、技工及高级技工学校、高职高专院校“模具设计与制造专业”的教学计划和教学大纲，以“国家职业标准”为依据，按照“以工作过程为导向”的课程改革要求，以典型任务为载体，从职业分析入手，切实贯彻“管用”、“够用”、“适用”的教学指导思想，把理论教学与技能训练很好地结合起来，并按技能层次分模块逐步加深机床夹具设计相关内容的学习和技能操作训练。本书较多地编入新技术、新设备、新工艺的内容，还介绍了许多典型的应用案例，便于读者借鉴，以缩短学校教育与企业需求之间的差距，更好地满足企业用人的需求。

本书可作为高职高专院校、技师学院、技工及高级技工学校、中等职业学校模具相关专业的教材，也可作为企业技师培训教材和相关设备维修技术人员的自学用书。

本书的编写符合职业学校学生的认知和技能学习规律，形式新颖，职教特色明显；在保证知识体系完备，脉络清晰，论述精准深刻的同时，尤其注重培养读者的实际动手能力和企业岗位技能的应用能力，并结合大量的工程案例和项目来使读者更进一步灵活掌握及应用相关的技能。

● **本书内容**

机床夹具在机械加工中占有十分重要的地位，机床夹具设计是一门实践性很强的科学。本书分为4篇，8个模块，29个任务，内容由浅入深，全面覆盖了机床夹具设计知识及相关的操作技能。主要包括机床夹具概论、工件的定位、工件的夹紧、各类机床夹具、专用机床夹具的设计方法，以及现代机床夹具、理论题库、实操题库等内容。全书采用产品导向、任务驱动的方式编排内容，每个任务后面有适量的习题。

本书在编写中尽可能采用夹具模型、夹具实物或三维图形来阐明夹具设计的基本原理和夹具的典型结构，再通过理论题库来巩固夹具设计的基本知识，通过实操题库来培养学生夹具设计的应用能力。附录还收集了夹具设计的实训案例、相关设计资料和技术参数供读者设计时参考和选用。

● **配套教学资源**

本书提供了配套的立体化教学资源，包括专业建设方案、教学指南、电子教案等必需的文件，读者可以通过华信教育资源网（www.hxedu.com.cn）下载使用或与电子工业出版社联系（E-mail：yangbo@phei.com.cn）。

● **本书主编**

本书由湖南省机械工业技术学院陈向云主编，湖南省机械工业技术学院李飞飞、陈少友副主编，湖南省机械工业技术学院张健解、陈效平、陈凯等参与编写。由于时间仓促，作者水平有限，书中错漏之处在所难免，恳请广大读者批评指正。

● **特别鸣谢**

特别鸣谢湖南省人力资源和社会保障厅职业技能鉴定中心、湖南省职业技术培训研究室对本书编写工作的大力支持，并同时鸣谢湖南省职业技能鉴定中心（湖南省职业技术培训研究室）史术高、刘南对本书进行了认真的审校及建议。

主　编

2013 年 6 月

目　录

第一篇　机床夹具基础知识（中技）

第二篇　机床夹具设计知识（高技）

第三篇　机床夹具夹具设计（技师）

第四篇　机床夹具设计题库

第一篇
机床夹具基础知识（中技）

模块一　机床夹具概论

如何学习

1．先跟随老师到实习工厂参观相应的机床、通用夹具和专用夹具。
2．对照图示的工件设想工件如何在机床上装夹和加工？
3．假设机床夹具的功能和组成，以及与机床如何连接？
4．对照机床夹具实物和模型，思考夹具如何操作？
5．机床夹具有哪些功能？由哪几部分组成？有哪些种类？

任务一　机床夹具及其功用

任务描述

图 1-1-1～图 1-1-4 所示分别为两种有代表性的机床夹具，以及相应的工件：钻床夹具、铣床夹具，盖板要在钻床上钻 9×ϕ5mm 孔，钻床夹具如图 1-1-2 所示，铣床夹具示意图如图 1-1-3 所示，在铣床夹具上加工套类零件上的通槽，分析一下机床夹具的工作原理、主要功能及特殊功能和机床夹具在机械加工中的作用。

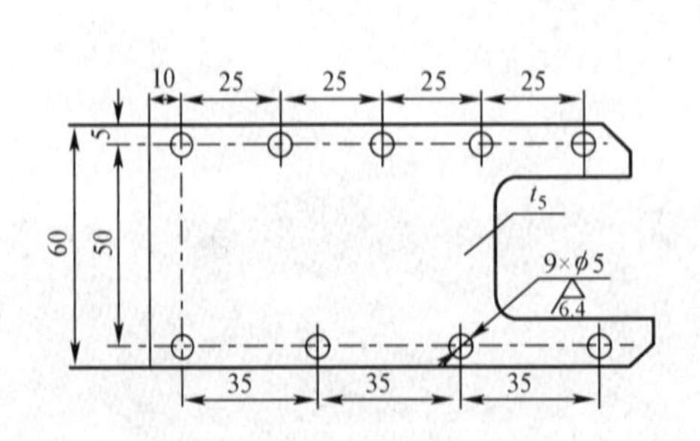

图 1-1-1　盖板简图

1—钻模板；2—钻套；3—压板；
4—圆柱销；5—夹具体；6—挡销；7—菱形销

图 1-1-2　盖板加工钻床夹具

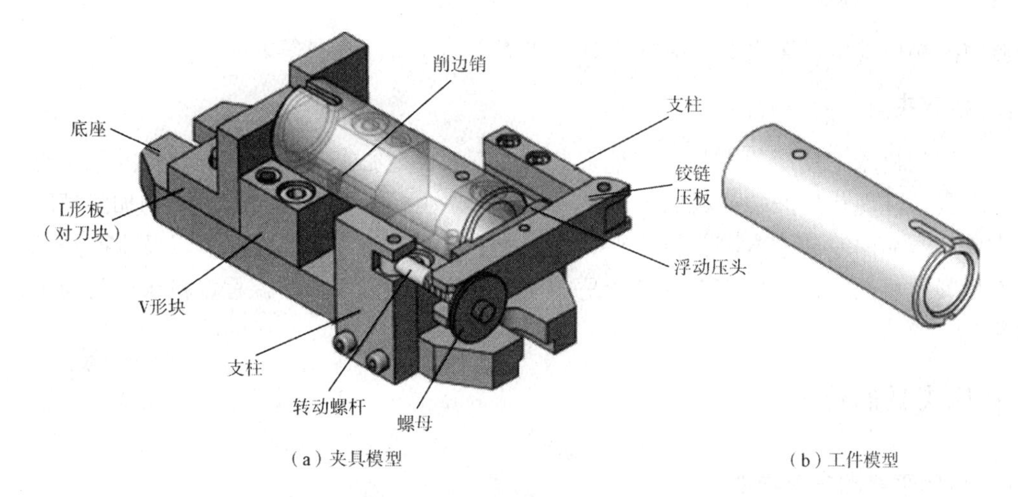

（a）夹具模型　　（b）工件模型

图 1-1-3　铣床夹具示意图

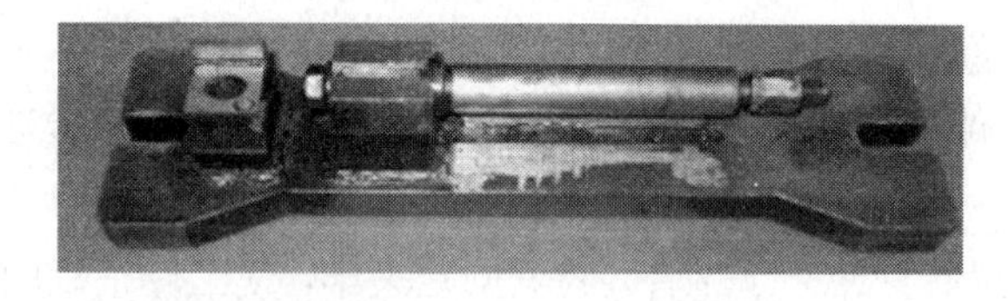

图 1-1-4　铣床夹具实物

学习目标

【知识目标】

掌握机床夹具的概念及机床夹具的主要功能和特殊功能。

【技能目标】

机床夹具的拆装、操作及工作原理。

任务分析

对如图 1-1-1～图 1-1-4 所示的工件和机床专用夹具进行工装分析和工作原理分析，最后得出机床夹具的功能。可先让学生思考图示的工件，如果让他们加工，根据已有的知识和实践经验如何对工件进行装夹？书上的专用夹具又是如何定位和夹紧的？专用机床夹具又有哪些特殊功能？

完成任务

基本概念

一、机床夹具

1．夹具

夹具是一种装夹工件的工艺装备，广泛地应用于机械制造过程的切削加工、装配、焊接和检测中，相应地有机床夹具、装配夹具、焊接夹具和检测夹具等。

2．机床夹具

各种切削机床上使用的夹具，如车床上使用三爪自定心卡盘、铣床上使用的平口虎钳都是机床夹具。在现代生产中，机床夹具是一种不可缺少的工艺装备，直接影响加工精度、劳动生产率和产品的制造成本等。机床夹具设计在企业的产品设计和制造，以及生产技术准备中占有极其重要的地位。机床夹具设计是一项重要的技术工作。本课程以机床夹具为主要研究对象。

二、机床夹具的功能

1．机床夹具的主要功能

（1）定位

通过工件定位基准面与夹具定位元件的定位面接触或配合，使工件在夹具中占有正确的几何位置，从而保证工件加工表面的尺寸和几何形状及相互位置精度要求。

（2）夹紧

工件定位后，经夹紧装置施力于工件，将其固定夹牢，使工件正确的定位，位置保持不变。

2．机床夹具的特殊功能

（1）对刀

铣床夹具中的对刀块能迅速地调整铣刀相对于夹具的正确的加工位置。

（2）导向

钻床夹具中的钻模板和钻套，它们能引导刀具进行钻削。其导向元件常制成模板形式，故钻床夹具常称为钻模。镗床夹具（镗模）也具有导向功能。

完成任务

图 1-1-1 所示为盖板简图，在钻床上钻 9×ϕ5mm 孔。其钻床夹具如图 1-1-2 所示，工件以底面及二侧面分别与夹具体 5 的平面、圆柱销 4、菱形销 7、挡销 6 接触定位。钻模板 1 由上述件 4 和 7 对定并盖在工件上，用压板 3 夹紧；钻模板上的钻套 2 可引导钻头钻孔并控制孔距尺寸。

图 1-1-2 所示为铣床夹具装夹工件；图 1-1-3 所示为铣床夹具上加工套类零件上的槽，工件以外圆及端面在 V 形块及削边销上接触定位，通过螺母、铰链压板及浮动压头压紧工件。在铣床上夹具通过底面和定位键与铣床工作台面和 T 形槽面接触确定夹具在铣床工作台上的位置，通过螺栓压板压紧夹具，然后移动工作台，让对刀块工作面与塞尺、刀具切削表面接触确定其相对位置加工工件，因对刀块工作面到定位销轴线的位置尺寸是根据工件加工要求确定，所以能满足加工要求。图 1-1-4 则是用于以内孔定位加工套筒类零件槽的铣床夹具。

通过对上述两种典型机床夹具的工作原理分析，得出了机床夹具的主要功能和特殊功能。机床夹具的主要功能是定位和夹紧，机床夹具的特殊功能是对刀和导向。

工艺技巧

机床夹具的主要功能是定位和夹紧，定位不仅是工件在夹具上定位，而且包括夹具在机床上的定位，这样才能保证工件、机床、夹具、刀具之间的相互位置关系，从而保证工件处于正确的加工部位。夹紧则使工件不脱离定位面。机床夹具的特殊功能是对刀和导向。

机床夹具在机械加工中的作用如下：

在机械加工中，使用机床夹具的目的主要有以下六个方面。然而，在不同的生产条件下，应该有不同的侧重点。夹具设计时应该综合考虑加工的技术要求、生产成本和工人操作等方面的要求，以达到预期的效果。

1．保证加工精度

用夹具装夹工件时，能稳定地保证加工精度，并减少对其他生产条件的依赖性，故在精密加工中广泛地使用夹具，并且它还是全面质量管理的一个重要环节。

2．提高劳动生产率

使用夹具后，能使工件迅速地定位和夹紧，并能够显著地缩短辅助时间和基本（机动）时间，提高劳动生产率。

3．改善工人的劳动条件

用夹具装夹工件方便、省力、安全。当采用气动、液压等夹紧装置时，可减轻工人的劳动强度，保证安全生产。由于它扩大了老工人所能胜任的劳动强度的范围，因而有利于延长工人的操作寿命，也有利于提高企业整体的技术水平。

4．降低生产成本

在批量生产中使用夹具时，由于劳动生产率的提高和允许使用技术等级较低的工人操作，故可明显地降低生产成本。但在单件生产中，使用夹具的生产成本仍较高。

5．保证工艺纪律

在生产过程中使用夹具，可确保生产周期、生产调度等工艺秩序。例如，夹具设计往往也是工程技术人员解决高难度零件加工的主要工艺手段之一。

6．扩大机床工艺范围

扩大机床工艺范围是在生产条件有限的企业中常用的一种技术改造措施。如将车床改为镗床或拉床、深孔加工钻床等，也可用夹具装夹来加工较复杂的成形面。

思考与练习

1. 题 1-1-1 图所示的以下工件需加工ϕ10H7 孔，要用到车床夹具，分组讨论该车床夹具的工作原理和主要功能。

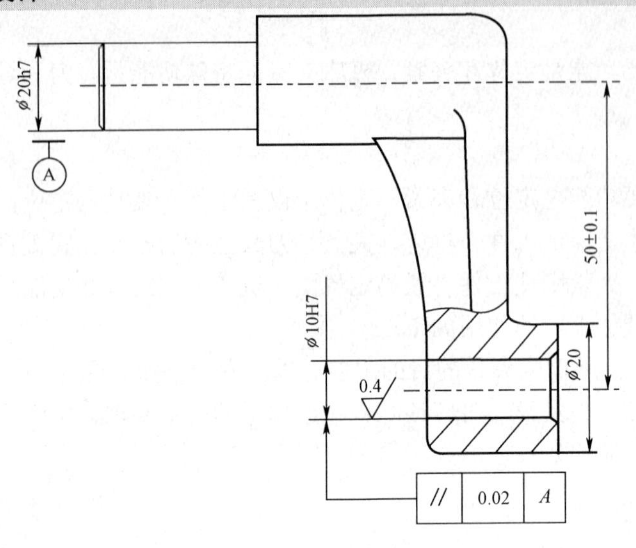

题 1-1-1 图　异形杠杆

2. 题 1-1-2 图和题 1-1-3 图所示为后盖零件钻径向孔的工序图，后盖零件钻径向孔要钻φ10 的径向孔，分组讨论该钻床夹具的工作原理和主要功能及特殊功能。

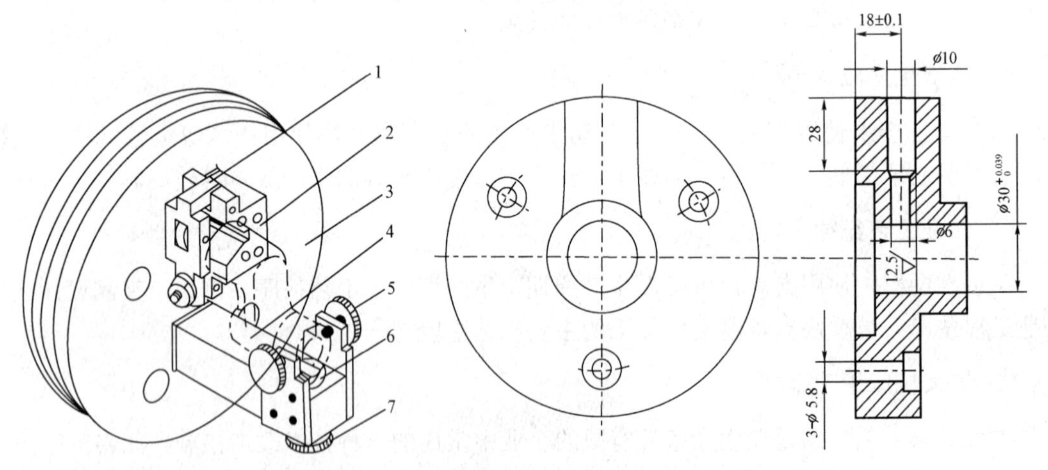

题 1-1-2 图　加工异形杠杆的车床夹具　　　　题 1-1-3 图　后盖零件钻径向孔的工序图

3. 题 1-1-4 图所示为后盖钻夹具。

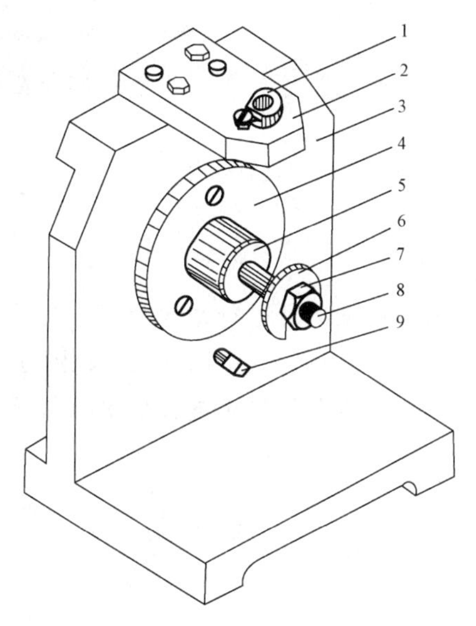

1—钻套；2—钻模板；3—夹具体；4—支承板；5—圆柱销；6—开口垫圈；7—螺母；8—螺杆；9—菱形销

题 1-1-4 图　后盖钻夹具

任务二　机床夹具的组成

任务描述

图 1-2-1～图 1-2-2 是钻床夹具及装上工件后的情况，工件以底面、圆柱销和浮动圆柱销的定位，用螺母、垫圈夹紧钻孔，要求学生将这副夹具和工件拆装一下，再思考其工作原理、由哪几部分组成，每一部分有什么作用？再结合前面任务一的几副夹具分析夹具的基本组成、特殊元件和特殊装置。

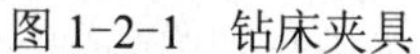

图 1-2-1　钻床夹具

图 1-2-2　装上工件后的钻床夹具

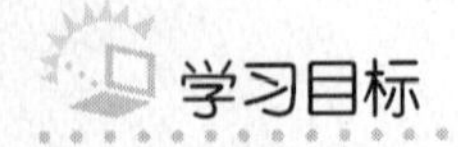

学习目标

【知识目标】

掌握机床夹具的基本组成、特殊元件或装置，各组成部分在机床夹具中的作用。

【技能目标】

拆装常见机床夹具，学会分析机床夹具的结构。

任务分析

任务要求对如图 1-2-1 所示的机床夹具进行结构分析，对常见机床夹具工作原理及夹具的功能已经有了初步的感性认识，结合夹具模型图 1-2-1、图 1-2-2 及夹具实物进行拆分讲解，有条件可根据需要到工厂现场对照多种机床夹具的实物讲解，最后得出机床夹具的组成结论。

完成任务

基本概念

一、机床夹具的基本组成部分

虽然各类机床夹具结构不同，但按其主要功能加以分析，机床夹具一般是由定位元件、夹紧装置和夹具体三部分组成。这三部分也是夹具设计的主要内容。

1. 定位元件

定位元件是夹具的主要功能元件这一，它使工件在夹具中占据正确的加工位置。通常，当工件定位基准面的形状确定后，定位元件的结构也就基本确定了。图 1-2-3 所示为常用的定位装置。

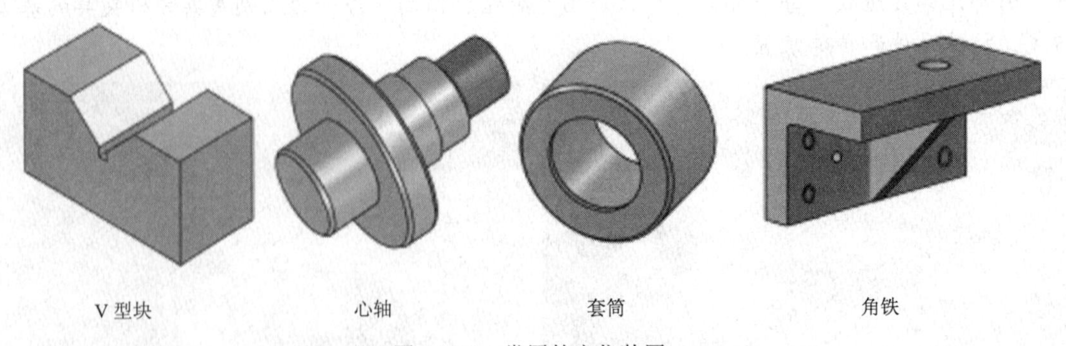

图 1-2-3　常用的定位装置

2. 夹紧装置

夹紧装置也是夹具的主要功能元件之一，它的作用是将工件压紧夹牢，保证工件在加工过程中受到外力作用时不离开已经占据的正确位置。通常，夹紧装置的结构会影响夹具的复杂程度和性能。它的结构类型很多，设计时应注意选择。图 1-2-4 所示为常用的螺旋夹紧装置。

3. 夹具体

夹具体是机床夹具的基础件，通过它将夹具所有元件构成一个整体，常用的夹具体为铸件结构、锻造结构、焊接结构，形状有回转体型和底座形等两种。定位元件、夹紧装置等分布在夹具体不同的位置上。图 1-2-5 所示为钻床夹具体和车床夹具体花盘。

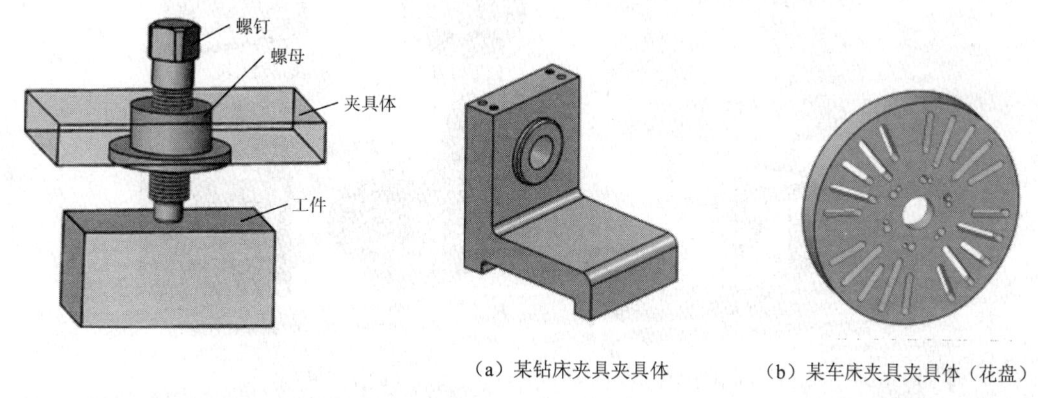

（a）某钻床夹具夹具体　　（b）某车床夹具夹具体（花盘）

图 1-2-4　常用的螺旋夹紧装置　　图 1-2-5　钻床夹具体和车床夹具体花盘

二、机床夹具的其他特殊元件或装置

1. 连接元件

根据机床的工作特点，夹具在机床上的安装连接常有两种形式。一种是安装在机床工作台上；另一种是安装在机床主轴上。连接元件用以确定夹具本身在机床上的位置。铣床夹具除底平面外，通常还通过定位键与铣床工作台 T 形槽配合，以确定夹具在机床工作台上的方向。图 1-2-6 所示为定位键，图 1-2-7 所示为定向键，均为连接元件。

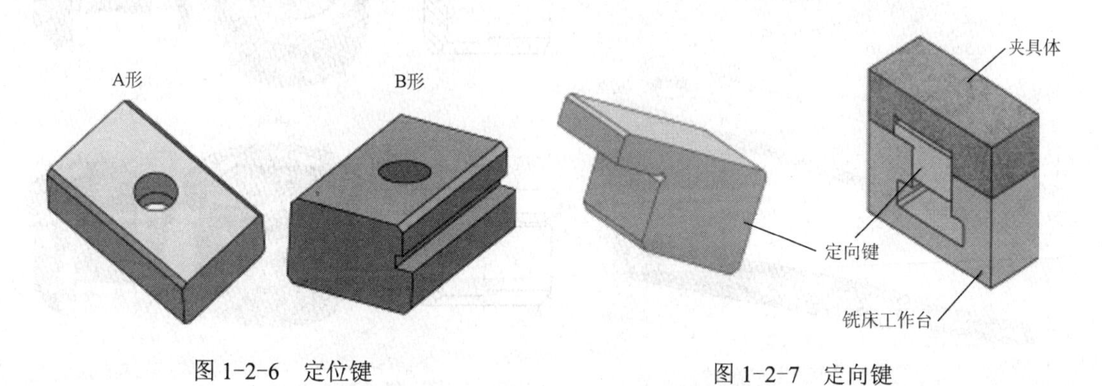

图 1-2-6　定位键　　图 1-2-7　定向键

2. 对刀元件

对刀元件是机床夹具的特殊元件，常见在铣床夹具中。用对刀块可调整铣刀加工前的位置。对刀时，铣刀不能与对刀直接接触，以免碰伤铣刀的切削刃和对刀块工作表面。通常，在铣刀和对刀块对刀表面留有空隙，并且用塞尺进行检查，以调整刀具，使其保持正确的加工位置。如图 1-2-8 所示的对刀装置及标准对刀块。对刀块和塞尺均为对刀元件，塞尺如图 1-2-9 所示。

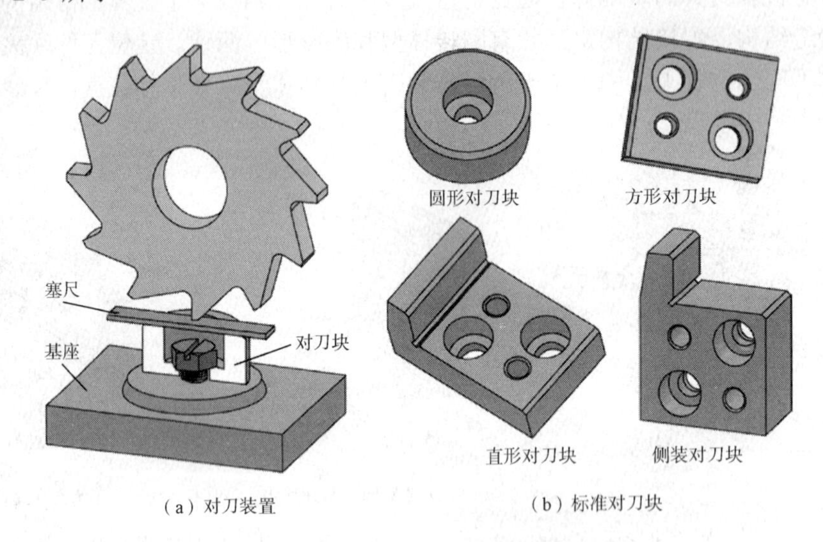

图 1-2-8　对刀装置及标准对刀块

3．导向元件

导向元件是机床夹具的特殊元件，主要指钻模的钻套和镗模的镗套等。它们能调整刀具的位置，并引导刀具进行切削。用钻头钻孔时，钻头与钻套之间留有一定的间隙，因此，钻头的中心就有可能略偏离钻套的中心。图 1-2-10 所示为固定钻套。

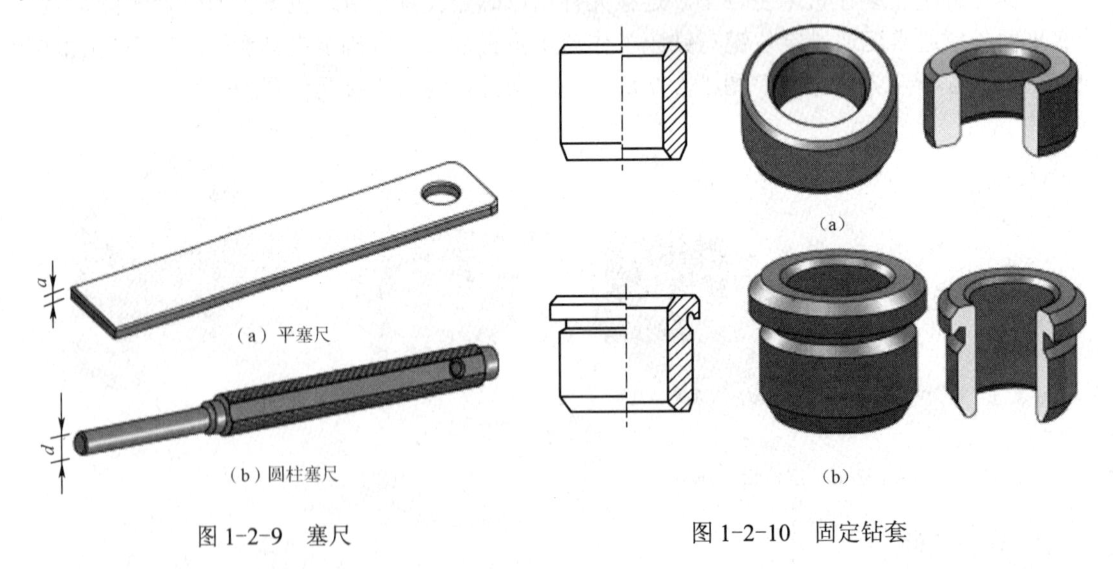

图 1-2-9　塞尺

图 1-2-10　固定钻套

4．其他元件或装置

根据加工需要，有些夹具分别采用分度装置、靠模装置、上下料装置、顶出器和平衡块等。这些元件或装置也需要专门设计。

完成任务

夹具的组成实例分析

一、夹具的基本组成

1. 定位元件

如图 1-2-1 所示的钻床夹具的圆柱销、浮动圆柱销和底平面，题 1-1-1 图所示的 V 形块、可调 V 形块。图 1-1-1 中的挡销、圆柱销、菱形销等，图 1-1-2 所示的圆柱销 4、挡销 6 和菱形销 7 都是定位元件。定位元件的定位精度直接影响工件加工的精度。

2. 夹紧装置

如图 1-2-1 所示的螺母和垫圈、如图 1-1-2 所示的压板 3 等都是夹紧装置。

3. 夹具体

如图 1-2-1 所示的夹具体，如图 1-1-2 所示的件 5 是夹具体。

二、机床夹具的其他特殊元件或装置

1. 连接元件

如题 1-1-1 图所示的车床夹具使用过渡盘作为连接件与车床主轴相连，如图 1-1-3 所示的铣床夹具使用定位键与铣床工作台 T 形槽相连，过渡盘和定位键都是连接元件。

2. 对刀元件

如图 1-1-3 所示的铣床夹具中的对刀块。对刀块和塞尺构成对刀装置。

3. 导向元件

如图 1-2-1 所示的钻床夹具钻模板和钻套。它能引导刀具进行钻削工作。

4. 其他元件或装置

其他元件或装置如车床夹具中的平衡块等。

工艺技巧

通常情况下，夹具的基本组成为定位元件、夹紧装置和夹具体，但车床夹具、铣床夹具、钻床夹具的组成有所不同，它们和机床的联接方式也有所不同。在基本组成里，盖板式钻模没有夹具体；在特殊元件里，铣床夹具有对刀装置，钻床夹具有导向装置等，在分析夹具结构时要注意。

工件的装夹方法

加工前，工件被置于机床或夹具中某一正确的加工位置，然后再予以压紧的过程称为装夹。

一、找正法装夹工件

按工件的有关表面或专门划出的线痕作为找正依据，用划针或指示表，逐个地找正工件相对于刀具及机床的位置，然后将工件夹紧进行加工。如图 1-2-11 所示，在车床上用四爪单动卡盘装夹工件过程中采用百分表进行内孔表面的找正，就是直接找正装夹工件，图 1-2-12 所示为在牛头刨床上按划线找正装夹。

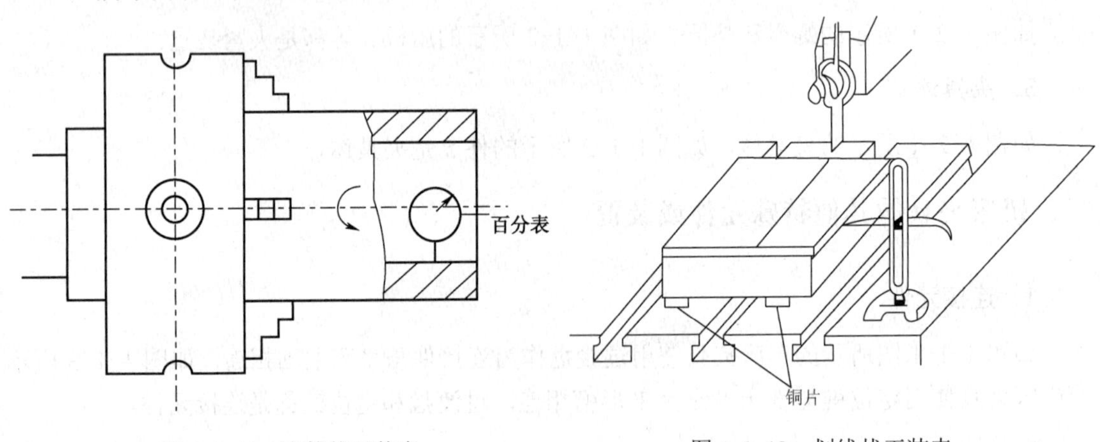

图 1-2-11　直接找正装夹　　图 1-2-12　划线找正装夹

装夹过程为预夹紧→找正、敲击→完全夹紧。

找正法装夹工件时，工件正确位置的获得是通过找正达到的，夹具只起到夹紧工件的作用。这种方法方便、简单，但生产率低，劳动强度大，适用于单件小批量生产。

二、专用夹具装夹工件

1. 车床夹具装工件

如题图 1-1-2 所示，加工异形杠杆的ϕ10H7 孔的车床夹具。

2. 铣床夹具装夹工件

图 1-1-3 所示为在铣床夹具上加工套类零件上的槽，工件以外圆及端面与夹具上 V 形块及削边销接触定位，通过螺母、铰链压板及浮动压头压紧工件。在铣床上，夹具通过底面和定位键与铣床工作台面和 T 形槽面接触确定夹具在铣床工作台上的位置，通过螺栓压板压紧夹具，然后移动工作台，让对刀块工作面与塞尺、刀具切削表面接触确定其相对位置，因对刀块工作面到定位销轴线的位置尺寸是根据工件加工要求确定的，所以，能满足工件的加工要求。

3．专用夹具装夹工件的特点

（1）工件在夹具中定位迅速；

（2）工件通过预先在机床上调整好位置的夹具，相对机床占有正确位置。

（3）工件通过对刀、引导装置，相对刀具占有正确位置。

（4）对加工成批工件效率尤为显著。

4．工件装夹的目的

定位和夹紧可保证工件获得正确的加工位置。一般情况下，先定位、后夹紧；特殊情况下，定位夹紧同时实现，如三爪自动卡盘装夹工件。

思考与练习

1．如题 1-2-1 图所示，在车床上加工孔，要求学生拆装这副车床夹具，指导分组讨论这副车床夹具的基本组成部分，特殊组成元件或装置及与车床如何连接？

题 1-2-1 图　车床夹具

2．如题 1-1-4 图所示的后盖钻夹具图，分组讨论后盖钻夹具的组成及特殊装置、工件的装夹及在钻床上如何加工？

3．工件装夹有哪些方法？各有何特点？

4. 分组讨论如题 1-2-2 图所示的夹具的组成部分。

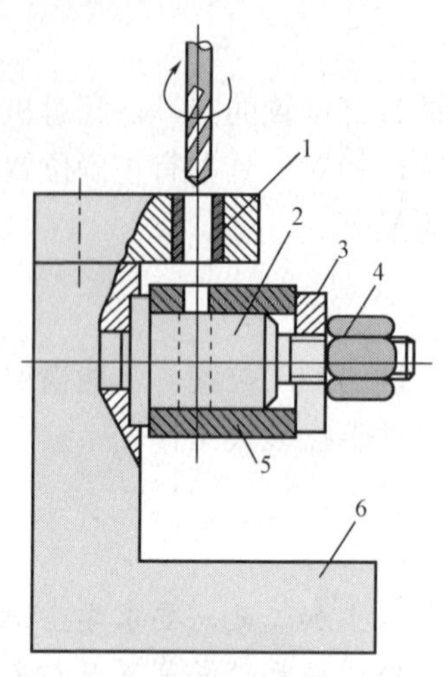

1—钻套；2—销轴；3—开口垫圈； 4—螺母；5—工件；6—夹具体

题 1-2-2 图　夹具组成部分

任务三　机床夹具的分类及设计要求

任务描述

图 1-3-1～图 1-3-3 是三种有代表性的机床夹具，要求学生结合任务一和任务二所讲的几副专用夹具根据通用性和所用机床分类，思考夹具设计有哪些要求？

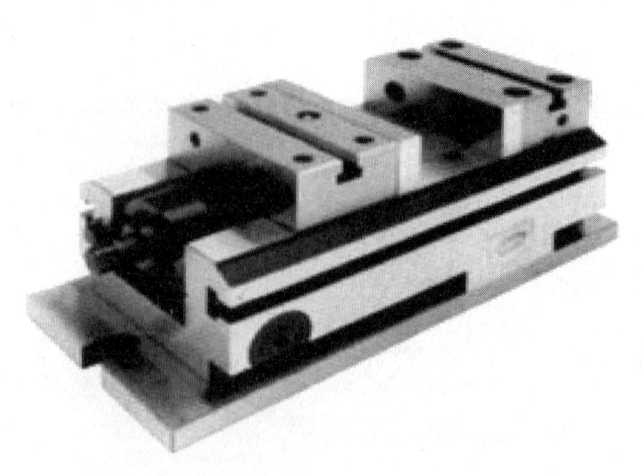

图 1-3-1　平口钳

图 1-3-2　四爪单动卡盘

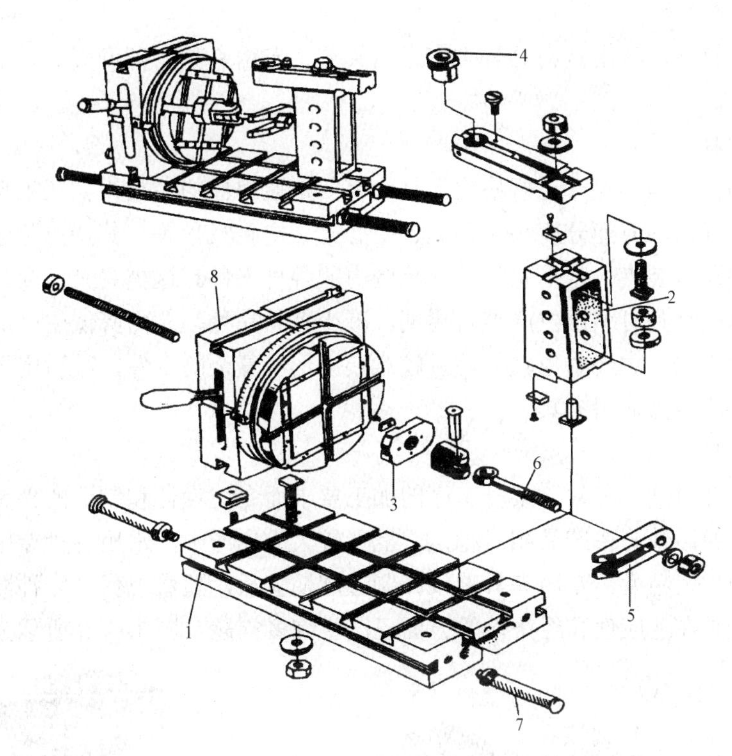

1—长方形基础板；2—方形支撑件；3—菱形定位盘；4—快换钻套；5—叉形压板；6—螺栓；7—手柄杆；8—分度合件

图 1-3-3　槽系组合夹具

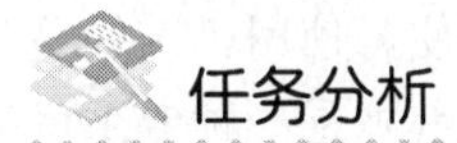

学习目标

【知识目标】

掌握机床夹具的分类和机床夹具设计特点。

【技能目标】

学会对现场的机床夹具进行具体分类，根据通用性和所用机床来进行分类。

任务分析

要求学生结合夹具模型或实物、前面所讲的几种夹具实例、能对工厂的机床夹具按照两种方法进行分类（主要是按通用性进行分类，有条件可到工厂现场对照机床夹具）的实物讲解。

完成任务

基本概念

一、机床夹具的分类

1．按夹具的通用特性分类

这是一种基本的分类方法，主要反映夹具在不同生产类型中的通用特性，故也是选择夹具的主要依据。目前，我国常用的分类有通用夹具、专用夹具、可调夹具、组合夹具和自动线夹具等五大类。

（1）通用夹具

通用夹具是指结构、尺寸已规格化，且具有一定通用性的夹具，如三爪自定心卡盘、四爪单动卡盘、台虎钳、万能分度头、顶尖、中心架、电磁吸盘等。其特点是适应性强、不需调整或稍加调整即可装夹一定形状和尺寸范围内的各种工件。这类夹具已商品化，且成为机床附件。采用这类夹具可缩短生产准备周期，减少夹具品种，从而降低生产成本。其缺点是夹具的加工精度不高，生产率也较低，且较难装夹形状复杂的工件，故适用于单件小批量生产中。图 1-3-4 所示为通用夹具。

（2）专用夹具

专用夹具是针对某一工件、某一工序的加工要求而专门设计和制造的夹具。其特点是针对性极强，没有通用性。在产品相对稳定、批量较大的生产中，常用各种专用夹具，可获得较高的生产率和加工精度。专用夹具的设计制造周期较长，随着现代多品种，中、小批生产的发展，专用夹具在适应性和经济性等方面已产生许多问题。图 1-3-5 所示为专用夹具。

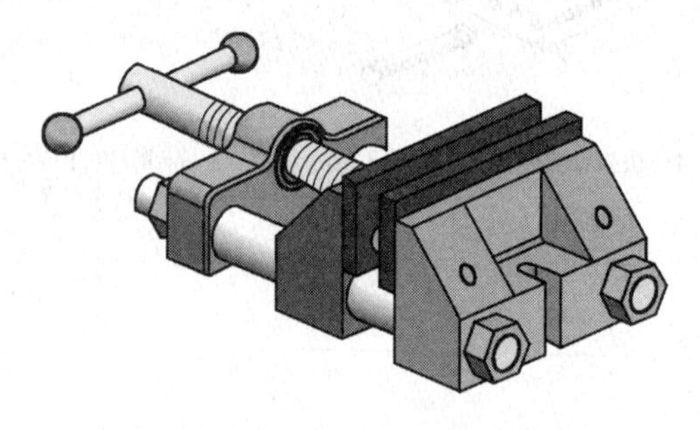

图 1-3-4　通用夹具

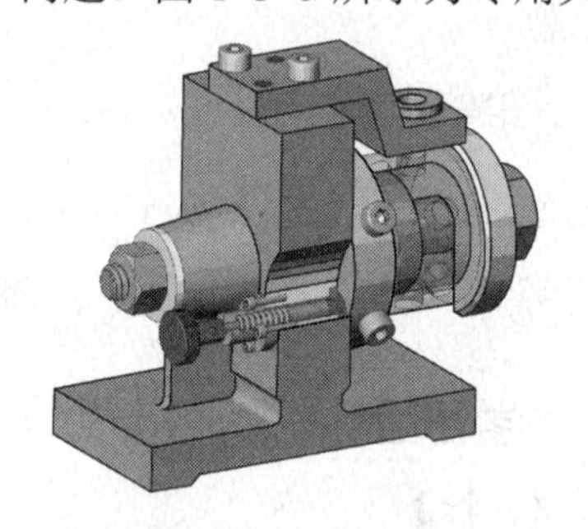

图 1-3-5　专用夹具

（3）可调夹具

可调夹具是针对通用夹具和专用夹具的缺陷而发展起来的一类新型夹具。对不同类型和尺寸的工件，只需调整或更换原来夹具上的个别定位元件和夹紧元件便可使用。一般又分为通用可调夹具和成组夹具两种。前者的通用范围比通用夹具更大；后者则是一种专用可调夹具，它按成组原理设计并能加工一组相似的工件。故在多品种和中、小批生产中使用有较好的经济效果。

（4）组合夹具

组合夹具是一种模块化的夹具。标准的模块元件具有较高精度和耐磨性，可组装成各种夹具；夹具用毕即可拆卸，留待组装新的夹具。由于使用组合夹具可缩短生产准备周期，元件能重复多次使用，并具有可减少专用夹具数量等优点，因此，组合夹具在单件和中、小批多品种生产和数控加工中，是一种较经济的夹具。组合夹具也已商品化。

（5）拼装夹具

拼装夹具是将标准化的、可互换的零部件装在基础件上或直接装在机床工作台上，并利用调整件装配而成的夹具。调整件有标准的或专用的，是根据被加工零件的结构设计的。当某种零件加工完毕，即把夹具拆开，将这些标准零部件放入仓库中，以便重复用于装配成加工另一零件的夹具。这种夹具是通过调整其活动部分和更换定位元件的方式重新调整的。图 1-3-6 所示为拼装夹具。

（6）自动线夹具

自动线夹具一般分为两种：一种为固定夹具，它与专用夹具相似；另一种为随行夹具，使用中，夹具随着工件一起运动，并将工件沿着自动线从一个工位移至下一个工位进行加工。

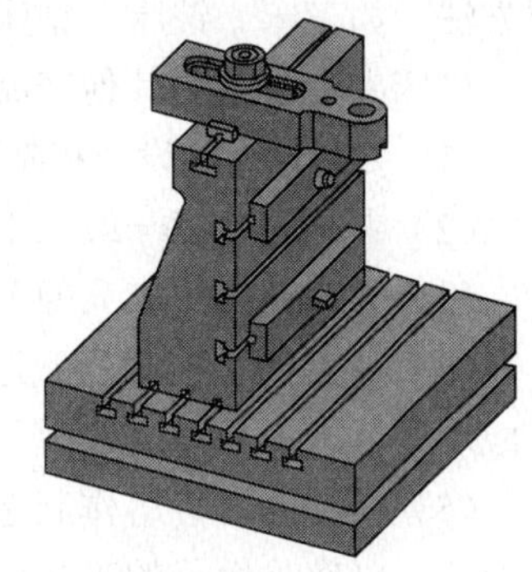

图 1-3-6　拼装夹具

2．按夹具使用和机床分类

按夹具使用和机床分类是专用夹具设计所用的分类方法。如车床、铣床、钻床、镗床、平面磨床、滚齿机、拉床等夹具。设计专用夹具时，机床的类别、组别、型别和主要参数已确定。如图 1-1-3 和图 1-1-4 所示，夹具在铣床上使用，故称为铣床夹具。

二、机床夹具的设计要求

机床夹具的设计要求

设计夹具时，应满足下列四项基本要求：

（1）保证工件的加工精度要求，即在机械加工工艺系统中，夹具要满足以下三项要求：工件在夹具中的正确定位；夹具在机床上的正确位置；工件与刀具间的正确位置。

（2）保证工人的操作方便、安全。

（3）达到加工的生产率要求。

（4）保证夹具一定的使用寿命和经济性要求。

完成任务

一、按夹具的通用特性分

图 1-3-1 所示为平口钳、图 1-3-2 所示为四爪单动卡盘是通用夹具，图 1-3-3 所示为槽系组合夹具则为组合夹具。任务一和任务二所示的夹具均为专用夹具。

二、按所用机床分类

按所用机床分类这是专用夹具设计所用的分类方法。如车床、铣床、钻床、镗床、平面磨床、滚齿机、拉床等夹具。题 1-2-1 图和题 1-1-2 图的夹具在车床上使用，故为车床夹具，如图 1-1-2 所示的夹具则为钻床夹具。

工艺技巧

机床夹具按通用性和所用机床分类。按通用性分，我国常用的有通用夹具、专用夹具、可调夹具、组合夹具和自动线夹具等五大类。按所用机床分类，这是专用夹具设计所用的分类方法。如车床、铣床、钻床、镗床、平面磨床、滚齿机、拉床等夹具。

机床夹具设计和其他产品设计相比较，有较大的差别，主要表现在下列五个方面：

（1）要有较短的设计和制造周期。一般没有条件进行夹具的原理性试验和复杂的计算工作。

（2）夹具的精度一般比工件的精度高 2～3 倍。

（3）夹具和操作工人的关系特别密切，要求夹具与生产条件和操作习惯密切结合。

（4）夹具在一般情况下是单件生产的，没有重复制造的机会，通常要求夹具在投产时一次成功。

（5）夹具的社会协作制造条件较差，特别是商品化的元件较少。设计者要熟悉夹具的制造方法，以满足设计的工艺性要求。

注意这些问题是很重要的。有利于保证夹具的设计、制造质量和周期。

 知识链接

一、本课程的任务和主要内容

本课程的任务包括下列四项：

（1）掌握机床夹具的基础理论知识和设计计算方法，能对机床夹具进行结构和精度分析。

（2）会查阅有关夹具设计的标准，手册、图册等资料。

（3）掌握机床夹具设计的一般方法，具有设计一般复杂程度夹具的基本能力。

（4）具有现代机床夹具设计的一般知识。

二、本课程的主要内容

（1）“工件的定位”一章的主要内容：工件定位的原理、常用定位方式、定位元件的设计，以及典型定位方式的定位误差的分析和计算。

（2）“工件的夹紧”一章的主要内容：夹紧力确定的基本原则，基本夹紧机构、联动夹紧机构、定心夹紧机构的设计和选用，夹具动力装置的应用。

上述两章是教学的重点课题。

（1）“分度装置与夹具体”一章的内容：分度装置的结构和分度对定机构的设计，夹具体的基本要求和设计。

（2）“各类机床夹具”一章主要讲解卧式车床、万能卧式铣床、立式钻床、卧式镗床上使用夹具的结构特点和设计要点。

（3）“专用夹具的设计方法”部分是在归纳一般夹具设计的共同规律的基础上，阐述专用夹具的设计方法和步骤。重点说明在夹具总图上尺寸、公差配合、技术要求的标注和夹具制造保证精度的方法。

（4）“现代机床夹具”主要介绍通用可调夹具、成组夹具、组合夹具、自动线夹具和数控机床夹具的结构特点。

思考与练习

1. 如题 1-3-1 图所示，将下列机床夹具分别按所用机床和通用性进行分类，试比较通用夹具、专用夹具、组合夹具、可调夹具的特点及应用场合。

（a）车连杆大头孔夹具

（b）铣槽夹具

（c）三爪卡盘

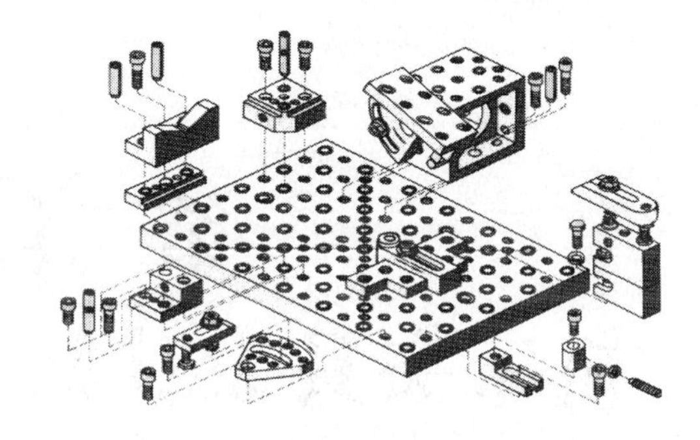

（d）组合夹具

题 1-3-1 图　机床夹具的分类

2. 与其他产品设计相比较，机床夹具设计有何不同？

第二篇
机床夹具设计知识（高技）

模块二　工件的定位

如何学习

1．到实习工厂的车床、铣床、钻床上的三爪、四爪卡盘、平口钳或其他的专用夹具上安装工件体验一下工件在夹具上是如何定位的？工件的自由度是如何被控制的？由实践到认识，得出六点定位的基本原理。

2．模块一各任务中的工件和夹具实物或模型采用了哪些定位方式？定位元件有哪些类型和规格？它们与夹具体是如何相连的？要采取什么样的材料和热处理？

3．针对工厂夹具实物及课堂上的夹具模型进行结构分析，思考如何对夹具进行定位误差分析？

4．对照机床夹具实物和模型的定位元件，思考夹具的定位装置如何设计？大致采取哪些设计步骤？

什么称为六点定位的基本原理？定位误差及其产生的原因是什么？

任务一　工件定位的基本原理

任务描述

图 2-1-1～图 2-1-3 所示分别为两个有代表性的钻床夹具，后盖板零件要在钻床上钻 ϕ10mm 的径向孔，长套筒零件在钻床夹具上钻径向孔，如图 2-1-1～图 2-1-3 所示，分析机床夹具的结构、思考工件如何在定位元件上定位，定位元件如何控制工件的自由度？这两种夹具分别采取什么样的定位方式？

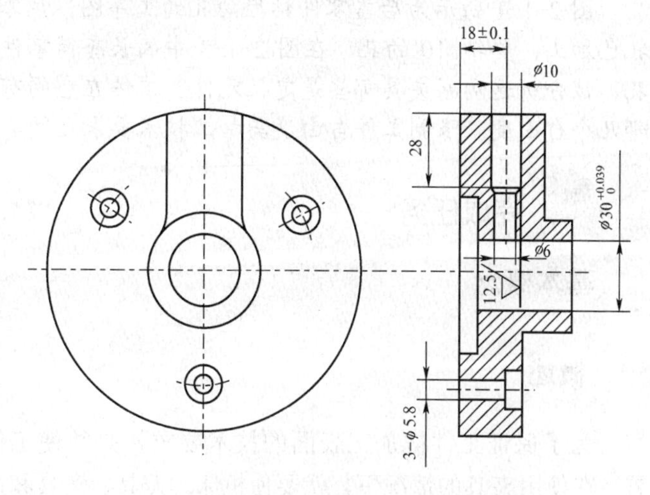

图 2-1-1　后盖零件钻径向孔的工序图

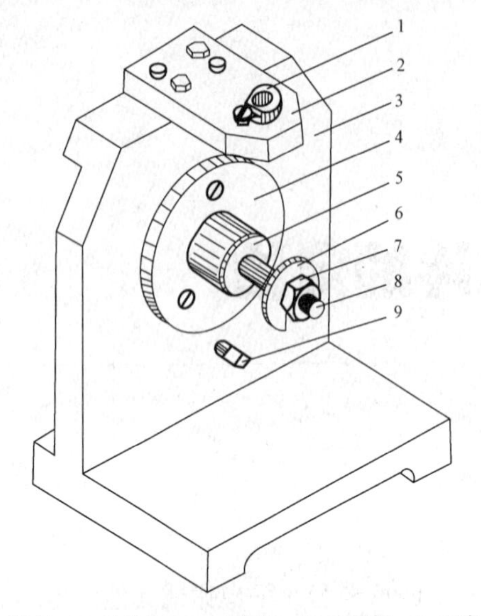

1—钻套；2—钻模板；3—夹具体；4—支承板；5—圆柱销；
6—开口垫圈；7—螺母；8—螺杆；9—菱形销

图 2-1-2 后盖钻夹具

图 2-1-3 钻床夹具

学习目标

【知识目标】

掌握六点定位的基本原理及其应用、常用定位元件所限制的自由度数，了解限制工件自由度与加工技术要求之间的关系。

【技能目标】

针对机床夹具进行结构分析，查有多少个定位元件？每个定位元件限制了多少个自由度？常用的定位元件有哪些？是过定位还是欠定位？

任务分析

图 2-1-1 所示为后盖零件钻径向孔的工序图，该零件的左端面和中间的$\phi30$ 孔及 $3\times\phi5.8$ 孔已加工，要钻$\phi10$ 的孔，在图 2-1-3 中的长套筒零件一端面和中心孔已加工好，要钻径向孔，试分析这两副夹具哪些是定位元件？工件在空间有多少个自由度？每个定位元件各控制哪几个自由度。限制工件自由度与加工技术要求之间有什么关系？

完成任务

基本概念

一、概述

为了保证工件被加工表面的技术要求，必须使工件相对刀具和机床处于正确的加工位置。在使用夹具的情况下，就要使机床、刀具、夹具和工件之间保持正确的加工位置。显然，工件的定位是其中极为重要的一个环节。

1．工件在夹具中定位的任务

工件在夹具中，定位的任务是使同一批工件在夹具中占据正确的加工位置。工件的定位是夹具设计中首先要解决的问题。本模块着重研究工件定位的原理和方法、定位元件设计及确定定位精度的方法。

2．定位与夹紧的关系

定位与夹紧是装夹工件的两个有联系的过程。在工件定位以后，为了使工件在切削力等作用下能保持既定的位置不变，通常还需再将工件夹紧，因此，它们之间是不相同的。若认为工件被夹紧后，其位置不能动了，所以也就定位了，这种理解是错误的。此外，还有些机构能使工件的定位与夹紧同时完成，例如，三爪自定心卡盘等。

3．定位基准

定位基准的选择是定位设计的一个关键问题。工件的定位基准一旦被确定，则其定位方案也基本上被确定。通常，定位基准是在制订工艺规程时选定的。如图 2-1-4（a）所示，表面 *A* 和 *B* 靠在支承元件上得到定位，以保证工序尺寸 *H*、*h*。图 2-1-4（b）所示为工件以素线 *C*、*F* 为定位基准。定位基准除了工件上的实际表面（面、点或线）外，也可以是表面的几何中心、对称线或对称平面。如图 2-1-4（c）所示，定位基准是两个与 V 型块接触的点 *D*、*E* 的几何中心。这种定位称为中心定位。

设计夹具时，从减小加工误差考虑，应尽可能选用工序基准为定位基准，即遵循基准重合原则。当用多个表面定位时，应选择其中一个较大的表面为主要定位基准。

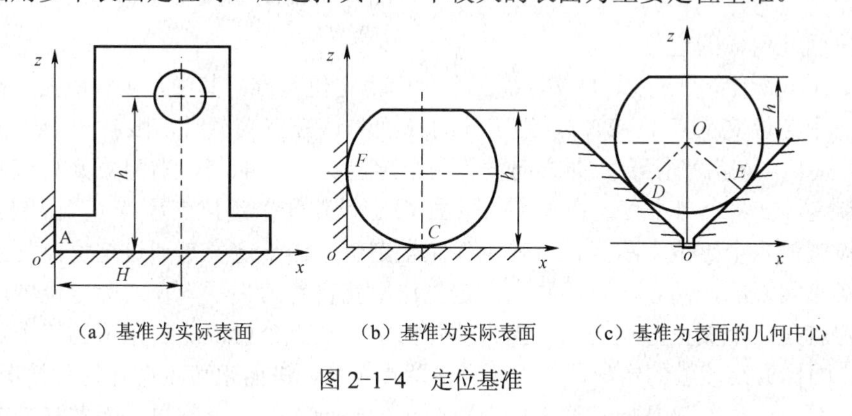

（a）基准为实际表面　（b）基准为实际表面　（c）基准为表面的几何中心

图 2-1-4　定位基准

4．工件的自由度

一个尚未定位的工件，其位置是不确定的。如图 2-1-5 所示，在空间直角坐标系中，工件可沿 *x*、*y*、*z* 轴有不同的位置，也可以绕 *x*、*y*、*z* 轴回转方向有不同的位置。它们分别用 $\vec{x}$、$\vec{y}$、$\vec{z}$ 和 $\overset{\frown}{x}$、$\overset{\frown}{y}$、$\overset{\frown}{z}$ 表示。这种工件位置的不确定性，通常称为自由度。其中，$\vec{x}$、$\vec{y}$、$\vec{z}$ 称为沿 *x*、*y*、*z* 轴线方向的自由度。$\overset{\frown}{x}$、$\overset{\frown}{y}$、$\overset{\frown}{z}$ 称为绕 *x*、*y*、*z* 轴回转方向的自由度。定位的任务首先是消除工件的自由度。

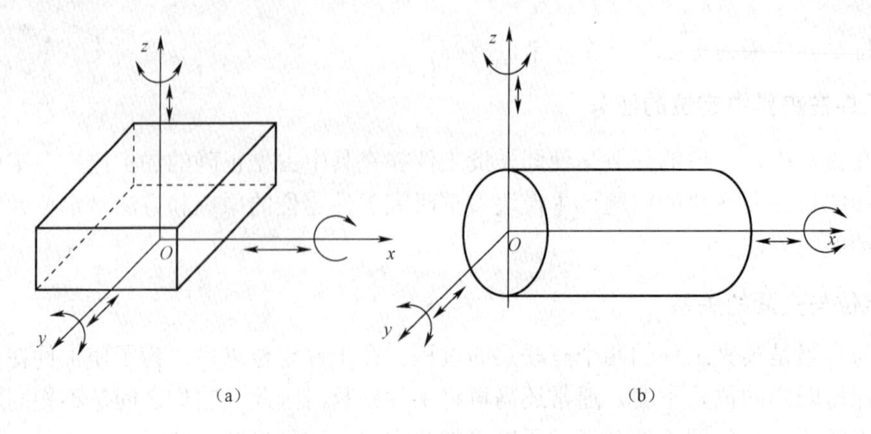

图 2-1-5　工件的六个自由度

二、六点定位的基本原理

1．六点定位的基本原理

工件在直角坐标系中有六个自由度（$\vec{x}$、$\vec{y}$、$\vec{z}$、$\overset{\frown}{x}$、$\overset{\frown}{y}$、$\overset{\frown}{z}$），夹具用合理分布的六个支承点限制工件的六个自由度，即用一个支承点限制工件的一个自由度的方法，使工件在夹具中的位置完全确定。

2．六点定位规则的应用

工件的定位基准是多种多样的，故各种形态的工件的定位支承点分布将会有所不同。下面分析完全定位时，几种典型工件的定位支承点的分布规律。

（1）平面几何体的定位

如图 2-1-6 所示，工件以 A、B、C 三个平面为定位基准，其中，A 面最大，设置成三角形布置的三个定位支承点 1、2、3，当工件的 A 面与该三点接触时，限制 $\vec{z}$、$\overset{\frown}{x}$、$\overset{\frown}{y}$ 三个自由度；B 面较狭长，在沿平行于 A 面方向设置两个定位支承点 4、5，当侧面 B 与该两点相接触时，即限制 $\vec{x}$、$\overset{\frown}{z}$ 两个自由度；在最小的平面 C 上设置一个定位支承点 6，限制 $\vec{y}$ 一个自由度。如此设置的六个定位支承点，可使工件完全定位。由于定位是通过定位点与工件的定位基面相接触来实现的，两者一旦相脱离，定位作用就自然消失了。在实际定位中，定位支承点并不一定就是一个真正直观的点，因为从几何学的观点分析，成三角形的三个点为一个平面的接触；同样成线接触的定位，则可认为是两点定位。进而也可说明在这种情况下，“三点定位”或“两点定位”仅是指某种定位中数个定位支承点的综合结果，而非某一定位支承点限制了某一自由度。

（2）圆柱几何体的定位

如图 2-1-7 所示，工件的定位基准是长圆柱面的轴线、后端面和键槽侧面。长圆柱面采用中心定位，外圆与 V 形块呈两直线接触（定位点 1、2，定位点 4、5）限制了工件的 $\vec{x}$、$\vec{z}$、$\overset{\frown}{x}$、$\overset{\frown}{z}$ 四个自由度；定位支承点 3 限制了工件的 $\vec{y}$ 自由度；定位支承点 6 限制了工件绕 y 轴回转方向的自由度 $\overset{\frown}{y}$。这类几何体的定位特点是以中心定位为主，用两条直（素）线接触作“四点定位”，以确定轴线的空间位置。如图 2-1-8（a）所示，确定轴线 A 的位置所需限制的自由度为 $\vec{x}$、$\vec{z}$、

$\widehat{x}$、$\widehat{z}$；而其余两个自由度与轴线的位置无关。这类定位的另一个特点是键槽（或孔）处的定位点与加工面有一圆周角关系，为此，设置的定位支承称防转支承。如图 2-1-8（b）所示，在槽 A 处设置一防转支承，以保证槽与加工面的 α 角。防转支承应布置在较大的转角半径 r 处。

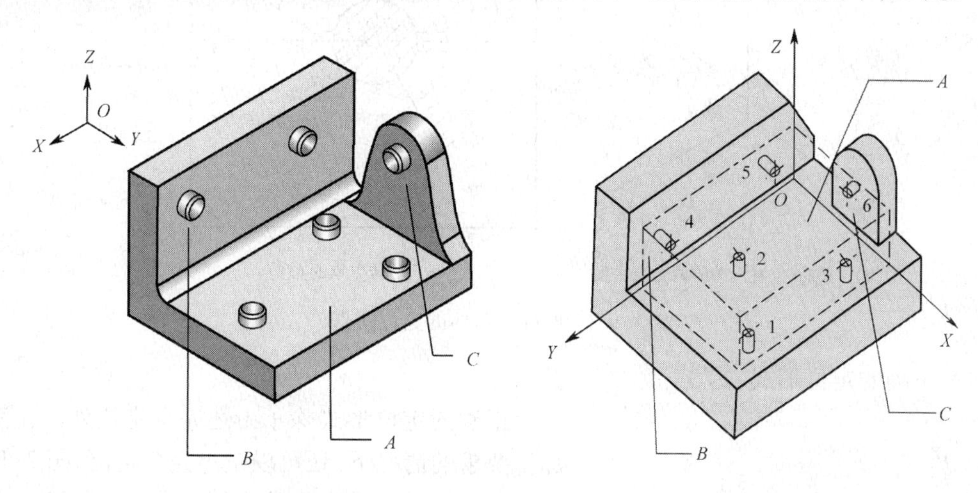

图 2-1-6　平面几何体的定位

（3）圆盘几何的定位

如图 2-1-9 所示，圆盘几何体可以视作圆柱几何体的变形，即随着圆柱面的缩短，圆柱面的定位功能也相应减少。图中由定位销的定位支承点 4、5 限制了工件的 $\vec{y}$、$\vec{x}$ 两个自由度；相反，几何体的端面则上升为主要定位基准，由定位支承点 1、2、3 限制了工件的 $\vec{z}$、$\widehat{x}$、$\widehat{y}$、自由度；防转支承点 6 限制了工件的 $\widehat{z}$ 自由度。通过上述三种典型定位示例的分析，说明了六点定位规则的两个主要问题。

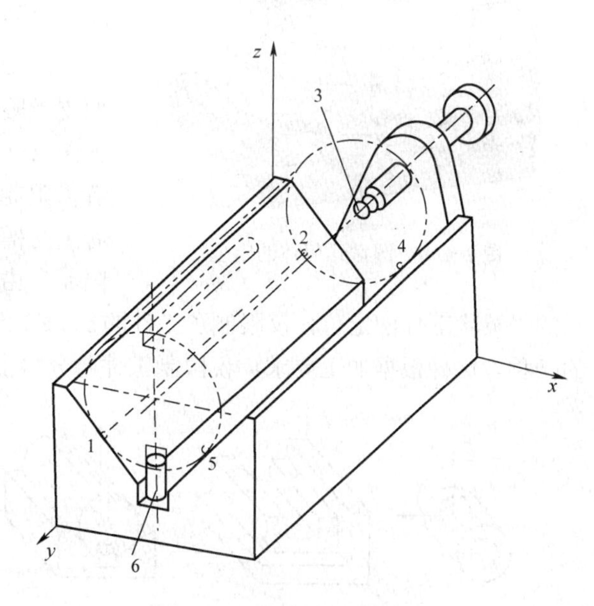

图 2-1-7　圆柱几何体的定位

（1）定位支承点的合理分布主要取决于定位基准的形状和位置。如图 2-1-6 所示的“3、2、1”分布；如图 2-1-7 所示的“4、1、1”分布；如图 2-1-9 所示的“4、1、1”分布。

同样可以推理，定位支承点的分布是不能随意组合的。如平面几何体和盘形几何体定位支承中的“2、4”所限制的是不同的自由度。

（2）在完全定位中，通常要选择几个表面为定位基准。在诸定位基准中，有一个为主要定位基准。应用六点定位规则应注意的问题是在应用六点定位规则时，应注意以下几个问题。

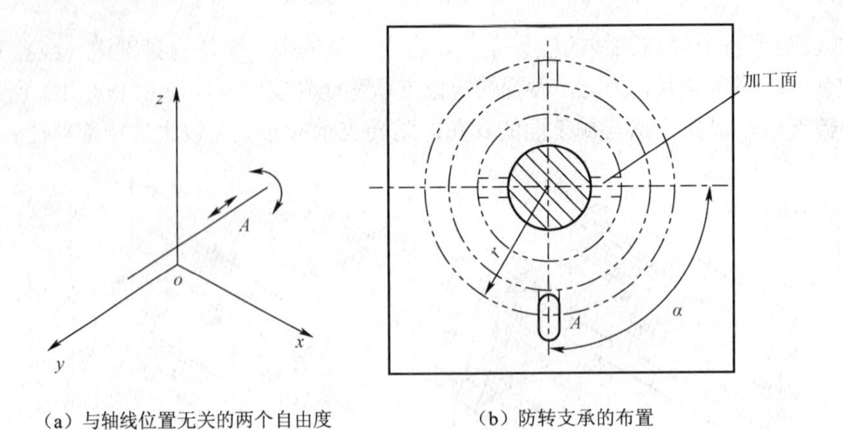

（a）与轴线位置无关的两个自由度　　（b）防转支承的布置

图 2-1-8　圆柱几何体的定位特点

（1）正确的定位形式

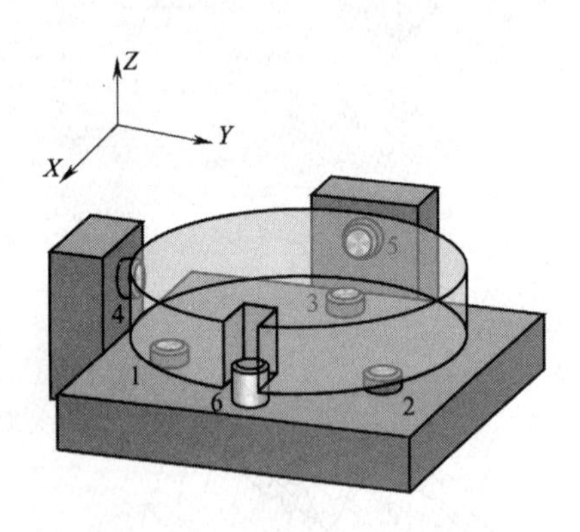

图 2-1-9　圆盘几何体的定位

正确的定位形式除了上述完全定位外，在满足加工要求的情况下，还可以是不完全定位。图 2-1-10（a）所示为不完全定位的示例，它们在保证加工要求的条件下，仅限制了工件的部分自由度。图 2-1-10（a）所示为圆锥面中心定位，限制了工件的$\vec{x}$、$\vec{y}$、$\vec{z}$、$\overset{\frown}{x}$、$\overset{\frown}{z}$五个自由度。如图 2-1-10（b）所示的平面支承限制了工件的$\vec{x}$、$\vec{z}$、$\overset{\frown}{x}$、$\overset{\frown}{y}$、$\overset{\frown}{z}$五个自由度。如图 2-1-10（c）、（d）所示的工件加工面相同，前者需限制工件的$\vec{x}$、$\vec{z}$、$\overset{\frown}{x}$、$\overset{\frown}{y}$、$\overset{\frown}{z}$五个自由度；后者无两槽之间的位置要求，则可不必限制$\overset{\frown}{y}$自由度，限制自由度为$\vec{x}$、$\vec{z}$、$\overset{\frown}{x}$、$\overset{\frown}{z}$。如图 2-1-10（e）所示的平板状工件的定位，仅限制了工件的$\vec{z}$、$\overset{\frown}{z}$、$\overset{\frown}{y}$三个自由度，是常见的定位中定位点较少的一种。这种根据加工要求，仅限制工件部分自由度的定位，称为不完全定位。

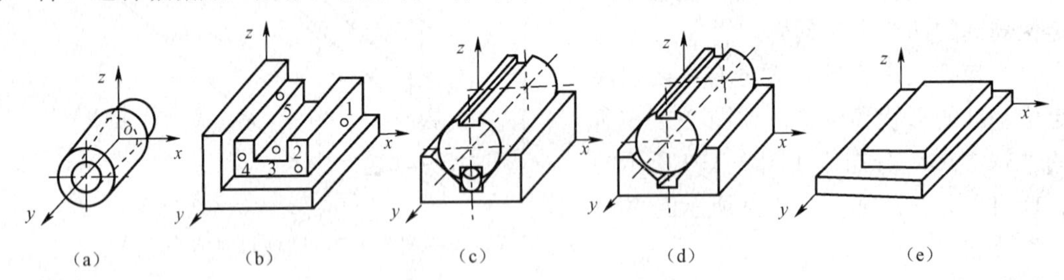

图 2-1-10　不完全定位示例

（2）弄清楚各个定位支承点所限制的自由度数

通常可按定位接触处的形态确定所限制的自由度，其特点可见参表 2-1-1。

（3）要防止产生欠定位

欠定位是违反六点定位规则的定位，在定位设计时要加以防止。欠定位是一种定位不足而影响加工的现象。如图 2-1-10（c）所示，若不设置防转的定位销，则工件的$\overset{\frown}{y}$自由度就不能得到限制，也就无法保证两槽间的位置要求，因此是不允许的。通常只要仔细分析定位点的作用，欠定位是很容易防止的。

表 2-1-1　典型单一定位形态特点

定位接触形态	所限制自由度数	所限制的自由度种类	特　点
点接触	1	一个移动或转动	不可作主要定位基准，可与主要基准组合定位
线接触	2	一个移动一个转动	
短圆柱面接触	2	一个移动	
长圆柱面接触	4	两个移动两个转动	可作主要定位基准
长圆锥面接触	5	三个移动两个转动	
大平面接触	3	一个移动两个转动	

（4）正确处理过定位

过定位的情况较复杂，它是指定位时工件的同一自由度被数个定位元件重复限制。如图 2-1-11（a）所示，要求加工平面对 A 面的垂直度公差为 0.04mm。若用夹具的两个大平面实现定位，即工件的 A 面被限制 $\vec{x}$、$\widehat{x}$、$\widehat{z}$ 三个自由度，B 面被限制了 $\vec{z}$、$\widehat{x}$、$\widehat{y}$ 三个自由度，其中，$\widehat{y}$ 自由度被 A、B 面同时重复限制。因此，当工件处于加工位置“Ⅰ”时，可保证垂直度要求；而当工件处于加工位置“Ⅱ”时则不能。这种随机的误差造成了定位的不稳定，严重时会引起过定位干涉。如图 2-1-12（a）所示的定位中，支承板和定位销重复限制工件的 $\vec{x}$ 自由度，可能出现不能装夹的现象，因此，应该尽量避免和消除过定位现象。通常可采取下列措施来消除过定位。

（1）减小接触面积。如图 2-1-11（b）所示，把定位的面接触改为线接触，减去了引起过定位的自由度 $\widehat{y}$。

（2）修改定位元件形状，以减少定位支承点。如图 2-1-12（b）所示，将圆柱定位销 2 改为菱形销，使定位销在干涉部位（$\vec{x}$ 方向）不接触，减去了引起过定位的自由度 $\vec{x}$。

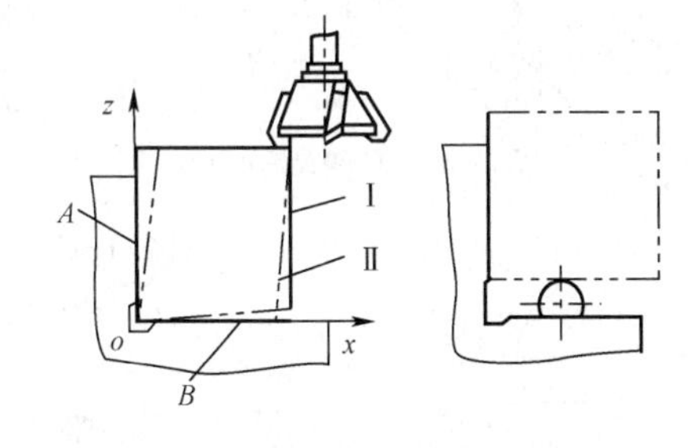

（a）过定位　　（b）改进定位结构

图 2-1-11　过定位及其消除方法示例之一

（3）缩短圆柱面的接触长度，以减少定位支承点。如图 2-1-12（e）所示，通过缩短圆柱面的接触长度，减去了引起过定位的自由度 $\widehat{y}$、$\widehat{z}$。

（4）设法使定位元件在干涉方向上能浮动，以减少实际支承点数目。图 2-1-12（f）所示为可浮动的定位元件，分别在 $\widehat{y}$、$\widehat{z}$ 方向上浮动，从而消除了过定位。

（5）拆除过定位元件。

在一般情况下，采用上述方法即可避免产生过定位。

在机械加工中，一些特殊结构的定位，其过定位是不可避免的，图 2-1-13 所示为导轨面定位，由于接触面较多，故都存在着过定位，其中，双 V 形导轨的过定位就相当严重。

像这类特殊的定位，应设法减少过定位的有害影响。由于过定位的干涉是相关的定位基准和定位元件的误差所致，故当工艺上采取措施将它们的误差减小到一定程度时，即可把过定位的影响减小到最低限度。通常，上述导轨面均经过配刮，具有较高的精度，其中，如图 2-1-13（c）所示结构，已把过定位的影响减小到最小程度。

上述方法在机械加工中有多种应用。如图 2-1-14 所示，在插齿机上加工齿轮时，心轴 1 限制了工件的 $\vec{x}$、$\vec{y}$、$\widehat{x}$、$\widehat{y}$ 四个自由度，支承凸台 2 限制了工件的 $\vec{z}$、$\widehat{x}$、$\widehat{y}$ 三个自由度，其中重复限制了 $\widehat{x}$、$\widehat{y}$ 两个自由度。但由于已经在工艺上规定了定位基准之间的位置精度，故过定位的干涉已不明显。

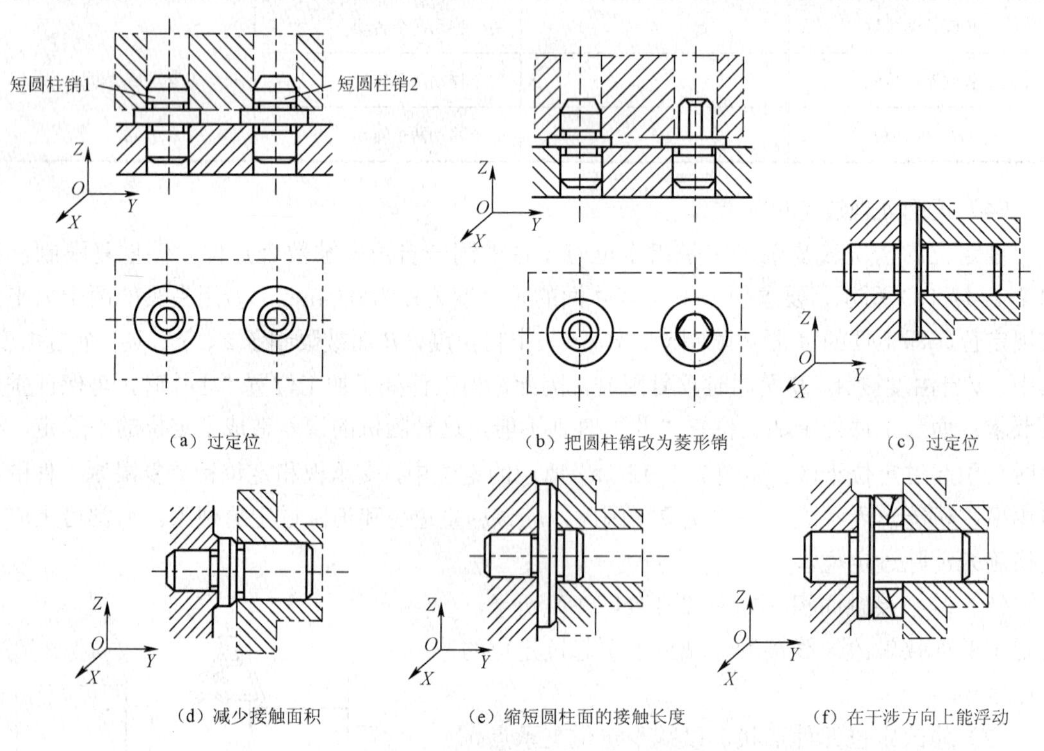

（a）过定位　（b）把圆柱销改为菱形销　（c）过定位

（d）减少接触面积　（e）缩短圆柱面的接触长度　（f）在干涉方向上能浮动

图 2-1-12　过定位及其消除方法示例之二

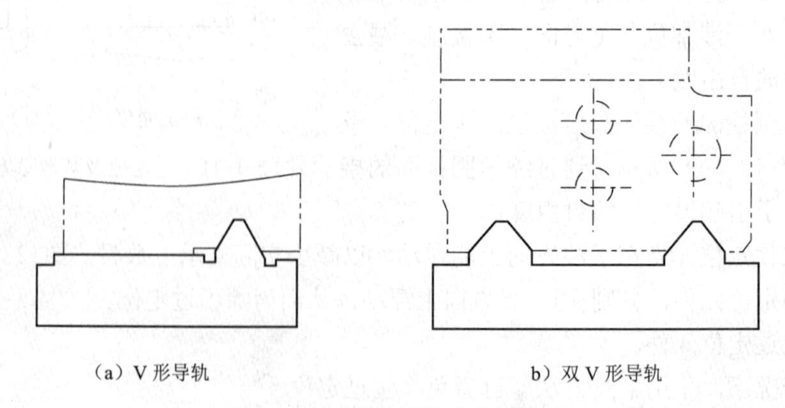

（a）V 形导轨　b）双 V 形导轨

图 2-1-13　导轨面的过定位分析

完成任务

一、定位基准

1．基准

基准是用以确定生产对象上几何要素间的几何关系所依据的点、线、面。

2．定位基准

在加工中用以定位的基准。如图 2-1-1 所示的后盖零件钻径向孔的工序图就是以左端面和孔的轴线作为定位基准。

3．基面

作为基准的点、线、面在工件上不一定具体存在（如孔的中心线和对称中心平面等），其作用是由某些具体表面（如内孔圆柱面）体现的，体现基准作用的表面称为基面。如图 2-1-1 所示的后盖零件钻径向孔的工序图的定位孔就是通过内孔圆柱面来体现基准作用的。

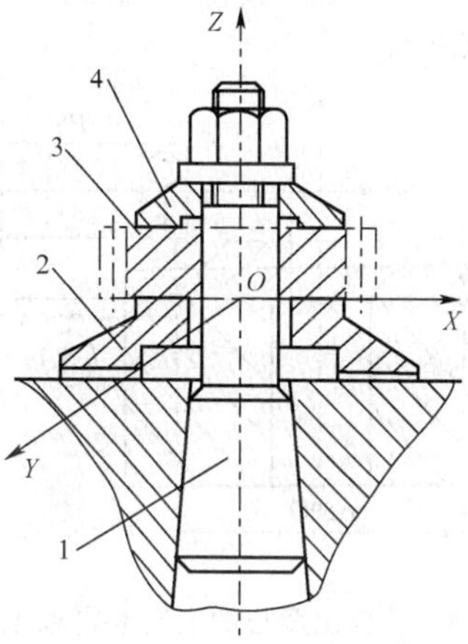

1—心轴；2—支承凸台；3—齿轮；4—压板

图 2-1-14　齿轮加工减小过定位影响的方法

二、六点定位的基本原理

任何未定位的工件在空间直角坐标系中都具有六个自由度。工件定位的任务就是根据加工要求限制工件的全部或部分自由度。工件的六点定位原理是指用六个支撑点来分别限制工件的六个自由度，从而使工件在空间得到确定定位的方法。限制工件的全部自由度就是完全定位，限制工件的部分自由度是不完全定位。对于图 2-1-1 中的后盖零件钻径向孔而言，支承板 4 控制了 $\bar{x}$ 、$\widehat{y}$、$\widehat{z}$三个自由度，圆柱销 5 控制了 $\bar{z}$ 、$\bar{y}$ 两个移动自由度，菱形销 9 则控制了$\widehat{x}$一个转动自由度。一共控制了六个自由度，属于完全定位，针对图 2-1-3 的钻夹具模型，请同学们在老师的指导下分析其定位情况及定位方式。

工艺技巧

一、限制工件自由度与加工技术要求的关系

按照限制自由度与加工技术要求的关系，可把自由度分为与加工技术要求有关的自由度和无关的自由度两大类。如图 2-1-15 所示，加工ϕ5H7 的孔时，夹具限制了工件的 $\bar{x}$ 、$\bar{y}$ 、$\bar{z}$ 、$\widehat{x}$、$\widehat{y}$ 自由度。从加工要求出发，沿加工孔轴线方向的移动自由度 $\bar{z}$ 可不加以限制，但是台阶面在限制其余自由度的同时，也限制了这一自由度，这是合理的。在夹具设计时，应特别注意限制与工件加工技术要求有关的自由度。

1. 与加工尺寸公差有关的自由度

如图 2-1-16 所示，车削内螺纹控制加工尺寸为 20±0.03mm 时，定位基准面所需限制的 $\overline{z}$、$\widehat{x}$、$\widehat{y}$三个自由度均与加工尺寸有关。通常，可用公差带图形分析法来分析。如图 2-1-17 所示，尺寸为 20±0.03mm 的工序基准的公差带形状为两个平行平面，因而，$\overline{z}$、$\widehat{x}$和$\widehat{y}$自由度会影响加工尺寸 20±0.03mm。

如图 2-1-18 所示，定位基准为直线时需限制的有关自由度为$\overline{z}$、$\widehat{x}$，以控制加工尺寸 h 的公差 δ_k。分析时经直线作一个辅助平面，则有关的自由度就处在此平面内。

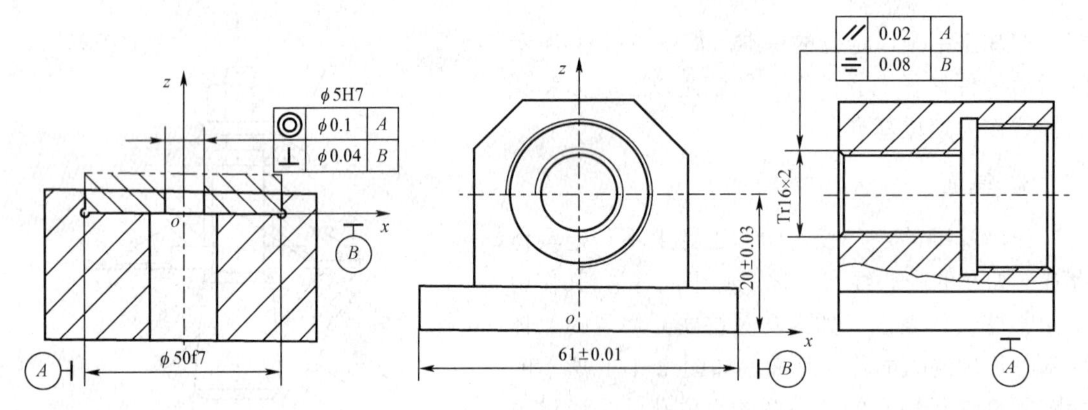

图 2-1-15　$\overline{z}$ 自由度与加工技术要求无关　　图 2-1-16　螺母简图

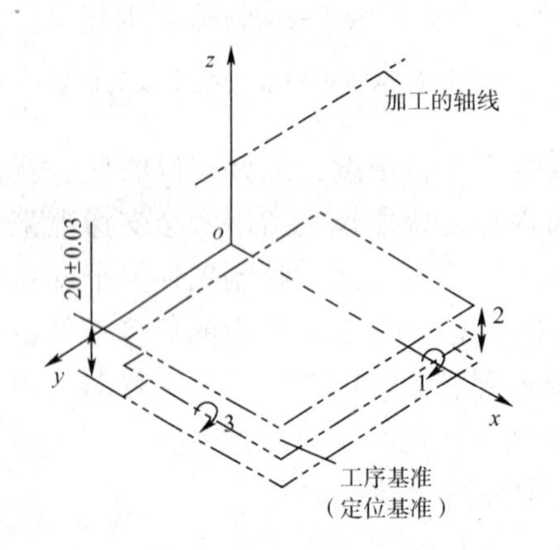

图 2-1-17　公差带图形分析法示例一

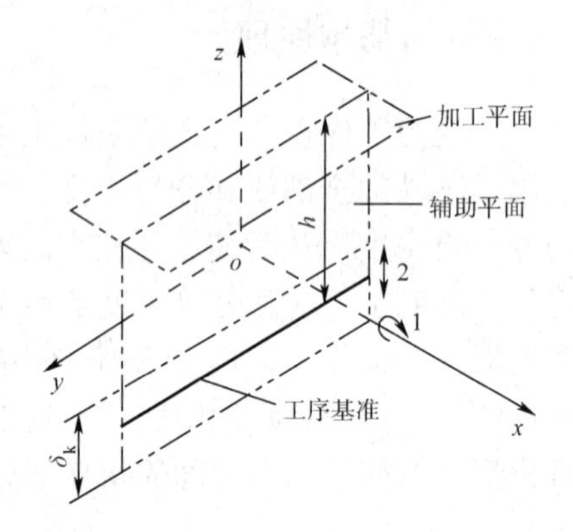

图 2-1-18　公差带图形分析法示例二

2. 与位置公差有关的自由度

同样，用公差带图形分析法来分析也可求出与位置公差 δ_k 有关的自由度。常见的基准要素与加工要素的位置关系有线对线、线对面、面对面和面对线等几种情况。如图 2-1-16 所示，与平行度有关的自由度为$\widehat{x}$；与对称度有关的自由度为 $\overline{x}$、$\widehat{y}$、$\widehat{z}$。其他公差带分析法如图 2-1-19（c）、（d）所示。

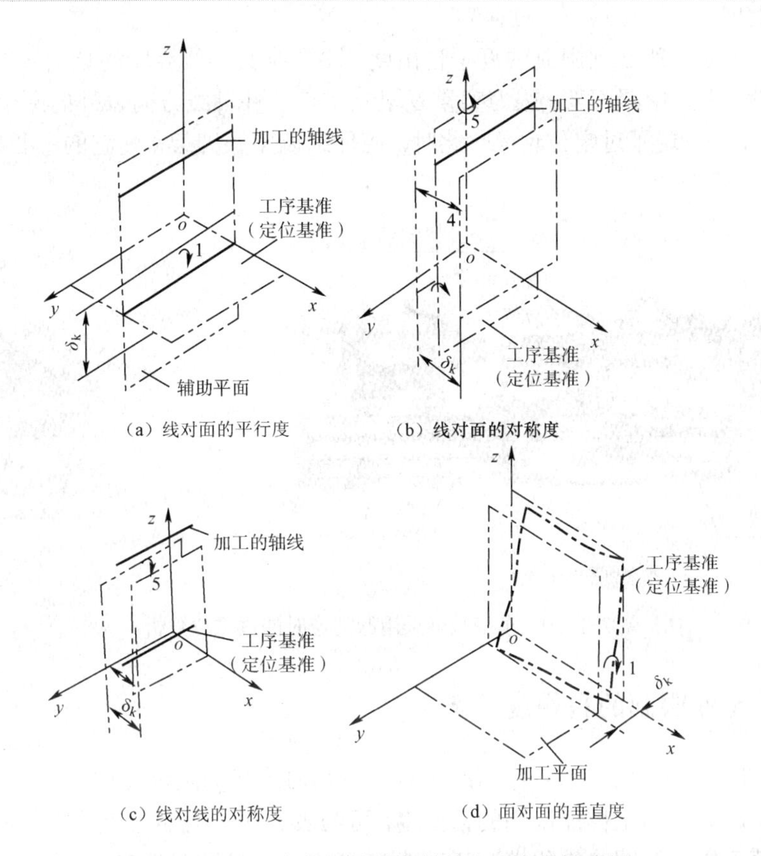

图 2-1-19　与位置公差有关的自由度分析示例

二、定位时应注意的几个主要问题

（1）工件在夹具中定位，可以用归结为在空间直角坐标系中用定位元件限制工件自由度的方法来分析，工件定位时，应限制的自由度数目，主要由工件工序加工要求确定；一般，工件定位所选定位元件限制自由度的数目充其量不大于 6；各定位元件限制的自由度原则上不允许重复或干涉。

（2）定位元件限制自由度的作用表示它与工件定位面接触，一旦脱开就失去限制自由度的作用。

（3）在分析定位元件起定位作用时不考虑外力影响，即要分清定位和夹紧的区别。

（4）判断工件在某一方向的自由度是否被限制，唯一的标准是看同一批工件先后定位后，在该方向上的位置是否一致。

一、过定位的合理性分析

在某些条件下，过定位的现象不仅允许，而且是必要的。此时，应当采取适当的措施提高定位基准之间及定位元件之间的位置精度，以免产生干涉。如车削细长轴时，工件装夹在两顶尖间，已经限制了所必须限制的五个自由度（除了绕其轴线旋转的自由度以外），但为了增加工件的刚性，常采用跟刀架，跟刀架重复限制了除工件轴线方向以外的两个移动自由度，如图 2-1-20 所示，出现了过定位现象。此时，应仔细调整跟刀架，使它的中心尽量与顶尖的中心一致。

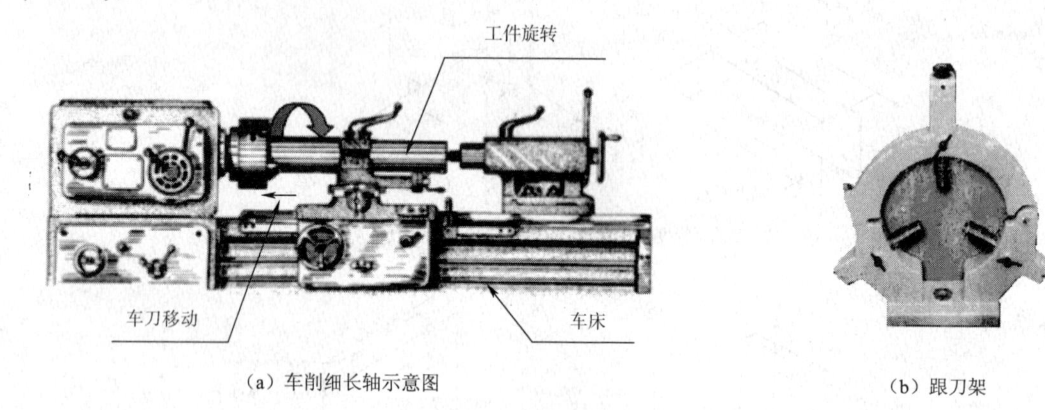

（a）车削细长轴示意图　　（b）跟刀架

图 2-1-20　车细长轴采用跟刀架时的过定位分析

二、常用定位元件限制的自由度

（1）在定位时，起定位支承点作用的是有一定几何形状的定位元件。

表 2-1-2 所列为常用定位能限制的自由度，可与表 2-1-1 对照，以便正确选择定位元件。其中，应注意菱形销、短圆柱定位销、活动式 V 形块、顶尖及三爪自定心卡盘的定位方式。

（2）组合定位中各元件限制自由度分析分为以下两种情况。

① 定位基准之间彼此无紧密尺寸联系，把各种单一几何表面的典型定位方式直接予以组合，彼此不发生重复限制自由度的过定位情况。

② 定位基准之间彼此有一定紧密尺寸联系，常会发生相互重复限制自由度的过定位现象，此时，应设法协调定位元件与定位基准的相互尺寸联系，克服过定位现象。

表 2-1-2　常用定位元件所限制的自由度

定位基准	定位简图	定位元件	限制的自由度
大平面		支承板	$\vec{z}$、$\widehat{x}$、$\widehat{y}$
长圆柱面		固定式 V 形块	$\vec{x}$、$\vec{z}$、$\widehat{x}$、$\widehat{z}$

续表

定位基准	定位简图	定位元件	限制的自由度
长圆柱面	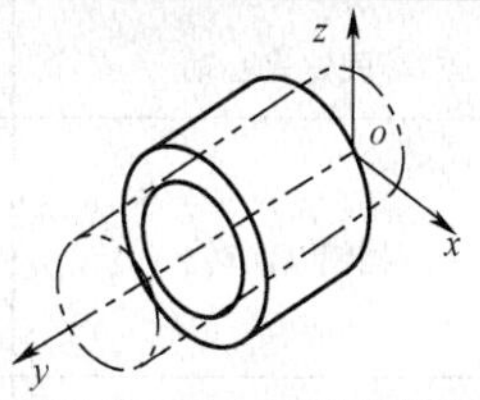	固定式长套	
	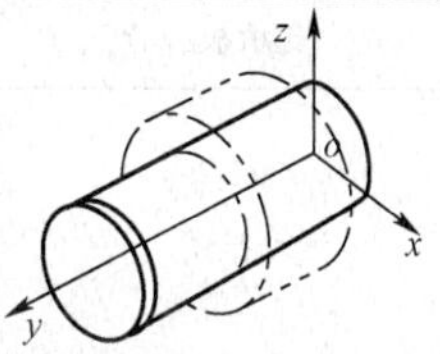	心轴	
	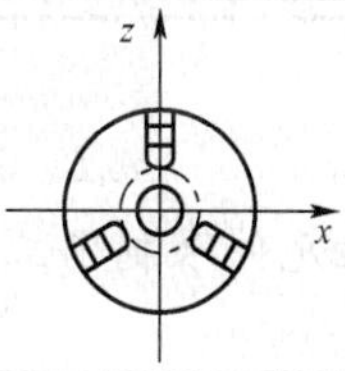	三爪自定心卡盘	
长圆锥面	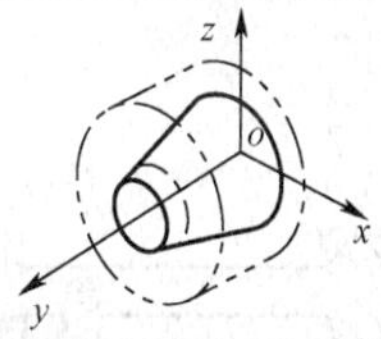	圆锥心轴（定心）	$\vec{x}$、$\vec{y}$、$\vec{z}$、$\overset{\frown}{x}$、$\overset{\frown}{z}$
两中心孔	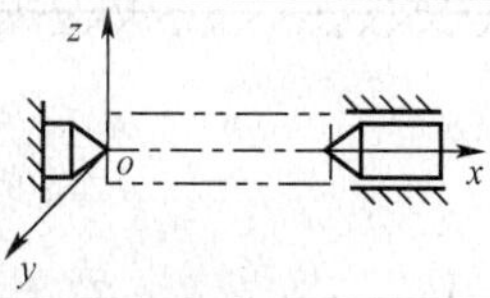	固定顶尖	$\vec{x}$、$\vec{y}$、$\vec{z}$
		活动顶尖	$\overset{\frown}{y}$、$\overset{\frown}{z}$
短外圆与中心孔	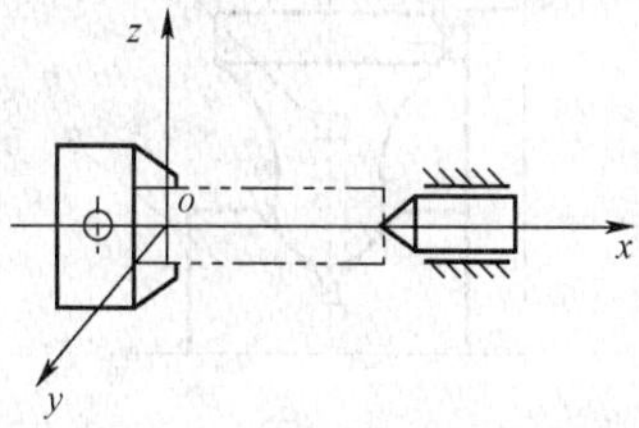	三爪自定心卡盘	$\vec{y}$、$\vec{z}$
		活动顶尖	$\overset{\frown}{y}$、$\overset{\frown}{z}$
大平面与两外圆弧面	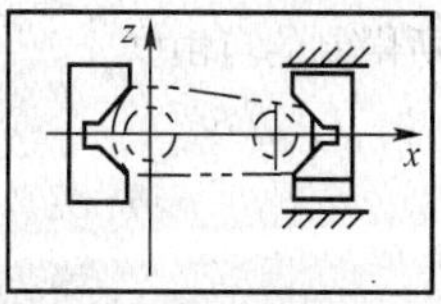	支承板	$\vec{y}$、$\overset{\frown}{x}$、$\overset{\frown}{z}$
		短固定式V形块	$\vec{x}$、$\vec{z}$
		短活动式V形块（防转）	$\overset{\frown}{y}$
大平面与两圆柱孔	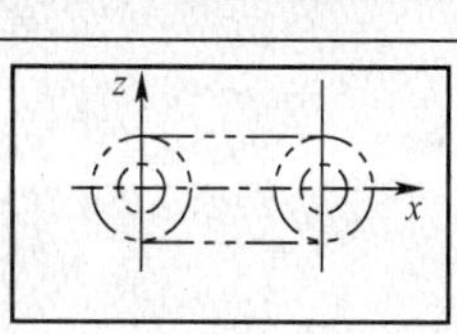	支承板	$\vec{y}$、$\overset{\frown}{x}$、$\overset{\frown}{z}$
		短圆柱定位销	$\vec{x}$、$\vec{z}$
		短菱形销（防转）	$\overset{\frown}{y}$

续表

定位基准	定位简图	定位元件	限制的自由度
长圆柱孔与其他		固定式心轴	$\vec{x}$、$\vec{z}$、$\overset{\frown}{x}$、$\overset{\frown}{z}$
		挡销（防转）	$\overset{\frown}{y}$
大平面与短锥孔		支承板	$\vec{z}$、$\overset{\frown}{x}$、$\overset{\frown}{y}$
		活动锥销	$\vec{x}$、$\vec{y}$

思考与练习

1. 如题 2-1-1 图所示，分组讨论试确定各定位元件限制了工件哪几个自由度？分别属于哪种定位方式？

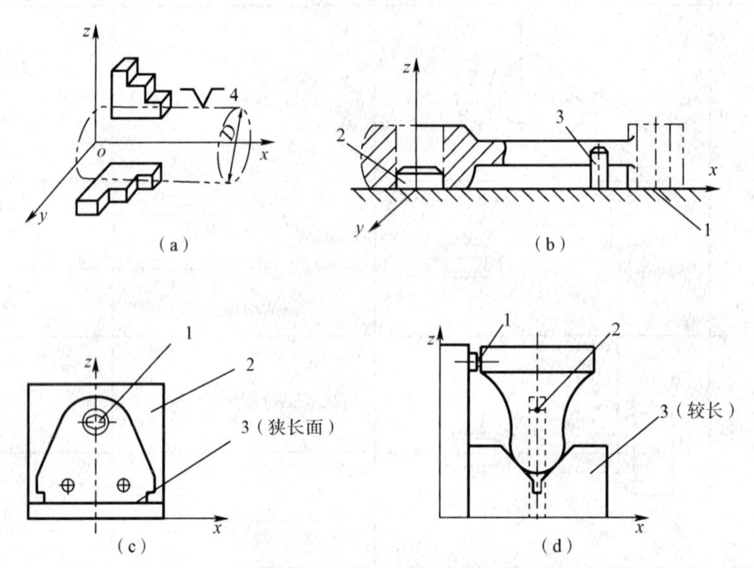

题 2-1-1 图　各定位元件所限制的自由度

2. 如题 2-1-2 图，根据工件加工要求，分析应该限制哪些自由度？

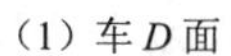

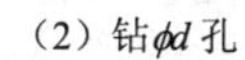

（3）镗 $\phi30_{-0.10}^{\ 0}$ 孔

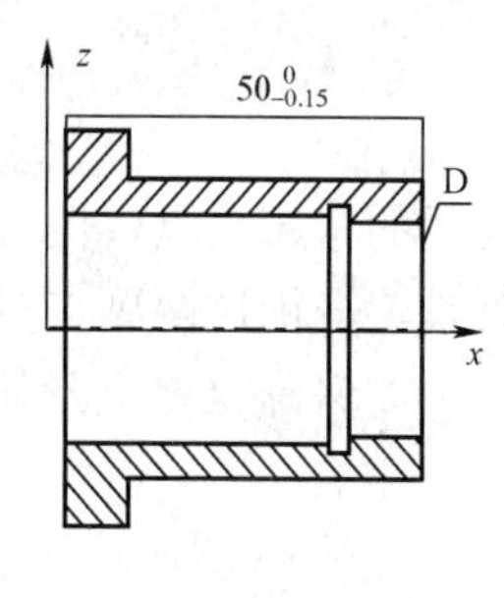

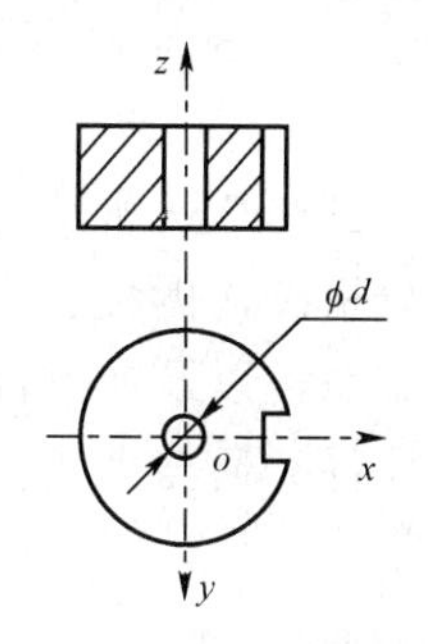

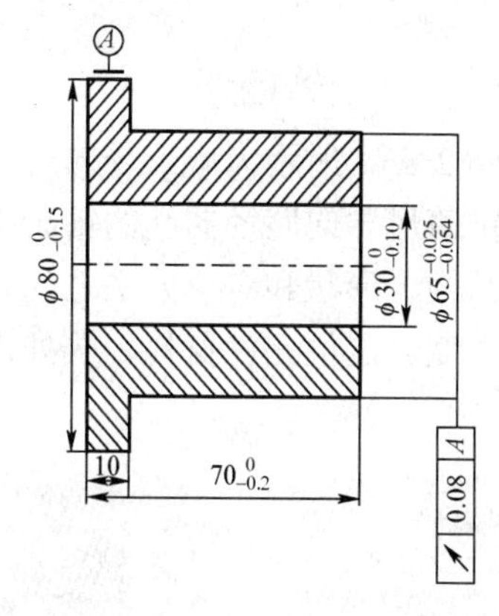

（4）铣 A 平面

（5）钻 φd 孔

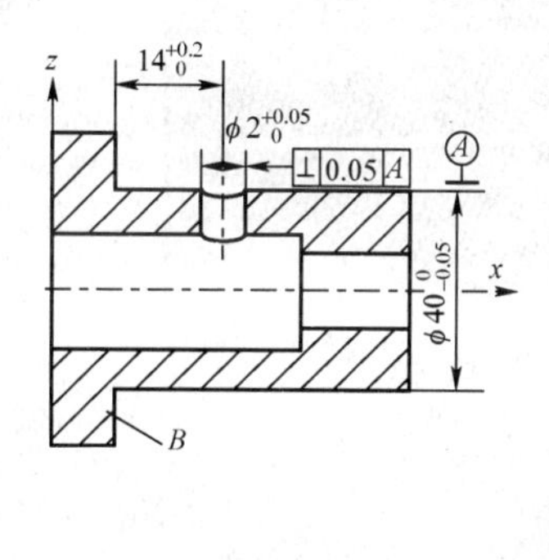

题 2-1-2 图　与加工要求相关的自由度

3. 在题 2-1-3 图中，采用了什么办法来消除过定位？

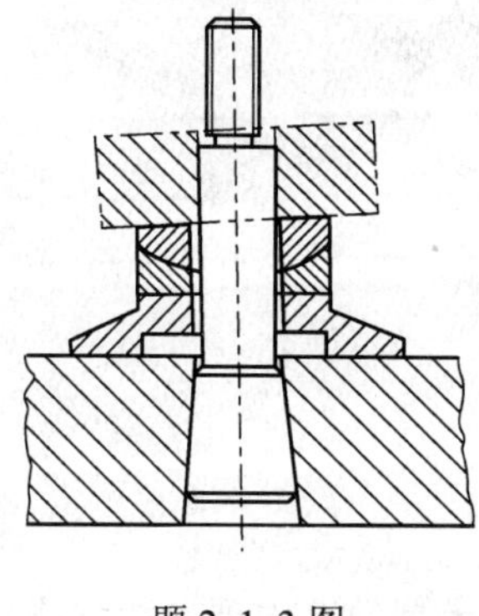

题 2-1-3 图

任务二　定位元件设计

任务描述

图 2-2-1 所示为扇形导向座专用夹具，图 2-2-2 所示为镗孔用的车床夹具，图 2-2-3 所示为钻扇形导向座径向孔的钻床夹具定位分析图，拆装这两副夹具，分析这两副夹具的定位元件结构、形状和定位方法之间存在什么关系，以及在组合定位中如何确定定位元件所限制的自由度、定位元件材料、热处理及定位元件如何与夹具相连。

图 2-2-1　扇形导向座钻床夹具

图 2-2-2　镗孔用的车床夹具

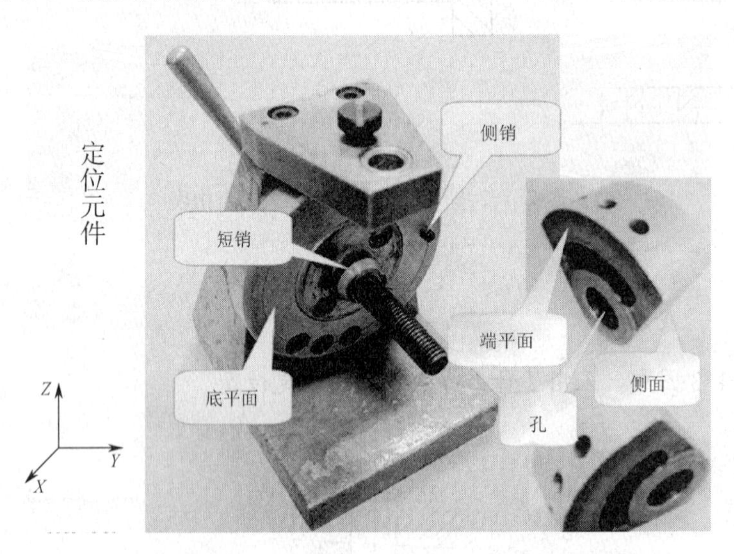

图 2-2-3　钻扇形导向座径向孔的钻床夹具定位分析图

学习目标

【知识目标】

掌握组合定位中各定位元件所限制的自由度分析方法，利用六点定位的基本原理正确选择定位方法、选择和设计常用的定位元件。

【技能目标】

装拆夹具，分析定位元件，选择和设计常用的定位元件。

任务分析

对如图 2-2-1 所示的钻床夹具、如图 2-2-2 所示的镗孔用的车床夹具进行定位元件的设计分析，包括定位元件的结构、形状、规格及布置形式等，图 2-2-1 所示为钻床夹具的孔定位采用短销；如图 2-2-2 所示的镗孔用的车床夹具工件的平面定位采用大平面定位，外圆则用 V 形块定位；任何工件进入第一道工序时，只能使用粗基准定位；在进入后续工序时，则可使用精基准定位。可见，工件的定位设计主要决定于工件的加工要求和工件定位基准的形状、尺寸、精度等因素，故在定位设计时要注意分析定位基准的形态。

完成任务

基本概念/任务准备

一、定位单个典型表面的定位元件

1．定位平面用的定位元件

在机械加工中，大多数工件都以平面作为主要定位基准，如箱体、机体、支架等零件，平面定位时，定位基准是平面本身。粗基准平面与定位支承面接触时必须为不在一直线上的三个点，只能采用点接触的定位元件，如图 2-2-4 所示，但是当定位基准为很窄的平面时，就很难布置支承三角形而采用面接触定位。常用定位元件为标准固定支承钉、标准可调支承钉、可换支承钉和支承板等。

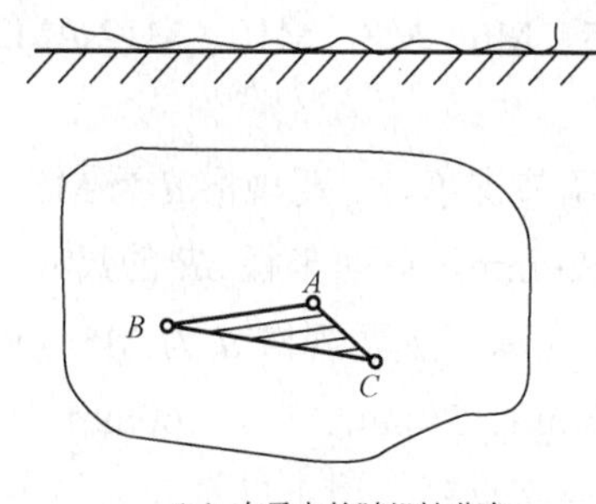

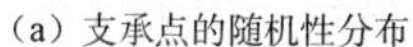

（a）支承点的随机性分布

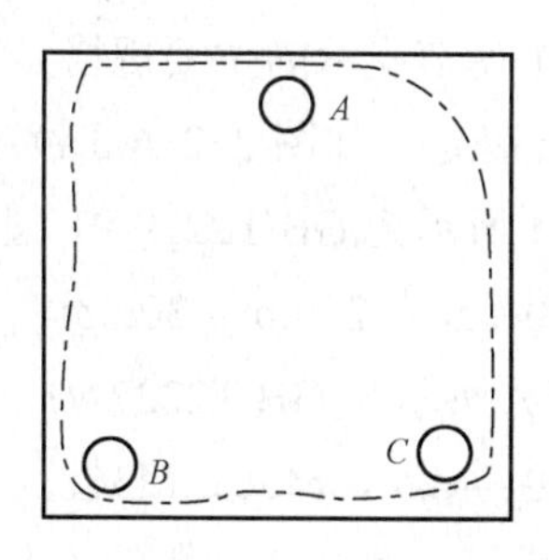

（b）合理的方法

图 2-2-4　粗基准平面定位的特点

（1）标准固定支承钉，支承高度不变。如图 2-2-5 所示，它分为圆头支承钉、平头支承钉、锯齿头支承钉三大类，其主要规格尺寸 D 为 5mm、6mm、8mm、12mm、16mm、20mm、25mm、30mm、40mm。支承钉用碳素工具钢 T8 经热处理至 55～60HRC。支承钉用 H7/r6 过盈配合压入夹具体中，圆头支承钉用于水平面粗基准定位；锯齿头支承钉用于侧平面粗基准定位，可防止工件在加工时滑动，平头支承钉常用于较小精基准平面定位。这类元件磨损后较难更换。

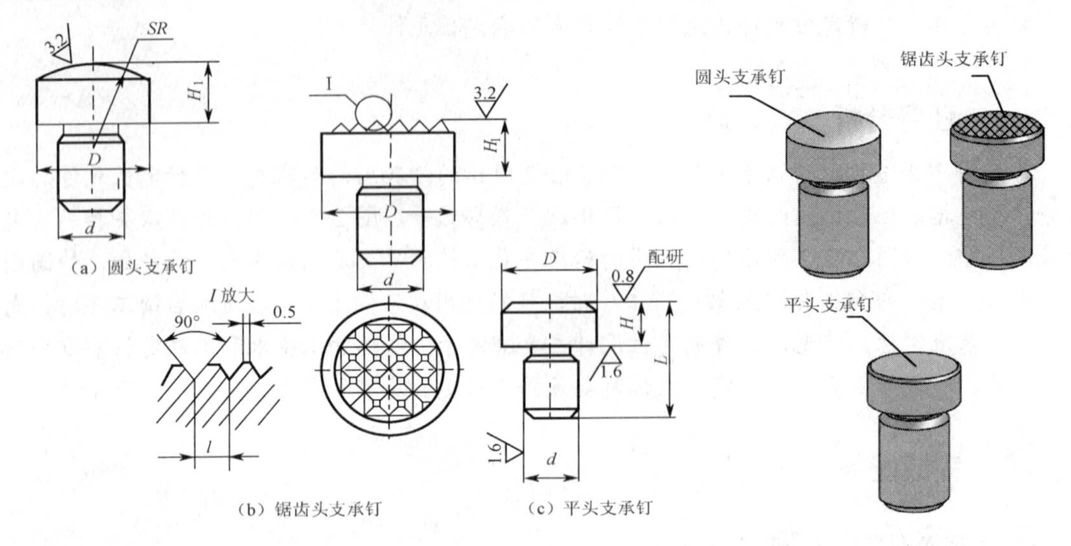

图 2-2-5 标准固定支承钉

（2）图 2-2-6 所示为标准可调节支承钉。调节支承、圆柱头调节支承、六角头支承属于标准可调节的支承钉，用于毛坯精度不高，而又以粗基准定位的工件，以保证工件有足够和均匀的加工余量。图 2-2-7 所示为可调节支承定位的应用示例，如图 2-2-7 所示的箱体加工。H 有 Δ_H 差，当第一道工序以下面定位加工上平面；第二道工序再以上面定位加工孔，出现余量不均。若第一道工序用可调支承定位，保证 H 有足够精度，再加工孔时，余量均匀。为此，定位时需按划线调节工序的位置。通常需对同一批工件作一次调节，调节后用锁紧螺母锁紧。图 2-2-8 中的可调节支承应用在成组可调夹具中的实例，因 L 不同，定位右侧支承用可调支承，问题方可解决。支承用优质碳素结构钢 45 钢。经热处理至 40～55HRC。

GB/T2230-91 调节支承的主要规格 d 为 M5、M6、M8、M10、M12、M20、M24、M30、M36；L 可按需要确定，如图 2-2-6（a）所示。

图 2-2-6（b）所示为 GB/T2229-91 圆柱头调节支承，主要规格 d 为 M5、M6、M8、M10、M12、M16、M20；L 为 25mm、30mm、…、120mm。球面半径 SR 的尺寸与 d_1 相等。

图 2-2-6（c）所示为 GB/T2227-91 六角头支承，主要规格 d 为 M5、M6、M8、M10、M12、M16、M20、M24、M30、M36；L 为 15mm、20mm、…、160mm。

（3）可换支承钉。图 2-2-9 所示为两种可换支承钉，用于批量较大的生产中，以降低夹具制造成本。目前，国内无可换支承钉的标准。

（4）标准定位支承板。图 2-2-10（a）所示为 A 形光面支承板，用于侧平面精基准定位；图 2-2-10（b）所示为 B 形带斜槽的支承板，用于水平面精基准定位用；其凹槽可防止细小切屑停留在定位面上。支承板的主要规格厚度 H 为 6mm、8mm、10mm、12mm、16mm、20mm、25mm。支承板用碳素工具钢 T8 经热处理至 55～60HRC。同时多块使用时，需设法使厚度 H 相等。支承板用螺钉紧固在夹具体上。

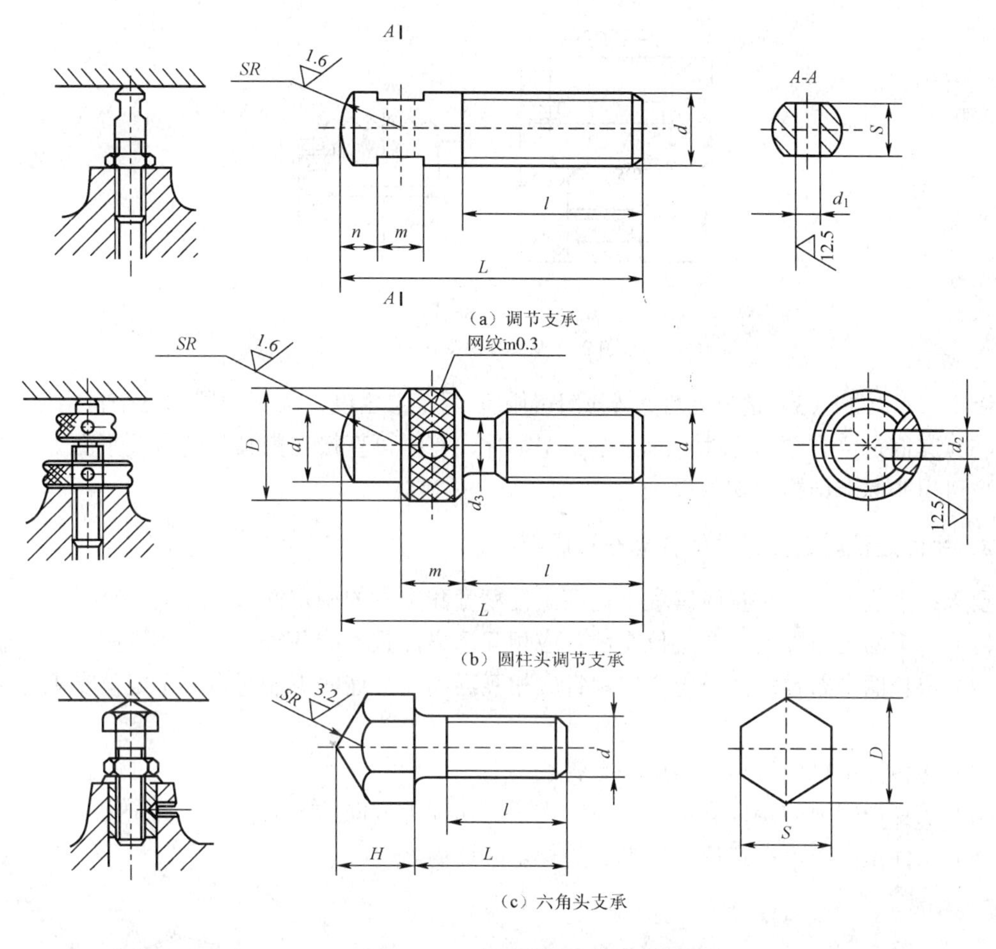

图 2-2-6　标准可调支承钉

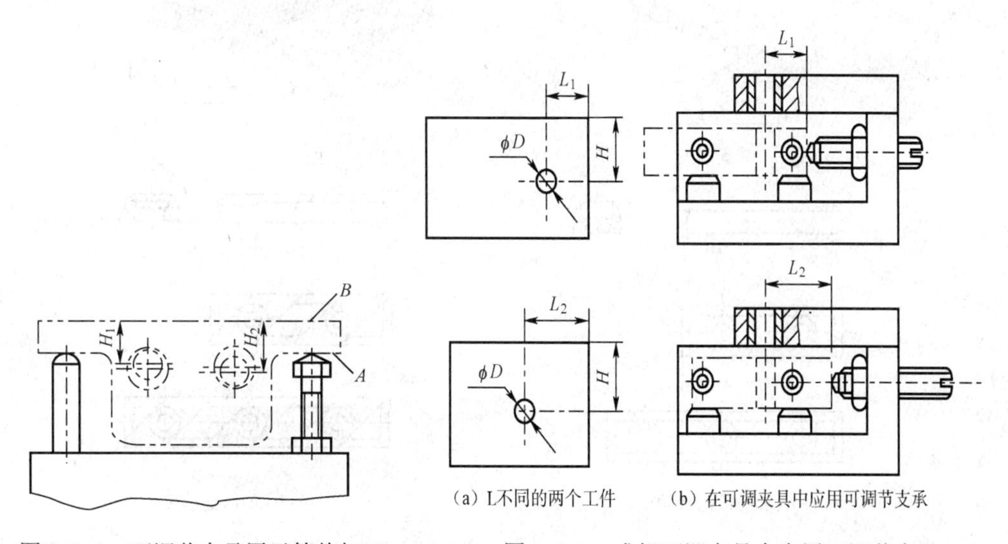

图 2-2-7　可调节支承用于箱体加工

图 2-2-8　成组可调夹具中应用可调节支承

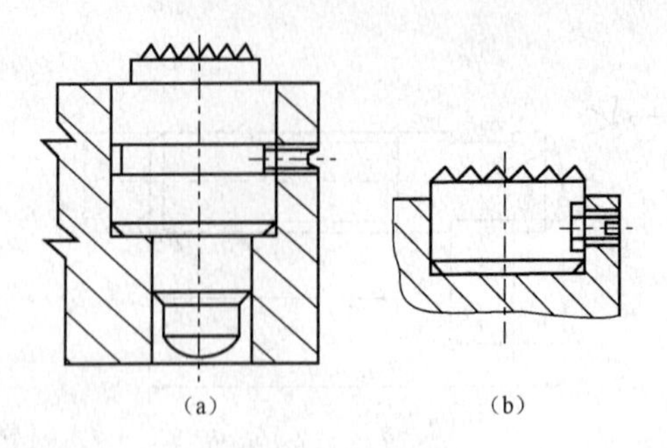

图 2-2-9　可换支承钉

以上（1）（2）（3）定位元件，窄长平面限制两个自由度；大平面限制三个自由度。

（5）其他定位方法和元件。对于中小型零件，有时可直接在夹具体的有关平面上定位，有时也可用非标准结构的支承板。

2．平面定位时定位元件的合理布置原则

要求：定位元件的布置应有利于提高定位精度和定位的稳定性。

（1）一平面上布置的三个定位支承钉应相互远离，且不能共线。

（2）窄长面上布置的两个定位支承钉应相互远离，且连线不能垂直三个定位支承钉所在平面。

（3）防转支承钉应远离回转中心布置。

（4）承受切削力的定位支承钉应布置在正对切削力方向的平面上。

（5）工件重心应落在定位元件形成的稳定区域内。

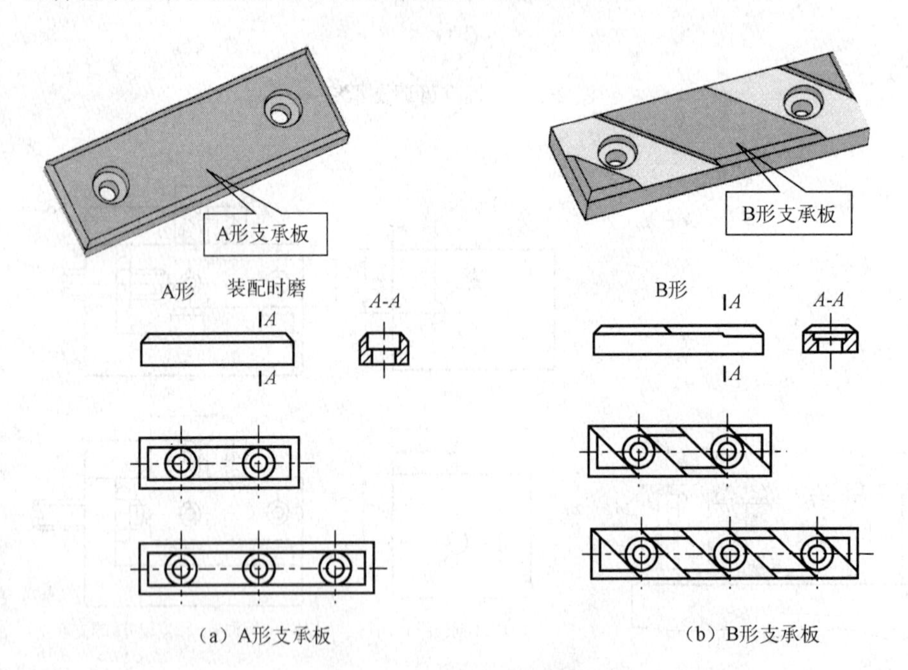

图 2-2-10　标准定位支承板

图 2-2-11 所示为加工开合螺母的车床夹具。工件的主要定位基面 *B* 在两块支承板上定

位；另一平面 *A* 在两个平头支承钉上定位；*C* 面则用一平头支承钉定位。这些定位元件都已标准化。

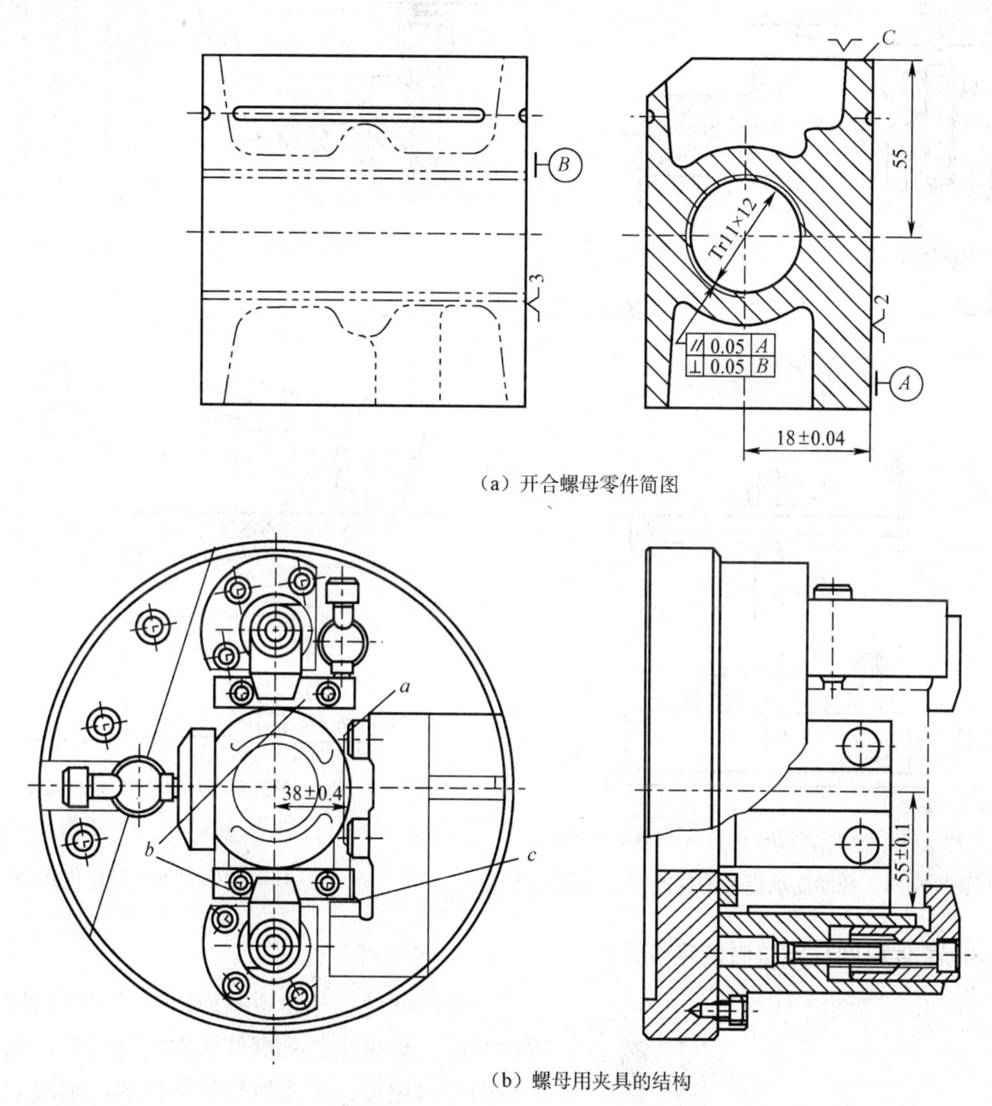

（a）开合螺母零件简图

（b）螺母用夹具的结构

图 2-2-11　精基准面定位示例

3．辅助支承

当工件定位基准面需要提高定位刚度、稳定性和可靠性时可选用辅助支承作辅助定位，辅助定位元件不起定位作用，工件定好位后参与工作，不能限制工件的自由度，不能破坏工件的定位，且每次加工均需重新调整支承点伸出长度，支承位置应选择在有利于工件承受夹紧力和切削力的地方。如图 2-2-12 所示，辅助支承的类型有螺旋式辅助支承、推引式辅助支承、自位式辅助支承、液压锁定辅助支承等。主要用途：图 2-2-13 可以辅助支承提高工件的刚度和稳定性、图 2-2-14 可以辅助支承起预定位作用，图 2-2-15 可以辅助支承提高工件加工稳定性作用。

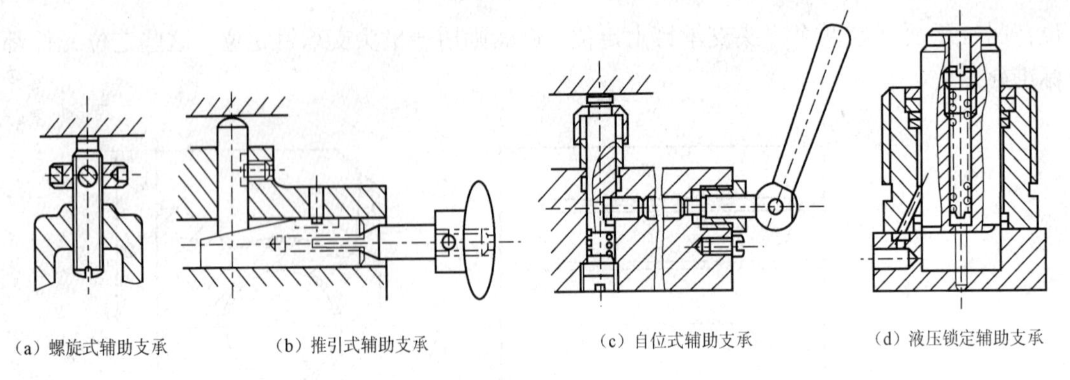

（a）螺旋式辅助支承　（b）推引式辅助支承　（c）自位式辅助支承　（d）液压锁定辅助支承

图 2-2-12　辅助支承的类型

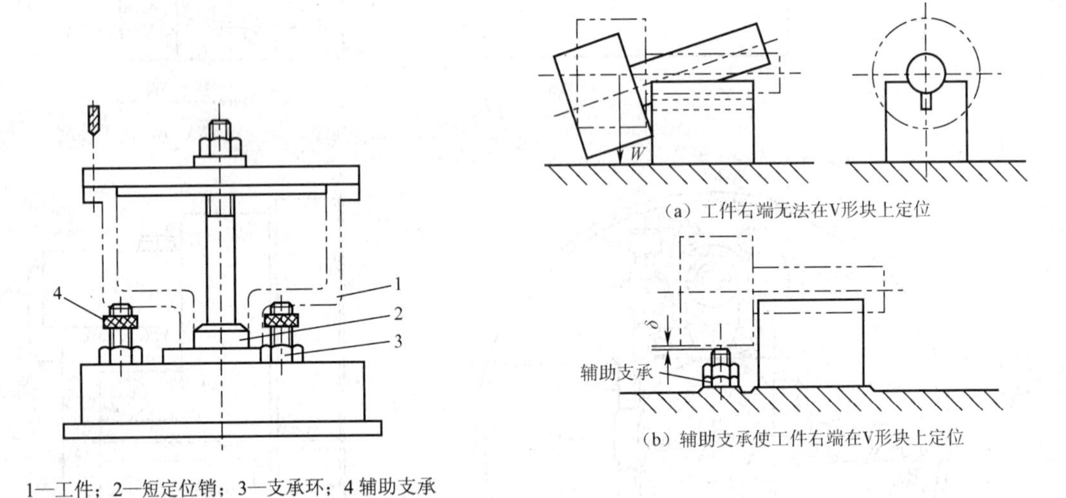

1—工件；2—短定位销；3—支承环；4 辅助支承

图 2-2-13　辅助支承提高工件的刚度和稳定性

（a）工件右端无法在V形块上定位

（b）辅助支承使工件右端在V形块上定位

图 2-2-14　辅助支承起预定位作用

4．工件以圆孔定位时的定位元件

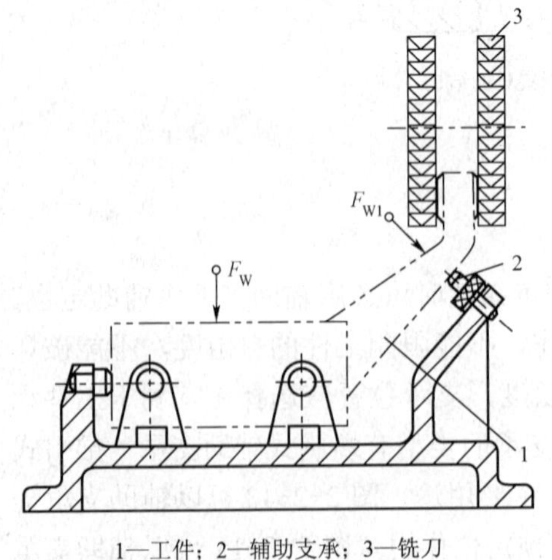

1—工件；2—辅助支承；3—铣刀

图 2-2-15　辅助支承应用实例

工件以圆柱孔作定位基面，夹具用外圆柱面作限位基面，如采用长外圆柱面作定位元件，则限制工件四个自由度；如采用短外圆柱面，则限制工件两个自由度。前者的定位元件常用定位心轴，后者常用定位销。此外，生产中常有以工件圆柱孔与锥销定位的方法，这时圆柱孔与定位元件锥销的接触线是一个圆，限制了工件三个移动自由度。作定位分析时，可将锥销转为三个支承点。一般定位基准为孔中心线。所以，工件以圆孔内表面作为定位基面时，常用以下定位元件。

（1）圆柱定位销。圆柱定位销的型号分为 A、B 两种，种类有固定式定位销、小定位销和可换式定位销及定位插销。圆柱定位销是组合定位中最常用的定位元件之一。图 2-2-16 所示为 A 形定位销和 B 型菱形定位销，A 形定位销限制工件两个自由度，B 形菱形定位销只能限制工件的一个自由度。

固定式定位销的主要规格 D 为 3～50mm，当 $D\leqslant$18mm 时，采用碳素工具钢 T8，经热处理至 55～60HRC；当 D>18 时，用 20 钢渗碳淬硬到 55～60HRC，中批量以下生产用。如图 2-2-17 所示的小定位销的主要规格 D 为 1～3mm；如图 2-2-18 所示的可换式定位销的区别是当定位销磨损后可以更换，以降低夹具成本，这种定位销常用于生产负荷很高的夹具。如图 2-2-19 所示的定位插销则常用于不便于装卸的部位和工件以被加工孔为定位基准的定位中。其主要规格 d 为 3～78mm。

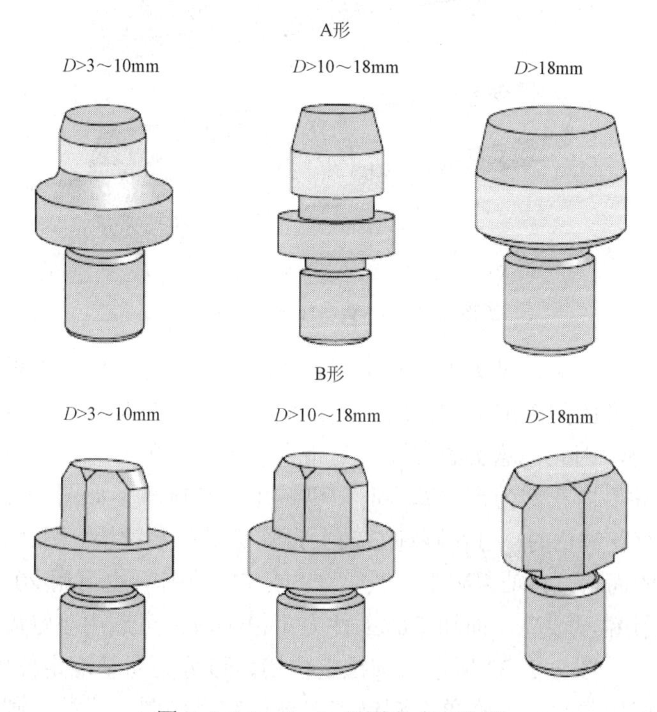

图 2-2-16　A、B 形固定式定位销

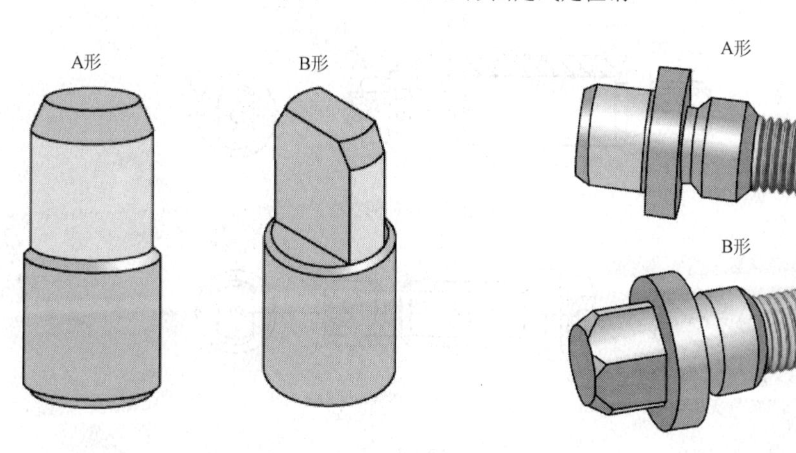

图 2-2-17　A、B 形小定位销

图 2-2-18　A、B 形可换式定位销

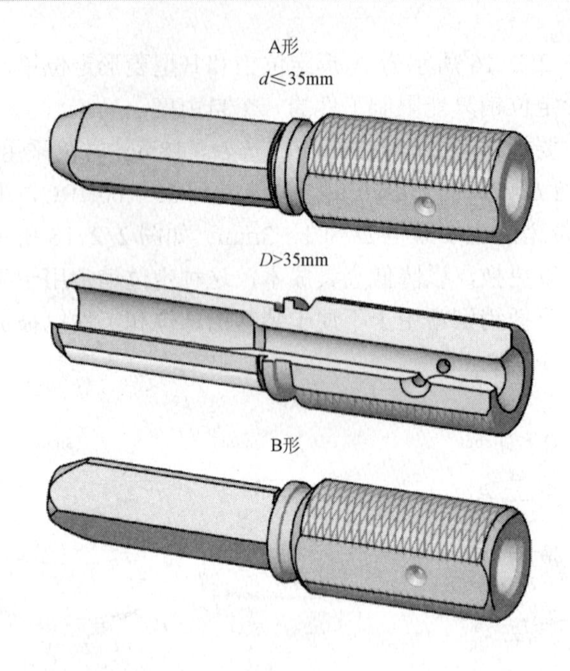

图 2-2-19　A、B 形定位插销

（2）圆柱心轴。在套类、盘类零件的车削、磨削和齿轮加工中，大都选用心轴定位，为了便于夹紧和减小工件因间隙造成的倾斜，当工件定位内孔与基准端面垂直精度较高时，常以孔和端面联合定位，因此，这类心轴通常是带台阶定位面的心轴，如图 2-2-20（a）所示的圆柱心轴；当工件以内花键为定位基准时，可选用外花键轴，如图 2-2-20（b）所示的圆柱心轴；当内孔带有花键槽时，可在圆柱心轴上设置键槽配装键块。图 2-2-21 所示为各类机床心轴及应用，一般而言，心轴用碳素工具钢 T8 或 T10 制作，也可用 20 钢渗碳淬硬到 55～60HRC，当工件内孔精度很高，而加工时工件力矩很小时，可选用小锥度心轴定位。

（3）圆锥定位销。图 2-2-22 所示为圆锥定位销，可分为粗基准定位用、精基准定位用、平面和圆孔边缘同时定位。工件在单个圆锥销上定位容易倾斜。为此，圆锥销与其他定位元件组合定位。

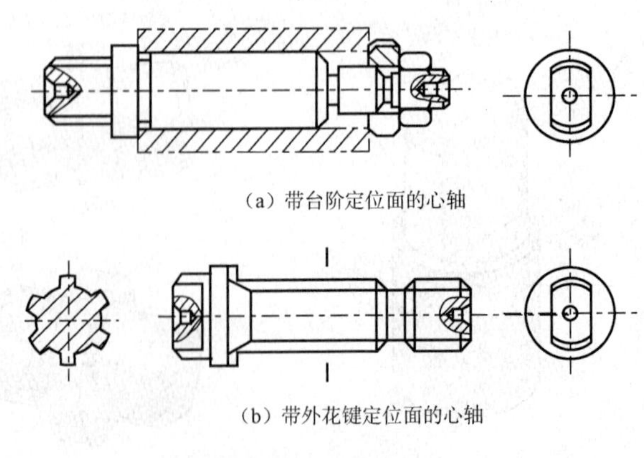

（a）带台阶定位面的心轴

（b）带外花键定位面的心轴

图 2-2-20　圆柱心轴

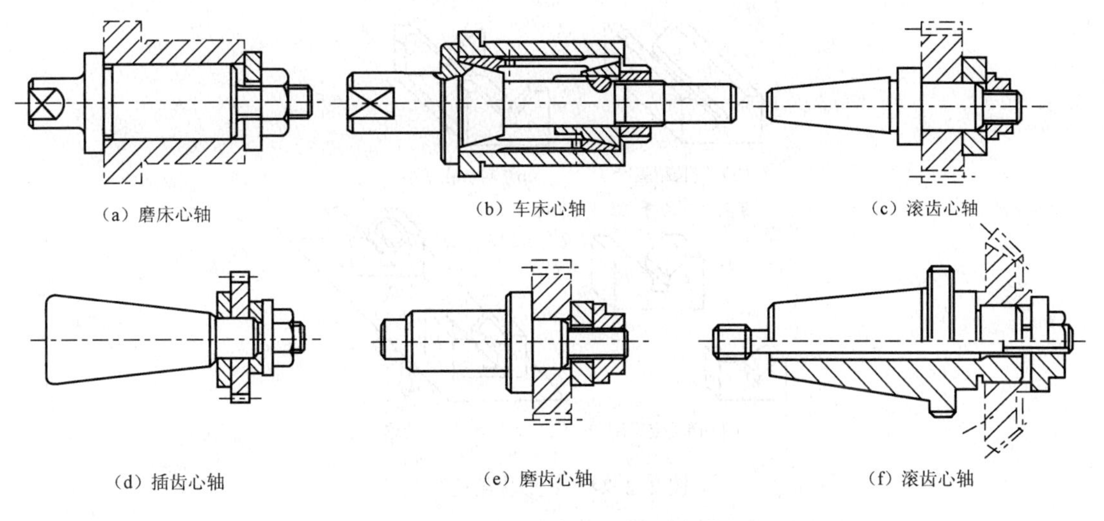

图 2-2-21　各类机床心轴及应用

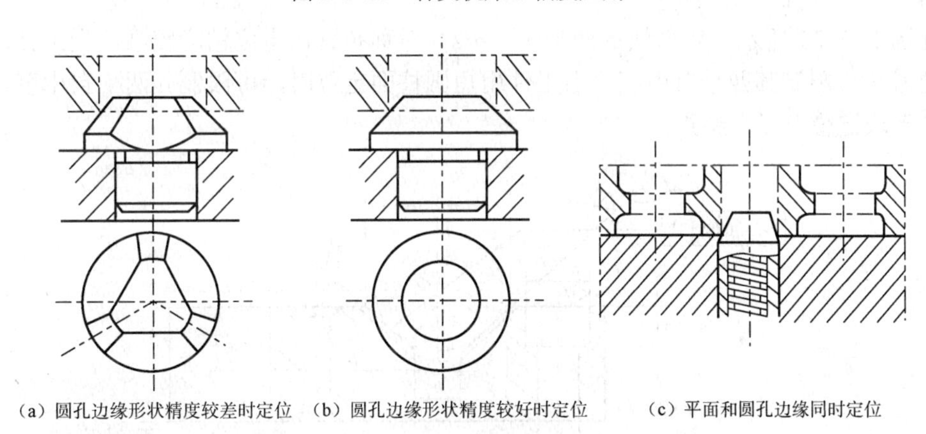

图 2-2-22　圆锥定位销

(4) 圆锥心轴（小锥度心轴）如图 2-2-23 所示，主要规格直径为 8～100mm，锥度为 1∶3000～1∶8000，由于心轴锥面与孔壁间有很大的接触面，故工件被锁紧且不会产生较大的倾斜，通常可达到 0.01mm 的同轴度公差，这类心轴适用于精磨，心轴用工具钢 T10A，经热处理至 58～64HRC，大型尺寸可用优质碳素结构钢 20 钢的无缝钢管制造。

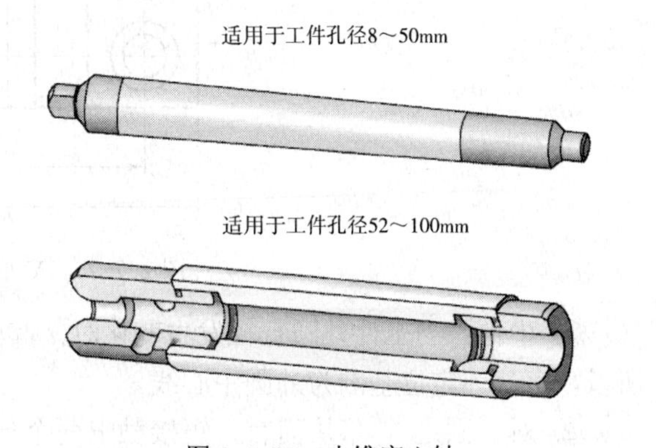

图 2-2-23　小锥度心轴

5. 工件以外圆定位时的定位元件

工件以外圆柱面定位时常用的定位元件有 V 形块、半圆套、支承板、定位套等，当工件的对称度要求较高时，可选用 V 形块定位，如图 2-2-24 所示。

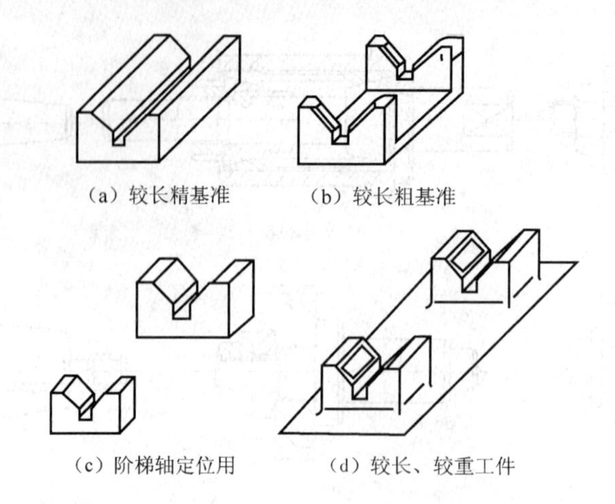

图 2-2-24　V 形块结构形式

（1）单个 V 形块的定位

如图 2-2-25 所示，V 形块的两半角（$\alpha/2$）对称布置，定位精度较高，当工件用长圆柱面定位时，可限制其四个自由度，当工件用短圆柱面定位时，可限制其两个自由度，经分析知，V 形块定位有以下特点：

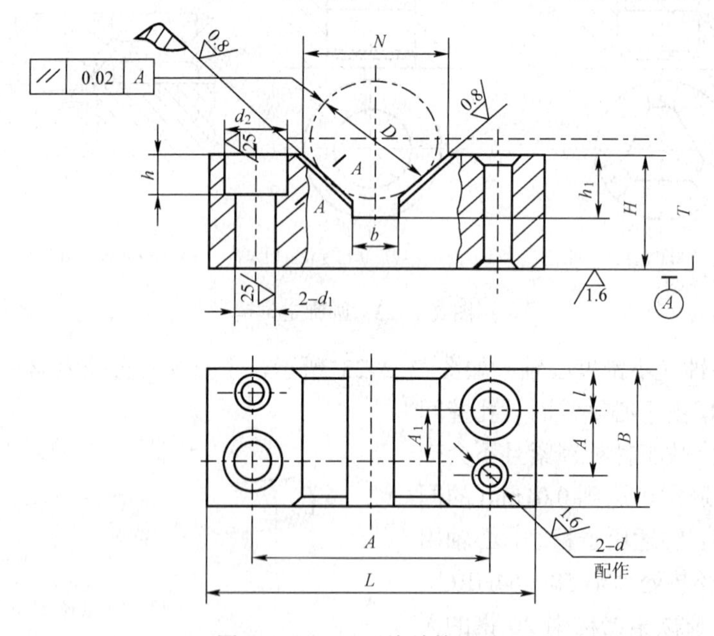

图 2-2-25　V 形块结构尺寸

① 中性：当工件外圆直径发生变化时，其中心线始终位于 V 形块两斜面的对称面上，所以，可认为定位基准为外圆中心线。

② 对于固定 V 形块而言，短接触限两个自由度，长接触限四个自由度，其长短接触与孔轴接触判断相似。V 形块的定位高度 T 可按下式计算，即

$$T = H + 0.707D - 0.5N$$

式中　D——V 型块理论圆直径；

N——V形块的开口尺寸；

T——V形块理论圆的中心高度尺寸。

（2）活动V形块与固定V形块的组合定位分析

图2-2-26所示为活动V形块限制工件的z转动自由度，固定V形块限制工件的移动自由度。活动V形块的主要规格N为9mm、14mm、…、70mm。

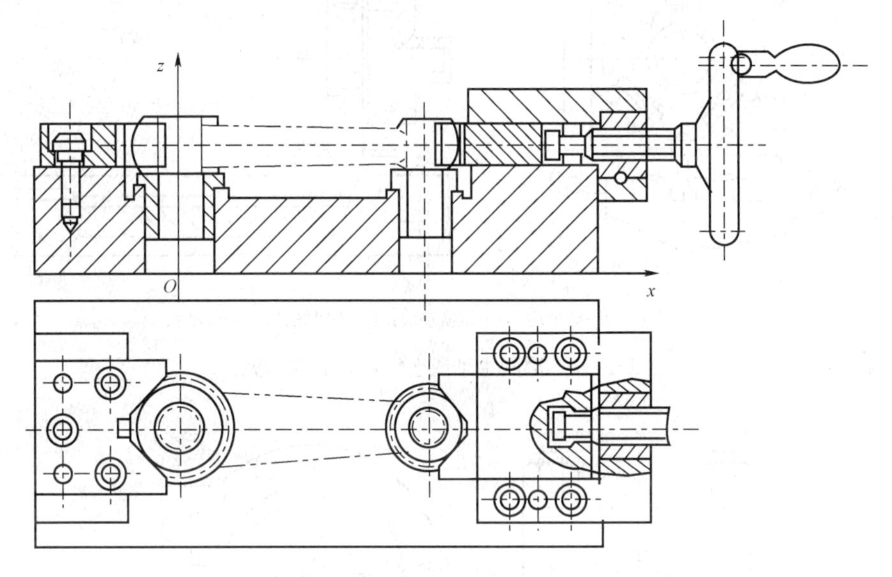

图2-2-26 活动V形块与固定V形块

（3）其他结构的V形块

V形块是使用很广泛的定位元件，能用于粗基准和精基准的定位，使用很方便，除了标准结构外，其专用的非标准结构很多，设计也很灵活，如图2-2-28所示，V形块的V形面上有硬质合金可延长夹具的使用寿命，有些场合的还可制成60°或者120°。如图2-2-27所示的V形块夹具用于专用可调夹具和组合夹具中装夹工件的情形。

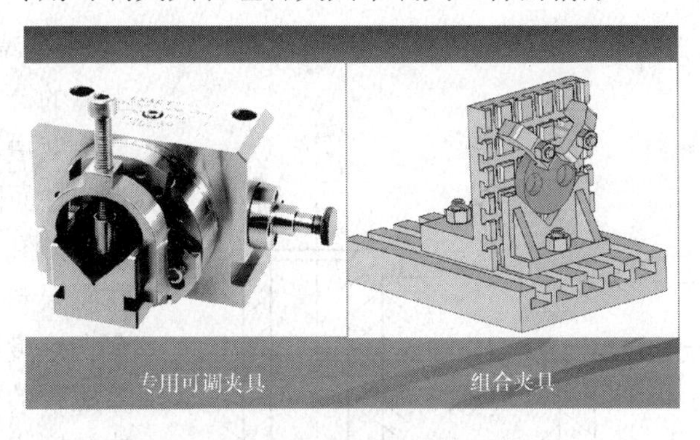

图2-2-27 V形块在夹具中的应用

（4）半圆套

如图2-2-29所示，半圆套的定位面置于工件的下方。这种定位方式类似于V形块，也类似于轴承，常用于大型轴类零件的精基准定位中，其稳固性比V形块更好。其定位精度取决于定位基面的精度。通常，工件的轴颈取精度 IT7、IT8，表面粗糙度为 $R_a0.8$。

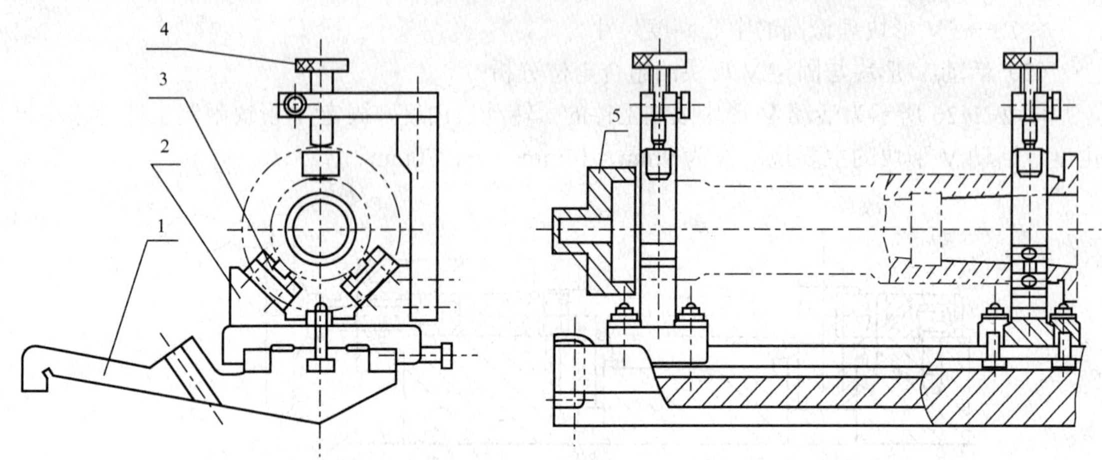

1—夹具体；2—V 形块；3—可换垫块；4—夹紧螺钉；5—带动头

图 2-2-28　磨削主轴或套筒锥孔的成组夹具

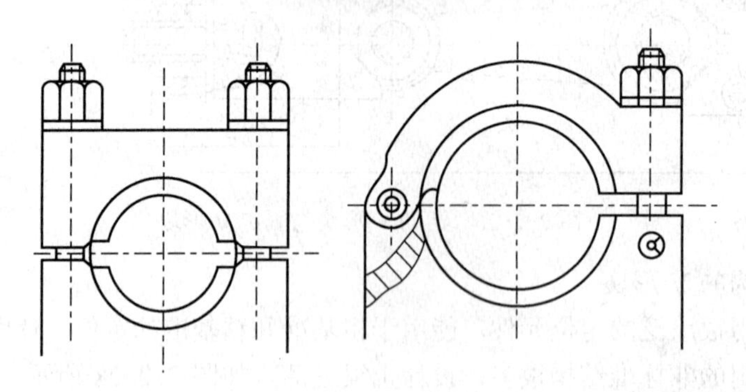

图 2-2-29　半圆套

（5）定位套

图 2-2-30 所示为两种常用的定位套，通常，定位套的圆柱面与端面组合定位。在限制工件的 $\vec{x}$、$\vec{y}$、$\vec{z}$、$\overset{\frown}{x}$、$\overset{\frown}{y}$ 五个自由度中，图 2-2-30（a）所示为圆柱面限制工件 $\vec{x}$、$\vec{y}$ 两个自由度；图 2-2-29（b）所示为圆柱面限制工件 $\vec{x}$、$\vec{y}$、$\overset{\frown}{x}$、$\overset{\frown}{y}$ 四个自由度。这种定位方式是间隙配合的中心定位，故对基面的精度也有严格要求，通常取轴颈精度为 IT7、IT8，表面粗糙度小于 $R_a0.8$。定位套应用较少，常用于小型的形状简单的轴类零件的定位。

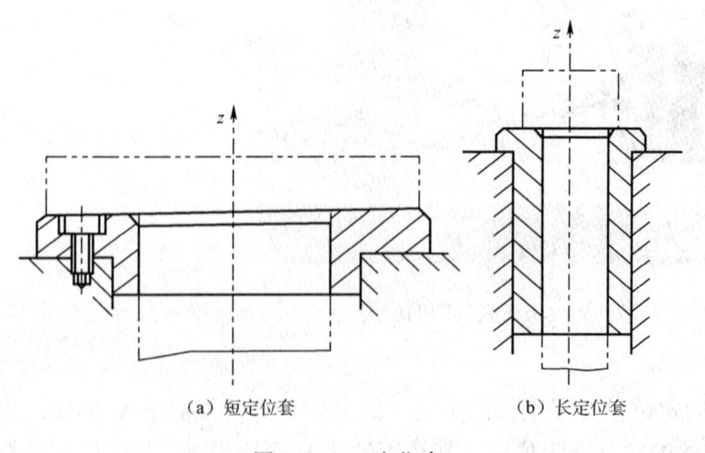

（a）短定位套　　（b）长定位套

图 2-2-30　定位套

（6）支承定位

如图 2-2-31 所示，一般定位基准面接触的点、线，也可认为是中心线。图 2-2-31（a）所示为线接触限两个自由度，图 2-2-31（b）所示为点接触限一个自由度。

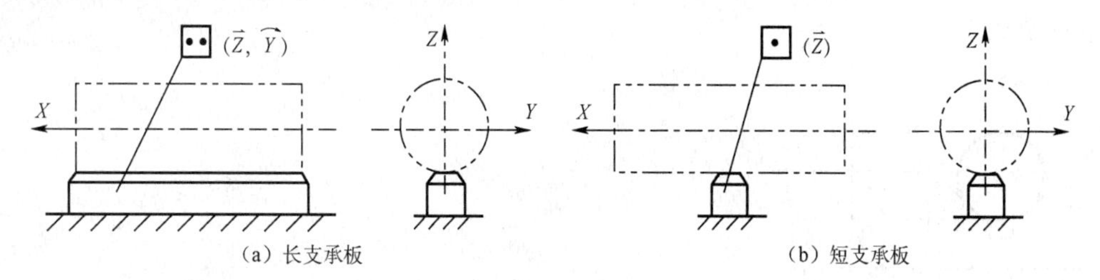

（a）长支承板　　（b）短支承板

图 2-2-31　支承板

二、组合定位中各定位元件限制自由度分析

组合定位：工件以两个及以上定位基准的定位。

组合定位中各定位元件限制自由度分析

1. 判断准则

（1）定位元件单个定位时，限制转动自由度的作用在组合定位中不变；

（2）组合定位中各定位元件单个定位时限制的移动自由度，相互间若无重复，则在组合定位中该元件限制该移动自由度的作用不变；若有重复，其限制自由度的作用要重新分析判断，方法如下：

① 在重复限制移动自由度的元件中，按各元件实际参与定位的先后顺序，分为首参和次参定位元件，若实际分不出，可假设。

② 首参定位元件限制移动自由度的作用不变。

③ 让次参定位元件相对首参定位元件在重复限制移动自由度的方向上移动，引起工件的动向就是次参定位元件限制的自由度。

2. 应用举例

案例 1：如图 2-2-32 所示，工件以两孔一面在两销一面上定位，分析各元件限制的自由度。

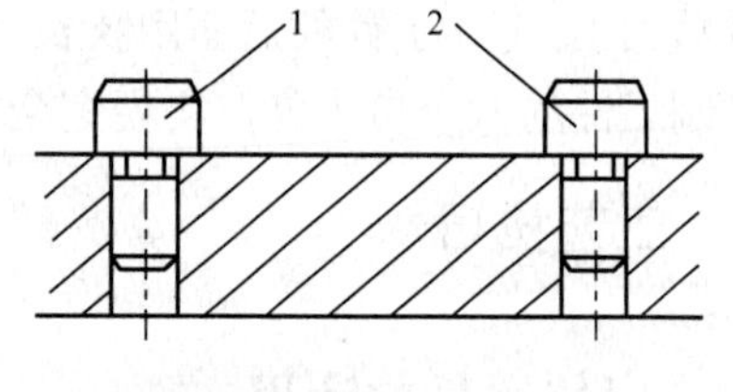

图 2-2-32　两销一面

支承平面：限制了$\widehat{x}$、$\widehat{y}$、$\vec{z}$；圆柱销 1：限制了$\vec{x}$、$\vec{y}$；圆柱销 2：限制了$\vec{x}$、$\vec{y}$，重复限制$\vec{x}$、$\vec{y}$，分析可知实际参与定位先后分不出，假设 1 首参，限制$\vec{x}$、$\vec{y}$，2 次参，限制了$\vec{x}$、$\widehat{z}$综合结果：限制了$\vec{x}\widehat{x}$、$\vec{y}\widehat{y}$、$\vec{z}\widehat{z}$且$\vec{x}$重复限制。

案例 2：如图 2-2-33 所示，工件以外圆柱在三个短 V 型块上定位，分析各元件限制的自由度。

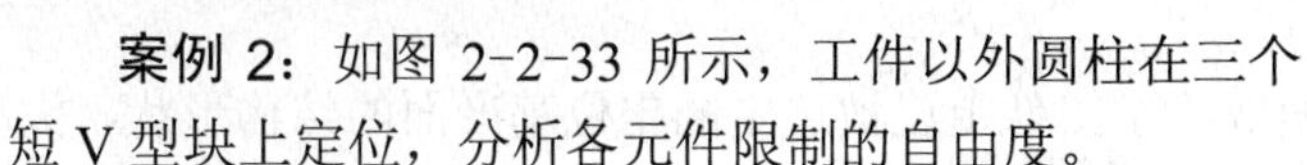

单个定位时：

V1 限制了$\vec{x}$、$\vec{z}$，V2 限制了$\vec{x}$、$\vec{z}$，V3 限制了$\vec{y}$、$\vec{z}$，两次重复限制$\vec{x}$，三次重复限制$\vec{z}$，按上准则分析，实际上 V1、V2 较 V3 先参与，V1、V2 参与分不出先后，假设 V1 为首参限

制了 $\vec{x}$ 、$\vec{z}$ ，V2 次参限制了 $\widehat{x}$、$\widehat{z}$；V3 最后限制了 $\vec{y}$ 、$\widehat{y}$。

案例 3：图 2-2-34 所示为定位插销在车连杆大头孔夹具中的应用，为使连杆的大头孔定位于主轴轴心，先用定位插销插入等待精加工的孔，将两边的定位螺钉拧紧后将定位插销拔出再进行精加工。

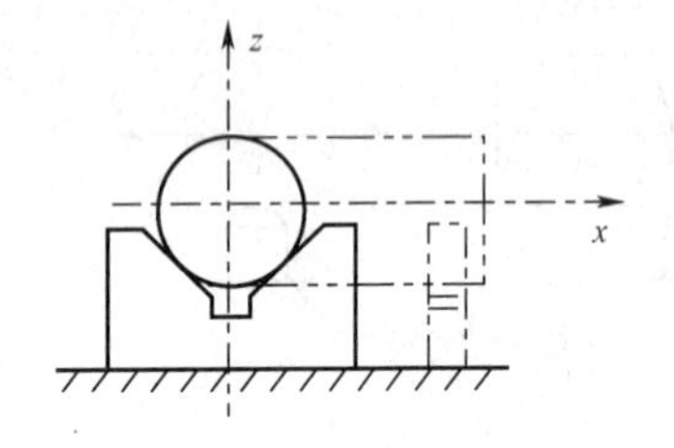

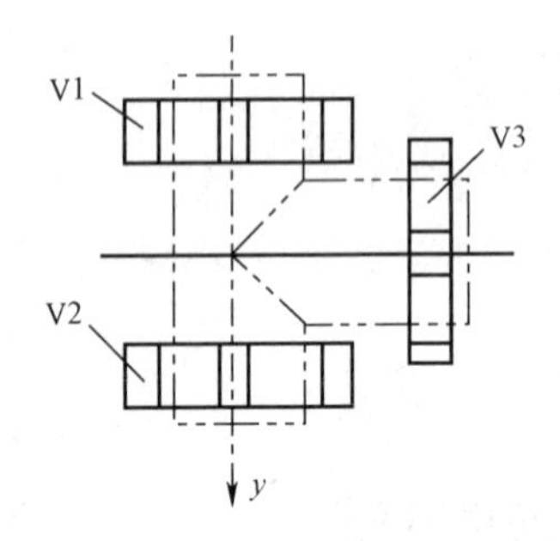

图 2-2-33　三个 V 形块组合定位分析

1　装上定位插销进行中心孔定位；2　定位后夹紧加工

图 2-2-34　定位插销在车连杆大头孔夹具中的应用

完成任务

1．如图 2-2-1 所示的扇形导向座钻床夹具采取底平面、短圆柱销和侧销定位，用底平面控制三个自由度，短圆柱销控制两个移动自由度，用侧销控制一个转动自由度，共控制 6 个自由度，实现完全定位，短圆柱销用 20 钢渗碳淬硬到 55～60HRC。

2．如图 2-2-2 所示的车床夹具用来镗通孔，工件直接在夹具体的底平面上定位（夹具体的底平面经过精加工）控制一个移动和两个转动共三个自由度，工件上端的外圆以活动 V 形块定位，控制了水平方向的移动，保证孔的中心线和主轴同轴。考虑到工件的外圆没有经过精加工，可在工件的后面用狭长平面定位可控制工件沿主轴方向的移动和垂直方向的转动，控制工件的六个自由度，实现完全定位。

工艺技巧

一、定位元件的选用

夹具定位元件的结构和尺寸，主要取决于工件上已被选定的定位基准面的结构形状、大小及工件的重量等。定位元件在夹具中的布置，既要符合六点定位原理，又要能保证工件定位的稳定性。

1. 平面定位时

（1）粗基准平面和面积较小的基准平面选用支承钉。
（2）面积较大、平面度精度较高的基准平面定位选用支承板。
（3）毛坯面、阶梯平面和环形平面作基准平面定位时，选用自位支承。
（4）毛坯面作基准平面，调节时，可按定位面质量和面积大小分别选用可调支承。
（5）当工件定位基准面需提高定位刚度、稳定性和可靠性时，可选用辅助支承。

2. 圆孔表面定位元件

（1）工件上定位内孔较小时，常选定位销。
（2）在套类、盘类零件的车削、磨削、钻削和齿轮加工中，大都选用心轴。

3. 工件以外圆柱定位

（1）当工件对称度要求较高时，选用 V 形块。
（2）当工件定位圆柱面精度较高时，可选用定位套或半圆套。

二、组合定位应考虑的问题

（1）合理选择定位元件，实现工件的正确定位。
（2）按基准重合原则选择定位基准。
（3）定位元件限制的自由度方向会发生变化。
（4）选择定位元件时，应考虑加工精度的要求。

知识链接

工件以特殊表面定位时的定位元件

（1）工件以内外圆锥面定位如图 2-2-35（a）所示，外圆锥面可在 V 形块上定位，与挡销一起限制$\vec{x}$、$\vec{y}$、$\vec{z}$、$\widehat{y}$、$\widehat{z}$五个自由度；图 2-2-35（b）、（c）所示为圆锥配合的定心定位方式，定位精度很高。

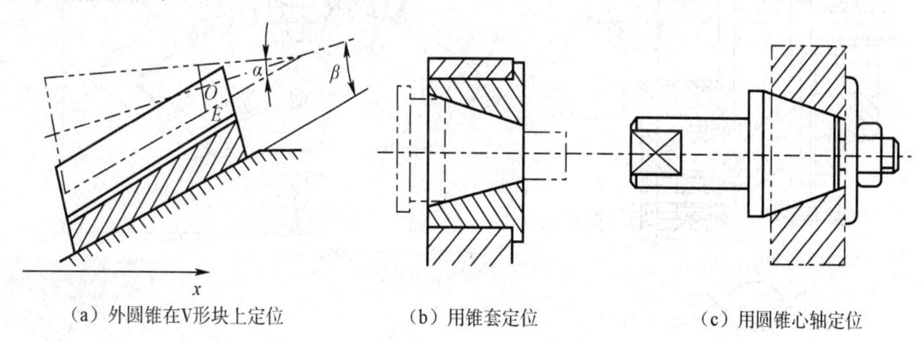

（a）外圆锥在V形块上定位　（b）用锥套定位　（c）用圆锥心轴定位

图 2-2-35　圆锥面的定位

（2）顶尖孔是轴类零件的辅助基准，应用极为广泛。图中两顶尖可限制工件的$\vec{x}$、$\vec{y}$、$\vec{z}$、$\widehat{y}$、$\widehat{z}$五个自由度。图 2-2-36（a）所示为通用顶尖，定心精度较高；图 2-2-36（b）所示为主轴箱顶尖为特殊顶尖，它可沿轴向浮动限制 $\vec{y}$、$\vec{z}$ 自由度，轴向以端面套 E 定位，限制 $\vec{x}$ 移动自由度，图 2-2-36（c）所示为主轴箱的顶尖为外拔顶尖，功能与通用顶尖相同，结构也已标准化。

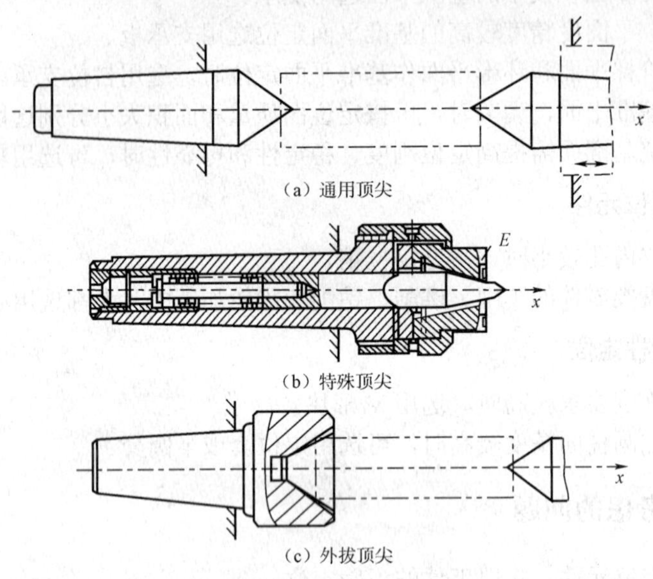

（a）通用顶尖

（b）特殊顶尖

（c）外拔顶尖

图 2-2-36　顶尖的应用

（3）工件以齿形表面定位

图 2-2-37 所示为用齿形表面定位的两个实例，如图 2-2-38（a）所示的定位元件是三个滚柱，自动定心盘 1 通过滚柱 3 对齿轮 4 进行中心定位。齿面与滚柱的最佳接触点 A、B…均应处在分度圆上，滚柱的直径要精确计算。关于齿形定位，详见有关夹具设计手册。

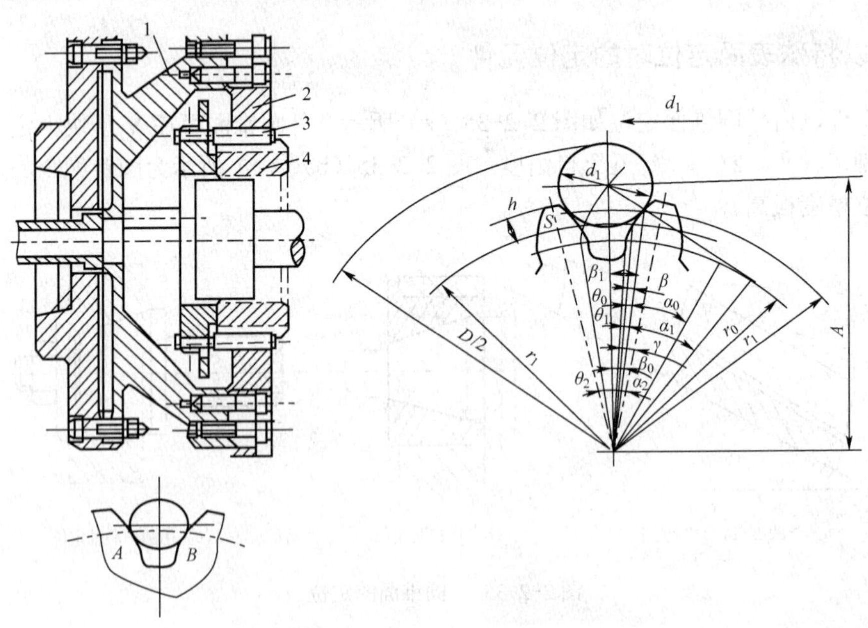

1—定心盘；2—卡爪；3—滚柱；4—齿轮

图 2-2-37　齿形表面定位

（4）工件以导轨面定位

图 2-2-38 所示为燕尾形导轨的定位的形式。图 2-2-38（a）所示为镶有圆柱定位块的结构，如图 2-2-38（b）所示，采用小斜面定位块，其结构简单。为了减少过定位的影响，工件的定位基面需经配制（或配磨）。

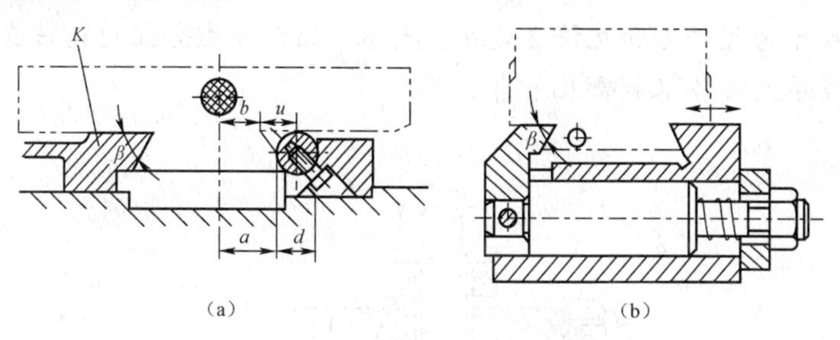

图 2-2-38　燕尾形导轨的定位

思考与练习

如题 2-2-1 图所示按照组合定位判断准则，分组讨论下列组合定位中各元件限制了哪几个自由度？

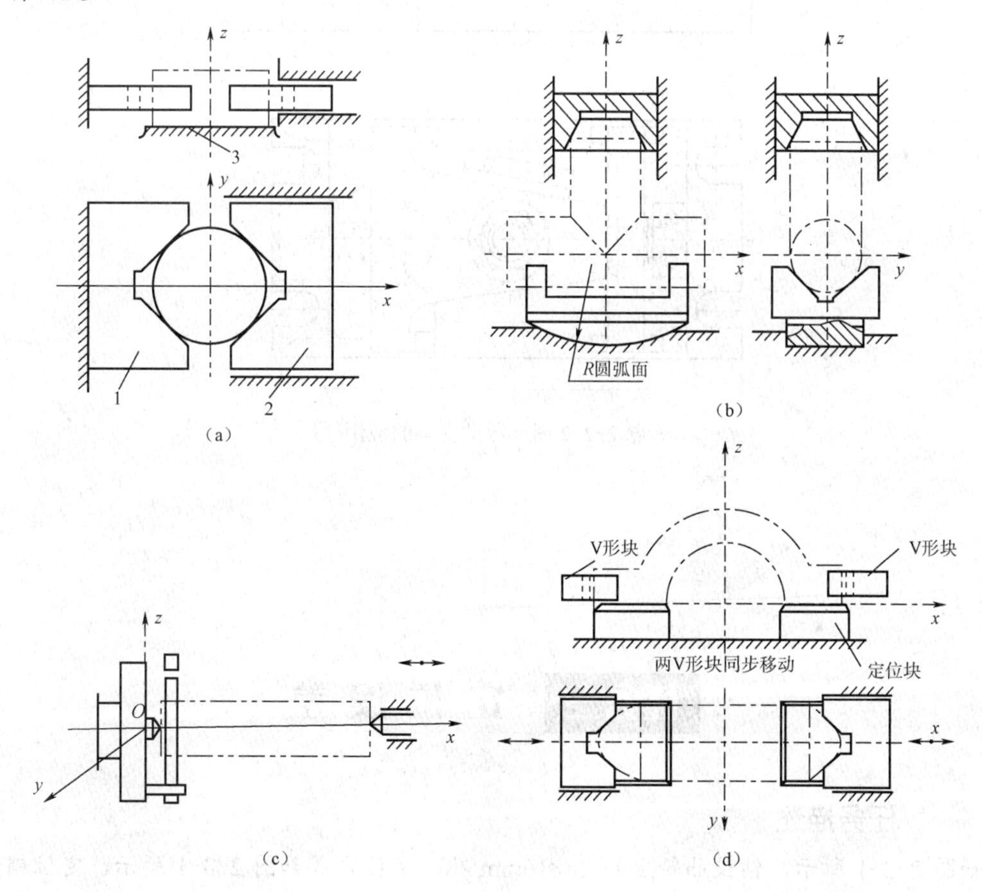

题 2-2-1 图

题 2-2-2 图所示为元件 1 和元件 2 是浮动支承，组织学生分组讨论该夹具的结构及定位情况，看各浮动支承元件各限制哪几个自由度？

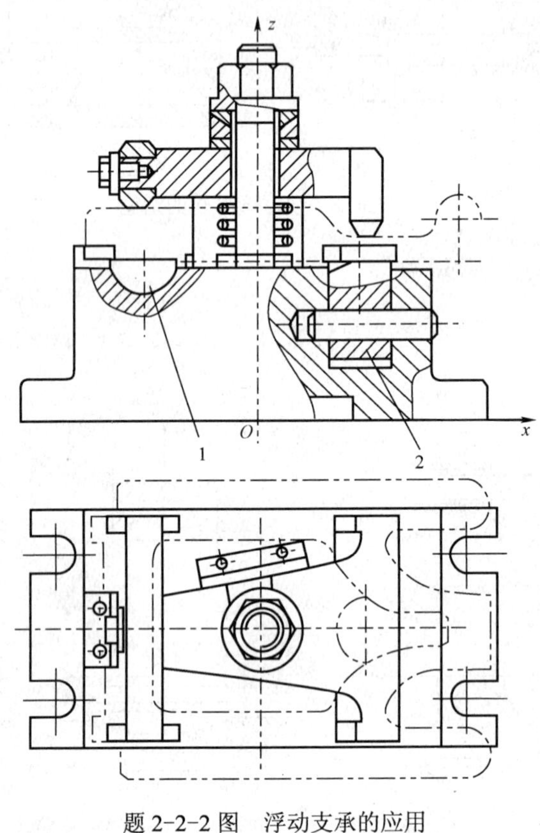

题 2-2-2 图 浮动支承的应用

任务三 定位误差

任务描述

如图 2-3-1 所示，钻铰凸轮上的 2×ϕ16mm 孔，定位方式如图 2-3-1 所示，定位销直径为 $\phi22_{-0.021}^{\ 0}$ mm，求加工尺寸 100±0.1mm 的定位误差。

【知识目标】

了解各种定位形式下定位误差产生的原因，掌握不同定位形式中定位误差的计算方法。

【技能目标】

计算不同定位形式中的定位误差以校核精度。

任务分析

对如图2-3-1所示的凸轮孔加工根据其定位方式计算定位误差，其定位基准和工序基准都是$22^{+0.033}_{0}$ mm的孔，其工序尺寸为100±0.1mm，工件在夹具中可以用平面定位、孔定位，也可以用外圆柱面定位或以特殊表面定位，定位的形式不同，定位元件不同，定位误差的计算方法也就不同，在这个任务里，需要弄清定位误差产生的原因及不同的定位形式下定位误差的计算方法。

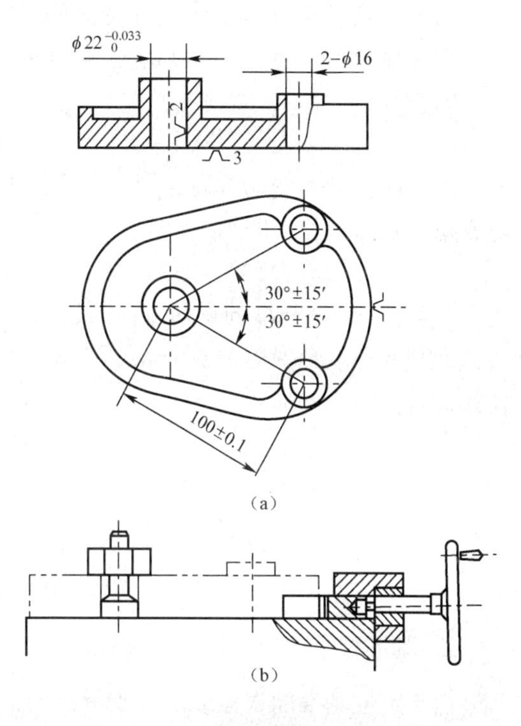

图2-3-1　凸轮的工序图及定位简图

完成任务/操作步骤

基本概念/任务准备

一、定位误差及其产生的原因

一批工件按六点定位规则定位后，在夹具中的位置就已被确定，然而，由于工件及定位元件存在公差，使各个工件所占据的位置不完全一致，加工后形成加工尺寸不一致，工件仍会产生定位误差。为了保证工件的加工精度，在定位设计时要仔细分析和研究定位误差。

由定位引起的同一批工件的工序基准在加工尺寸方向上的最大变动量，称为定位误差，用ΔD表示。造成定位误差的原因是定位基准与工序基准不重合，以及定位基准的位移误差两个方面。

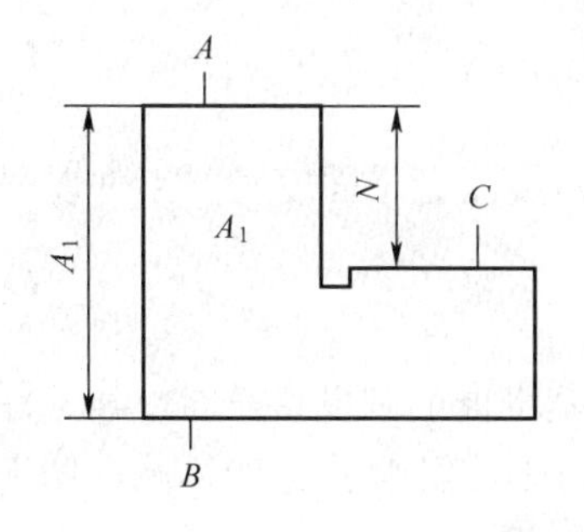

图2-3-2　工件上铣缺口工序简图

1．基准不重合误差

由于定位基准与工序基准不重合而造成的定位误差，称为基准不重合误差，用ΔB表示。图2-3-2所示为工序简图，在工件上铣缺口，尺寸为N，工件以底面B定位，工序基准是A，定位基准是B，两者不重合。当一批工件逐个在夹具上定位时，工序基准A的位置是变动的，A 的变动影响 N 的大小，给 N 造成误差，这个误差就是基准不重合误差。

基准不重合误差的大小应等于因定位基准与工序基准不重合而造成的加工尺寸的变动范围。由图可知

$$\Delta B=A_1\max-A_1\min=\delta_k$$

A_1 是定位基准 B 与工序基准 A 之间的距离尺寸，将这个尺寸取名为定位尺寸。

当工序基准的变动方向与加工尺寸的方向相同时，基准不重合误差等于定位尺寸的公差，即

$$\Delta B=\delta_k$$

当工序基准的变动方向与加工尺寸的方向不同时，基准不重合误差等于定位尺寸的公差与 β 角余弦的乘积，即

$$\Delta B=\delta_k\cos\beta$$

式中　β——工序基准的变动方向与加工尺寸方向间的夹角。

当基准不重合误差由多个尺寸影响时应将其在工序尺寸方向上合成，基准不重合误差的计算公式，即

$$\Delta B=\sum_{i=1}^{n}\delta_i\cos\beta$$

式中　δ_i——定位基准与工序基准间的尺寸链组成环的公差（mm）；

　　　β——δ_i 的方向与加工尺寸方向间的夹角（°）。

2．基准位移误差 ΔY

由于定位基准的误差或定位支承点的误差而造成的定位基准位移，这种定位误差称为基准位移误差。用 ΔY 表示。

当定位基准的变动方向与工序尺寸的方向相同时，基准位移误差等于定位基准的变动范围，即

$$\Delta Y=\Delta i$$

式中　Δ_i——定位基准的变动范围。

当定位基准的变动方向与工序尺寸的方向不同时，基准位移误差等于定位基准的变动范围在加工尺寸方向上的投影，即

$$\Delta Y=\Delta i\cos\alpha$$

不同的定位方式，其基准位移误差的计算方法也不同。

（1）工件以平面定位

平面支承定位的位移误差如果不考虑定位平面本身的垂直度或者平面度时，工件以平面定位的基准位移误差为 0。

（2）用 V 形块定位

如图 2-3-3（a）所示，若不计 V 形块的误差而仅有工件基准面的圆度误差时，其工件的定位中心会发生偏移，产生基准位移误差。由图 2-3-3（b）可知，仅由于 δ_d 的影响，使工件的中心沿 Z 向从 O_1 移至 O_2，即基准位移量：

$$O_1O_2=\frac{\delta_d}{2\sin(\alpha/2)}$$

则

$$\Delta Y=\frac{\delta_d}{2\sin(\alpha/2)}$$

式中　δ_d——工件定位基准的直径公差（mm）；

$\alpha/2$——V 形块的半角（°）。

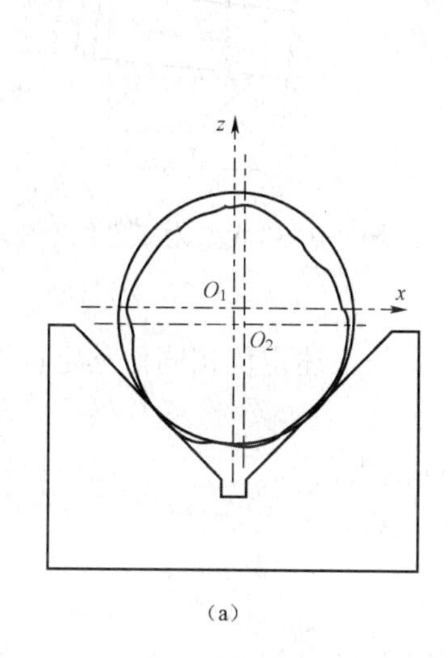

（a）

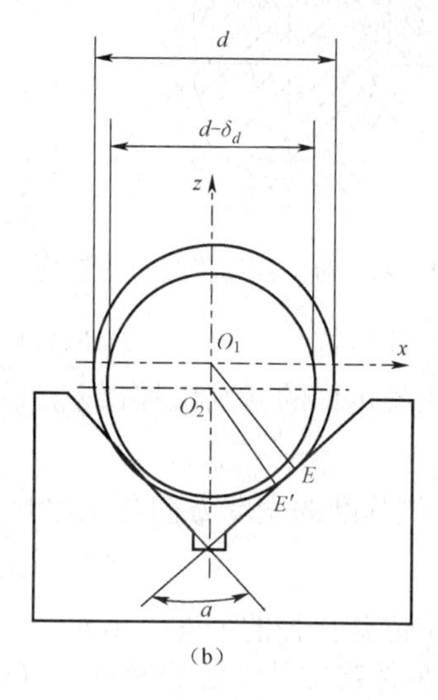

（b）

图 2-3-3　V 形块定心定位的位移误差

V 形块的对中性好，即其沿 X 向的位移误差为零。对于较精密的定位，需适当提高外圆的精度。

当 $\alpha=90°$ 时，V 形块的位移误差可由下式计算，即

$$\Delta Y=0.707\delta_d$$

（3）用圆柱定位销、圆柱心轴中心定位

如图 2-3-4 所示，由于定位配合间隙的影响，会使工件的中心发生偏移，其偏移量即为最大配合间隙，可按下式计算，即

式中　X_{max}——定位最大配合间隙（mm）；

δ_D——工件定位基准孔的直径公差（mm）；

δ_{d_0}——圆柱定位销或圆柱心轴的直径公差（mm）；

X_{min}——定位所需最小间隙，由设计时确定（mm）。

$$\Delta Y=X_{max}=\delta_D+\delta_{d_0}+X_{min}$$

基准位移误差的方向是任意的。减小定位配合间隙，即可减小 ΔY 值，以提高定位精度。

当工件用长定位轴定位时，定位的配合间隙还会使工件发生歪斜，并影响工件的平行度要求。如图 2-3-5 所示，工件除了孔距公差外，还有平行度要求，定位配合的最大配合间隙 X_{max} 同时会造成平行度误差，即

$$\Delta Y=X_{max}=(\delta_D+\delta_{d_0}+X_{min})\frac{L_1}{L_2}$$

式中　L_1——加工面长度（mm）；

L_2——定位孔长度（mm）。

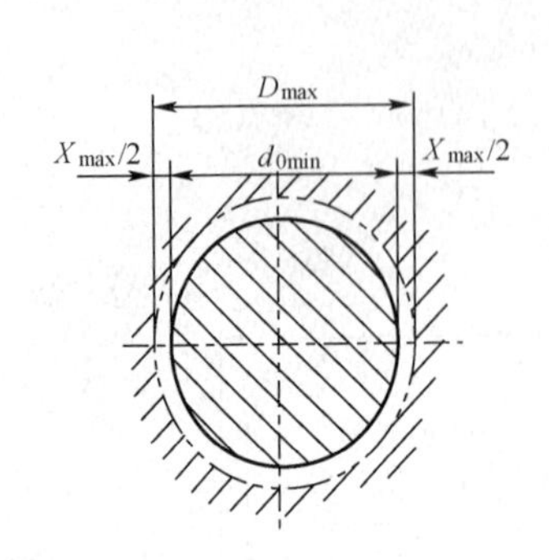

图 2-3-4　X_{max} 对工件位置公差的影响

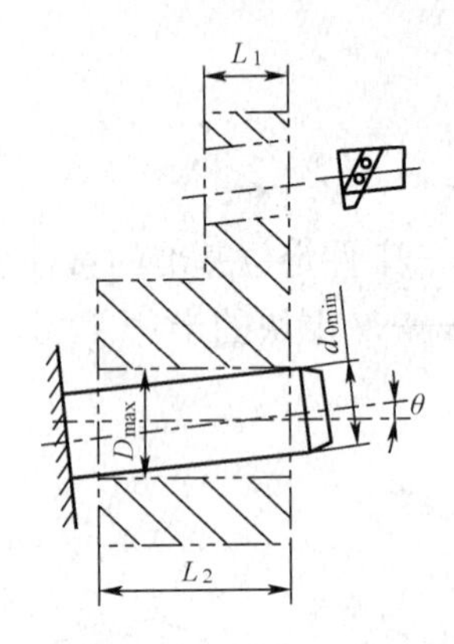

图 2-3-5　X_{max} 对工件位置公差的影响

（4）用定位套定位

用定位套中心定位的基准位移误差产生的原因。与上述定位相同，其定位误差可按下式计算：

式中　α——定位基准的变动方向与工序尺寸方向间的夹角。

$$\Delta Y = X_{max} = \delta_D + \delta_{d_0} + X_{min}$$

δ_d——定位套孔径的公差（mm）。

δ_{d_0}——工件定位外圆的直径公差（mm）。

其基准位移误差的方向是任意的。

当定位基准的变动方向与工序尺寸的方向不同时，基准位移误差等于定位基准的变动范围在加工尺寸方向上的投影，即

式中　Δ_i——定位基准的变动范围；

α——定位基准的变动方向与工序尺寸方向间的夹具。

二、定位误差的计算方法

1. 合成法

由于定位基准与工序基准不重合，以及基准位移误差是造成定位误差的原因。因此，定位误差应由基准不重合误差与基准位移误差组合而成。计算时，先算出 ΔB 与 ΔY，然后将两者组合得 ΔD。

（1）$\Delta Y \neq 0$、$\Delta B = 0$ 时 $\Delta D = \Delta Y$

（2）$\Delta Y = 0$、$\Delta B \neq 0$ 时 $\Delta D = \Delta B$

（3）$\Delta Y \neq 0$、$\Delta B \neq 0$ 时 $\Delta D \neq \Delta Y$

如果工序基准不在定位基面上，得

$$\Delta D = \Delta B + \Delta Y$$

如果工序基准在定位基面上，得

$$\Delta D = \Delta B \pm \Delta Y$$

“+”、“−”号的确定方法：

（1）分析定位基面直径由小变大（或由大变小）时，定位基准的变动方向。

（2）当定位基面直径作同样变化时，设定位基准的位置不变动，分析工序基准的变动方向。

（3）两者的变动方向相同时，取“+”号，两者的变动方向相反时，取“−”号。

2．极限位置法

在机械加工中，加工尺寸的大小取决于工序基准相对于刀具（或机床）的位置。在计算定位误差时，也可先画出工序基准相对于刀具（或机床）的两个极限位置，再根据几何关系求出这两个极限位置间的距离，便得到了定位误差。这种方法称为极限位置法。

完成任务

定位误差及其计算

工件在夹具中定位引起定位误差，产生定位误差的原因是基准不重合和基准位移。根据不同的定位情况来计算定位误差。

（1）$\Delta Y\neq0$、$\Delta B=0$ 时，产生定位误差的原因是基准位移，故只要计算出 ΔY 即可，即

$$\Delta D=\Delta Y$$

案例 1：如图 2-3-6 所示，钻铰零件上ϕ10H7 的孔，工件主要以$\phi20\mathrm{H7}(^{+0.021}_{\ 0})$mm 孔定位，定位轴直径为$\phi20(^{-0.007}_{-0.016})$mm，求工序尺寸 50±0.07mm 及平行度的定位误差。

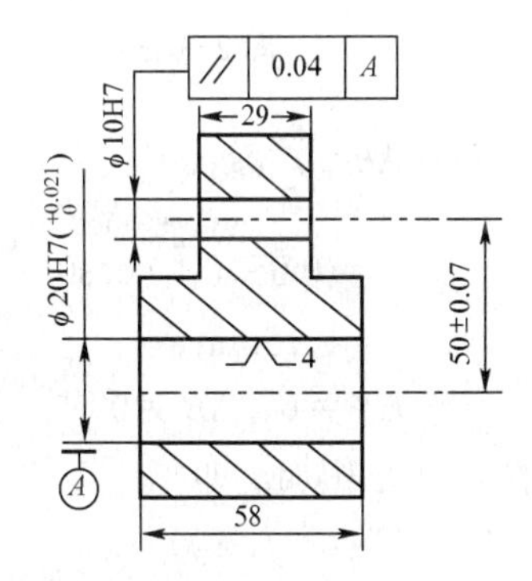

图 2-3-6　定位误差计算案例 1

解：①工序尺寸为 50±0.07mm。

$\Delta B=0$（定位基准与工序基准重合，均为 A）

$$\begin{aligned}\Delta Y&=X_{\max}=\delta_D+\delta_{d_0}+X_{\min}\\&=0.021+0.009+0.007\\&=0.037\text{mm}\\\Delta D&=\Delta Y=0.037\text{mm}\end{aligned}$$

②平行度为 0.04

同理得 $\Delta B=0$

$$\begin{aligned}\Delta Y&=(\delta_D+\delta_{d_0}+X_{\min})\frac{L_1}{L_2}\\&=(0.021+0.009+0.007)\times29/58\\&=0.018\text{mm}\end{aligned}$$

影响工件平行度的定位误差为 $\Delta D=\Delta Y=0.018$

案例 2：如图 2-3-7 所示，用单角度铣刀铣削斜面，求加工尺寸为 39±0.04mm 的定位误差。

解：$\Delta B=0$（定位基准与工序基准重合，均为 A）按式得沿 Z 方向的基准位移误差，即

$$\Delta Y=\frac{\delta_d}{2\sin(\alpha/2)}=0.707\delta_d=0.707\times0.04\text{mm}=0.028\text{mm}$$

将 ΔY 值投影到加工尺寸方向，即

$$\Delta D=\Delta Y\cos\alpha= 0.028\times0.866= 0.024\text{mm}$$

（2）$\Delta Y=0$、$\Delta B\neq0$ 时，产生定位误差的原因是基准不重合误差，故只要计算出 ΔB 即可得

$$\Delta D=\Delta B$$

这种情况常见于以平面为主要基准的定位中。

案例 3：如图 2-3-8 所示，以 A 面定位加工 ϕ20H8mm 孔，求加工尺寸 40±0.1mm 的定位误差。

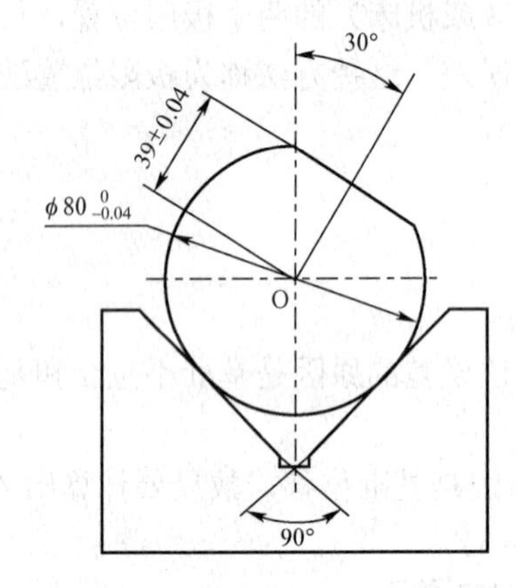

图 2-3-7 定位误差计算案例 2

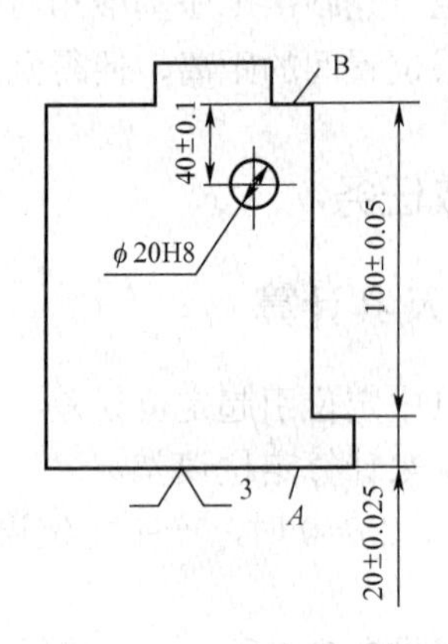

图 2-3-8 定位误差计算案例 3

解：$\Delta B=\sum\limits_{i=1}^{n}\delta_i\cos\beta$

$=(0.05+0.10)\cos0°$

$=0.15\text{mm}$

（3）$\Delta Y\neq0$、$\Delta B\neq0$ 时，且造成定位误差的原因是相互独立的因素时（δ_D、δ_d、δ_i 等），将两项误差相加，即

$$\Delta D=\Delta B+\Delta Y$$

案例 4：如图 2-3-9 所示，工件以 d_1 外圆定位，加工 ϕ10H8 孔。已知 $d_1=\phi30_{-0.01}^{\ 0}$ mm，$d=\phi55_{-0.056}^{-0.010}$ mm，H=40±0.15mm，$t=\phi$0.03mm，求加工尺寸 40±0.15mm 的定位误差。

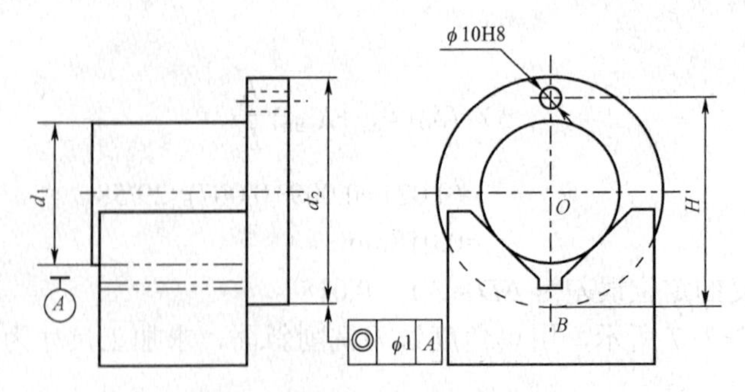

图 2-3-9 定位误差计算案例 4

定位基准是圆柱 d_1 的轴线 A，工序基准则在 d_2 外圆的素线 B 上，是相互独立的因素，故可按式合成。

$$\Delta B=\sum_{i=1}^{n}\delta_i\cos\beta=(\delta_{d_2}/2+t)\cos0^\circ=(\frac{0.046}{2}+0.03)\text{mm}=0.053\text{mm}$$

又按式得

$$\Delta Y=0.707\,\delta_{d_1}=0.707\times0.01=0.007\text{mm}$$

$$\begin{aligned}\Delta D&=\Delta B+\Delta Y\\&=(0.053+0.007)\text{mm}\\&=0.06\text{mm}\end{aligned}$$

案例 5：某厂叶轮加工的定位方式如图 2-3-10 所示，工件以$\phi80\pm0.05$mm 的外圆柱面在定位元件的$\phi80^{+0.10}_{+0.07}$mm 止口中定位，加工均布的 4 槽。求槽的对称度的定位误差。

解：（1）对称度的工序基准是$\phi12$H8 的轴线，定位基准是$\phi80\pm0.05$mm 的轴线，得

$$\Delta B=0.02$$

（2）定位基准相对限位基准可任意方向移动，得

$$\Delta Y=\delta_D+\delta_d+X_{min}=0.03+0.1+0.02=0.15\text{mm}$$

（3）工序基准不在定位基面上，得

$$\Delta D=\Delta Y+\Delta B=0.15+0.02=0.17\text{mm}$$

这种定位方式的定位误差太大，已超过工件公差的 2/3，难以保证槽的对称度要求。

若改用$\phi12$H8 孔定位，使 $\Delta B=0$；选定位心轴为$\phi12$g6($\phi12^{-0.006}_{-0.017}$ mm)，即 $\Delta Y=X_{max}=0.027+0.017=0.044\text{mm}<\delta_K/3$，可满足加工要求。

结论：选择定位基准应尽可能与工序基准重合；应选择精度高的表面作定位基准。

现在我们来完成图 2-3-11 中钻铰凸轮上的 2×$\phi16$mm 孔，求 100±0.1mm 的定位误差的任务。

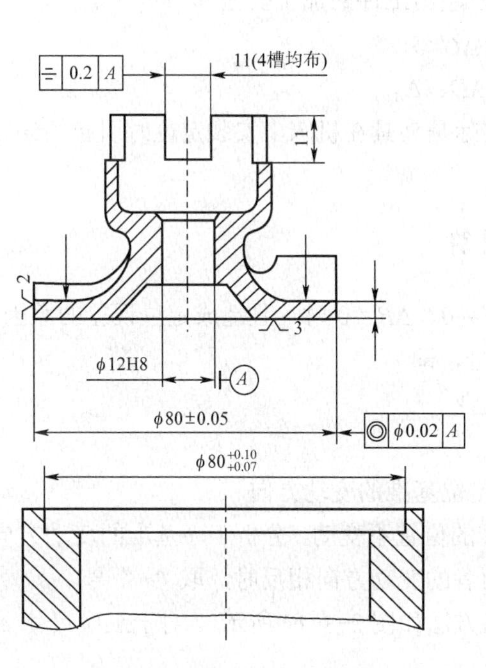

图 2-3-10　叶轮加工工序图

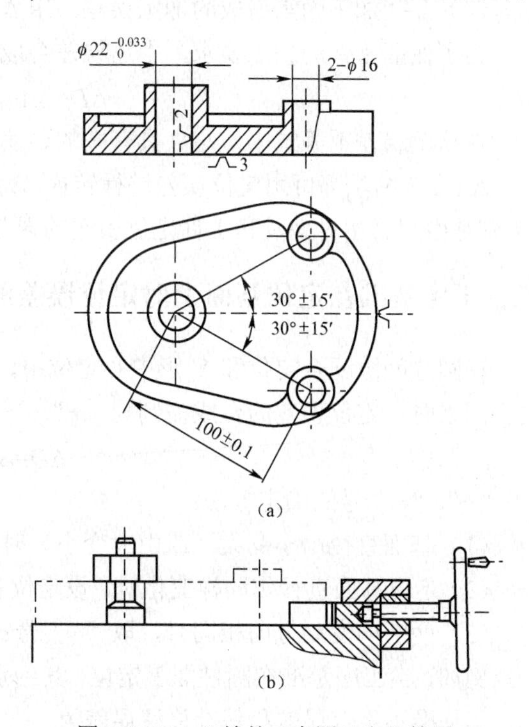

图 2-3-11　凸轮的工序图及定位简图

（1）定位基准与工序基准重合 $\Delta B=0$。

（2）基准位移误差

$$\Delta Y=(\delta_D+\delta_{d_0}+X_{min})\cos a=(0.033+0.021+0)\cos 30^\circ$$
$$=0.02\text{mm}$$

工艺技巧

定位误差研究的主要对象是工件的工序基准和定位基准。它的变动量将影响工件的尺寸精度和位置精度。当基准不重合误差由多个尺寸影响时应将其在工序尺寸方向上合成，定位方式不同，基准位移误差的计算方法也有所不同，故工件在计算基准位移误差时要弄清楚工件是以平面定位还是以孔定位，或者以外圆柱面定位。定位误差的计算则是由基准不重合误差与基准位移误差组合而成。计算时，先计算出 ΔB 与 ΔY，然后将两者组合得到 ΔD。

知识链接

一、工件在夹具中引起加工误差的因素可包括四个方面

（1）与工件在夹具中定位有关的误差，用 ΔD 表示。

（2）与夹具在机床上安装有关的误差，用 ΔA 表示。

（3）与对刀导向有关的误差，用 ΔT 表示。

（4）某些加工因素造成的加工误差。用 ΔG 表示。

为了保证工件的加工要求，上述误差合成不应超出工件的加工公差 δ，即

$$\Delta D+\Delta A+\Delta T+\Delta G<\delta$$

在这个误差不等式中，与夹具有关的误差是 ΔD、Δ_A。

ΔA、ΔT 两项都可用定位误差进行转换，ΔA 实际是夹具在机床上安装定位时引起的误差，ΔT 则是由刀具相对夹具和工件定位引起的误差。

二、工序基准在定位基面上时定位误差的计算

在圆柱间隙配合定位和 V 形中心定位中，$\Delta Y\neq 0$、$\Delta B\neq 0$ 时，且造成定位误差的原因是同一因素时，定位误差的合成需判别“+”、“−”号，即

$$\Delta D=\Delta B\pm\Delta Y$$

“+”、“−”号的确定方法：

（1）基面直径由小变大（或由大变小）时，定位基准的变动方向。

（2）定位基面直径作同样变化时，设定位基准的位置不变动，分析工序基准的变动方向。

（3）两者的变动方向相同时，取“+”号；两者的变动方向相反时，取“−”号。

例如，当工序基准在圆柱面上定位，其判别的方法如图 2-3-12 所示，。对于工序尺寸 A_1、A_2，其基准不重合误差和基准位移误差为

$$\Delta B=\frac{\delta_{\mathrm{d}}}{2}$$

$$\Delta Y=\frac{\delta_{\mathrm{d}}}{2\sin(\alpha/2)}$$

造成定位误差的原因虽然是同一因素 δ_{d}，但 ΔB 与 ΔY 之间的方向，即两者的工序基准的变动方向有两种情况。

对于工序尺寸 A_1 的工序基准 F，两者的变动方向相同，取“+”号，即

$$\Delta D=\Delta B+\Delta Y$$

对于工序尺寸 A_2 工序基准 E，两者的变动方向相反，取“−”号，即

$$\Delta D=\Delta B-\Delta Y$$

上述合成中，式的值较小，故设计员通常采用 A_2 工序尺寸的标注形式，以提高工艺性。

案例 6：（1）图 2-3-13 所示为工件上的键槽，以圆柱面在 $a=90^0$ 的 V 形块上定位，求加工尺寸分别为 A_1、A_2、A_3 时的定位误差。

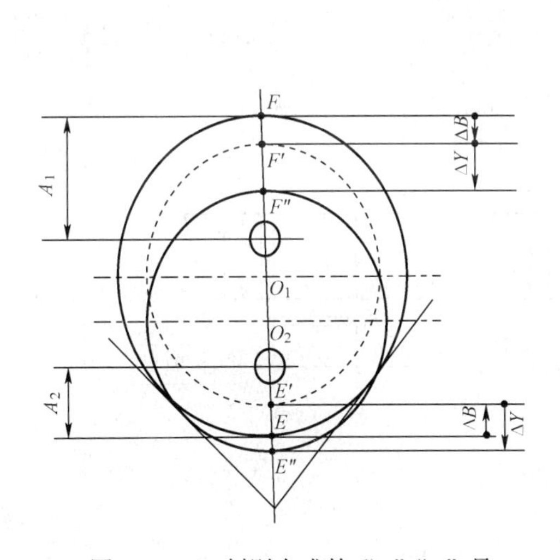

图 2-3-12　判别合成的“+”“−”号

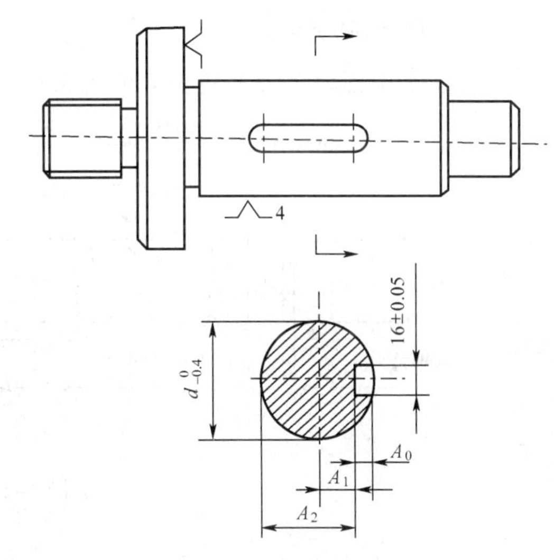

图 2-3-13　铣键槽工序图

（2）加工尺寸 A_2 的定位误差。

① 工序基准是下母线，定位基准是圆柱轴线，基准不重合，即

$$\Delta B=\frac{\delta_{\mathrm{d}}}{2}$$

② 基准位移误差为

$$\Delta Y=\frac{\delta_{\mathrm{d}}}{2\sin(\alpha/2)}=0.707\delta_{\mathrm{d}}$$

③ 基面直径由小变大（或由大变小）时，定位基准的变动方向。

定位基面直径作同样变化时，设定位基准的位置不变动，工序基准的变动与定位基准方向相反。

$$\Delta D=\Delta Y-\Delta B=\frac{\delta_{\mathrm{d}}}{2\sin(\alpha/2)}-\frac{\delta_{\mathrm{d}}}{2}=\frac{\delta_{\mathrm{d}}}{2\sin(\alpha/2)}=0.707\delta_{\mathrm{d}}-\frac{\delta_{\mathrm{d}}}{2}=0.207\delta_{\mathrm{d}}$$

（3）加工尺寸 A_3 的定位误差。

① 工序基准是下母线，定位基准是圆柱轴线，基准不重合，即

$$\Delta B=\frac{\delta_d}{2}$$

② 基准位移误差，即

$$\Delta Y=\frac{\delta_d}{2\sin(\alpha/2)}=0.707\delta_d$$

③ 基面直径由小变大（或由大变小）时，定位基准的变动方向。

定位基面直径作同样变化时，设定位基准的位置不变动，工序基准的变动与定位基准方向相同，即

$$\Delta D=\Delta Y+\Delta B=\frac{\delta_d}{2\sin(\alpha/2)}+\frac{\delta_d}{2}=\frac{\delta_d}{2\sin(\alpha/2)}=0.707\delta_d+\frac{\delta_d}{2}=1.207\delta_d$$

思考与练习

1．题 2-3-1 图所示为求尺寸 L 的定位误差。

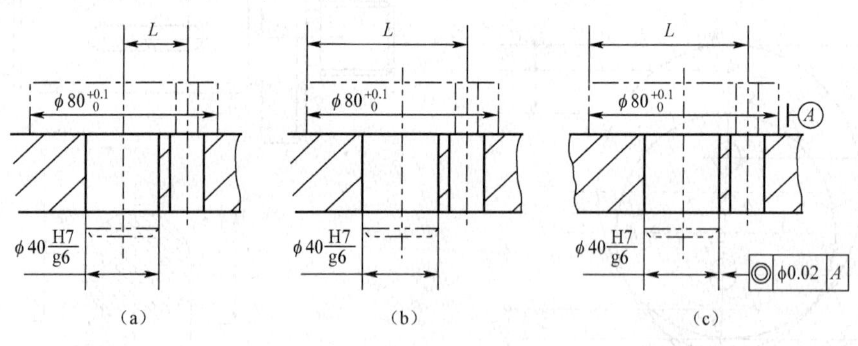

题 2-3-1 图

2．题 2-3-2 图所示为在工件上铣台阶面，保证工序尺寸 A，采用 V 形块定位，试进行定位误差分析。

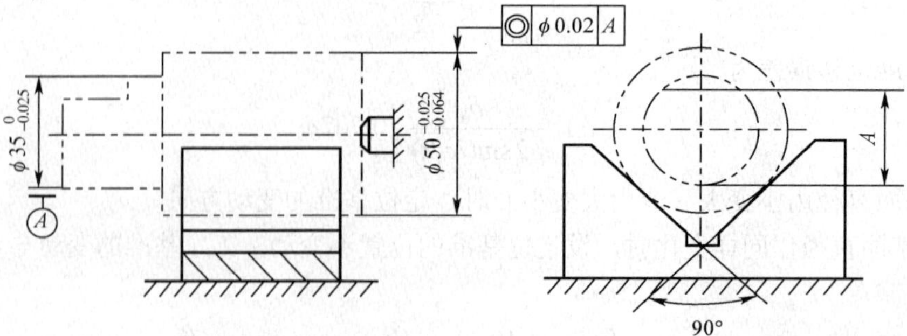

题 2-3-2 图

3. 题 2-3-3 图所示为钻孔 O，题 2-3-3（a）图所示为工序图，题 2-3-3（b）～（f）图所示为不同定位方案，试分别计算各种方案的定位误差。

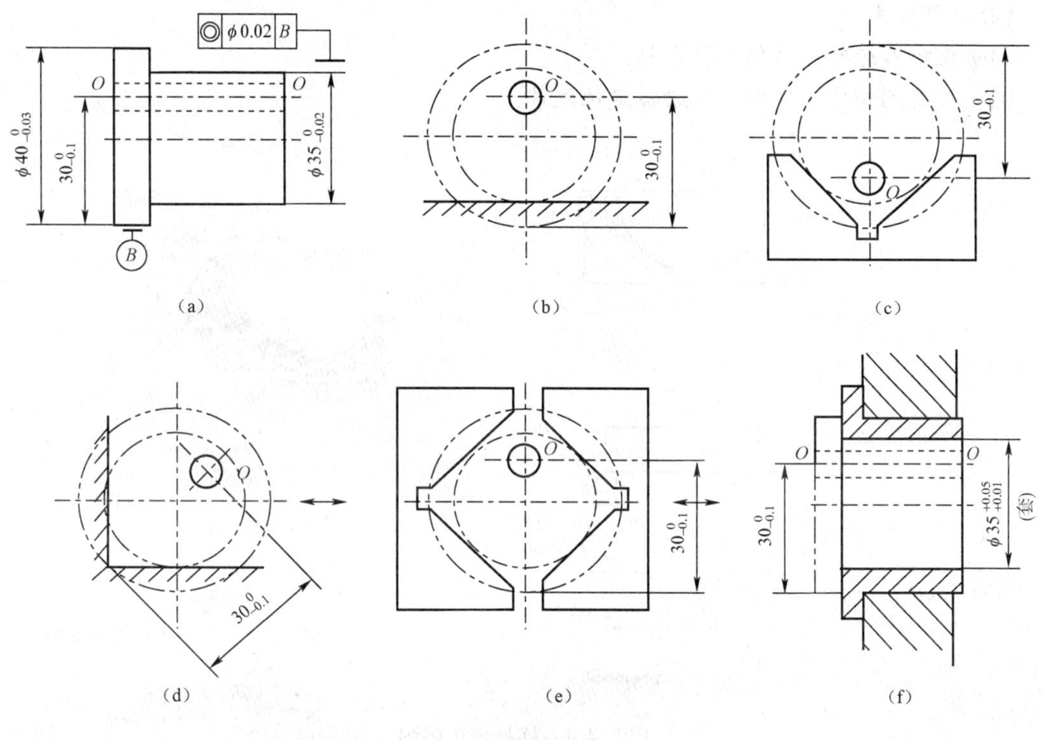

题 2-3-3 图　钻孔 O

任务四　工件以两孔一面定位

任务描述

如图 2-4-1 所示，要钻连杆盖上的四个 $\phi 3$ 的定位销孔，按照加工要求，用平面 A 及直径为 $\phi 12^{+0.027}_{\ 0}$ mm 的两个螺栓孔定位，现设计两定位销及两定位销中心距。

学习目标

【知识目标】

（1）掌握两孔一面定位方式中各定位元件所限制的自由度。

（2）掌握两孔一面定位的设计步骤。

【技能目标】

（1）设计和选择圆柱销及菱形销。

（2）确定两销中心中距并测绘各定位元件。

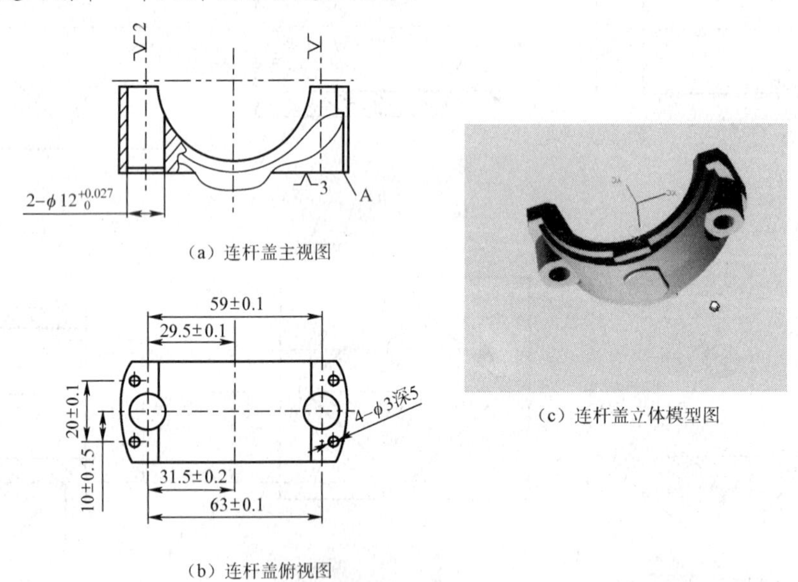

（a）连杆盖主视图

（b）连杆盖俯视图

（c）连杆盖立体模型图

图 2-4-1　连杆盖工序图

任务分析

任务要求对如图 2-4-1 所示的连杆盖进行定位分析和定位设计，在加工箱体、支架类零件时，常用工件的两孔一面定位，使基准统一，这种定位方式所采用的定位元件为支承板，定位销和菱形销。本任务重点是菱形销的设计和布置，以防止产生过定位。最后还需要进行定位误差的分析计算，以保证加工精度。

完成任务

基本概念/任务准备

一、定位方式

如图 2-4-2 所示，工件是以平面作主要定位基准，用支承板限制工件的三个自由度（$\vec{z}$、$\widehat{x}$、$\widehat{y}$）；其中，一孔用短圆柱销定位，限制工件的两个自由度（$\vec{x}$、$\vec{z}$）；另一孔仅消除工件的一个转动自由度（$\vec{z}$）。菱形销作为防转支承，其长轴方向应与两销的中心连线相垂直，并应正确选择菱形销直径的基本尺寸和经削边后圆柱部分的宽度 b。

图 2-4-2　工件以两孔一面定位

二、菱形销的设计

如图 2-4-3（a）所示，当孔距为最大极限尺寸、销距为最小极限尺寸时，菱形销的干涉点会发生在 A、B。当孔距为最小极限尺寸、销距为最大极限尺寸时，菱形销的干涉点会发生在 C、D。为了满足工件顺利装卸的要求，需控制菱形销直径 d_2 和经削边后的圆柱部宽度 b。

菱形销宽度 b 可由如图 2-4-3（b）所示的几何关系求得。在△AOC 中

$$CO^2=AO^2-AC^2=\left(\frac{D_2}{2}\right)-\left(\frac{b}{2}+a\right)^2$$

在△BOC 中

$$CO^2=BO^2-BC^2=\left(\frac{D_2-X_{2\min}}{2}\right)^2-\left(\frac{b}{2}\right)^2$$

联立两式得

$$b=\frac{D_2X_{2\min}}{2a}-\left(a+\frac{X_{2\min}}{4a}\right)$$

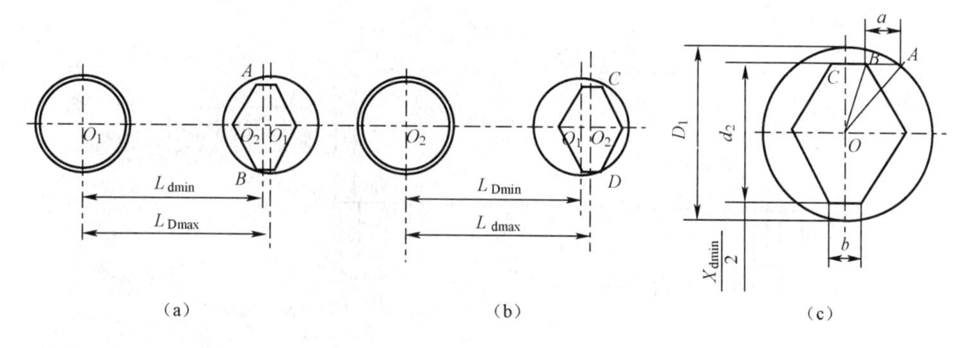

图 2-4-3　菱形销的设计

略去（$a+X_{2\min}/4a$）项

则

$$b=\frac{D_2X_{2\min}}{2a}$$

菱形销宽度 b 已标准化，故可反算得

$$X_{2\min}=2ab/D_2$$

式中　$X_{2\min}$——菱形销定位的最小间隙（mm）；

b——菱形销圆柱部分的宽度（mm）；

D_2——工件定位孔的最大实体尺寸（mm）；

α——补偿量（mm）。

$$\alpha=\frac{\delta_{LD}+\delta_{Ld}}{2}$$

式中　δ_{LD}——孔距误差（mm）；

δ_{Ld}——销距误差（mm）。

菱形销直径可按下式求得

$$d_2=D_2-X_{2\min}$$

三、设计示例

泵前盖工序简图如图 2-4-4 所示，加工工序为镗削$\phi41^{+0.023}_{0}$孔，铣削两端面尺寸$107.5^{+0.3}_{0}$ mm，其设计步骤如下。

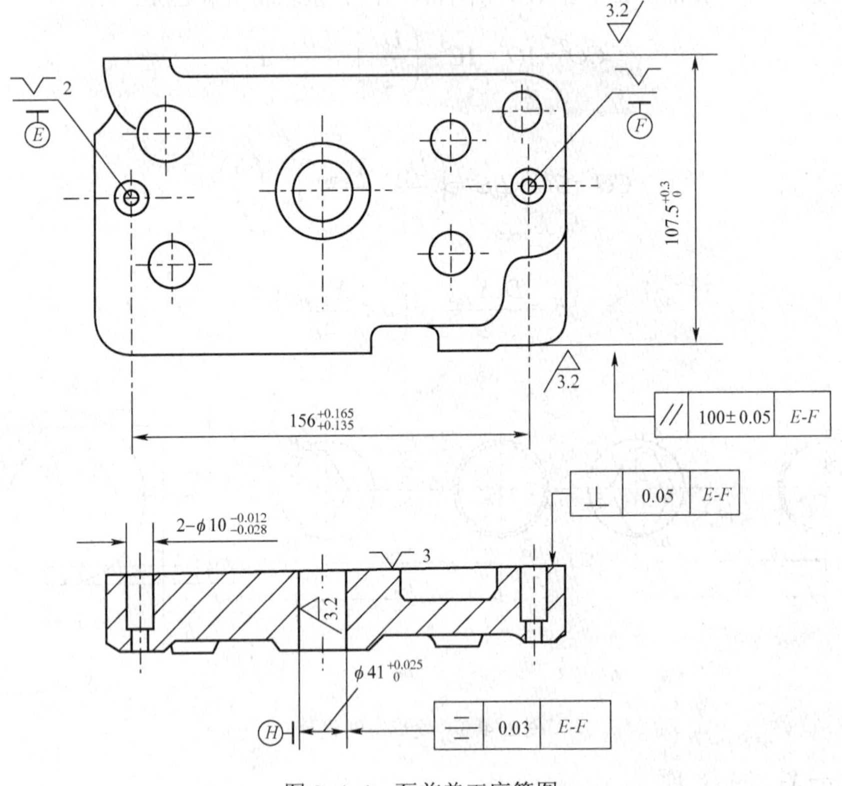

图 2-4-4　泵前盖工序简图

（1）确定两定位销的中心距

两定位销的中心距的基本尺寸应等于工件两定位孔距的平均尺寸，其公差一般为

$$\delta_{Ld}=\left(\frac{1}{3}\sim\frac{1}{5}\right)\delta_{LD}$$

因为

$$L_D=156^{+0.165}_{+0.135}\text{mm}=156.15\pm0.015\text{mm}$$

故取

$$L_d=156.15\pm0.005\text{mm}$$

（2）选择定位销 d_1

按附表 2 取定位销代号为 A9.972h7×12GB/T2203。

（3）选择菱形销宽度 b

按附表 2 取 b=4mm。

（4）确定菱形销直径 d_2

① 按式求补偿量，即

$$\alpha=\frac{\delta_{LD}+\delta_{Ld}}{2}=\frac{0.03+0.01}{2}\text{mm}=0.02\text{mm}$$

② 按式计算 $X_{2\min}$，即

$$X_{2\min}=2\alpha b/D_2=2\times0.02\times4/9.972=0.016\text{mm}$$

③ 按式计算菱形销直径 d_2，即

$$\begin{aligned}d_2&=D_2-X_{2\min}\\&=9.972-0.016=9.956\text{mm}\end{aligned}$$

取公差为 h6，即菱形销的标准代号为 9.956 h6×12GB/T2203。

（5）计算定位误差

① 垂直度 0.05。

$$\Delta D=0$$

② 对称度 0.03。

$$\Delta B=0$$

已知

$$\delta_{D1}=016，\delta_{d1}=0.013，X_{1\min}=0$$

$$\begin{aligned}\Delta Y&=\delta_{D1}+\delta_{d1}+X_{1\min}\\&=(0.016+0.013)\text{mm}\\&=0.029\text{mm}\end{aligned}$$

③ 平行度 0.05。

如图 2-4-5 所示，当工件歪斜时会影响平行度公差，由图 2-4-5 可得工件的转角公式，即

$$\begin{aligned}\tan\Delta\alpha&=\frac{X_{1\max}+X_{2\max}}{2L}\\&=\frac{\delta_{D1}+\delta_{d1}+X_{1\min}+\delta_{D2}+\delta_{d2}+X_{2\min}}{2L}\end{aligned}$$

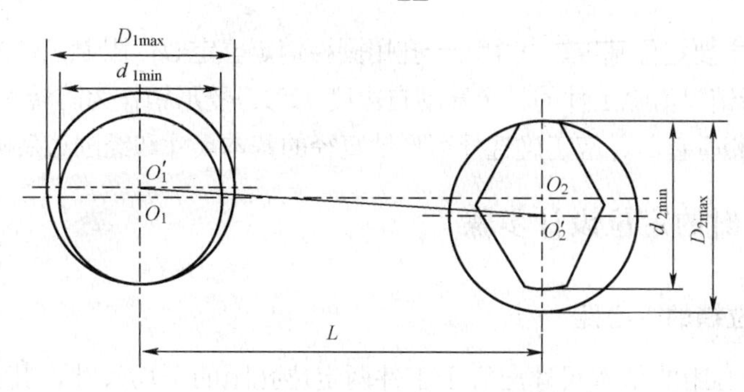

图 2-4-5　工件转角误差计算方法

式中　δ_{D1}、δ_{D2}——工件定位孔的直径公差（mm）；

δ_{d1}——圆柱定位销的直径公差（mm）；

δ_{d2}——菱形定位销的直径公差（mm）；

X_{1min}——圆柱定位销与孔间的最小间隙（mm）；

X_{2min}——菱形定位销与孔间的最小间隙（mm）；

L——中心距（mm）。

则

$$\tan\Delta\alpha = \frac{0.016+0.015+0+0.016+0.009+0.016}{2\times156.15}$$

$$=0.000230$$

$$\Delta Y = \frac{0.023\text{mm}}{100\text{mm}}$$

因 $\Delta B=0$，得定位误差为 $\Delta D=\Delta Y=\dfrac{0.023\text{mm}}{100\text{mm}}$，设计结果如图 2-4-6 所示。

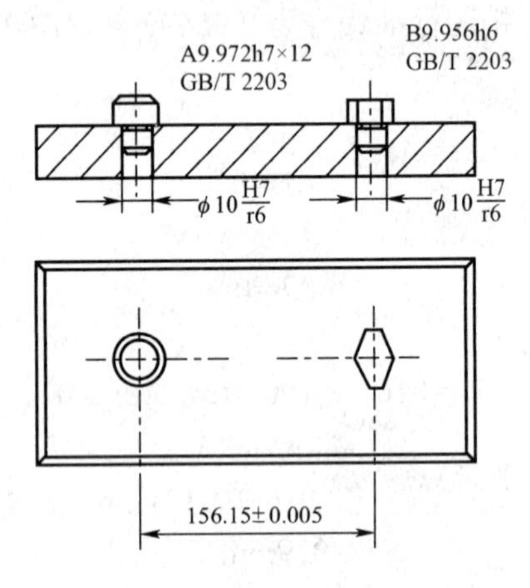

图 2-4-6　泵前盖的两孔一面定位

完成任务

一、连杆盖加工时的定位方式

工件以平面作主要定位基准，其中，一孔用圆柱销定位定心，限制工件的两个自由度（$\vec{x}$、$\vec{z}$）；另一孔用菱形销仅消除工件的一个转动自由度（$\widehat{z}$）。菱形销作为防转支承，其长轴方向应与两销的中心连线相垂直，并应正确选择菱形销直径的基本尺寸和经削边后圆柱部分的宽度。

二、连杆盖加工时的定位设计步骤

1. 确定两定位销的中心距

两定位销的中心距的基本尺寸应等于工件两定位孔距的平均尺寸，其公差一般为

$$\delta_{\mathrm{Ld}}=\left(\frac{1}{3}\sim\frac{1}{5}\right)\delta_{\mathrm{LD}}$$

因 L_D=59±0.1mm，取 L_d=59±0.02mm。

2．确定圆柱销直径 d_1

圆柱销直径的基本尺寸应等于与之配合的工件孔的最小极限尺寸，其公差带一般取 g6 或 h7。因连杆盖定位孔的直径为$\phi12_{0}^{+0.027}$ mm，故取圆柱销的直径 $d_1=\phi12g6(\phi12_{-0.017}^{-0.006})$。

3．确定菱形销的尺寸 b

查表得

$$b=4\text{mm}$$

4．确定菱形销的直径

（1）按式求补偿量

$$a=\frac{\delta_{\mathrm{LD}}+\delta_{\mathrm{Ld}}}{2}=\frac{0.2+0.04}{2}\text{mm}=0.12\text{mm}$$

（2）按式计算 $X_{2\min}$

$$X_{2\min}=2ab/D_2=2\times0.12\times4/12=0.08\text{mm}$$

（3）按式计算菱形销直径 d_2

$$d_2=D_2-X_{2\min}$$
$$=12-0.08=11.92\text{mm}$$

取公差为 h6，即菱形销的标准代号为 B11.92h6×12GB/T2203。

5．计算定位误差

① 加工尺寸为 31.5±0.2mm 的定位误差。

定位基准与工序基准不重合，即

$$\Delta B=0.2$$
$$\Delta Y=\delta_{\mathrm{D}}+\delta_{\mathrm{d}}+X_{\min}=(0.027+0.017+0)\text{mm}=0.044\text{mm}$$
$$\Delta D=\Delta B+\Delta Y=0.2+0.044=0.244\text{mm}$$

② 加工尺寸为 10±0.15mm 的定位误差由于定位基准与工序基准重合，$\Delta B=0$，基准位移误差包括基准直线位移误差 ΔY_1，又有基准角位移误差 ΔY_2，如图 2-4-5 所示，当工件歪斜时会影响平行度公差，由图可得工件的转角公式，即

$$\tan\Delta\alpha=\frac{X_{1\max}+X_{2\max}}{2L}$$
$$=\frac{\delta_{\mathrm{D1}}+\delta_{\mathrm{d1}}+X_{1\min}+\delta_{\mathrm{D2}}+\delta_{\mathrm{d2}}+X_{2\min}}{2L}$$

式中　δ_{D1}、δ_{D2}——工件定位孔的直径公差（mm）；

δ_{d1}——圆柱定位销的直径公差（mm）；

δ_{d2}——菱形定位销的直径公差（mm）；

$X_{1\min}$——圆柱定位销与孔间的最小间隙（mm）；

$X_{2\min}$——菱形定位销与孔间的最小间隙（mm）；

L——中心距（mm）。

则

$$\tan\Delta\alpha=\frac{0.044+0.118}{2\times 59}$$

$$=0.00138$$

左边两小孔的基准位移误差为 $\Delta Y=X_{1\max}+2L_1\tan\Delta\alpha=(0.044+2\times2\times0.00138)\text{mm}=0.05\text{mm}$，右边两小孔的基准位移误差为 $\Delta Y=X_{2\max}+2L_2\tan\Delta\alpha=(0.118+2\times2\times0.00138)\text{mm}=0.124\text{mm}$，定位误差应取最大值，即

$$\Delta D=\Delta Y=0.124\text{mm}$$

工艺技巧/操作技巧（总结在本任务完成过程中所用到的技巧和好的方法）

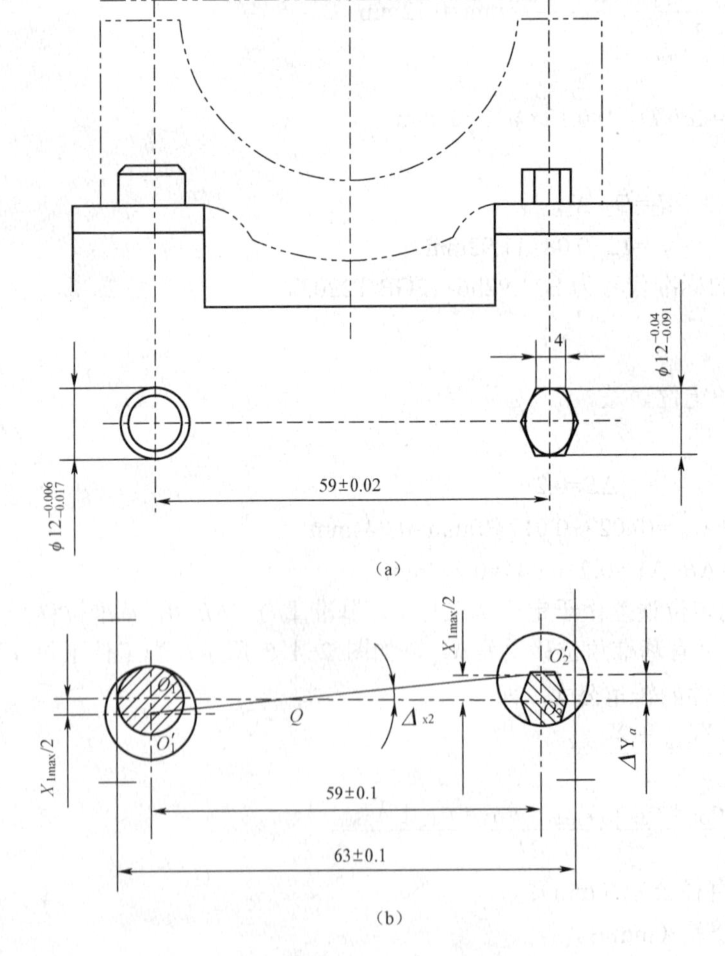

图 2-4-7　连杆盖两孔一面和转角误差计算

两孔一面定位在箱体、杠杆、盖板、支架类零件的加工中用得很广泛，工件的定位平面一般是加工过的精基准，两定位孔可能是工件上原有的，也可能是专为定位需要而设置的工艺孔。这种定位方式所采用的定位元件为支承板，定位销和菱形销。在进行两孔一面定位设计时，要确定好两定位销的中心距、圆柱销的直径、菱形销的直径、宽度和公差等级，重点是菱形销的设计和布置，最后进行计算定位误差计算以校核定位精度，如图 2-4-7 所示。

知识链接

工件以一面两孔定位时，除了相应的支承板外，用于两定位孔的定位元件有两种。一种是本任务中介绍的一圆柱销和一菱形销；另一种则是两圆柱销。在此，介绍一下两圆柱销的定位。

采用两个短圆柱销与两定位孔配合时，是过定位沿连心线方

向的自由度被重复控制了。当工件的孔间距（$L\pm\delta_{LD}/2$）与夹具的销间距（$L\pm\delta_{Ld}/2$）的公差之和大于工件两定位孔（D_1、D_2）与夹具两定位销（d_1、d_2）之间的间隙之和时，将妨碍部分工件装入。

要使同一工序中的所有工件能顺利地装卸，必须满足下列条件：当工件两孔径为最小时（D_{1min}、D_{2min}），夹具两销径为最大（d_{1max}、d_{2max}）、孔间距为最大（$L\pm\delta_{LD}/2$）；销间距为最小（$L-\delta_{Ld}/2$）或者孔间距为最小时（$L-\delta_{LD}/2$），销间距为最大（$L+\delta_{Ld}/2$）。D_1 与 d_1、D_2 与 d_2 之间仍有最小配合间隙 X_{1min}、X_{2min} 存在，如图 2-4-8 所示。

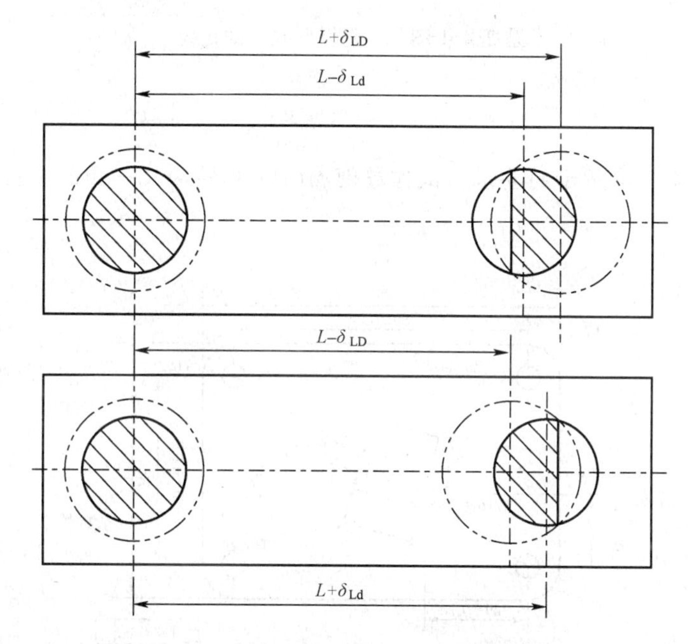

图 2-4-8　两圆柱销定位时工件顺利装卸的条件

从图 2-4-8 可以看出，为了满足上述条件，第二销与第二孔不能采用标准配合，第二销的直径缩小了（d_2），连心线方向的间隙增大了。要满足工件顺利装卸的条件，直径缩小后的第二销与第二孔之间的最小间隙应当达到，即

$$X'_{2min}=D_{2min}-d'_{2min}=\delta_{LD}+\delta_{Ld}+X''_{2min}\,(\mathrm{H0})$$

式中　X'_{2min}——直径缩小后第二销和第二孔的最小间隙；

X''_{2min}——第二销和第二孔的最小装配间隙。

这种缩小一个定位销直径的方法，虽然能实现工件的顺利装卸，但增大了工件的转动误差。因此，只能在加工要求不高时使用。

思考与练习

1. 题 2-4-1 图所示为工件以两孔一面在两销一面上定位加工孔，试设计两销直径并进行定位误差的校核。

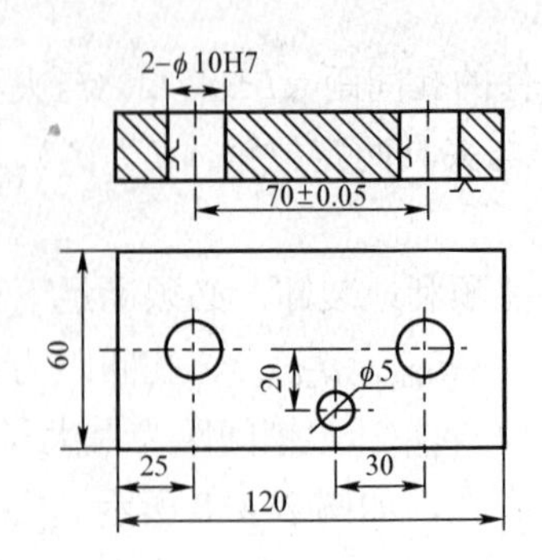

题 2-4-1 图　工件以两孔一面定位

2. 按如题 2-4-2 图所示的要求，试作镗削ϕ16H7 孔的两孔一面的定位设计并画出设计草图。

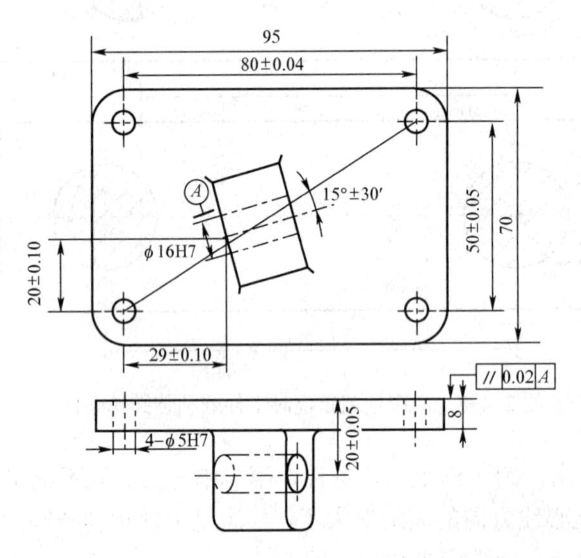

题 2-4-2 图　镗削ϕ16H7 孔的工件以两孔一面定位的设计

任务五　定位设计

任务描述

如图 2-5-1 所示的车床拔叉零件工序图，该工件的孔和其他平面均已加工且达到规定的精度，本工序要加工键槽（通槽），键槽侧面相对于右端面 E 的尺寸是 11±0.2mm，键槽的宽度为16H11mm，深度为8mm，槽底面与*B*面平行，用铣床加工，试进行定位设计。

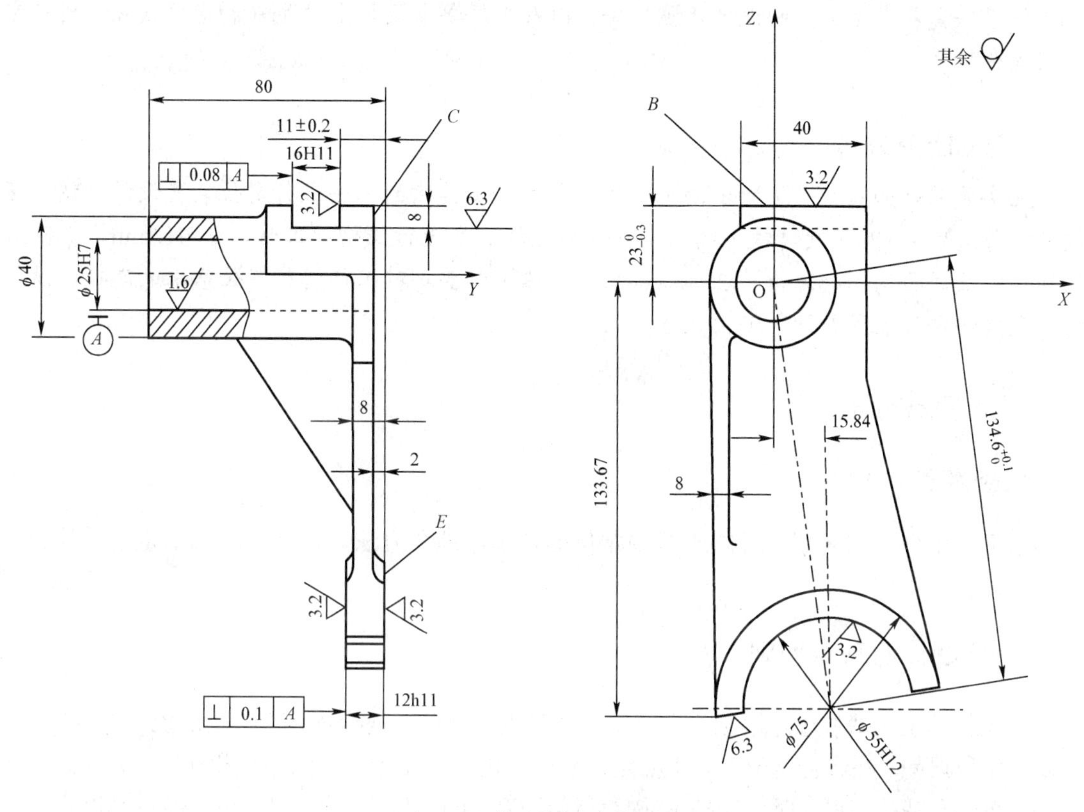

（a）拔叉零件工序图

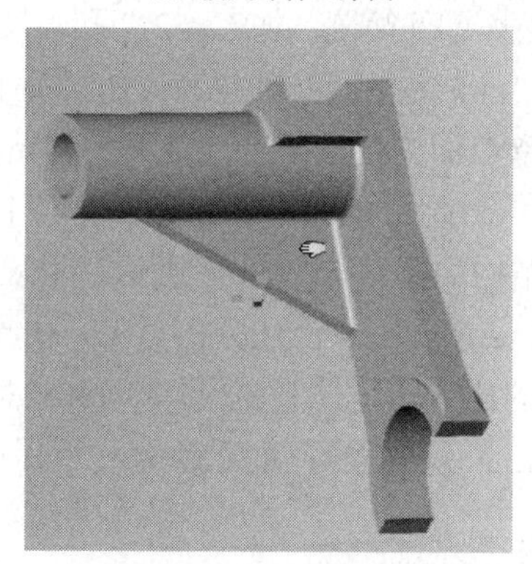

（b）拔叉零件实物图

图2-5-1　拔叉零件

学习目标

【知识目标】

（1）掌握定位设计的基本原则和对定位元件的基本要求。

（2）掌握定位装置的设计步骤。

【技能目标】

能根据夹具定位装置的设计步骤工件，以及工序要求设计定位元件和定位装置并进行定位误差分析。

任务分析

任务要求对如图 2-5-1 所示的车床拔叉零件加工键槽的工序进行定位装置设计。该车床拔叉零件选用 HT20（灰铸铁）的铸造件作为毛坯，在进行铣槽加工时，ϕ25H7mm、ϕ55mm 的孔，以及顶面均已加工出，在加工键槽（通槽）时要求对工件进行定位基准的选择，设计定位元件和定位装置并计算定位误差。

完成任务

任务准备

前面各个任务阐述了工件在夹具中定位的基本原理和方法，本任务将归纳定位设计的一般方法。

一、定位设计的基本原则

按工件的工艺基准选择原则，在定位设计时也应遵循“基准重合”、“基准统一”等原则，以减少定位误差。在组合定位中，主要定位基面的选择应便于工件的装夹和加工，并使夹具的结构简单。当基准不重合时，应按工艺尺寸链反算，求得新的工序尺寸，并以新的基准定位保证加工精度。图 2-5-2 所示为壳体零件简图，加工ϕ52J7 孔，其工序尺寸为 120±0.2mm 的工序基准为 C 面，平行度公差为 0.03mm 的工序基准也为 C 面，垂直度公差为 0.03mm 的工序基准为 A（ϕ62J7 的轴线）。由于选择 C 面为工序基准会使夹具的结构复杂，且使工件定位不稳固，故改为以 D 面作主要定位基准。为此，按工序尺寸链，设定 170 为 170±0.1mm，则新的工序尺寸为 X=50±0.1mm。夹具的结构如图 2-5-2（b）所示，用尺寸 50mm 代替尺寸 120mm，对工序尺寸 120±0.2mm 而言，$\Delta D=\Delta B=0$。从上述分析可见，由于基准的改变不会对位置精度有所影响，故应同样将工件 D 面的位置精度控制在（1/3）δk 内，以减少基准不重合误差，经这样改换，主要定位基面不但与工序基准重合，而且还有利于保证定位的稳固和精度要求。

二、对定位元件的基本要求

1. 足够的精度

由于定位误差的基准位移误差直接与定位元件的定位表面有关。因此，定位元件的定位表面应有足够的的精度，以保证工件的加工精度。例如，V 形块的半角误差、V 形块的理论圆中心高度尺寸，圆柱心轴定位圆柱面的圆度，支承板的平面度误差等，都有应足够的制造精度。通常，定位元件的定位表面还应有较小的表面粗糙度值，如 R_a0.4μm、R_a0.2μm、R_a0.1μm 等。

2．足够的储备精度

由于定位是通过工件的定位基准与定位元件的定位表面相接触来实现的，而工件的装卸将会使定位元件摩损，从而导致定位精度下降。因此，为了提高夹具的使用寿命。定位元件的表面应有较高的硬度和耐磨性。特别是在产品较固定的大批量生产中，应注意提高定位元件的耐磨性，使夹具有足够的储备精度。通常，工厂可以按生产经验和工艺资料对主要定位元件，如 V 形块、心轴等制定磨损公差，保证夹具在使用周期内的使用精度。不同的材料有不同的力学性能，定位元件常用的材料有优质碳素结构钢 20 钢、45 钢、65Mn，工具钢 T8、T10，合金结构钢 20Cr、40Cr、38CrMoAl 等。

3．足够的强度和刚度

通常，对定位元件的强度和刚度是不作校核的，但是在设计时仍应注意定位元件危险断面的强度，以免在使用中损坏；而定位元件的刚度也往往是影响加工精度的因素之一。因此，可用类比法来保证定位元件的强度和刚度，以缩短夹具设计的周期。

4．应协调好与有关元件的关系

在定位设计时，还应处理、协调好与夹具体、夹紧装置、对刀导向元件的关系。例如，如图 2-5-2 所示的定位轴需留出空间，以便配制内装式夹紧机构。有时定位元件还需留出排屑空间等，以便于刀具进行切削加工。

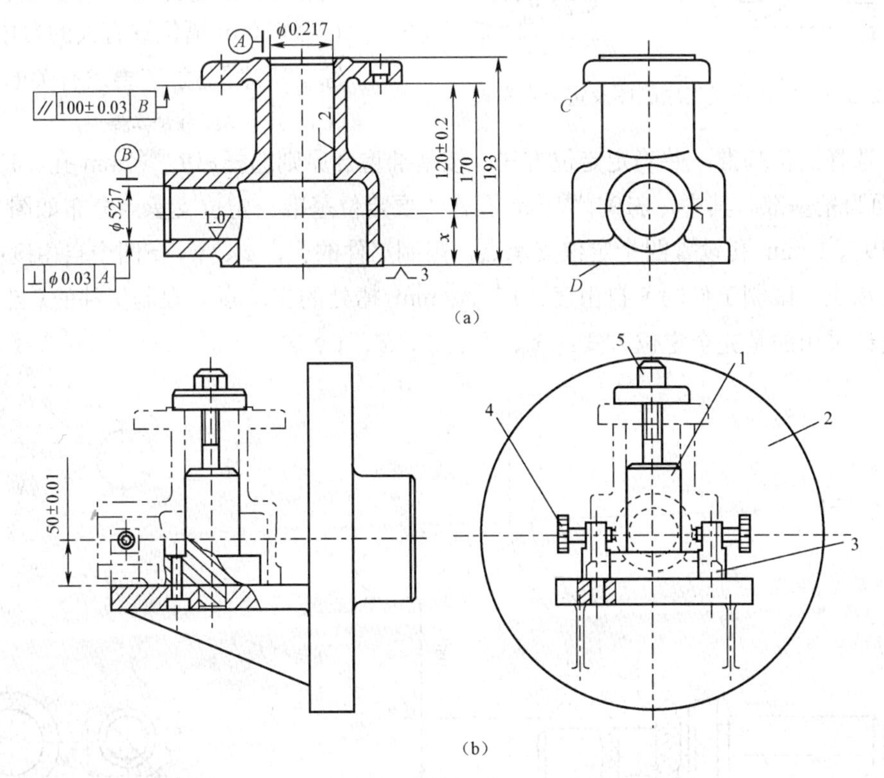

图 2-5-2　基准不重合时的技术处理方法

5. 良好的结构工艺性

定位元件的结构应符合一般标准化要求，并应满足便于加工、装配、维修等工艺性要求。通常，标准化的定位元件有良好的工艺性，设计时应优先选用标准元件。

三、定位装置设计示例

图 2-5-3 所示为拔叉的工序简图及定位点布置。加工要求是，钻削 M10 螺孔的小径尺寸为ϕ8.9mm，其相对于 C 面的距离为31.7±0.15mm；相对于$\phi 19^{+0.045}_{0}$ mm 孔轴线的对称度公差为 0.2mm。

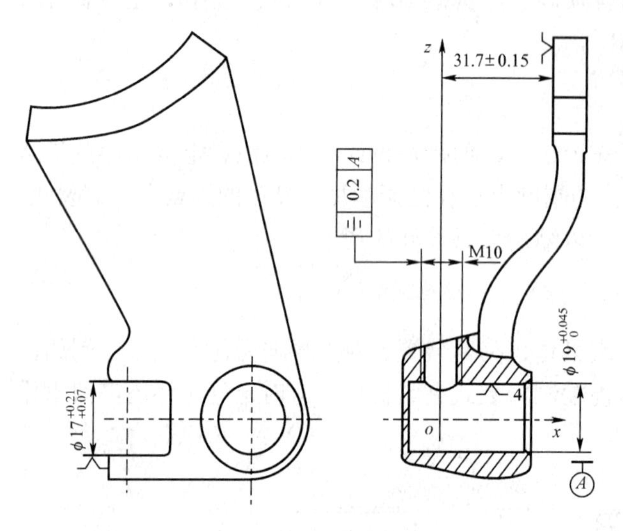

图 2-5-3　钻孔拔叉工序简图及定位点布置

本工序所用机床为 Z525 立式钻床，定位设计的步骤如下：

（1）分析与加工要求有关的自由度。可用公差带图形分析法逐一对与加工要求有关的自由度进行分析。其中与对称度为 0.2mm 有关的自由度为$\widehat{y}$、$\widehat{z}$两个；与工序尺寸为 31.7±0.15mm 有关的自由度为$\bar{x}$、$\widehat{y}$、$\widehat{z}$，与相对$17^{+0.021}_{+0.07}$ mm 槽位置有关的自由度为$\widehat{x}$。综上所述，与加工要求有关的自由度为$\bar{x}$、$\widehat{y}$、$\widehat{x}$、$\widehat{y}$、$\widehat{z}$。

（2）选择定位基准，并确定定位方式。按基准重合原则选择$\phi 19^{+0.045}_{0}$ mm 孔、$17^{+0.021}_{+0.07}$ mm 槽和 C 面为精基准。其中，$\phi 19^{+0.045}_{0}$ mm 孔作主要定位基准。定位支承点分布如图 2-5-4 所示。在$\phi 19^{+0.045}_{0}$ mm 孔设置四个定位支承点，限制工件的$\bar{y}$、$\bar{z}$、$\widehat{y}$、$\widehat{z}$四个自由度；C 面布置一个支承点，限制工件的$\bar{x}$自由度；$17^{+0.021}_{+0.07}$ mm 槽处的支承点，限制工件的$\widehat{x}$自由度。因此，本设计采用的是完全定位方式：$\bar{x}$、$\bar{y}$、$\bar{z}$、$\widehat{x}$、$\widehat{y}$、$\widehat{z}$。

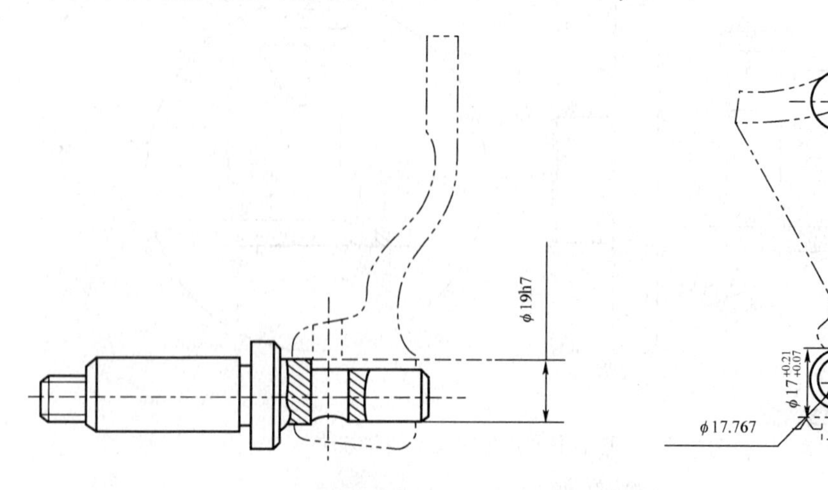

图 2-5-4　选择定位元件结构

（3）选择定位元件结构。$\phi 19\,^{+0.045}_{0}$ mm 孔采用定位轴定位，其定位面尺寸公差带为 $\phi 19h7(^{0}_{-0.021})$mm。$17\,^{+0.021}_{+0.07}$ mm 槽的定位采用标准定位销 A17.07f7×16GB/T2203（附表 2）。C 面用平头支承钉 A16×16GB/T2226。各定位元件的结构和布置如图 2-5-4 所示。在结构设计时应注意协调与其他元件的关系。

（4）分析定位误差

① 对称度 0.2mm。

$$\Delta B=0，\Delta D=\Delta Y=（0.045+0.021）\text{mm}$$
$$=0.066\text{mm}$$

② 工序尺寸 31.7±0.15mm。

$$\Delta B=0，\Delta Y=0，$$

则

$$\Delta D=0$$

以上步骤是定位设计的一般程序。在实际工作中，其顺序是可交叉的。同时，在夹具总体设计的全过程中，各部分的设计将是不断完善的。图 2-5-5 所示为拔叉钻孔夹具的总体结构，下面将讲解拔叉铣槽夹具的设计方法。

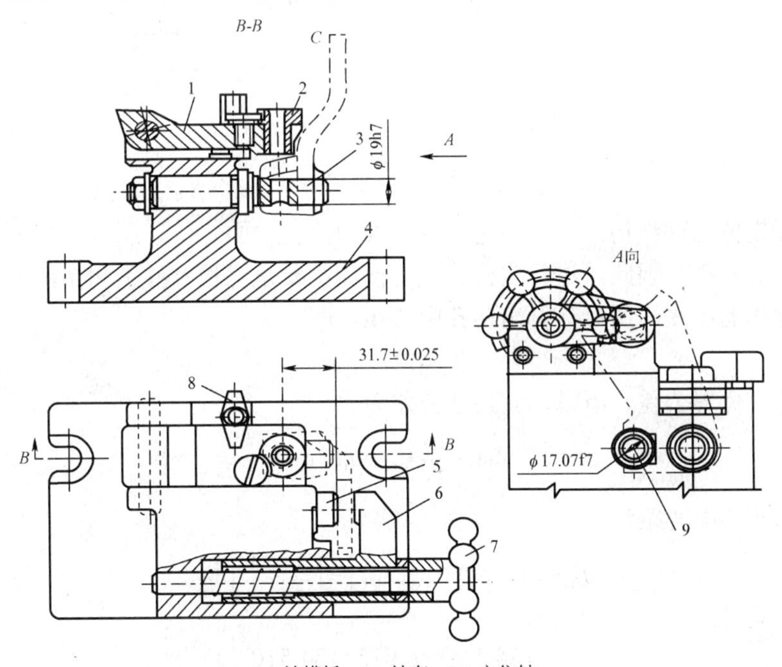

1—钻模板；2—钻套；3—定位轴

图 2-5-5　拔叉钻孔夹具总体结构

完成任务

本车床拔叉零件定位设计的方法和设计步骤

（1）分析与加工要求有关的自由度。加工通槽时，与尺寸为 11±0.2mm 有关的自由度为一个移动$\vec{y}$、两个转动$\widehat{x}$、$\widehat{z}$；与键槽深度为8mm有关的自由度为上下移动$\vec{z}$及两个转动$\widehat{x}$、$\widehat{y}$。与垂直度为0.08有关的自由度为$\widehat{x}$、$\widehat{z}$。综上所述，与加工要求有关的自由度为两个移动和三个转动。

（2）选择定位基准，并确定定位方式。按基准重合原则选择车床拔叉零件的顶面及ϕ25mm、ϕ55mm孔定位作为精基准。定位支承点分布如图2-5-6所示。在ϕ25mm孔用一长定位销定位，设置四个定位支承点，限制工件的两个移动$\vec{x}$、$\vec{z}$和两个转动自由度$\widehat{x}$、$\widehat{z}$。在ϕ25mm端面用一定位环限制了工件的一个移动$\vec{y}$。在ϕ55mm孔用一个挡销限制了工件的一个转动自由度$\widehat{y}$。因此，本设计采用的是完全定位方式。

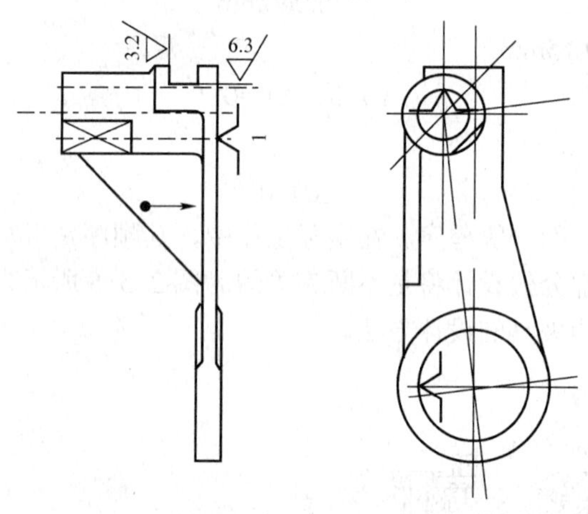

图2-5-6　铣槽定位方案

（3）选择定位元件结构。本工序选用的基准为两孔一面定位，所以，相应的夹具上的定位元件应是一面两销。因此，进行定位元件的设计主要是对长圆柱销和挡销进行设计。

由加工键槽的工序简图可计算出两孔中心距，即

$$L_{\rm D}=134.5{\rm mm}$$

由于两孔有位置公差，所以，其尺寸公差为

$$\delta_{\rm LD}=\frac{1}{3}\times 0.1=0.03{\rm mm}$$

所以，两孔的中心距为

$$L_{\rm D}=134.5\pm 0.015，\delta_{\rm Ld}=\left(\frac{1}{3}\sim\frac{1}{5}\right)\delta_{\rm LD}$$

$$L_{\rm d}=134.5\pm\frac{1}{3}\times 0.015=134.5\pm 0.005$$

两孔采用标准定位销和菱形销，ϕ25H7mm孔的标准定位销为ϕ25h6。

4．分析定位误差

除槽宽16H11由铣刀保证外，本工序的主要加工要求是槽侧面与正面的距离为11±0.2mm及槽侧面与ϕ25H7孔轴线的垂直度为0.08mm，其他要求未注公差。因而，只要计算上述两项加工要求的定位误差即可。

（1）加工尺寸为11±0.2mm的定位误差工序基准为E面，定位基准E面及ϕ25H7孔均影

响该项误差。当考虑 E 面为定位基准时，基准重合 $\Delta B=0$，基准位移误差 $\Delta Y=0$；因此，定位误差 $\Delta D_1=0$。

当考虑 ϕ25H7 为定位基准时，基准不重合，基准不重合误差为 E 面相对 ϕ25H7 孔的垂直度误差，即 $\Delta B=0.1\text{mm}$；由于长销与定位孔之间存在最大配合间隙 $X_{\max}$，会引起工件绕 Z 轴的角度偏差为 $\pm\Delta\alpha$。取长销配合长度为 40mm，直径为 ϕ25g6($\phi 25^{-0.009}_{-0.025}$ mm)，定位孔为 ϕ25H7($\phi 25^{+0.025}_{0}$)，则定位孔单边转角偏差，即

$$\tan\Delta_\alpha=\frac{X_{\max}}{2\times 40}=\frac{0.25+0.25}{2\times 40}=0.000625$$

此偏差将引起槽侧面对 E 面的偏斜，而产生尺寸为 11±0.2mm 的基准位移误差，由于槽长为 40mm，所以，$\Delta Y=2\times 40\tan\Delta\alpha=2\times 40\times 0.000625=0.05$

因为工序基准与定位基面无相关的公共变量，所以

$$\Delta D_2=\Delta Y+\Delta B=0.15\text{ mm}$$

在分析加工尺寸精度时，应计算影响大的定位误差 ΔD_2。此项误差略大于工件公差 δ_K(0.4mm)的 1/3，需经精度分析后确定是否合理，如图 2-5-7 所示。

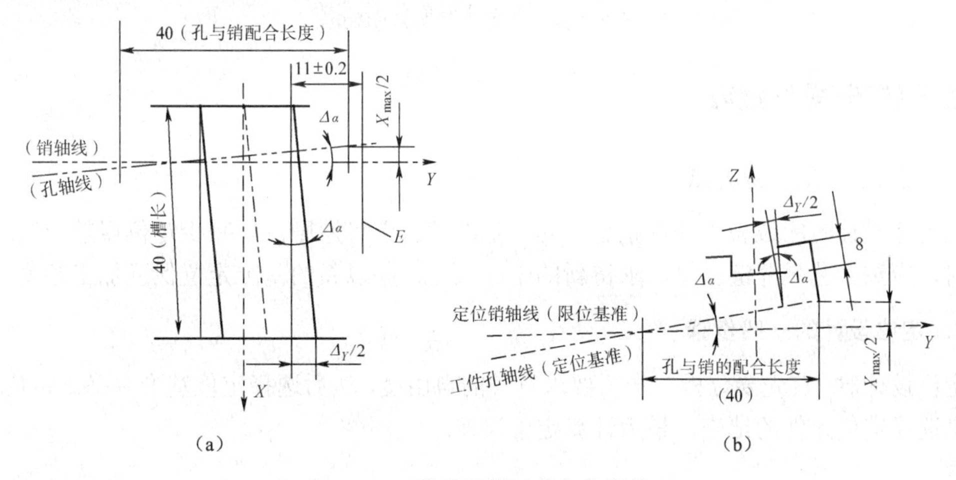

图 2-5-7　铣拨叉槽时的定位误差

（2）槽侧面与 ϕ25H7 孔轴线垂直度的定位误差。由于定位基准与工序基准重合，所以，$\Delta B=0$。

由于孔轴配合存在最大配合间隙 $X_{\max}$，所以存在基准位移误差。定位基准可绕 X 轴产生两个方向的转动，其单方向的转角如图 2-5-8（b）所示。

$$\tan\Delta\alpha=\frac{X_{\max}/2}{40}=\frac{0.025+0.025}{2\times 40}=0.000625$$

此处槽深为 8mm，所以，基准位移误差为

$$\Delta Y=2\times 8\tan\Delta\alpha=2\times 8\times 0.000625\text{mm}=0.01\text{mm}$$

$$\Delta D=\Delta Y=0.01\text{mm}$$

由于定位误差只有垂直要求（0.08mm）的 1/8，故此装夹方案的定位精度足够。

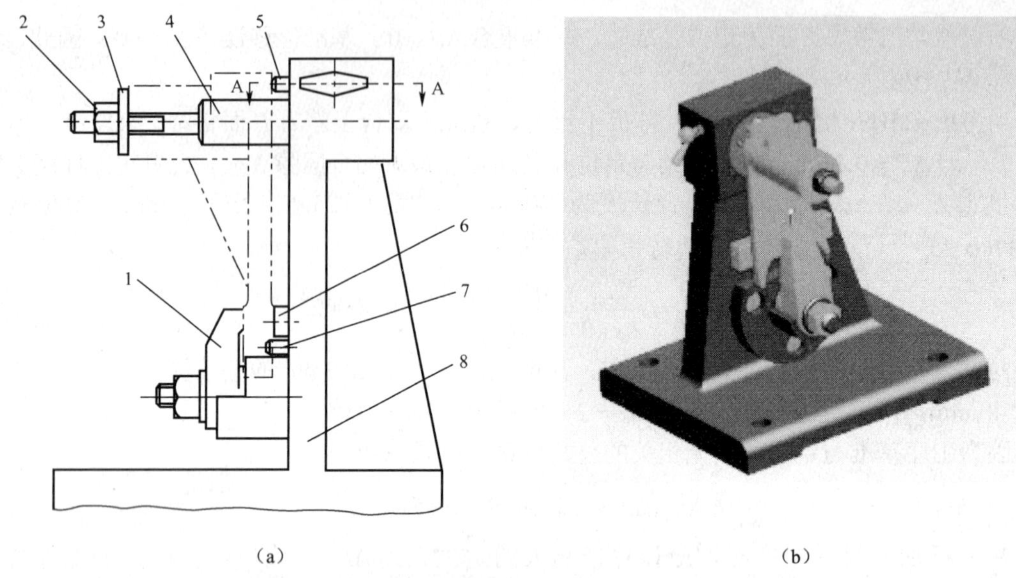

（a）　　（b）

1—钩形压板；2—螺母；3—开口垫圈；4—长销；5—滑柱；6—长条支承板；7—挡销；8—夹具体

图 2-5-8　拨叉夹具图及实物图

工艺技巧/操作技巧

1．定位设计的一般方法

在定位设计时应遵循“基准重合”和“基准统一”等原则，以减少定位误差。当基准不重合时，应按工艺尺寸链反算，求得新的工序尺寸，并以新的基准定位保证加工精度。

2．定位设计的一般步骤

定位设计时，首先要分析与加工要求有关的自由度，然后选择定位基准并确定定位方式，接下来选择定位元件的结构，最后计算定位误差。

知识链接

一、保证加工精度实现的条件

若规定工件的加工允差为 δ 工件，以 Δ 夹具表示与采用夹具有关的误差，以 Δ 加工表示除夹具外与工艺系统其他因素（如机床误差、刀具误差、受力受热变形等）有关的加工误差，为保证工件的加工精度要求，必须满足误差计算不等式，即

$$\delta_{工件} \geqslant \Delta_{夹具} + \Delta_{加工}$$

制订夹具公差时，应保证夹具的定位、制造和调整误差的总和不超过零件公差的 1/3。

二、提高定位精度的方法

定位精度是定位设计中的一个极为重要的问题。特别是对加工要求较高的工件，在精加工阶段，应注意提高定位基准面和定位元件的精度，以减少基准位移误差。图 2-5-9（a）所示为可浮动的定位销，用其代替菱形销，可减小工件的转角误差。在图 2-5-9 中，定位销 1 由圆柱销 3 连接，可在套 2 的槽中沿 X 轴方向滑动，以补偿孔距误差和销距误差。图 2-5-9（b）所示为一种密珠心轴，其中，心轴直径 d_{01} 与精密钢球 S_d 组成的定位尺寸 d_1，使配合定位中有微量的过盈，故使 $\Delta Y=0$。其定位精度可达 0.003mm。

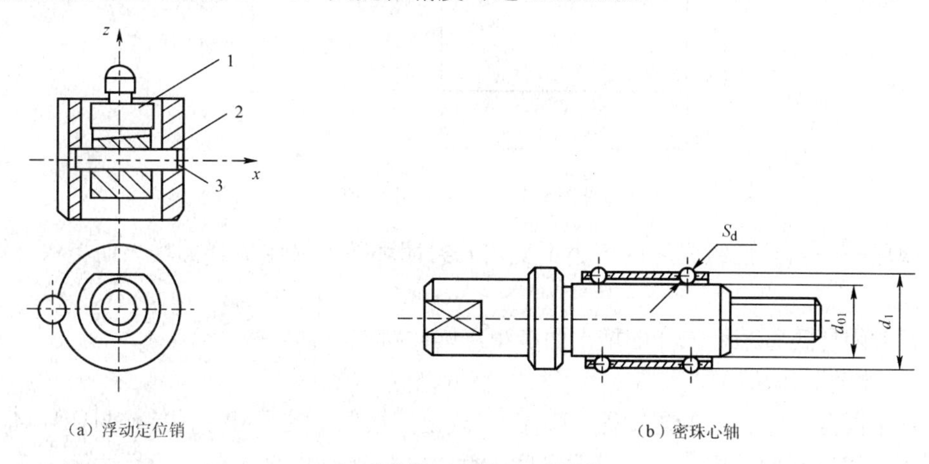

（a）浮动定位销　（b）密珠心轴

1—定位销；2—套；3—圆柱销

图 2-5-9　提高定位精度的方法

类似这种用减小配合间隙来提高精度的方法，在定心夹紧机构中很常见，如液性塑料心轴也可达到与上述相同的定心精度。

三、工艺尺寸链

1．尺寸链及尺寸链计算公式

1）尺寸链

按一定顺序首尾连接的尺寸形成的封闭尺寸组，称为尺寸链。

由单个零件在工艺过程中的有关工艺尺寸所形成的尺寸链，称为工艺尺寸链，如图 2-5-10 所示。

2）尺寸链的组成及其图作法

组成尺寸链的每一个尺寸，称为尺寸链的环。

（1）封闭环

最终被间接保证精度的环称为封闭环。工艺尺寸链是由加工顺序来确定的（用 A_0 表示）。

（2）组成环

在尺寸链中，凡属通过加工直接得到的尺寸称为组成环，除封闭环以外的其他的环，可分为增环和减环。

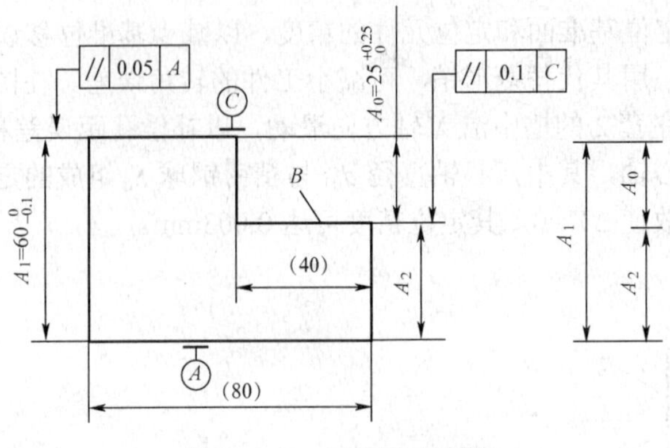

图 2-5-10　工艺尺寸链图

① 增环——当其他组成环的大小不变，若封闭环随着某组成环的增大而增大，则该组成环称为增环。

② 若封闭环随着某组成环的增大而减小，则此组成环称为减环。

（3）尺寸链图作法

① 首先根据工件加工工艺过程（顺序），找出间接保证的尺寸，并定作封闭环 A_0。

② 从封闭环开始，按照零件表面之间的联系，依次画出直接获得的尺寸 A_1、A_2，作为组成环，直至尺寸的终端回到封闭环的起点，形成一个封闭图形。要使组成环的环数达到最少。

③ 按各尺寸首尾相接的原则，顺着一个方向在尺寸的终端画箭头。凡与封闭环箭头方向相同的环即为减环；与封闭环箭头方向相反的环即为增环。

3）尺寸链计算

（1）尺寸链计算有正计算、反计算和中间计算三种类型。

① 正计算是指已知组成环求封闭环的计算方式称为正计算。

② 反计算是指已知封闭环求组成环称为反计算。

③ 中间计算是指已知封闭环及部分组成环，求其余的一个或几个组成环，称为中间计算。

（2）尺寸链计算有极值法与统计法两种。

4）极值法解尺寸链的计算公式

机械制造中的尺寸及公差通常用基本尺寸（A）、上偏差（ES）、下偏差（EI）表示；或用最大极限尺寸（$A_{\max}$）与最小极限尺寸（$A_{\min}$）表示；或用基本尺寸（A），中间偏差（Δ）与公差（T）表示。

（1）封闭环的极限尺寸

封闭环最大值等于各增环最大值之和减去各减环最小值之和。

封闭环的最小值等于各增环最小值之和减去各减环最大值之和，即

$$A_{0\max}=\sum_{p=1}^{k}A_{\mathrm{p}\max}-\sum_{q=k+1}^{m}A_{\mathrm{q}\min}$$

$$A_{0\min}=\sum_{p=1}^{k}A_{\mathrm{p}\min}-\sum_{q=k+1}^{m}A_{\mathrm{q}\max}$$

（2）封闭环的公差

封闭环的公差等于各组成环的公差之和，即

$$T_0=\sum_{i=1}^{n-1}T_{\rm i}$$

（3）封闭环的中间偏差，即

$$\Delta 0=\sum_{p=1}^{k}\Delta p-\sum_{q=k+1}^{m}\Delta q$$

思考与练习

1. 题2-5-1图所示为加工ϕ20的孔，试进行定位方案设计。

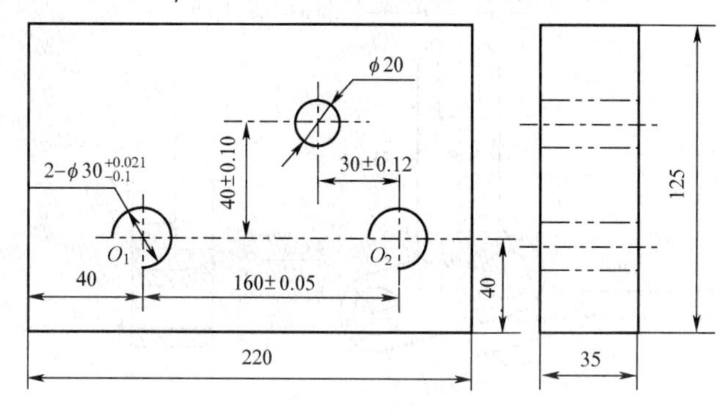

题2-5-1图　加工ϕ20的孔的工序图

2. 题2-5-2图所示为加工槽$8_{-0.09}^{\ 0}$，试进行定位方案设计。

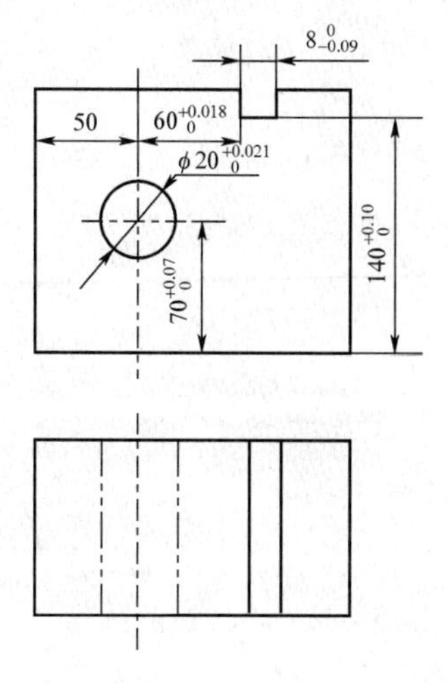

题2-5-2图　加工槽$8_{-0.09}^{\ 0}$工序图

3. 题 2-5-3 图所示为柴油机调速杠杆简图，工件的各表面均已加工，保证了 *A*、*B* 面的平行度，本工序为铣槽 $6^{+0.065}_{+0.025}$ mm，要求槽的两侧面对 *B* 面的垂直度 0.05/100，槽的对称中心线与 $\phi 8^{+0.022}_{\ 0}$ mm 及 $\phi 6^{+0.016}_{\ 0}$ mm 中心连线间的夹角为 105° ±30′，试设计此铣床夹具的定位装置（画出草图）和分析定位误差。

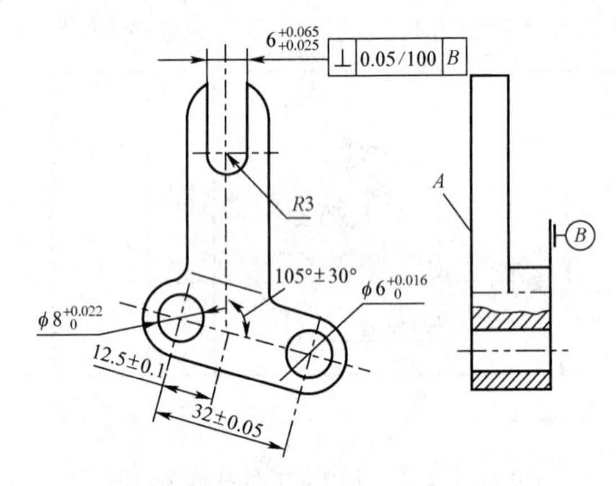

题 2-5-3 图　调速杠杆工序简图

模块三　工件的夹紧

如何学习

1．了解夹紧装置的组成和设计的基本要求，掌握夹紧力确定的基本原则及减小夹紧变形的方法。

2．了解夹紧机构的常用类型及各自的特点等，掌握夹紧机构的设计方法。

3．学生通过观察模型或去工厂参观学习，再利用所学的专业知识综合考虑进行简单的模拟设计。

夹紧装置设计的基本要求；常用夹紧装置有哪些？如何设计？

任务一　概　　述

任务描述

图 3-1-1 所示为气压夹紧的铣床夹具和手动夹紧的套筒铣槽专用夹具，试分析这两个夹具夹紧装置的组成及工作原理，在机械加工中有何作用？夹紧力如何确定？

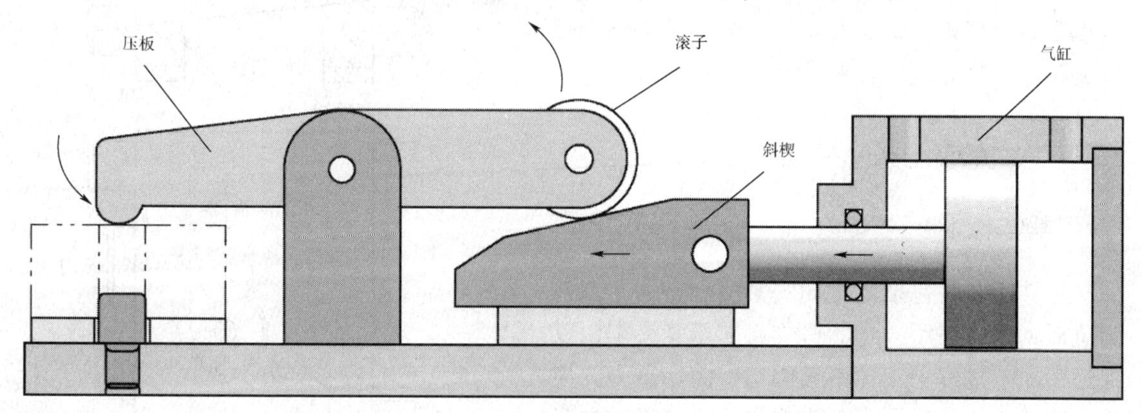

（a）气压夹紧铣床夹具

图 3-1-1　夹紧装置的组成

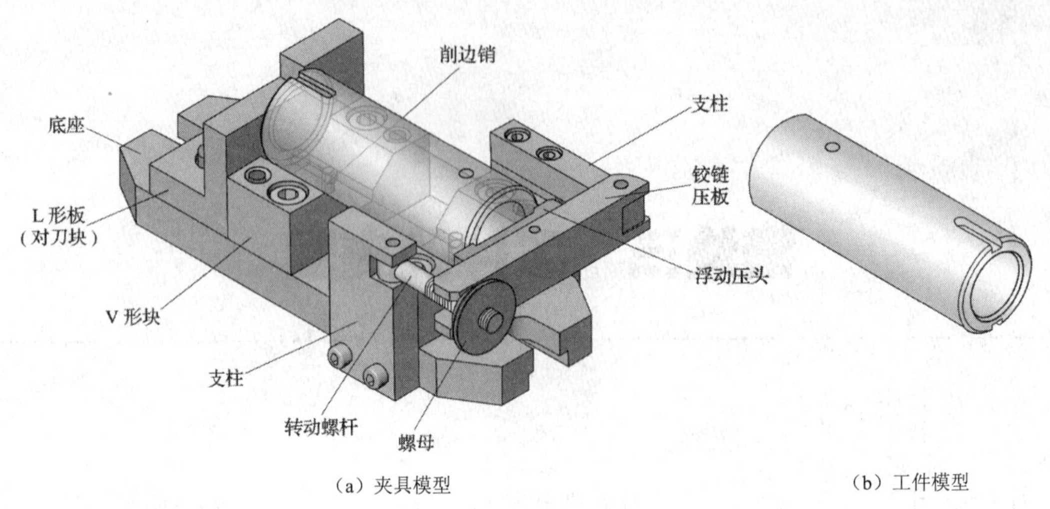

（a）夹具模型　　　　（b）工件模型

（b）套筒铣槽夹具

图 3-1-1　夹紧装置的组成（续）

学习目标

【知识目标】

掌握夹紧力确定的基本原则，了解夹紧装置设计的基本要求。

【技能目标】

现场拆装一些常见基本夹紧装置，掌握各种夹紧机构的夹紧力确定方法。

任务分析

任务要求对图 3-1-1 和图 3-1-2 铣床夹具进行工装分析，最后得出夹紧装置的组成和工作原理，可先让学生思考图示的工件如果让他们加工，根据已学的理论知识和实践经验如何对工件进行装夹？怎样确定工件的夹紧力？

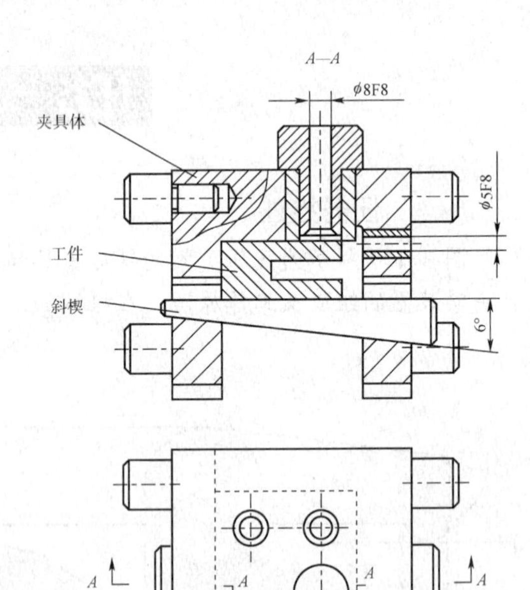

图 3-1-2　手动斜楔夹紧机构

完成任务

基本概念

工件的装夹包括定位和夹紧两个方面。工件定位后，就应采用一定的机构将它压紧夹牢，以保证在加工过程中工件不会因切削力、重力、惯性力或离心力的作用而产生位置改变，确保加工质量和生产安全。这种压紧夹牢工件的机构称为夹紧机构。

一、夹紧装置的组成

夹紧装置的种类很多，但其结构均由下面两个基本部分组成。

1．生产力的部分——动力装置

机械加工过程中，为保持工件定位时所确定的正确加工位置，就必须有足够的夹紧力来平衡切削力、惯性力、离心力及重力对工件的影响。夹紧力的来源，一是人力；二是某种装置所产生的力。能产生力的装置称为夹具的动力装置。常用的动力装置有液压装置、气压装置、电磁装置、电动装置、气——液联动装置和真空装置等。由于手动夹具的夹紧力来自人力，所以没有动力装置。

2．传递力的部分——夹紧机构

要使动力装置所产生的力或人力正确地作用到工件上，需有适当的传递机构，在工件夹紧过程中起力的的传递作用的机构，称为夹紧机构。

3．夹紧元件

夹紧元件是执行夹紧作用的元件，它与工件直接接触，包括各种压板、压块等。

夹紧机构在传递力的过程中，能根据需要改变力的大小、方向和作用点。手动夹具的夹紧机构还应具有良好的自锁性能，以保证人力的作用停止后，仍能可靠地夹紧工件。

二、夹紧装置设计的基本要求

一般机床夹具应有一定的夹紧装置，以将工件压紧。夹紧装置的设计和选用是否正确合理，对于保证加工质量、提高生产率，减轻工人劳动强度有很大影响。因此，在设计和选用机床夹具时必须满足以下基本要求：

（1）夹紧过程中，不改变工件定位后占据的正确位置。

（2）夹紧力的大小要可靠和适当，既要保证工件在整个加工过程中位置稳定不变、 振动小、又要使工件不产生过大的夹紧变形或损伤工件表面。

（3）夹紧装置的自动化和复杂程度应与生产纲领相适应，在保证生产效率的前提下，其结构要力求简单，以便于制造和维修。

（4）夹紧装置的操作应当方便、安全、省力。

三、夹紧力确定的基本原则

夹紧力包括大小、方向、作用点三个要素。确定夹紧力的方向、作用点、大小时，应根据工件的形状、尺寸、重量和加工要求，并结合工件在加工中的受力状况及定位元件的结构和布置方式等综合考虑。

1．夹紧力的方向

夹紧力的方向与工件定位基准配置情况，以及工件受外力的作用方向等因素有关，夹紧力方向的确定一般应遵循以下原则。

（1）夹紧力的作用方向应保证工件的定位准确可靠，且主夹紧力应朝向主要定位基面。在夹紧力的作用下，应确保工件与定位元件接触。一般情况下，工件的主要定位基准面其面积大、精度高、限制的自由度多，主要夹紧力应垂直指向主要定位基准，有利于保证工件的加工质量。如图 3-1-3（a）所示，夹紧力 F_W 的竖直分力背向定位基面使工件抬起，在图 3-1-3（b）中，夹紧力的两个分力分别朝向定位基面，将有助于定位稳定。如图 3-1-4（b）、（c）所示的 F_w 都不利于保证镗孔轴线与 A 面的垂直度，图 3-1-4（d）的 F_W 朝向主要定位基面，则有利于保证加工孔轴线与 A 面的垂直度。

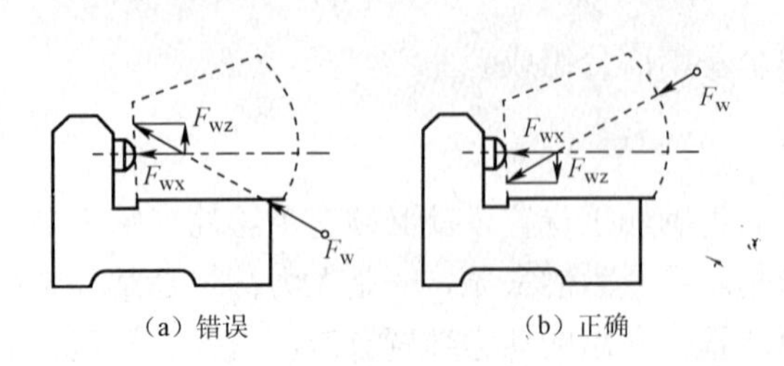

图 3-1-3　夹紧力的方向应有助于定位

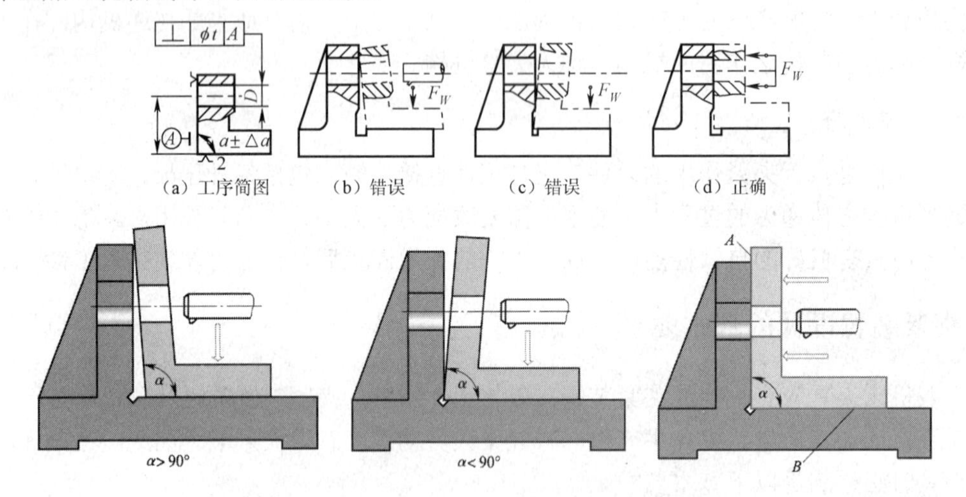

图 3-1-4　夹紧力应指向主要定位基面

（2）夹紧力的方向应有利于减小夹紧力。图 3-1-5 所示为工件在夹具中加工时常见的几种受力情况。在图 3-1-5（a）中，夹紧力 F_W、切削力 F 和工件重力 G 同向时，所需的夹紧力最小，图 3-1-5（d）所示为需要由夹紧力所需的摩擦来克服切削力和重力，故需夹紧力最大。

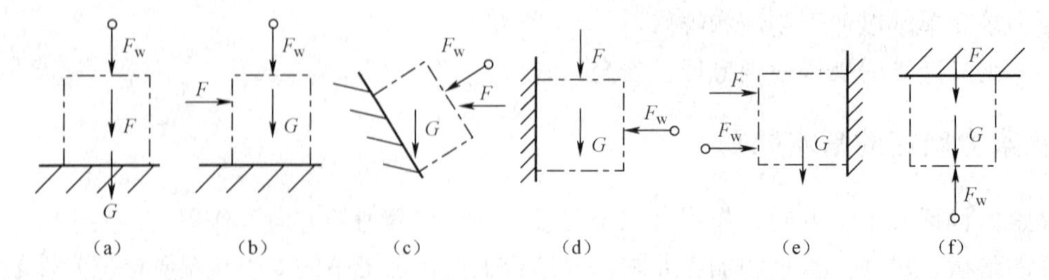

图 3-1-5　夹紧力方向与夹紧力大小的关系

实际中满足 F_W、F、G 同向的夹紧机构并不多，故在机床夹具设计时要根据各种因素辩证分析、恰当处理。图 3-1-6 所示为最不理想的状况，夹紧力 F_W 比（$F+G$）大得多，但由于工件小、重量轻，钻小孔时切削力也小，因而此种结构也是适用的。

（3）夹紧力的方向应是工件刚性较好的方向。如图 3-1-7 所示，薄套件径向刚性差而轴向刚性好采用如图 3-1-6（b）所示的夹紧方案，可避免工件发生严重的夹紧变形和产生较大的加工误差。

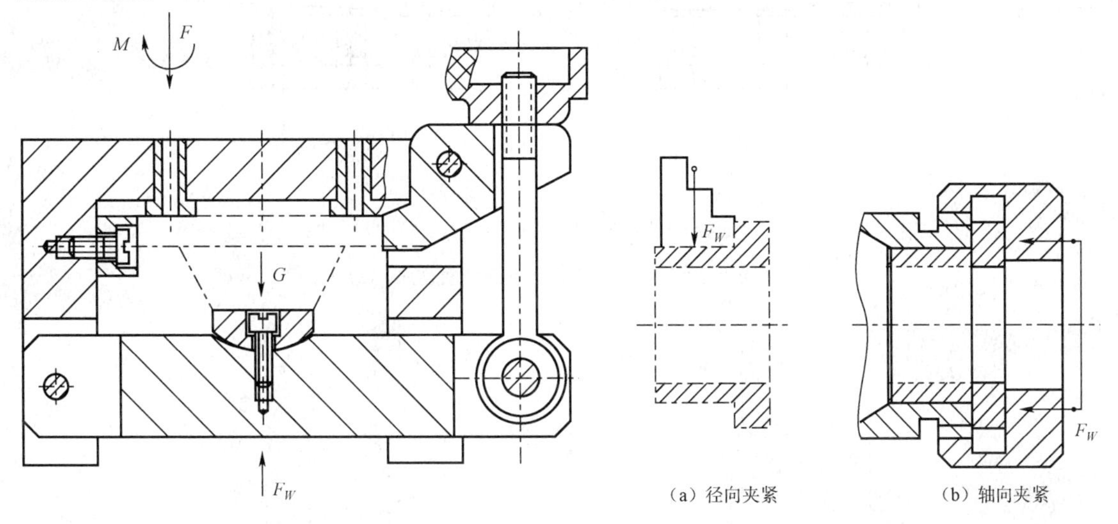

（a）径向夹紧　（b）轴向夹紧

图 3-1-6　夹紧力与切削力、重力反向的钻模　　图 3-1-7　紧力方向与工件刚性的关系

2. 夹紧力的作用点

夹紧力的方向确定后，应根据下述原则确定作用点的位置。

（1）夹紧力的作用点应落在定位元件的支承范围内，如图 3-1-8（a）所示。如图 3-1-8（d）、（f）、（h）所示，夹紧力的作用点落到了定位元件支承范围之外，夹紧时，将破坏的工件定位；如图 3-1-8（b）、（c）、（e）、（g）所示的布置作用点全落在支承范围内，有助于定位稳定。

（2）夹紧力的作用点应选在工件刚性较好的部位。如图 3-1-9 所示，在图 3-1-9（a）、（c）中，工件的夹紧变形最小，在图 3-1-9（b）、（d）、（e）中，夹紧力作用点的选择会使工件产生较大的变形。

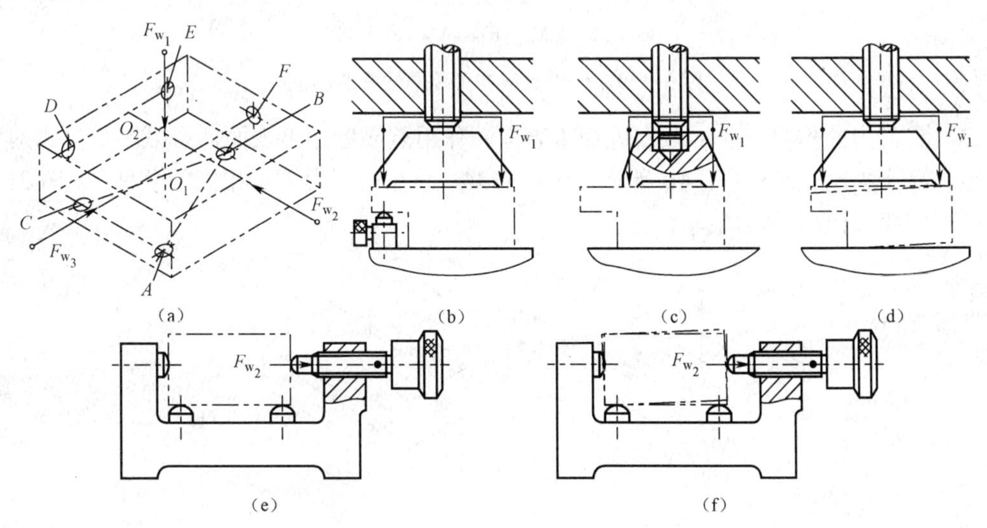

（a）　（b）　（c）　（d）

（e）　（f）

图 3-1-8　作用点与定位支承的位置关系

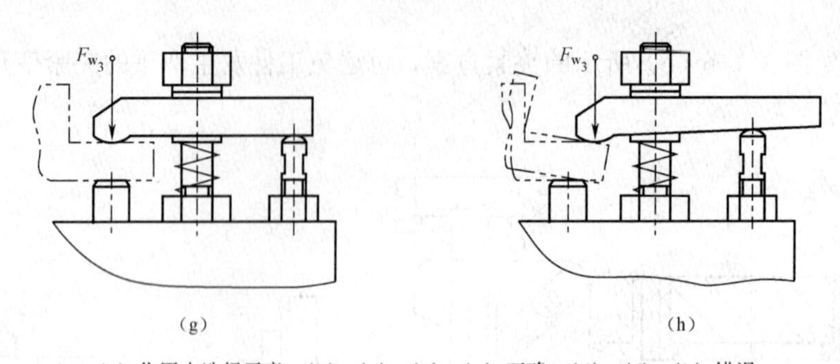

(a) 作用点选择示意；(b)、(c)、(e)、(g) 正确；(d)、(f)、(h) 错误

图 3-1-8　作用点与定位支承的位置关系（续）

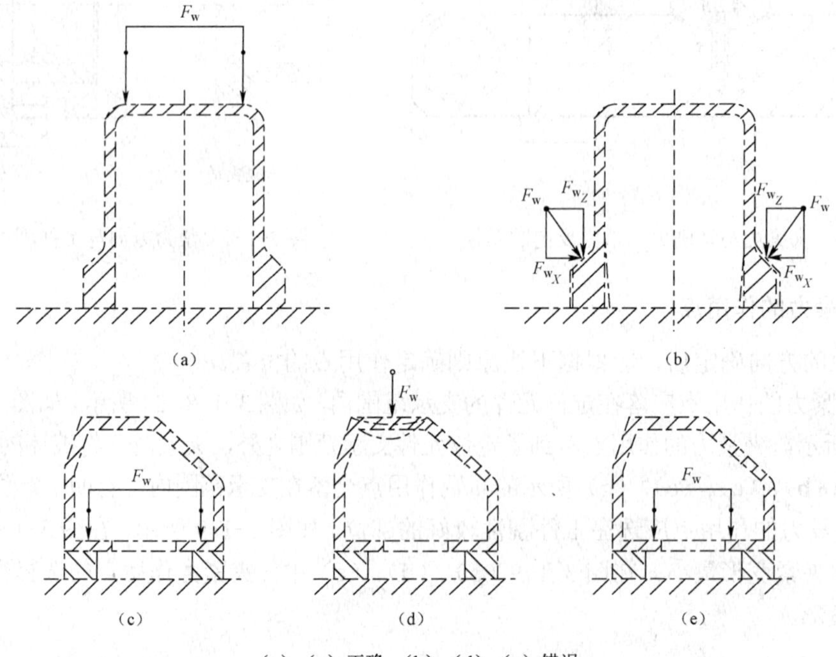

(a)、(c) 正确；(b)、(d)、(e) 错误

图 3-1-9　作用点应在工件刚性好的部位

（3）夹紧力的作用点应尽量靠近加工表面。作用点靠近加工表面，可减小切削力对该点的力矩和减小振动。如图 3-1-10 所示，因 $M_1<M_2$，故在切削力大小相同的条件下，图 3-1-10 (a)、(c) 中所用的夹紧力较小。

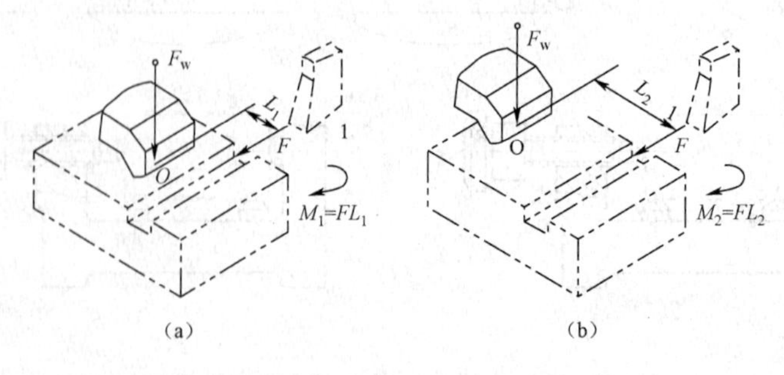

图 3-1-10　作用点应在工件刚性好的部位

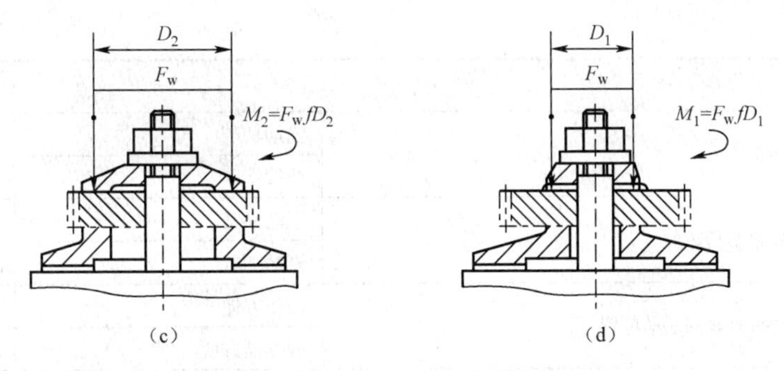

（a）、（c）合理；（b）、（d）不合理

图 3-1-10　作用点应在工件刚性好的部位（续）

当作用点只能远离加工面，造成工件安装刚性较差时，应在靠近加工面附近设置辅助支承，并施加辅助夹紧力 F_{W_1}（见图 3-1-11），以减小振动。

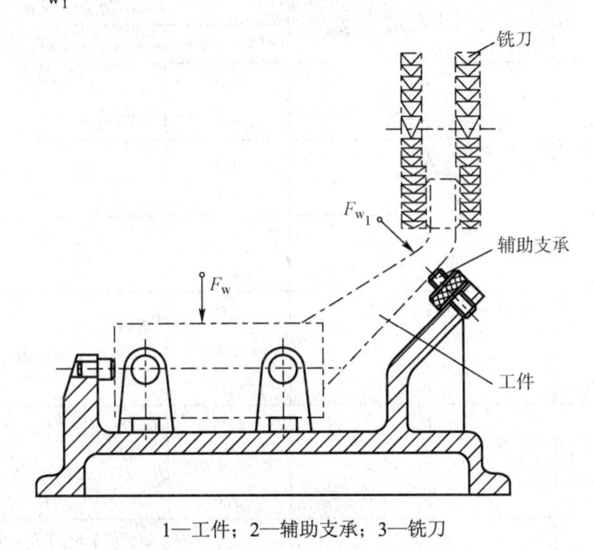

1—工件；2—辅助支承；3—铣刀

图 3-1-11　增设辅助支承和辅助夹紧力

3．夹紧力的大小

理论上，夹紧力的大小应与作用在工件上的其他力（力矩）相平衡；实际上，夹紧力的大小还与工艺系统的刚度、夹紧机构的传递效率等因素有关，计算是很复杂的。因此，实际设计中常采用估算法、类比法和试验法确定所需的夹紧力。

表 3-1-1　安全系数 K_0～K_6 的数值

符　号	考虑的因素		系　数　值
K_0	考虑工件材料及加工余量均匀性的基本安全系数		1.2～1.5
K_1	加工性质	粗加工	1.2
		精加工	1.0
K_2	刀具钝化程度（见表 3-1-2）		1.0～1.9

续表

符　号	考虑的因素		系 数 值
K_3	切削特点	连续切削	1.0
		断续切削	1.2
K_4	夹紧力的稳定性	手动夹紧	1.3
		机动夹紧	1.0
K_5	手动夹紧时的手柄位置	操作方便	1.0
		操作不方便	1.2
K_6	仅有力矩使工件回转时工件与支承面的接触情况	接触点确定	1.0
		接触点不确定	1.5

表 3-1-2　安全系数 K_2

加 工 方 法	切削分力或切削力矩	K_2	
		铸　铁	钢
钻　削	M_k	1.15	1.15
	F_z	1.0	1.0
粗扩（毛坯）	M_k	1.3	1.3
	F_z	1.2	1.2
精　扩	M_k	1.2	1.2
	F_z	1.2	1.2
粗车或粗镗	F_z	1.0	1.0
	F_y	1.2	1.4
	F_x	1.25	1.6
精车或精镗	F_z	1.05	1.0
	F_y	1.4	1.05
	F_x	1.3	1.0
圆周铣削（粗、精）	F_z	1.2～1.4	1.6～1.8（含碳量小于 3%） 1.2～1.4（含碳量大于 3%）
端面铣削（粗、精）	F_z	1.2～1.4	1.6～1.8（含碳量小于 3%） 1.2～1.4（含碳量大于 3%）
磨　削	F_z	—	1.15～1.2
拉　削	F	—	1.5

当采用估算法确定夹紧力的大小时，为简化计算，通常将夹具和工件看成一个刚性系统。根据工件所受切削力、夹紧力（大型工件应考虑重力、惯性力等）作用的情况，找出加工过程中对夹紧最不利的状态，按静力平衡原理计算出理论夹紧力，最后再乘以安全系数作为实际所需夹紧力，即

$$F_{wk}=KF_w \tag{3-1-1}$$

式中　F_{wk}——实际所需夹紧力（N）；

F_w——在一定条件下，由静力平衡算出的理论夹紧力（N）；

K ——安全系数。

安全系数 K 按下式计算

$$K=K_0K_1K_2K_3K_4K_5K_6 \tag{3-1-2}$$

式中，K_0～K_6 为考虑了各种因素的安全系数，如表 3-1-1 和表 3-1-2 所示。

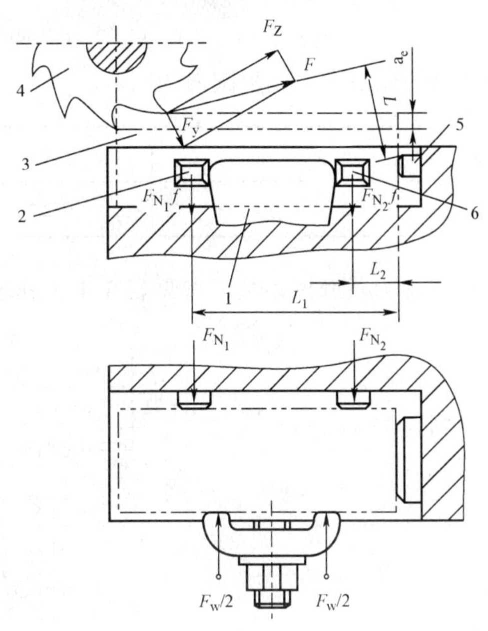

1—压板；2、6—导向支承；3—工件；4—铣刀；5—止推支承

图 3-1-12　铣削加工所需夹紧力

下面介绍夹紧力估算的实例。

例 1　铣削时所需夹紧力

图 3-1-12 所示为铣削加工示意图，在开始铣削到切削深度最大时，引起工件绕止推支承 5 翻转为最不利的情况，其翻转力矩为 F_L；而阻止工件翻转的支承 2、6 上的摩擦力矩 $F_{N_2}fL_1+F_{N_1}fL_2$，工件重力及压板与工件间的摩擦力可以忽略不计。当 $F_{N_2}=F_{N_1}=F_w/2$ 时，根据静力平衡条件并考虑安全系数，得

$$FL=\frac{F_w}{2}fL_1+\frac{F_w}{2}fL_2$$

$$F_{wk}=\frac{2KF_L}{f(L_1+L_2)}$$

式中　f——工件与导向支承间的摩擦系数。

例 2　车削时所需夹紧力

图 3-1-13 所示为工件用三爪自定心卡盘夹紧，车削时，受切削分力 F_z、F_y、F_x 的作用。主切削力 F_z 形成的切削转矩为 F_z（$d/2$），使工件相对卡盘顺时间转动；F_z 和 F_y 还一起以工件为杠杆，力图搬松卡爪；F_x 与卡盘端面反力相平衡。为简化计算，工件较短时只考虑切削转矩的影响。若设一个卡爪的夹紧力为 F_w，工件与卡爪间的摩擦系数为 f，根据静力平衡条件并考虑安全系数，需要每一卡爪实际输出的夹紧力为

$$F_z\frac{d_0}{2}=3F_w f\frac{d}{2} \qquad （当 d\approx d_0 时）$$

$$F_w=\frac{KF_Z}{3f}$$

当工件的悬伸长 L 与夹持直径 d 之比 $L/d>0.5$ 时，F_y 等力对夹具的影响不能忽略，可乘以修正系数 K'补偿，K'值按 L/d 的比值在下例范围内选取。

L/d	0.5	1.0	1.5	2.0
K'	1.0	1.5	2.5	4.0

常见的各种夹紧形式所需夹紧力及摩擦系数，参见表 3-1-3 和表 3-1-4。

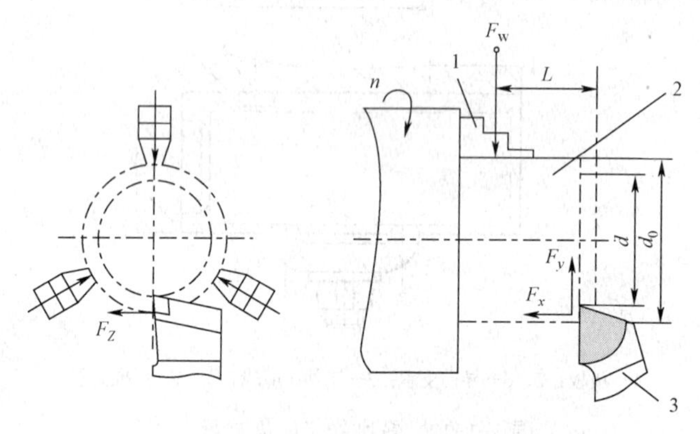

1—三爪自定心卡盘；2—工件；3—车刀

图 3-1-13　车削加工所需夹紧力

表 3-1-3　常见夹紧形式所需的夹紧力计算公式

夹 紧 形 式	加 工 简 图	计 算 公 式
用卡盘夹爪夹紧工件外圆	F_{wk}、f、d、M	$F_{wk}=\frac{2K_M}{ndf}$
用可胀心轴斜楔夹紧工件内孔	f、F_{wk}、D、M	$F_{wk}=\frac{2K_M}{nDf}$
用拉杆压板夹紧工件端面	M、f、F_{wk}、D、d	$F_{wk}\approx\frac{4K_M}{(d+D)f}$

续表

夹紧形式	加工简图	计算公式
用弹簧夹头夹紧工件	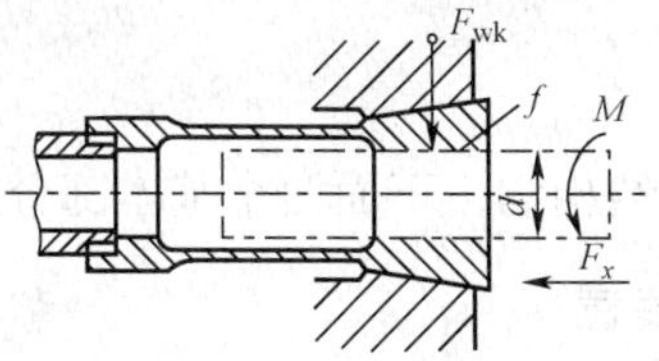	$F_{wk}=\frac{K}{f}\sqrt{\frac{4M^2}{d^2}+F_x^2}$
用压板夹紧工件端面	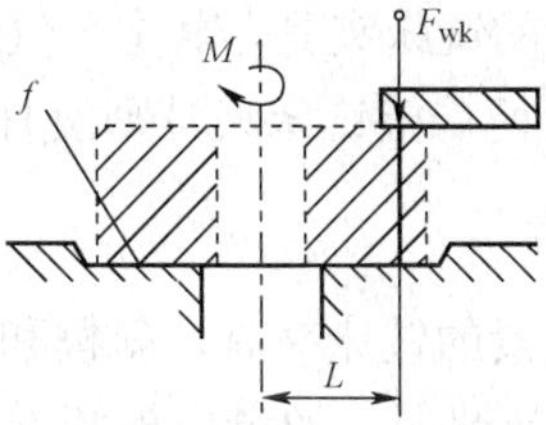	$F_{wk}\approx\frac{K_M}{Lf}$
用钳口夹紧工件端面	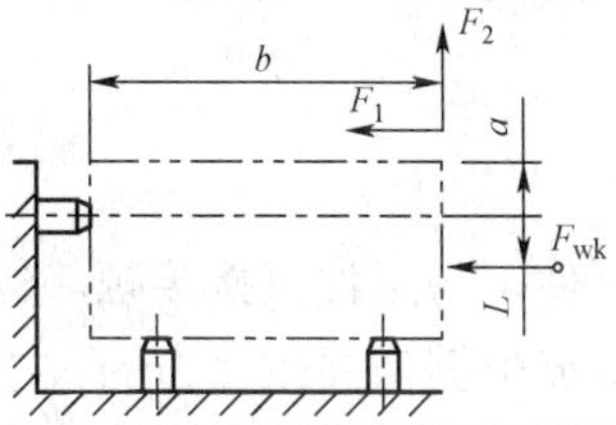	$F_{wk}=\frac{K(F_1a+F_2b)}{L}$
用压板和 V 形块夹紧工件	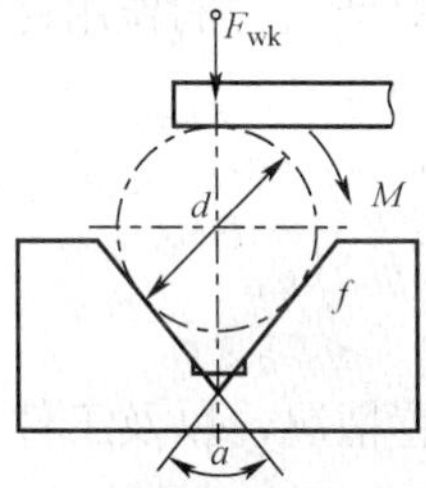	$F_{wk}=\frac{2K_M}{df}\frac{\sin\frac{a}{2}}{1+\sin\frac{a}{2}}$
用两个 V 形块夹紧工件	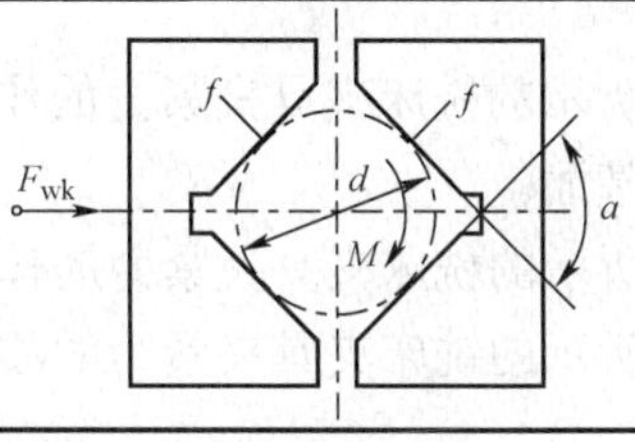	$F_{wk}=\frac{K_M}{df}\frac{1}{\sin\frac{a}{2}}$

注：F_{wk}—所需夹紧力（N）；M——切削扭矩（N·mm）；F_1、F_2——切削力（N）；K——安全系数；d——工件的直径（mm）；n——夹爪数；f ——工件与支承面间的摩擦系数，其数值参见表 3-1-4。

表 3-1-4　各种不同接触表面之间的摩擦系数

接触表面的形式	摩擦系数 f	接触表面的形式	摩擦系数 f
接触表面均为加工过的光滑表面	0.12～0.25	夹具夹紧元件的淬硬表面在垂直主切削力方向有齿纹	0.4
工件表面为毛坯，夹具的支承面为球面	0.2～0.3	夹具夹紧元件的淬硬表面有相互垂直的齿纹	0.4～0.5
夹具夹紧元件的淬硬表面在沿主切削力方向有齿纹	0.3	夹具夹紧元件的淬硬表面有网状齿纹	0.7～0.8

完成任务

一、夹紧装置的组成

夹紧装置的种类很多，但其结构均由下面两个基本部分组成：

1．生产力的部分——动力装置

图 3-1-1（a）所示为气压夹紧的铣床夹具，其中，气缸、活塞、活塞杆等组成了气压动力装置。如图 3-1-1（b）所示的套筒铣槽铣床夹具则没有动力装置。

2．传递力的部分——夹紧机构

如图 3-1-1（a）所示的气压夹紧的铣床夹具，斜楔和压板等组成了铰链压板夹紧机构。如图 3-1-1（b）所示的套筒铣槽铣床夹具，铰链压板和浮动压头、转动螺杆和螺母则组成了铰链压板夹紧机构。

3．夹紧元件

夹紧元件是执行夹紧作用的元件，与工件直接接触，包括各种压板、压头等。

夹紧机构在传递力的过程中，能根据需要改变力的大小、方向和作用点。手动夹具的夹紧机构还应具有良好的自锁性能，以保证人力的作用停止后，仍能可靠地夹紧工件。

二、夹紧力确定的基本原则

1．夹紧力的方向

夹紧力的方向与工件定位基准配置情况，以及工件受外力的作用方向等因素有关，夹紧力方向的确定遵循以下原则：

（1）如图 3-1-1 和图 3-1-2 所示的铣床夹具夹紧力的作用方向都能保证工件的定位准确可靠，且主夹紧力朝向主要定位基面。

（2）如图 3-1-1 和图 3-1-2 所示的铣床夹具夹紧力的作用方向有利于减小夹紧力。

（3）如图 3-1-1 和图 3-1-2 所示的铣床夹具夹紧力的方向都是工件刚性较好的方向。

2．夹紧力的作用点

夹紧力的方向确定后，应根据下述原则确定作用点的位置。

（1）如图 3-1-1 和图 3-1-2 所示的铣床夹具夹紧力的作用点落在定位元件的支承范围内。

（2）如图 3-1-1 和图 3-1-2 所示的铣床夹具夹紧力的作用点选在工件刚性较好的部位。

（3）如图 3-1-1 和图 3-1-2 所示的铣床夹具夹紧力的作用点靠近加工表面。作用点靠近加工表面，可减小切削力对该点的力矩和减小振动。

3．夹紧力的大小

理论上，夹紧力的大小应与作用在工件上的其他力（力矩）相平衡；而实际上，夹紧力的大小还与工艺系统的刚度、夹紧机构的传递效率等因素有关，计算是很复杂的。因此，实际设计中常采用估算法、类比法和试验法确定所需的夹紧力。

工艺技巧

一、夹紧装置的组成

夹紧装置的种类很多，但其结构均由下面三个基本部分组成：

（1）生产力的部分——动力装置。

（2）传递力的部分——夹紧机构。

（3）执行夹紧作用的部分——夹紧元件。

二、夹紧装置设计的基本要求

（1）夹紧过程中，不改变工件定位后占据的正确位置。

（2）夹紧力的大小要可靠和适当，既要保证工件在整个加工过程中位置稳定不变、振动小、又要使工件不产生过大的夹紧变形或损伤工件表面。

（3）夹紧装置的自动化和复杂程度应与生产纲领相适应，在保证生产效率的前提下，其结构要力求简单，以便于制造和维修。

（4）夹紧装置的操作应当方便、安全、省力。

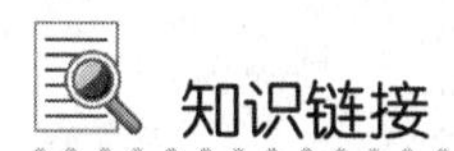

减小夹紧变形的方法

工件在夹具中夹紧时，夹紧力通过工件传至夹具的定位装置，造成工件及其定位基面和夹具变形。图3-1-14所示为工件夹紧时弹性变形产生的圆度误差 Δ 和工件定位基面与夹具支承面之间接触变形产生的加工尺寸误差 Δy。由于弹性变形计算复杂，故在夹具设计中不宜作定量计算，主要是采取各种措施来减少夹紧变形对加工精度的影响。

（1）合理确定夹紧力的方向、作用点、大小。

图 3-1-15 所示为增加夹紧力作用点的例子。在图 3-1-15（a）中,三点夹紧工件的径向变形 ΔR 是六点夹紧的 10 倍。图 3-1-15（b）所示为薄壁工件 1 与三个压板 3 之间增设一递力垫圈 2，变集中力为均布力，以减小工件径向变形。

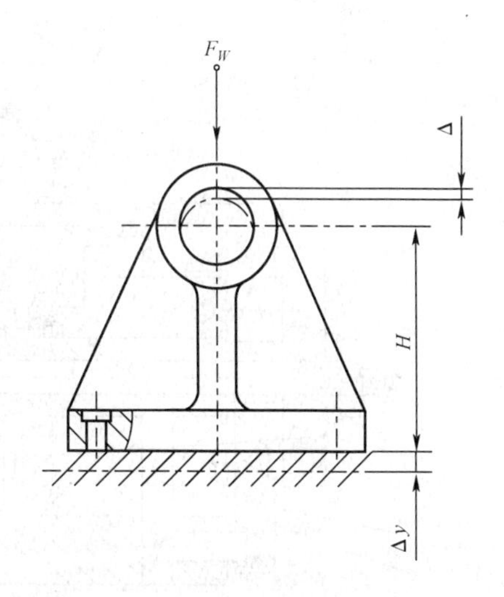

图 3-1-14　工件夹紧变形示意图

（2）在可能条件下采用机动夹紧，并使各接触面上所受的单位压力相等。

如图 3-1-16 所示的工件在夹紧力 F_W 的作用下，各接触面处压力不等，接触变形不同，从而造成定位基准面倾斜。当以三个支承钉定位时，如果夹紧力作用在 $2L/3$ 处，则可使每个接触面都承受相同大小的夹紧力，或采用不同的接触面积，使单位面积上的压力相等，均可避免工件倾斜现象。

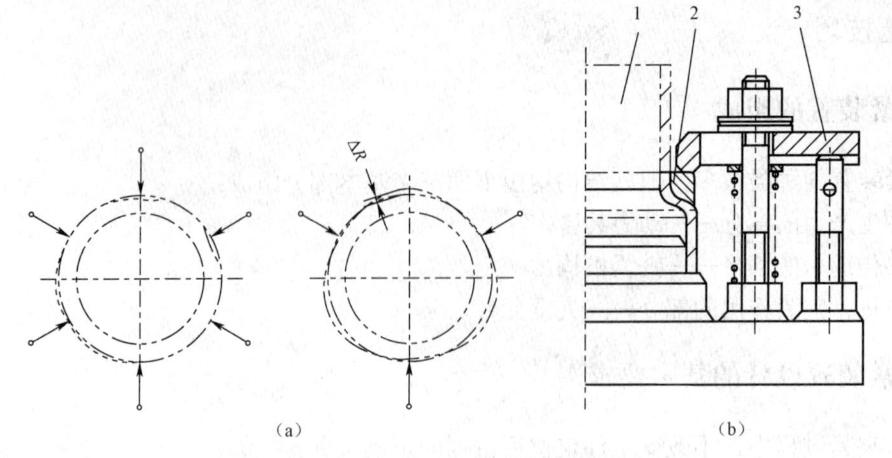

1—工件；2—递力垫圈；3—压板

图 3-1-15　增加夹紧力作用点的例子

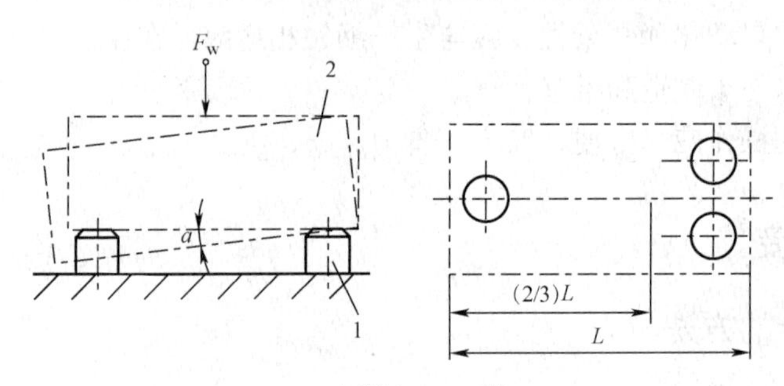

1—支承钉；2—工件

图 3-1-16　夹紧力作用点的设置

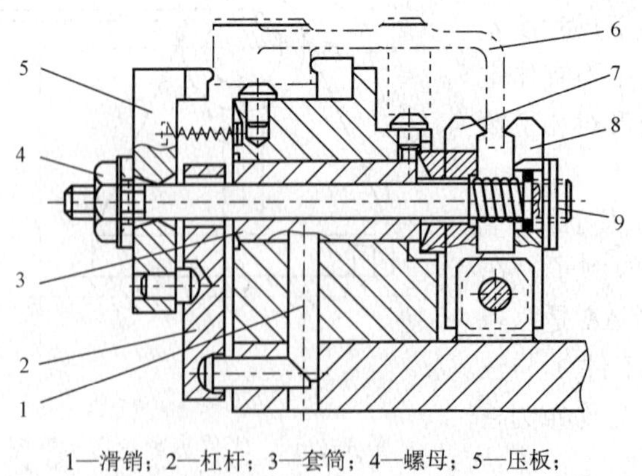

1—滑销；2—杠杆；3—套筒；4—螺母；5—压板；
6—工件；7、8—浮动卡爪；9—拉杆

图 3-1-17　浮动式螺旋压板机构

(3) 提高工件和夹具元件的装夹刚度。

① 对于刚性差的工件，应采用浮动夹紧装置或增设辅助支承。图 3-1-17 所示为浮动夹紧实例。因工件形状特殊，刚性很差，右端薄壁部分若不夹紧，势必产生振动。由于右端薄壁受尺寸公差的影响，其位置不固定。因此，必须采用浮动夹紧才不会引起工件变形，确保工件有较大的装夹刚度。图 3-1-18 所示为通过增设辅助支承达到强化工件刚性的目的。

② 改善接触面的形状，提高接合面的质量，如提高接合面硬度、降低表面粗糙度值，必要时要经过预压等。

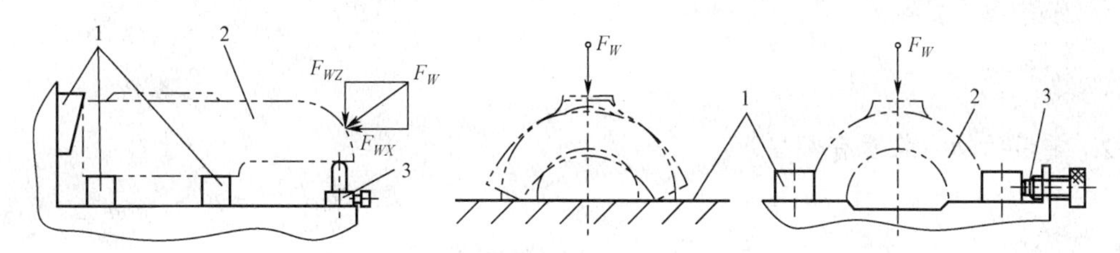

1—固定支承；2—工件；3—辅助支承

图 3-1-18　设置辅助支承强化工件刚性

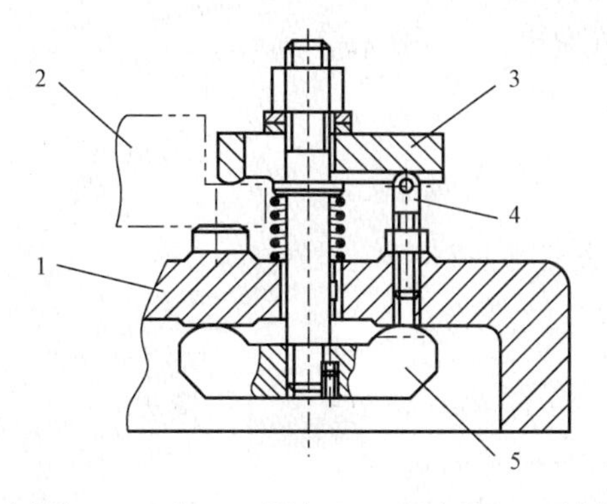

1—夹具体；2—工件；3—压板；4—可调支承；5—平衡杠杆

图 3-1-19　夹紧力对夹具体变形的影响

此外，在夹紧装置结构设计时，也要注意减小或防止夹具元件变形对加工精度的影响。如图 3-1-19 所示，工件与夹具体仅受纯压力作用，避免了弯曲力导致变形对夹紧系统的影响。如图 3-1-20（a）所示的夹紧螺杆与镗模支架分开，避免了镗模支架受力变形。

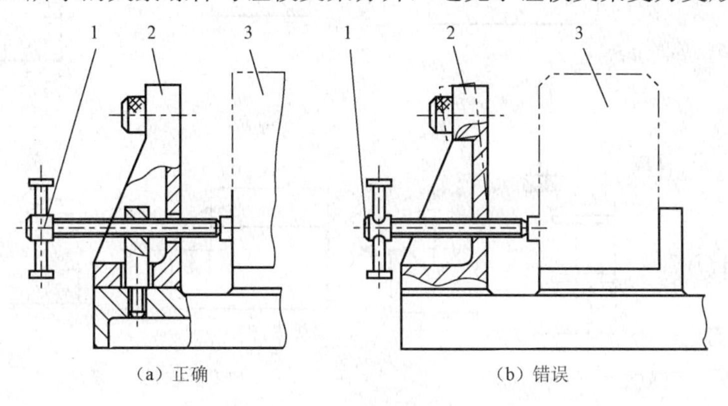

1—夹紧螺杆；2—镗模支架；3—工件

图 3-1-20　夹紧元件布置不当造成的变形

思考与练习

1. 夹紧装置设计的基本要求是什么？

2. 常用的动力装置有哪些？

3. 确定夹紧力的方向和作用点的准则有哪些？

4. 减小夹紧变形的方法有哪些？

5. 分析如题 3-1-1 图所示的夹紧力方向和作用点，并判断其合理性及如何改进？

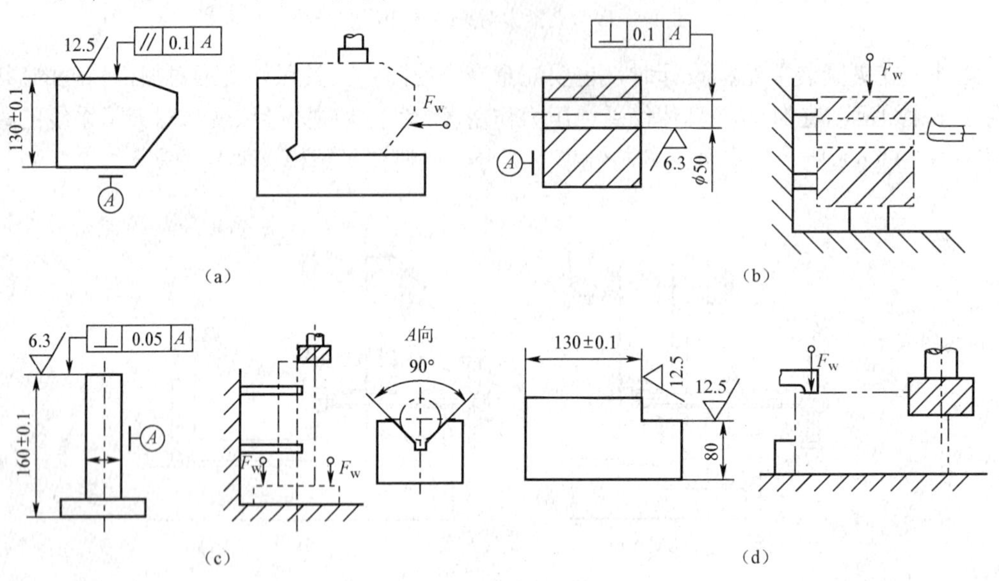

题 3-1-1 图　夹紧力方向和作用点

任务二　基本夹紧机构

任务描述

图 3-2-1 是铣床夹具及装上工件后的情况。要求学生思考其工作原理，由哪几部分组成？如何将工件夹紧？属于哪种类型的夹紧机构？

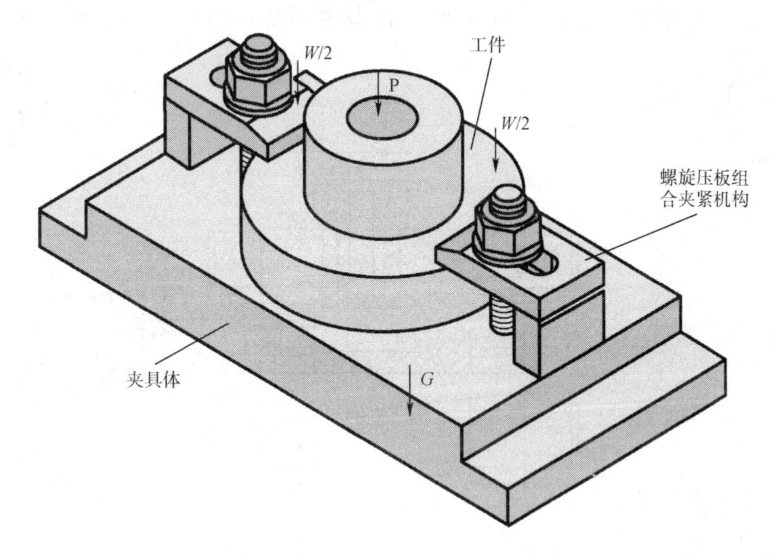

图 3-2-1　铣床夹具

学习目标

【知识目标】

掌握机床夹具的夹紧机构的基本类型及设计特点。

【技能目标】

现场拆装一些常见基本夹紧装置，了解每种基本夹紧机构的特点，掌握各种夹紧机构的设计方法和设计步骤。

任务分析

任务要求对如图 3-2-1 所示的铣床夹具进行结构分析，判断夹紧机构的基本类型，如何组合？有条件可根据需要到工厂现场对照不同类型的基本夹紧机构进行实物讲解，最后学生根据看到和已学知识对基本夹紧机构进行分类和模拟设计。

完成任务

基本概念

夹紧机构的种类虽然很多，其结构大都以斜楔夹紧机构、螺旋夹紧机构、偏心夹紧机构和铰链夹紧机构为基础，这四种夹紧机构合称为基本夹紧机构，应用最为普遍。

一、斜楔夹紧机构

1. 夹紧力计算

图 3-2-2 所示为手动斜楔夹紧实例。工件 2 装入后，敲入斜楔 1，夹紧工件。加工完毕后，锤击斜楔小头，松开工件。由此可见，斜楔主要是利用其斜面移动时所产生的压力夹紧工件的。

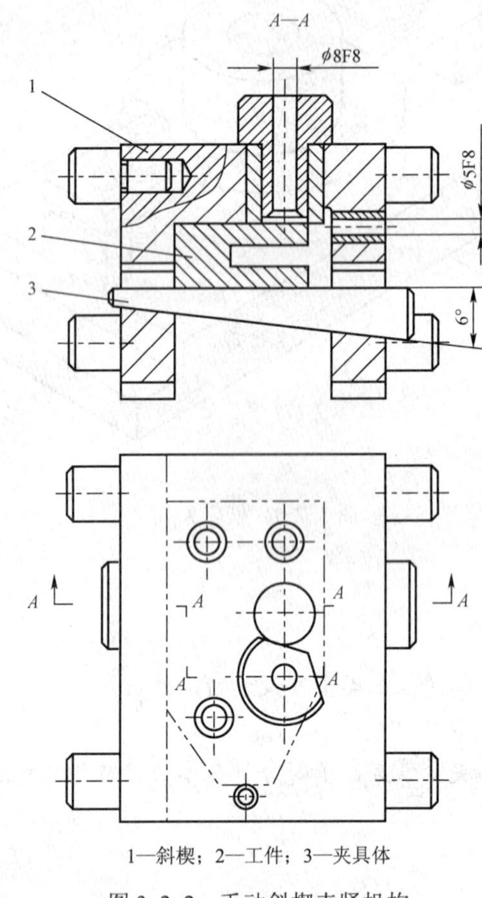

1—斜楔；2—工件；3—夹具体

图 3-2-2　手动斜楔夹紧机构

由受力图 3-2-3（a）可知，斜楔的静力平衡条件为

$$F_1 + F_{Rx} = F_Q$$

而

$$F_1 = F_w \tan\varphi_1 \qquad F_{Rx} = F_w \tan(a+\varphi_2)$$

所以

$$F_w = \frac{F_Q}{\tan\varphi_1 + \tan(a+\varphi_2)} \tag{3-2-1}$$

式中　F_w——斜楔对工件的夹紧力（N）；

α——斜楔升角（°）；

F_Q——原始作用力（N）；

φ_1——斜楔与工件间的摩擦角（°）；

φ_2——斜楔与夹具体间的摩擦角（°）。

设 $\varphi_1=\varphi_2=\varphi$，当 α 很小时（$\alpha\leqslant10°$），可用下式作近式计算，即

$$F_w=\frac{F_Q}{\tan(\alpha+2\varphi)} \tag{3-2-2}$$

若斜楔的夹紧力与原始作用力之比称为增力比 i_p，即

$$i_p=\frac{F_w}{F_Q}=\frac{1}{\tan(\alpha+2\varphi)} \tag{3-2-3}$$

在不考虑摩擦影响时，理想增力比 i'_p 为

$$i'_p=\frac{1}{\tan\alpha} \tag{3-2-4}$$

2．夹紧行程

工件所要求的夹紧行程 h 与斜楔相应移动的距离 s 之比称为行程比 i_s。由图 3-2-3（c）可知

$$i_s=\frac{h}{s}=\tan\alpha \tag{3-2-5}$$

因 $i'_p=1/i_s$，故斜楔理想增力倍数等于夹紧行程的缩小倍数。因此，选择升角 α 时，必须同时考虑增力比和夹紧行程两方面的问题。

3．自锁条件

图 3-2-3（b）所示为原始作用力 F_Q 停止作用后斜楔的受力情况。从图中可以看出，自锁条件为

$$F_1>F_{Rx}$$

即

$$F_w\tan\varphi_1>F_w\tan(\alpha-\varphi_2)$$

$$\tan\varphi_1>\tan(\alpha-\varphi_2)$$

$$\varphi_1>\alpha-\varphi_2$$

或

$$\alpha<\varphi_1+\varphi_2 \tag{3-2-6}$$

因此，斜楔的自锁条件为斜楔的升角小于斜楔与工件、斜楔与夹具体之间的摩擦角之和。

一般钢铁件接触面的摩擦系数 $f=0.1\sim0.5$，故摩擦角 $\varphi=5°43'\sim8°30'$，相应的升角 $\alpha=10°\sim17°$。

4．升角 α 的选择

根据自锁条件和对增力比与夹紧行程的综合考虑，手动夹紧时，一般取 $\alpha=6°\sim8°$。自锁的机动夹紧取 $\alpha\leqslant12°$；不需要自锁的机动夹紧取 $\alpha=15°\sim30°$。

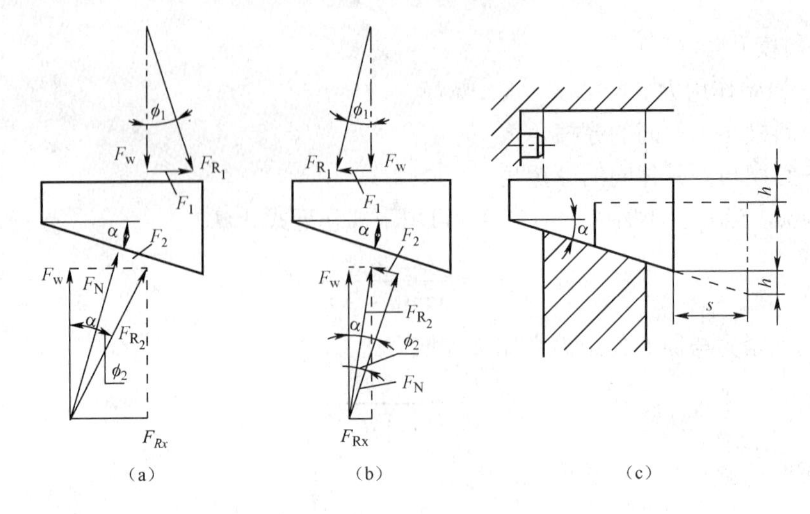

图 3-2-3　斜楔的受力分析

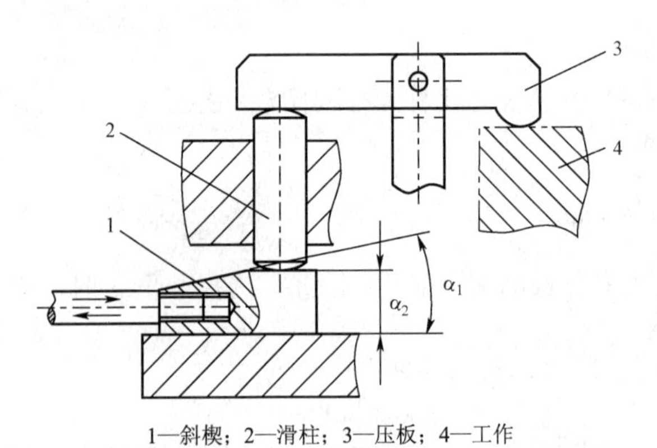

1—斜楔；2—滑柱；3—压板；4—工作

图 3-2-4　双斜面斜楔夹紧机构

当要求斜楔夹紧机构既能自锁，又要有较大夹紧行程时，可采用双斜面斜楔。如图 3-2-4 所示，α_1 段用于增大夹紧行程使滑柱迅速上升，α_2 段确保一定的增力比和自锁。

5．结构设计

因用手动的斜楔直接夹紧工件费时费力，效率极低。所以，实际生产中应用的不多，多数情况下是斜楔与其他元件或机构组合起来使用。

图 3-2-5 所示为斜楔与滑柱组合的夹紧机构。图 3-2-5（a）用于手动夹紧，图 3-2-5（b）用于气动或液压夹紧。

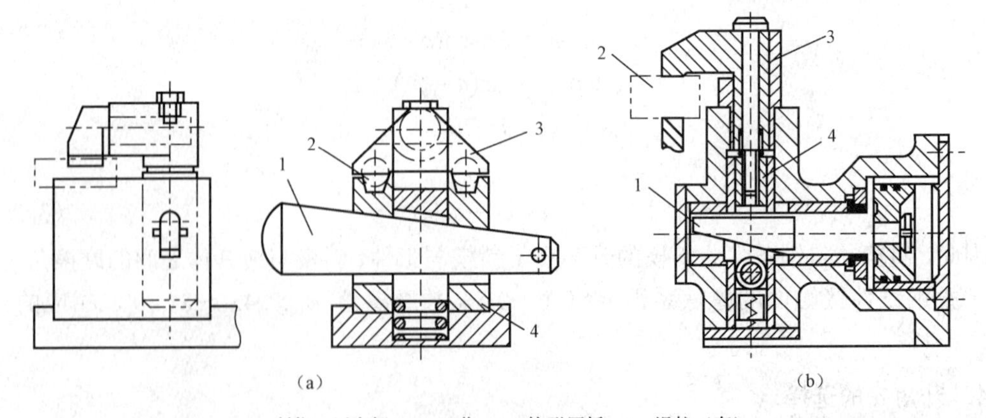

1—斜楔、活塞杆；2—工作；3—钩形压板；4—滑柱（套）

图 3-2-5　斜楔与滑块组合的夹紧机构

图3-2-6所示为斜楔与螺旋组合的夹紧机构。转动螺杆1推动斜楔2前移，铰链压板3转动而夹紧工件。

图3-2-7所示为斜楔与压板组合的夹紧机构。图3-2-7（a）用于气动或液压夹紧，驱动活塞杆3，使压板2转动并夹紧工件。图3-2-7（b）用于手动夹紧，转动端面斜楔4，通过镙钉使压板2转动夹紧工件。

斜楔夹紧机构的计算参见表3-2-1。

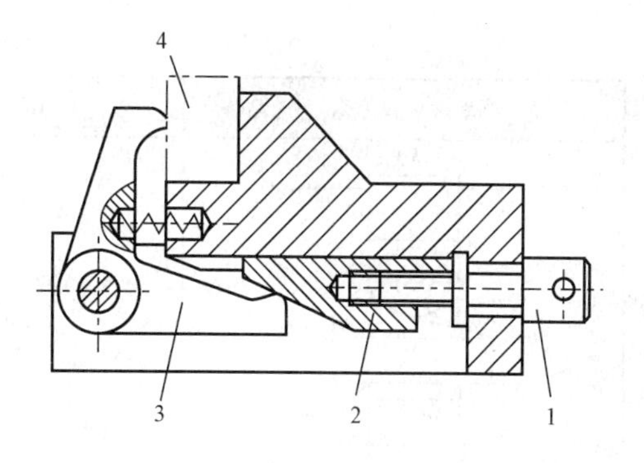

1—螺杆；2—斜楔；3—铰链压板；4—工件

图3-2-6　斜楔与螺旋组合的夹紧机构

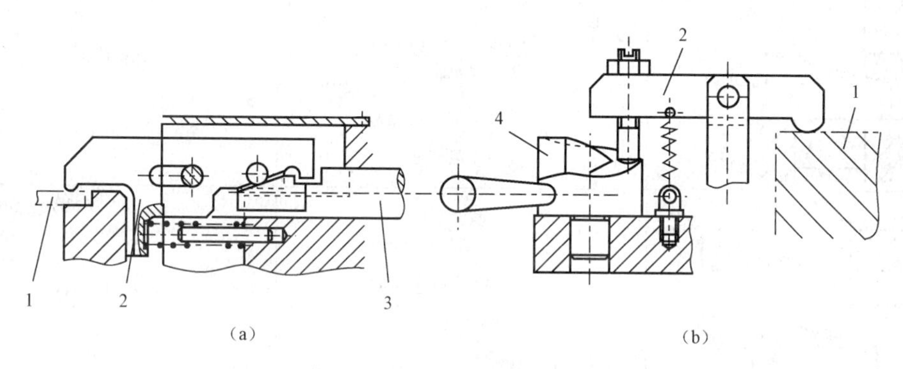

1—工件；2—压板；3—活塞杆；4—端面斜楔

图3-2-7　斜楔与压板组合的夹紧机构

表3-2-1　斜楔夹紧机构的计算

机构形式简图	增力比 i_p 计算公式	夹紧力 F_w 计算公式
	$i_p=\frac{1}{\tan(\alpha+\varphi_2)+\tan\varphi_1}$	$F_w=i_pF_Q$
	$i_p=\frac{1}{\tan(\alpha+\varphi'_2)+\tan\varphi_1}$	$F_w=i_pF_Q$
	$i_p=\frac{1}{\tan(\alpha+\varphi'_2)+\tan\varphi_1}$	$F_w=i_pF_Q$

续表

机构形式简图	增力比 i_p 计算公式	夹紧力 F_w 计算公式
F_W a F_Q	$i_p = \dfrac{1-\tan(a+\varphi_2)+\tan\varphi_3}{\tan(a+\varphi_2)+\tan\varphi_1}$	$F_W = i_p F_Q$
F_W a F_Q	$i_p = \dfrac{1-\tan(a+\varphi_2')+\tan\varphi_3}{\tan(a+\varphi_2')+\tan\varphi_1}$	$F_W = i_p F_Q$
F_W $h/2$ l h a F_Q	$i_p = \dfrac{1-\dfrac{3l}{h}\tan(a+\varphi_2')+\tan\varphi_3}{\tan(a+\varphi_2')+\tan\varphi_1}$	$F_W = i_p F_Q$

注：α——斜楔升角；φ_2——平面摩擦时作用在斜面上的摩擦角；φ_1——平面摩擦时作用在斜楔基面上的摩擦角；φ_3——导向孔对移动柱塞的摩擦角；φ'_2——滚子作用在斜面上的当量摩擦角，$\tan\varphi_2' = \dfrac{d}{D}\tan\varphi_1$；$\varphi'_1$——滚子作用在斜楔基面上的当量摩擦角，$\tan\varphi_1' = \dfrac{d}{D}\tan\varphi_2$；$l$——移动柱塞导向孔的中点至斜楔面的距离（mm）；$F_Q$—作用在斜楔上的外力（N）；$d$——滚子转轴直径（mm）；$D$——滚子外径（mm）。

二、螺旋夹紧机构

1. 典型螺旋夹紧机构

由螺钉、螺母、垫圈、压板等元件组成的夹紧机构，称为螺旋夹紧机构。这类夹紧机构结构简单、夹紧行程大，具有增力大、自锁性能好两大特点，其许多元件都已标准化，很适用于手动夹紧，也是应用最普遍的一种夹紧机构。它主要有两种典型的结构形式。

1）单个螺旋夹紧机构

图 3-2-8（a）所示为 GB/T2161-91 六角头压紧螺钉，它是用螺钉头部直接压紧工件的一种结构。为了保护夹具体不致过快磨损和简化修理工作，常在夹具体中装配一个钢质螺母。如图 3-2-8（b）所示，在螺钉头部装上摆动压块，可防止螺钉转动时损伤工件表面或带动工件旋转。摆动压块如图 3-2-9 所示，图 3-2-9（a）所示为 GB/T2171-91 光面压块用手夹紧已加工面，如图 3-2-9（b）所示的 GB/T2172-91 槽面压块，端面有齿纹，用于夹紧毛坯面。如图 3-2-9（c）所示的 GB/T2173-91 为圆压块，用于要求螺钉只移动不转动的夹紧。图 3-2-8

（c）所示为用 GB/T2149-91 球面带肩螺母夹紧的结构。螺母和工件 4 之间加球面垫圈 6，可使工件受到均匀的夹紧力并避免螺杆弯曲。

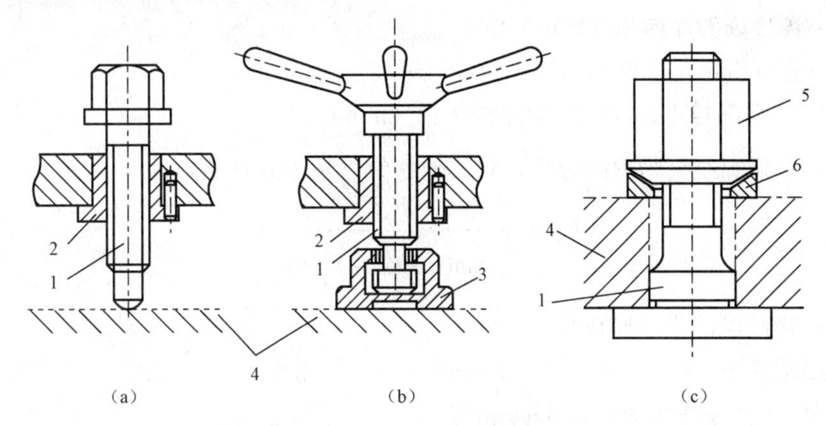

1—螺钉、螺杆；2—螺母套；3—摆动压块；4—工件；5—球面带肩螺母；6—球面垫圈

图 3-2-8　单个螺旋夹紧机构

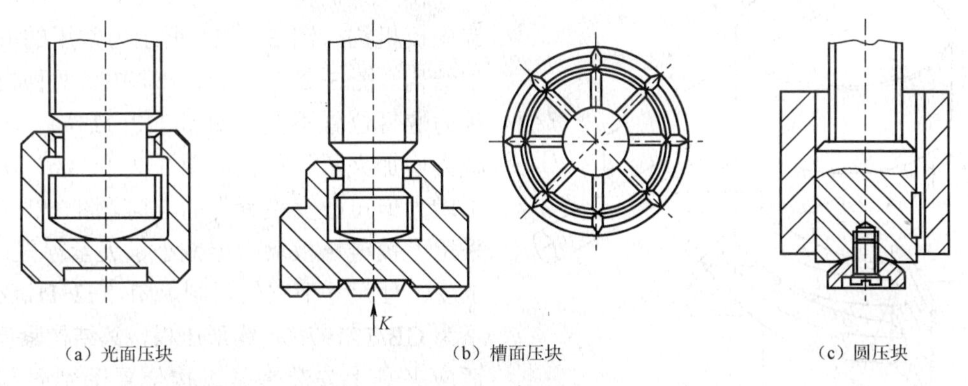

（a）光面压块　　（b）槽面压块　　（c）圆压块

图 3-2-9　摆动压块

由于螺旋可以看作是绕在圆柱体上的斜楔。因此，螺钉（或螺母）夹紧力的计算与斜楔相似。图 3-2-10 所示为夹紧状态下螺杆的受力情况，F_2 为工件对螺杆的摩擦力，分布在端面与工件的接触面上，计算时可视为集中在半径 r' 的圆周上，r' 为当量摩擦半径，它与接触形式有关（见表 3-2-2）。F_1 为螺孔对螺杆的摩擦力，分布在螺纹副接触面上，计算时可视为集中在螺纹中径处，根据平衡条件，即

$$F_{\mathrm{Q}}L = F_2 r' + F_1 \frac{d_2}{2}$$

得

$$F_{\mathrm{w}} = \frac{F_{\mathrm{Q}}L}{\frac{d_2}{2}\tan(a+\varphi_1) + r'\tan\varphi_2} \tag{3-2-7}$$

式中　F_{w}——螺杆（或螺母）的夹紧力（N）；

F_{Q}——原始作用力（N）；

L——作用力臂（mm）；

d_2——螺纹中径（mm）；

α——螺纹升角（°）；

φ_1——螺纹副的摩擦角（°）；

φ_2——螺杆端部与工件间的摩擦角（°）；

r'——螺杆端部与工件间的当量摩擦半径（mm）。

以上是对方牙螺纹夹紧力的分析，对其他螺纹可按下式计算，即

$$F_{\rm w}=\frac{F_{\rm Q}L}{\dfrac{d_2}{2}\tan(a+\varphi_1')+r'\tan\varphi_2} \tag{3-2-8}$$

式中 φ_1'——螺纹副的当量摩擦角（°）；

三角形螺纹——φ_1'=acrtan（1.15tanφ_1）；

梯形螺纹——φ_1'=acrtan（1.03tanφ_1）。

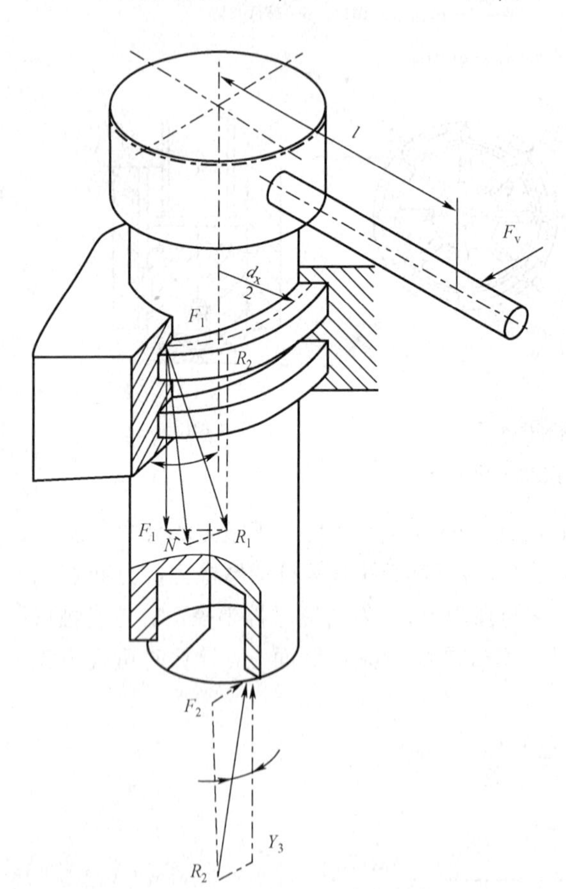

图 3-2-10 方牙螺杆夹紧受力分析

2）螺旋压板夹紧机构

在夹紧机构中，结构形式变化最多的是螺旋压板机构。图 3-2-11 所示为常用的五种典型结构。图 3-2-11（a）、（b）中，两种机构的施力螺钉位置不变，如图 3-2-11（a）所示，减力增加夹紧行程，如图 3-2-11（b）所示，不增力但可改变夹紧力的方向。图 3-2-11（c）采用了铰链压板增力但减小了夹紧行程，使用上受工件尺寸形状的限制。图 3-2-11（d）所示为 GB/T2197-91 钩形压板，其结构紧凑，很适应夹具上安装夹紧机构位置受到限制的场合。图 3-2-11（e）所示为 GB/T2872-91 自调式压板，它能适应工件高度由 0～200mm 的变化，其结构简单，使用方便。

2．普通螺纹的选择及螺旋压板设计示例

（1）普通螺纹的选择

人手作用在不同结构类型的手柄上，能够发挥的手力是不同的。对同一直径的螺纹，当采用不同类型、臂长的手柄时，它所产生的力矩、夹紧力也不同。如图 3-2-12 所示，公称直径为 10mm 的螺钉。用左边 d'=20mm 的滚花把手能产生 150N·cm 的扭矩；用最右边 d'=150mm 的手柄可产生 1500N·cm 的扭矩，后者是前者的 10 倍。因此，设计螺旋夹紧机构时，为保证螺纹的强度和所需的夹紧力，应合理选择螺纹的直径及手柄。当夹紧方案确定后，可按下述方法和步骤设计。

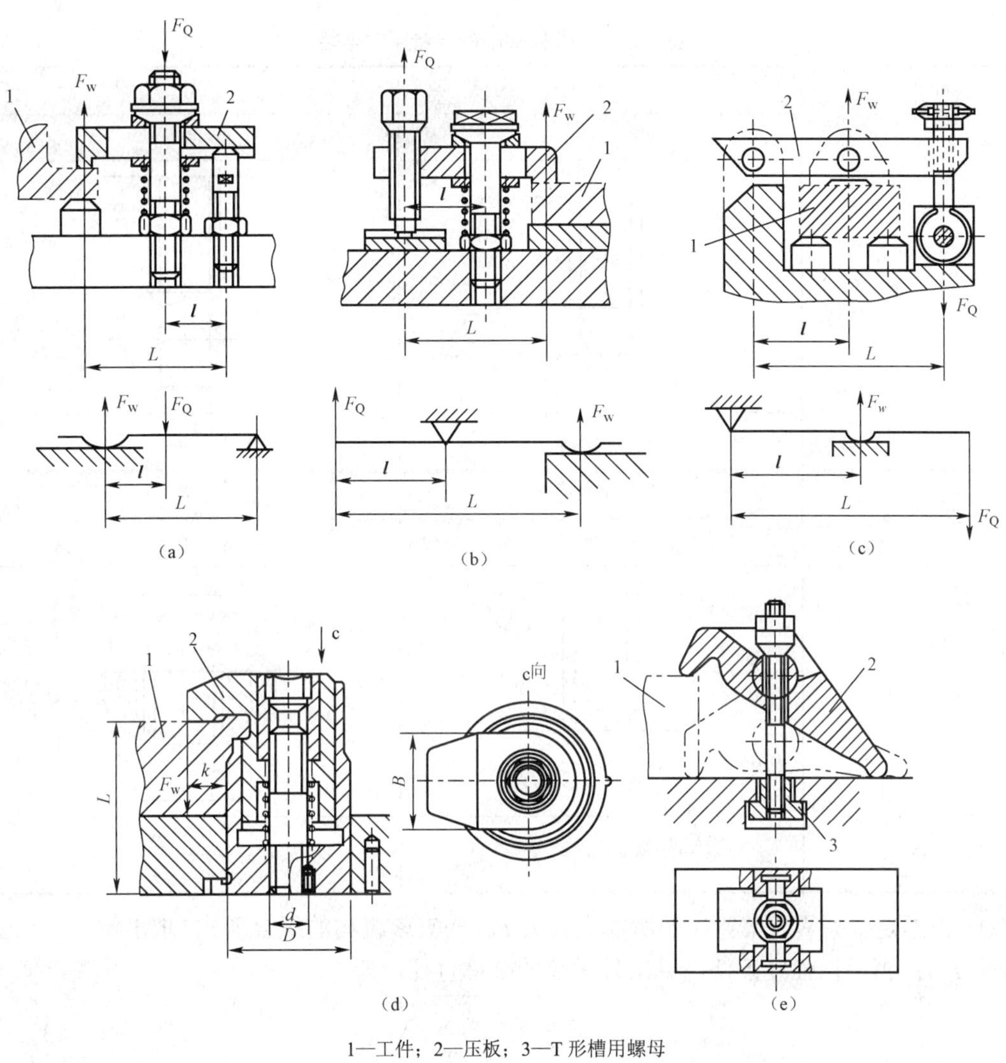

1—工件；2—压板；3—T 形槽用螺母

图 3-2-11　典型螺旋压板机构

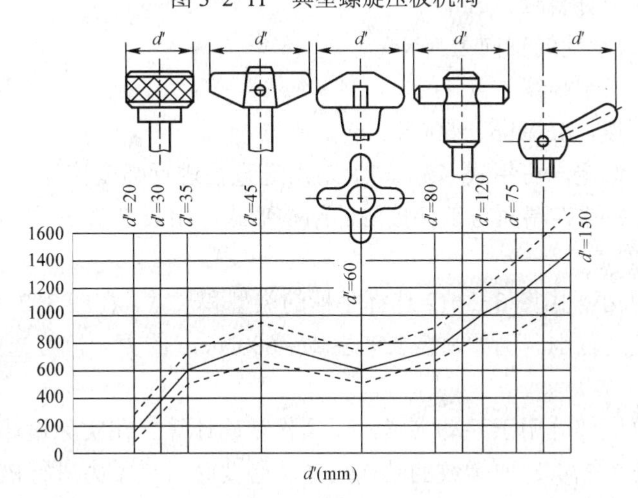

图 3-2-12　手柄类型与力矩的关系

表 3-2-2　螺杆端部的当量摩擦半径

形　式	Ⅰ	Ⅱ
	点接数	平面接触
简　图		
r'	0	$\frac{1}{3}d_0$
形　式	Ⅳ	Ⅲ
	圆周线接触	圆环面接触
简　图		
r'	$R<\tan\frac{\beta_1}{2}$	$\frac{1}{3}\cdot\frac{D^3-D_0}{l^3-D_0}$

① 根据定位夹紧方案算出的所需夹紧力 F_{wk} 与夹紧机构的组合形式，求出螺纹所承受的轴向力 F'_W；再根据强度条件，算出外螺纹的公称直径，即

$$d \geqslant 2C\sqrt{\frac{F'_w}{\pi\sigma_b}} \tag{3-2-9}$$

式中　d ——外螺纹公称直径（mm）；

F'_w——外螺纹承受的轴向力（N）；

C ——系数，米制螺纹 C=1.4；

σ_b ——抗拉强度，45 钢 σ_b =600N/mm^2。

如果螺纹直径已选定，可用式（3-2-9）对所选直径进行强度核算。

② 根据 d、F'_w 和螺旋端面与工件接触的结构形式，由表 3-2-3 中的夹紧力公式算出手柄上所需的力矩 M=F_QL。

③按力矩 M 的大小，由图 3-2-12 选择手柄的类型和尺寸。在图 3-2-12 中间的曲线为平均力矩，虚线表示变动范围。例如，需要产生 M=600N·cm 的力矩，可选用 d'=35mm 的滚花把手。

螺旋夹紧机构绝大部分用于手动夹紧，无须作精确计算。在实际设计中，应根据现场经验，由表 3-2-3、表 3-2-4 选取螺纹的结构尺寸。必要时对夹紧力进行核算，算出的单个螺旋实际夹紧力应小于表中相应规格螺旋的夹紧力。

在表 3-2-3 中，夹紧力数值建立在 φ_2=5° 34″，f_1=0.1 等条件的基础上，并考虑了螺纹所能承受的强度。

表 3-2-3　螺旋夹紧机构夹紧力的计算

类型	机构简图	夹紧力计算公式	螺栓直径 d (mm)	手柄长 L (mm)	作用力 F_Q (N)	夹紧力 F_W (N)
螺杆端面为球面		$F_W=\dfrac{2F_QL}{D_2\tan(a+\varphi_2)}$	M8	100	15	2600
			M10	120	25	4200
			M12	140	35	5700
			M16	190	65	10600
			M20	240	100	16500
			M24	310	130	23000
螺杆端面为环形面		$F_W=2F_QL\Big/\left[D_2\tan(a+\varphi_2)+\dfrac{2}{3}\left(\dfrac{D^3-d^3}{D^2-d^2}\right)f_1\right]$	M8	100	15	1700
			M10	120	25	3000
			M12	140	35	4000
			M16	190	65	7200
			M20	240	100	11400
			M24	310	130	16000

注：D_2——螺纹中径（mm）；a——螺纹升角，$\tan a=\dfrac{p}{\pi D_2}$；$p$——螺距；$\varphi_2$——螺纹摩擦角；$f_1$——螺杆（螺母）端面与工件间的摩擦系数。

表 3-2-4　螺母的夹紧力

形式	简图	螺纹公称直径 d (mm)	螺纹中径 d_2 (mm)	手柄长度 L (mm)	手柄上的作用力 F_Q (N)	产生的夹紧力 F_W (N)
带柄螺母		8	7.188	50	50	2060
		10	9.026	60	50	2990
		12	10.863	80	80	3540
		16	14.701	100	100	4210
		20	18.376	140	100	4700
用扳手的六角螺母		10	9.026	120	45	3570
		12	10.863	140	70	5420
		16	14.701	190	100	8000
		20	18.376	240	100	8060

		24	22.052	310	150	13030

续表

形　式	简　　图	螺纹公称直径 d (mm)	螺纹中径 d_2 (mm)	手柄长度 L (mm)	手柄上的作用力 F_Q (N)	产生的夹紧力 F_W (N)
蝶形螺母	2L d d1	4	3.545	8	10	130
		5	4.480	9	15	178
		6	5.350	10	20	218
		8	7.188	12	30	296
		10	9.026	17	40	450

注：螺母支承端面的外径 d_1 取 $2d$。

（2）螺旋压板设计示例

图 3-2-13 所示为法兰盘零件图，材料为 HT200，欲在其上加工 4×ϕ26H11 孔。根据工艺规程，本工序是最后一道机加工工序，采用钻模分两个工步加工，即先钻ϕ24mm 孔，后扩至ϕ26H11。

① 定位方案。为保证加工要求，工件以 A 面作主要定位基准，用支承板限制三个自由度，以短销与$\phi 32^{+0.025}_{0}$ mm 配合限制二个自由度，工件绕 $\widehat{z}$ 的自由度可以不限制，如图 3-2-14（a）所示。

② 夹紧机构。根据夹紧力方向和作用点的选择原则，拟定的夹紧方案如图 3-2-14（a）所示。考虑到生产类型为中批生产，夹具的夹紧机构不宜复杂及钻削扭矩较大，为保证夹紧可靠安全，拟采用螺旋压板夹紧机构。参考类似的夹具资料，针对工件夹压部位的结构，为便于装卸工件，选用两个 A16×80GB/T2175-91 移动压板置于工件两侧，如图 3-2-14（b）所示，能否满足要求，则需验算夹紧力。

钻ϕ24mm 孔所需夹紧力比扩孔的大，所以只需验算钻孔条件下的夹紧力。由图 3-2-14（a）可知，加工ϕ24mm 孔时，钻削轴向力 F 与夹紧力 F_W 同向，作用于定位支承板上；钻削扭矩 M 则使工件转动。为防止工件发生转动，夹具夹紧机构应有足够的摩擦力矩。

根据工件的材料，钻头直径 d_0=24mm，进给量 f=0.3mm/r，由切削用量手册可查（公式计算）出钻削扭矩 M=46.205N·m，钻削轴向力 F=3924N。

钻削时，两压板与工件接触处的摩擦力矩可忽略不计。因钻ϕ24mm 通孔最不利的加工位置为钻透瞬间的位置，此时，钻削轴向力 F 突然反向，故不将其作为对夹紧的有利因素考虑。按静力平衡原理并考虑安全系数，每个压板实际应输出的夹紧力，即

$$F_{wk}=\frac{KM}{2fr'}$$

式中　M——钻削扭矩（N·m）；

F_{wk}——每个压板实际输出的夹紧力（N）；

f——摩擦系数，f=0.15；

K——安全系数，K=2；

r'——当量摩擦半径。

$$r' = \frac{1}{3}\left(\frac{D^3 - D_1^{\ 3}}{D^2 - D_2^{\ 2}}\right)$$

D——工件外圆直径，D=0.22mm；

D_1——支承板孔直径，D_1=0.10mm。

将已知数值代入上式

$$F_{wk} = \frac{2 \times 46.025}{2 \times 0.15 \times \frac{1}{3}\left(\frac{0.22^3 - 0.1^3}{0.22^2 - 0.1^2}\right)}\text{N} = 3664\text{N}$$

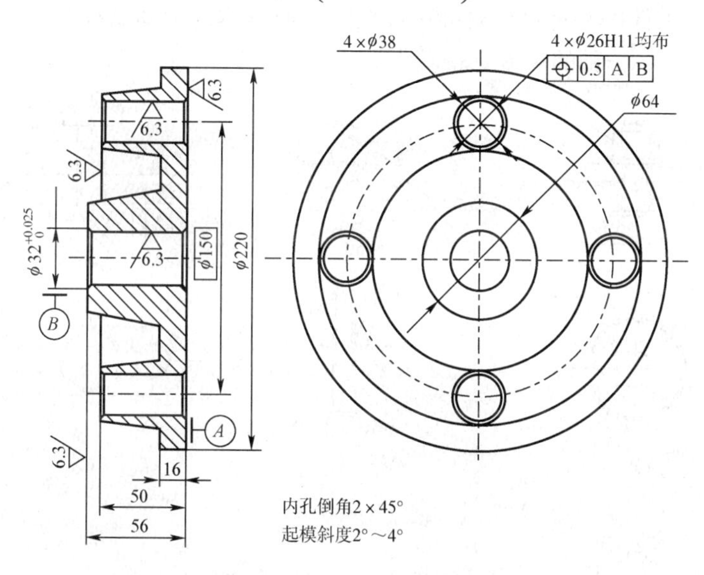

图 3-2-13　法兰盘零件图

由图 3-2-14（b）的杠杆比可知，螺母的夹紧力应为 3664×2N=7328N。由表 3-2-4 查得，当手柄长为 190mm，手柄作用力 F_Q 为 100N 时，M16mm 螺母的夹紧力 F'_w 为 8000N。由于 F_{wk}=7328N<F'_w=8000N，因而，M16mm 螺栓能满足夹紧要求。

M16mm 螺杆的强度足够，如校核见式（3-2-9）。

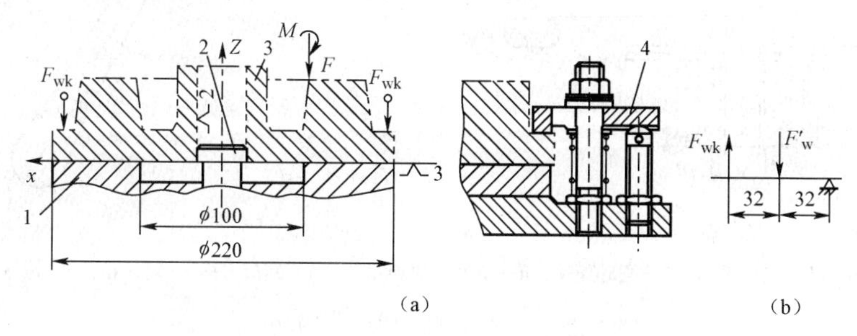

1—支承板；2—短销；3—工件；4—移动压板

图 3-2-14　法兰盘夹紧方案

3. 快速装卸机构

为了减少辅助时间，可以使用各种快速接近或快速撤离工件的螺旋夹紧机构。图 3-2-15（a）是带有 GB/T12871-91 快换垫圈的螺母夹紧机构，螺母最大外径小于工件孔径，松开螺母取下快换垫圈 4，工件即可穿过螺母被取出。图 3-2-15（b）所示为快卸螺母。螺孔内钻有光滑斜孔，其直径略大于螺纹公称直径。螺母旋出一段距离后，就可倾斜取下螺母。图 3-2-15（c）所示为 GB/T2189-91 回转压板夹紧机构，旋松螺钉 7 后，将回转压板 6 逆时针转过适当角度，工件便可从上面取出。图 3-2-15（d）所示为快卸螺杆，螺杆 1 下端做成 T 形扁舌。使用时，螺杆穿过工件和夹具体底座上有长方形孔的板后，再转动 90° 使扁舌钩住板的底面，然后旋动螺母 5，便可夹紧工件。卸下工件时，稍松螺母，转动螺杆使扁舌对准长方孔，就可把螺母 5、垫圈 4 连同螺杆一起抽出。在图 3-2-15（e）中，螺杆 1 上的直槽连着螺旋槽，当转动手柄 2 松开工件，并将直槽对准螺钉头时，便可迅速抽动螺杆 1，装卸工件。前四种结构的夹紧行程小，后一种的夹紧行程较大。

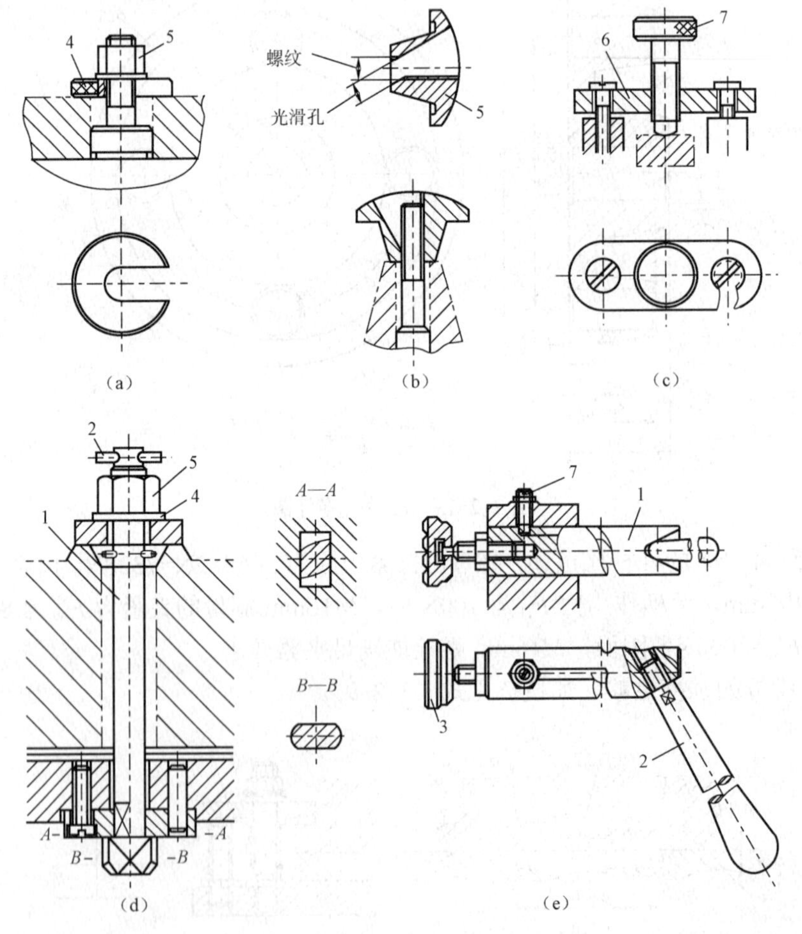

1—螺杆；2—手柄；3—摆动压块；4—垫圈、快换垫圈；5—螺母；6—回转压析；7—螺钉

图 3-2-15 快速装卸螺旋夹紧机构

三、偏心夹紧机构

1. 圆偏心轮的应用特性

用偏心件直接或间接夹紧工件的机构，称为偏心夹紧机构。偏心件一般有圆偏心和曲线偏心两种类型，圆偏心件因结构简单、制造容易而得到广泛的应用。

图 3-2-16 所示为几种常见的圆偏心夹紧机构。图 3-2-16（a）、（b）采用的是圆偏心轮，图 3-2-16（c）采用的是偏心轴，图 3-2-16（d）采用的是有偏心圆弧的偏心叉。

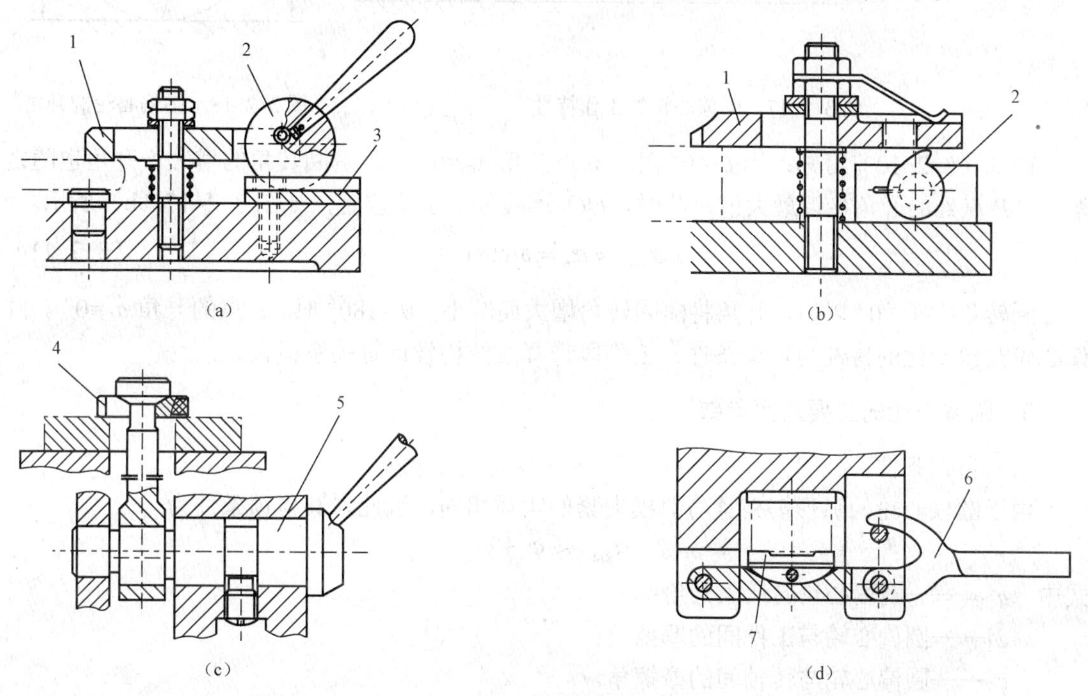

1—压板；2—偏心轮；3—偏心轮用垫板；4—快换垫圈；5—偏心轴；6—偏心叉；7—弧形压块

图 3-2-16　圆偏心夹紧机构

圆偏心夹紧机构操作方便，夹紧迅速，缺点是夹紧力和夹紧行程均不大，结构不耐振，自锁可靠性差，故一般适用于夹紧行程及切削负荷较小且平稳的场合。

2. 圆偏心轮的应用特性

如图 3-2-17 所示的偏心轮直径为 D，偏心距为 e。由于其几何中心 O_1 与回转中心 O 不重合，当操纵手柄顺时针方向转动偏心轮时，从图中可以看出，相当于一个弧形楔逐渐楔入虚线圆与工件之间，从而夹紧工件。O_1 点从最高位置转到最低位置时，其最大夹紧行程为 $2e$。与斜楔夹紧比较，偏心夹紧主要是圆周上各接触点的升角 α 不是一个常数。如图 3-2-18 所示，从任意接触点 K 分别作与回转中心 O、几何中心 O_1 的连线，小于 OKO_1 就是 K 点的升角 α_K。

$$\alpha_{\mathrm{K}} = \arctan\frac{OM}{MK} = \arctan\frac{e\sin\theta}{\dfrac{\mathrm{D}}{2} - e\cos\theta} \tag{3-2-10}$$

式中　θ ——偏心轮回转角度（°）。

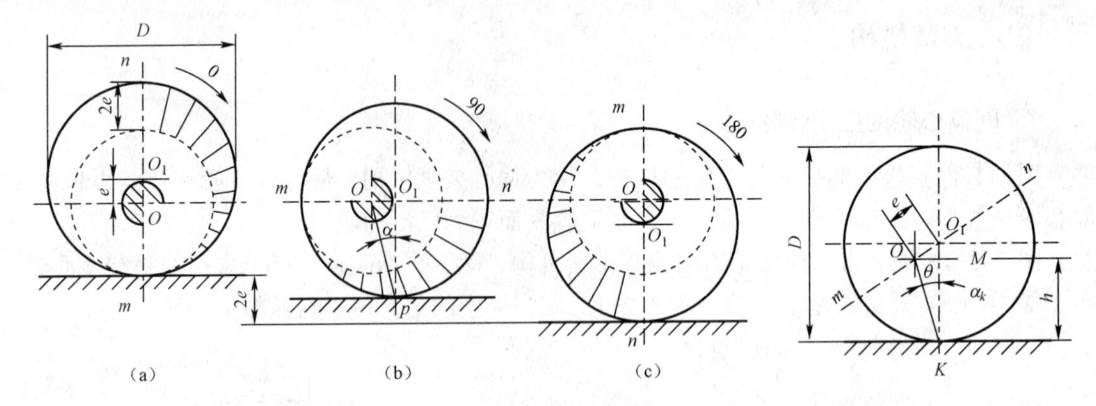

图 3-2-17　圆偏心轮的工作特性　　　　图 3-2-18　圆偏心轮的升角

由式（3-2-10）可知：当 θ =0° 时，m 点升角 α_{m}=0°。随着回转角的增大，升角也随之增大，P 点处的升角接近最大值，此时，OO_1 连线处于水平位置，如图 3-2-17（b）所示。

$$\alpha_{\max} \approx \alpha_{\mathrm{p}} = \arctan \frac{2e}{D} \tag{3-2-11}$$

回转角大于 90° 以后，升角将随回转角增大而减小，θ=180° 时。n 点的升角 α_{n}=0°。圆偏心轮升角变化的特性与自锁条件、工作段选择及结构设计等关系极大。

3. 圆偏心轮的主要几何参数

（1）自锁条件

由于圆偏心轮的弧形楔夹紧与斜楔夹紧的实质相同，因此，其自锁条件为

$$\alpha_{\max} \leqslant \varphi_1 + \varphi_2$$

式中　$\alpha_{\max}$——圆偏心轮的最大升角；

φ_1——圆偏心轮与工件间的摩擦角；

φ_2——圆偏心轮与转轴间的摩擦角。

如前所述，圆偏心轮在 P 点的升角较大，自锁性最差，若该点能自锁，则其他任何接触点均能保证自锁。为了安全起见，忽略不计对自锁有利的摩擦角 φ_1，则

$$\alpha_{\max} \leqslant \phi_2$$

$$\tan \alpha_{\max} \leqslant \tan \varphi_2 = f_2$$

即偏心轮的自锁条件为

$$\frac{2e}{D} \leqslant f_2 \tag{3-2-12}$$

（2）偏心距 e 的确定

若选择 $\overset{\frown}{12}$ 为工作段（见图 3-2-19），则夹紧行程为

$$s = \left(\frac{D}{2} - e\cos\theta_2\right) - \left(\frac{D}{2} - e\cos\theta_1\right) = e\left(\cos\theta_1 - \cos\theta_2\right)$$

$$e = \frac{s}{\cos\theta_1 - \cos\theta_2} \tag{3-2-13}$$

式中　e——圆偏心轮的偏心距（mm）；

θ_1、θ_2——圆偏心轮工作段的回转角，一般取 θ_1=45°～60°，θ_2=120°～135°；

s——圆偏心轮的夹紧行程（mm）。

夹紧行程 s 可按下式计算，即

$$s = s_1 + s_2 + s_3 + s_4 \quad (3\text{-}2\text{-}14)$$

式中　s_1——工件在夹紧方向上的尺寸公差；

s_2——装卸工件所需的间隙，一般取 $s_2 \geqslant 0.3$mm；

s_3——夹紧系统的弹性变形量，一般取 s_3=0.05～0.15mm；

s_4——夹紧行程储备量，一般取 s_4=0.1～0.3mm。

通常，可调整螺栓、螺母或调整垫板高度，以控制圆偏心轮工作段的位置。

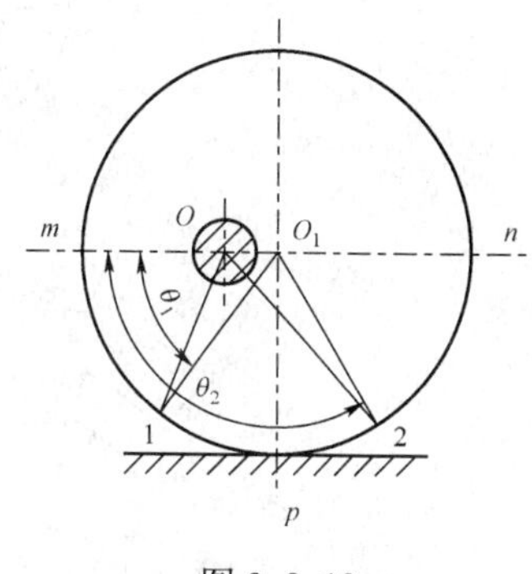

图 3-2-19

4．偏心率及结构设计

根据圆偏心轮的自锁条件，即

$$\frac{2e}{D} \leqslant f_2$$

当 $f_2 = 0.1$时

$$\frac{D}{e} \geqslant 20 \quad (3\text{-}2\text{-}15)$$

当 $f_2 = 0.15$时

$$\frac{D}{e} \geqslant 14 \quad (3\text{-}2\text{-}16)$$

D/e 的值称为偏心率。D/e 值大的自锁性能好，但轮廓尺寸较大，当圆偏心轮的外径相同时，偏心率为 14 的有较大的偏心距，因而夹紧行程较大，偏心率为 20 的更能确保自锁，故选择偏心率时，应视具体情况而定。

圆偏心轮的直径按 D=20e，D=14e 计算。

圆偏心轮的结构已标准化，图 3-2-20（a）所示为 GB/T2191-91 圆偏心轮，图 3-2-20（b）所示为 GB/T2192-91 叉形偏心轮，这种偏心轮空套在心轴上，通过组装的手柄旋动，其结构简单。偏心轮用垫板为 GB/T2195-91，偏心轮用压板为 GB/T2181-91。图 3-2-20（c）所示为 GB/T2193-91 单面偏心轮，图 3-2-20（d）所示为 GB/T2194-91 双面偏心轮，此两种偏心轮固定于转轴上，通过手柄转动转轴旋动，用于偏心轮不便或不能直接安装手柄的场合。将偏心轮的非工作面做成不完整的外形，便于装卸工件。双面偏心轮主要用于夹紧两个工件。或需要增大夹紧行程的场合。

四、铰链夹紧机构

1．类型及主要参数

铰链夹紧机构是一种增力机构，由于结构简单，增力倍数大，摩擦损失小，故在气动夹具中用得较为广泛。图 3-2-21 所示为铰链夹紧机构的五种基本类型。图 3-2-21（a）所示为单臂铰链夹紧机构（Ⅰ型），图 3-2-21（b）所示为双臂单向作用的铰链夹紧机构（Ⅱ型），图 3-2-21（c）所示为双臂单向作用带移动柱塞的铰链夹紧机构（Ⅲ型），图 3-2-21（d）所示为双臂双向作用的铰链夹紧机构（Ⅳ型），图 3-2-21（e）所示为双臂双向作用带移动柱塞的铰链夹紧机构（V型）。

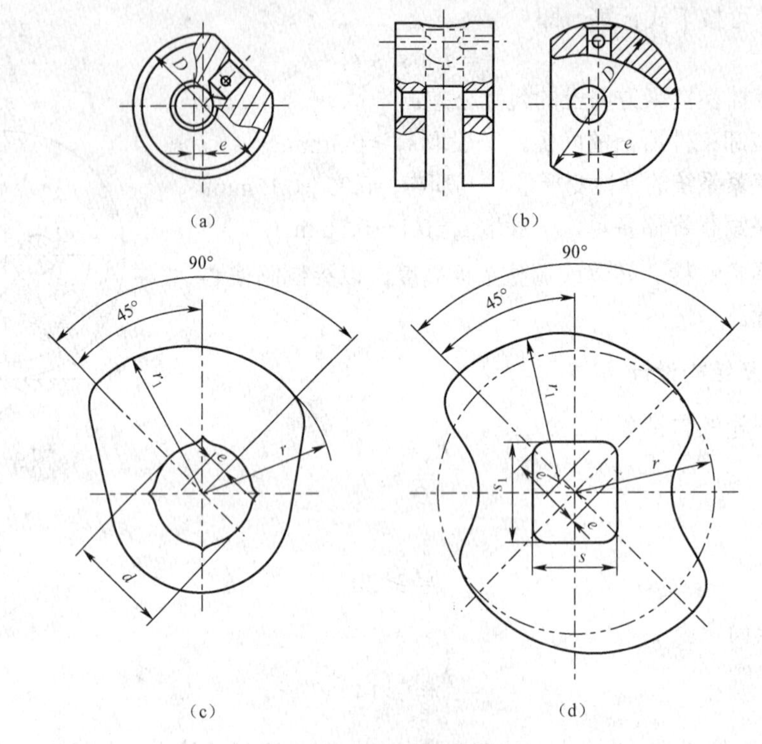

图 3-2-20　标准偏心轮结构

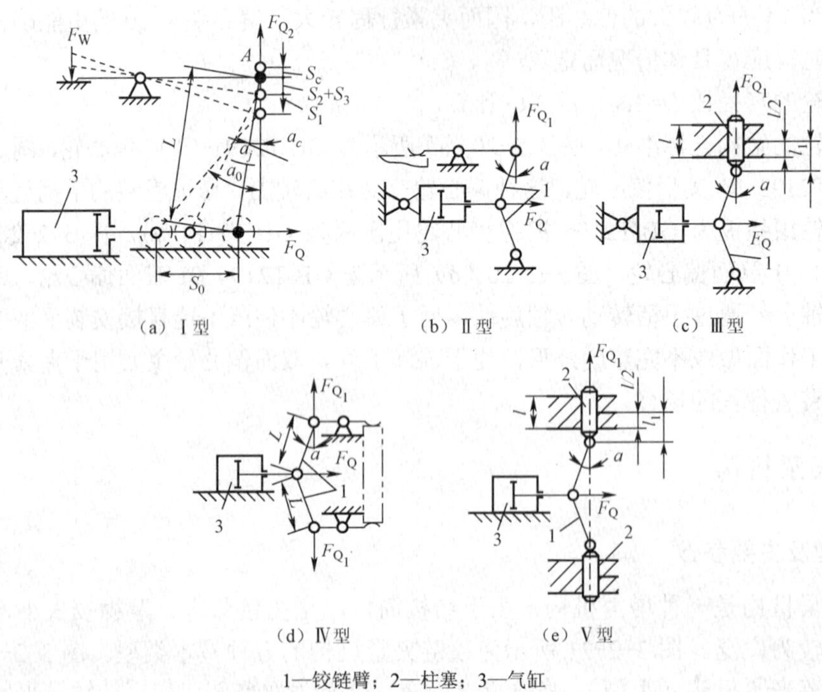

1—铰链臂；2—柱塞；3—气缸

图 3-2-21　铰链夹紧机构的基本类型

铰链夹紧机构的主要参数如图 3-2-21（a）所示。

（1）α_0——铰链臂的起始行程倾斜角。

（2）s_0——受力点的行程，即为气缸的行程 x_0。

（3）α_j——铰链臂夹紧时的起始倾斜角。

（4）i_p——铰链机构的增力比。

（5）s_c——夹紧端 A 的储备行程。

（6）s_1——装卸工件的空行程。

（7）s_2+s_3——夹紧行程。

（8）α_c——铰链臂的夹紧储备角。

2. Ⅰ型铰链机构的有关计算

Ⅰ型铰链夹紧机构的有关设计计算与步骤如下：

（1）根据夹紧机构设计要求初步确定结构尺寸。

（2）确定所需的夹紧行程、气缸行程及相应铰链臂的倾斜角。如图 3-2-21（a）所示，当机构处于夹紧状态时，铰链臂末端离其极限位置应保持一个最小储备量 s_c，否则，机构可能失效。一般认为，$s_c \geqslant 0.5$mm 比较合适，但又不宜过大，以免过分影响增力比；也可直接取夹紧储备角 $\alpha_c=5°\sim10°$，由表 3-2-5 中的公式计算出。夹紧终点的行程包括两部分，一部分为便于装卸工件的空行程 s_1；另一部分为夹紧行程 s_2+s_3，其中，s_2 用来补偿系统的受力变形，一般取 $s_3=0.05\sim0.15$mm。根据 s_2+s_3 可由表 3-2-5 中的公式算出铰链臂夹紧时的起始倾斜角 α_j，再根据 s_1 和 α_j 算出铰链臂的起始行程倾斜角 α_0。

表 3-2-5　Ⅰ型铰链机构主要参数的计算

计 算 参 数	计 算 公 式
α_c	$\alpha_c = 5°\sim10°$
s_c	$s_c = L(1-\cos\alpha_c)$
α_j	$\alpha_j = \arccos\dfrac{L\cos a_c-(s_2+s_3)}{L}$
I_p	$i_p = \dfrac{1}{\tan(a_j+\beta)+\tan\varphi_1'}$
F_W	$F_W = i_p F_Q$
α_0	$\alpha_0 = \arccos\dfrac{L\cos a_j - s_1}{L}$
s_0	$s_0 = L(\sin a_0 - \sin a_c)$
x_0	$x_0 = s_0$

注：β—铰链臂的摩擦角；$\tan\varphi_1'$—滚子支承面的当量摩擦系数。

（3）计算机构 A 端的竖直分力 F_{Q_1} 或原始作用力 F_Q。增力比由表中公式算出，然后根据预定的原始作用力 F_Q 乘以 i_p 计算出 F_{Q_1}，再与夹紧机构所需要的竖直分力 F'_{Q_1} 比较，$F_{Q_1} \geqslant F'_{Q_1}$ 方可。如 $F_{Q_1} < F'_{Q_1}$，可以增大原始作用力 F_Q（如增大气缸直径）或修改夹紧机构的结构参数，也可以根据 F'_{Q_1} 除以 i_p 算出原始作用力 F_Q。

（4）计算动力装置的结构尺寸。根据原始作用力 F_Q，计算动力气缸的直径；根据确定的铰链臂的起始行程倾斜角 α_0 和夹紧储备角 α_c，按表中公式计算出受力点的行程 s_0（气缸活塞的行程 x_0）。

完成任务

一、斜楔夹紧机构

图 3-2-22 所示为斜楔夹紧机构的应用。

二、螺旋夹紧机构

1．螺旋夹紧机构

常用螺旋夹紧机构包括普通螺旋夹紧机构、快速螺旋夹紧机构、螺旋压板组合夹紧机构等。

（1）普通螺旋夹紧机构：图 3-2-23 所示为普通螺旋夹紧机构。

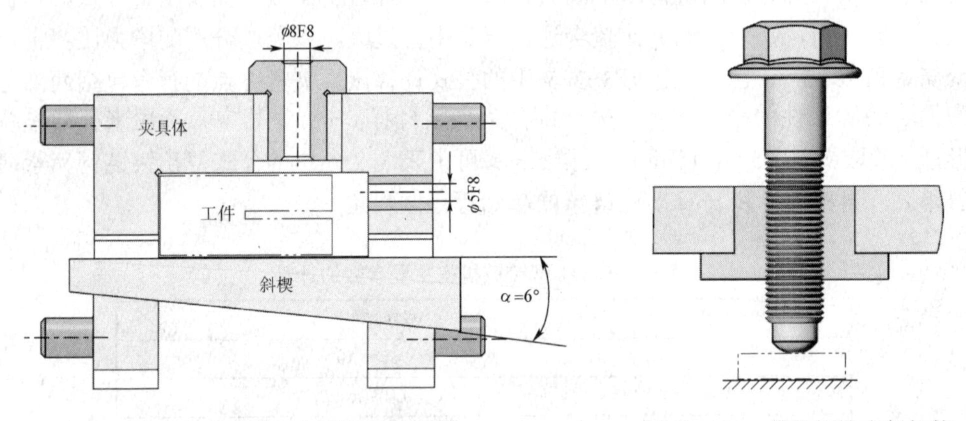

图 3-2-22　斜楔夹紧机构的应用　　图 3-2-23　普通螺旋夹紧机构

（2）快速螺旋夹紧机构：图 3-2-24 所示为快速螺旋夹紧机构。

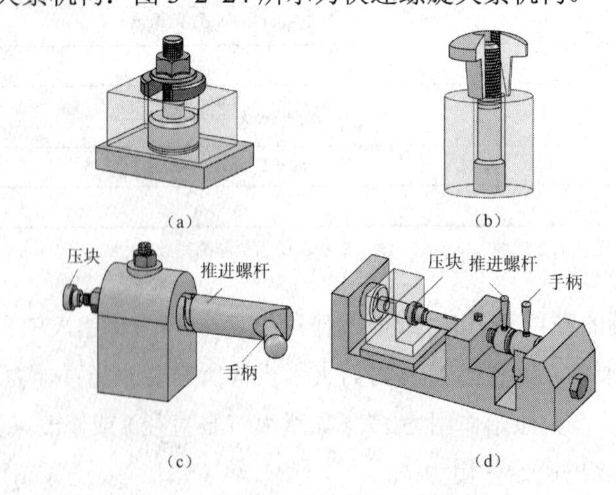

图 3-2-24　快速螺旋夹紧机构

（3）螺旋压板组合夹紧机构：图 3-2-25 所示为螺旋压板组合夹紧机构，很显然，如图 3-2-1 所示的铣床夹具所采用的是螺旋压板组合夹紧机构。

2. 偏心夹紧机构

偏心轮通过销轴与悬置压板相偏心铰接，压下手柄，工件即被压板压紧；抬起手柄，工件即被松开，向后拖动压板及偏心轮即可让出装卸空间，如图 3-2-26 所示。

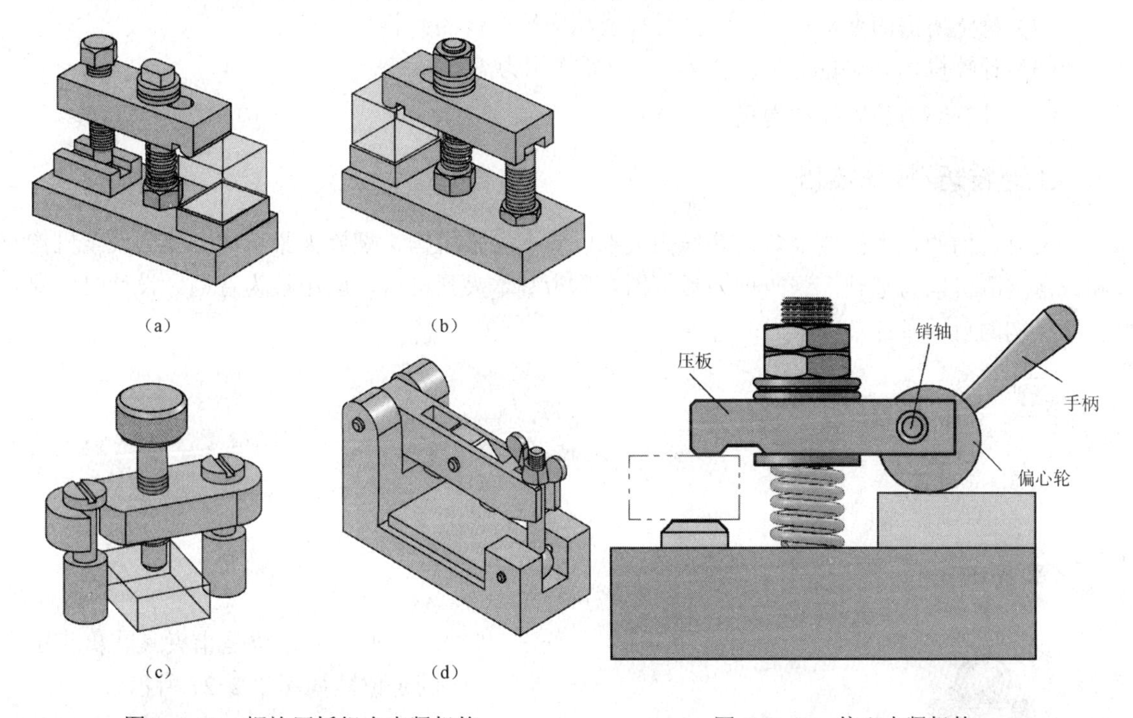

图 3-2-25　螺旋压板组合夹紧机构

图 3-2-26　偏心夹紧机构

三、铰链夹紧机构

1. 类型及主要参数

五种基本类型：单臂铰链夹紧机构、双臂单向作用的铰链夹紧机构（Ⅱ型），双臂单向作用带移动柱塞的铰链夹紧机构（Ⅲ型），双臂双向作用的铰链夹紧机构（Ⅳ型），双臂双向作用带移动柱塞的铰链夹紧机构（Ⅴ型）。

铰链夹紧机构的主要参数如图 3-2-21（a）所示。

（1）α_0——铰链臂的起始行程倾斜角。

（2）s_0——受力点的行程，即为气缸的行程 x_0。

（3）α_j——铰链臂夹紧时的起始倾斜角。

（4）i_p——铰链机构的增力比。

（5）s_c——夹紧端 A 的储备行程。

（6）s_1——装卸工件的空行程。

（7）$s_2 + s_3$——夹紧行程。

（8）α_c——铰链臂的夹紧储备角。

2．Ⅰ型铰链机构的有关计算

Ⅰ型铰链夹紧机构的有关设计计算与步骤如下：

（1）根据夹紧机构设计要求初步确定结构尺寸。

（2）确定所需的夹紧行程、气缸行程及相应铰链臂的倾斜角。

（3）计算机构 A 端的竖直分力 F_{Q_1} 或原始作用力 F_Q。

（4）计算动力装置的结构尺寸。

工艺技巧/操作技巧

夹紧机构的种类虽然很多，其结构大都以斜楔夹紧机构、螺旋夹紧机构、偏心夹紧机构和铰链夹紧机构为基础，这四种夹紧机构合称为基本夹紧机构，应用最为普遍。设计时，要注意机构的自锁条件及夹紧力的计算。

知识链接

夹具的对定

一、夹具的定位

夹具的定位是指夹具在机床上的定位，如图 3-2-27 所示。

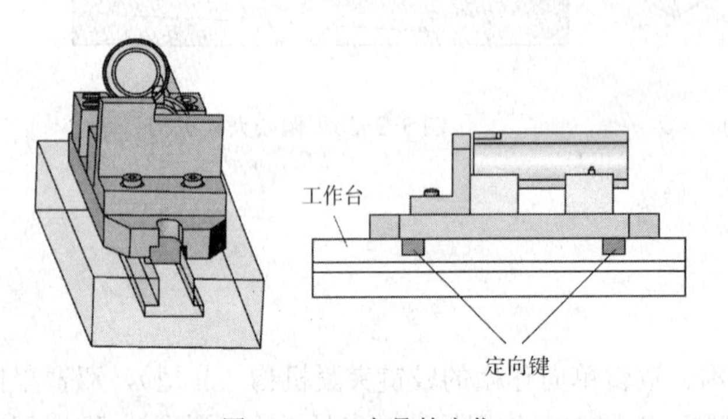

图 3-2-27　夹具的定位

1．夹具与机床的连接

（1）夹具与平面工作台的连接：铣床夹具除底平面外，通常，还通过定位键与铣床工作台 T 形槽配合，以确定夹具在机床工作台上的方向，如图 3-2-28 所示。

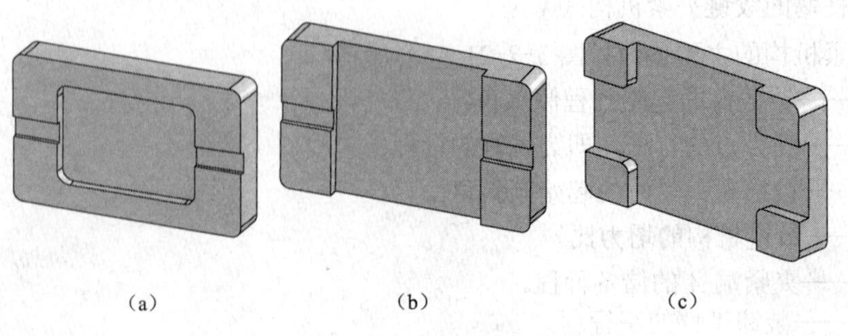

图 3-2-28　夹具底平面的结构型式

（2）夹具与回转主轴的连接：夹具在机床回转主轴上的连接方式取决于主轴端部的结构型式。

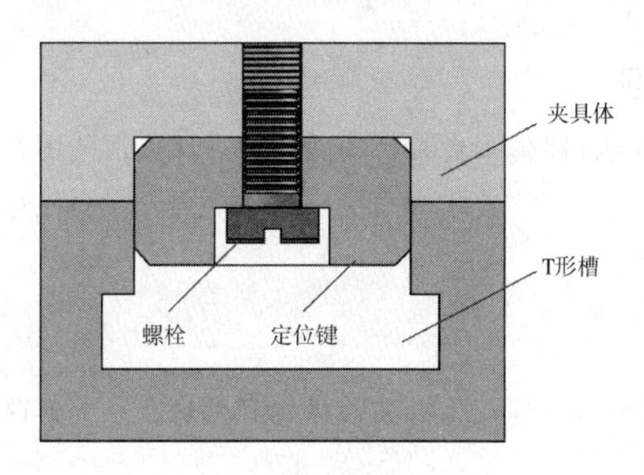

图 3-2-29　夹具与平面工作台的连接

2．定位元件对夹具定位面的位置要求

设计夹具时，定位元件对夹具定位面的位置要求，应标注在夹具装配图上，作为夹具验收标准。

一般情况下，夹具的对定误差应按工序尺寸公差的 1/3 考虑，但对定误差中还包括对刀误差等。所以，夹具的定位误差取工序尺寸公差的 1/6～1/3。

二、夹具的对刀装置

包括对刀块和塞尺，一般用于铣床夹具中。

三、孔加工刀具的导向

钻床夹具在结构上设置有专供导引刀具的导向元件——钻套，以及安装钻套的钻模板。

（1）钻套的结构型式：固定钻套、可换钻套、快换钻套、特殊钻套。

（2）钻套导引孔的尺寸及公差。

① 钻套导引孔直径的公称尺寸应等于所导引刀具的最大极限尺寸。

② 钻套导引孔与刀具的配合应按基轴制选取，这是因为钻套导引的刀具（如钻头、扩孔钻、铰刀等）都是标准的定尺寸刀具。

③ 钻套导引孔与刀具之间应保证有一定的配合间隙，以防止两者发生卡住或“咬死”。一般根据所导引的刀具和加工精度要求来选取导引孔的公差带：钻孔和扩孔时选用 F7，粗铰时选用 G7，精铰时选用 G6。

④ 当采用 GB/T1132-2004 的标准铰刀铰 H7 或 H9 孔时，则不必按刀具最大尺寸来计算，可直接按孔的公称尺寸，分别选用 F7 或 E7，作为导引孔的公称尺寸与公差带。

（3）钻套高度和钻套下端面与工件距离。

钻套高度：是指钻套导引孔的有效高度。钻套高度由孔距精度、工件材料、孔加工深度、刀具刚度、工件表面形状等因素决定。

（4）钻套位置的尺寸标注。

一般情况下，钻套的位置尺寸都是以定位元件的定位面作为基准来标注的。

思考与练习

1. 试比较斜楔、螺旋、圆偏心夹紧机构的优缺点及应用范围？

2. 分析题 3-2-1 图所示的螺旋压板夹紧机构有无缺点？如何改进？

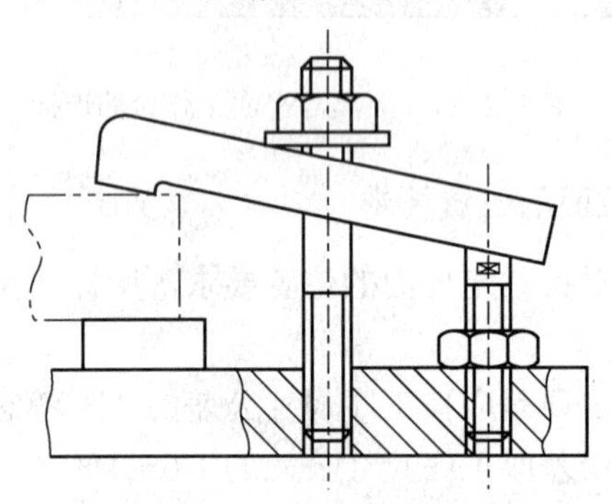

题 3-2-1 图　螺旋压板夹紧机构

3. 题 3-2-2 图所示为一手动斜楔夹紧机构，已知参数参见题 3-2-1 表，试求给工件的夹紧力 F_W 并分析其自锁性能。

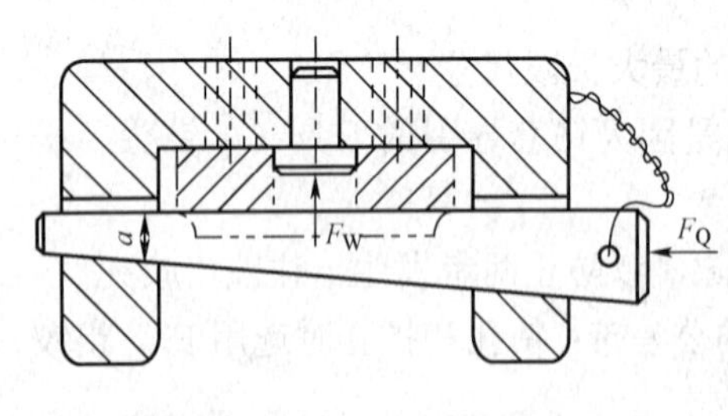

题 3-2-2 图　手动斜楔夹紧机构

题 3-2-1 表　手动斜楔夹紧机构参数

斜楔升角 α	各面间摩擦系数 f	原始作用力 F_Q（N）	夹紧力 F_W（N）	自锁性能
6°	0.1	100		
8°	0.1	100		
15°	0.1	100		

4. 题 3-2-3 图所示为一简单螺旋夹紧机构，用螺杆夹紧直径 d=120mm 的工件。已知切削力矩 M=7N·m，各处摩擦系数 f=0.15，V 形块 α=90°。若选用 M10 螺杆，手柄直径 d'=100mm，施于手柄上的原始作用力 F_Q=100N。试分析夹紧力是否可靠？

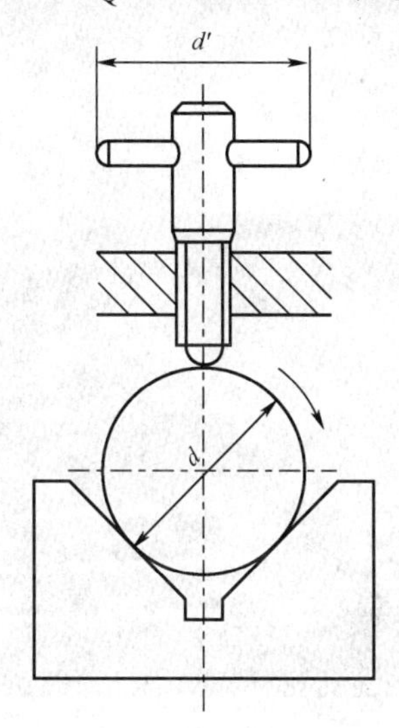

题 3-2-3 图 简单螺旋夹紧机构

5. 试述圆偏心轮的自锁条件、工作段的选择。

6. 试述铰链夹紧机构的特点和使用场合，有哪五种基本类型？

任务三 联动夹紧机构

任务描述

图 3-3-1～图 3-3-3 是具有代表性的联动夹紧机构，要求学生结合任务一和任务二所讲的内容，思考此夹紧机构的工作原理及组成，属于哪种类型？有何特点？

图 3-3-1　铣床夹具

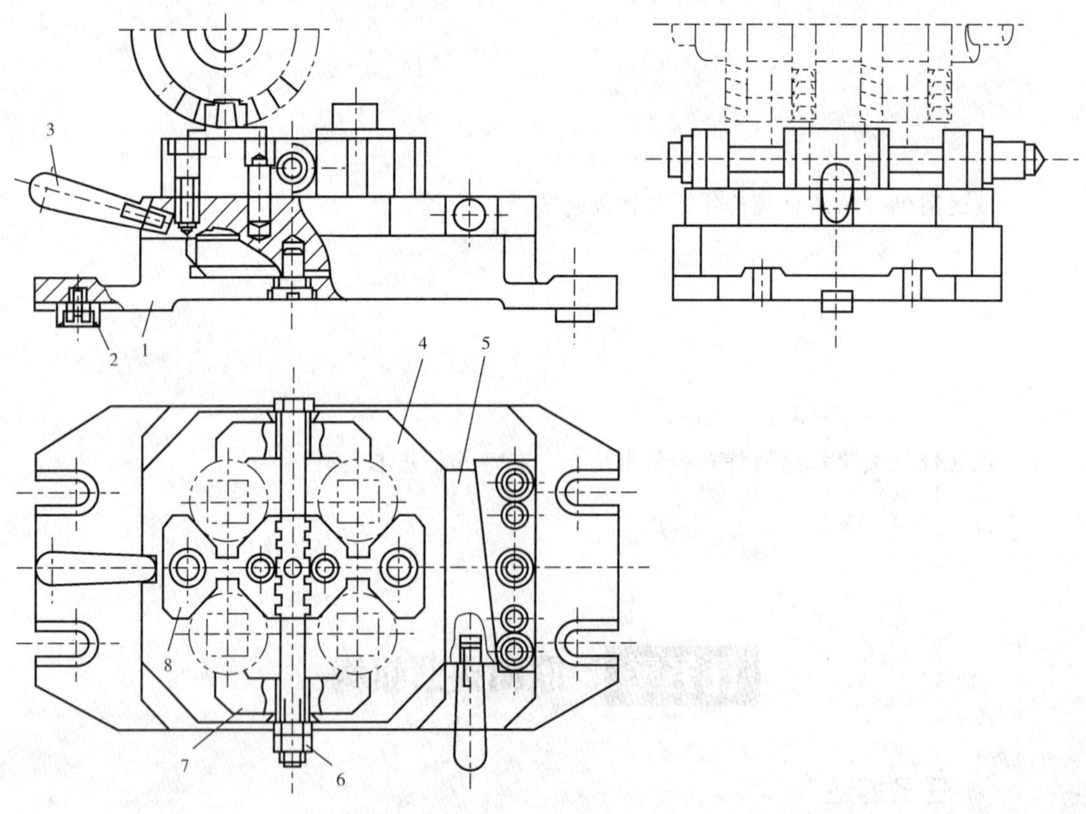

1—夹具体；2—定位键；3—手柄；4—回转座；5—楔块；6—螺母；7—压板；8—V 形块

图 3-3-2　轴端铣方头夹具

学习目标

【知识目标】

了解联动夹紧机构的主要形式和特点，掌握其设计要点。

【技能目标】

现场拆装一些常见基本夹紧装置，掌握各种形式联动夹紧机构的设计要点。

图 3-3-3　连续夹紧可调铣床夹具

任务分析

任务要求学生结合夹具模型或实物能对联动夹紧机构进行分类，了解各类机构的特点，有条件可到工厂现场对照机床夹具的实物讲解，并能进行模拟设计。

完成任务

基本概念

根据工件的结构特点和生产率的要求，有些夹具要求对一个工件进行多点夹紧，有些夹具需要同时夹紧多个工件。如果分别依次对各点或各工件夹紧，不仅费时，也不容易保证各夹紧力的一致性。为提高生产率及保证加工质量，可采用各种联动夹紧机构实现联动夹紧。

联动夹紧机构是指利用一个原始作用力（操作一个手柄或利用一个动力装置）实现单件或多件的多点、多向同时夹紧的机构。由于该机构能有效提高生产率，因而，在自动线和各种高效夹具中得到了广泛采用。

一、联动夹紧机构的主要形式及其特点

1. 单件联动夹紧机构

单件联动夹紧机构又称为多点联动夹紧机构，它是用一个原始作用力，通过一定的机构分散到数个点上对工件进行夹紧。大多用于分散的夹紧力作用点或夹紧力方向差别较大的场合。按夹紧力的方向单件联动夹紧有以下三种方式。

（1）单件同向联动夹紧

图 3-3-4（a）所示为浮动压头，通过浮动柱 2 的水平滑动协调浮动压头 1、3 实现对工件的夹紧。浮动压头是一种最简单的单件同向联动夹紧机构，这种压头的主要特点是具有一个浮动元件，当其中的某一点夹压后，浮动元件就会摆动或移动，直到另一点也接触工件均衡压紧工件为止。图 3-3-4（b）所示为联动钩形压板夹紧机构。它通过薄膜气缸 9 的活塞杆 8 带动浮动盘 7 和三个钩形压板 5，可使工件 4 得到快速转位松夹。钩形压板下部的螺母头及活塞杆的头部都以球面与浮动盘相连接，并在相关的长度和直径方向上留有足够的间隙，使浮动盘充分浮动以确保可靠地联动。

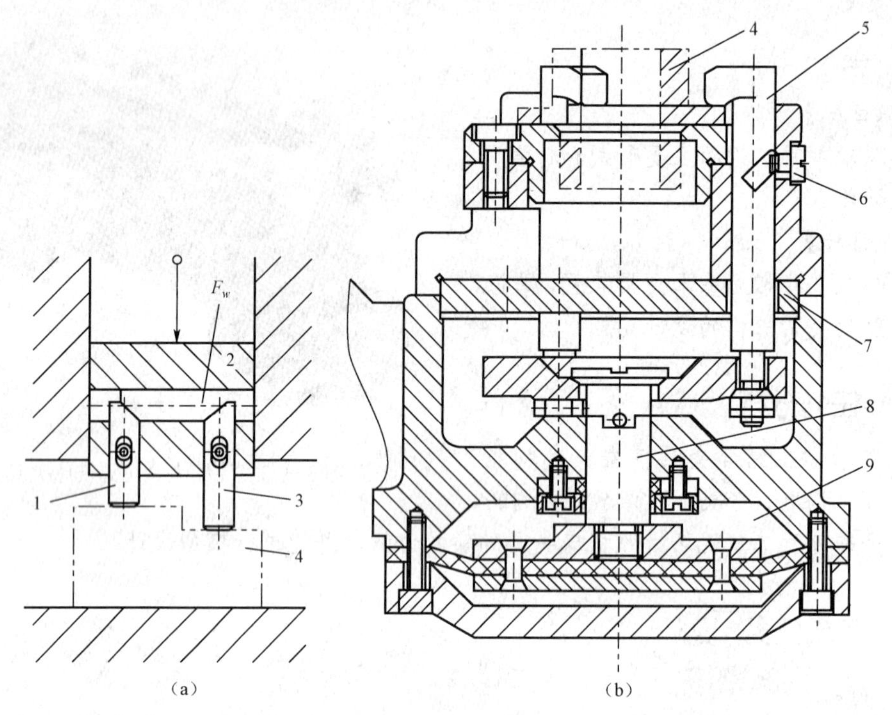

1、3—浮动压头；2—浮动柱；4—工件；5—钩形压板；6—螺钉；7—浮动盘；8—活塞杆；9—气缸

图 3-3-4　单件同向多点联动夹紧机构

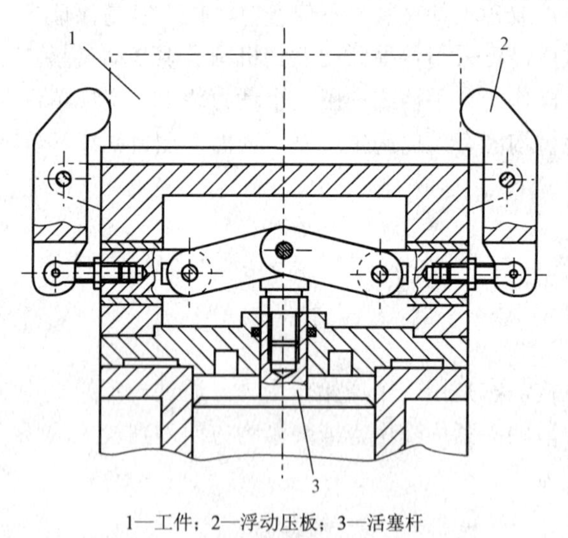

1—工件；2—浮动压板；3—活塞杆

图 3-3-5　单件对向联动夹紧机构

（2）单件对向联动夹紧

图 3-3-5 所示为对向侧夹紧联动夹紧机构。当液压缸中的活塞杆 3 向下移动时，通过双臂铰链使浮动压板 2 相对转动，最后将工件 1 夹紧。当夹压点相距较远时，可采用这种浮动夹紧机构实现多点联动夹紧。

（3）互垂力或斜交力的联动夹紧

图 3-3-6（a）所示为双向浮动四点联动夹紧机构。由于摇臂 2 可以转动并与摆动压块 1、3 铰链连接，因此，当拧紧螺母 4 时，便可从两个相互垂直的方向上实现四点联动夹紧。图 3-3-6（b）所示为通过摆动压块 1 实现斜交力两点联动夹紧的浮动压头。这类联动夹紧机构常用于夹压方向相差较大的场合。

2．多件联动夹紧机构

用一个原始作用力，通过一定的机构对数个相同的或不同的工件同时进行夹紧的机构，称为多件联动夹紧机构。多件联动夹紧机构多用于中、小型工件的加工，在铣床夹具中应用尤为广泛。根据夹紧方式和夹紧力方向不同，可分为平行式多件联动夹紧机构、连续式多件联动夹紧机构、对向式多件联动夹紧机构和复合式多件联动夹紧机构等形式。

（1）平行式多件联动夹紧

图 3-3-7（a）所示为浮动压板机构对工件平行夹紧的实例。由于压板 2、摆动压块 3 和球面垫圈 4 可以相对转动，均是浮动件，故旋动螺母 5 即可同时平行夹紧每个工件。图 3-3-7（b）所示为液性介质联动夹紧机构，密闭腔内的不可压缩液性介质既能传递力，还能起浮动环节的作用。

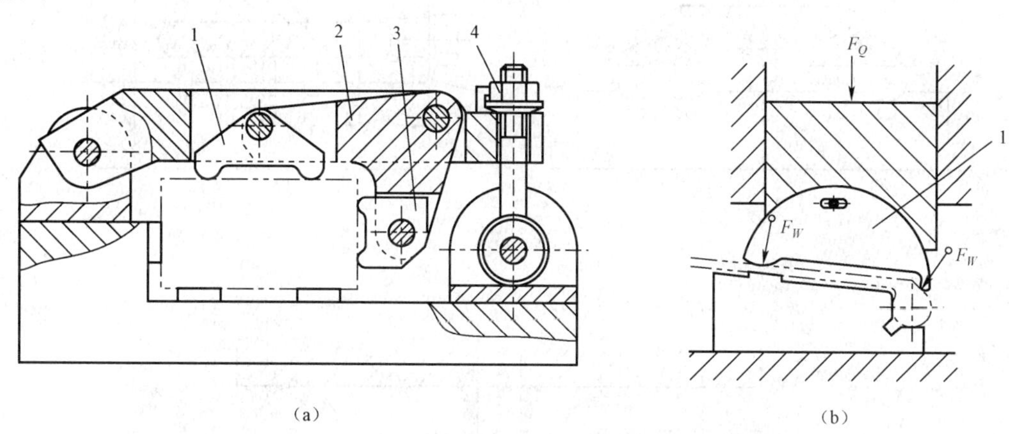

1、3—摆动压块；2—摇臂；4—螺母

图 3-3-6　互垂力和斜交力联动夹紧机构

旋紧螺母 5 时，液性介质推动各个柱塞 7，使它们与工件全部接触并夹紧。

从上述可知，各个夹紧力相互平行，理论上分配到各工件上的夹紧力应相等，即

$$F_{W_i}=\frac{F_W}{n}$$

式中　F_W——夹紧机构产生的总夹紧力（N）；

F_{W_i}——理论上每个工件承受的夹紧力（N）；

n——同时被夹紧的工件数量。

由于工件有尺寸公差，如采用如图 3-3-7（c）所示的刚性压板 2，则各工件所受的夹紧力不能相同，甚至有些工件夹不住。因此，为了能均匀地夹紧工件，平行夹紧机构也必须有浮动环节。每两个工件一般就需要用一浮动压块，工件多于两个时，浮动压块之间还需要用浮动件联接，在图 3-3-7（a）中，夹紧四个工件就需三个浮动件。在图 3-3-7（b）中，则是利用液性介质代替浮动件实现多件夹紧。

（2）连续式多件联动夹紧

连续式多件联动夹紧即以工件本身为浮动件，夹紧力从一个方向依次地由一个工件传至下一个工件直至全部夹紧。

如图 3-3-8 所示，7 个工件 1 以外圆及轴肩在夹具的可移动 V 形块 2 中定位，用螺钉 3 夹紧。V 形块 2 既是定位、夹紧元件，又是浮动元件，除左端第一个工件外，其他工件也是浮动的。在理想条件下，各工件所受的夹紧力 F_{W_i} 均为螺钉输出的夹紧力 F_W。实际上，在夹紧系统中，各环节的变形、递力过程中均存在摩擦能耗，当被夹工件数量过多时，有可能导致末件夹紧力不足，或者首件被夹坏的现象产生。此外，由于工件定位误差和定位夹紧件的

误差依次传递、逐个累积，造成夹紧力方向的误差很大，故连续式夹紧适用于工件的加工面与夹紧力方向平行的场合。

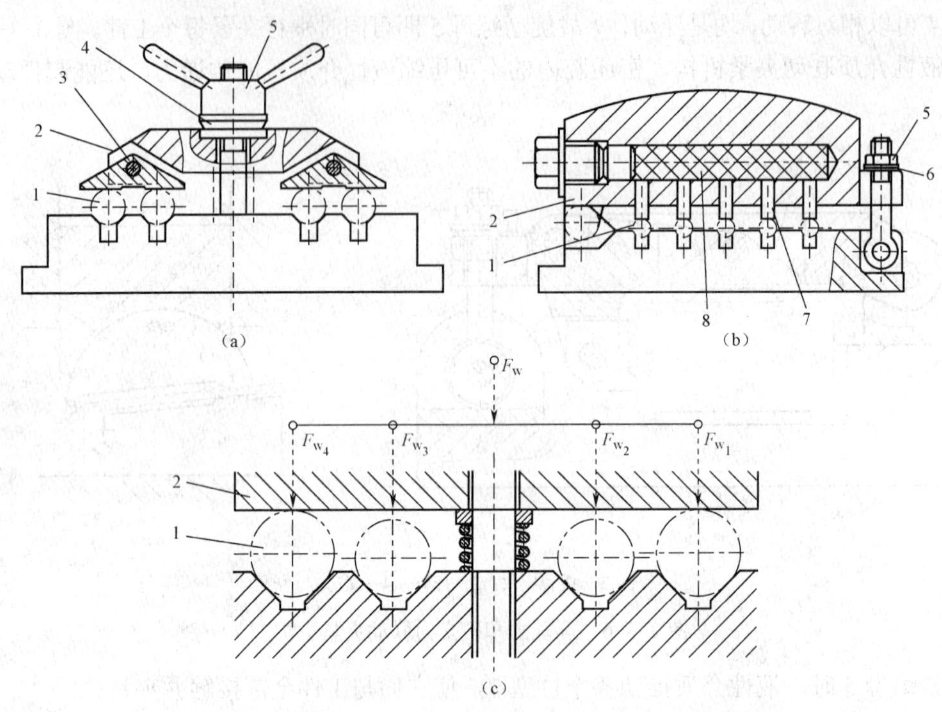

1—工件；2—压板；3—摆动压块；4—球面垫圈；5—螺母；6—垫圈；7—柱塞；8—液性介质

图 3-3-7　平行式多件联动夹紧机构

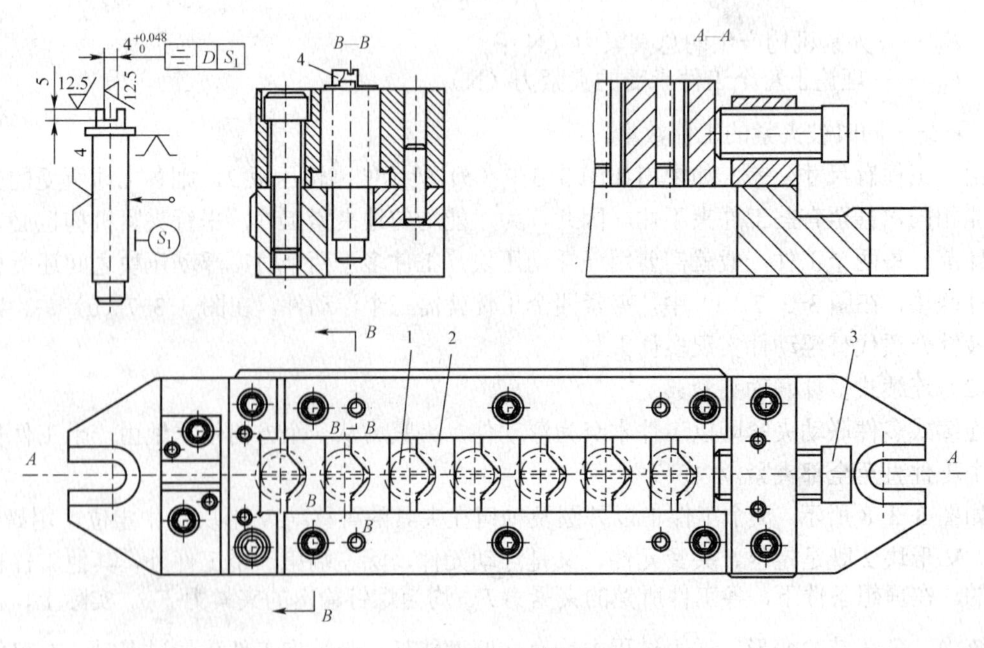

1—工件；2—V 形块；3—夹紧螺钉；4—对刀块

图 3-3-8　连续式多件联动夹紧机构

（3）对向式多件联动夹紧

对向式多件联动夹紧是通过浮动夹紧机构产生两个方向相反、大小相等的夹紧力，并同时将各工件夹紧。

如图 3-3-9 所示，两对向压板 1、4 利用球面垫圈及间隙构成了浮动环节。当旋动偏心轮 6 时，迫使压板 4 夹紧右边的工件，与此同时，拉杆 5 右移使压板 1 将左边的工件压紧。这类夹紧机构可以减小原始作用力，但相应增大了对机构夹紧行程的要求。

（4）复合式多件联动夹紧

凡将上述多种联动夹紧方式合理组合构成的结构，均称为复合式多件联动夹紧。图 3-3-10 所示为平行式和对向式组合的复合式多件联动夹紧的实例。

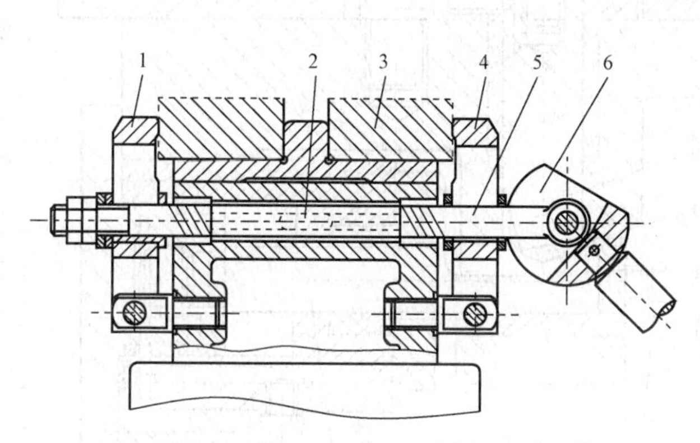

1、4—压板；2—键；3—工件；5—拉杆；6—偏心轮

图 3-3-9　对向式多件联动夹紧机构

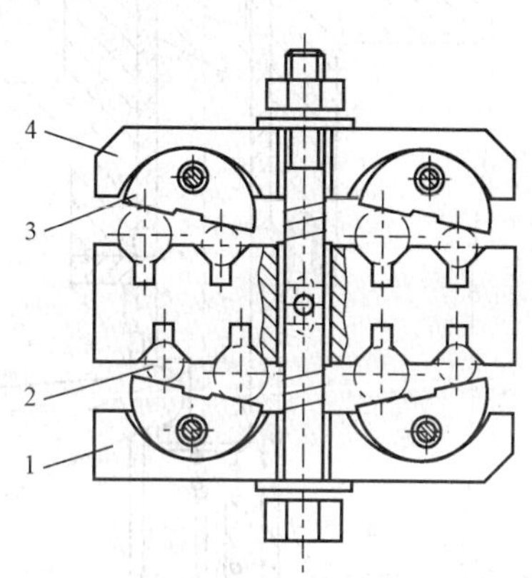

1、4—压板；2—工件；3—摆动压块

图 3-3-10　复合式多件联动夹紧机构

3. 与其他动作联动的夹紧机构

这类联动夹紧机构主要有定位元件与夹紧件间联动、夹紧件与夹紧件间联动、夹紧件与锁紧辅助支承联动等形式。

图 3-3-11 所示为先定位后夹紧联动机构，当活塞杆 9 往右运动时，螺钉 10 离开拔杆 1，弹簧 2 推动带斜面的推杆 3 向上，迫使滑块 4 向右将工件推至定位块（V 形块）7 上定位。活塞杆 9 继续右移，活塞杆 9 上的斜面则通过滚子 11、推杆 12 和压板 5 将工件夹紧。

图 3-3-12 所示为夹紧与移动压板联动机构。逆时针旋转偏心轮 5，拔销 1 拔动螺钉 3 使压板 2 进到夹紧位置，继续转动偏心轮 5，拔销 1 与螺钉 3 脱开，而偏心轮 5 则通过调节螺钉 4 顶起压板 2 夹紧工件。松开时，顺时针旋转偏心轮 5，先松开压板 2，然后通过拔销 1 拔动螺钉 4 使压板 2 退回到原位。

图 3-3-13 所示为夹紧与辅助支承联动机构。工件定位后辅助支承 1 在弹簧的作用下与工件接触。转动螺母 3，压板 2 在夹紧工件的同时通过锁销 4 将辅助支承锁紧。

二、联动夹紧机构设计要点

（1）联动夹紧机构在两个夹紧点之间必须设置必要的浮动环节，并具有足够的活动量，动作灵活，符合机械传动原理。如前述联动夹紧机构中，采用滑柱、球面垫圈、摇臂、摆动压块和液性介质等作为浮动件的各种环节，它们补偿了同批工件尺寸公差的变化，确保了联动夹紧的可靠性。常见的浮动环节结构如图 3-3-14 所示，其中，图 3-3-14（a）、（b）所示为两点式，图 3-3-14（c）、（d）所示为三点式，图 3-3-14（e）、（f）所示为多点式。

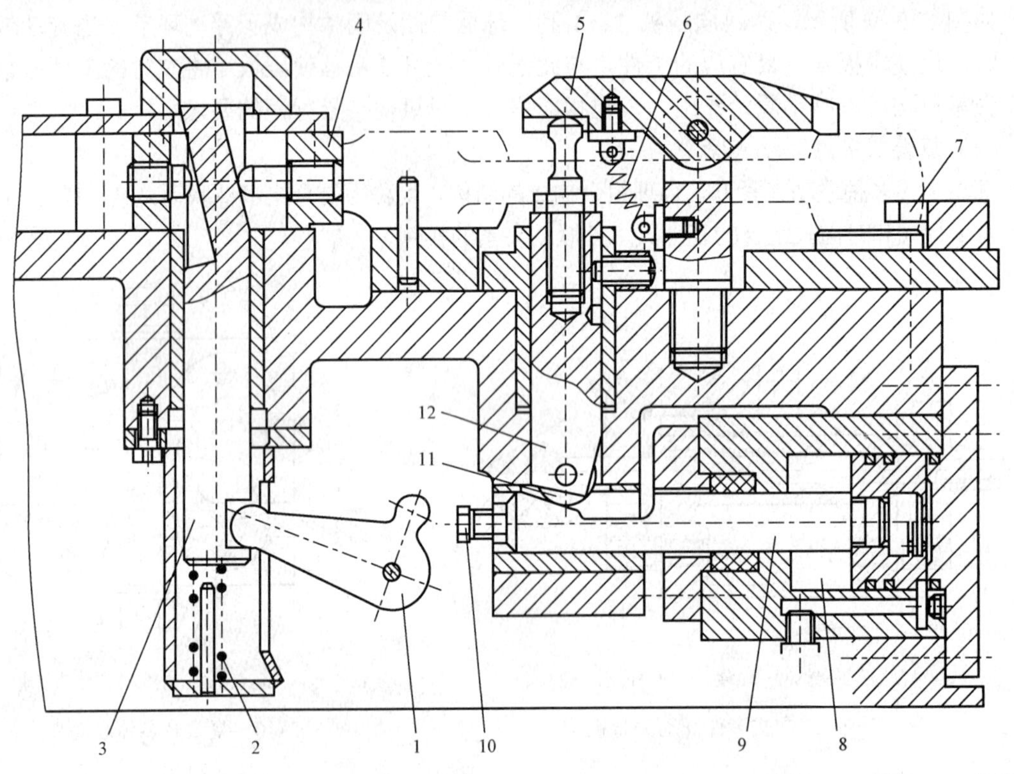

1—拨杆；2、6—弹簧；3、12—推杆；4—活块；5—压板；7—定位块；8—液压缸；9—活塞杆；10—螺钉；11—滚子

图 3-3-11　先定位后夹紧联动机构

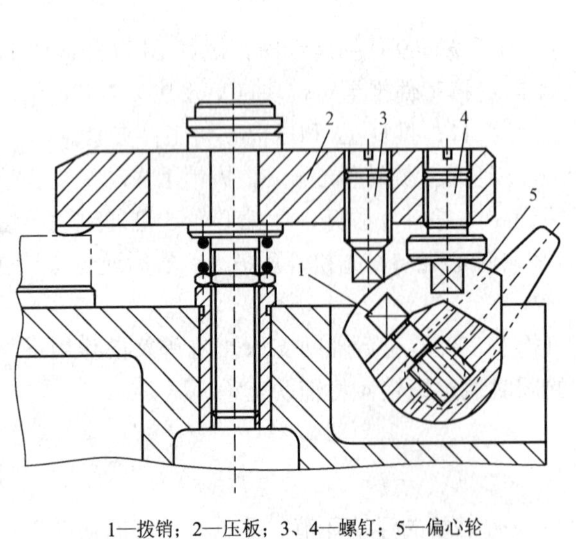

1—拨销；2—压板；3、4—螺钉；5—偏心轮

图 3-3-12　夹紧与移动压板联动机构

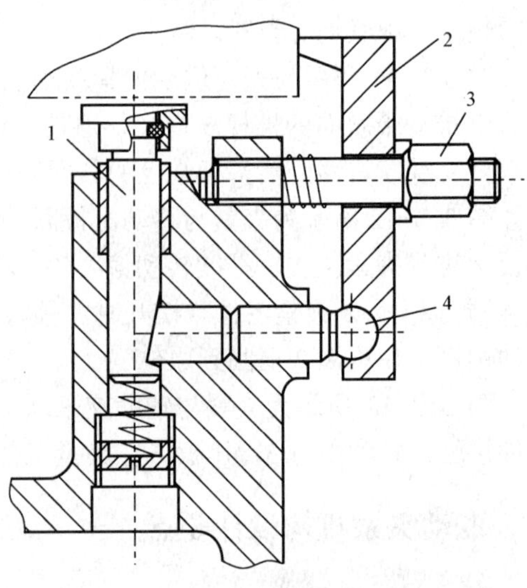

1—辅助支承；2—压板；3—螺母；4—锁销

图 3-3-13　夹紧与辅助支承联动机构

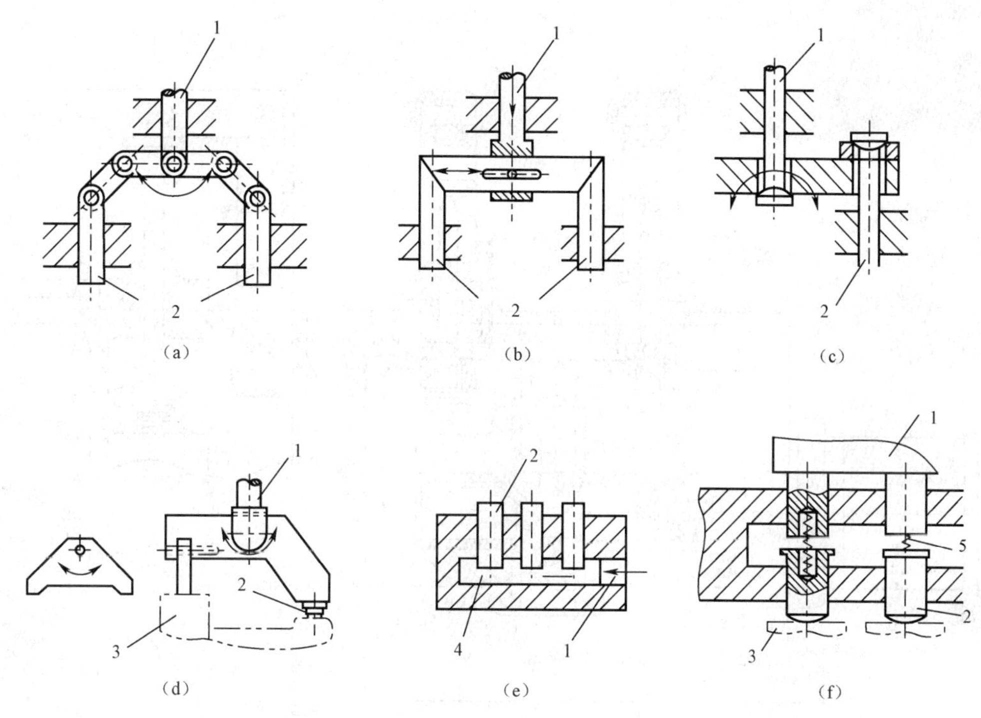

1—动力输入；2—输出端；3—工件；4—液性介质；5—弹簧

图 3-3-14　浮动环节的结构类型

（2）适当限制被夹工件的数量。在平行式多件联动夹紧中，如果工件数量过多，在一定原始作用力条件下，作用在各工件上的力就小，或者为了保证工件有足够的夹紧力，需无限增大原始作用力，从而给夹具的强度、刚度及结构等带来一系列的问题。对连续式多件联动夹紧，由于摩擦等因素的影响，各工件上所受的夹紧力不等，距原始作用力越远，则夹紧力越小，故要合理确定同时被夹紧的工件数量。

（3）联动夹紧机构的中间传力杠杆应力求增力，以免使驱动力过大；并要避免采用过多的杠杆，力求结构简单紧凑，提高工作效率，保证机构可靠的工作。

（4）设置必要的复位环节，保证复位准确，松夹装卸方便。如图 3-3-15 所示，在两拉杆 4 上装有固定套环 5，松夹时，联动杠杆 6 上移，就可借助 5 强制拉杆 4 向上，使压板 3 脱离工件，以便于装卸。

（5）要保证联动夹紧机构的系统刚性。一般情况下，联动夹紧机构所需总夹紧力较大，故在结构形式及尺寸设计时必须予以重视，特别要注意一些递力元件的刚度。如图 3-3-15 所示的联动杠杆 6 的中间部位受较大弯矩，其截面尺寸应设计大些，以防止夹紧后发生变形或损坏。

（6）正确处理夹紧力方向和工件加工面之间的关系，避免工件在定位、夹紧时的逐个积累误差对加工精度的影响。在连续式多件夹紧中，工件在夹紧力方向必须没有限制自由度的要求。

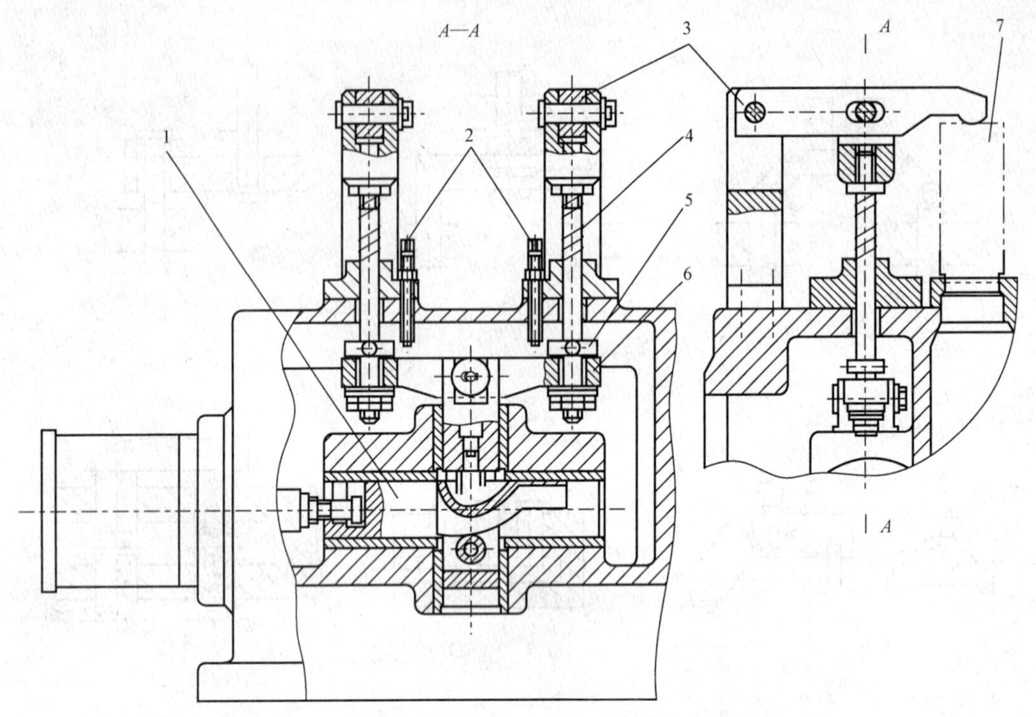

1—斜楔滑柱机构；2—限位螺钉；3—压板；4—拉杆；5—固定套环；6—联动杠杆；7—工件

图 3-3-15　强行松夹的结构

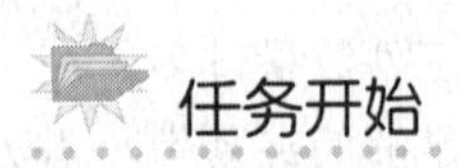
任务开始

一、联动夹紧机构的主要形式及其特点

1．单件联动夹紧机构

单件联动夹紧机构又称为多点联动夹紧机构，它是用一个原始作用力，通过一定的机构分散到数个点上对工件进行夹紧。大多用于分散的夹紧力作用点或夹紧力方向差别较大的场合。按夹紧力的方向单件联动夹紧有以下三种方式。

（1）单件同向联动夹紧。

（2）单件对向联动夹紧。

（3）互垂力或斜交力的联动夹紧。

2．多件联动夹紧机构

用一个原始作用力，通过一定的机构对数个相同的或不同的工件同时进行夹紧的机构，称为多件联动夹紧机构。多件联动夹紧机构多用于中、小型工件的加工，在铣床夹具中应用尤为广泛。根据夹紧方式和夹紧力方向不同，可分为平行式多件联动夹紧机构、连续式多件联动夹紧机构、对向式多件联动夹紧机构和复合式多件联动夹紧机构等形式。

（1）平行式多件联动夹紧

图 3-3-1 所示为压板机构对工件平行夹紧的实例。由于压板和偏心轮夹紧机构均是浮动

件，故旋动偏心轮即可同时平行夹紧四个工件。

（2）连续式多件联动夹紧

连续式多件联动夹紧即以工件本身为浮动件，夹紧力从一个方向依次地由一个工件传至下一个工件直至全部夹紧。图 3-3-3 所示为连续式多件联动夹紧的铣床夹具。工件以 V 形块定位，以工件本身为浮动件，夹紧力从一个方向依次地由一个工件传至下一个工件直至全部夹紧。

（3）对向式多件联动夹紧

对向式多件联动夹紧是通过浮动夹紧机构产生两个方向相反、大小相等的夹紧力，并同时将各工件夹紧。

（4）复合式多件联动夹紧

凡将上述多种联动夹紧方式合理组合构成的结构，均称为复合式多件联动夹紧。图 3-3-2 所示为平行式和对向式组合的复合式多件联动夹紧的实例。采用平行对向式多位联动夹紧机构旋转夹紧螺母 6，通过球面垫圈及压板 7 将工件压在 V 形块上。四把三面刃铣刀同时铣完两侧面后，取下楔块 5，将回转座 4 转过 90°，再用楔块 5 将回转座定位并楔紧，即可铣工件的另两个侧面。该夹具在一次安装中完成两个工位的加工，在设计中采用了平行—先后加工方式，即节省切削的基本时间，又使铣削两排工件表面的基本时间重合。

3. 与其他动作联动的夹紧机构

这类联动夹紧机构主要有定位元件与夹紧件间联动、夹紧件与夹紧件间联动、夹紧件与锁紧辅助支承联动等形式。

二、联动夹紧机构设计要点

（1）联动夹紧机构在两个夹紧点之间必须设置必要的浮动环节，并具有足够的活动量，动作灵活，符合机械传动原理。

（2）适当限制被夹工件的数量。在平行式多件联动夹紧中，如果工件数量过多，在一定原始作用力条件下，作用在各工件上的力就小，或者为了保证工件有足够的夹紧力，需无限增大原始作用力，从而给夹具的强度、刚度及结构等带来一系列的问题。对连续式多件联动夹紧，由于摩擦等因素的影响，各工件上所受的夹紧力不等，距原始作用力越远，则夹紧力越小，故要合理确定同时被夹紧的工件数量。

（3）联动夹紧机构的中间传力杠杆应力求增力，以免使驱动力过大；并要避免采用过多的杠杆，力求结构简单紧凑，提高工作效率，保证机构可靠的工作。

（4）设置必要的复位环节，保证复位准确，松夹装卸方便。如图 3-3-1 所示，用偏心轮松夹非常方便。

（5）要保证联动夹紧机构的系统刚性。一般情况下，联动夹紧机构所需总夹紧力较大，故在结构形式及尺寸设计时必须予以重视，特别要注意一些递力元件的刚度。

（6）正确处理夹紧力方向和工件加工面之间的关系，避免工件在定位、夹紧时的逐个积累误差对加工精度的影响。在连续式多件夹紧中，工件在夹紧力方向必须没有限制自由度的要求。

工艺技巧/操作技巧

一、联动夹紧机构的主要形式

1．单件联动夹紧机构

（1）单件同向联动夹紧。

（2）单件对向联动夹紧。

（3）互垂力或斜交力的联动夹紧。

2．多件联动夹紧机构

（1）平行式多件联动夹紧。

（2）连续式多件联动夹紧。

（3）对向式多件联动夹紧。

（4）复合式多件联动夹紧。

二、联动夹紧机构设计要点

（1）联动夹紧机构在两个夹紧点之间必须设置必要的浮动环节，并具有足够的活动量，动作灵活，符合机械传动原理。

（2）适当限制被夹工件的数量。

（3）联动夹紧机构的中间传力杠杆应力求增力，以免使驱动力过大；并要避免采用过多的杠杆，力求结构简单紧凑，提高工作效率，保证机构可靠的工作。

（4）设置必要的复位环节，保证复位准确，松夹装卸方便。

（5）要保证联动夹紧机构的系统刚性。

（6）正确处理夹紧力方向和工件加工面之间的关系，避免工件在定位、夹紧时的逐个积累误差对加工精度的影响。在连续式多件夹紧中，工件在夹紧力方向必须没有限制自由度的要求。

 知识链接

高精度机床夹具的设计

高精度机床夹具设计也是按本节前述设计步骤进行，但更重视其高精度这一特点，应注意以下几个方面：

（1）定位方案要符合六点定位原理和保证本工序的技术要求，减少定位误差。

（2）提高夹具设计的技术要求。

（3）提高对定精度。

（4）提高定位的可靠性，减少夹紧力产生的工件和夹具的变形。

（5）高精度机床夹具应具有高刚度和高精度。

（6）高精度机床夹具要求装配后整体精度高，设计中有意识地对某些重要表面采用“合件加工”、“就地加工”方法。

思考与练习

1. 什么称为联动夹紧机构？

2. 联动夹紧机构的主要形式有哪些？各有何特点？

3. 设计联动夹紧机构时主要应注意哪些问题？

4. 如图 3-3-16 所示的联动夹紧机构是否合理？为什么？若不合理，请绘出正确结构。

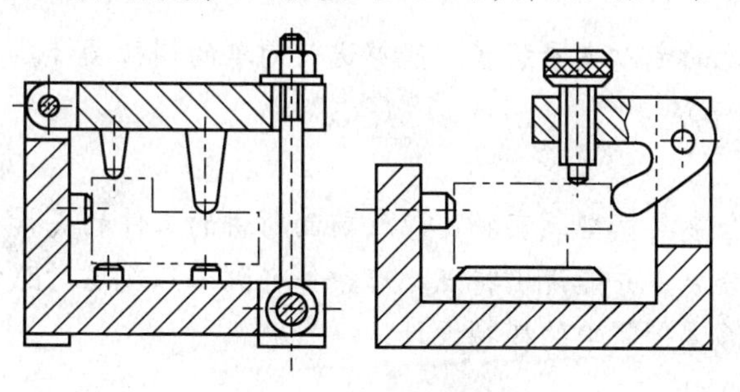

题 3-3-1 图　联动夹紧机构

任务四 定心夹紧机构

任务描述

图 3-4-1 所示为定心、对中夹紧机构，要求学生结合任务二和任务三所讲的相关夹具机构能够讲述出此机构的工作原理。定心夹紧机构按其定心作用原理可分为哪两种类型？常见的结构有哪些？思考定心夹紧机构设计有哪些要求？

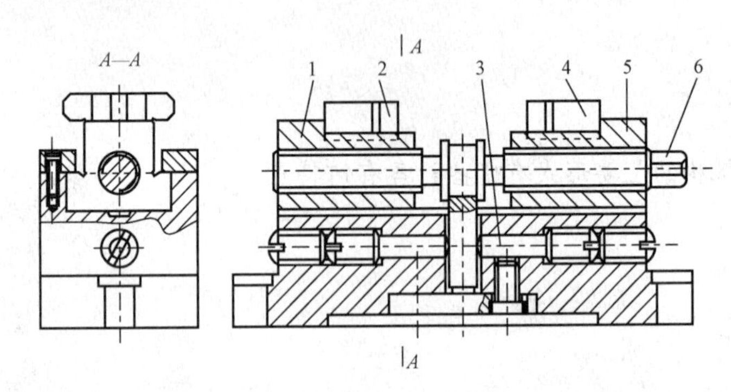

1、5—滑座；2、4—V 形块钳口；3—调节杆；4—双向螺杆

图 3-4-1 螺旋式定心夹紧机构

学习目标

【知识目标】

掌握各种夹紧机构的夹紧力确定方法，掌握定心夹紧机构的工作原理和各类典型机构的特点及适用范围。

【技能目标】

现场拆装一些常见的定心夹紧装置，能够进行简单的模拟设计。

任务分析

任务要求学生结合夹具模型或实物，以及前面所讲的工件的夹紧机构，能对如图 3-4-2 所示的夹紧机构进行分类，并能说出特点，有条件可到工厂现场对照实物讲解。本节内容学完以后，要求学生能够进行简单的模拟设计。

完成任务

基本概念

定心夹紧机构也称为自动定心机构，使工件的定位和夹紧同时完成。例如，车床上的三爪卡盘、弹簧夹头等。其共同特点是定位和夹紧元件是同一元件，称为工作元件。夹紧或松开工件时，工作元件都是以相同的速度趋近或退离，完成工件的定位夹紧或松开。

定心夹紧机构主要适用于几何形状对称，并以对称轴线、对称中心或对称平面为工序基准的工件的定位夹紧。它可以保证工件的定位基准与工序基准重合，使工件定位基面的尺寸公差对称分布，保持良好的定心或对中作用。

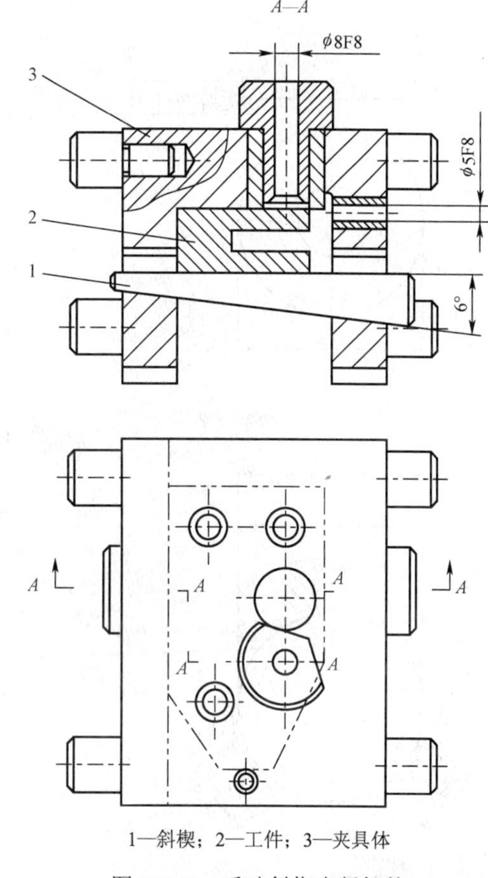

1—斜楔；2—工件；3—夹具体

图 3-4-2　手动斜楔夹紧机构

一、定心夹紧机构的工作原理

定心夹紧机构具有定心（对中）和夹紧两种功能，图 3-4-3（a）所示为三爪自定心卡盘。三个夹爪 1 为定心夹紧元件，能等速趋近或离开卡盘中心（夹爪保持等距性行程），使其工作面 2 对中心总保持相等的距离。当工件定位直径不同时，由夹爪 1 的等距移动来调整，使工件工序基准（轴线）与卡盘中心保持一致。又如图 3-4-3（b）所示的对中夹紧机构，左右夹爪（钳口）1 为定心夹紧元件，它的工作面 2 对夹具（或已对定的刀具 4）的中心平面保持等距性行程及位置，工件尺寸为 $L\pm\Delta L/2$ 时，其公差同样被夹爪均分在中心平面两侧。

上面以定心夹紧元件均分定位基面公差的原理，即为定心夹紧机构的工作原理。

二、各类典型机构的特点及适用范围

定心夹紧机构的形式有很多，按其定心作用原理可分为两大类型，一种是依靠传动机构，使定心夹紧元件同时作等速移动，从而实现定心夹紧，如螺旋式、杠杆式、楔式机构等；另一种是定心夹紧元件本身作均匀地弹性变形（收缩或扩张），从而实现定心夹紧，如弹簧铜夹、膜片卡盘、波纹套、液性塑料等。下面介绍常用的几种结构等。

1. 螺旋式定心夹紧机构

这种定心夹紧机构的特点是结构简单、工作行程大、通用性好。但定心精度不高，一般约为 $\phi0.05$～$\phi0.1$mm。主要适用于粗加工或半精加工中需要行程大而定心精度要求不高的工件。

2. 杠杆式定心夹紧机构

图 3-4-4 所示为车床用的气动定心卡盘，气缸通过拉杆 1 带动滑套 2 向左移动时，三个钩形杠杆 3 同时绕轴销 4 摆动，收拢位于滑槽中三个夹爪 5 而使工件夹紧。夹爪的张开靠拉杆右移时装在滑套 2 上的斜面推动。

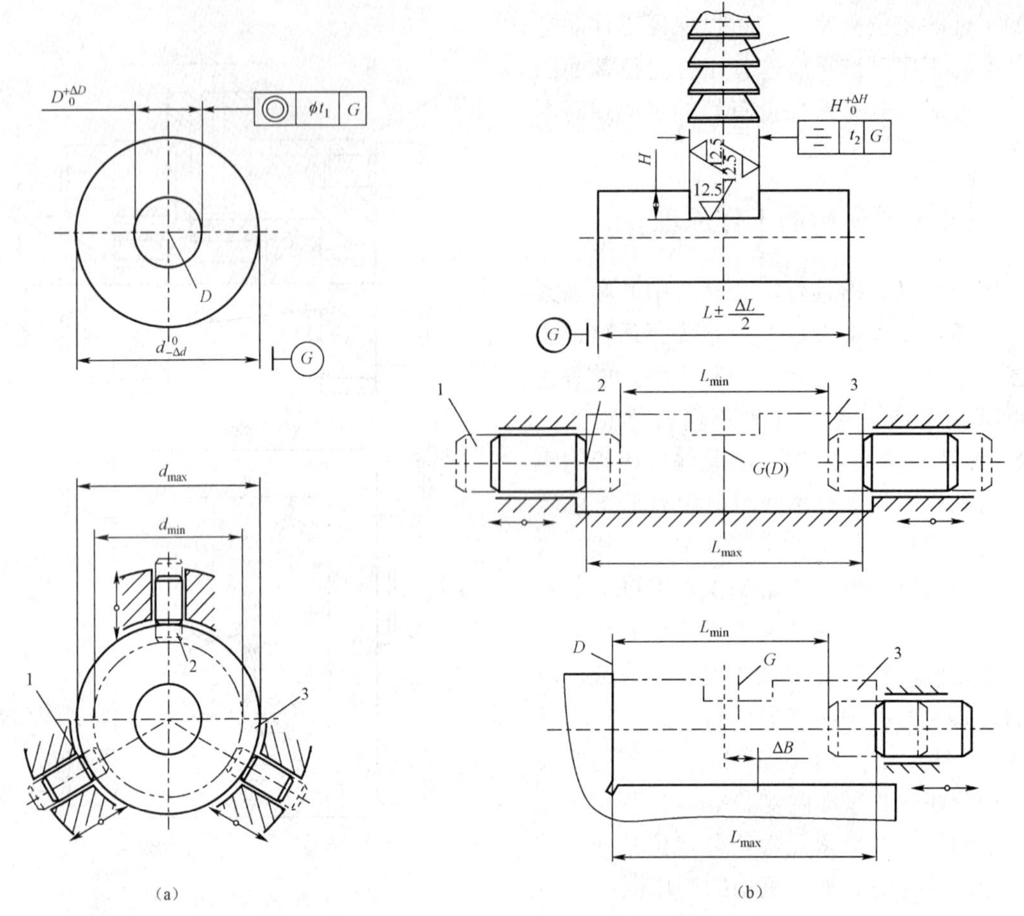

1—夹爪；2—夹爪工作面；3—工件；4—刀具

图 3-4-3　定心、对中夹紧的工作原理

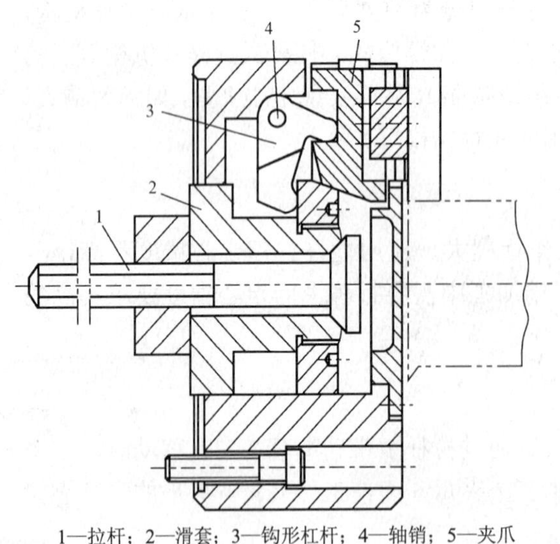

1—拉杆；2—滑套；3—钩形杠杆；4—轴销；5—夹爪

图 3-4-4　车床用的气动定心卡盘

杠杆式定心夹紧机构具有刚性大、动作快、增力倍数大、工作行程也比较大（随结构尺寸不同，行程约为 3～12mm）等特点，其定心精度较低，一般约为ϕ0.1mm 左右。它主要用于工件的粗加工。由于杠杆机构不能自锁，所以，这种机构自锁要靠气压或其他机构，其中采用气压的较多。

3．楔式定心夹紧机构

图 3-4-5 所示为机动的楔式夹爪自动定心机构。当工件以内孔及左端面在夹具上定位后，气缸通过拉杆 4 使六个夹爪 1 左移，由于本体 2 上斜面的作用，夹爪左移的同时向外胀开，将工件定心夹紧；反之，夹爪右

移时，在弹簧卡圈 3 的作用下使夹爪收拢，将工件松开。

这种定心夹紧机构的结构紧凑且传动准确，定心精度一般可达ϕ0.02～ϕ0.07mm，比较适用于工件以内孔作定位基面半精加工工序。

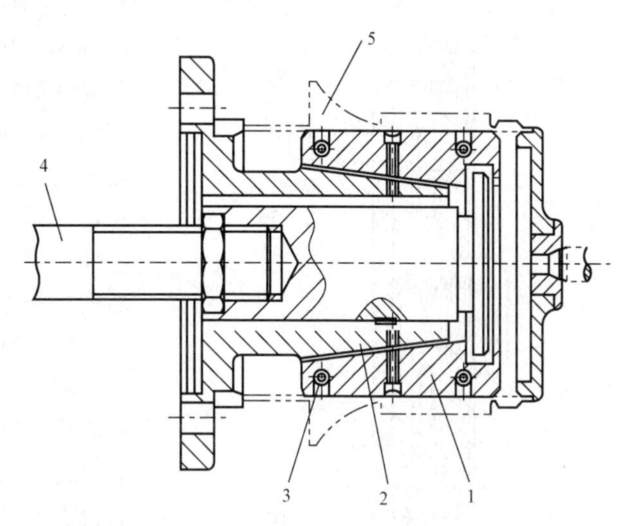

1—夹爪；2—本体；3—弹簧卡圈；4—拉杆；5—工件

图 3-4-5　机动楔式夹爪自动定心机构

4．弹簧筒夹式定心夹紧机构

弹簧筒式定心夹紧机构常用于安装轴套类工件。图 3-4-6（a）所示为用于装夹工件以外圆柱面为定位基面的弹簧夹头。旋转螺母 4 时，锥套 3 内锥面迫使弹性铜夹 2 上的簧瓣向心收缩，从而将工件定心夹紧。图 3-4-6（b）是用于工件以内孔为定位基面的弹簧心轴。因工件的长径比 $L/d>1$，故弹性筒夹 2 的两端各有簧瓣。旋转螺母 4 时，锥套 3 的外锥面向心轴 5 的外锥面靠拢，迫使弹性筒夹 2 的两端簧瓣向外均匀扩张，从而将工件定心夹紧。反向转动螺母，带退锥套，便可卸下工件。

弹簧筒夹定心夹紧机构的结构简单、体积小、操作方便迅速，因而应用十分广泛。其定心精度可稳定在ϕ0.04～ϕ0.10mm 之间，高的可达ϕ0.01～ϕ0.02mm。为保证弹性筒夹正常工作，工件定位基面的尺寸公差应控制在 0.1～0.5mm，故一般适用于精加工或半精工场合。

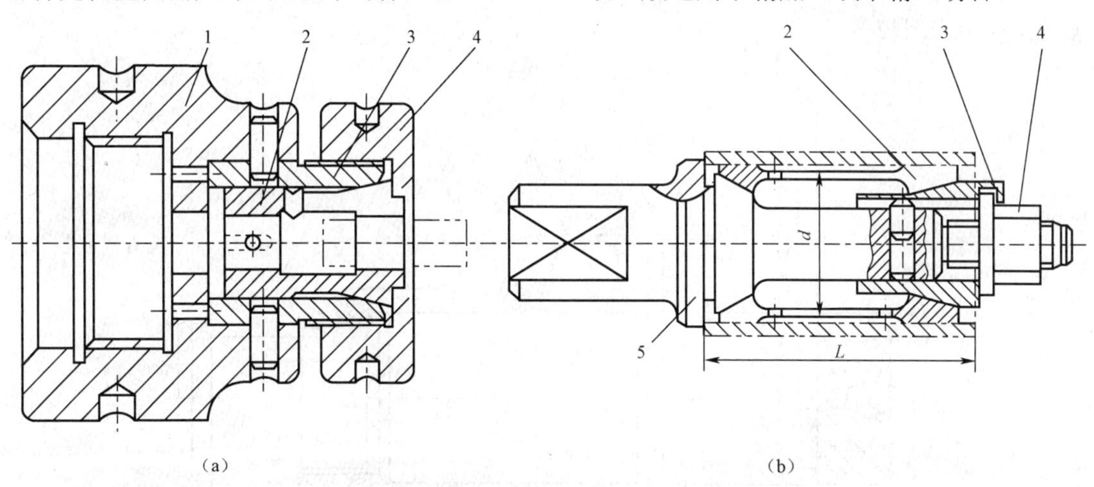

1—夹具体；2—弹性铜夹；3—锥套；4—螺母；5—心轴

图 3-4-6　弹簧夹头和弹簧芯轴

5．膜片卡盘定心夹紧机构

图 3-4-7 所示为工件以大端面和外圆为定位基面，在 10 个等高支柱 6 和膜片 2 的 10 个

夹爪上定位。首先顺时针旋动螺钉 4 使楔块 5 下移，并推动滑柱 3 右移，迫使膜片 2 产生弹性变形，10 个夹爪同时张开，以放入工件。逆时针旋动螺钉，使膜片恢复弹性变形，10 个夹爪同时收缩将工件定心夹紧。夹爪上的支承钉 1 可以调节，以适应直径尺寸不同的工件。支承钉每次调整后都要用螺母锁紧，并在所用的机床上对 10 个支承钉的限位基面进行加工（夹爪在直径方向上应留有 0.4mm 左右的预张量），以保证定位基准轴线与机床主轴回转轴线的同轴度。

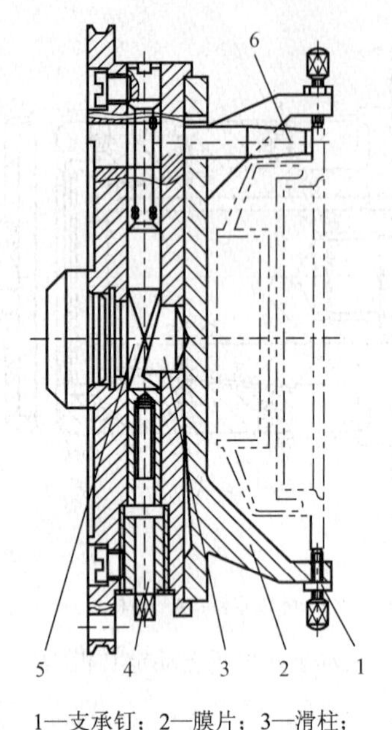

1—支承钉；2—膜片；3—滑柱；
4—螺钉；5—楔块；6—支柱

图 3-4-7　膜片卡盘定心夹紧机构

膜片卡盘定心机构具有刚性、工艺性、通用性好，定心精度高（一般为ϕ0.005～ϕ0.01mm），操作方便迅速等特点。但它的夹紧力较小，所以，常用于磨削或有色金属件车削加工的精加工工序。

6. 波纹套定心夹紧机构

波纹套定心机构的弹性元件是一个薄壁波纹套（或称为蛇腹套）。图 3-4-8 所示为用于加工工件外圆及右端面的波纹套定心轴。旋紧螺母 5 时，轴向压力使两波纹套径向均匀胀大，将工件定心夹紧。波纹套 3 及支承圈 2 可以更换，以适应孔径不同的工件，扩大心轴的通用性。

波纹套定心夹紧机构的结构简单、安装方便、使用寿命长、定心精度可达ϕ0.005～ϕ0.01mm，适用于定位基准孔 D≥20mm，且公差等级不低于 IT8 级的工件，在齿轮、套筒类等工件的精加工工序中应用较多。

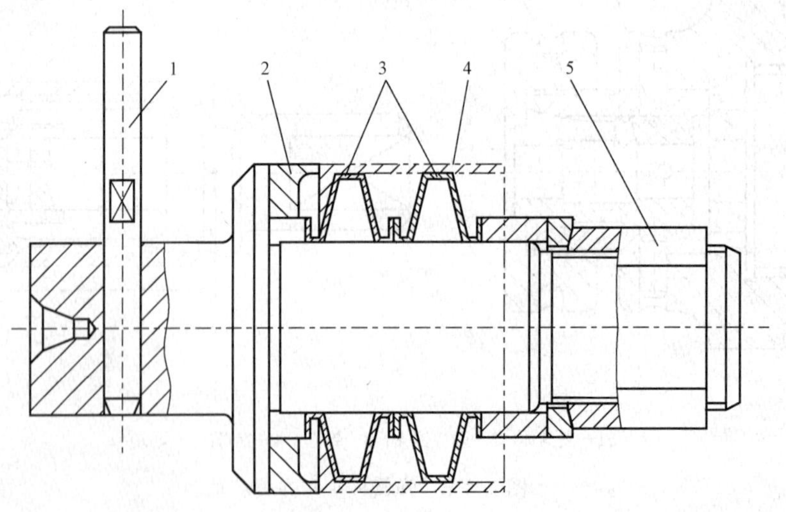

1—拔杆；2—支持圈；3—波纹套；4—工件；5—螺母

图 3-4-8　波纹套芯轴

7．液性塑料定心夹紧机构

图 3-4-9 所示为液性塑料定心机构的两种结构。其中，图 3-4-9（a）所示为工件以内孔为定位基面，图 3-4-9（b）所示为工件以外圆为定位基面，虽然两者的定位基面不同，但其基本结构与工作原理是相同的。起直接夹紧作用的薄壁套铜 2 压配在夹具体 1 上，在所构成的容腔中注满了液性塑料 3。当将工件装到薄壁套铜 2 上之后，旋进加压螺钉 5，通过柱塞 4 使液性塑料流动并将压力传到各个方向上，薄壁套筒的薄壁部分在压力作用下产生径向均匀的弹性变形，从而将工件定心夹紧。图 3-4-8（a）中的限位螺钉 6 用于限制加压螺钉的行程，防止薄壁套铜超负荷而产生塑性变形。

这种定心机构的结构很紧凑，操作方便，定心精度一般为ϕ0.005～ϕ0.01mm，主要用于工件定位基面孔径 D≥18mm 或外径 d≥18mm，尺寸公差为 IT7～IT8 级工件的精加工或半精加工工序。

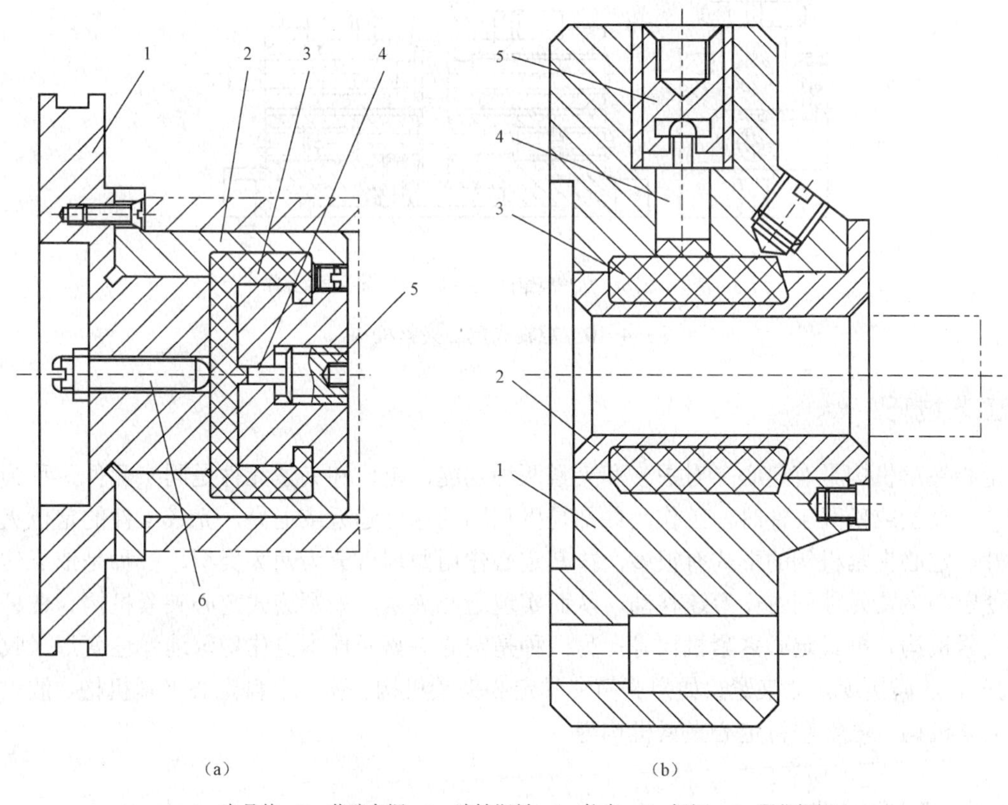

1—夹具体；2—薄壁套铜；3—液性塑料；4—柱塞；5—螺钉；6—限位螺钉

图 3-4-9　液性塑料定心夹紧机构的两种机构

完成任务

一、定心夹紧机构的工作原理

定心夹紧机构具有定心（对中）和夹紧两种功能，定位和夹紧元件是同一元件，称为工作元件。夹紧或松开工件时，工作元件都是以相同的速度趋近或退离，完成工件的定位夹紧或松开。

二、本任务中定心夹紧机构的特点及适用范围

如图 3-4-10 所示，旋动有左右螺纹的双向螺杆 6，使滑座 1、5 上的 V 形块钳口 2、4 作对向等速移动，从而实现对工件的定心夹紧；反之，便可松开工件。V 形块钳口可按工件需要更换，对中精度可借助调节杆 3 实现。

螺旋式定心夹紧机构的特点是结构简单、工作行程大、通用性好。但定心精度不高，一般约为$\phi 0.05$～$\phi 0.1$mm。主要适用于粗加工或半精加工中需要行程大而定心精度要求不高的工件。

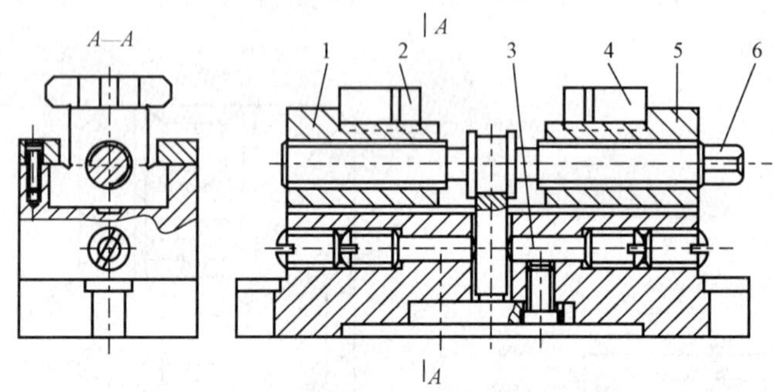

1、5—滑座；2、4—V 形块钳口；3—调节杆；4—双向螺杆

图 3-4-10　螺旋式定心夹紧机构

工艺技巧

定心夹紧机构具有定心（对中）和夹紧两种功能，定位和夹紧元件是同一元件，称为工作元件。夹紧或松开工件时，工作元件都是以相同的速度趋近或退离，完成工件的定位夹紧或松开。定心夹紧机构的形式有很多，按其定心作用原理可分为两大类型，一种是依靠传动机构使定心夹紧元件同时作等速移动，从而实现定心夹紧，如螺旋式定心夹紧机构、杠杆式定心夹紧机构、楔式定心夹紧机构等；另一种是定心夹紧元件本身作均匀地弹性变形（收缩或扩张），从而实现定心夹紧，如弹簧筒夹式定心夹紧机构、膜片卡盘定心夹紧机构、波纹套定心夹紧机构、液性塑料定心夹紧机构等。

知识链接

夹紧动力源装置

1．气动夹紧

图 3-4-11 所示为气压装置传动的组成图，包括三个部分：第一部分为气源，包括空气压缩机、冷却器、储气罐、过滤器等；第二部分为控制部分，包括分水滤气器、调压阀、压力表、油雾器、单向阀、配气阀、调速阀等；第三部分为执行部分，如气缸等。

2. 液压夹紧

液压夹紧是利用液压油为工作介质来传力的一种装置。它与气动夹紧比较，具有夹紧力稳定、吸收振动能力强等优点，但结构比较复杂、制造成本高。因此，适用于大量生产。液压夹紧的传动系统与普通气压系统类似。

3. 气—液组合夹紧

气—液组合夹紧的动力源为压缩空气，但要使用特殊的增压器，比气动夹紧装置复杂。它的工作原理如图 3-4-12 所示，压缩空气进入气缸 1 的右腔，推动增压器活塞 3 左移，活塞杆 4 随之在增压缸 2 内左移。因活塞杆 4 的作用面积小，使增压缸 2 和工作缸 5 内的油压得到增加，并推动工作缸中的活塞 6 上抬，将工件夹紧。

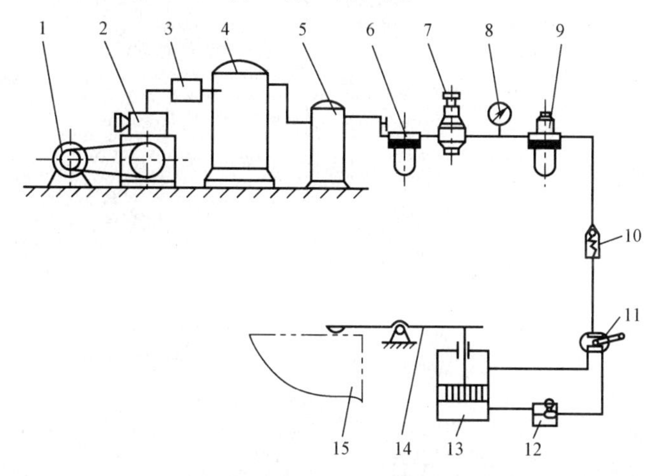

1—电机；2—空气压缩机；3—冷却器；4—储气罐；5—过滤器；6—分水滤气器；7—调压阀；8—压力表；9—油雾器；10—单向阀；11—配气阀；12—调速阀；13—气缸；14—压板；15—工件

图 3-4-11　气压装置传动的组成

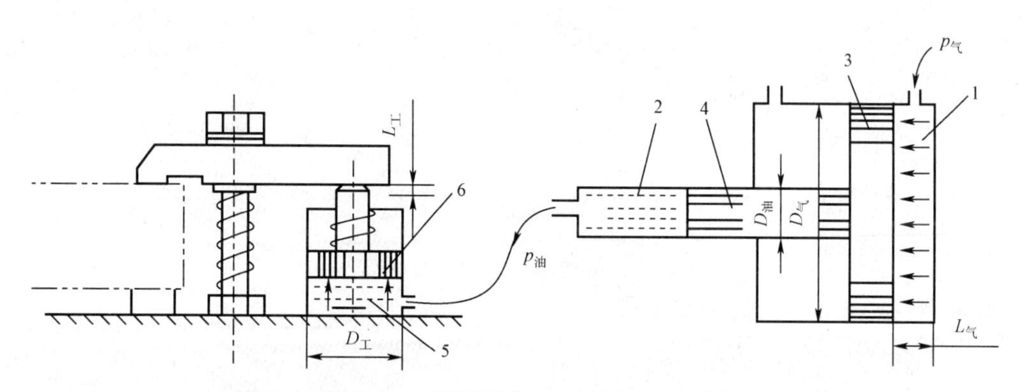

1—气缸；2—增压缸；3—增压器活塞；4—活塞杆；5—工作缸；6—活塞

图 3-4-12　气—液组合夹紧装置

思考与练习

1. 什么是定心夹紧机构?

2. 试述各种典型定心夹紧机构的主要特点及适用范围。

第三篇
机床夹具夹具设计（技师）

模块四　典型机床夹具

任务一　钻床夹具

任务描述

图 4-1-1 所示为东方红-75 推土机铲臂右支架座，本工序要求设计加工右支架 2 个 ϕ43.5mm 孔的钻模，本工序的 *A* 面、*B* 面和 *C* 面及 ϕ55mm 孔已加工好，图中本工序的加工要求如下：

（1）2 个 $\phi 43.5^{+0.34}_{0}$ mm 尺寸公差等级要求为 IT13 级。

（2）2 个 $\phi 43.5^{+0.34}_{0}$ mm 孔表面粗糙度要求为 R_a12.5μm。

（3）2 个 $\phi 43.5^{+0.34}_{0}$ mm 孔深均为 62mm。

（4）2 个 $\phi 43.5^{+0.34}_{0}$ mm 孔轴线对 ϕ55mm 孔轴线的垂直度公差为 0.2/100。

（5）2 个 $\phi 43.5^{+0.34}_{0}$ mm 孔轴线夹角为 47° ±15′，两孔轴线关于主视图中的竖直中心线对称，且夹角顶点在 ϕ55mm 孔的轴线上。

（6）零件毛坯材料为 ZG310-570。

（7）产品生产纲领：4360 件/年。

学习目标

【知识目标】

掌握钻床夹具的主要类型和钻模类型的选择，以及钻模的组成。

【技能目标】

学会拆装钻模的各个部件及钻模的操作。

任务分析

任务要求对图 4-1-1 右支架座钻两个 $\phi 43.5^{+0.34}_{0}$ mm 孔，图 4-1-2 所示为右支架座的立体图，*A*、*B* 和 *C* 面与 ϕ55mm 孔虽在不同工序中加工，但位置精度不高。本零件毛坯为砂型机器造型，加工前退火处理，硬度为 156～217HBW。铸造分型面在主视图投影的最大轮廓线上，分型面处毛刺都已经磨平，被加工孔处单边加工余量为 3mm。要求掌握钻模的类型选择方法、钻模板、钻套的设计方法等。

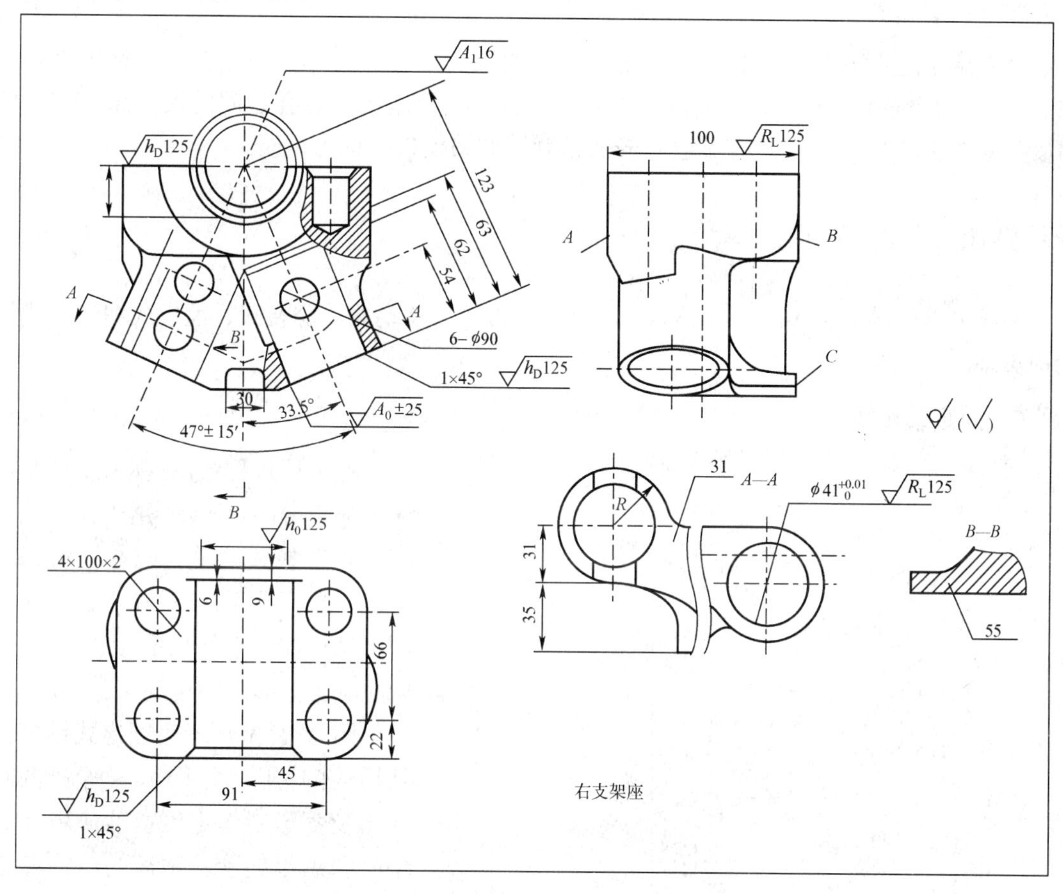

图 4-1-1　东方红-75 推土机铲臂右支架座

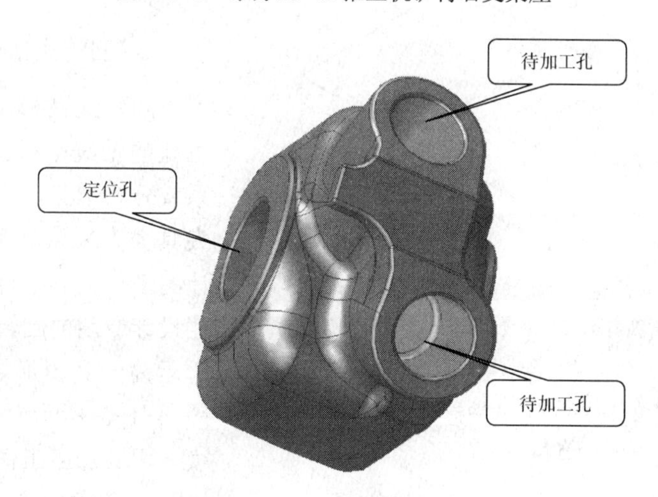

图 4-1-2　右支架座工序图

完成任务

基本概念

在钻床上进行孔的钻、扩、铰、锪、攻螺纹加工用的夹具称为钻床夹具。钻床夹具用钻套引导刀具进行加工，有利于保证被加工孔对其定位基准和各孔之间的尺寸精度和位置精度。这类夹具的特征：装有钻套和安放钻套用的钻模板，称为钻模。

一、钻床夹具的类型与结构

钻床夹具的种类繁多，一般分为固定式、回转式、移动式、翻转式、盖板式和滑柱式等几种类型。

1. 固定式钻模

在使用过程中，钻模和工件在钻床上的位置固定不动，用于在立式钻床上加工较大的单孔或在摇臂钻床上加工平行孔系。若要在立钻上使用这种钻模加工平行孔系，则需要在钻床主轴上安装多轴传动头。

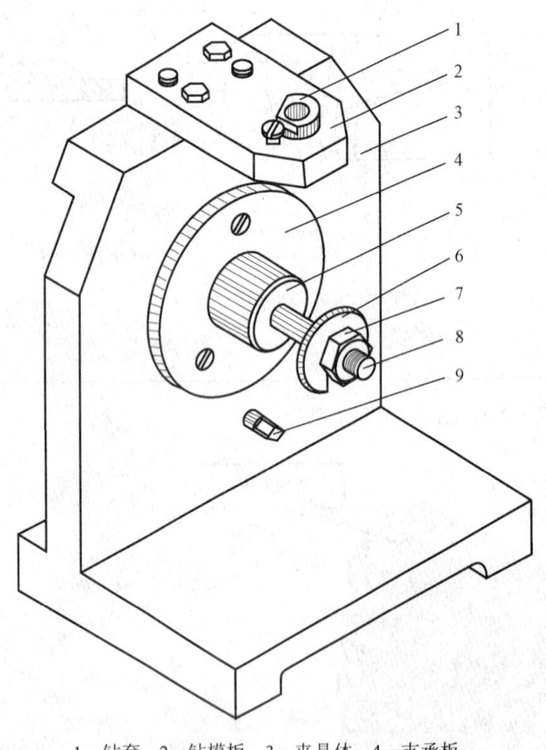

1—钻套；2—钻模板；3—夹具体；4—支承板；
5—圆柱销；6—开口垫圈；；7—螺母；8—螺杆；9—菱形销

图 4-1-3　固定式钻模

图 4-1-3 所示为固定式钻模的结构，工件用一个平面、一个外凸圆柱销及菱形销作定位基准，用开口垫圈和螺母夹紧。钻模的结构可自行分析。

2. 回转式钻模

回转式钻模主要用于工件被加工孔的轴线平行分布于圆周上的孔系或分布于工件圆周上的径向孔，该夹具大多采用标准回转台与专门设计的工作夹具组合成钻模，必要时，才设计专用的回转式钻模。图 4-1-4 所示为一套扇形导向座专用夹具。图 4-1-5 所示为一套专用回转式钻模，用其加工工件上均布的径向孔，这是回转式钻模的结构形式，按其转轴的位置可分为立轴式、卧轴式和斜轴式三种。

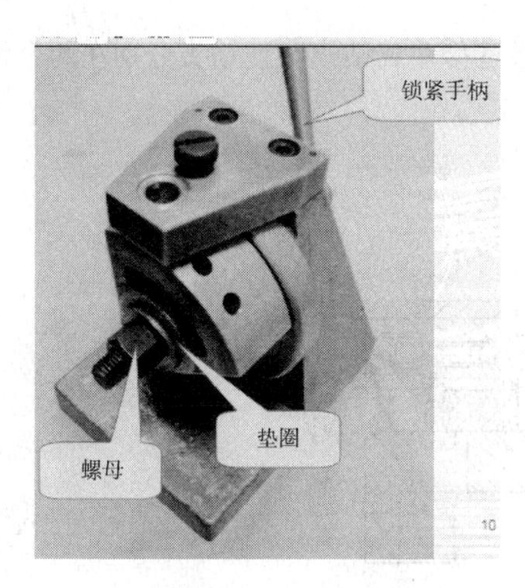

（a）扇形导向座专用夹具

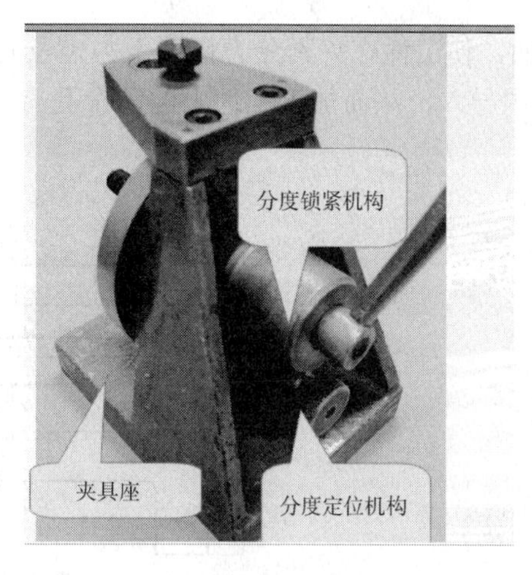

（b）钻模及分度机构

图 4-1-4　回转式钻模

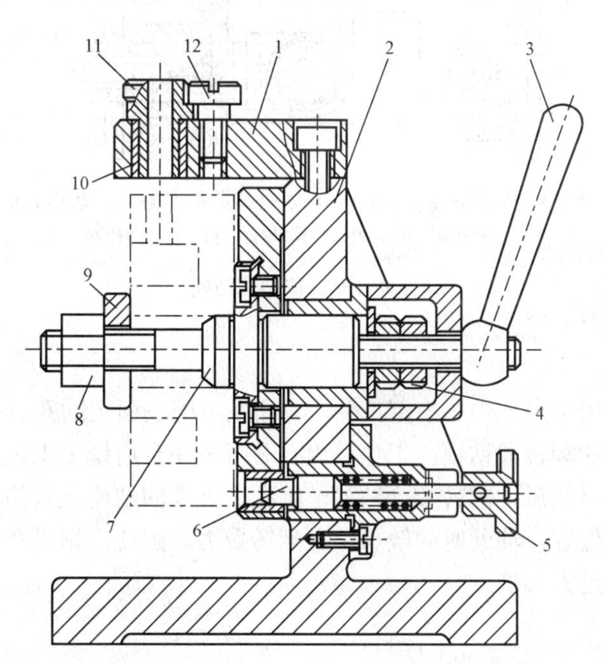

1—钻模板；2—夹具体；3—手柄；4、8—螺母；5—把手；6—对定销；7—圆柱销；
9—快换垫圈；10—衬套；11—钻套；12—螺钉

图 4-1-5　专用回转式钻模

3．移动式钻模

移动式钻模用于钻削中、小型工件同一表面上的多个孔。图 4-1-6 所示为移动式钻模，用于加工连杆大、小头上的孔。工件以端面及大、小头上圆弧面作为定位基面，在定位套 12、13，固定 V 形块 2 及活动 V 形块 7 上定位。先通过手轮 8 推动活动 V 形块 7 压紧工件，然后转动手轮 8 带动螺钉 11 转动，压迫钢球 10，使两片半月键 9 向外胀开而锁紧。V 形块带有斜面，使工件在夹紧分力作用下与定位套贴紧。通过移动式钻模，使钻头分别在两个钻套4、5中导入，从而加工工件上的两个孔。

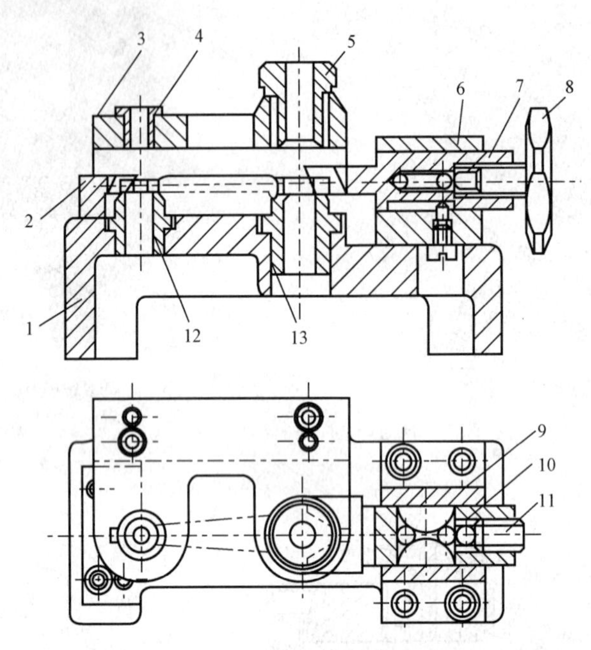

1—夹具体；2—固定V形块；3—钻模板手柄；4、5—钻套；6—支座；7—活动V形块；8—手轮；9—半月键；10—钢球；11—螺钉；12、13—定位套

图4-1-6 移动式钻模

4. 翻转式钻模

翻转式钻模主要用于加工中、小型工件，分布在不同表面上的孔，图4-1-7所示为加工套筒上的四个径向孔的翻转式钻模，工件以内孔及端面在台肩销1上定位，用快换垫圈2和螺母3夹紧。钻完一组孔后，翻转60°钻另一组孔。夹具的结构虽较简单，但每次钻孔都需找正钻套相对钻头的位置，辅助时间较长，且翻转费力。因此，钻模和工件的总重量不能太重，加工批量也不宜过大。

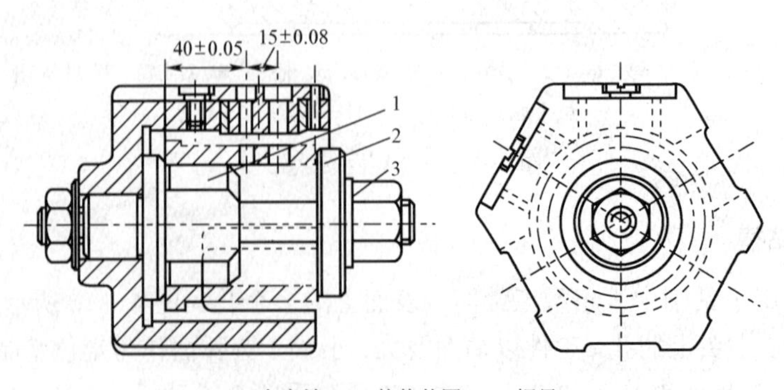

1—台肩销；2—快换垫圈；3—螺母

图4-1-7 翻转式钻模

5．盖板式钻模

盖板式钻模在结构上不设夹具体，并将定位、夹紧元件和钻套均装在装模板上。加工时，钻模板直接覆盖在工件上来保证加工孔的位置精度。图 4-1-8 是加工车床溜板箱 *A* 面上的孔用的盖板式钻模，由图可知，其定位销 2、3，支承钉 4 和钻套都装在钻模板 1 上，免去了夹紧装置。

盖板式钻模结构简单，省去了笨重的夹具体，对大型工件更为必要。但盖板也不宜太重，一般不超过 10kg。它常用于大型工件（如床身、箱体等）上的小孔加工中。

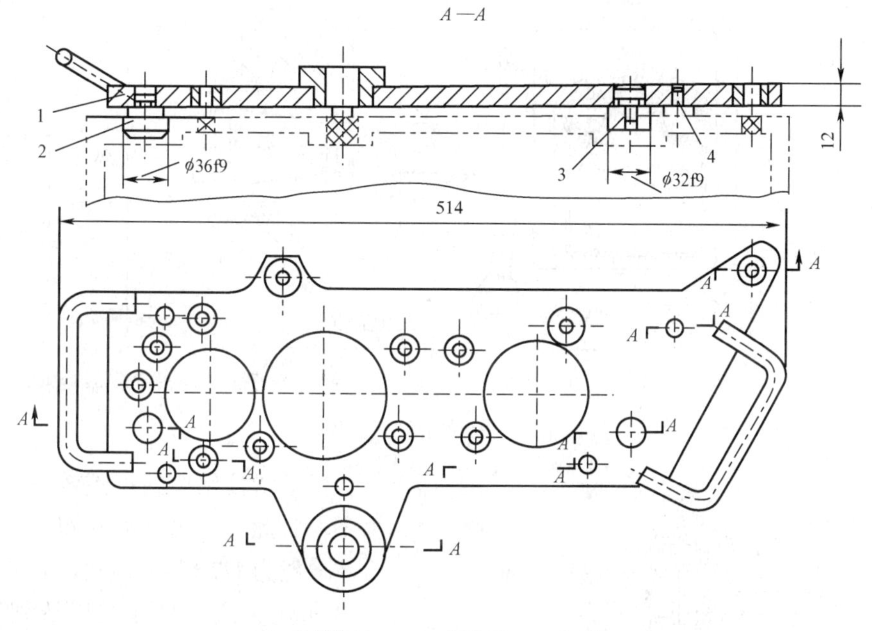

1—钻模盖板；2、3—圆柱销；4—支承钉

图 4-1-8　盖板式钻模

6．滑柱式钻模

滑柱式钻模是一种带有升降钻模板的通用可调夹具。图 4-1-9 所示为手动滑柱式钻模的通用结构，由夹具体 1、三根滑柱 2、钻模板 4 和传动、锁紧机构所组成。使用时，只要根据工件的形状、尺寸和加工要求等具体情况，专门设计制造相应的定位、夹紧装置和钻套等，装在夹具体的平台和钻模板上的适当位置，就可用于加工。使用时，转动手柄 6，经过齿轮齿条的传动和左右滑柱的导向，便能顺利地带动钻模板升降，将工件夹紧或松开。

钻模板在夹紧工件或升降到一定高度后，必须自锁。锁紧机构的种类很多，但用得最多的是圆锥锁紧装置。其工作原理：将齿轮轴 7 的左端制成螺旋齿，与中间滑柱后侧的螺旋齿条相啮合，其螺旋角均为 45°，轴的右端制成正反双向锥体，锥度为 1∶5，与夹具体 1 及套环 5 的锥孔配合。钻模板下降接触到工件后继续施力，则钻模板通过夹紧元件将工件夹紧，在齿轮轴上产生轴向分力使锥体楔紧在夹具体的锥孔中。由于锥角小于两倍摩擦角，故能自锁。当加工完毕，钻模板上升到一定高度时，可使齿轮轴的另一段锥体楔紧在套环 5 的锥孔中，将钻模板锁紧。

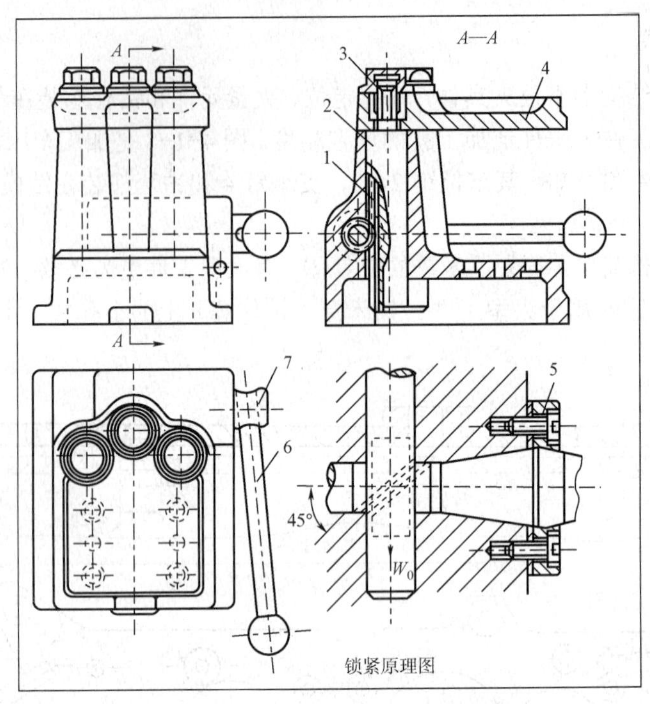

1—夹具体；2—滑柱；3—锁紧螺母；4—钻模板；5—套环；6—手柄；7—螺旋齿轮轴

图 4-1-9　滑柱式钻模

手动滑柱钻模的机械效率较低，夹紧力不大。此外，由于滑柱和导孔为间隙配合（一般为 H7/f7），因此，被加工孔的垂直度和孔的位置尺寸难以达到较高的精度，但是其自锁性能可靠，结构简单，操作快捷，具有通用可调的优点，所以不仅广泛应用于大批量生产，而且也已经推广到小批生产中。它适用于一般中小件加工。

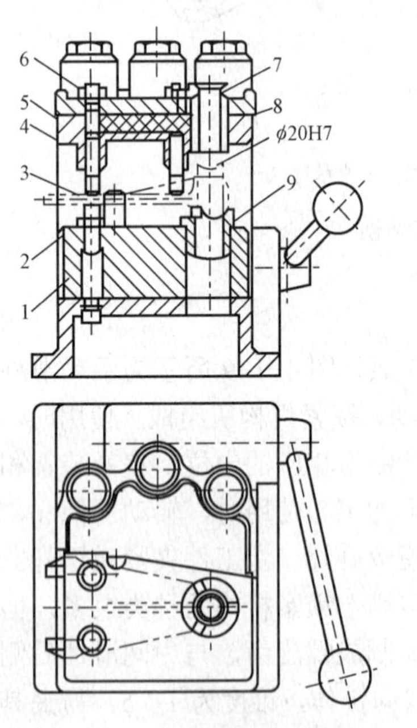

1—底座；2—可调支承；3—圆柱挡销；4—压柱；5—压柱体；6—螺塞；7—快换钻套；8—衬套；9—定位锥套

图 4-1-10　滑柱式钻模应用实例

图 4-1-10 所示为应用手动滑柱钻模的实例。滑柱式钻模用来钻、扩、铰拔叉上的ϕ20H7 孔。工件以圆柱端面、底面及后侧面放在圆锥套 9、两个可调支承 2 及圆柱挡销 3 上定位。这些定位元件都装置在底座 1 上。转动手柄通过齿轮、齿条传动机构，使滑柱带动钻模板下降，两个压柱 4 通过液性塑料对工件均匀夹紧。刀具依次由快换钻套 7 引导，进行钻、扩、铰加工。

当加工小孔时，可采用双滑柱的形式，

它只用一根滑柱导向；另一根带齿条的滑柱用于传动，从而简化钻模的结构。

二、典型钻模的结构分析

1. 钻两孔翻转式钻模

图 4-1-11 所示为杠杆臂工序图。$\phi 22^{+0.28}_{0}$ mm 孔及两头的上下端面均已加工。本工序在立式钻床上加工 $\phi 10^{+0.10}_{0}$ mm、$\phi 13$mm 孔，两孔轴线相互垂直，且与 $\phi 22^{+0.28}_{0}$ mm 孔轴线的距离分别为 78±0.50mm 及 15±0.50mm。

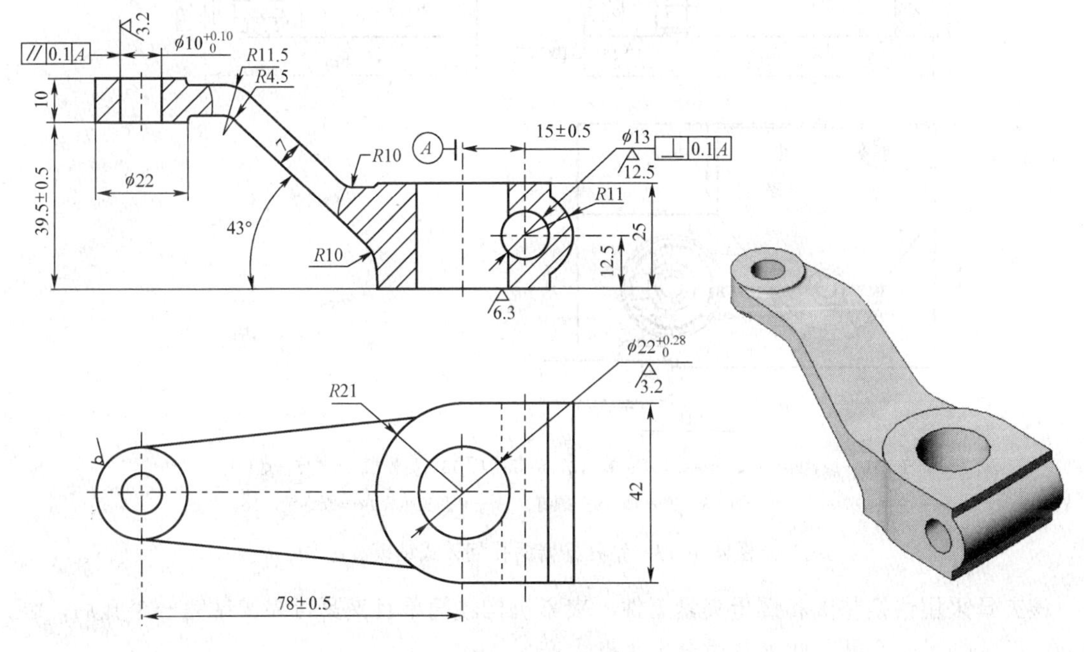

图 4-1-11　杠杆臂工序图

图 4-1-12 所示为钻杠杆臂两孔翻转式钻模立体图，图 4-1-13 所示为钻杠杆臂两孔翻转式钻模。工件以 $\phi 22^{+0.28}_{0}$ mm 孔及其端面、R12mm 圆弧面作为定位基准，分别在台肩定位销 7、可调支承 11 上定位，限制工件的全部自由度。钻 $\phi 10^{+0.10}_{0}$ mm 孔时工件呈悬臂状，为增强工件的刚度，避免工件加工时的变形，该处采用了螺旋辅助支承 2 与工件接触，用锁紧螺母 1 锁紧。

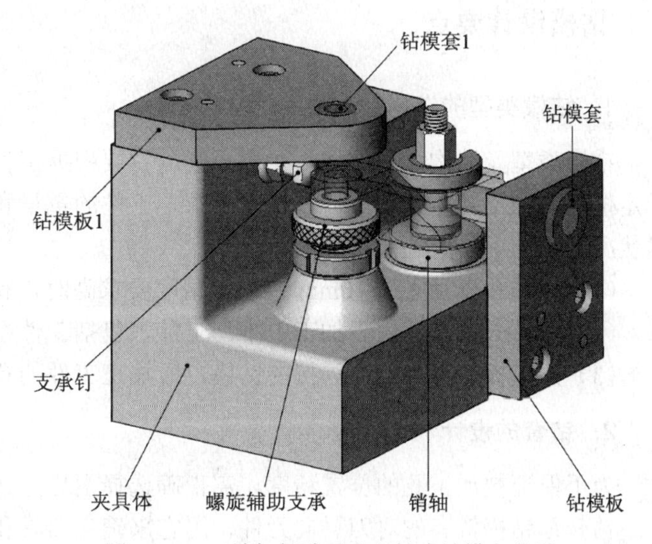

图 4-1-12　钻杠杆臂两孔翻转式钻模立体图

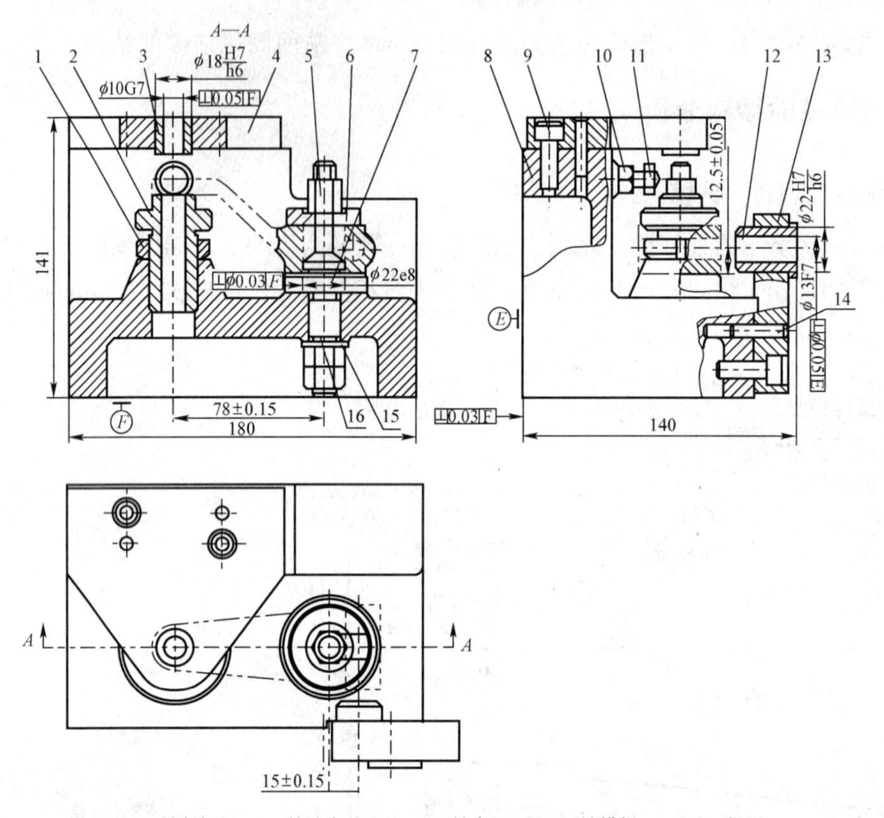

1、10—锁紧螺母；2—辅助支承；3、12—钻套；4、13—钻模板；5、15—螺母；
6—快换垫圈；7—定位销；8—夹具体；9—螺钉；11—可调支承；14—圆锥销；16—垫圈

图 4-1-13　钻杠杆臂两孔翻转式钻模

该夹具采用快换垫圈和螺母夹紧工件，夹紧机构较简单且夹紧可靠。钻完一个孔后，翻转 90° 再钻削另一个孔。此夹具适合中小批生产。

三、钻模设计要点

1. 钻模类型的选择

钻模类型及结构已如前述，在选择时，主要根据工件的形状、尺寸大小、被加工孔相对于定位基准的位置、孔的数目和精度要求、工件的重量和生产批量，以及企业工艺装备的技术状况等具体条件所决定。

（1）被钻孔直径大于 10mm 或加工精度要求高时，宜采用固定式钻模。

（2）翻转式钻模适用于加工中小型工件，包括工件在内所产生的总重力不宜超过 100N。

（3）钻模板和夹具体为焊接的钻模，所加工工件的孔距公差要求不能太高。

2. 钻套的设计

为了保证被加工孔的位置精度，需正确选择引导方式和钻套的结构。

钻套是钻模特有的对刀导向元件，用它来确定刀具和钻模间的相互位置。钻套经常装在与夹具体联系的钻模板上或直接装在夹具体上，使钻套在钻模中的位置得以确定。为此，各钻套之间及钻套相对于限位表面的相互位置精度必须十分注意。

1）钻套类型

（1）固定钻套

如图 4-1-14（a）、（b）所示，分为 A、B 型两种，前者无台肩，后者有台词肩，适用于钻套端面作轴向定距的情况。钻套安装在钻模板或夹具体中，其配合为 H7/n6 或 H7/r6。钻套使用一定时间后，其内孔将被刀具旋转摩擦而慢慢磨损，寿命约为 10 000～15 000 次。固定钻套磨损后，必须从座孔内压出钻套并重新修正座孔，此外，固定钻套不能进行多工步加工，而只局限于钻、扩、铰中的一种。故常用于孔径不大或两孔间距离较小的场合。

（2）可换钻套

图 4-1-14（c）所示为可换钻套，它的外圆以间隙配合装入固定衬套孔中，有时也可用过渡配合直接装在钻模板或夹具体的孔中。通常，钻套与衬套之间采用 F7/m6 或 F7/k6 配合，衬套与钻模板之间采用 H7/n6 配合。为防止钻套随刀具转动或被切屑顶出，故常用固定螺钉紧固。更换这种钻套不需重新修正座孔，故适用于大批量生产的钻模中。

（3）快换钻套

快换钻套的有关配合同于可换钻套，图 4-1-14（d）所示为快换钻套，当更换钻套时，不必像可换钻套那样要拧下螺钉，只需将钻套朝逆时针方向转过 α 角度，即可向上取出。因此，可在一道孔加工工序中连续进行钻、扩、铰多工步加工。广泛应用于大批量生产的钻模中。当钻削深孔时，快换钻套通常只在开始一段钻削时使用，钻出一定深度后，为便于排屑，将钻套取下，靠已钻出的孔作继续加工的引导。

以上三类钻套已标准化，其结构参数、材料、热处理方法可查阅有关手册。

（4）特殊钻套

图 4-1-15 所示为特殊钻套，可供设计专用钻套时参考。图 4-1-15（a）所示为削扁钻套，用于被加工两孔距离很近的场合，图 4-1-15（b）所示为加长钻套，用于当钻模板不能紧靠工件加工部位的场合；图 4-1-15（c）所示为加工间断孔时用的钻套，其特点是带有中间钻套，以防刀具引偏；图 4-1-15（d）所示为弧面钻套，用于加工弧面；图 4-1-15（a）所示为斜面钻套，用于加工斜面。

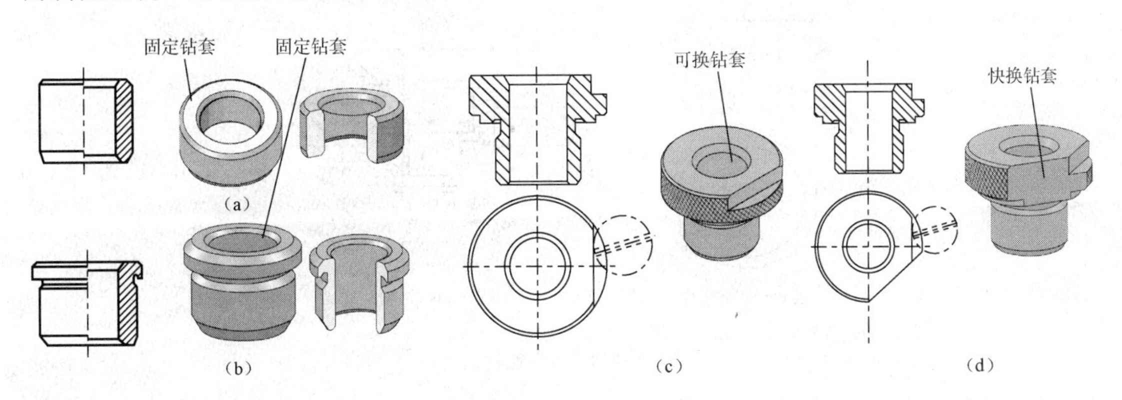

图 4-1-14　标准钻套

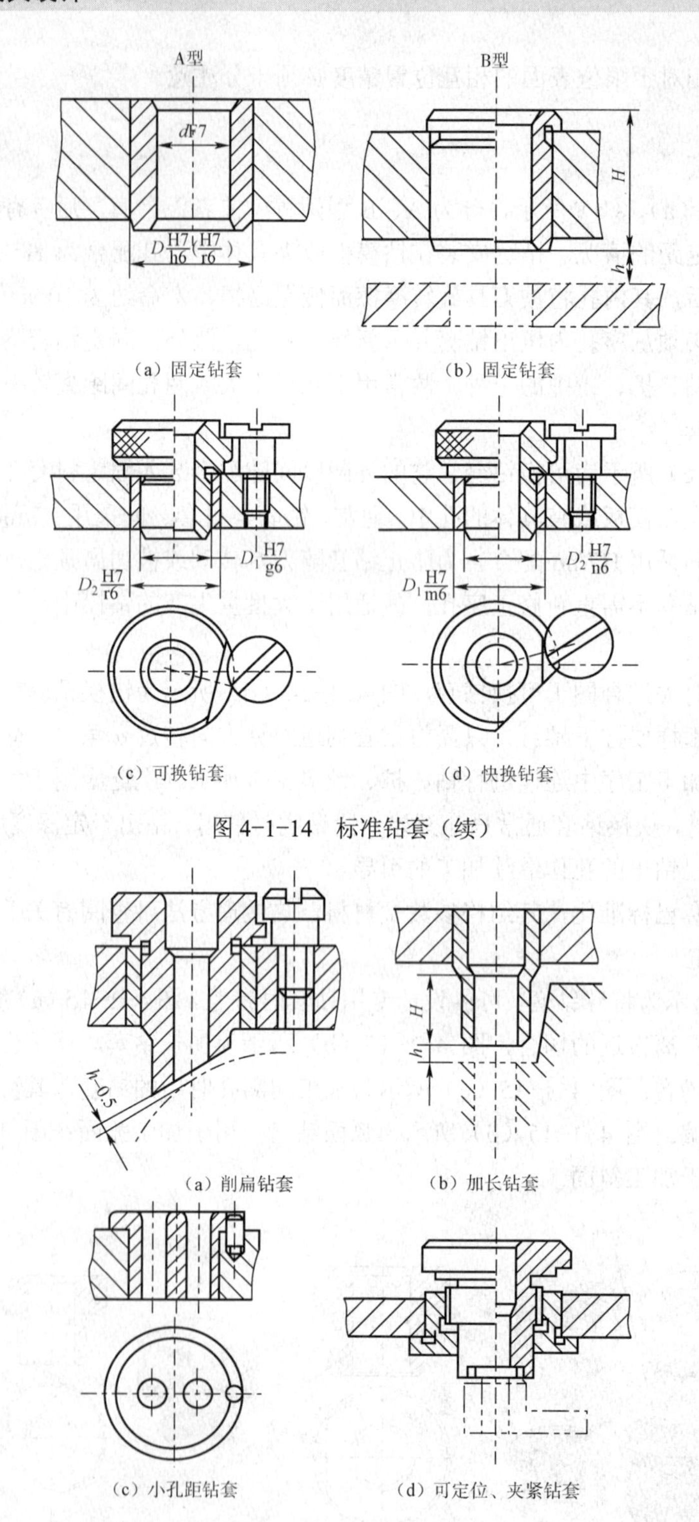

（a）固定钻套　（b）固定钻套

（c）可换钻套　（d）快换钻套

图 4-1-14　标准钻套（续）

（a）削扁钻套　（b）加长钻套

（c）小孔距钻套　（d）可定位、夹紧钻套

图 4-1-15　特殊钻套

2）钻套的尺寸、公差及材料

（1）一般钻套导向孔的基本尺寸取刀具的最大极限尺寸，采用基轴制间隙配合。钻孔时，

其公差取 F7 或 F8；粗铰孔时，公差取 G7；精铰孔时，公差取 G6，若刀具用圆柱部分导向时（如接长的扩孔钻、铰刀等），可采用 H7/f7（g6）配合。

（2）一般取导向高度 H=1～2.5d（d 为钻套孔径），对于加工精度要求较高的孔，或被加工孔较小，其刚度较差时应取较大值；反之，取较小值。

（3）排屑空间 h。h 是钻套底部与工件表面之间的空间。增大 h 值，排屑方便，但刀具的刚度和孔的加工精度都会降低。钻削易排屑的铸铁时，常取 h=(0.3～0.7)d；钻削较难排屑的钢铁时，常取 h=(0.7～1.5)d；工件精度要求高时，可取 h=0，使切屑全部从钻套中排出。

在加工过程中，钻套与刀具产生摩擦，故钻套必须有很高的耐磨性。当钻套孔径 d≤26mm 时，用 T10A 钢制造，热处理硬度为 58～64HRC；当 d>26mm 时，用 20 钢制造，渗碳深度为 0.8～1.2mm，热处理硬度为 58～64HRC。

3．钻模板的设计

钻模板多装配在夹具体或支架上，或与夹具上的其他元件相联接。常见的钻模板有如下几种类型。

（1）固定式钻模板。钻模板与夹具体可以铸成一体，也可以焊接或装配在夹具体上，在装配时，一般用两个圆锥销和螺钉装配连接，钻套的位置精度较高，但要注意不妨碍工件的装卸，如图 4-1-16（a）所示。

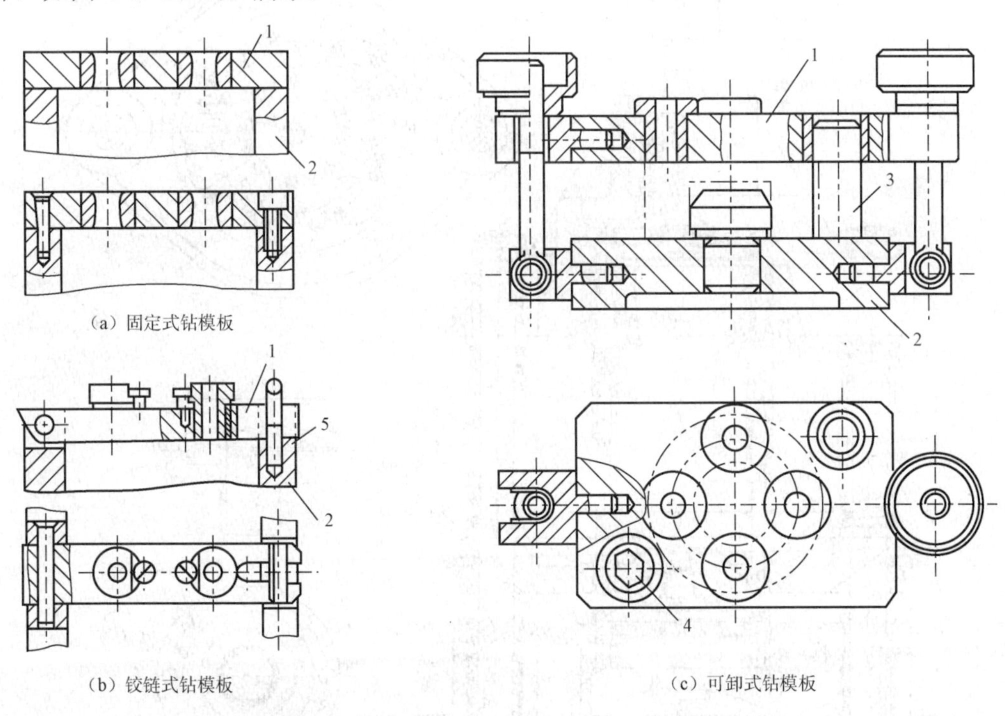

1—钻模板；2—夹具体（支架）；3—圆柱销；4—菱形销；5—垫片

图 4-1-16　夹具上的几种钻模板

（2）铰链式钻模板。铰链销与钻模板的销孔采用 G7/h6 配合，与铰链座的销孔采用 N7/h6 配合。钻模板与铰链座凹槽一般采用 H8/g7 配合，精度要求高时应配制，控制 0.01～0.02mm

的间隙。钻套导向孔与夹具安装面的垂直度，可通过调整垫片或修磨支承件的高度予以保证。加工时，钻模板需用菱形螺母或其他方法予以锁紧。当钻模板妨碍工件的装卸或钻孔后需攻螺纹时，采用如图 4-1-16（b）所示的铰链式钻模板。使用铰链式钻模板，装卸工件方便，对于同一工件上钻孔后接着锪面或攻丝的情况尤其为适宜，但铰链处必然有间隙。因此，加工孔的位置精度比固定式钻模低。

（3）可卸式钻模板。当装卸工件必须将钻模板取下时，应采用可卸式钻模板，如图 4-1-16（c）所示，可卸式钻模板以两孔在夹具体上的圆柱销 3 和削边销 4 上定位，并用铰链螺栓将钻模板和工件一起夹紧。加工完毕需将钻模板卸下，才能装卸工件。可卸式钻模板装卸费时费力，且钻孔的位置精度较低，故应用较少。

（4）悬挂式钻模板。在立式钻床上采用多轴传动头进行平行孔系加工时，所用的钻模板就连接在传动箱上，并随机床主轴往复移动。这种钻模板简称为悬挂式钻模板。

图 4-1-17 所示为立式钻床上采用多轴传动头及其钻模板的工作情况。工件以外圆 $\phi110.5_{-0.07}^{\ 0}$ mm 和端面在定位盘中定位。10 个被加工孔的分布情况如工序图所示。传动头以锥柄和机床主轴连接，并用楔铁夹紧。

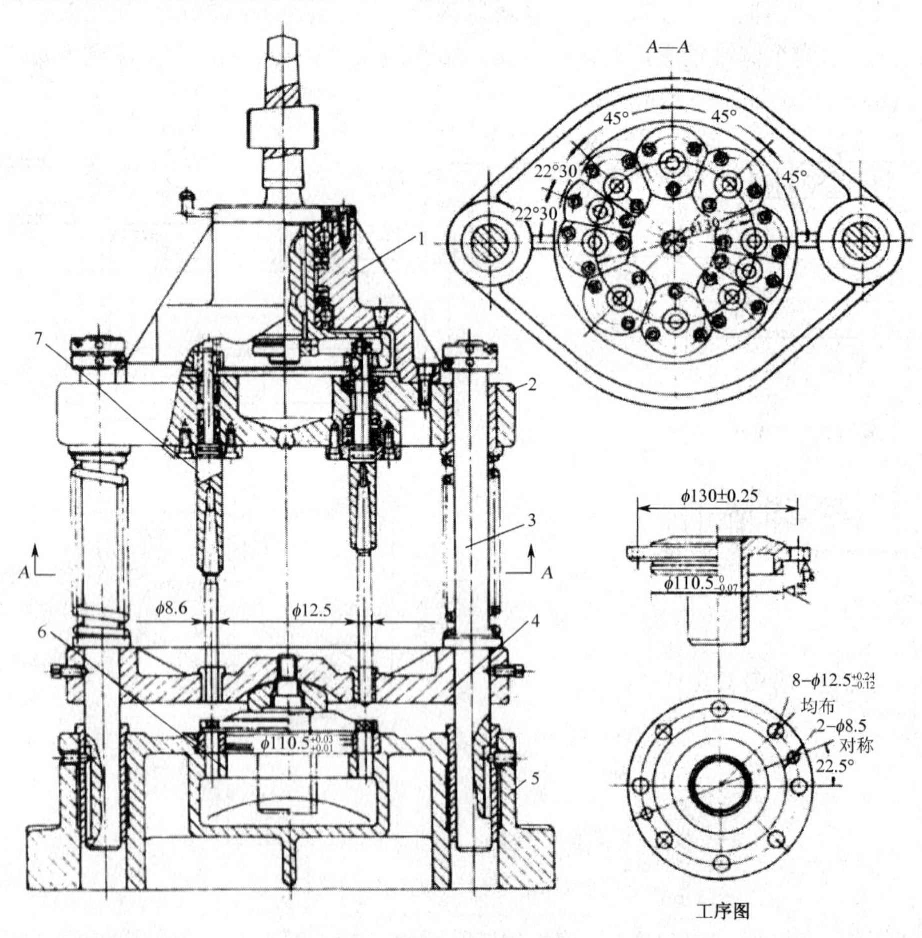

1—传动箱；2—传动箱盖板；3—导杆；4—钻模板；5—夹具体；6—定位套；7—工作主轴

图 4-1-17 悬挂式钻模板

机床工作时，主轴通过内齿轮带动 10 根工作主轴 7 转动，并随主轴作送进运动。由于 ϕ8.5mm 孔和 $\phi 12.5^{+0.24}_{-0.12}$ mm 孔相距较近，故钻削该两个 ϕ8.5mm 孔的工件主轴安装在滚针轴承座上。其他工件主轴均采用滚珠轴承作为支承。钻模板 4 装在两根导杆 3 上，导杆的下端和夹具体 5 上的两个导孔为间隙配合，以确定钻模板相对于夹具体的位置。随着机床主轴下降，钻模板借助弹簧的压力通过摆块将工件压紧。机床主轴继续送进，钻头即同时钻削 10 个孔，钻削完毕，钻模板随机床主轴上升，直到钻头退出工件；然后，自动恢复原始位置。

设计钻模板时应注意如下问题：

（1）钻模板上安装钻套的座孔距定位元件的位置应具有足够的精度。对于铰链式和悬挂式钻模板尤其应注意提高该项精度。

（2）钻模板应具有足够的刚度。以保证钻套轴线位置的准确性。钻模板的厚度可按钻套高度确定。一般在 15～30mm。如果钻套较高，也可将钻模板局部加厚，设置加强肋。钻模板不宜承受夹紧力。

（3）保证加工的稳定性。对县挂式钻模板特别重要，其导杆上的弹簧必须有足够的弹力来维持对工件的定位压力。对于立式悬挂式钻模板，若其本身重量超过 80kg 时，导杆上可不装弹簧。

4．支脚设计

为减少钻模夹具体底面与钻床工作台的接触面积，使夹具体沿四周与工作台接触，以保证钻模板更稳定可靠地放在钻床工作台上，钻床常用的通用夹具主要有平口台虎钳，它主要用于装夹长方形工件，也可用于装夹圆柱形工件。钻模与工作台接触的安置表面都设有支脚。尤其是翻转式钻模，夹具体上各工作表面都要依次与工作台接触。所以，钻模上需要接触的各个表面都必须设有支脚，支脚的断面可采用矩形或圆形，可以和夹具体做成一体，也可做成装配式的，但必须注意以下几点，如图 4-1-18 所示。

（1）必须采用四个支脚，如果夹具放歪了，有四个支脚就能立即发现。

（2）矩形支脚的断面宽度或圆形支脚的直径必须大于机床工作台 T 形槽的宽度，以免陷入槽中。

（3）夹具的重力和承受的切削力必须落在四个支脚的支承平面内。

（4）钻套轴线与支脚所形成的支承平面必须垂直或平行，以保证被加工孔的位置精度。

5．钻模的导向误差分析

用钻模工作时，被加工孔的位置精度主要受定位误差ΔD和导向误差ΔT的影响。

钻模上的导向装置对定位元件的位置不准确，将导致刀具位置发生变化，由此而造成的加工尺寸误差即为导向误差ΔT。采用如图 4-1-19 所示的导向装置时，导引孔的轴线位置误差受下例因素的影响：

δ_1——钻模板底孔至定位元件的尺寸公差；

e_1——快换钻套内圆、外圆的同轴度公差；

e_2——衬套内圆、外圆的同轴度公差；

x_1——快换钻套和衬套的最大配合间隙。

刀具引导部位的直径误差，也使刀具偏离规定的位置。因此，应一并考虑其对加工尺寸的影响，即

x_2——刀具与钻套的最大配合间隙；

x_3——刀具在钻套中的偏斜量，其值为

$$x_3=\frac{x_2}{H}(B+h+\frac{H}{2})$$

式中　B、h、H 代表的意义如图 4-1-19 所示。

在加工短孔时，x_2 按刀具平移计算。

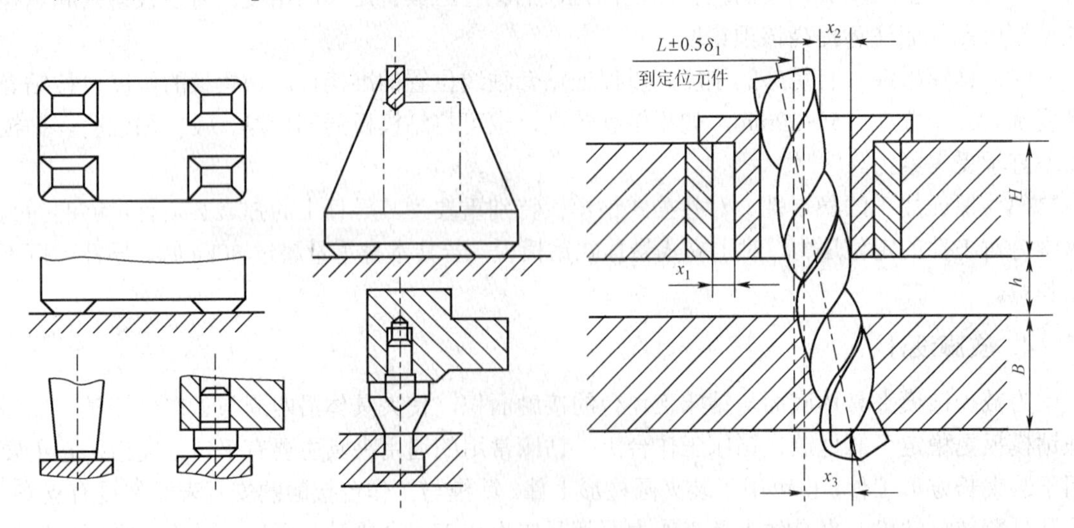

图 4-1-18　钻床夹具支脚

图 4-1-19　与导向装置有关的加工误差

因各项误差不可能同时出现最大值，故对于这些随机性变量按概率法合成为

$$\Delta T=\sqrt{\delta_1^2+e_1^2+e_2^2+x_1^2+(2x_2)^2}$$

例如，图 4-1-20 所示为套筒，在如图 4-1-20（a）所示的钻模上加工ϕ6H7 孔时，影响尺寸 37.5±0.06mm 的导向误差ΔT分析计算如下。

本工序加工ϕ6H7 孔，最后采用精铰加工，选用 GB/1133-84 铰刀，直径为$\phi6_{+0.005}^{+0.01}$mm，铰刀尺寸允许磨损到ϕ5.995mm。采用 GB/T2265-91 快换钻套，其内径为ϕ6F7($_{+0.013}^{+0.022}$)mm，外径为ϕ10m6($_{+0.006}^{+0.015}$)mm。采用 GB/T2263-91 固定衬套，内径为ϕ10F7($_{+0.013}^{+0.026}$)mm。快换钻套和固定衬套的内、外圆同轴度公差均为 0.008mm。H=15，B=10mm，h=3mm。设计时，钻模板底孔至定位心轴台肩面的尺寸公差，取工件上相应尺寸公差的 1/5，则

$$\delta_1=\frac{\delta_l}{5}=\frac{0.12}{5}=0.024\text{mm}$$

$$e_1=e_2=0.008\text{mm}$$

$$x_1=(0.028-0.006)\text{mm}=0.022\text{mm}$$

$$x_2=(6.022-5.995)\text{mm}=0.027\text{mm}$$

$$x_3=\frac{x_2}{H}(B+h+\frac{H}{2})=\frac{0.027}{15}(10+3+\frac{15}{2})\text{mm}=0.037\text{mm}$$

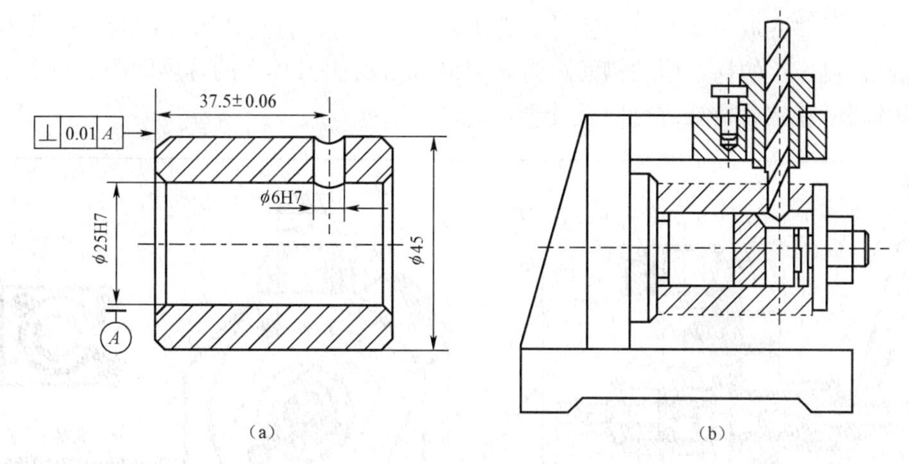

图 4-1-20 套筒工序简图及钻模示意图

将上述各项数代入

$$\Delta_T=\sqrt{\delta_1^{\ 2}+e_1^{\ 2}+e_2^{\ 2}+x_1^{\ 2}+\left(2x_2\right)^2}=0.082\text{mm}$$

完成任务

（1）钻模类型的选择。钻模类型及结构已如前述。在选择时，主要根据工件的形状、尺寸大小、被加工孔相对于定位基准的位置、孔的数目和精度要求、工件的重量和生产批量，以及企业工艺装备的技术状况等具体条件所决定。本任务要求钻两个互成 47° 的孔，宜采用回转分度式钻模，如图 4-1-21 和图 4-1-22 所示。

（2）确定定位方案，选择定位元件。选择 B、C 构成的平面作为第一定位基准，限制三个自由度，用ϕ55mm 孔作为第二定位基准，限制两个自由度。两个ϕ43.5mm 孔之一的外缘作为第三定位基准，限制 1 个自由度。故第一定位基准：ϕ55mm 短心轴台肩与分度盘所构成的大平面；第二定位基准：ϕ55mm 短心轴；第三定位基准：挡销。

（3）在本任务中由于批量较小，故采用手动螺旋夹紧机构结合开口垫圈。

（4）在本任务中，由于可换钻套磨损后可以迅速更换，故可选用可换钻套。钻套中导向孔的孔径及其偏差应根据所选取的刀具尺寸来确定。通常，取刀具的最大极限尺寸为引导孔的基本尺寸。本工序选用的是 d =43.5mm 的高速钢锥柄麻花钻，查手册可知，高速钢麻花钻的直径上偏差为 0，下偏差为−0.039mm，故引导孔的基本尺寸为ϕ43.5mm，引导孔的偏差应取 F7，钻套中与衬套配合的部分公差取 k6 或 m6。

钻套与工件之间应有排屑间隙，若间隙过大，将影响导向作用；若间隙过小，切屑将不能及时排出，钻套与工件之间的距离取 h=(0.7～1.5)d =30.5～65.25(mm)，衬套与钻套配合的部分公差取 F7，与夹具体配合的部分公差取 n6。

（5）钻模板结构类型的选择：针对本工序中两个ϕ43.5mm 孔的结构形状特点，将钻模板装配在分度盘上，这时需要两个钻模板，钻套固定在各自的钻模板上，在空间上成 47° 夹角，有利于保证位置精度。如图 4-1-21 和图 4-1-22 所示。当钻完一个孔后，通过分度盘转动 47°，使另一个待加工孔的钻模板处于水平位置即可加工，两个孔加工完毕后将螺旋夹紧机构的螺母拧松，将开口垫圈取下即可取下工件。选用铸造夹具体，材料选用 HT250，夹具体壁厚应取 8～25mm。机床上的梯形槽的槽间距为 e_1=150mm，故夹具体上的耳座间距可以取 150mm。为使夹具体尺寸稳定，需要进行时效处理。

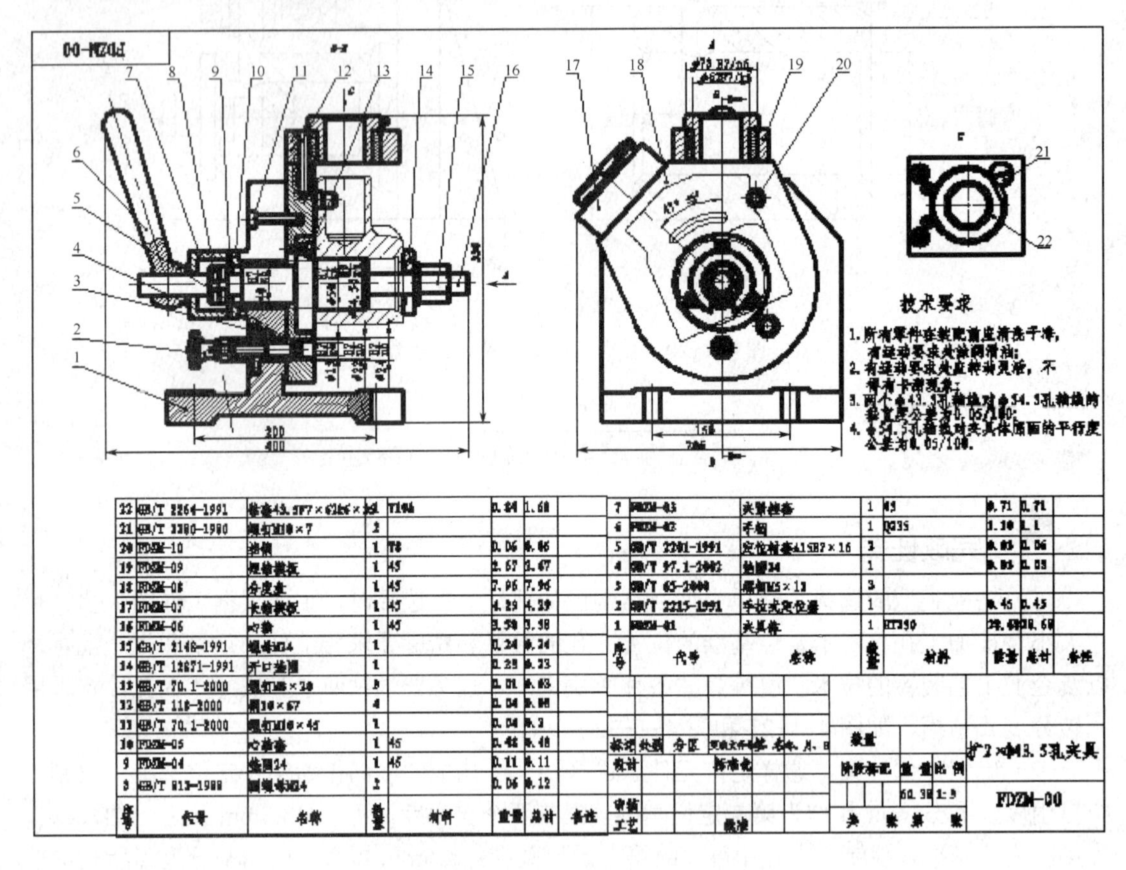

图 4-1-21　夹具图

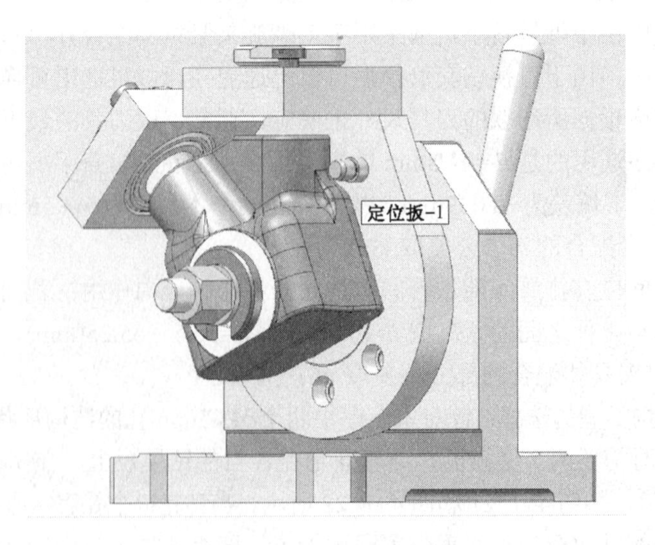

图 4-1-22　夹具实物图

工艺技巧

1. 钻模类型的选择

钻模类型及结构已如前述。在选择时，主要根据工件的形状、尺寸大小、被加工孔相对于定位基准的位置、孔的数目和精度要求、工件的重量和生产批量，以及企业工艺装备的技术状况等具体条件所决定。

（1）被钻孔直径大于 10mm 或加工精度要求高时，宜采用固定式钻模。

（2）翻转式钻模适用于加工中小型工件，包括工件在内所产生的总重力不宜超过 100N。

（3）钻模板和夹具体为焊接的钻模，所加工工件的孔距公差要求不能太高。

2. 钻套的设计

为了保证被加工孔的位置精度，需正确选择引导方式和钻套的结构。

1）钻套类型

（1）固定钻套

固定钻套分为 A、B 型两种，前者无台肩，后者有台词肩，适用于钻套端面作轴向定距的情况。钻套安装在钻模板或夹具体中，其配合为 H7/n6 或 H7/r6。钻套使用一定时间后，其内孔将被刀具旋转摩擦而慢慢磨损，寿命约为 10 000～15 000 次。固定钻套磨损后，必须从座孔内压出钻套并重新修正座孔。此外，固定钻套不能进行多工步加工，而只局限于钻、扩、铰中的一种。故常用于孔径不大或两孔间距离较小的场合。

（2）可换钻套

可换钻套的外圆以间隙配合装入固定衬套孔中，有时也可用过渡配合直接装在钻模板或夹具体的孔中。通常，钻套与衬套之间采用 F7/m6 或 F7/k6 配合，衬套与钻模板之间采用 H7/n6 配合。为防止钻套随刀具转动或被切屑顶出，故常用固定螺钉紧固。更换可换钻套不需重新修正座孔，故适用于大批量生产的钻模中。

（3）快换钻套

快换钻套的有关配合同于可换钻套，当更换钻套时，不必像可换钻套那样要拧下螺钉，只需将钻套朝逆时针方向转过 α 角度，即可向上取出。因此，可在一道孔加工工序中连续进行钻、扩、铰多工步加工。广泛应用于大批量生产的钻模中。当钻削深孔时，快换钻套通常只在开始一段钻削时使用，钻出一定深度后，为便于排屑，将钻套取下，靠已钻出的孔作继续加工的引导。

（4）特殊钻套

特殊钻套可供设计专用钻套时参考。

2）钻套的尺寸、公差及材料

（1）一般钻套导向孔的基本尺寸取刀具的最大极限尺寸，采用基轴制间隙配合，钻孔时其公差取 F7 或 F8，粗铰孔时公差取 G7，精铰孔时公差取 G6，若刀具用圆柱部分导向时（如接长的扩孔钻、铰刀等），可采用 H7/f7（g6）配合。

（2）一般取导向高度 H=1～2.5d（d 为钻套孔径），对于加工精度要求较高的孔或被加工孔较小，其刚度较差时应取较大值；反之，取较小值。

（3）排屑空间 h。h 是钻套底部与工件表面之间的空间。增大 h 值，排屑方便，但刀具的刚度和孔的加工精度都会降低。钻削易排屑的铸铁时，常取 $h=(0.3\sim0.7)d$；钻削较难排屑的钢铁时，常取 $h=(0.7\sim1.5)d$；工件精度要求高时，可取 $h=0$，使切屑全部从钻套中排出。

在加工过程中，钻套与刀具产生摩擦，故钻套必须有很高的耐磨性。当钻套孔径 $d\leqslant26$mm 时，用 T10A 钢制造，热处理硬度为 58～64HRC；当 $d>26$mm 时，用 20 钢制造，渗碳深度为 0.8～1.2mm，热处理硬度为 58～64HRC。

3．钻模板的设计

钻模板多装配在夹具体或支架上，或与夹具上的其他元件相连接。常见的钻模板有如下几种类型。

（1）固定式钻模板钻模板与夹具体可以铸成一体，也可以焊接或装配在夹具体上，在装配时，一般用两个圆锥销和螺钉装配连接，钻套的位置精度较高，但要注意不妨碍工件的装卸。

（2）铰链式钻模板。铰链销与钻模板的销孔采用 G7/h6 配合，与铰链座的销孔采用 N7/h6 配合。钻模板与铰链座凹槽一般采用 H8/g7 配合，精度要求高时应配制控制 0.01～0.02mm 的间隙。钻套导向孔与夹具安装面的垂直度，可通过调整垫片或修磨支承件的高度予以保证。加工时，钻模板需用菱形螺母或其他方法予以锁紧。使用铰链式钻模板，装卸工件方便，对于同一工件上钻孔后接着锪面或攻丝的情况尤其为适宜，但铰链处必然有间隙。因而，加工孔的位置精度比固定式钻模低。

（3）可卸式钻模板。当装卸工件必须将钻模板取下时，应采用可卸式钻模板，加工完毕需将钻模板卸下，才能装卸工件。可卸式钻模板装卸费时费力，且钻孔的位置精度较低，故应用较少。

（4）悬挂式钻模板。在立式钻床上采用多轴传动头进行平行孔系加工时，所用的钻模板就连接在传动箱上，并随机床主轴往复移动。这种钻模板称为悬挂式钻模板。

设计钻模板时应注意如下问题：

（1）钻模板上安装钻套的座孔距定位元件的位置应具有足够的精度。对于铰链式和悬挂式钻模板尤其应注意提高该项精度。

（2）钻模板应具有足够的刚度。以保证钻套轴线位置的准确性。钻模板的厚度可按钻套高度确定。一般在 15～30mm。如果钻套较高，也可将钻模板局部加厚，设置加强。钻模板不宜承受夹紧力。

（3）保证加工的稳定性。这对悬挂式钻模板特别重要，其导杆上的弹簧必须有足够的弹力来维持对工件的定位压力。对于立式悬挂式钻模板，若其本身重量超过 80kg 时，导杆上可不装弹簧。

4．支脚设计

为减少钻模夹具体底面与钻床工作台的接触面积，使夹具体沿四周与工作台接触，以保证钻模板更稳定可靠地放在钻床工作台上，钻床常用的通用夹具主要有平口台虎钳，它主要用于装夹长方形工件，也可用于装夹圆柱形工件。钻模与工作台接触的安置表面都设有支脚。尤其是翻转式钻模，夹具体上各工作表面都要依次与工作台接触。所以，钻模上需要接触的各个表面都必须设有支脚，支脚的断面可采用矩形或圆形，可以和夹具体做成一体，也可做成装配式的，但必须注意以下几点：

（1）支脚必须采用四个，如果夹具放歪了，有四个支脚就能立即发现。

（2）矩形支脚的断面宽度或圆形支脚的直径必须大于机床工作台T形槽的宽度，以免陷入槽中。

（3）夹具的重力和承受的切削力必须落在四个支脚的支承平面内。

（4）钻套轴线与支脚所形成的支承平面必须垂直或平行，以保证被加工孔的位置精度。

知识链接

钻床夹具的设计方法和步骤。

（1）对零件本工序的加工要求进行分析，可同时收集另外一些设计资料，如相应的标准及有关计算公式、同类产品或近似产品的夹具图样，有关机床设备的相关尺寸，实际现场中机床设备的位置、空间尺寸等。

（2）选择夹具的类型。钻床夹具的种类繁多，一般分为固定式、回转式、移动式、翻转式、盖板式和滑柱式等几种类型。在选择时，主要根据工件的形状、尺寸大小、被加工孔相对于定位基准的位置、孔的数目和精度要求、工件的重量和生产批量，以及企业工艺装备的技术状况等具体条件所决定。

（3）拟定定位方案和选择定位元件。在钻模的设计中，工件的定位方案与定位基准面的选择确有问题时，可重新进行考虑和确定。

（4）确定夹紧方案、设计夹紧机构。当工件的定位方案确定以后，还必须确定夹紧方案和夹紧机构的设计，以保证在切削加工过程中工件的正确位置不在切削力、重力、惯性力等的作用下发生变化。根据工件的形状特点和定位方案，可采用以下两种方案，一种为手动螺旋夹紧机构；另一种为气动夹紧机构。

为了克服单螺旋夹紧机构动作缓慢的缺点，常采用开口垫圈。工人在操作时，不必将夹紧螺母全部拧下，只需拧松半扣后将开口垫圈径向取出，以实现快速装卸工件。在夹具定位方案和夹紧方案确定后，对工件进行受力分析是正确估算夹紧力大小的基础。

（5）确定分度方案、设计分度装置。对于回转式钻模要确定分度方案和设计分度装置。

（6）确定导向方案和选择导向元件。在钻模中，钻套作为导向元件，主要用于保证被加工孔的位置精度，同时可以起到减少加工过程中的振动作用。要根据孔径大小、生产批量或两孔间距离的大小来确定钻套的类型。在一道孔加工工序中连续进行钻、扩、铰多工步加工时采用快换钻套。

（7）确定钻模板结构的类型。钻模板结构的类型应根据加工孔的位置精度、装卸的方式来确定。

（8）设计钻模夹具体。对于钻模夹具体而言，由于铸造夹具体工艺性好，可铸出各种复杂形状、且具有较好的抗压强度、刚度和抗震稳定性，材料选用HT250，为使夹具体尺寸稳定，需要进行时效处理，以消除内应力。为便于夹具体的制造、装配和检验，铸造夹具体上安装各种元件的表面应铸出凸台，以减少加工面积。钻模夹具体的设计一般不作复杂的计算，通常都是参照类似的夹具结构，按经验类比法确定。

（9）钻模精度分析。由加工误差不等式可知，使用夹具加工工件时，加工误差的来源有工件的安装误差、夹具的对定误差和在加工过程中各种因素造成的误差。为了达到加工要求，必须使上述三个加工误差之和小于或等于工件相应尺寸的公差。在安装误差中，包括定位误差和夹紧误差，在一般的夹具设计中，工件和夹具定位元件均可视为刚体，刚度较大，由此带来的夹紧误差可以忽略不计。

（10）绘制夹具装配图、标注有关尺寸及技术要求。

思考与练习

1．如题 4-1-1 图所示，让学生分组讨论以下的四个钻套各属于哪种类型的钻套，各用在什么地方？

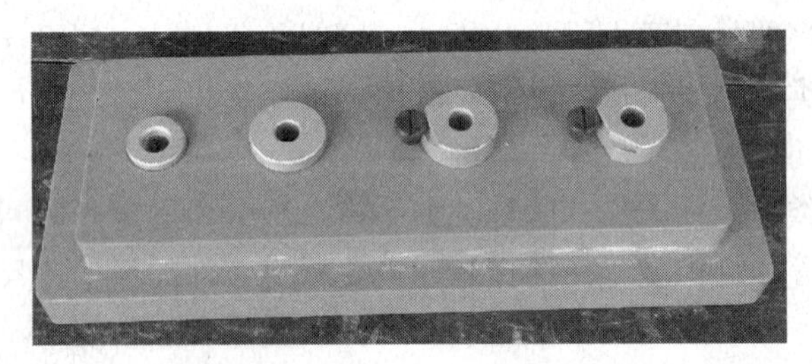

题 4-1-1 图　不同类型的钻套

2．如题 4-1-2 图所示分组讨论以下的钻模属于哪种类型？各类钻模的特点及应用场合如何？其钻模板属于哪种类型？各类钻模板有何特点？

题 4-1-2 图　钻床夹具图

3．如题 4-1-3 图所示，钻、扩、铰加工 $\phi 16\text{H9}(^{+0.043}_{0})$mm 孔。试计算快换钻套内径尺寸及偏差，把铰套尺寸填在题 4-1-3 中。

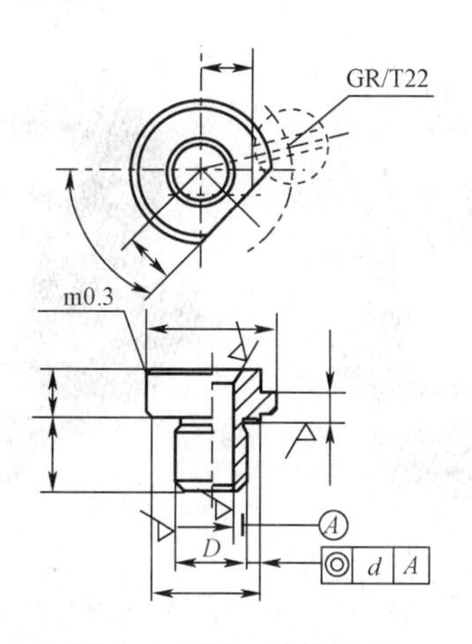

题 4-1-3 图　快换钻套

任务二　镗床夹具

任务描述

图 4-2-1 所示为车床尾座孔镗模，用于精镗车床尾座孔ϕd，分析该镗床夹具由哪几部分组成，其导向装置的布置形式有哪些？工件在镗模上如何定位和夹紧，镗模如何在机床上安装？

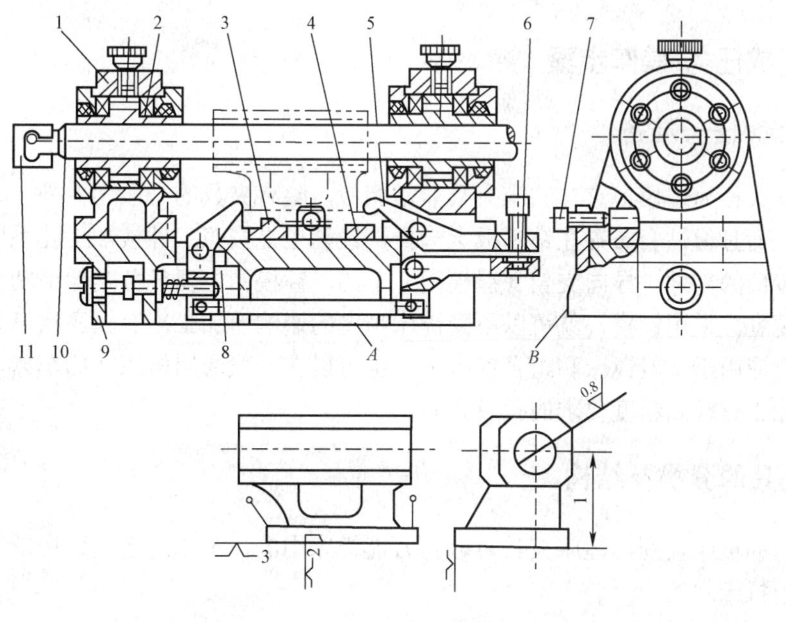

（a）车床尾座孔镗模

图 4-2-1　车床尾座孔镗模

（b）车床尾座孔镗模实体图

（c）车床尾座孔镗模实体图

1—支架；2—镗套；3、4—定位板；5、8—压板；6—夹紧螺钉；7—可调支承；9—镗模底座；10—镗刀杆；11—浮动接头

图 4-2-1　车床尾座孔镗模（续）

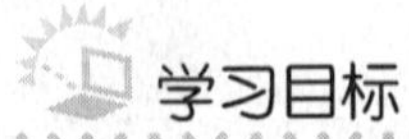

【知识目标】

掌握镗模导向装置的布置形式，镗套、镗模支架和底座的结构设计。

【技能目标】

镗模的装拆及使用。

本任务中的镗模有两个引导镗刀杆的支承，并分别设置在刀具的前方和后方，镗刀杆 10 和主轴之间通过浮动接头 11 连接，要求分析镗模支架的布置形式及镗套的设计等。

完成任务/操作步骤

基本概念/任务准备

镗床夹具又称为镗模。它与钻床夹具非常相似，除有夹具的一般元件外，也采用了引导刀具的导套。而且像钻套布置在钻模板上一样，镗套也是按照工件被加工孔系的坐标布置在一个或几个专门的零件—导向支架（镗模架）上的。镗模的主要任务是保证箱体类工件孔及孔系的加工精度。采用镗模，就可以不受镗床精度的影响而加工出有较高精度要求的工件。镗模不仅广泛应用于一般镗床和组合镗床上，也可以在一般通用机床（如车床、铣床、摇臂钻床等）上加工有较高精度要求的孔及孔系。

一、镗床夹具的分类及结构

按所使用的机床类别，镗床夹具可分为万能镗床用的，多轴组合机床用的，精密镗床用的及一般通用机床用的。

按所使用的机床形式可分为卧式和立式。

按镗套位置可分为镗套位于被加工孔前方的，镗套位于被加工孔后方的，镗套在被加工孔前后两方，以及没有镗套的。

图 4-2-2 所示为加工磨床尾架的镗模，一般镗模由下述四部分组成。

（1）定位装置：如图 4-2-2 所示的定位斜块、支承板等。

（2）夹紧装置：如图 4-2-2 所示的压紧螺钉、铰链压板等。

（3）导向装置（镗套和镗模支架等）。

（4）镗模底座。

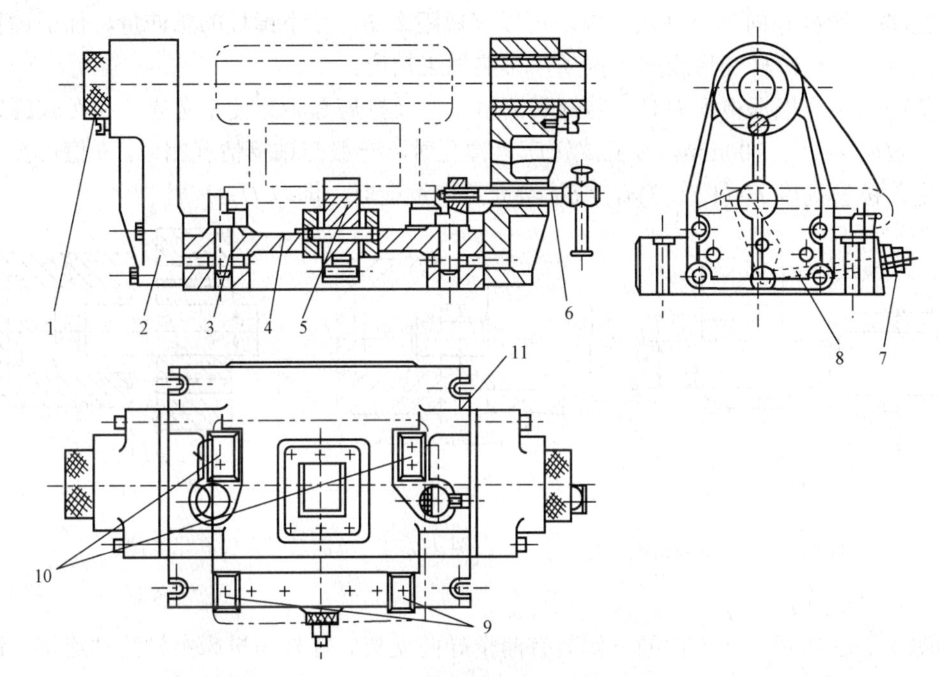

1—镗套；2—镗模支架；3—支承钉；4—夹具底座；5—铰链压板；6—压紧螺钉；7—螺母；
8—活节螺栓；9—定位斜块；10—支承板；11—固定耳座

图 4-2-2　加工磨床尾架的镗模

二、镗模导向装置的布置方式和特点

采用镗模加工，孔的位置尺寸精度除了采用刚性主轴加工外都是依靠镗模导向来保证的，而不决定于机床成形运动的精度。镗模导向装置的布置，结构和尺寸精度是保证镗模精度的关键。因而在设计时必须解决。

1. 单面导向式

1）单面前导向

如图 4-2-3 所示，导向支架布置在刀具的前方，刀具与机床主轴刚性连接。导向支架的这种布置，适用于加工 D>60mm，d >lmm 的通孔。由于镗杆导向部分的直径 d 小于所加工的孔的直径 D，可不必更换镗套就可进行多工步加工。

为了便于排屑，在一般情况下，排屑空间 h=(0.5～1)D，但 h 值不应小于 20mm。镗套高度 H=(1.5～3)d。

2）单面后导向

如图 4-2-4 所示，导向支架布置在刀具后方，刀具与主轴刚性连接。单面后导向布置方式，主要用于加工直径 D<60mm 通孔或加工盲孔。根据 1/D 比值的大小，可以有两种应用情况：

（1）加工孔距精度高和孔的长度 D>l 时如图 4-2-4（a）所示，镗杆导向部分的直径 d 可大于所加工孔的直径 D。镗杆的刚性好，加工精度较高。

（2）加工 D>l 的长孔时［如图 4-2-4（b）所示］，镗杆导向部分的直径 d 应小于所加工孔的直径 D。镗杆导向部分进入孔内，可以缩短距离 h，减小镗杆的悬伸量，保证镗杆具有一定的刚度，以免镗杆变形或产生振动，影响加工精度。

h 值的大小应根据更换刀具、装卸和测量工件及排屑是否方便来考虑。在卧式镗床上镗孔时，一般取 h=60～100mm。在立式镗床上镗孔时，一般与钻模情况相似，h 值可参考钻模情况决定。镗套高度 H=(1.5～3)d，或按最大悬伸量选取，即取 H≥l+h。

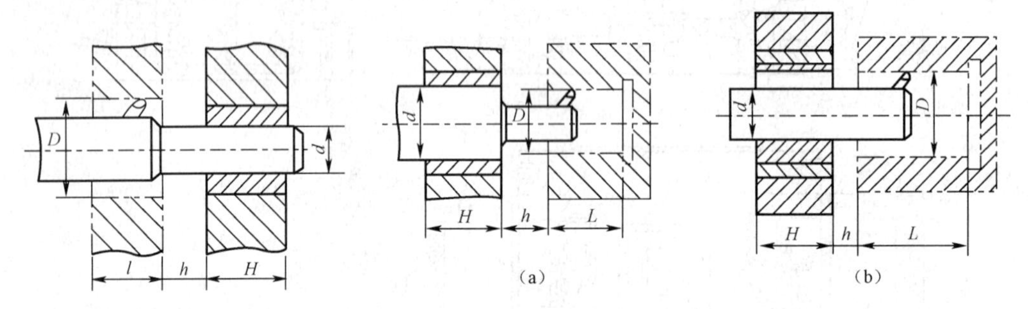

图 4-2-3　单面前导向镗孔示意图　　图 4-2-4　单面后导向镗孔示意图

3）单面双导向

如图 4-2-5 所示，在工件的一侧装有两个导向支架。镗杆与机床主轴浮动连接，镗孔的位置精度主要取决于导向支架上镗套位置的准确度，不受机床工作精度的影响。因此，两个镗套必须严格同轴。

2．双面导向式

1）双面单导向

如图 4-2-6 所示，导向支架分别布置在工件的两侧。镗杆与机床主轴浮动连接。这种导向方式用于镗削孔的长度 L>1.5D 的通孔，或排在同一轴线上的几个短孔，并且孔向的中心距或同轴度要求较高的场合。设计时应注意以下问题。

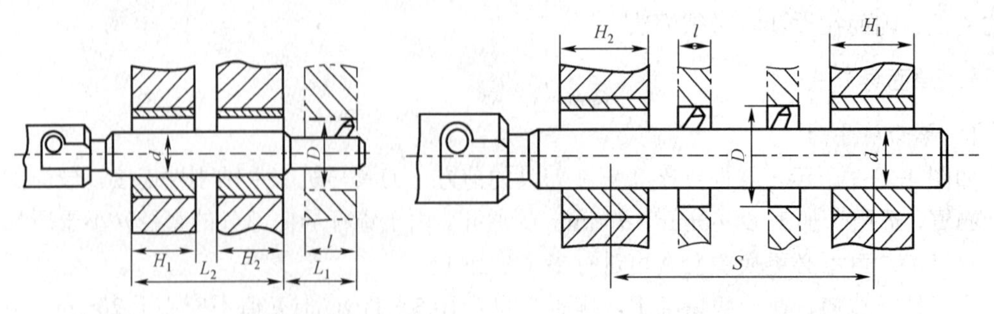

图 4-2-5　单面双导向镗孔示意图　　图 4-2-6　双面单导向镗孔示意图

（1）工件的同一轴线上孔数较多，两侧导向支架间隔很大，当两支架距离 $L>10d$ 时，应加中间导向支架。

（2）在用单刃刀具镗削同一轴线上相同直径的几个孔时，镗模应设计有让刀装置，一般是用工件抬起一个高度的办法。此时，所需要的工件最小让刀量，即抬起高度

$$h_{min}=t+\Delta_1$$

式中　t ——孔的单边加工余量（mm）；

Δ_1——刀尖通过毛坯所需的空隙（mm）。

则镗杆最大直径应为

$$d_{max}=D-2（h_{min}+\Delta_2）$$

式中　D——毛坯孔直径（mm）；

Δ_2——镗杆与毛坯孔所需的间隙（mm）。

（3）镗套高度 H 一般取如下所示：

① 固定式镗套　$H_1=H_2=(1.5\sim2)d$；

② 滑动回转式镗套　$H_1=H_2=(1.5\sim3)d$；

③ 滚动回转式镗套　$H_1=H_2=0.75d$。

2）双面双导向

工件的两侧都装有两个镗模支架，这种导向方式在专用的组合机床上，或加工精度要求高而需要两面镗孔时，在大批量生产中应用较广。

三、镗套的设计结构和形式

镗套的结构和精度直接影响到被加工孔的加工精度和表面粗糙度，因此，应根据不同的加工要求和不同加工条件进行设计和选择。

1. 镗套的结构和形式

镗套的结构和形式根据运动形式不同，一般分为两类。

1）固定式镗套

如图 4-2-7 所示，这种镗套的结构与钻模中的钻套相似，它固定在镗模的导向支架上，不能随镗杆一起转动。刀具或镗杆本身在镗套内，既有相对转动又有相对移动。由于它具有外形尺寸小、结构简单、中心位置准确的优点，所以在一般扩孔、镗孔中得到广泛应用。

为了减轻镗套与镗杆工作表面的磨损，可以采用以下措施。

（1）镗套的工作表面应开油槽。润滑油从导向支架上的油杯滴入。

（2）在镗杆上滴油润滑或在镗杆上开油槽（直槽或螺旋槽）。

（3）在镗杆上镶淬火钢条。这种结构的镗杆与镗套的接触面不大，工作情况较好。

（4）镗套上自带润滑油孔，用油枪注油润滑。

（5）选用耐磨的镗套材料，如青铜、粉末冶金等。

固定式镗套已标准化，其结构尺寸、材料及技术要求可查阅有关手册。设计时可参照标准结构或直接选用。

2）回转式镗套

当采用高速镗孔，或镗杆直径较大、线速度超过 20m/min 时，一般采用回转式镗套。这种镗套的特点是，刀杆本身在镗套内只有相对移动而无相对转运。因此，这种镗套与刀杆之间的磨损很小，避免了镗套与镗杆之间因摩擦发热而产生“卡死”的现象，但回转部分的润滑要得到充分的保证。

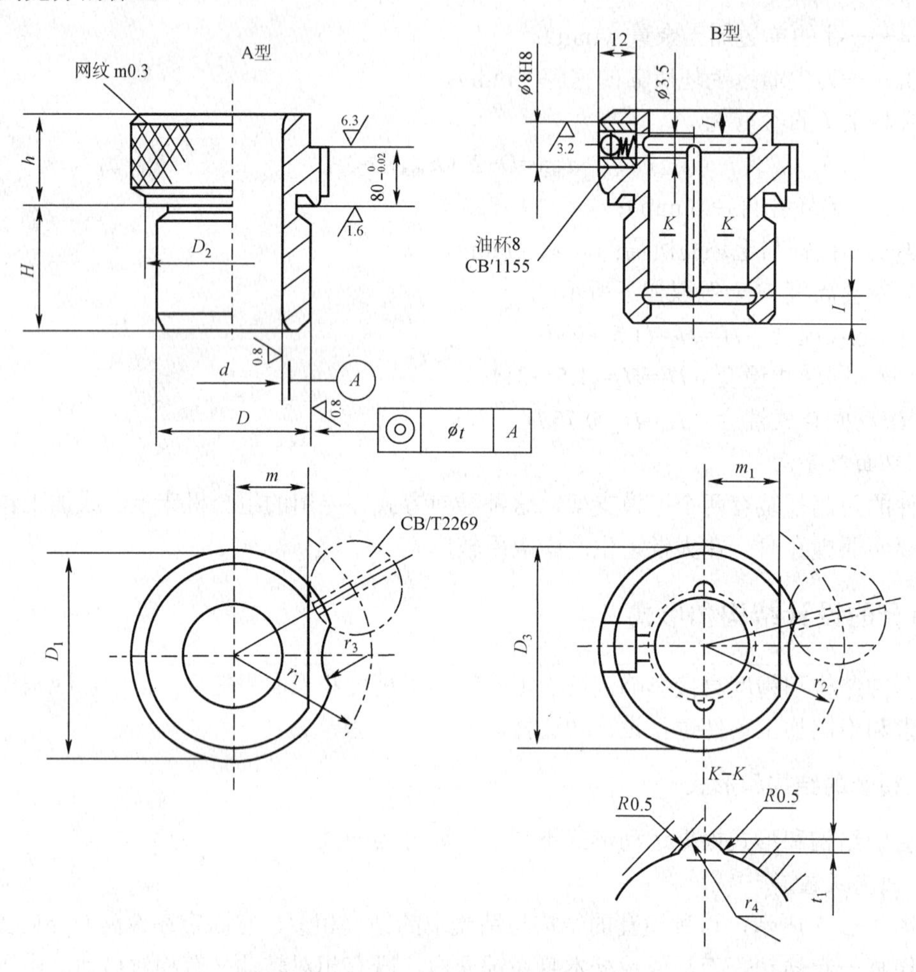

图 4-2-7　固定镗套（GB/T2266-91）

如图 4-2-8 所示，镗套在结构上具有回转部分，回转部分可为滑动轴承或滚动轴承。因此，回转式镗套分为滑动式回转镗套和滚动式回镗套两种。

图 4-2-8（a）所示为滑动式回转镗套，其优点有结构尺寸较小，回转精度高，减振性好，承载能力强，但需要充分的润滑，摩擦面的线速度不宜过大，一般为 0.3～0.4m/s。图 4-2-8（b）、（c）所示为滚动式回转镗套的典型结构，由于导套与支架之间安装了滚动轴承，所以回转线速度可大大提高，一般 v>0.4m/s。但径向尺寸大，回转精度受轴承精度的影响。因此，常采用滚针轴承以减小径向尺寸，采用高精度的轴承以提高回转精度。由于图 4-2-8（c）所示为立式镗孔用的下镗套，工作时受切削和切削液的影响，故结构上设有帽盖加以保护，以免镗杆加速磨损。

上述镗套的共同特点是，镗杆本身在导套内只有相对移动而无相对转动，因而导套与镗杆之间的磨损较小。当采用高速镗孔或镗杆直径较大、线速度超过 0.3m/s 时，常采用不同结构的回转式镗套，设计时可参阅《机床夹具设计手册》。

根据回转部分安装的位置不同，回转式镗套又可分为内滚式回转镗套和外滚式回转镗套。

如图 4-2-8 所示的镗套均为外滚式镗套，回转部分安装在支架上。

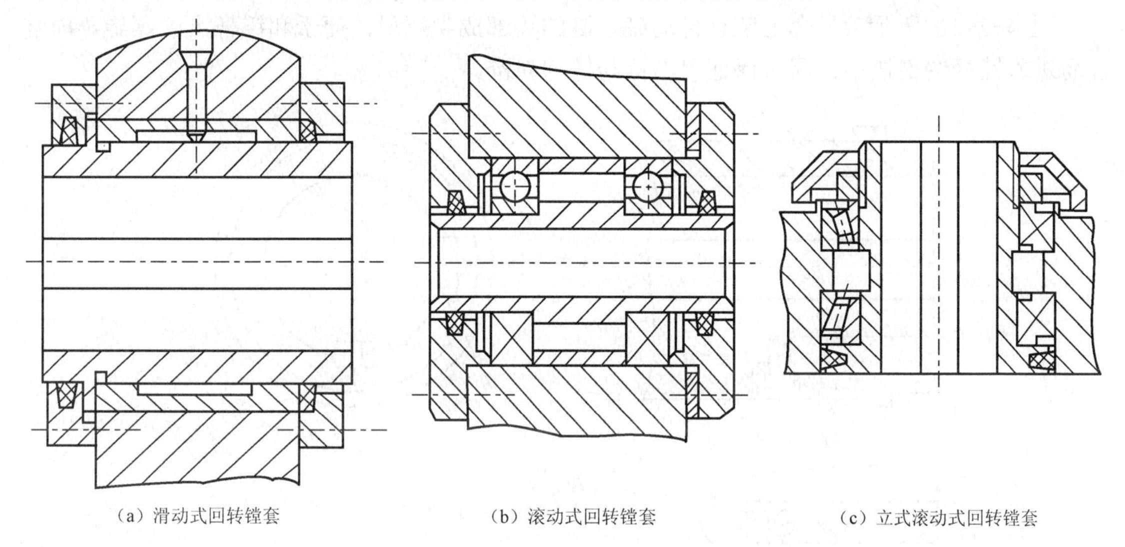

（a）滑动式回转镗套　（b）滚动式回转镗套　（c）立式滚动式回转镗套

图 4-2-8　回转式镗套（外滚式）

如图 4-2-9 所示的镗套回转部分安装在镗杆上，亦即轴承安装在导套 1 的里面，因此称为内滚式镗套。安装在支架上的固定支承套 2 不动，导套 1 与其只有相对移动而无相对转动，镗杆和轴承内环一起转动。

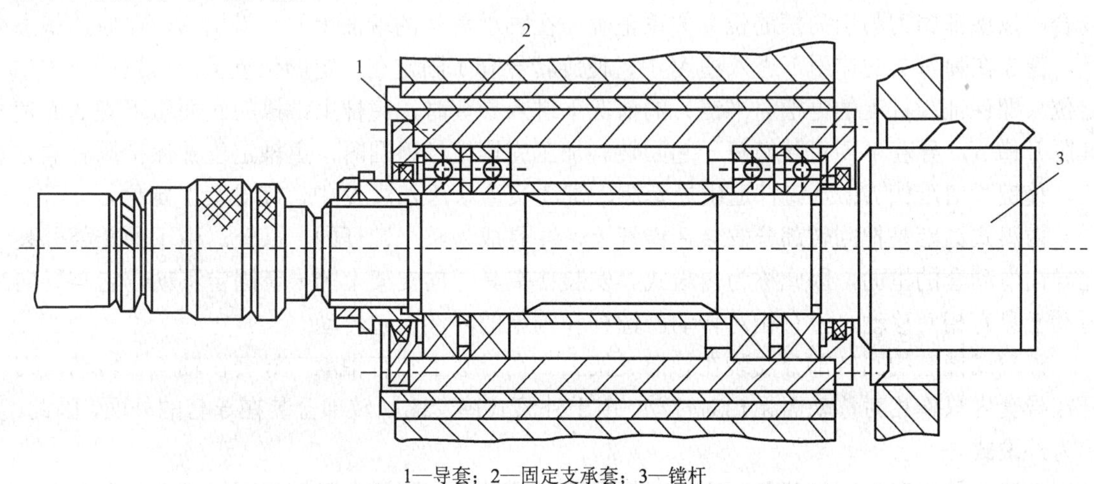

1—导套；2—固定支承套；3—镗杆

图 4-2-9　回转式镗套（内滚式）

对于内滚式镗套，因镗杆上装了轴承，所以其结构尺寸很大。但这种结构可使刀具顺利通过内滚式镗套外的固定支承套，无需引刀槽，或其他引刀结构。因此，在双面单导向的镗套结构中，常在前导向采用外滚式镗套，后导向则采用内滚式镗套。

采用外滚式镗套进行镗孔时，大多数都是镗孔直径大于导套孔径的情况，此时，如果在工作过程中镗刀需要通过镗套，则在旋转导套上必须开有引刀槽。

在镗杆进入导套时，为了使镗刀顺利地进入引刀槽而不发生碰撞，镗刀从固定的方位进入或退出导套时镗杆必须停止转动。同时必须在镗杆与旋转导套间设置定向键，以保证工作过程中镗刀与引刀槽间的位置关系正确。

图 4-2-10 所示为导套上装有传动键。键的头部成尖端形，便于和镗杆上的螺旋导向啮合而进入镗杆的键槽中，同时保证引刀槽与镗刀对准。

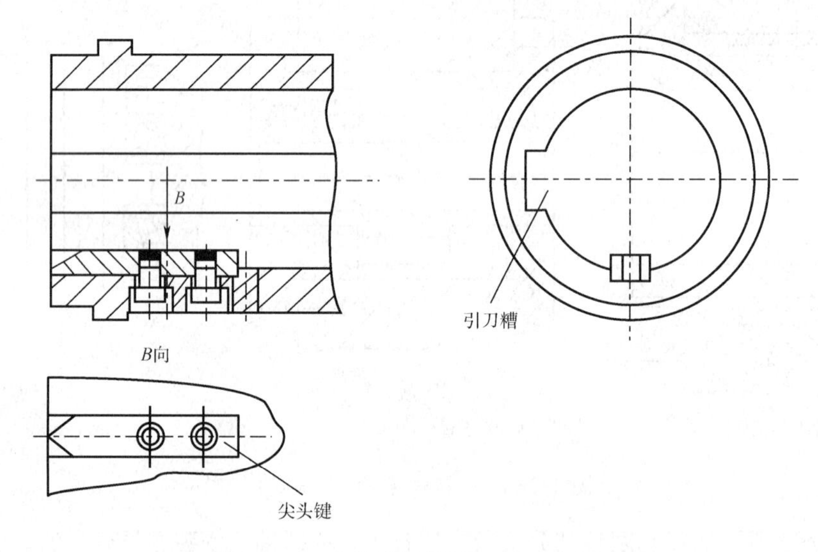

图 4-2-10　回转镗套的引刀槽及尖头键

图 4-2-11 所示为具有弹簧钩头键的外滚式镗套。这种镗套用于机床主轴有定位装置的场合，以保证镗刀与引刀槽的位置关系正确。在轴承盖 4 的端面上开有键槽 *N*，在原始状态下，键 3 在弹簧 2 的作用下进入槽 *N* 中，使旋转导套 1 固定在一定的位置上。当镗杆在主轴定位（即保证镗杆上的键槽对准键）的情况下进入导套时，镗杆上键槽的底面压下键 3 而使其脱开槽 *N*，导套 1 便可随镗杆一起回转。加工完毕镗杆退回时，主轴定位并保持原有的方位，使键 3 对准槽 *N*；当镗杆退出导套后，键 3 又重新落入槽 *N* 中，使导套 1 定位。

内滚式镗套是把回转部分安装在镗杆上，并且成为整个镗杆的一部分。由于回转部分装在导向滑动套的里面，因此称为内滚式。安装在夹具导向支架上的导套固定不动，它与导向滑动套只有相对移动，没有相对转动，镗杆和轴承的内环一起转动。

外滚式镗套的回转部分安装在导向支架上。在导套上装有轴承，导套在轴承上转动，刀杆在导套内只作相对移动而无相对转动。由于外滚式镗套的回转部分装在导套的外面，因此，称为外滚式。

上述两种镗套的回转部分可为滑动轴承或滚动轴承。因此，又可把回转式镗套分为滑动回转镗套和滚动回转镗套。

在精镗大直径孔时，为了避免采用高精度的大直径滚珠轴承，对其滚针轴承提高制造精度常是一种可行的办法。滚针轴承的镗套也可以用于加工精度要求比较高的孔的镗孔加工。

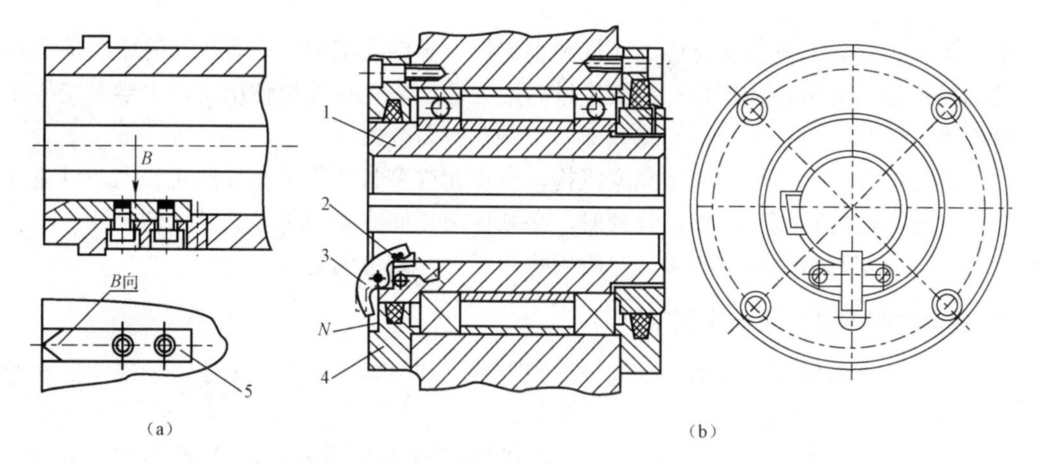

1—导套；2—弹簧；3—钩头键；4—轴承盖

图 4-2-11 具有弹簧钩头键的外滚式镗套

滑动轴承外套的材料为耐磨青铜，内套一般为淬火钢。这种镗套的径向尺寸较小，有较好的抗振性，但滑动轴承间隙的调整比较困难，而且不易长期保持精度。在使用时要注意保证轴承的充分润滑和防屑，因此，仅在结构尺寸受到限制和旋转速度不高的半精加工采用。

在立式机床上，当采用刚性主轴加前导向的方式或采用双导向进行加工时，要特别注意立式下镗套的设计。

这种镗套一般都是在很坏的条件下工作的，主要表现在以下几个方面。

(1) 经常受到切屑和冷却液的冲刷，因而会加速镗套的磨损和“咬死”。

(2) 结构尺寸往往受到工件孔径或其他部位限制而不能采用比较有利的结构。

(3) 这种镗套所在的部位一般都是操作工人不便于观察和维护的地方，因此，不能有效地观察它的工作情况和及时清理切屑等。

在设计和选取这种镗套时，应尽量采取外滚式结构，还应注意排屑、防屑和润滑。

在镗杆进入导套时，为了使镗刀能顺利地进入引刀槽而不发生碰撞，镗刀从固定的方位进入或退出导套时镗杆必须停止转动。同时，必须在镗杆与旋转导套间设置定向键，以保证工作过程中镗刀与引刀槽的位置关系正确。此定向键也有保证加工精度稳定性的作用。带有引刀槽的外滚式镗套，其定向键的形式有两种：

具有尖头定向键的外滚式镗套和具有弹簧钩头键的外滚式镗套。

装有滑动轴承的内滚式镗套，在润滑很好时，有较好的抗振性。一般用于铰孔、半精镗或精镗孔。这种内滚式镗套一般都是在铜套压入滑动套之后再加工铜套的 1∶15 圆锥及直径 d，加工时这两处还应与刀杆配研，以保证较高的精度。

装有滚动轴承的内滚式镗套常用于扩孔、锪沉孔、镗孔及锪端面。

3）导向支架及镗套的公差与配合

导向支架是镗模组成中的重要元件。被加工孔系的相互位置精度就是由导向支架保证的，同时它也承受切削力的一个元件。所以，对导向支架提出以下要求：

(1) 导向支架上与镗套相配合的孔的精度和孔系的相互位置精度，一定要保证在给定的公差范围之内，导向支架上的孔一般都要在坐标镗床上加工。

（2）为了保证导向支架有足够的刚性和稳定性，导向支架应考虑有较大的安装基面和设置必要的加强筋。对铸件和焊接件都要经过时效处理，以免在镗模使用过程中导向支架变形而降低精度。

（3）在导向支架上不允许安装夹紧机构，也不允许夹紧力作用在导向支架上，以免导向支架产生变形而破坏精度。在设计镗模时，必须使用导向支架与工件夹紧机构分开。

（4）导向支架与夹具体的连接，一般用螺钉紧固，定位销定位。

2．镗套的材料及主要技术要求

实际工作中，若需要设计非标准固定式镗套时，其材料及主要技术要求的确定可参考下列原则：

镗套的材料常用 20 钢或 20Cr 钢渗碳，渗碳深度为 0.8～1.2mm 淬火硬度为 55～60HRC。一般情况下，镗套的硬度应低于镗杆的硬度。若用磷青铜做固定式镗套，因为减摩性好而不易与镗杆咬住，可用于高速镗孔，但成本较高。对于大直径镗套，或单件小批生产用的镗套，也可采用铸铁（HT200）材料。目前，也有用粉末冶金制造的耐磨镗套。

镗套的衬套也用 20 钢制成，渗碳深度为 0.8～1.2mm，淬火硬度为 58～64HRC。

镗套的主要技术要求，一般规定如下所示。

（1）镗套内径公差带为 H6 或 H7。外径公差带。粗加工采用 g6，精加工采用 g5。

（2）镗套内孔与外圆的同轴度：当内径公差带为 H7 时，为ϕ0.01mm；当内径公差带为 H6 时，为ϕ0.005mm（外径小于 85mm 时）或ϕ0.01mm（外径大于或等于 85mm 时）。内孔的圆度、圆柱度允差一般为ϕ0.01～0.002mm。

（3）镗套内孔表面粗糙度值为 R_a0.8μm 或 R_a0.4μm；外圆表面粗糙度值为 R_a0.8μm。

（4）镗套用衬套的内径公差带，粗加工 H7，精加工采用 H6，衬套的外径公差带为 n6。

（5）衬套内孔与外圆的同轴度：当内径公差带为 H7 时，为ϕ0.01mm；当内径公差带为 H6 时，为ϕ0.005mm（外径小于 52mm 时）或ϕ0.01mm（外径大于或等于 52mm 时）。

四、镗杆与浮动接头

镗床夹具与刀具、辅助工具有着密切的联系，设计前，应先把刀具和辅助工具的结构型式确定下来。否则，设计出来的夹具可能无法使用。镗床使用的辅助工具很多，如镗杆、镗杆接头、对刀装置等。这里只介绍与镗模设计有直接关系的镗杆及浮动接头的常用结构。

1．镗杆导引部分

图 4-2-12 所示为用于固定式镗套的镗杆导向部分的结构。当镗杆导向的直径 d<50mm 时，镗杆常采用整体式结构。图 4-2-12（a）所示为开有油沟的圆柱导向，是最简单的一种镗杆导向结构。由于镗杆与镗套的接触面积大，润滑不好，在加工时难以避免切屑进入导向部分。所以，这种镗杆的导向易产生“卡死”现象。图 4-2-12（b）、（c）所示为开有较深直槽和螺旋槽的导向结构。这种结构可大大减少镗杆与镗套的接触面积，沟槽内有一定的存屑空间，可减少“卡死”现象，但其刚度降低。当直径 d>50mm 时，常采用如图 4-2-12（d）所示的镶条式结构。镶条应采用摩擦系数小和耐磨的材料，如铜或钢。镶条磨损后，可在底

部加垫片，重新修磨使用。这种导向结构的摩擦面积小，容屑量大，不易“卡死”。

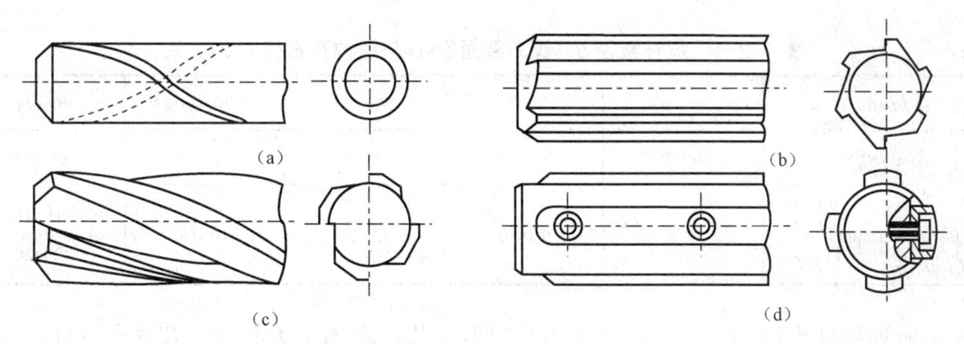

图 4-2-12　镗杆导向部分的结构

图 4-2-13 所示为用于外滚式回转镗套的镗杆引进结构。图 4-2-13（a）所示为在镗杆前端设置平键，键下装有压缩弹簧，键的前部有斜面，适用于开有键槽的镗套。无论镗杆以何位置进入导产，平键均能自动进入键槽，带动镗套回转。

图 4-2-13（b）所示为镗杆上开有键槽，其头部做成螺旋引导结构，其螺旋角应小于 45°，以便于镗杆引进后使键顺利地进入槽内。还可与如图 4-2-10 所示的装有尖头键的镗套配合使用。当不转动的镗杆导套时，如果其键槽同导套上尖头键的相互位置不对，则镗杆前端的螺旋面便拨动键而迫使导套回转，使键顺利地进入键槽中。同时，也保证了镗刀以准确的角度位置顺利地进入导套的引刀槽中。

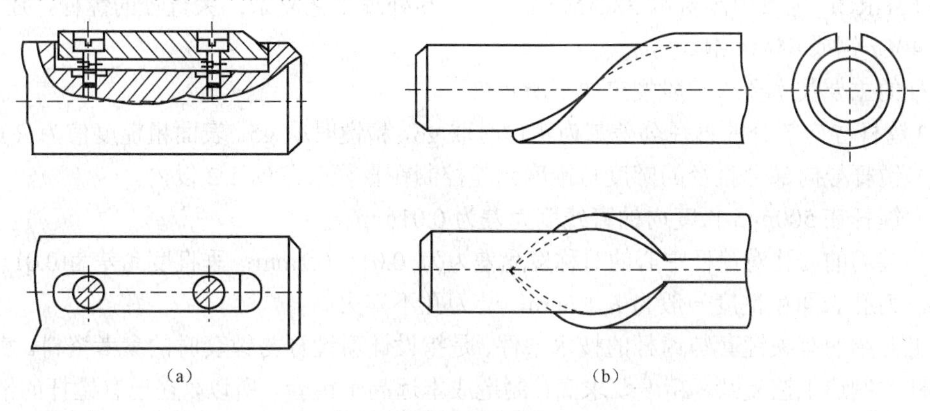

图 4-2-13　镗杆引进结构

2．镗杆直径和轴向尺寸

确定镗杆直径时，应考虑到镗杆的刚度和镗孔时应有的容屑空间。一般可取为

$$d=(0.6\sim0.8)D$$

式中　d——镗杆直径（mm）；

D——被镗孔直径（mm）。

在设计镗杆时，镗孔直径 D、镗杆直径 d、镗刀截面 $B\times B$ 之间的关系一般按

$$\frac{D-d}{2}=(1\sim1.5)B$$

考虑，或参考表 4-2-1 选取。

表 4-2-1　镗杆直径 *d*、镗刀截面 *B*×*B* 与被镗孔直径 *D* 的关系

D（mm）	30～40	40～50	50～70	70～90	90～110
d（mm）	20～30	30～40	40～50	50～65	65～90
B×*B*（mm×mm）	8×8	10×10	12×12	16×16	16×16 20×20

表中所列镗杆直径的范围，在加工小孔时取大值；在加工大孔时，若导向良好，切削负荷小则可取小值；一般取中间值；若导向不良，切削负荷大时可取大值。

若镗杆上安装几把镗刀，为了减少镗杆的变形，可采用对称装刀法，使径向切削力平衡。

镗孔的轴向尺寸，应按镗孔系统图上的有关尺寸确定。工艺人员拟定镗孔工艺时编制的镗孔系统图，它是设计镗杆的重要原始资料之一。根据镗孔系统图，便可知道镗削每个孔的加工顺序，所用刀具、镗杆、镗套的规格、尺寸及刀具的分布位置等，以免设计时发生差错。

3. 镗杆的材料及主要技术要求

要求镗杆表面硬度高而内部有较好的韧性。因此，采用 20 钢、20Dr 钢，渗碳淬火硬度为 61～63HRC；也可用渗氮钢 38CrMoA1A，但热处理工艺复杂；大直径的镗杆，还可采用 45 钢、40Cr 钢或 65Mn 钢。

镗杆的主要技术要求一般规定如下所示：

（1）镗杆导向部分的直径公差带为粗镗时取 g6，精镗时取 g5。表面粗糙度值为 R_a0.8μm。

（2）镗杆导向部分直径的圆度与锥度允差控制在直径公差的 1/2 以内。

（3）镗杆在 500mm 长度内的直线度允差为 0.01mm。

（4）装刀的刀孔对镗杆中心的对称度允差为为 0.01～0.1mm；垂直度允差为(0.01～0.02)/100mm。刀孔表面粗糙度一般为 R_a1.6μm，装刀孔不淬火。

以上介绍的有关镗套与镗杆的技术条件，是指设计新镗杆与镗套时的参考资料。实际上，由于镗杆的制造工艺复杂，精度要求高，制造成本远高于镗套。所以，在已有镗杆的情况下，一般是用镗套去配镗杆。

在加工精度要求很高时，为了提高配合精度，也采用镗套按镗杆尺寸配作的方法（镗套与衬套配合也相应配作）。此时，应保证镗套与镗杆的配合间隙小于 0.01mm，并应用于低速加工中。

4. 浮动接头

采用双支承镗模镗孔时，镗杆与机床主轴采用浮动连接。图 4-2-14 所示为常用的浮动接头结构。镗杆 1 上的拨动销 4 插入接头体 2 的槽中，镗杆与接头体间留有浮动间隙，接头体的锥柄安装在主轴锥孔中。主轴的回转可通过接头体、拨动销传给镗杆。

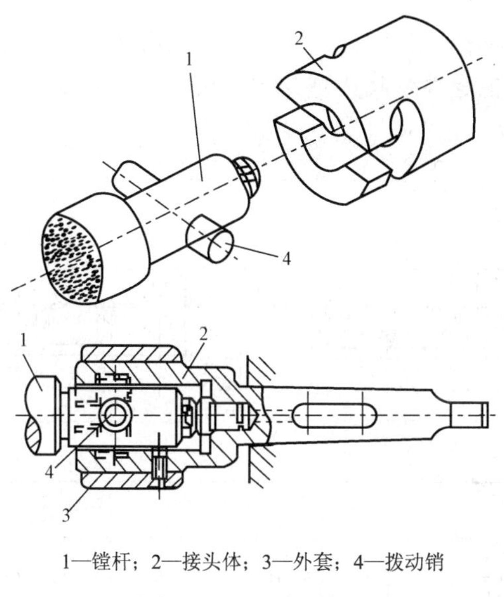

1—镗杆；2—接头体；3—外套；4—拨动销

图 4-2-14　浮动接头

五、支架和底座的设计

镗模支架和底座多为铸铁件（一般为 HT200），常分开制造，这对于夹具的加工、装配和铸件的时效处理都有利。支架和底座用圆柱销和螺钉紧固。镗模支架应具有足够的刚度和强度，不允许支架承受夹紧反力的作用。

镗模支架的典型结构和尺寸列于表 4-2-2。

表 4-2-2　镗模支架的典型结构和尺寸

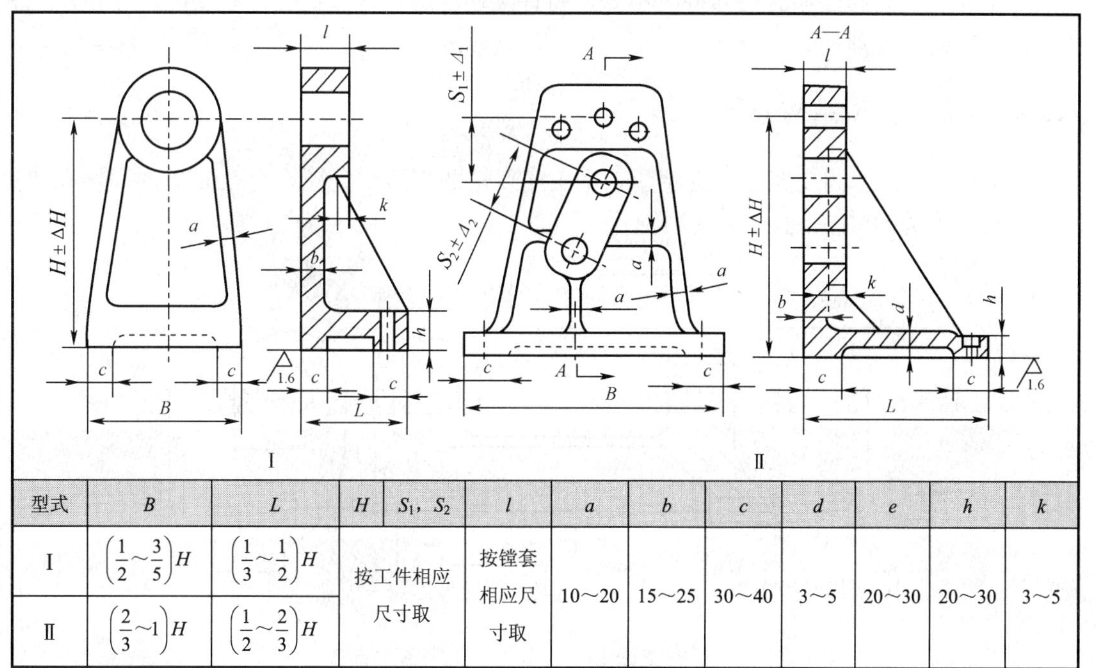

型式	B	L	H	S_1，S_2	l	a	b	c	d	e	h	k
I	$\left(\frac{1}{2}\sim\frac{3}{5}\right)H$	$\left(\frac{1}{3}\sim\frac{1}{2}\right)H$	按工件相应尺寸取		按镗套相应尺寸取	10～20	15～25	30～40	3～5	20～30	20～30	3～5
II	$\left(\frac{2}{3}\sim 1\right)H$	$\left(\frac{1}{2}\sim\frac{2}{3}\right)H$										

镗模底座上要安装各种装置和元件，并承受切削力和夹紧力。因此，应有足够的强度和刚度，并保持尺寸精度的稳定性。其典型结构和尺寸参见表4-2-3。

表4-2-3　镗模底座典型结构和尺寸

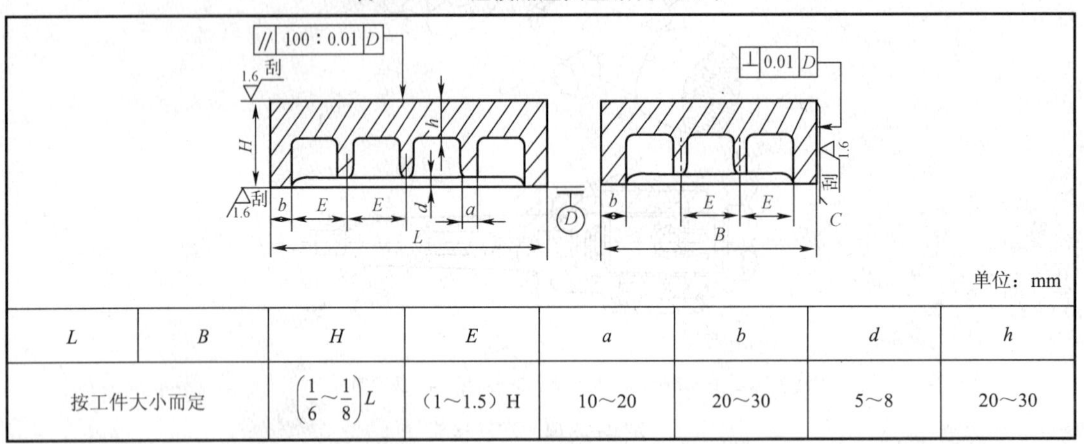

单位：mm

L	B	H	E	a	b	d	h
按工件大小而定		$\left(\frac{1}{6}\sim\frac{1}{8}\right)L$	（1～1.5）H	10～20	20～30	5～8	20～30

镗模底座上应设置加强肋，常采用十字形肋条。镗模底座上安放定位元件和镗模支架等的平面铸出凸台，凸台加工后刮研，使有关元件安装时接触面紧贴，凸台表面应与夹具的安装基面（底面）平等或垂直，其允差值一般为100mm∶0.01mm。为了保证镗模在机床上定向的准确性和便于找正定位元件的位置，可在底座侧面加工出窄长的找正基面，其平面度公差为0.01mm，与安装基面的垂直度公差值在0.01mm之内。

镗模一般结构尺寸较大，为在机床上安装牢固，夹具上应设置适当数目的耳座；还应设置手柄或吊环，以便搬运。

为了保证支架和底座的尺寸持久不变，铸件毛坯应进行时效处理。必要时，在粗加工后要进行二次时效处理。

六、镗床夹具典型结构分析

图4-2-15所示为支架壳体工序图。本工序要求加工两个直径均为ϕ20H7的同轴孔和另两个直径分别为ϕ35H7、ϕ40H7的同轴孔。

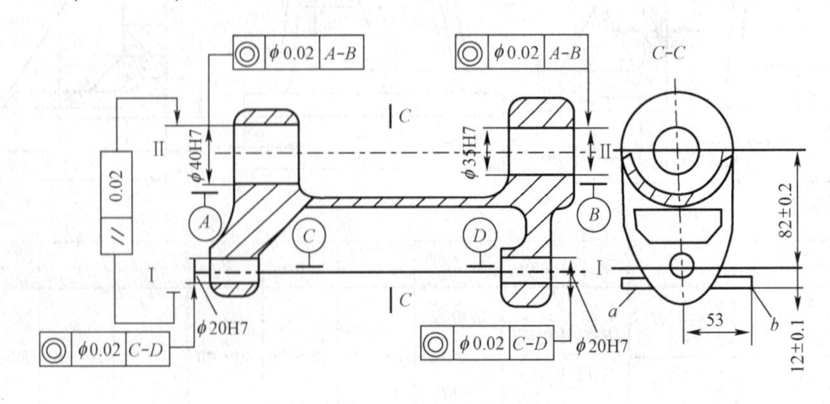

图4-2-15　支架壳体工序图

工件的装配基准为底面 a 及侧面 b。ϕ20H7 的轴线与底面 a 和侧面 b 的距离尺寸分别为 12±0.1mm 和 53mm。因此，底面 a 和侧面 b 又是ϕ20H7 孔的工序基准。使用专用机床，粗、精镗ϕ40H7 和ϕ35H7 孔、钻、扩、铰两个ϕ20H7 孔。工件 a、b、c 面为定位基准作完全定位。图 4-2-16 所示为本工序所使用的镗模。镗套 4、5 和钻套 3、6 分别装在支架 2 和 7 上。两镗套及两钻套的同轴度公差值均控制在ϕ0.01mm 内。

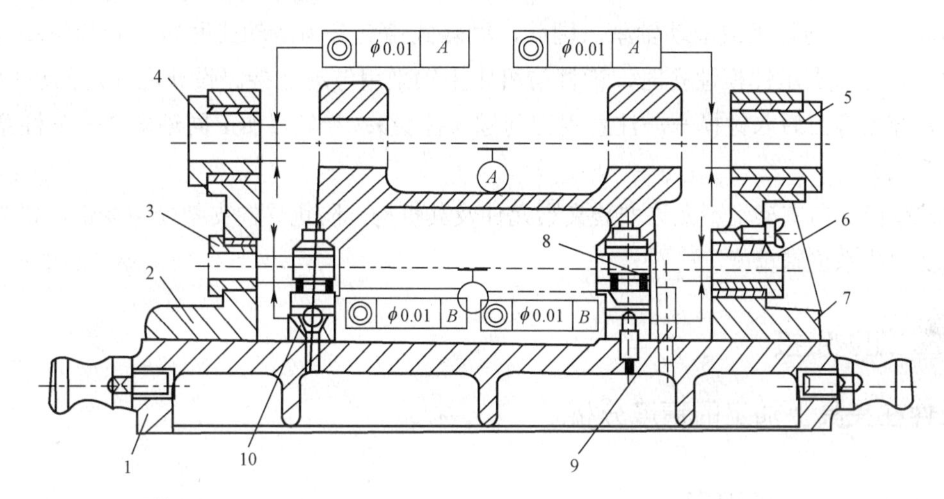

1—镗模底座；2、7—支架；3、6—钻套；4、5—镗套；8—压板；9—挡销；10—支承板

图 4-2-16　支架壳体镗模结构图

完成任务

镗削车床尾座孔的镗模分析

1．定位装置

图 4-2-1 所示为镗模结合镗模实物图，工件以底面、槽及侧面在定位板 3、4 及可调支承钉 7 上定位，限制了工件的全部自由度。

2．夹紧装置

如图 4-2-1 所示的镗模采用联动夹紧机构，拧紧夹紧螺钉 6，压板 5、8 便同时将工件夹紧。

3．导向装置

如图 4-2-1 所示的镗削车床尾座孔的镗模。镗模上有两个引导镗刀杆的支承，并分别设置在刀具的前方和后方，采用的是双面单导向，镗刀杆 10 和主轴之间通过浮动接头 11 连接。镗模支架 1 上装有滚动回转镗套 2，用以支承和引导镗杆。

4．镗模底座

镗模底座相当于夹具体，用以安装定位装置、夹紧装置和导向装置，镗模以底座的底面

A 安装在机床工作台上，其位置用 B 面找正。

工艺技巧/操作技巧

镗模的结构是由定位装置、夹紧装置、导向装置（镗模支架和镗套）和镗模底座组成，导向装置的布置方式有单面导向式和双面导向式。镗套根据情况可采用固定式和回转式，回转部分可为滑动轴承或滚动轴承。因此，回转式镗套分为滑动式回转镗套和滚动式回镗套两种。采用双支承镗模镗孔时，镗杆与机床主轴采用浮动连接。设计应注意的事项：

（1）若先调刀后入镗模——注意引刀问题（镗套）；若多刀加工同轴多孔——注意引刀问题（毛孔）。

（2）镗模导向支架上不允许安装夹紧元件及其机构，防止导向支架受力变形，影响加工孔的精度和孔系位置精度。

工件在夹具上加工的精度分析

一、影响加工精度的因素

用夹具装夹工件进行机械加工时，其工艺系统中用夹具装夹工件进行机械加工时，其工艺系统中影响工件加工精度的因素很多。与夹具有关的因素如图 4-2-17 所示，有定位误差 ΔD、对刀误ΔT、夹具在机床上的安装误差ΔA 和夹具误差ΔJ。在机械加工工艺系统中，影响加工精度的其他因素综合称为加工方法误差ΔG。上述各项误差均导致刀具相对工件的位置不精确，从而形成总的加工误差$\Sigma \varDelta$。

以如图 5-1-3 所示的钢套钻ϕ5mm 孔的钻模为例计算。

1．定位误差ΔD

加工尺寸 20±0.1mm 的定位误差，ΔD=0。

对称度 0.1mm 误差为工件定位孔与定位心轴配合的最大间隙。工件定位孔的尺寸为 ϕ20H7($\phi 20^{+0.021}_{0}$ mm)，定位心轴的尺寸ϕ20f6($\phi 20^{-0.020}_{-0.033}$ mm)，则

$$\Delta D = X_{\max} = (0.021 + 0.033)\,\text{mm=0.54mm}$$

2．对刀误差盘 ΔT

因刀具相对于对刀或导向元件的位置不精确而造成的加工误差，称为对刀误差。如图 5-1-6 所示的钻头与钻套间的间隙，会引起钻头的位移或倾斜，造成加工误差。由于钢套壁厚较薄，可只计算钻头位移引起的误差。钻套导向孔尺寸为声 5F7($\phi 5^{+0.022}_{+0.010}$ mm)，钻头尺寸为声 5h9($\phi 5^{\ 0}_{-0.03}$ mm)。尺寸 20±0.1 mm 及对称度 0.1mm 的对刀误差均为钻头与导向孔的最大间隙，即

$$\Delta T = X_{\max} = (0.022 + 0.03)\,\text{mm=0.052mm}$$

3．夹具的安装误差ΔA

因夹具在机床上的安装不精确而造成的加工误差，称为夹具的安装误差。

4．夹具误差ΔJ

因夹具上定位元件、对刀或导向元件、分度装置及安装基准之间的位置不精确而造成的加工误差，称为夹具误差。如图 4-2-17 所示，夹具误差ΔJ主要由以下几项组成。

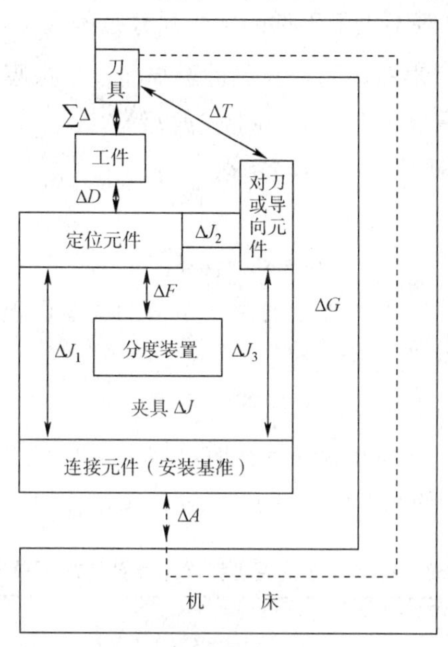

图 4-2-17　夹具误差

（1）定位元件相对于安装基准的尺寸或位置误差ΔJ_1。

（2）定位元件相对于对刀或导向元件（包含导向元件之间）的尺寸或位置误差ΔJ_2。

（3）导向元件相对于安装基准的尺寸或位置误差ΔJ_3。

若有分度装置时，还存在分度误差ΔF。以上几项共同组成夹具误差ΔJ。

在图 5-1-3 中，影响尺寸 20 ± 0.1mm 的夹具误差的定位面到导向孔轴线的尺寸公差ΔJ_2=0.06mm 及导向孔对安装基面 B 的垂直度ΔJ_3=0.03mm。

影响对称度 0.1mm 的夹具误差为导向孔对定位心轴的对称度ΔJ_2=0.03mm（导向孔对安装基面 B 的垂直度误差ΔJ_3=0.03mm 与ΔJ_2在公差上兼容，只需计算其中较大的一项即可）。

5．加工方法误差ΔG

因机床精度、刀具精度、刀具与机床的位置精度、工艺系统的受力变形和受热变形等因素造成的加工误差，统称为加工方法误差。因该项误差影响因素多，又不便于计算，所以常根据经验为它留出工件公差 δ_K 的 $1/3$。计算时可设

$$\Delta G = \delta_K / 3$$

二、保证加工精度的条件

工件在夹具中加工时，总加工误差$\Sigma\Delta$为上述各项误差之和。由于上述误差均为独立随机变量，应用概率法叠加。因此，保证工件加工精度的条件是

$$\Sigma\Delta = \sqrt{\Delta D^2 + \Delta T^2 + \Delta A^2 + \Delta J^2 + \Delta G^2} \leqslant \delta_K$$

即工件的总加工误差$\Sigma\Delta$应不大于工件的加工尺寸公差δ_K。

为保证夹具有一定的使用寿命，防止夹具因磨损而过早报废，在分析计算工件加工精度时，需留出一定的精度储备量J_C。因此，将上式改写为

$$\Sigma\Delta \leqslant \delta_K - J_C$$

或

$$J_C = \delta_K - \Sigma\Delta \geqslant 0$$

当$J_C \geqslant 0$时，夹具能满足工件的加工要求。J_C值的大小还表示了夹具使用寿命的长短和夹具总图上各项公差值δ_J确定得是否合理。

在钢套上钻ϕ5mm孔的加工精度计算如下：

在图5-1-3所示钻模上钻钢套的ϕ5mm孔时，加工精度的计算参见表4-2-1。

由表4-2-2可知，该钻模能满足工件的各项精度要求，且有一定的精度储备。

表4-2-2　用钻模在钢套上钻ϕ5mm孔的加工精度计算

误差计算 / 加工要求 / 误差名称	20±0.1mm	对称度为0.1mm
ΔD	0	0.054mm
ΔT	0.052mm	0.052mm
ΔA	0	0
ΔJ	$\Delta J_2 + \Delta J_3 = (0.06 + 0.03)$mm	$\Delta J_2 = 0.03$mm
ΔG	(0.2/3)mm=0.067mm	(0.1/3)mm=0.033mm
$\Sigma\Delta$	$\sqrt{0.052^2 + 0.06^2 + 0.03^2 + 0.067^2}$mm=0.108mm	$\sqrt{0.054^2 + 0.052^2 + 0.03^2 + 0.033^2}$mm=0.087mm
J_C	(0.2−0.108)mm=0.092mm>0	(0.1−0.087)mm=0.013mm>0

思考与练习

1. 题4-2-1图所示为磨床尾架镗模的模型，学生分组讨论该镗模的结构，导向装置的布置方式，镗套的结构，定位装置和夹紧装置，以及镗模底座与机床工作面如何连接？

题 4-2-1 图　磨床尾架镗模的模型

2. 镗模的镗套有哪几种布置方式？各有何特点？

3. 镗套分哪几种？各有何特点？

模块五　专用夹具的设计方法

如何学习

1．先跟随老师到工厂参观专用夹具，再对照图示的工件设想工件如何在机床上装夹和加工？

2．对照夹具实物和模型，思考夹具如何操作？

3．再通过学习相关理论知识掌握夹具设计的基本要求、方法和步骤；学会分析夹具的精度，掌握总图尺寸、公差配合与技术要求的标注；了解夹具的制造特点、保证夹具制造精度的方法、夹具的验证，以及其结构工艺性等。

4．夹具设计分为哪几个步骤？夹具体设计的基本要求和结构有哪些？如何标注夹具总图尺寸、公差配合与技术要求和校核夹具的精度？

任务一　夹具设计的基本要求、方法与设计步骤

【知识目标】

掌握机床夹具设计的基本要求和设计步骤。

【技能目标】

能根据夹具设计步骤运用有关手册和资料设计机床夹具。

任务要求对如图 5-1-1 所示的工件设计一套钻床夹具，工件材料为 Q235A 钢，ϕ5mm 孔轴线到端面 B 的距离为 20±0.1mm；ϕ5mm 孔对ϕ20H7 孔的对称度为 0.1mm；批量 N=500 件，工件的端面 B 和ϕ20H7 孔已经加工。列出设计步骤。

完成任务

基本概念

一、夹具设计的基本要求

设计夹具时，必须考虑工件的经济性、加工质量、生产率，以及劳动条件这四个方面，实现辩证与统一。因此，夹具设计时，通常应考虑以下主要要求。

（1）能稳定地确保加工质量，这是夹具设计最基本的要求。因此，专用夹具应有合理的定位方案，标注合适的尺寸、公差和技术要求，并进行必要的精度分析，确保夹具能满足工件的加工精度要求。

（2）夹具应该达到加工生产率的要求。因此，所设计的夹具其复杂程度和工作效率必须与生产规模相适应，特别是对于大批量生产中使用的夹具，往往采用先进的结构和机械传动装置，以及快速高效的夹紧装置，通过缩短加工的基本时间和辅助时间来降低工件的制造成本（其高额的成本由单件工时下降所获得的经济效益来补偿）。

（3）夹具的操作应简便、省力、安全可靠。排屑应方便，必要时可设置排屑结构。根据不同的加工工艺，设计各种必要的防护装置、挡屑板及各种安全装置。

（4）能保证夹具较低的制造成本和一定的使用寿命。夹具的低成本设计，目前已引起世界各国的重视。为降低成本，设计夹具时其复杂程度应与工件的生产批量相适应，如在小批量生产中，宜采用较简单的夹具结构和通用夹具；在大批量生产中，宜采用如气动、液压等高效夹紧机构；夹具元件的材料选择直接影响夹具的使用寿命，如主要受力元件与定位元件宜采用力学性能好的材料。

（5）工艺性好。夹具设计时，结构应简单合理，同时，应考虑到夹具的制造、安装和维修方便，以及操作者的习惯、排屑、操作安全等问题。专用夹具的制造属于单件生产。当最终精度由调整或修配保证时，夹具上应设置调整或修配结构，如设置适当的调整间隙，采用可修磨的垫片等。

（6）为缩短夹具的制造周期，设计夹具时宜考虑夹具元件的通用化和标准化程度，如选用商品化的标准元件，能使夹具的制造时间大为缩短。

当以上要求在具体设计中相互矛盾时，应在全面考虑的基础上，抓住主要矛盾，实现夹具生产的效益最大化。例如，对生产批量很大而精度要求不高的工件，设计时重点考虑提供夹具的功效（如钻模设计）；对于加工精度要求很高的工件，往往首先要考虑满足加工精度的要求（如精车、精镗等高精度加工时所用的夹具）。

总之，在考虑上述四方面基本要求时，应在满足加工工艺要求的前提下，努力使夹具有好的工艺性和使用性，并根据具体生产的情况处理好生产率和劳动条件、生产率与经济性的关系，处理好设计中的主要矛盾，实现夹具的最佳综合效果。

二、夹具设计的步骤

夹具设计是涉及知识面很广、与各知识面相互关联的工作。它主要是根据零件加工工艺的要求，绘制夹具的装配图与元件结构图，并制定好制作夹具的工艺要求。其设计步骤如图 5-1-1 所示。

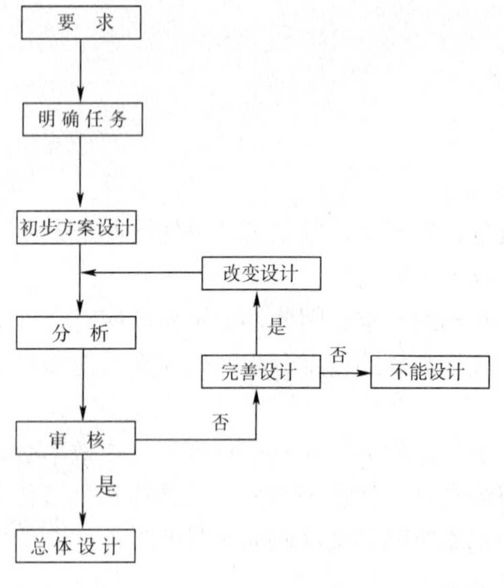

图 5-1-1　夹具的设计步骤

夹具设计的步骤大致可分为五个阶段：

（1）设计前的准备。

（2）构思夹具结构方案，绘制结构草图。

（3）进行必要的分析计算。

（4）绘制夹具总装配图与非标准件的零件图与加工工艺。

（5）夹具的装配、调试与试生产验证。

1．设计前的准备

这一阶段的工作是收集与研究原始资料。在生产纲领要求的前题下，研究所加工零件的结构图、工艺规程和设计任务书，以便发现问题，及时与工艺人员进行磋商。对零件进行工艺分析：了解工件的结构特点、材料，本工序的加工表面、加工要求、加工余量、定位基准、夹紧部位及所用的机床、刀具、量具等。根据设计任务书还需收集好有关技术资料，如机床的技术参数、夹具元件的标准、各类夹具图册或同类夹具图样，并了解所在企业的工装制造水平，以供参考。

图 5-1-2 所示为工艺装备设计任务书，其中，规定了使用工序、机床、装夹工件数量、定位基面、工艺公差和加工部位等。同时，任务书也对工艺要求作了具体说明，并用示意图表示工件的装夹部位和形式。

2．构思夹具结构方案，绘制结构草图

构思夹具结构方案，绘制结构草图是夹具设计中的关键步骤，在研究各种原始资料的基础上，完成如下工作：

（1）确定夹具的类型。

（2）按六点定位的规则确定零件的定位并选择合适的定位元件。

（3）确定工件的夹紧方式，并选择合适的夹紧装置。

（4）确定刀具的调整方案，选择合适的对刀元件或导向元件。

（5）确定夹具与机床的连接方式。

（6）确定其他元件和装置的结构形式，如靠模装置、分度装置等。

（7）确定夹具的总体布局与夹具体的结构形式。

（8）绘制夹具总体草图并标注尺寸、公差及技术要求。

（9）进行工序精度分析。

3．进行必要的分析计算

当所加工的零件加工精度要求较高时，应对加工误差进行分析。如果所用设计方案中有气、液压等机械传动装置时，需计算夹紧力。当有几种夹具设计方案可供采用时，需进行技术与经济效益的分析，以便选出最佳方案。

工艺装备设计任务书

编　号________

<table>
<tr><td>产品件号</td><td></td><td>装夹件数</td><td></td></tr>
<tr><td>工 具 号</td><td></td><td>合用件号</td><td></td></tr>
<tr><td>工具名称</td><td></td><td>参考型式</td><td></td></tr>
<tr><td>使用工序</td><td></td><td>制造套数</td><td></td></tr>
<tr><td>使用机床</td><td></td><td>完工日期</td><td></td></tr>
<tr><td colspan="2">定位基面及工艺公差：</td><td colspan="2">加工部位：</td></tr>
<tr><td colspan="4">工艺要求及示意图：</td></tr>
</table>

工　艺　员	产品工艺员	工 艺 组 长	
年　月　日	年　月　日	年　月　日	年　月　日

图 5-1-2　工艺装备设计任务书

4．绘制夹具总装配图与非标准件的零件图与加工工艺

夹具总装图应按照国家制图标准绘制。绘图比例最好采用 1∶1，需要时也可采用 1∶2、1∶5、2∶1、5∶1 等比例。主视图应选面对操作者的工作位置。总装图应把夹具的工作原理、各装置的结构及其相互关系表达清楚。工件的外形轮廓用双点划线绘出，被加工表面要显示出加工余量（用交叉网纹线表示）。工件可看作透明体，不遮挡后面的线条。总图上要标注必要的尺寸公差和技术要求，并编制夹具零件明细表及标题栏；对于夹具中的非标准零件，要分别绘制零件图，确定这些零件的尺寸、公差或技术要求时，应注意使其满足夹具总装图的要求（夹具制造往往是单件生产，零件要求较高时，通常是在夹具装配时用配修法保证的。因此，在零件图中优势在某尺寸上注明“装配时与××件配作”或“装配时精加工”或“见总图要求”等字样）。对于所选用的标准件，只需在总装图的零件明细栏中注明该零件的主要规格及标准的编号，不需绘制零件图。

5．夹具的装配、调试与试生产验证。

完成上述工作后，设计工作还需待该夹具完成装配、调试和验证并使用该家具在生产现场加工出合格的工件后才算完成。其中，往往在夹具的装配，以及使用过程中会问题较多，需要及时加以分析解决。

完成任务

如图 5-1-3 所示，本工序需在钢套上ϕ5mm 孔，加工工艺要求为ϕ5mm 孔轴线到端面 *B* 的距离为 20±0.1mm；ϕ5mm 孔对ϕ20H7 孔的对称度为 0.1mm；工件材料为 Q235A 钢，批量 *N*=500 件。试设计钻ϕ5mm 孔的钻床夹具。

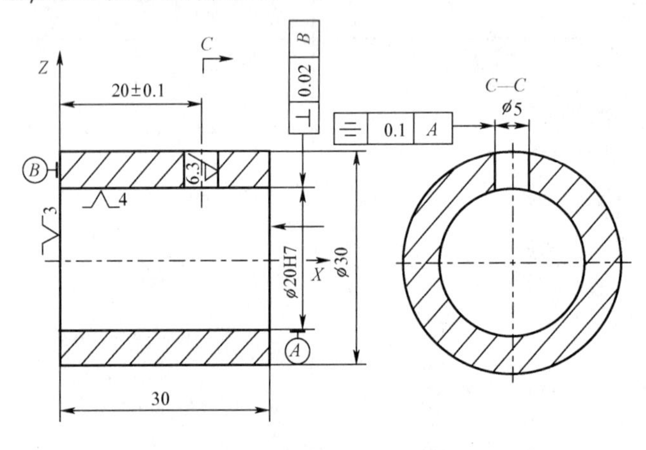

图 5-1-3　钢套零件图

1．设计准备

收集原始资料，包括被加工零件的设计与工艺资料和有关夹具设计资料，以及所在企业的制造装备情况等。在此基础上，对零件加工工艺进行分析。

2．定位方案设计

按基准重合原则定位基准确定为 *B* 面及ϕ20H7 孔轴线。心轴公差带为ϕ20g6，采用一凸面和一心轴组合定位。

3．导向方案

为能迅速、准确在确定刀具与夹具的相对位置，钻夹具上都应设置引导刀具的元件——钻套。钻套一般安装在钻模板上，钻模板与夹具体连接，钻套与工件之间留有排屑空间，如图 5-1-4 所示。

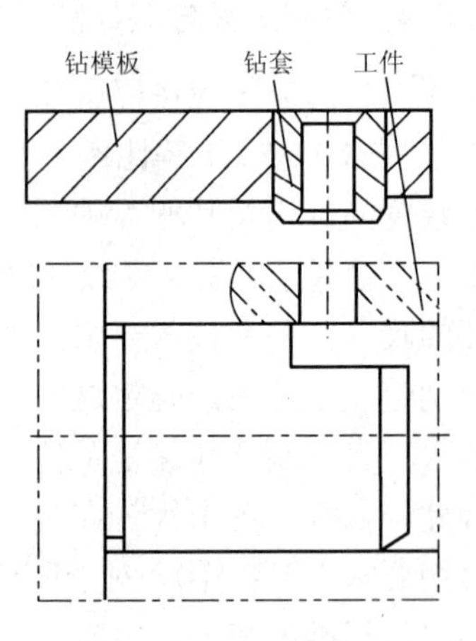

图 5-1-4　导向方案

4．夹紧方案

由于工件批量小，宜用简单的手动夹紧装置。钢套的轴向钢度比径向钢度好，因此，夹紧力应指向限位台阶面。如

图 5-1-5 所示，采用带开口垫圈的螺旋夹紧机构。

5．夹具体的设计

图 5-1-5 所示为采用铸造夹具体的钢套钻孔钻模。

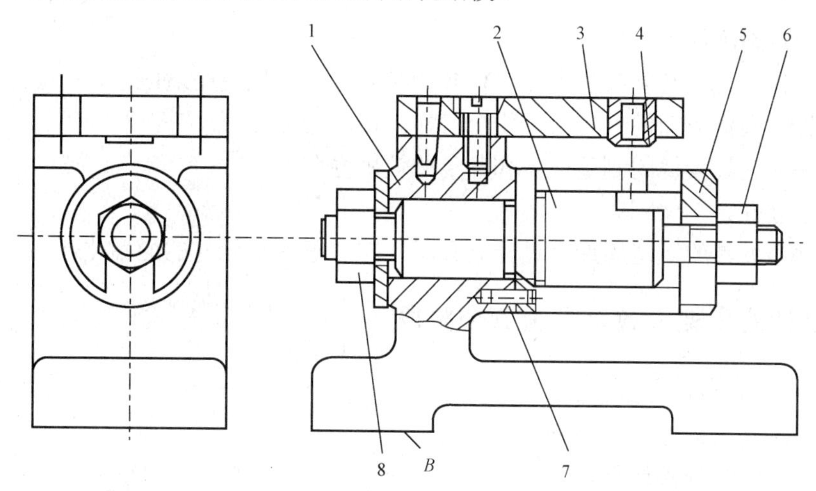

1—铸造夹具体；2—定位心轴；3—钻模板；4—固定钻套；5—开口垫圈；6—锁紧螺母；7—防转销钉；8—锁紧螺母

图 5-1-5　铸造夹具体钻模

6．绘制夹具装配总图

图 5-1-6 所示为采用型材夹具体的钻模。夹具体由盘 1 及套 2 组成，定位心轴 3 安装在盘 1 上，套 2 下部为安装基面 8，上部兼作钻模板。此方案的夹具体为框架式结构。采用此方案的钻模刚度好、重量轻、取材容易、制造方便、制造周期短、成本较低。

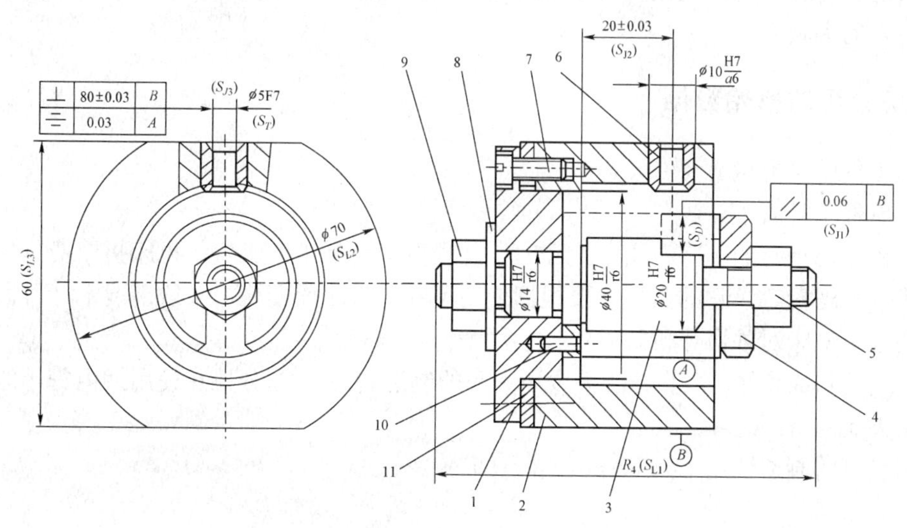

1—盘；2—套；3—定位心轴；4—开口垫圈；5—夹紧螺母；6—固定钻套；7—螺钉；8—安装基面；9—锁紧螺母；10—防转销钉；11—调整垫圈

图 5-1-6　型材夹具体钻模

工艺技巧

一、夹具设计的基本要求

（1）能稳定地确保加工质量。

（2）所设计的夹具其复杂程度和工作效率必须与生产规模相适应。

（3）夹具的操作应简便、省力、安全可靠。排屑应方便。

（4）能保证夹具较低的制造成本和一定的使用寿命。

（5）工艺性好。

（6）为缩短夹具的制造周期，设计夹具时，宜考虑夹具元件的通用化和标准化程度。

二、夹具设计的步骤大致可分为五个阶段

（1）设计前的准备。

（2）构思夹具结构方案，绘制结构草图。

（3）进行必要的分析计算。

（4）绘制夹具总装配图与非标准件的零件图与加工工艺。

（5）夹具的装配、调试与试生产验证。

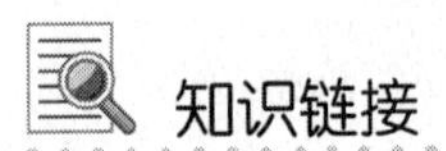

夹具的经济分析

夹具的经济分析是研究夹具的复杂程度与工件工序成本的关系，以便分析比较和选定经济效益较好的夹具方案。

一、经济分析的原始数据

（1）工件的年批量 N（件）。

（2）单件工时 t_d（h）。

（3）机床每小时的生产费用 f（元/h）。此项费用包括工人工资、机床折旧费、生产中辅料损耗费、管理费等。它的数值主要根据使用不同的机床而变化，一般情况下，可参考各工厂规定的各类机床对外协作价。

（4）夹具年成本 C_j（元）。C_j 为专用夹具的制造费用，C_Z 分摊在使用期内每年的费用与全年使用夹具的费用之和。

专用夹具的制造费用 C_Z 由下式计算，即

$$C_Z = pm + tf_e$$

式中 p——材料的平均价格（元/kg）；

m——夹具毛坯的重量（kg）；

t——夹具制造工时（h）；

f_e——制造夹具的每小时平均生产费用（元/h）。

夹具年成本 C_j 由下式计算，即

$$C_j = \left(\frac{1+K_1}{T} + K_2\right)C_z$$

式中　K_1 ——专用夹具设计系数，常取 0.5；

K_2 ——专用夹具使用系数，常取 0.2～0.3；

T ——专用夹具使用年限，对于简单夹具，T=1a；

对于中等复杂程度的夹具，即

$$T=(2\sim3)a$$

对于复杂夹具，即

$$T=(4\sim5)a$$

二、经济分析的计算步骤

（1）经济分析的计算步骤参见表 5-1-1。根据工序总成本公式：$C = C_j + C_{sd}N$，可作出各方案的成本与批量关系线，如图 5-1-7 所示。

表 5-1-1　经济分析的计算步骤

序　号	项　目	计算公式	单　位	备　注
1	工件年批量	N	件	已知
2	单件工时	t_d	h	已知
3	机床每小时生产费用	f	元/h	已知
4	夹具年成本	C_j	元	估算
5	生产效率	t_i=1/ta	件/h	
6	工序生产成本	$C_s = N_{td}f = \frac{Nf}{\eta}$	元	
7	单件工序生产成本	$C_{sd} = C_s/N = t_d f = \frac{f}{\eta}$	元/件	
8	工序总成本	$C = C_j + C_s = C_j + C_{sd}N$	元	
9	单件工序总成本	$C_d = \frac{C}{N} = \frac{C_j + C_s}{N}$	元/件	
10	两方案比较的经济效益 $E_{1,2}$	$E_{1,2} = C_1 - C_2 = N(C_{d1} - C_{d2})$	元	

两个方案交点处的批量称为临界批量 N_k。当批量为 N_k 时，两个方案的成本相等。在图 5-1-7 中，方案Ⅰ、Ⅱ的临界批量为 $N_{k1.2}$，当 $N>N_{k1.2}$ 时，$C_2<C_1$，采用第二方案经济效益高；反之，应采用第一方案。

按成本相等条件，可求出临界批量 $N_{k1.2}$，则

$$C_{sd1}N_{k1.2} + C_{j1} = C_{sd2}N_{k1.2} + C_{j2}$$

$$N_{k1.2} = \frac{C_{j2} - C_{j1}}{C_{sd1} - C_{sd2}} = \frac{N(C_{j2} - C_{j1})}{C_{s1} - C_{s2}}$$

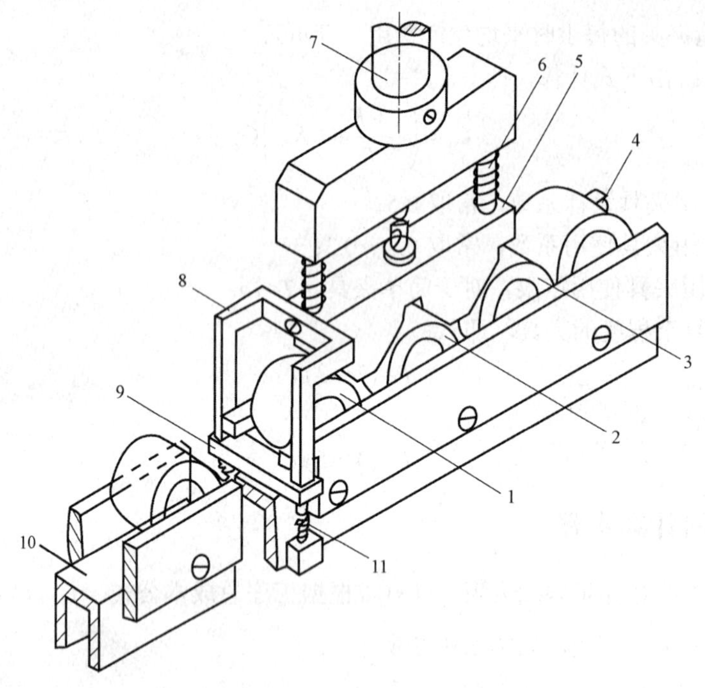

1、2、3—工件；4—料道；5—悬挂式钻模板；6、11—弹簧；7—主轴；8—压杆；9—限位器；10—下料滚道

图 5-1-7 钢套钻孔半自动夹具

（2）经济分析举例。

图 5-1-3 中，假设钢套批量 N=500 件，钻床每小时生产费用 f =20 元/h。试分析下列三种加工方案的经济效益。

方案Ⅰ：不用专用夹具，通过划线找正钻孔。夹具年成本 C_{j1}=0，单件工时 t_{d1}=0.4h。

方案Ⅱ：用简单夹具，如图 5-1-6 所示。单件工时 t_{d2}=0.15h，设夹具毛坯重量 m=2kg，材料平均价 p=16 元/kg，夹具制造工时 t =4h，制造夹具每小时平均生产费 f_e=20 元/h，可估算出专用夹具的制造价格为

$$C_{z2} = pm + tf_e = (16\times2+4\times20)\text{元}=112\text{ 元}$$

计算夹具的年成本 C_{j2}。设 $K_1 = 0.5, K_2 = 0.2$，$T = 1\text{a}$ 则

$$C_{j2} = \left(\frac{1+K_1}{T}+K_2\right)C_1 = \left(\frac{1+0.5}{1}+0.2\right)\times112\text{元}=190.4\text{元}$$

方案Ⅲ：采用如图 5-1-7 所示的自动化夹具。单件工时 t_{d3}=0.05h，设夹具毛坯重量 m =30kg，材料平均价格 p =16 元，夹具制造工时 t =56h，制造夹具每小时平均生产费用 f_e=20 元/h，则夹具制造价格为

$$C_{z3} = pm + tf_e = (16\times30+56\times20)\text{元}=1600\text{元}$$

计算夹具成本 C_{j3}。设 $K_1 = 0.5, K_2 = 0.2$，$T = 2a$，则

$$C_{j3} = \left(\frac{1+K_1}{T}+K_2\right)C_1 = \left(\frac{1+0.5}{1}+0.2\right)\times1600\text{元}=1520\text{元}$$

各方案的工序成本估算参见表 5-1-2。

表 5-1-2　钢套钻孔各方案成本估算

工序成本估算	方案Ⅰ（不用夹具）	方案Ⅱ（简单夹具）	方案Ⅲ（半自动夹具）
t_d/h	0.4	0.15	0.05
$\eta=\left(\frac{1}{t_d}\right)/\left(件\cdot h^{-1}\right)$	$\frac{1}{0.4}=2.5$	$\frac{1}{0.15}=6.7$	$\frac{1}{0.05}=20$
C_j/元	0	190.4	1520
$C_s=(Nt_d f)$/元	$500\times0.4\times20=4000$	$500\times0.15\times20=1500$	$500\times0.05\times20=500$
$C_{sd}=\left(\frac{C_s}{N}\right)$/（元·件$^{-1}$）	$\frac{4000}{500}=8$	$\frac{1500}{500}=3$	$\frac{500}{500}=1$
$C=\left(C_j+C_s\right)$/元	4000	$190.4+1500=1690.4$	$1520+500=2020$
$C_d=\left(\frac{NC}{}\right)$/（元·件$^{-1}$）	$\frac{4000}{500}=8$	$\frac{1690.4}{500}=3.38$	$\frac{2020}{500}=4.04$

各方案的经济效益估算如下：

$$E_{1、2}=C_1-C_2=\left(4000-1690.4\right)元=2309.6元$$

$$E_{2、3}=C_2-C_3=\left(1690.4-2020\right)元=-329.6元$$

$$E_{1、3}=C_1-C_3=\left(4000-2020\right)元=1980元$$

批量为 500 件时，用简单钻模经济效益最好，不用钻模经济效益最差。

思考与练习

1. 夹具设计有哪些基本要求？

2. 夹具设计的步骤可分为哪五个阶段？

3. 在夹具方案设计时，要考虑哪些主要问题？

任务二　夹具体的设计

任务描述

图 5-2-1 所示为钻床夹具和铣床夹具，试分析这两种夹具的夹具体有何作用，设计时对夹具体有何基本要求，夹具体有哪些结构？

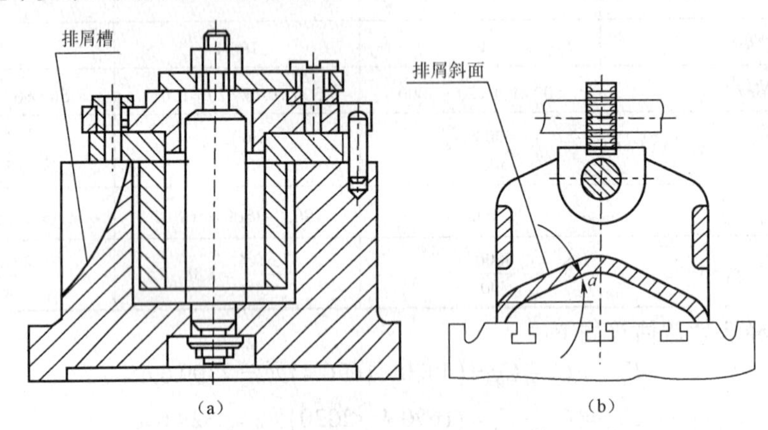

图 5-2-1　钻床夹具和铣床夹具

学习目标

【知识目标】

掌握机床夹具体的作用、对夹具体的基本要求及夹具体的结构形式。

【技能目标】

针对如图 5-2-1 所示的机床夹具进行结构分析，这两种夹具体各有哪些基本要求？属于哪种结构？在夹具中起什么作用？

任务分析

任务要求对如图 5-2-1 所示的钻床夹具进行结构分析，判断夹具体在夹具中起什么作用？对夹具体有什么具体要求？是哪种结构形式？

完成任务

基本概念

一、夹具体的作用和设计的基本要求

夹具体是整个夹具的基础和骨架。在夹具体上要安装组成该夹具所需要的各种元件、机构和装置，并且还要考虑便于装卸工件，以及夹具在机床上的固定。因此，夹具体的形状和尺寸应满足一定的要求，它主要取决于工件的外轮廓尺寸和各类元件与装置的布置情况，以及加工性质等。所以，在专用夹具中，夹具体的形状和尺寸很多是非标准的。

夹具体设计时应满足以下基本要求。

1．有足够的强度和刚度

在加工过程中，夹具体要承受切削力、夹紧力、惯性力，以及切削过程中产生的冲击和振动，所以，夹具体应有足够的强度和刚度。因此，夹具体需有一定的壁厚，铸造夹具体的壁厚一般取 15～30mm；焊接夹具体的壁厚为 8～15mm。必要时，可用肋来提高夹具体的刚度，一般加强肋取壁厚的 0.7～0.9 倍，肋的高度不大于壁厚的 5 倍。也可以在不影响工件装卸的情况下采用框架式结构，如图 5-2-1（c）所示。对于批量制造的大型夹具体，则应作危险断面强度校核和动刚度测试。

2．减轻重量、便于操作

在保证一定的强度和刚度的情况下，应尽可能使其体积小、重量轻。在不影响刚度和强度的地方，应开窗口、凹槽，以便减轻其重量。特别是对于手动、移动或翻转夹具，通常要求夹具总重量不超过 10kg，以便于操作。

3．要有良好的结构工艺性和使用性

夹具体的结构应尽量紧凑，工艺性好，便于制造、装配和检验和使用。夹具体上有三部分表面是影响夹具装配后精度的关键，即夹具体的安装基面（与机床连接的表面）；安装定位元件的表面；安装对刀或导向装置的表面。而夹具制造过程中往往以夹具体的安装基面作为加工其他表面的定位基准，因此，在考虑夹具体结构时，应便于达到这些表面的加工要求。对于铸造夹具体上安装各元件的表面，一般应铸出 3～5mm 凸台，以减少加工面积。铸造夹具体壁厚要均匀，转角处应有 $R5$～$R10$mm 的圆角。夹具体上不切削加工的毛面与工件表面之间应留有足够的间隙，以免安装时产生干涉，空隙大小可按经验数据选取：

① 夹具体是毛面，工件也是毛面时，取 8～15mm。

② 夹具体是毛面，工件也是光面时，取 4～10mm。

夹具体结构型式应便于工件的装卸，图 5-2-2 所示为几种常见的型式，图 5-2-2（a）所示为开式结构，图 5-2-2（b）所示为半开式结构，图 5-2-2（c）所示为框架式结构。

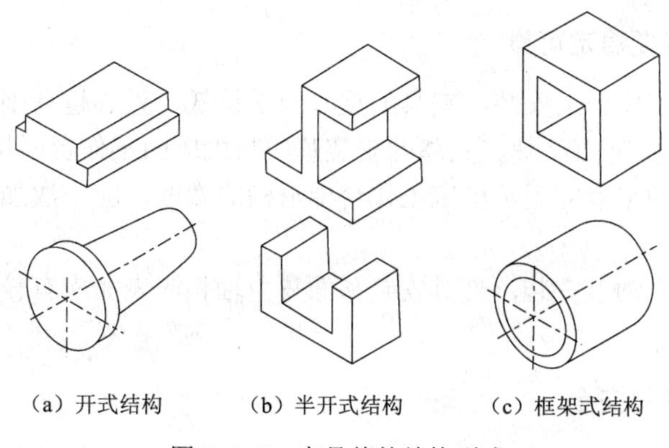

（a）开式结构　（b）半开式结构　（c）框架式结构

图 5-2-2　夹具体的结构型式

4. 尺寸稳定，有一定的精度

夹具体经加工后，应防止发生日久变形。因此，铸造夹具体要进行时效处理，焊接和锻造夹具体要进行退火处理。铸造夹具体其壁厚过渡要和缓、均匀，以免产生过大的残余应力。

夹具体上的重要表面，如安装定位元件的表面、安装对刀或导向元件的表面，以及夹具体的安装基面（与机床相连接的表面）等，应有适当的尺寸、形状精度和表面粗糙度，它们之间应有适当的位置精度。

5. 排屑方便

为了防止加工中切屑聚积在定位元件工作表面上或其他装置中，影响工件的正确定位和夹具的正常工作。因此，在设计夹具体时，要考虑切屑的排除问题。当加工所产生的切屑不多时，可适当加大定位元件工作表面与夹具体之间的距离或增设容屑沟，以增加容屑空间，如图 5-2-3 所示。对加工时产生大量切屑的夹具，最好能在夹具体上设计排屑用的斜面和缺口，使切屑自动由斜面处滑下排出夹具体外。图 5-2-4（a）所示为在钻床夹具体上开出排屑用的斜弧面；图 5-2-4（b）所示为在铣床夹具体上设计的排屑腔。在夹具体上开排屑槽及夹具体下部设置排屑斜面，斜角可取 30°～50°。

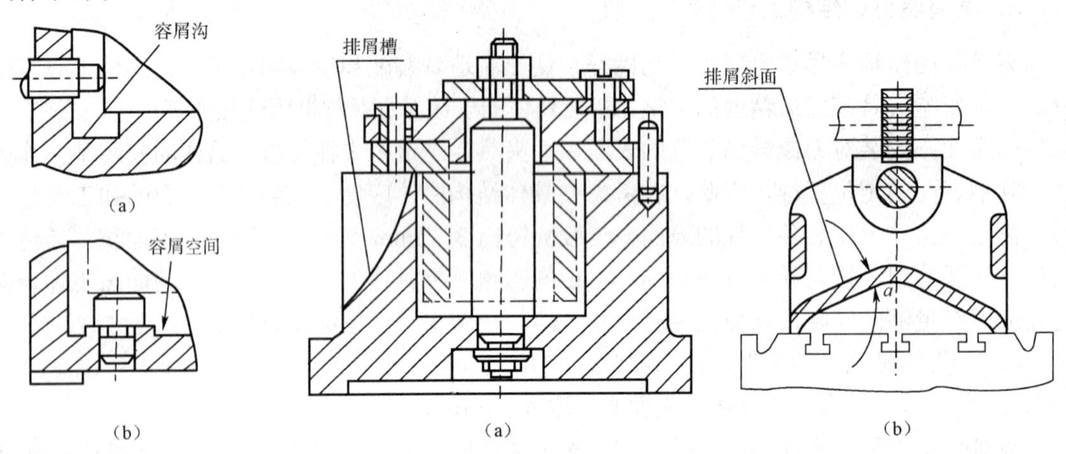

图 5-2-3　增加夹具体上容屑空间　　　图 5-2-4　排屑槽和排屑斜面示意图

6. 在机床上安装要稳定可靠

（1）夹具在机床工作台上安装，夹具的重心应尽量低，重心越高则支承面应越大。

（2）夹具底面四边应凸出，使夹具体的安装基面与机床的工作台面接触良好，如图 5-2-5 所示，接触边或支脚的宽度应大于机床工作台梯形槽的宽度，应一次加工出来，并保证一定的平面精度。

（3）夹具在机床主轴上安装，夹具安装基面与主轴相应表面应有较高的配合精度，并保证夹具体安装稳定可靠。

7. 吊装方便，使用安全

夹具体的设计应使夹具吊装方便，使用安全。在加工中要翻转或移动的夹具，通常，要在夹具体上设置手柄或手扶部位以便于操作。对于大型夹具，在夹具体上应设有起吊孔、起吊环或起重螺栓。对于旋转类的夹具体，要求尽量无凸出部分或装上安全罩，并考虑平衡。

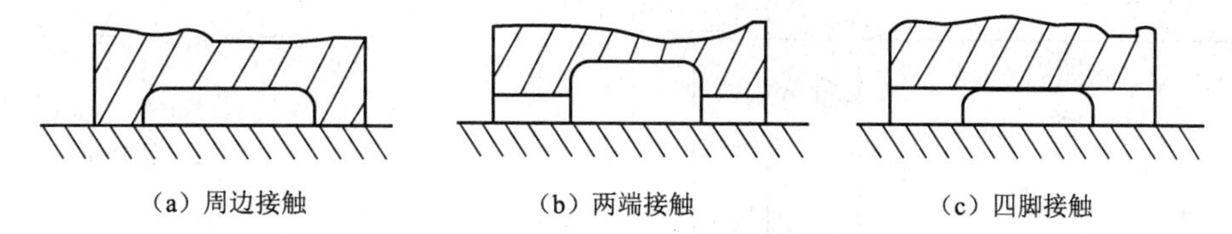

图 5-2-5　夹具体安装基面的形式

8. 要有较好的外观

夹具体外观造型要新颖，钢质夹具体需发蓝处理或退磁，铸件未加工部位必须清理，并涂油漆。

9. 在夹具体适当部位用钢印打出夹具编号便于工装的管理

二、夹具体的设计

1. 铸造结构

铸造结构的特点是工艺性好，可铸出各种复杂形状，具有较好的抗压强度、刚度和抗振性，但生产周期性长，需进行时效处理，以消除内应力。

铸件材料一般用灰铸铁 HT150 或 HT200。高精度夹具可用合金铸铁或高磷铸铁。用铸钢件有利于减轻重量。轻型夹具可用铸铝件。铸件均需时效处理，精密夹具体在粗加工后需作第二次时效处理。图 5-2-6（a）所示为箱形结构，图 5-2-6（b）所示为板形结构。它们的特点是夹具体的基面 1 和夹具体的装配面 2 相互平行。图 5-2-7 所示为钻模角铁式夹具体设计示例，图 5-2-8 所示为角铁式车床夹具体设计示例，它们的特点是夹具体的基面 *A* 和夹具体的装配面 *B* 相垂直。由于车床夹具体为旋转型，故还设置了校正圆 *C*，以确定夹具旋转轴线的位置。

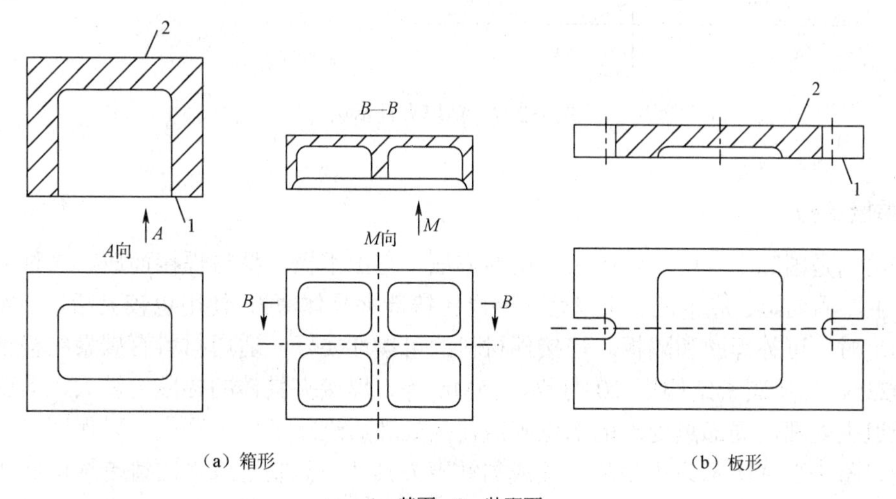

1—基面；2—装配面

图 5-2-6　铸造结构的夹具体

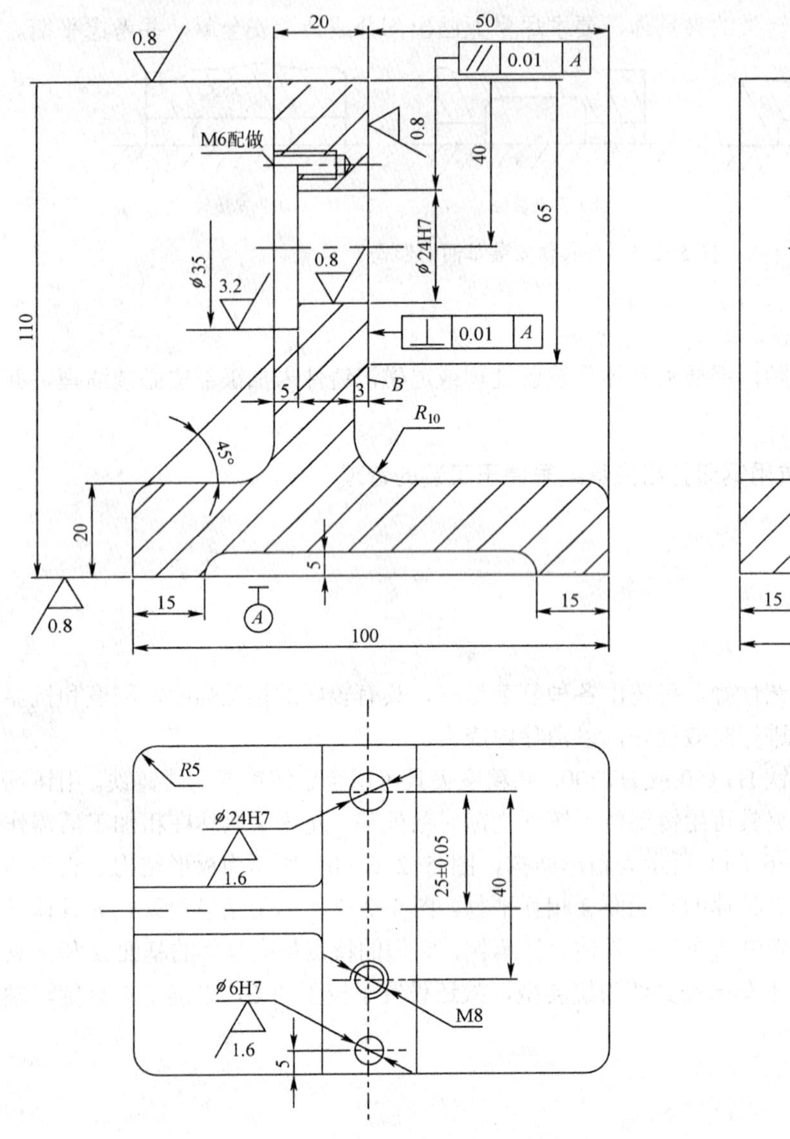

图 5-2-7　钻模夹具示例

2. 焊接结构

焊接结构是国际上一些工业国家常用的方法。它由钢板、型材焊接而成。这种夹具体制造方便、生产周期短、成本低、重量轻（壁厚比铸造夹具体薄），使用也较灵活。当发现夹具体刚度不足时，可补焊肋和隔板。焊接件材料的可焊性要好，适用材料有碳素结构钢 Q195、Q215、Q235，优质碳素结构钢 20 号钢、15Mn 等。焊接夹具体的热应力较大，易变形，焊接后需经退火处理，局部热处理的部位则需在热处理后进行了低温回火，以保证夹具体尺寸的稳定性。图 5-2-9 所示为用型材焊接成的钻模夹具体，其制造成本比铸造结构低 25%。常用的型材有工字钢、角铁、槽钢等。用型材可减少焊缝变形。焊接变形较大时，可采用以下措施减少变形。

（1）合理布置焊缝位置。

（2）缩小焊缝尺寸。

（3）合理安排焊接工艺。

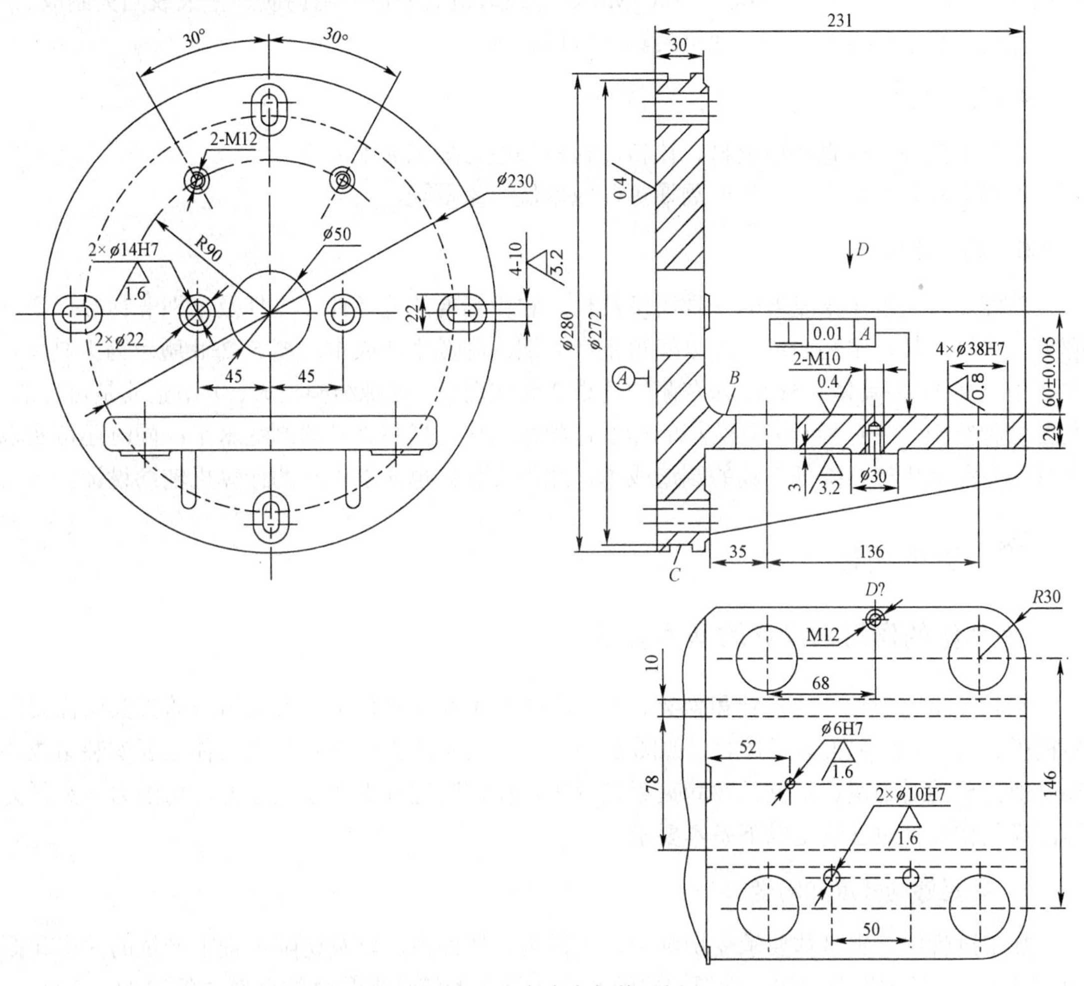

图 5-2-8　车床夹具体示例

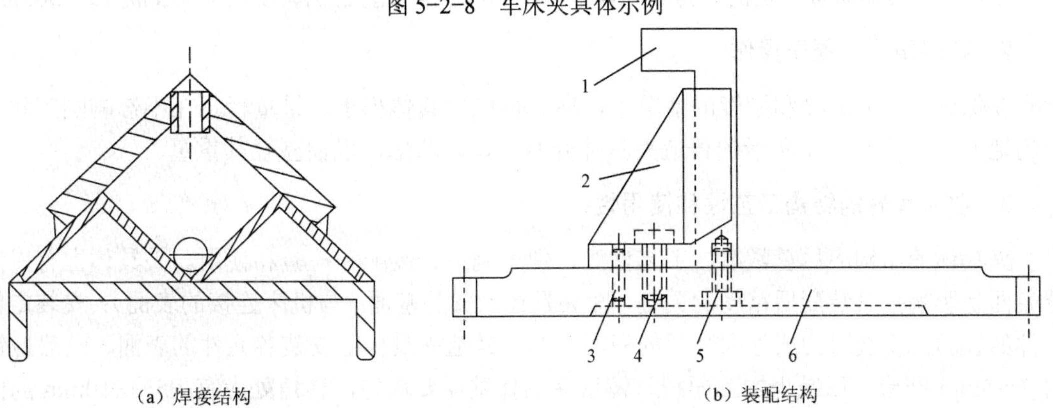

（a）焊接结构　　（b）装配结构

1—直支架；2—角铁；3—圆柱销；4、5—螺钉；6—夹具体底板

图 5-2-9　焊接结构和装配结构

3．锻造结构

它适用于形状简单、尺寸不大、要求强度和刚度大的场合。这类夹具体常用优质碳素结构钢 40 号钢，合金结构钢 40Cr、38CrMoAl 等经锻造后酌情采用调质、正火或回火制成。

锻造后也需经退火处理，此类夹具体应用较少。

4．型材结构

小型夹具体可以直接用板材、棒料、管料等型材加工装配而成。

这类夹具体取材方便、生产周期短、成本低、重量轻。

5．装配结构

装配结构是近年来发展的一种新型结构。它由标准的毛坯件、零件及个别非标准件通过螺钉、销钉连接，组装而成，可以缩短生产周期，降低生产成本。图 5-2-8 所示为夹具体，主要由支架 1、夹具体底板 6、和左侧的角铁 2 装配而成。这种结构在大、中型企业是可行的。发展这种结构，将有利于夹具结构的标准化和系列化，提高夹具的制造水平；同时还可实现夹具的专业化生产，降低夹具的制造成本，此类夹具体也便于夹具的计算机辅助设计。

完成任务

一、夹具体的作用和设计的基本要求

夹具体是整个夹具的基础和骨架。图 5-2-1（a）在夹具体上要安装组成该夹具所需要的钻模板、定位元件和夹紧元件等，如图 5-2-1（b）所示的铣床夹具在夹具体上要安装组成该夹具所需要的对刀块、定位元件和夹紧装置等，在切削过程中要承受重力、切削力、夹紧力等，夹具体设计时应满足以下基本要求。

1．有足够的强度和刚度

加工过程中，夹具体要承受切削力、夹紧力、惯性力，以及切削过程中产生的冲击和振动。因此，夹具体需有一定的壁厚，如图 5-2-1 所示的铸造夹具体的壁厚一般取 15～30mm。

2．减轻重量、便于操作

在保证一定的强度和刚度的情况下，应尽可能使其体积小、重量轻。在不影响刚度和强度的地方，如图 5-2-1 所示的铸造夹具体开有窗口、凹槽，以便减轻其重量。

3．要有良好的结构工艺性和使用性

夹具体的结构应尽量紧凑，工艺性好，便于制造、装配和检验和使用。夹具体上有三部分表面是影响夹具装配后精度的关键，即夹具体的安装基面（与机床连接的表面）；安装定位元件的表面；安装对刀或导向装置的表面。对于铸造夹具体上安装各元件的表面，一般应铸出 3～5mm 凸台，以减少加工面积。铸造夹具体壁厚要均匀，转角处应有 $R5$～$R10$mm 的圆角。夹具体上不切削加工的毛面与工件表面之间应留有足够的间隙，以免安装时产生干涉，空隙大小可按经验数据选取。

4．尺寸稳定，有一定的精度

夹具体经加工后，应防止发生日久变形。因此，铸造夹具体要进行时效处理，铸造夹具体其壁厚过渡要和缓、均匀，以免产生过大的残余应力。

夹具体上的重要表面，如安装定位元件的表面、安装对刀或导向元件的表面，以及夹具体的安装基面（与机床相连接的表面）等。应有适当的尺寸、形状精度和表面粗糙度，它们之间应有适当的位置精度。

5．排屑方便

图 5-2-3（a）所示为在钻床夹具体上开出排屑用的斜弧面；图 5-2-3（b）所示为在铣床夹具体上设计的排屑腔。在夹具体上开排屑槽及夹具体下部设置排屑斜面，斜角可取 30°～50°。

二、夹具体的设计

图 5-2-1 所示为钻床夹具和铣床夹具，其夹具体均为铸造夹具体。

工艺技巧

一、夹具体的作用和设计的基本要求

1．有足够的强度和刚度

2．减轻重量、便于操作

3．要有良好的结构工艺性和使用性

夹具体的结构应尽量紧凑，工艺性好，便于制造、装配和检验和使用。夹具体上有三部分表面是影响夹具装配后精度的关键，即夹具体的安装基面（与机床连接的表面）；安装定位元件的表面；安装对刀或导向装置的表面。

4．尺寸稳定，有一定的精度

5．排屑方便

6．在机床上安装要稳定可靠

7．吊装方便，使用安全

8．要有较好的外观

9．在夹具体适当部位用钢印打出夹具编号便于工装的管理

知识链接

分度装置的分度对定机构和控制机构

分度装置，就是能够实现角向或直线均分的装置。一般情况下，工件装夹到夹具中后，

先加工好一个表面，在不松开工件的情况下，让夹具上的活动部分与工件一起转过一定的角度或移过一定的距离，再加工工件下一个表面。因直线分度是转角分度的展开形式，所以下面主要介绍转角分度装置

分度精度主要取决于分度副的精度，而分度副的精度主要取决于分度盘和分度定位器的相互位置和结构形式

在分度盘直径相同下，分度孔距回转中心越远，分度精度越高，所以，径向分度精度高。

1. 各种分度对定机构的结构特点

各种分度对定机构的结构特点如图 5-2-10 所示

（1）钢球对定：结构简单，操作方便，但锥坑浅，定位不可靠，用于切削力小，分度精度要求不高的场合，或做精密分度的预定位。

（2）圆柱销对定：结构简单，制造容易，分度副间隙影响分度精度，一般为±1′～10′。

（3）削边销对定：结构简单，其应用特性与圆柱销对定相同。

（4）圆锥销对定：能消除分度副间隙对分度精度的影响，分度精度较高，但制造较复杂，灰尘影响分度精度。

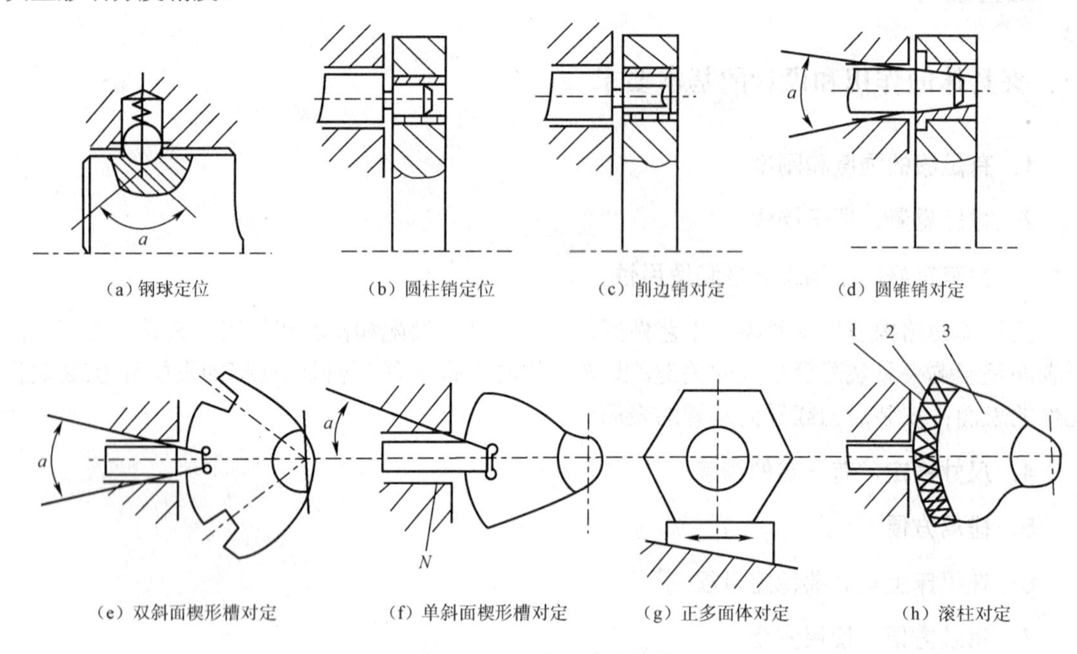

图 5-2-10　分度对定机构

（5）双斜面楔形槽对定：能消除结合面间隙对分度精度的影响，分度精度较高，但制造较复杂，灰尘影响分度精度。

（6）单斜面楔形槽对定：由于斜面作用，分度孔与分度定位器始终是同侧接触，分度精度较高，可达±10″。

（7）正多面体对定：结构简单，制造容易，分度精度较高，操作费时，分度数不宜过多。

（8）滚柱对定：这种结构由圆盘 3、套环 2 和精密滚柱 1 装配而成。相同排列的滚柱构成分度槽，分度精度较高。

2．分度定位器的操纵机构

分度定位器的操纵机构如图 5-2-11 所示。

（1）手拉式：右拉捏手 5 至横销 4 越过 *A* 面，转动捏手 90°，转动分度盘分度，再把捏手反转 90°，在弹簧作用下，使分度定位器插入下一个分度孔，完成分度。

（2）枪柱式：逆转动手柄 7，在螺钉与螺旋槽作用下拔出定位销，转动分度盘分度，遇到下一分度孔在弹簧作用下，分度削插入分度孔，完成分度。

（3）齿条式：顺转齿轮 9，在齿条作用下拔出定位销，转动分度盘分度，遇到下一分度孔在弹簧作用下，分度削插入分度孔，完成分度。

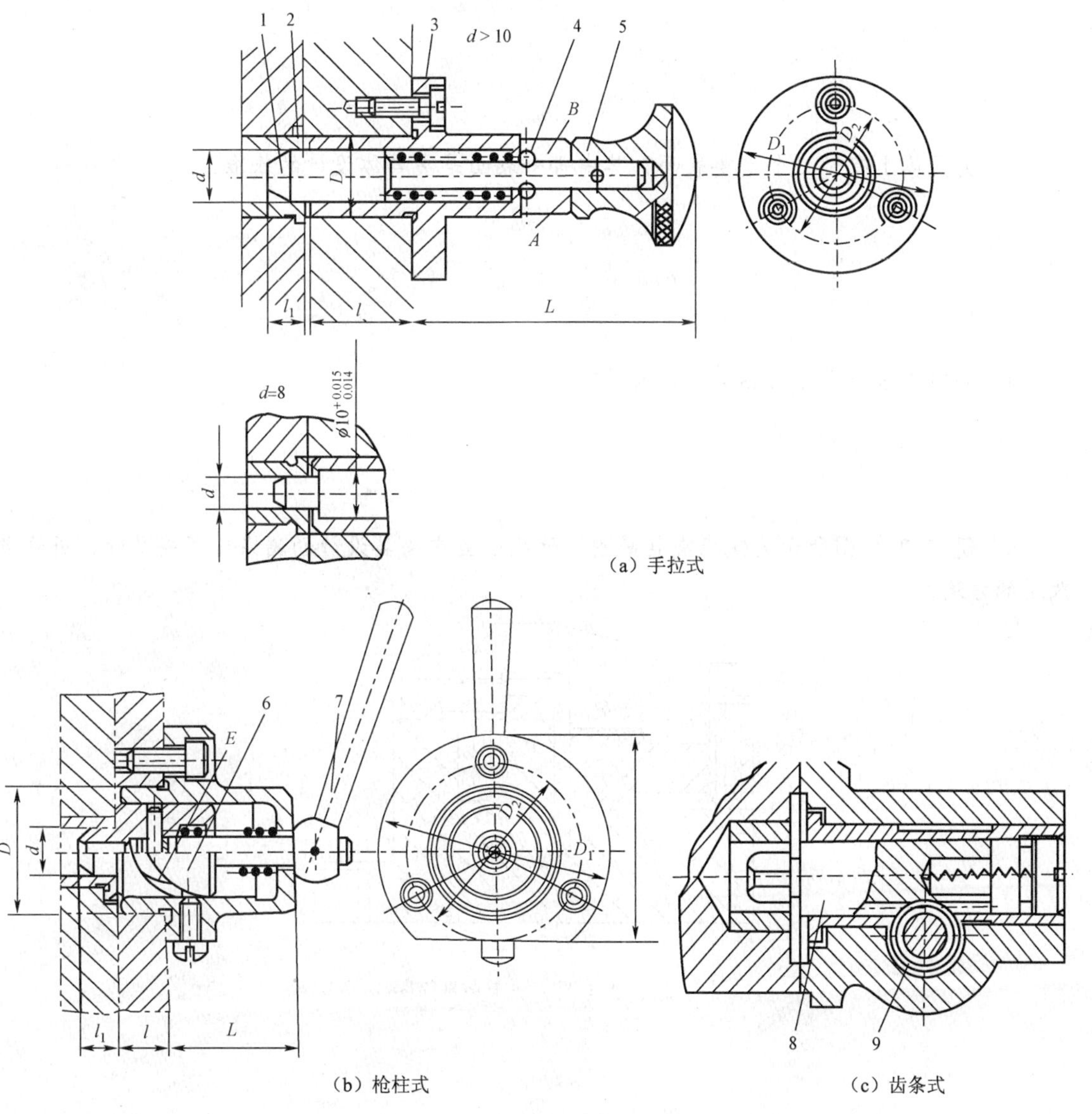

1、6、8—对定销；2—衬套；3—导套；4—横销；5—捏手；6—手柄；9—小齿轮

图 5-2-11　分度对定操纵机构

思考与练习

1. 夹具体设计的基本要求有哪些？

2. 夹具体的结构有哪几种类型？各有何特点？

3. 夹具体上有哪三个重要表面？其中哪个表面是夹具体设计的基准？

4. 如何改善夹具体的容屑、排屑性能？

5. 题 5-2-1 图所示为铣床夹具简图。试指出图中夹具设计的错误或不妥之处，并说明改进的方法？

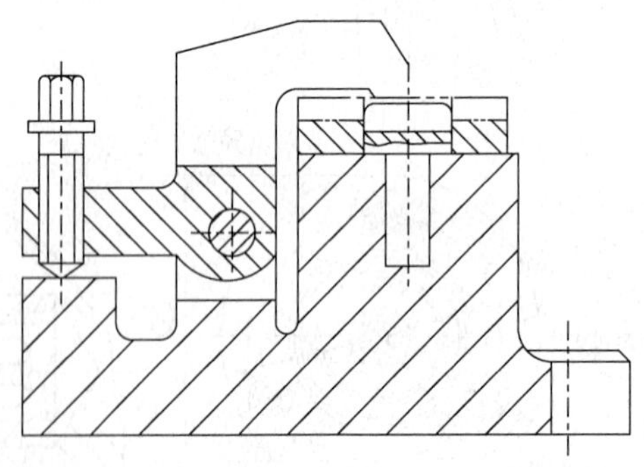

题 5-2-1 图　铣床夹具简图

任务三　夹具的精度和夹具总图尺寸、公差配合与技术要求的标注

任务描述

图 5-3-1 所示为壳体零件简图。加工壳体零件ϕ38H7 孔的夹具的结构与标注如图 5-3-2 所示。图 5-3-3 所示为衬套零件简图。加工平口槽的铣床夹具的结构与标注如图 5-3-4 所示。图 5-3-5 所示为短轴零件简图。加工ϕ16H9 孔的钻床夹具的结构和位置精度的标注如图 5-3-6 所示。图 5-3-7 所示为尾座零件简图。加工ϕ60H6 孔，并用刮面刀加工端面的钻床夹具结构及有关标注如图 5-3-8 所示。根据这四副夹具图分析夹具总图尺寸、公差配合与技术要求如何标注，如何分析夹具的精度。

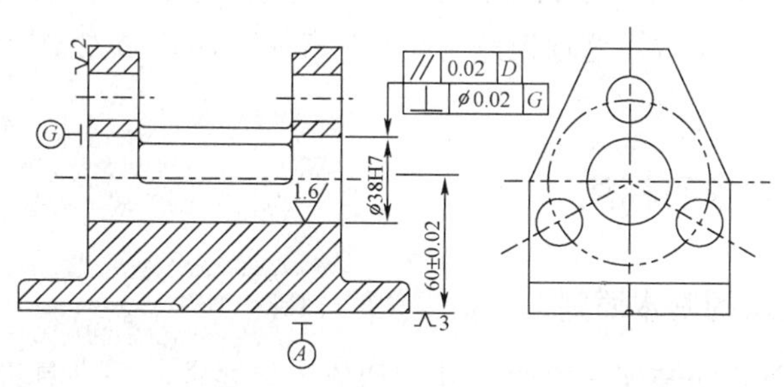

图 5-3-1　壳体零件简图

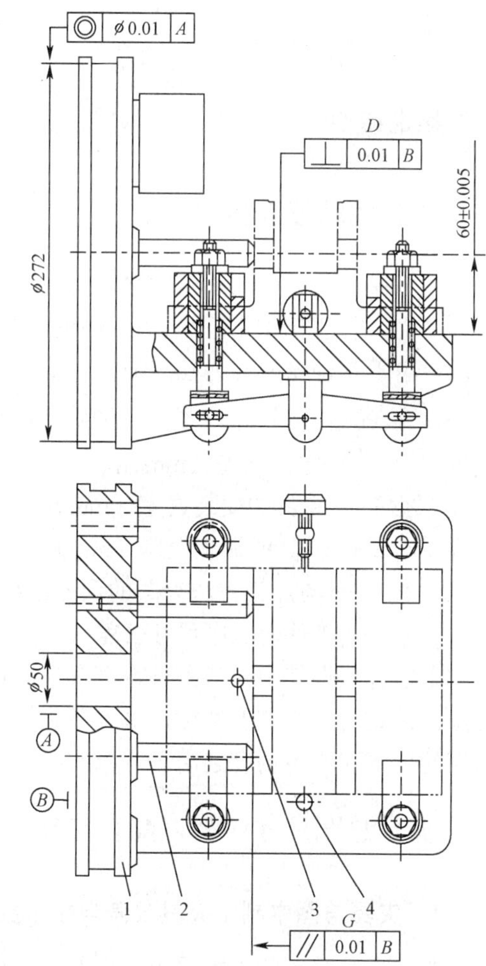

1—夹具体；2—支承钉；3—防误销；4—挡销

图 5-3-2　车床夹具标注示例

学习目标

【知识目标】

掌握机床夹具总图尺寸、公差配合与技术要求的标注方法，夹具精度的分析方法。

【技能目标】

能根据夹具设计步骤运用有关手册和资料设计机床夹具并标注机床夹具总图尺寸、公差配合与技术要求。分析夹具的精度。

任务分析

任务要求对上述零件图及四副夹具的标注进行分析，从而掌握机床夹具总图尺寸、公差配合与技术要求的标注方法，夹具精度的分析方法。

完成任务

基本概念

一、夹具的精度分析

为了保证夹具设计的正确性，首先要在设计图样上对夹具的精度进行分析。

模块二中已指出用夹具装夹工件进行加工时，其工序误差可用不等式：$\Delta D+\Delta A+\Delta T+\Delta G<\delta_k$ 表示。由于各种误差均为独立随机的变量，故应将各误差用概率法叠加，即

$$\sqrt{\Delta D_2+\Delta A_2+\Delta T_2+\Delta G_2}\leqslant\delta_k \tag{5-3-1}$$

式中 ΔD——定位误差（mm）；

ΔA——夹具的安装误差（mm）；

ΔT——刀具的调整误差（mm）；

ΔG——与加工方法有关的误差，包括机床误差、刀具误差、变形误差等（mm）；

δ_k——工件的工序尺寸公差（mm）。

上述各项误差中，与夹具直接有关的误差为 ΔD、ΔA、ΔT 三项，可用极限法计算。加工方法误差具有很大的偶然性，很难精确计算。通常，这项误差可按机床精度，并取 $\delta_k/3$ 作为估算的范围和储备精度之用。

二、夹具总图尺寸、公差配合与技术要求的标注

1．夹具总图中制定夹具公差与技术要求的基本原则

制定夹具总图的技术要求，以及标注必要的装配、检验尺寸和形位公差要求，是夹具设计中的一项重要工作。它直接影响工件的加工精度，也关系到夹具制造的难易程度和经济效益。通过合理制定技术要求，来控制有关的各项误差来满足误差不等式（5-3-1）的要求。

夹具总图中制定夹具公差与技术要求的基本原则如下：

（1）为了保证工件的加工精度，应使夹具的定位、制造及调整误差的总和，不超过工序公差的1/3。

（2）夹具中的尺寸公差和技术要求，应分别标示清楚。凡注有公差的部位，一定要有相应的检验标准。

（3）为延长夹具寿命和增加生产使用时的可靠性，必须考虑夹具在使用中磨损的补偿问题。在不增加制造难度的条件下，宜把夹具公差尽量定得小些。

（4）夹具中与工件尺寸有关的尺寸公差，不论工件尺寸是单向或双向的，都应转化为双向的公差。如工件的尺寸公差为$20^{+0.1}_{0}$，应转化为20.05±0.05；$60^{+0.8}_{+0.2}$应转化为60.5±0.03。夹具的基本尺寸取工件的平均尺寸，在根据工件尺寸确定该尺寸的制造公差。

（5）如果装配夹具时采用调整法或修配法，则可适当放大夹具零件的制造公差。

2．夹具总图上应标明的尺寸及技术要求

通常应标注以下尺寸或相互位置要求。

（1）夹具外形的最大轮廓尺寸。此类尺寸按夹具结构尺寸的大小和机床参数设计，以表示夹具在机床上所占的空间位置与活动范围，便于校核该夹具是否会与刀具、机床等发生干涉。

（2）与定位有关的尺寸公差与形位公差。如确定定位元件的工作部分的配合性质、限位表面的平直度或等高度，限位表面间的位置公差等，以便控制定位误差ΔD。

（3）夹具与机床有关的联系尺寸公差及技术要求，来确定定位元件对机床装卡面的正确位置，以便于控制夹具安装误差ΔA。

（4）夹具定位元件与对刀或导向元件之间的联系尺寸。这类尺寸主要是指对刀块的对刀面至定位元件之间的尺寸、塞尺的尺寸、钻套至定位元件间的尺寸、钻套导向孔尺寸和钻套孔距尺寸等。这些尺寸影响刀具的调整误差ΔT。

（5）其他装配尺寸。如定位销与夹具体，钻套外径与衬套的配合尺寸和配合代号等，这类尺寸通常与加工精度无关或对其无直接影响，可按一般机械零件设计。

此外，通常还需要标注以下三种位置精度：

（1）定位元件之间的位置精度，这类精度直接影响着夹具的定位误差ΔD。

（2）导向或对刀元件的位置精度，这类精度通常以定位元件为基准。为了使夹具的工艺标准统一，也可取夹具体的基面为基准。

（3）连接元件（包括夹具体基面）与定位元件之间的位置精度，这类精度所造成的夹具安装误差ΔA也影响夹具的加工精度。

3．夹具公差的制定

由于误差不等式可知，为满足加工精度的要求，对夹具的精度要求显然要比工件的精度要求高。由于目前对于公差的计算、分析方法还不够完善，因此，对于夹具的公差仍然是根据实践经验来确定。如生产规模较大，要求夹具有一定的使用寿命时，夹具有关公差可取得小些；对于加工精度不高的夹具，则取较大的公差。一般可按以下方式选取：

（1）夹具上的尺寸和角度公差取（1/2～1/5）δ_k。

（2）夹具上的位置公差取（1/2～1/3）δ_k。

（3）当加工尺寸未注公差时，取±0.1mm。

（4）未注形位公差的加工面按 GB1184 中 13 级精度的规定选取。

夹具有关公差都应在工件公差带的中间位置，即不管工件公差对称与否，都要将其化成对称公差，然后取其 1/2～1/5 来确定夹具的有关基本尺寸和公差。

表 5-3-1 及表 5-3-2 可供设计时选取夹具公差值。

表 5-3-1　夹具尺寸公差的选取

工件的尺寸公差/mm	夹具相应尺寸占工件公差
<0.02	3/5
0.02～0.05	1/2
0.05～0.20	2/5
0.20～0.30	1/3
自由尺寸	1/5

表 5-3-2　夹具角度公差的选取

工件的角度公差	夹具相应角度公差占工件公差
0°1′～0°10′	1/2
0°10′～1°	2/5
1°～4°	1/3

4．配合精度的选择

生产中常用夹具元件的公差配合参见表 5-3-3。导向元件的配合可详见钻套、镗套的设计部分。

对于一些在工作时有相对运动，但没有精度要求的部分，如夹具中需要紧固的构件可选取 H7/n6、H7/p6、H7/r6 等配合；对于夹紧机构为铰链连接，则可选取 H9/d9、H11/c11 等配合；若选用 H7/js6、H7/k6、H7/m6 等配合，则应加紧固螺钉使构件固定。

表 5-3-3　常用夹具元件的公差配合

<table>
<tr><th>元件名称</th><th colspan="2">部位及配合</th><th>备注</th></tr>
<tr><td rowspan="2">衬套</td><td colspan="2">外径与本体 $\frac{H7}{r6}$ 或 $\frac{H7}{n6}$</td><td></td></tr>
<tr><td colspan="2">内径 F7 或 F6</td><td></td></tr>
<tr><td rowspan="2">固定钻套</td><td colspan="2">外径与钻模板 $\frac{H7}{r6}$ 或 $\frac{H7}{n6}$</td><td></td></tr>
<tr><td colspan="2">内径 G7 或 F8</td><td>基本尺寸是刀具的最大尺寸</td></tr>
<tr><td rowspan="4">可换钻套
快换钻套</td><td colspan="2">外径与衬套 $\frac{F7}{m6}$ 或 $\frac{F7}{k6}$</td><td></td></tr>
<tr><td rowspan="3">内径</td><td>钻孔及扩孔时 F8</td><td rowspan="3">基本尺寸是刀具的最大尺寸</td></tr>
<tr><td>粗铰孔时 G7</td></tr>
<tr><td>精铰孔时 G6</td></tr>
</table>

续表

元件名称	部位及配合	备注
镗套	外径与衬套 $\frac{H6}{h5}\left(\frac{H6}{j5}\right)$，$\frac{H7}{h6}\left(\frac{H7}{js6}\right)$	滑动式回转镗套
	内径与镗杆 $\frac{H6}{g5}\left(\frac{H6}{h5}\right)$，$\frac{H7}{g6}\left(\frac{H7}{h6}\right)$	滑动式回转镗套
支承钉	与夹具体配合 $\frac{H7}{r6}$，$\frac{H7}{n6}$	
定位销	与工件定位基面配合 $\frac{H7}{g6}$，$\frac{H7}{f7}$ 或 $\frac{H6}{g5}$，$\frac{H6}{f5}$	
	与夹具体配合 $\frac{H7}{r6}$，$\frac{H7}{h6}$	
可换定位销	与衬套配合 $\frac{H7}{h6}$	
钻模板铰链轴	轴与孔配合 $\frac{G7}{h6}$，$\frac{F8}{h6}$	

5．夹具的其他技术要求

夹具在制造和使用中的其他特殊要求，如夹具的平衡和装配、密封、耐高温等性能和要求、有关机构的调整参数、主要元件的磨损范围和极限、打印标记与编号，以及使用中应注意的事项等，要用文字标注在夹具的总图上。

完成任务

一、车床夹具

图 5-3-1 所示为壳体零件简图。加工ϕ38H7 孔的主要技术要求如下：

（1）孔距尺寸 60±0.02mm（δ_{k_1}=0.04mm）。

（2）ϕ38H7 孔的轴线对 G 面的垂直度公差为ϕ0.02mm（δ_{k_2}）。

（3）ϕ38H7 孔的轴线对 D 面的平行度公差为ϕ0.02mm（δ_{k_3}）。

夹具的结构与标注如图 5-3-2 所示。

标注与加工尺寸 60±0.02mm 有关的尺寸公差如下所示：

（1）定位面至夹具体找正圆中心距尺寸，取 δ_{k_1}/4=0.01mm，标注为 60±0.005mm。

（2）找正圆ϕ272mm 对ϕ50mm 的同轴度公差，取 δ_{k_1}/4=0.01mm。

标注与工件垂直度有关的位置公差：

（1）侧定位面 G 对夹具体基面 B 的平行度，公差取 δ_{k_2}/2=0.01mm（δ_{k_2}=0.02mm）。

（2）定位面 D 对夹具体基面 B 的垂直度，公差取 δ_{k_2}/2=0.01mm。

标注与工件平行度有关的位置公差为主要定位面 D 对夹具体基面 B 的垂直度，公差取 δ_{k_3}/2=0.01mm（δ_{k_3}=0.02mm），其结果与上列第二项相同。

尺寸精度（δ_{k_1}=0.04mm）校核如下：

（1）ΔD=0（基准重合且位移误差 ΔY=0）。

（2）ΔT=0。

（3）ΔG=0.01mm（CA6140 型卧式车床主轴定心颈的径向圆跳动量）。

（4）ΔA_1=0.01mm（夹具体找正圆轴线至定位面 D 之间的尺寸公差）。

（5）ΔA_2=0.01mm（夹具体找正圆的同轴度公差）。

（6）按式（5-3-1）计算，得

$$\sqrt{0.01^2+0.01^2+0.01^2}\,\text{mm}=0.017\text{mm}<\delta_{k_1}$$

夹具的精度较高，尺寸公差设计合理。

位置精度（δ_{k_2}=0.02mm、δ_{k_3}=0.02mm、校核如下：

（1）影响 ΔK_2 位置精度有两项，即侧定位面 G 对夹具体基面 B 的平行度公差（和定位面 D 对夹具体基面 B 的垂直度公差，它们分别作用在两个方向上，得

$$\Delta A=0.01\text{mm}<\delta_{k_2}$$

此项设计也合理。

（2）影响 ΔK_3 的因素是定位面 D 对夹具体基面 B 的垂直度公差，即

$$\Delta A=0.01\text{mm}<\delta_{k_3}$$

此项设计也合理。

车床夹具的同轴度公差可参见表 5-3-4。

表 5-3-4　车床夹具的同轴度公差　（mm）

工件的公差	夹具公差	
	心　轴	其　他
0.05～0.10	0.005～0.01	0.01～0.02
0.10～0.20	0.01～0.015	0.02～0.04
>0.20	0.015～0.03	0.04～0.06

二、铣床夹具

图 5-3-3 所示为衬套零件简图。加工平口槽的主要要求如下：

（1）槽的深度尺寸 40±0.05mm（δ_{k_1}=0.10mm）。

（2）槽平面对ϕ100±0.012mm 的轴线的平行度公差为 0.05mm/100mm（δ_{k_2}）。

夹具的结构与标注如图 5-3-4 所示。

标注与加工尺寸为 40±0.05mm（δ_{k_1}=0.10mm），有关的尺寸为 37±0.01mm，其中对刀块尺寸公差取 δ_{k_1}/5=0.02mm；塞尺寸取 $3_{-0.014}^{\ 0}$ mm。

标注与工件平行度（δ_{k_2}=0.05mm/100）有关的位置公差，即定位套ϕ100H6 孔的轴线对夹具体基面 B 平行度公差，取 δ_{k_2}/5=0.01mm。

标注与加工尺寸 130mm 有关的尺寸为 127±0.10mm，塞尺寸取 $3_{-0.014}^{\ 0}$ mm。位置公差ϕ100H6 孔轴线对定位键侧面 C 的垂直度公差为 0.01mm/100mm。

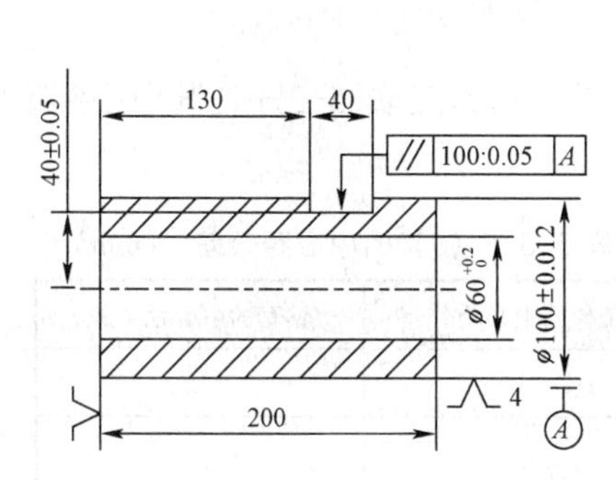

图 5-3-3　衬套零件简图

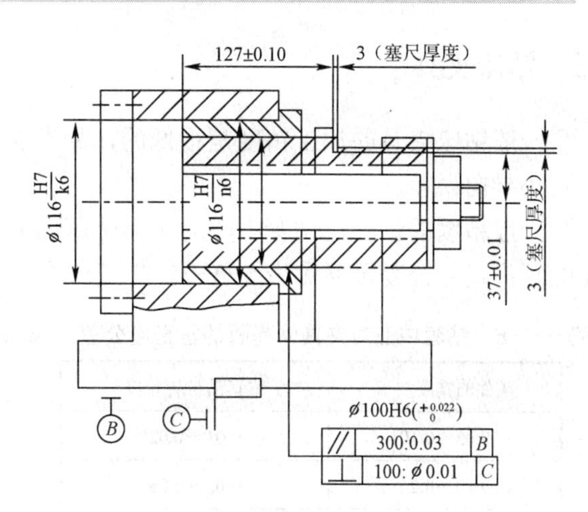

图 5-3-4　铣床夹具标注示例

尺寸精度（δ_{k_1}=0.10mm）校核如下:

（1）$\Delta D=\Delta Y=(0.022+0.012)\text{mm}=0.034\text{mm}$。

（2）$\Delta T=(0.014+0.02)\text{mm}=0.034\text{mm}$。

（3）$\Delta A=0$。

（4）设 $\Delta G=0.02\text{mm}$。

（5）按式（5-3-1），得

$$\sqrt{0.034^2+0.034^2+0.02^2}\text{mm}=0.05\text{mm}<\delta_{k_1}$$

所以，夹具尺寸公差设计合理。

校核位置精度 $\delta_{k_2}=\dfrac{0.05\text{mm}}{100\text{mm}}$。

（1）$\Delta D=\dfrac{(0.022+0.012)\text{mm}}{110\text{mm}}=\dfrac{0.034\text{mm}}{110\text{mm}}$（定位套长度 110mm）。

（2）$\Delta A+\Delta T=\dfrac{0.03\text{mm}}{300\text{mm}}$。

（3）按式（5-3-1），得

$$\sqrt{\left(\frac{0.034}{100}\right)^2+\left(\frac{0.03}{100}\right)^2}\text{mm}=\frac{0.032\text{mm}}{110\text{mm}}<\delta_{k_2}$$

故此项设计也合理。

铣床夹具对刀块工作表面及定位键侧面与定位表面的位置精度可参见表 5-3-5。

表 5-3-5　对刀块工作表面及定位键侧面与定位表面的位置公差

工件加工要求（mm）	夹具的位置精度（mm/100mm）
0.05～0.10	0.01～0.02
0.10～0.20	0.02～0.05
>0.20	0.05～0.10

三、钻床夹具

一般钻床夹具的加工精度是很低的，故当加工精度要求较高时，应采用导柱铰刀加工，以减小导向误差。

一般精度的钻套，钻套中心对夹具体基面的垂直度公差可参见表 5-3-6，其中心到定位面的距离尺寸公差可参见表 5-3-7。

表 5-3-6　钻套中心对夹具体基面的垂直度公差　（mm）

工件的精度要求	钻套的位置精度
0.05～0.10	0.01～0.02
0.10～0.25	0.02～0.05
>0.25	0.05

表 5-3-7　钻套的中心距公差　（mm）

工件的中心距公差	钻套的中心距公差

下面举例说明位置精度的标注方法，以及对加工精度的影响。图 5-3-5 所示为短轴零件简图。加工ϕ16H9 孔，加工的位置精度要求如下：

（1）ϕ16H9 孔对ϕ50h7 外圆轴线的垂直度公差为 0.10mm/100mm。

（2）ϕ16H9 孔对ϕ50h7 外圆轴线的对称度公差为 0.1mm。

夹具的结构和位置精度的标注如图 5-3-6 所示。图中标注了三项位置公差。

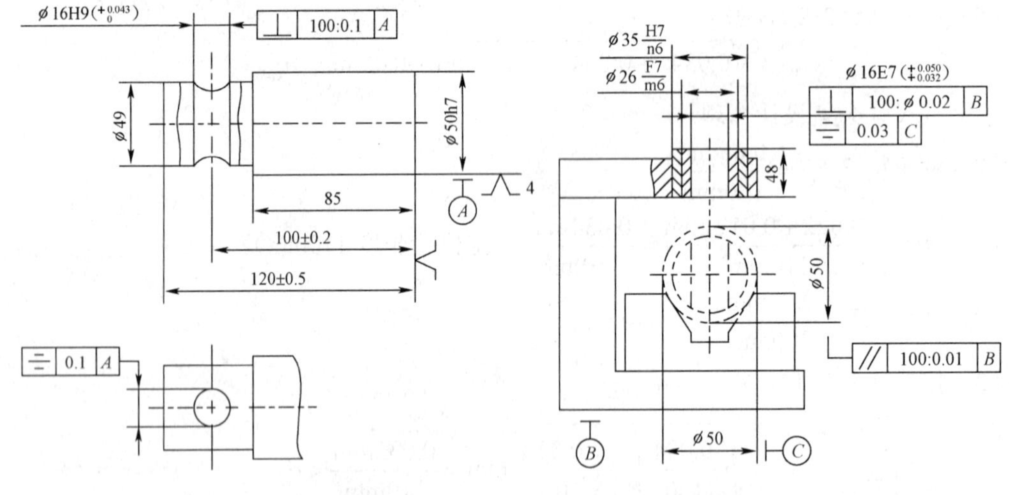

图 5-3-5　短轴零件简图　　　　图 5-3-6　钻床夹具位置公差标注示例

位置精度（δ_{k_1}=0.01mm/100mm，δ_{k_2}=0.10mm）校核如下：

（1）影响位置精度δ_{k_1}的因素有三项：

$$\delta_A=\frac{0.01\text{mm}}{100\text{mm}}$$（V 形块标准圆对夹具体基面 B 的平行度）

$$\Delta A+\Delta T=\frac{0.02\text{mm}}{100\text{mm}}$$（铰套轴线对夹具体基面 B 的垂直度）

$$\Delta T=\frac{(0.05-0.014)\text{mm}}{48\text{mm}}=\frac{0.075\text{mm}}{100\text{mm}}$$（铰刀尺寸为$\phi 16^{+0.026}_{+0.014}$mm 时的歪斜）

按概率法计算，得

$$\sqrt{\left(\frac{0.01}{100}\right)^2+\left(\frac{0.02}{100}\right)^2+\left(\frac{0.075}{100}\right)^2}\text{mm}=\frac{0.078\text{mm}}{100\text{mm}}<\delta_{k_2}$$

故其夹具的精度较低。

（2）影响位置精度 δ_{k_2} 的因素有两项：

① ΔT_1=0.03mm（铰套中心对 V 形块标准圆的对称度）；

② ΔT_2=(0.050−0.014)mm=0.036mm（铰刀与铰套的配合间隙）。

将误差合成，得

$$\sqrt{0.03^2+0.036^2}\text{mm}=0.046\text{mm}<\delta_{k_2}$$

四、镗床夹具

图 5-3-7 所示为尾座零件简图。加工ϕ60H6 孔，并用刮面刀加工端面，加工时尾座与底板装配成合件，主要技术要求如下：

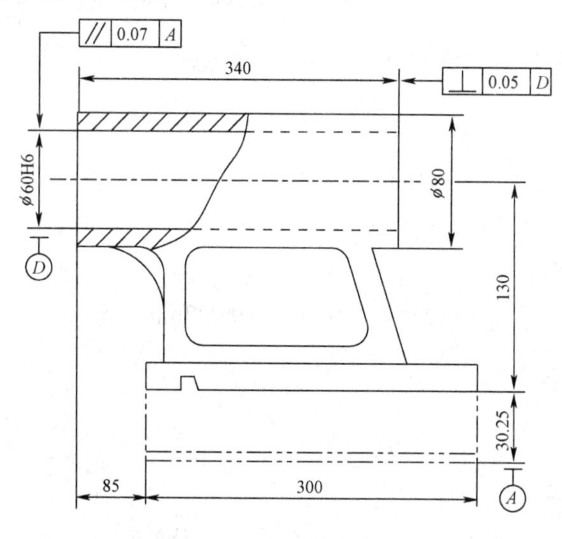

图 5-3-7　尾座零件简图

（1）ϕ60H6 孔的总高度尺寸为$160.25_{0}^{+0.05}$ mm。

（2）ϕ60H6 孔对底板导轨面的平行度公差为 0.07mm。

夹具结构及有关标注如图 5-3-8 所示。

（1）校核尺寸$160.25_{0}^{+0.05}$ mm（δ_{k_1}=0.05mm）

① ΔD=0。

② ΔA=0（镗杆双面导向）。

③ ΔT_1=0.01mm。

④ ΔT_2=0.01mm（镗杆单配的间隙）。

按式（5-3-1），得

$$\sqrt{0.01^2+0.01^2}\text{mm}=0.014\text{mm}$$

故镗模具有很高的精度。

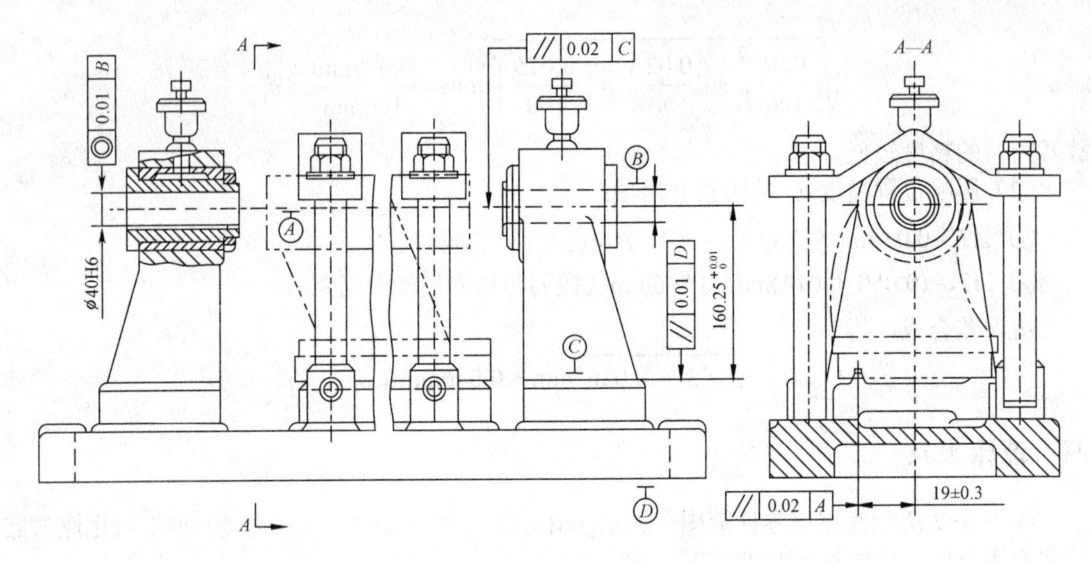

图 5-3-8　镗床夹具标注示例

（2）校核位置精度（δ_{k_2}=0.07mm）

①Δ_D=0。

②Δ_A=0。

③ ΔT_1=0.02mm（镗套中心对定位面的平行度）。

④ ΔT_2=0.01mm（镗杆单配的间隙）。

按式（5-3-1），得

$$\sqrt{0.02^2+0.01^2}\,\text{mm}=0.023\text{mm}<\delta_{k_2}$$

故此精度设计合理。

工艺技巧

一、夹具的精度分析

为了保证夹具设计的正确性，首先要在设计图样上对夹具的精度进行分析。

由于各种误差均为独立随机的变量，故应将各误差用概率法叠加，即

$$\sqrt{\Delta D_2+\Delta A_2+\Delta T_2+\Delta G_2}\leqslant\delta_k \qquad (5\text{-}3\text{-}1)$$

式中　ΔD——定位误差（mm）；

ΔA——夹具的安装误差（mm）；

ΔT——刀具的调整误差（mm）；

ΔG——与加工方法有关的误差，包括机床误差、刀具误差、变形误差等（mm）；

δ_k——工件的工序尺寸公差（mm）。

二、夹具总图尺寸、公差配合与技术要求的标注

1. 夹具总图中制定夹具公差与技术要求的基本原则

（1）为了保证工件的加工精度，应使夹具的定位、制造及调整误差的总和，不超过工序

公差的 1/3。

（2）夹具中的尺寸公差和技术要求，应分别标示清楚。

（3）宜把夹具公差尽量定得小些。

（4）夹具中与工件尺寸有关的尺寸公差，不论工件尺寸是单向或双向的，都应转化为双向的公差。

（5）如果装配夹具时采用调整法或修配法，则可适当放大夹具零件的制造公差。

2．夹具总图上应标明的尺寸及技术要求

通常应标注以下尺寸或相互位置要求如下：

（1）夹具外形的最大轮廓尺寸。

（2）与定位有关的尺寸公差与形位公差。

（3）夹具与机床有关的联系尺寸公差及技术要求。

（4）夹具定位元件与对刀或导向元件之间的联系尺寸。

（5）其他装配尺寸。

此外，通常还需要标注以下三种位置精度：

（1）定位元件之间的位置精度。

（2）导向或对刀元件的位置精度。

（3）连接元件（包括夹具体基面）与定位元件之间的位置精度。

3．夹具公差的制定

一般可按以下方式选取：

（1）夹具上的尺寸和角度公差取（1/2～1/5）δ_k。

（2）夹具上的位置公差取（1/2～1/3）δ_k。

（3）当加工尺寸未注公差时，取±0.1mm。

（4）未注形位公差的加工面按 GB1184 中 13 级精度的规定选取。

夹具有关公差都应在工件公差带的中间位置，即不管工件公差对称与否，都要将其化成对称公差，然后取其 1/2～1/5 来确定夹具的有关基本尺寸和公差。

知识链接

夹具图的绘制

一、夹具总图的绘制内容和要求

1．夹具总图的绘制内容

夹具总图的绘制内容如图 5-3-9 所示。

2．夹具总图的绘制要求

（1）图样绘制应符合国家制图标准。

（2）尽量采用 1∶1 的绘图比例。

（3）局部结构视图不宜过多。

（4）反复进行局部结构的调整和完善。

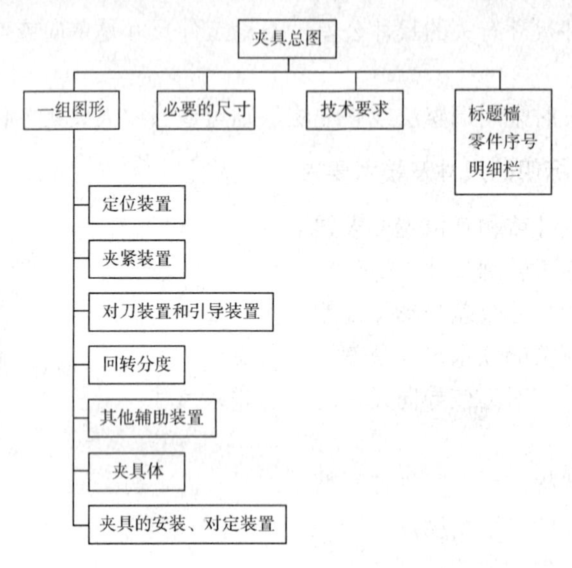

图 5-3-9　夹具总图的绘制内容

二、夹紧总图的绘制步骤

（1）用双点划线（或红色细实线）绘出工件视图的外轮廓线和工件上的定位、夹紧，以及被加工表面，如图 5-3-10 所示。

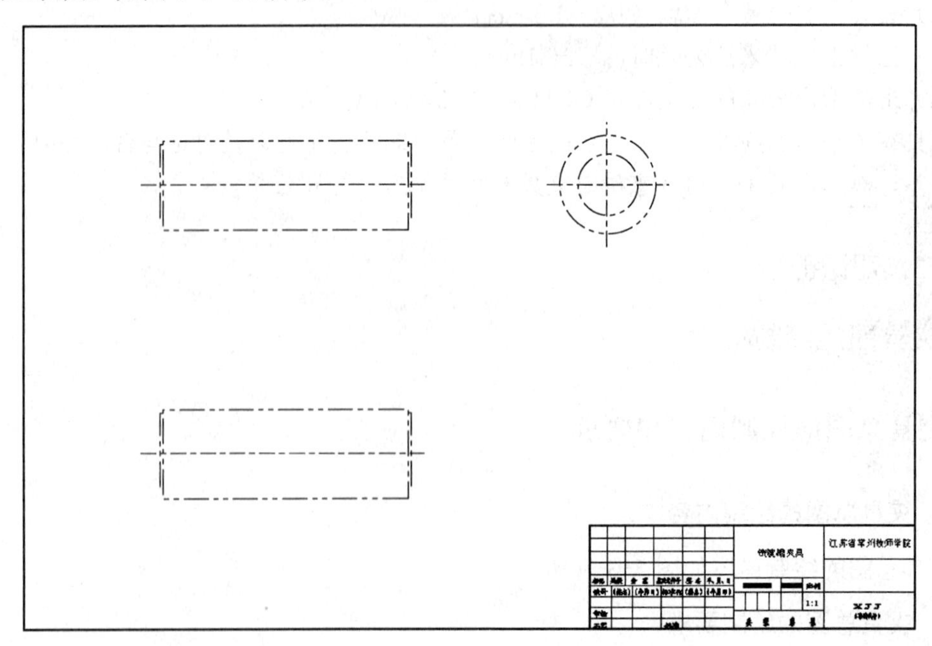

图 5-3-10　用双点划线绘制的工件视图

（2）将工件假设为透明体，即工件和夹具的轮廓线互不遮挡，然后按照工件的形状和位置，依次画出定位元件、对刀—导向元件、夹紧机构、力源装置及其他辅助元件（如夹紧装置的支柱和支撑板、弹簧及用来紧固各零件的螺钉和销等）的具体结构，最后绘制出夹具体，把夹具的各部分联成一个整体，如图 5-3-11 所示。

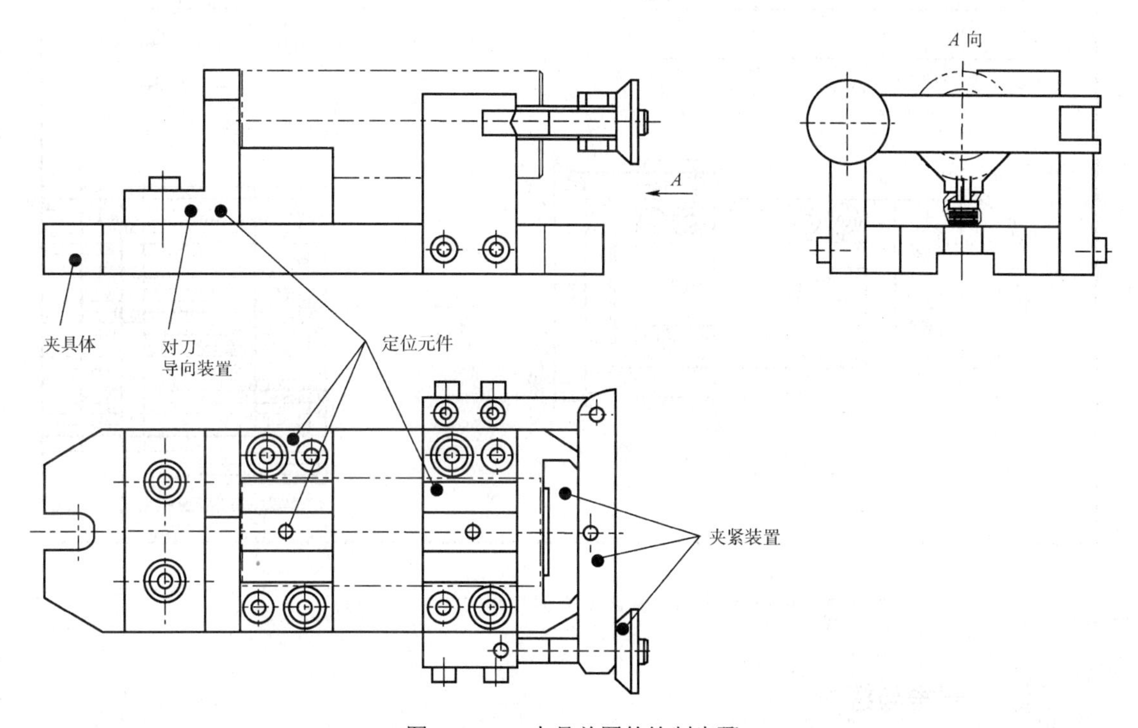

图 5-3-11　夹具总图的绘制步骤

（3）标注总装配图上的尺寸和技术要求。

① 夹具外形的最大轮廓尺寸。

② 配合尺寸。

③ 夹具与刀具的联系尺寸。

④ 夹具与机床的联系尺寸。

⑤ 其他装配尺寸。

（4）完成夹具组成零件、标准件编号，编写装配零件明细表，如图 5-3-12 所示。

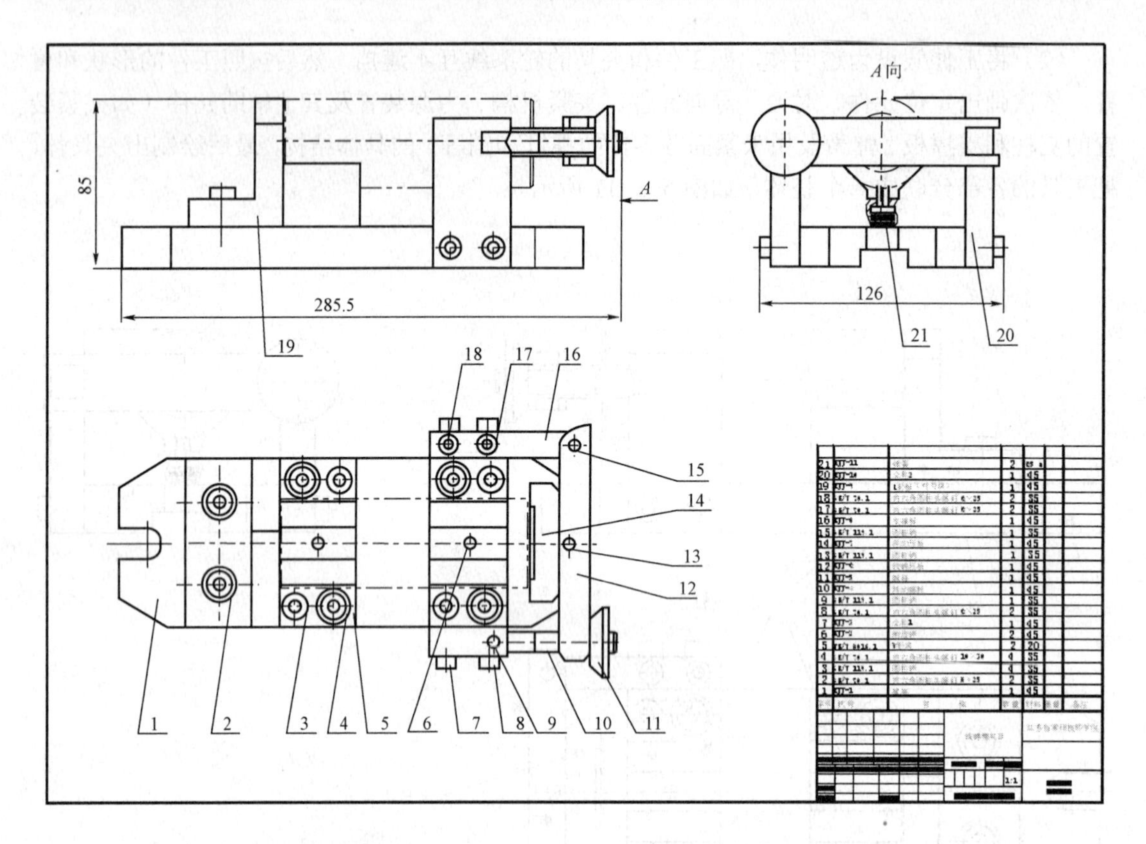

如图 5-3-12　夹具零件编号和明细表的编写

思考与练习

1. 夹具总图上应标注哪些尺寸和公差?

2. 如何确定尺寸公差?

3. 影响夹具精度的主要因素有哪些?

任务四　夹具的制造及工艺性

任务描述

图 5-4-1 所示为支承板和支承钉保证位置精度的方法，图 5-4-2 所示为钻模修配法示意图，图 5-4-3 所示为铣床夹具保证位置精度的方法，图 5-4-4 所示为三爪自定心卡盘的修配法，图 5-4-5 所示为钻模的调整法示意图，从这几副图分析夹具制造精度的保证方法。

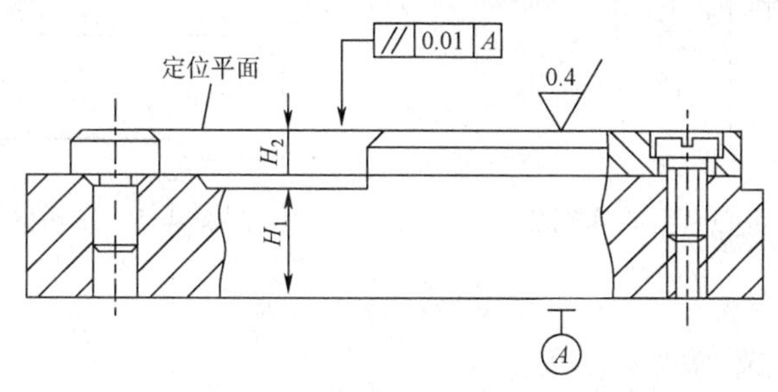

图 5-4-1　支承板和支承钉保证位置精度的方法

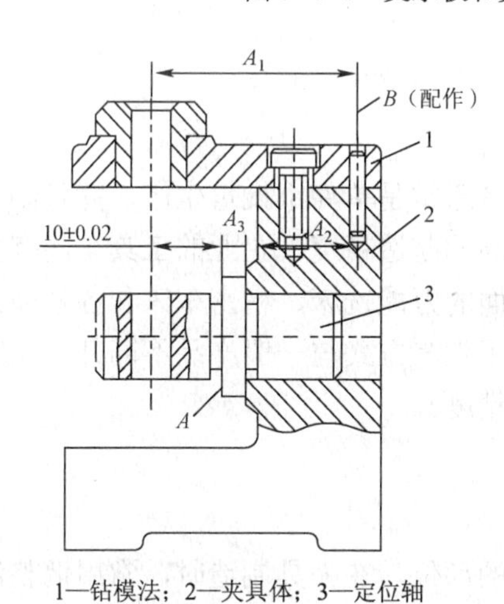

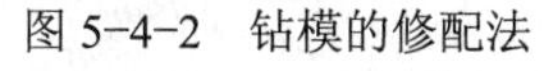

1—钻模法；2—夹具体；3—定位轴

图 5-4-2　钻模的修配法

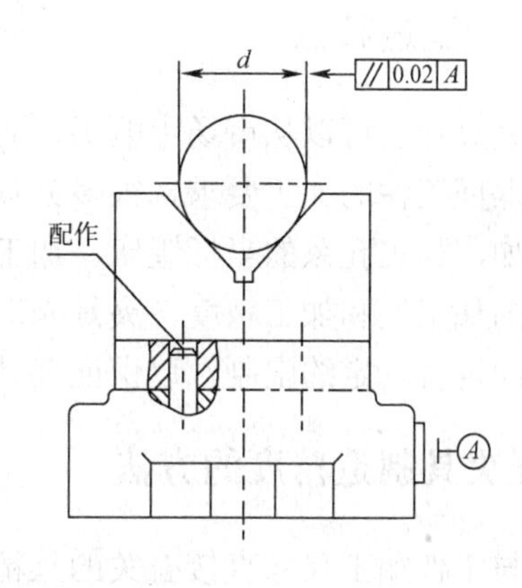

图 5-4-3　铣床夹具保证位置精度的方法

学习目标

【知识目标】

了解夹具的制造特点，掌握机床夹具制造精度的保证方法及结构工艺性。

【技能目标】

掌握机床夹具制造精度及结构工艺性的保证方法。

任务分析

任务要求对图 5-4-1～图 5-4-5 进行分析，从而得出机床夹具制造精度及结构工艺性的保证方法。

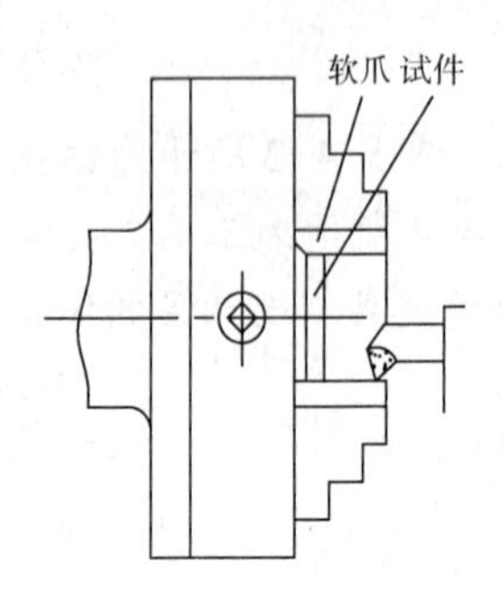

图 5-4-4　三爪自定心卡盘的修配法

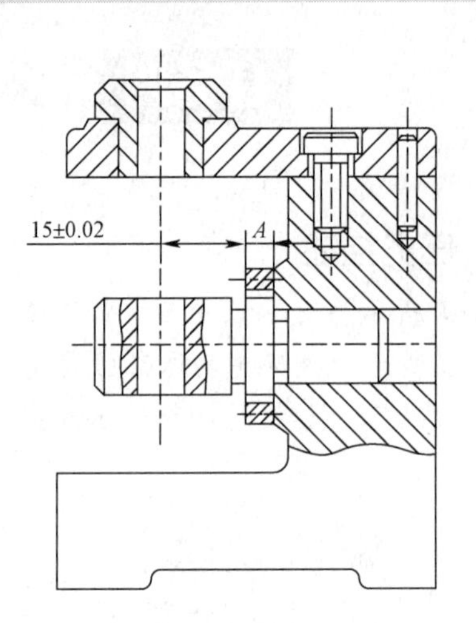

图 5-4-5　钻模的调整法

完成任务

基本概念

一、夹具的制造特点

通用夹具一般可以从市场上购买，而专用夹具通常是单件小批量生产，并且制造周期很短。为了保证工件的加工要求，很多夹具要有较高的制造精度。企业的工具车间有多种加工设备，例如，加工孔系的坐标镗床，加工复杂型面的万能铣床、精密车床和各种磨床等，都具有较好的加工性和加工精度。夹具制造中，除了生产方式与一般产品不同外，在应用互换性原则方面也有一定的限制，以保证夹具的制造精度。

二、保证夹具制造精度的方法

对于与工件加工尺寸直接有关的且精度较高的部位，在夹具制造时，常用调整法和修配法来保证夹具精度。

1. 修配法的应用

对于需要采用修配法的零件，可在其图样上注明“装配时精加工”或“装配时与××件配作”字样等。

2. 调整法的应用

调整法与修配法相似，在夹具上通常可设置调整垫圈、调整垫板、调整套等元件来控制装配尺寸。这种方法较简易，调整件选择得当即可补偿其他元件的误差，以提高夹具的制造精度。

三、夹具的验证

夹具的验证是夹具设计的最终结果，主要包括精度和生产率验证两部分内容。

1．夹具精度的验证

通过对各种误差的估算，科学地制订出夹具的尺寸公差和位置公差，这种夹具精度分析是一种静态的分析方法。然而，夹具真正的精度是以能否加工出合格的工件为标准的，故夹具精度的验证是一种动态的精度分析方法。

当夹具加工的超差方向和数值稳定时，可参照下列内容对夹具加以修正：

（1）夹具的精度不足。

（2）夹具安装不正确或安装时夹具体变形。

（3）导向精度不足或刀具磨损。

（4）所选用的机床精度偏低。

（5）车床夹具受离心力的影响。

（6）夹具体刚度不足。

（7）机床刚度不足。

（8）工件刚度不足。

当夹具加工的超差方向不变但数值不稳定时，可按以下情况分析查找：

（1）工件基面的误差。

（2）夹紧误差的影响。

（3）由切削力引起的变形。

（4）毛刺的影响。

（5）夹紧时工件的走动。

（6）由于基准不重合。

为了提高夹具的整体精度，可采用以下几个主要措施如下：

（1）提高关键元件的制造精度，减小由配合产生的误差。

（2）关键元件间在可能的条件下尽量设置调整环节，以提高关键元件间的位置精度。

影响加工精度的因素是多方面的，设计时，应抓住其中的主要因素，使所设计的夹具精度符合加工精度要求。

2．夹具生产率的检验

影响生产率的主要因素有以下几点：

（1）操作过程中需要装卸部分的配合间隙太小。

（2）装夹工件的动作繁多，不能快速夹紧。

（3）辅助支承的操作不方便。

（4）切削的排除不方便。

（5）由于夹具的刚度不足而减小切削用量。

（6）切削时空行程太长。

除了夹具本身的问题外，有时工艺路线的制订也有很大影响，必须全面考虑。

四、结构工艺性

夹具的结构工艺性主要表现为夹具零件制造、装配、调试、测量、使用等方面的综合性能。夹具零件的一般标准和铸件的结构要素等，均可查阅有关手册进行设计。以下就夹具零部件的加工、维修、装配、测量等工艺生进行分析。

1．注意加工和维修的工艺性

夹具主要元件的连接定位采用螺钉和销钉。如图 5-4-6（a）所示的销钉孔制成通孔，以便于维修时能将销钉压出。如图 5-4-6（b）所示的销钉则可以利用销钉孔底部的横向孔拆卸；图 5-4-6（c）所示为常用的带内螺纹的圆锥销（GB 118-76）。

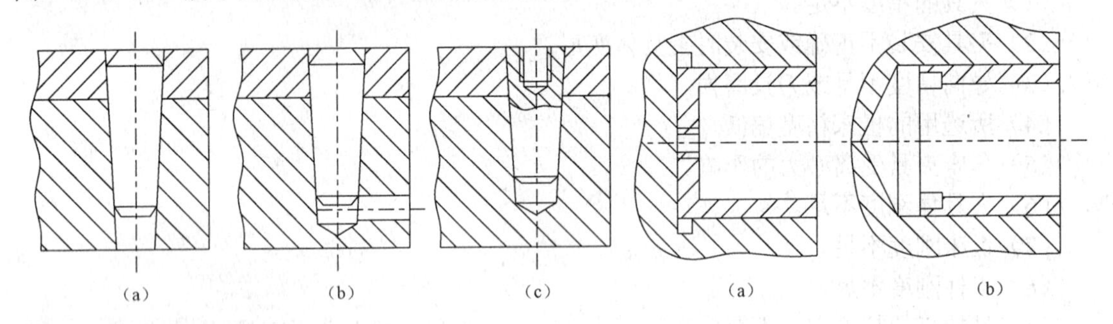

图 5-4-6　销孔连接的工艺性　　图 5-4-7　衬套连接的工艺性

夹具中使用套筒零件也很多，若套筒无凸缘又是压在盲孔中，两者配合很紧，取出困难。为了便于拆卸这类套筒，可采用如图 5-4-7 所示的结构。对于封底套筒，可在筒底设计螺孔，以便拔出工具放入用，如图 5-4-7（a）所示。对于无底套筒，可在筒底端铣出径向缺口槽，以便带钩爪形的拔出工具可伸入缺口槽中而将套筒拔出，如图 5-4-7（b）所示。

图 5-4-8 所示为几种螺纹连接结构。如图 5-4-8（a）所示的螺孔太长；如图 5-4-8（d）所示所用的螺钉太长且突出外表面，在设计时都要避免。

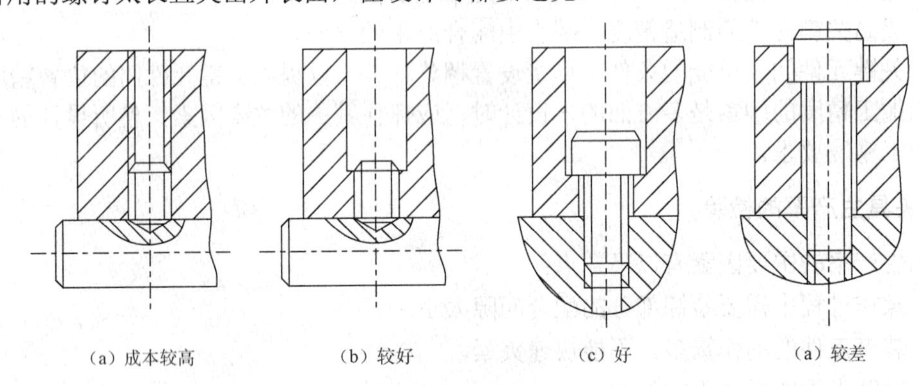

图 5-4-8　螺纹连接的工艺性

此外，在设计时还应注意，拆卸有关夹具零件时，应尽可能不受其他零部件的阻碍；夹具上某些零件拆卸后，若装配时仍要求保持原来位置，应考虑防止误装的措施。诸如此类的问题，若考虑不周，会影响夹具装配、调试和维修的工艺性。设计人员应经常深入夹具制造部门、听取意见，积累经验，以求完美。

2．注意装配测量的工艺性

夹具的装配测量是夹具制造的重要环节。无论是用修配法或调整法装配，还是用检具检测夹具精度时，都应处理好基准问题。

为了使夹具的装配、测量具有良好的工艺性，应遵循基准统一原则，以夹具体的基面为统一的基准，以便于装配、测量，保证夹具的制造精度。

如图 5-3-2 所示的车床夹具，其垂直度、平行度公差的设计基准为夹具体的基面 B；其同轴度的设计基准为夹具体的基面 A，它们的基准统一且重合。如图 5-3-4 所示的铣床夹具所标注的平行度公差也以夹具体的底面为基准。如图 5-3-6 所示的垂直度公差如按基准重合原则，则应以 V 形块的标准圆为基准，但这种方法的工艺性较差。如图 5-3-8 所示的镗床夹具，其夹具体的基面 D 从理论上而言是与精度无关的，但为了使夹具的制造方便，仍应以此为统一的工艺基准。

图 5-4-9 所示为用检验棒测量镗模导向孔平行度的方法。装配时，可通过修刮支架的底面来保证镗模的中心高尺寸和平行度要求。

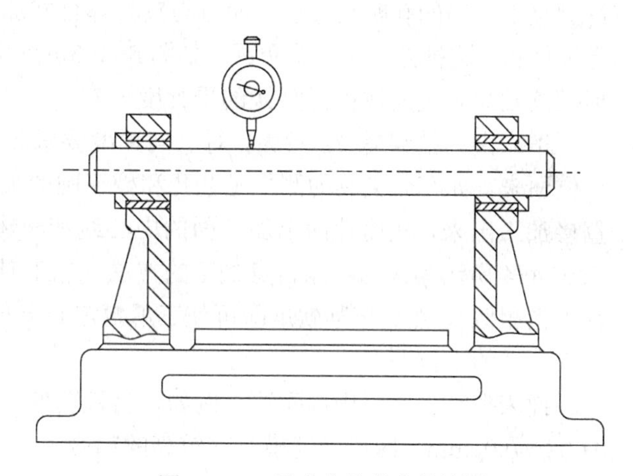

图 5-4-9　镗床夹具精度的检测

当夹具体的基面不能满足上述要求时，可设置工艺孔或工艺凸台。图 5-4-10 所示为两种常用的工艺方法。图 5-4-10（a）所示为测量 V 形架中心位置的工艺凸台，可控制其尺寸 A。当尺寸较复杂时，可用工艺孔控制，如图 5-4-10（b）所示的测量定位销座位置的工艺孔 k，当工件中心高为 44mm 时，可先设定工艺孔至定位座底面的高度尺寸为 60±0.05mm，工艺孔水平方向的尺寸 x 可计算得

$$x=(60-44)\tan30^\circ=27.71\text{mm}$$

图 5-4-10（c）所示为测量钻套位置的工艺孔，图中，l、a 为已知尺寸，L 为设定尺寸，则

$$x=(l-L/\tan a)\sin a$$

工艺孔的直径一般为 ϕ6H7、ϕ8H7、ϕ10H7 等。使用工艺孔或工艺凸台可以解决上述装配、测量中的问题。

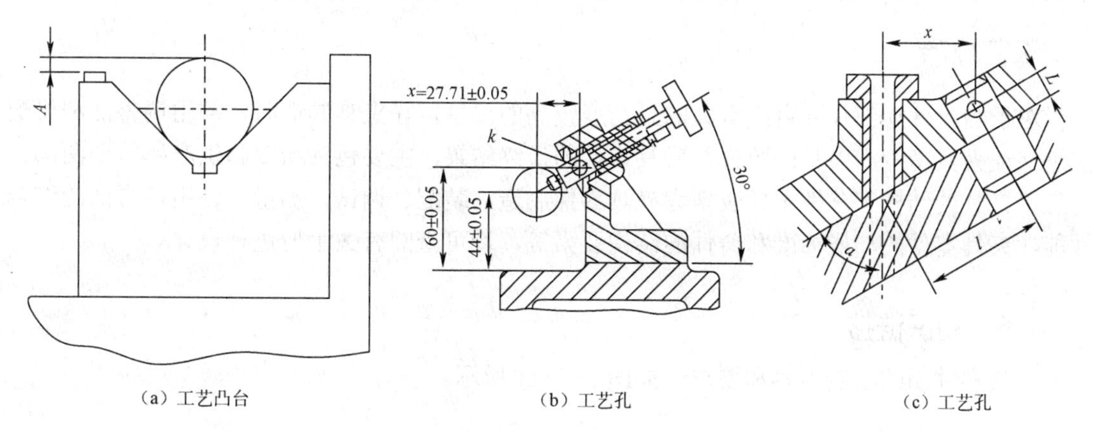

图 5-4-10　工艺凸台和工艺孔的应用

完成任务

保证夹具制造精度的方法

1. 修配法的应用

如图 5-4-1 所示，支承板和支承钉装配后，与夹具体合并加工定位面，以保证定位面对夹具体基面 A 的平行度公差。

图 5-4-2 所示为一钻床夹具保证钻套孔距尺寸为 10±0.02mm 的方法。在夹具体 2 和钻模板 1 的图样上分别注明“配作”字样，其中，钻模板上的孔可先加工至留 1mm 余量的尺寸，待测量出正确的孔距尺寸后，即可与夹具体合并加工出销孔 B。显然，原图上的 A_1、A_2 尺寸已被修正。这种方法又称为单配。如图 5-4-3 所示的铣床夹具也用相同的方法来保证 V 形块标准圆轴线对夹具体找正面 A 的平行度公差。

车床夹具的误差 ΔA 较大，对于同轴度要求较高的加工，即可在所使用的机床上加工出定位面来。如车床夹具的测量工艺孔和校正圆的加工，可通过过渡盘和所使用的车床连接后直接加工出来，从而使两个加工面的中心线和车床主轴中心重合，获得较精确的位置精度。图 5-4-4 所示为采用机床自身加工的方法。加工时，需夹持一个与装夹直径相同的试件（夹紧力也相似），然后车削软爪即可使三爪自定心卡盘达到较高的精度，卡盘重新安装时，需再加工卡爪的定位面。

镗床夹具也常采用修配法。例如，将镗套的内孔与所使用的镗杆的实际尺寸单配间隙在 0.008～0.01mm，即可使镗模具有较高的精度。

夹具的修配法都涉及到夹具体的基面，从而不致使各种误差累积，达到预期的精度要求。

2. 调整法的应用

将图 5-4-2 的钻模改为调整结构，则只要增设一个支承板（见图 5-4-5），待钻模板装配后再按测量尺寸修正支承板的尺寸 A 即可。

图 5-3-2 所示为角铁式车床夹具，由于角铁和夹具体做成整体式，要保证尺寸 60±0.005mm 是比较困难的，若将角铁和夹具体分离，在装配时，拼装调整或在整体式的角铁上加一调整垫板（支承板），通过调整高度尺寸这两种方法来保证尺寸 60±0.005mm 就较容易。

工艺技巧

对于与工件加工尺寸直接有关的且精度较高的部位，在夹具制造时，常用调整法和修配法来保证夹具精度。夹具的验证是夹具设计的最终结果，主要包括精度和生产率验证两部分内容。夹具的结构工艺性主要表现为夹具零件制造、装配、调试、测量、使用等方面的综合性能。夹具零件的一般标准和铸件的结构要素等，均可查阅有关手册进行设计。

知识链接

夹具零件图的绘制内容和要求，如图 5-4-11 所示。

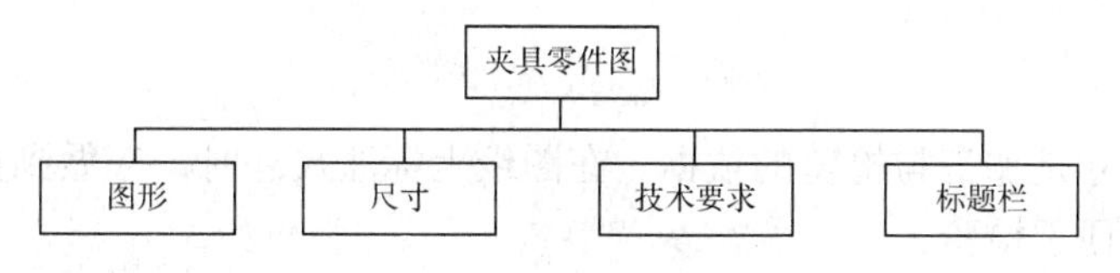

图 5-4-11　夹具零件图绘制内容

1. 图样绘制应符合国家制图标准

2. 选择和布置视图，现以如图 5-4-12 所示铰链压板为例说明

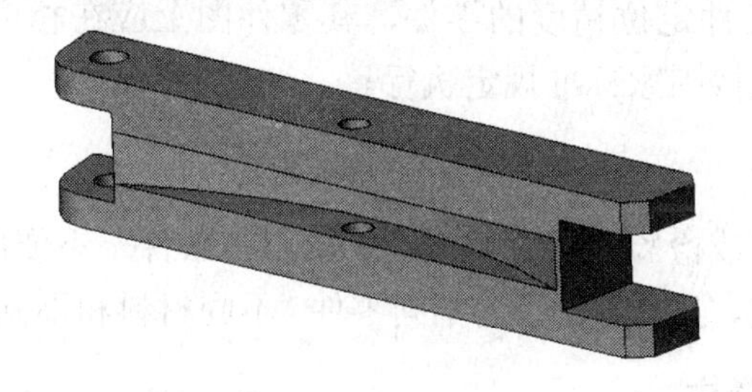

图 5-4-12　铰链压板

3. 优先采用 1:1 的绘图比例

铰链压板零件图如图 5-4-13 所示。

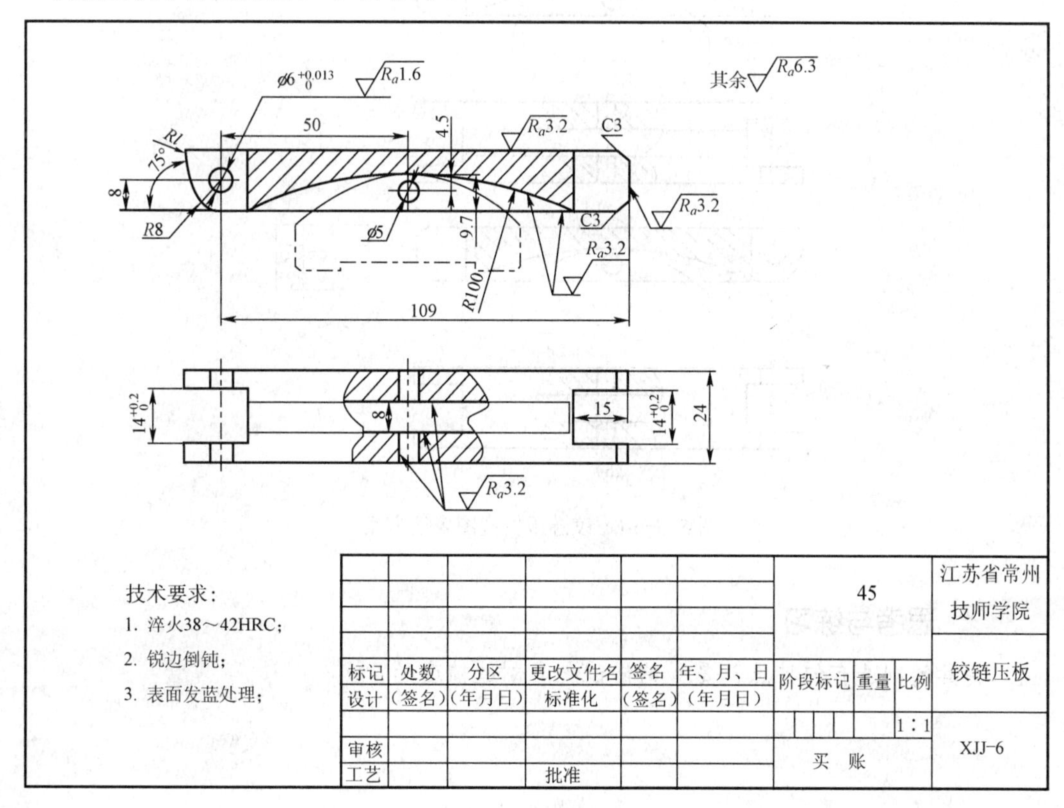

图 5-4-13　铰链压板零件图

4．标注尺寸

零件图上的尺寸是加工与检验的依据。在图纸上标注尺寸时，应做到正确、完整、书写清晰、工艺合理、便于检验。

对于在夹具中需要配合的尺寸或者要求精确地尺寸，应注出尺寸的极限偏差。

零件的所有表面（包括非加工表面）都应按照国家标准规定的标注方法注明表面粗糙度。如零件较多表面具有同一粗糙度时，可在图样右下角附近集中标注，并加“其余”字样，但仅允许标注使用最多的一种粗糙度。

对于在夹具中影响工件定位精度的零件，其零件图上应在相应位置标注必要的几何公差，具体数值和标注方法按国家标准规定执行。

5．编写技术要求

对于夹具零件在加工或检验时，必须保证的要求和条件，不便用图形或符号表示时，可在零件图技术要求中注出。它的内容根据不同零件、不同材料和不同的加工方法的要求而定。

6．画出零件图的标题栏

在图纸的右下角画出标题栏，用来说明夹具零件的名称、图号、数量、材料、绘图比例等内容，其格式按照国家标准规定执行，如图 5-4-14 所示。

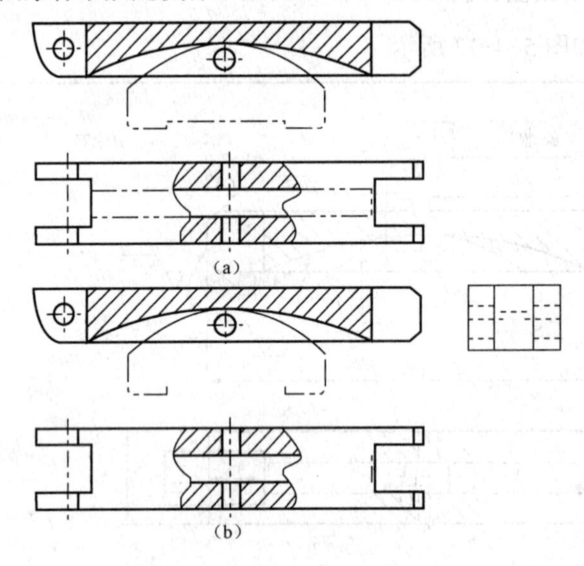

图 5-4-14　铰链压板视图表达方案

思考与练习

1．夹具的制造有何特点？是如何保证夹具制造精度的？

2. 什么叫夹具的验证？

3. 什么叫夹具的结构工艺性？

4. 按题 5-4-1（a）图所示的工序加工要求，验证钻模总图所标注的有关技术要求能否保证加工要求，如题 5-4-1（b）图所示？

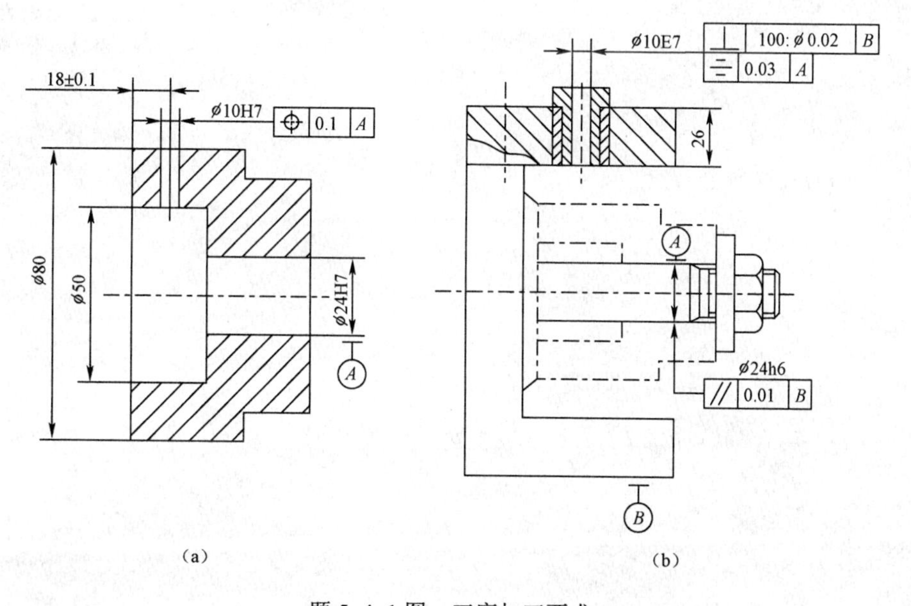

题 5-4-1 图　工序加工要求

5. 按如题 5-4-2 图所示的钻斜孔的钻模。已知工件尺寸 $D=\phi80$mm，$l=50$mm，$\alpha=45°$。设 $L=70$mm，求工艺孔尺寸 k 值？

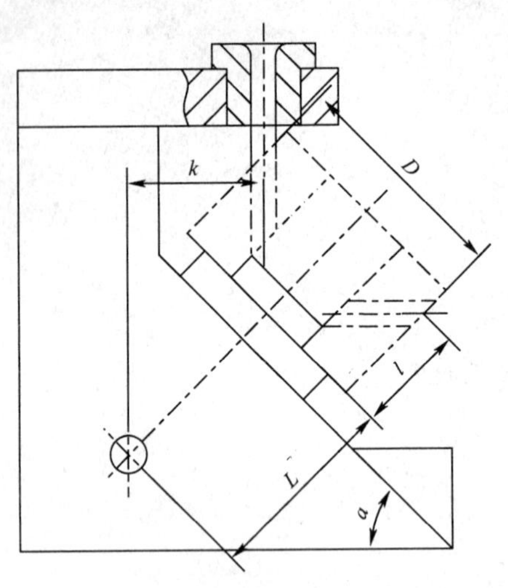

题 5-4-2 图　钻斜孔的钻模

模块六　现代机床夹具

如何学习

1．了解机床夹具的现状和发展方向。

2．学本模块之前，以常用的夹具图和模型为例观察现代机床夹具的结构和特点，分析其设计原理、方法、步骤与传统的专用夹具有何异同。

3．分析现代机床夹具的种类、功能和组成及与机床如何连接。

4．对照机床夹具实物和模型，思考夹具如何操作？

5．机床夹具的现状和现代机床夹具的发展方向；现代机床夹具有哪些种类？如何设计？

任务一　机床夹具的现状及发展方向

任务描述

夹具最早出现在 1787 年，随着科学技术的巨大进步及社会生产力的迅速提高，夹具已从一种辅助工具发展成为门类齐全的工艺装备。因此，要求我们从机床夹具的实际现状出发去了解现代机床夹具的发展方向。思考机床夹具的现状对机床夹具提出了哪些新的要求？

现代机床夹具的发展方向主要表现在哪几个面？

学习目标

【知识目标】

了解机床夹具的现状及现代机床夹具的发展方向。

【技能目标】

到生产现场参观数控机床等生产现场，了解机床夹具的操作及工作原理。

任务分析

学生已经学完了专用机床夹具设计，但现代生产要求企业所制造的产品品种经常更新换代，任务要求学生在了解机床夹具现状的同时，还要清楚现代机床夹具的发展方向。

完成任务

任务准备

一、机床夹具的现状

国际和生产研究协会的统计表明，目前，中小批多品种生产的工件品种已占工件种类总数的85%左右。现代生产要求企业所制造的产品品种经常更新换代，以适应市场激烈的竞争。然而，一般企业都仍习惯于大量采用传统的专用夹具，在一个具有中等生产力的工厂中，约拥有13000～15000套专用夹具；另一方面，在多品种生产的企业中，约隔4年就要更新80%左右的专用夹具，而夹具的实际磨损量仅为15%左右。特别是近年来，数控机床（NC）、加工中心（MC）、成组技术（GT）、柔性制造系统（FMC）等新技术的应用，对机床夹具提出了如下新的要求：

（1）能迅速而方便地装备新产品的投产，以缩短生产准备周期，降低生产成本。

（2）能装夹一组具有相似性特征的工件。

（3）适用于精密加工的高精度机床夹具。

（4）适用于各种现代化制造技术的新型机床夹具。

（5）采用以液压泵站等为动力源的高效夹紧装置，以进一步提高劳动生产率。

（6）提高机床夹具的标准化程度。

二、现代机床夹具的发展方向

现代机床夹具的发展方向主要表现为精密化、高效化、柔性化、标准化等四个方面。

1. 精密化

随着机械产品精度的日益提高，势必相应提高了对夹具的精度要求。精密化夹具的结构类型很多，例如，用于精密分度的多齿盘，其分度精度可达±0.1″；用于精密车削的高精度三爪自定心卡盘，其定心精度为5μm；精密心轴的同轴度可控制在1μm内，又如用于轴承套圈磨削的电磁无心夹具，工件的圆度可达0.2～0.5μm。

2. 高效化

高效化夹具主要用来减少工件加工的基本时间和辅助时间，以提高劳动生产率，减轻工人的劳动强度。常见的高效化夹具有自动化夹具、高速化夹具、具有夹紧动力装置的夹具等。例如，在铣床上使用电动虎钳装夹工件，效率可提高5倍左右；在车床上使用的高速三爪自定心卡盘，可保证卡爪在（试验）转速为900r/min的条件下仍能牢固地夹紧工件，从而使切削速度大幅度提高。

3. 柔性化

机床夹具的柔性化与机床的柔性化相似，它是指机床夹具通过调整、组合等方式，以适应工艺可变因素的能力。工艺的可变因素主要有工序特征、生产批量、工件的形状和尺寸等。具有柔性化特征的新型夹具种类主要有组合夹具、通用可调夹具、成组夹具、拼装夹具、随行夹具、数控机床夹具等。在较长时间内，夹具的柔性化将是夹具发展的主要方向。

4．标准化

机床夹具的标准化与通用化是相互联系的两个方面。在制订典型夹具结构的基础上，首先进行夹具元件和部件的通用化，建立类型尺寸系列或变型，以减少功能用途相近的夹具元件和部件的型式，屏除一些功能低劣的结构。通用化方法包括夹具、部件、元件、毛坯和材料的通用化。夹具的标准化阶段是通用化的深入，主要是确立夹具零件或部件的尺寸系列，为夹具工作图的审查创造良好的条件。目前，我国已有夹具零件及部件的国家标准：GB/T2148～T2259-91及各类通用夹具、组合夹具标准等。机床夹具的标准化，有利于夹具的商品化生产，有利于缩短生产准备周期，降低生产总成本。

完成任务

一、机床夹具的现状

一般企业都仍习惯于大量采用传统的专用夹具，但现代生产要求企业所制造的产品品种经常更新换代，经常要更新专用夹具，新技术的应用又对机床夹具提出了如下新的要求。

二、现代机床夹具的发展方向

现代机床夹具的发展方向主要表现为精密化、高效化、柔性化、标准化等四个方面。

工艺技巧

在现代生产条件下，随着产品品种更新换代的加快和新技术的应用对夹具提出了新的要求。现代机床夹具的发展向精密化、高效化、柔性化、标准化等四个方面发展。

知识链接

夹具制造的基本要求

1．保证夹具的质量

保证夹具的质量是指在正常生产条件下，按加工工艺过程所加工的夹具应达到设计图样上所规定的全部精度的要求，并能保证零件加工工序的加工要。

2．保证夹具的制造周期

夹具的制造周期是指在规定的时间内将夹具制造完毕。制造夹具时，在保证夹具精度的前提下，应力求制造周期短，以实际工件能按期生产。

3．保证夹具一定的使用寿命

夹具的使用寿命是指夹具在使用过程中的耐用度，一般用夹具加工合格工件数量为衡量标准。高的夹具使用寿命是衡量夹具制造质量的重要指标。

4．保证夹具制造成本低廉

夹具的制造成本是指夹具的制作费用。由于夹具是单件生产，在生产中不能按照批量组织生产，因此，夹具和制造成本较高。为了降低夹具的制造成本，应根据加工工件的生产批量，合理设计夹具的结构，制定合理的夹具的制造方案，尽可能降低夹具的制造成本。

思考与练习

1. 现代机床夹具的发展方向主要表现为哪几方面？

2. 什么称为夹具的柔性化？

任务二 成组夹具

任务描述

图 6-2-1 是铣削加工如图 6-2-2 所示工件的成组夹具，图 6-2-2 是小块薄片零件图，请思考工件如何在夹具上安装和调整？图 6-2-3 是成组车床夹具图，要求学生将这副夹具模型拆装一下，再思考其工作原理、看它由哪几部分组成，每一部分有什么特点？如何调整？然后展开想象：它的设计原理是什么？成组夹具结构怎样设计？

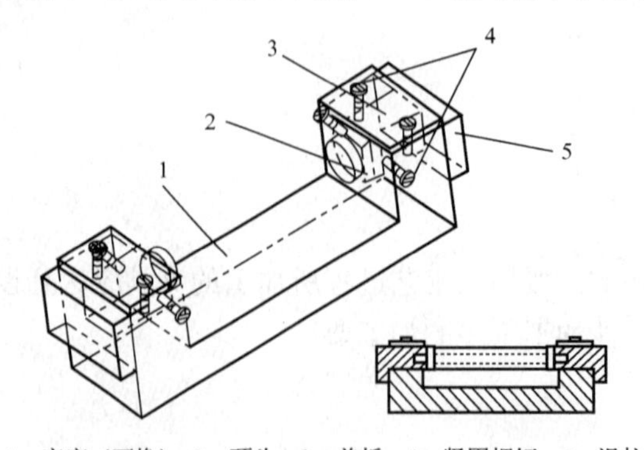

1—底座（可换）；2—顶头；3—盖板；4—紧固螺钉；5—滑柱

图 6-2-1 铣小块薄片零件工装示意图

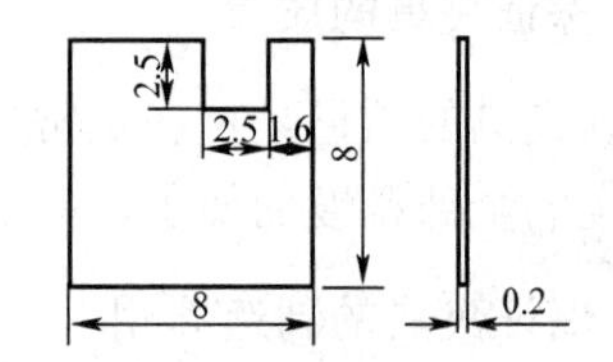

图 6-2-2 小块薄片零件图

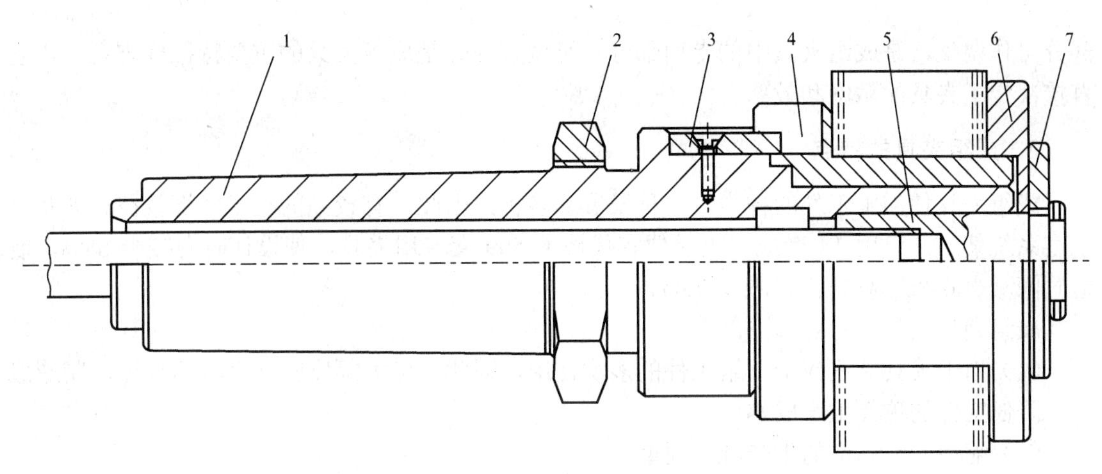

1—心轴体；2—螺母；3—键；4—定位套；5—滑柱；6—压圈；7—快换垫圈

图 6-2-3　成组车床夹具

学习目标

【知识目标】

掌握成组夹具的组成、结构及特点，了解其设计原理和步骤。

【技能目标】

到生产现场参观生产现场，拆装常见成组夹具，了解机床夹具的操作及工作原理。

任务分析

经过前面几个模块的学习，对常见机床夹具的工作原理及夹具的功能已经有了一定的认识，结合成组夹具模型及夹具实物进行拆分讲解后，有条件可根据需要到工厂现场对照多种机床夹具的实物讲解，了解成组夹具的结构及特点，掌握其设计原理、结构设计方法和步骤。

完成任务

基本概念

成组夹具是一种柔性化的可调夹具，也是一种专门化可调夹具。

一、成组夹具的结构及特点

1. 成组夹具的结构

成组夹具的结构由基础部分和可调部分组成。

（1）基础部分

基础部分包括夹具体、动力装置和控制机构等。基础部分是一组工件共同使用的部分。因此，基础部分的设计，决定了成组夹具的结构、刚度、生产效率和经济效果。

（2）可调部分

可调部分包括可调整的定位元件、夹紧元件和导向、分度装置等。按照加工需要，这一部分可作调整，是成组夹具中的专用部分。可调整部分是成组夹具的重要特征标志之一，它直接决定了夹具的精度和效率。

2．成组夹具的特点

成组夹具使加工工件的种类从一种发展到多种，因此，有较高的技术经济效益。如我国航空系统某厂，仅用 14 套成组夹具便宜代替了 509 套专用夹具，使设计时间减少 88%，制造时间减少 64%，材料消耗减少 73%。

成组夹具的主要特点如下：

（1）由于夹具能适应于一组工件的多次使用，因此，可大幅度降低夹具的设计、制造成本，降低工件的单件生产成本。

（2）缩短产品制造的生产准备周期。

（3）更换工件时，只需对夹具的部分元件进行调整，从而减少总的调整时间。

（4）对于新投产的工件，夹具只需添置较少的调整元件，从而节约大量金属材料，减少夹具的库存量。

二、成组夹具的设计原理

成组夹具是在成组工艺基础上，针对一组工件的一个或几个工序，按相似性原理专门设计的可调整夹具。

1．工件的相似性原理

成组工件的相似性原理主要有以下六个方面：

（1）工艺相似

工艺相似是指工件加工工艺路线相似，并能使用成组夹具等工艺装备。工艺相似程度不同的工件组，所用的机床也不相同，工艺相似程度较高的工件组使用多工位机床；工艺相似程度较低的工件组，则使用通用机床或单工序专用机床进行加工。

（2）装夹表面相似

因为夹紧力一般应和主要定位基准垂直，因此，定位基准的位置是确定成组夹具夹紧机构的重要依据之一。

（3）形状相似

形状相似包括工件的基本形状要素（外圆、孔、平面、螺纹、圆锥、槽、齿形等）和几何表面位置的相似。显而易见，工件的形状要素是成组夹具定位元件设计的依据。

（4）尺寸相似

尺寸相似是指工件之间的加工尺寸和轮廓尺寸相近。工件的最大轮廓尺寸决定了夹具基体的规格尺寸。

（5）材料相似

材料相似包括工件的材料种类、毛坯形式和热处理条件等。考虑到企业对有色金属的回收，一般不宜将非同种材料的工件安排在同一成组夹具上加工。对具有不同力学性能的材料，则要求夹具设置夹紧力可调的动力装置。

（6）精度相似

精度相似是指工件对应表面之间精度要相似。为了保持成组夹具的稳定精度，不同精度的工件不应划入同一成组夹具加工。

2．工件的分类归族

设计前，先要按相似性原理将工件分类归族和编码，建立加工工件组并确定工件组的综合工件。

（1）工件组是一组具有相似性特征的工件群，称为族。它们原分别属于各种不同种类的产品工件。图 6-2-4 所示为按相似性建立的两个拔叉工作组。图 6-2-4（a）、（b）两个工件组在外形上的主要差异是叉臂的宽窄不同和叉臂弯曲与否。工艺相似特征为铣端面，钻、铰孔，铣叉口平面，铣叉口圆弧面，钻、攻螺孔。用于这类工件的成组夹具，其调整方式较有规则。

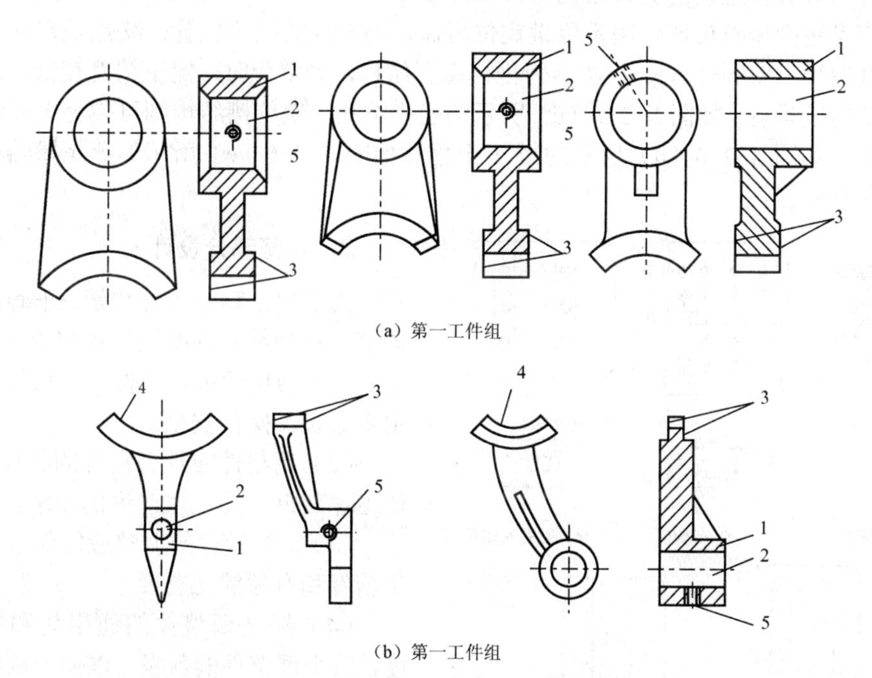

（a）第一工件组

（b）第一工件组

1—铣端面；2—钻、铰孔；3—铣叉口平面；4—铣叉口圆弧面；5—钻、攻螺孔

图 6-2-4　拔叉工件组

（2）综合工件又称为合成工件或代表工件。综合工件可以是工件组中一个具有代表性的工件，也可以是一个人为假设的工件。它们都必须包含工件组内所有工件的相似特征要素。假设的综合工件则需另行绘制工件图。图 6-2-5 所示为拔叉第一工件组的综合工件图，将其划分为四个定位夹紧调整组（Ⅰ、Ⅱ、Ⅲ、Ⅳ），实现铣端面、粗铣叉口平面、钻孔、精铣叉口平面、铰孔、镗叉口圆弧面六工位加工。

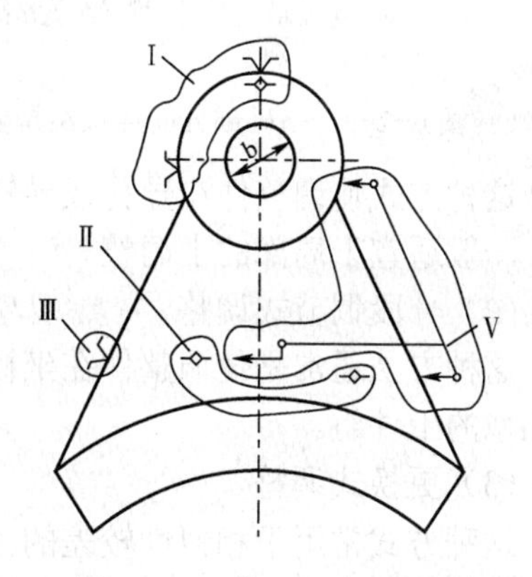

图 6-2-5　拔叉综合工件图

三、成组夹具的结构设计

1. 基础部分设计

基础部分的主要元件是夹具体，设计时，应注意结构的合理性和稳定性。应保证在加工组内轮廓尺寸较小的工件时，结构不至过于笨重；而加工轮廓尺寸较大工件时，要有足够的刚度。成组夹具的刚度不足往往是影响加工精度的主要原因之一。因此，夹具体应采用刚度较好的结构。

基础部分的动力装置，一般制成内装式。根据我国工艺技术的发展要求，应优先采用液压动力装置。

调整体与夹具体连接的五种结构形式如图 6-2-6 所示。图 6-2-6（a）所示为 T 形槽结构，其优点是更换调整迅速，用定位键定位可保证调整件的准确位置；缺点是尺寸较大，会增加夹具体厚度。图 6-2-6（b）所示为坐标螺孔结构，调整费时，定位精度较低，清除切屑困难，但结构较紧凑。如图 6-2-6（c）所示的坐标螺孔一定位槽结构则可弥补上述两种结构的部分缺点。如图 6-2-6（d）所示的短 T 形槽和如图 6-2-6（e）所示的燕尾槽结构均较紧凑，但工艺性较差。

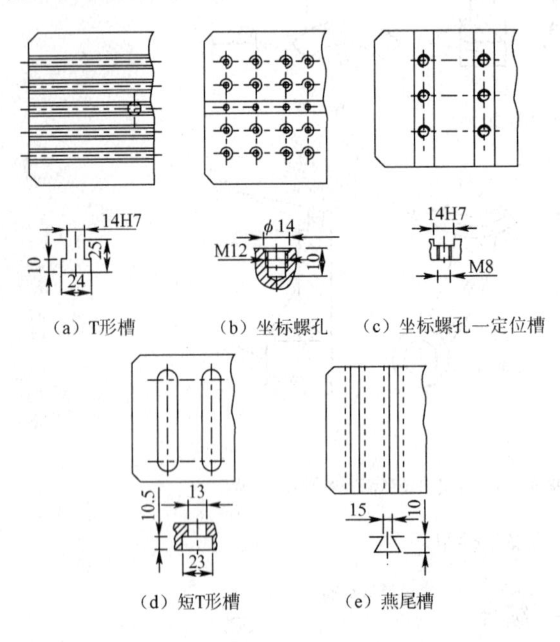

（a）T形槽　（b）坐标螺孔　（c）坐标螺孔一定位槽
（d）短T形槽　（e）燕尾槽

图 6-2-6　基础部分的连接结构要素

2. 调整部分设计

为了保证调整元件快速、正确地更换和调节，对调整元件的设计提出以下要求：

（1）结构简单，调整方便可靠，元件使用寿命长，操作安全。

（2）调整件应具有良好的结构工艺性，能迅速装拆，满足生产率的要求。

（3）定位元件的调整应能保证工件的加工精度和有关的工艺要求。

（4）提高调整件的通用化和标准化程度，减少调整件的数量，以便于成组夹具的使用和管理。

（5）调整件必须具有足够的刚度，尤其要注意提高调整件与夹具体间的接触刚度。

3. 成组夹具的调整方法

（1）连续调节式调整

这种方式使调整件在导孔或导轨中移位调节。用这种方法的调整时间较长，调整误差较大，一般适宜于局部的小调整。

（2）分段调节式调整

这种方法通常是使调整件在坐标孔系中相对定位调整。常用于基准尺寸相同，且结构形状相似的工件组。

（3）更换式调整

这种方式常用于相似性较差的工件组的定位调整。即将定位点集中在一个调整件上，该调整件相当于一个子夹具的功能，能稳定地保证工件的加工精度。

（4）综合式调整

综合式调整是上述方法的结合，调整要求较高。

为了减少调整时间，可酌情采用如图 6-2-7 所示的快速更换调整结构。图 6-2-7（a）所示为钥匙孔式快换结构。更换件 1 与基础板 3 由螺钉 2 连接，更换时拧松螺钉 2，再将更换件 1 右移即可卸下。图 6-2-7（b）所示为人字形心棒式更换件，可换钳口 6 制成人字形花键孔，并由钢球 4 保持其对压块 5 的工作位置。更换时，拧松螺母将钳口 6 回转 60° 即可。图 6-2-7（c）所示为可调压板，压板 7 的高度由齿条板 10 控制，并可由连接杆 11 更换调整。弹簧 9 使调整部分的齿块 8 嵌入齿条板 10 的齿纹中。调整时将压板 7 转一角度，齿块 8 即退出螺纹，调节至所需高度使齿块复位即可。该结构设计得紧凑，调整较为方便。图 6-2-7（d）所示为楔块式结构，定位销 15 由楔块 13 紧固在衬套 14 中，更换时只需放松内六角螺钉即可。

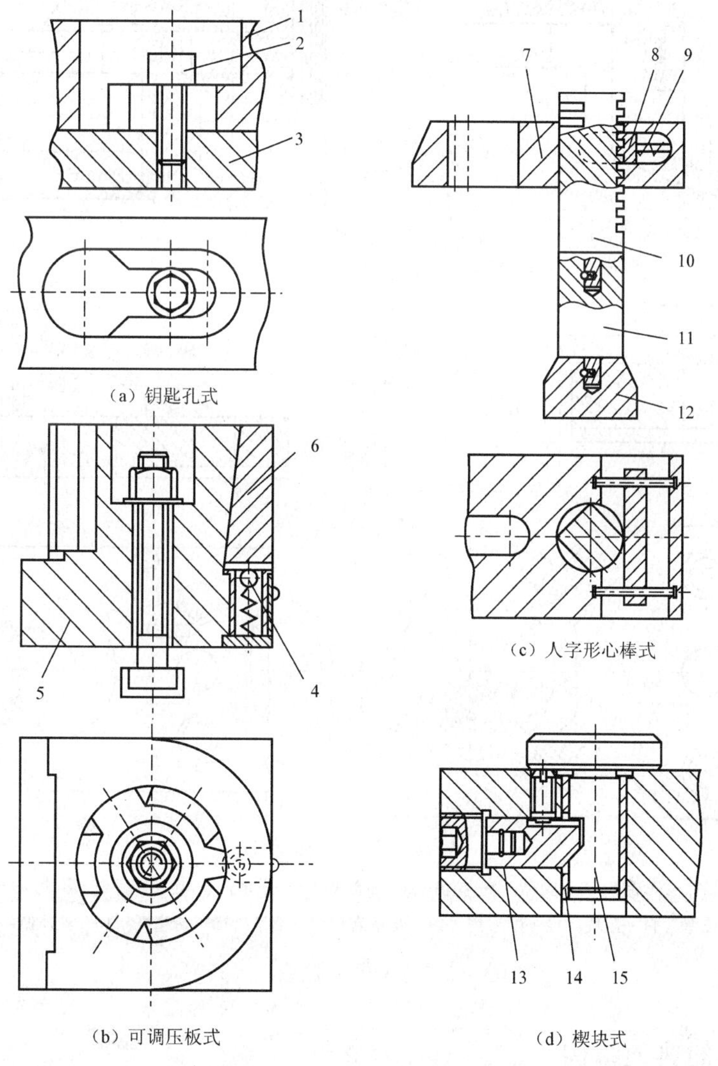

（a）钥匙孔式

（c）人字形心棒式

（b）可调压板式

（d）楔块式

1—更换件；2—螺钉；3—基础板；4—钢球；5—压块；6—钳口；7—压板；8—齿块；
9—弹簧；10—齿条板；11—连接杆；12—支块；13—楔块；14—衬套；15—定位销

图 6-2-7　快速调整机构

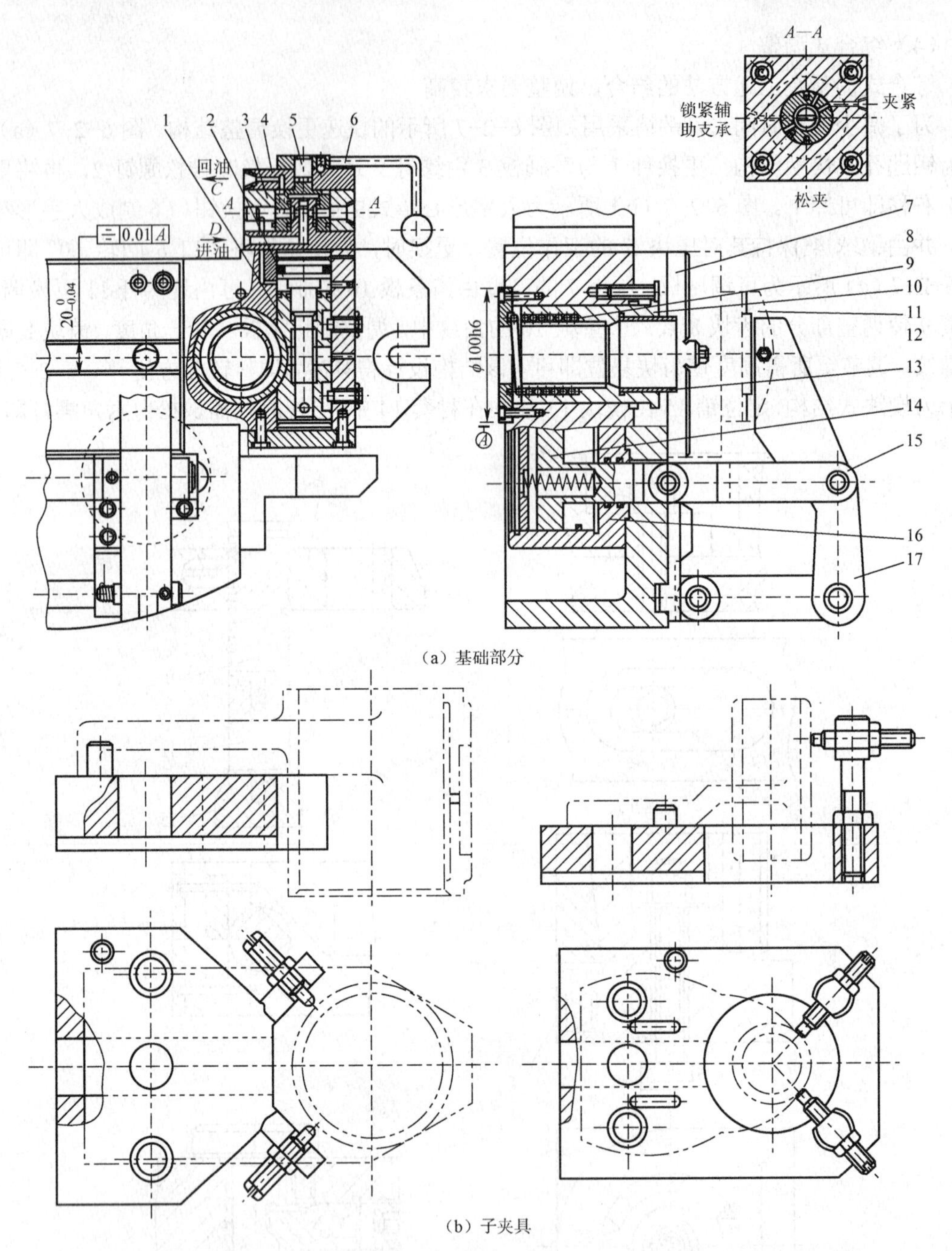

（a）基础部分

（b）子夹具

1—锁紧块；2—活塞；3—阀体；4—阀盖；5—分配阀；6—手柄；7—定位块；8—镙钉；9—弹簧；10—辅助支承；11—压块；12—削边销；13—支承套；14—活塞；15—活塞杆；16—液压缸；17—压板

图 6-2-8　双孔立镗成组夹具

四、成组夹具的典型结构

成组夹具的典型结构取决于成组加工的生产组织形式。通常，成组加工的形式有单机成组和成组加工单元等。单机成组是使用单一（通用或专用）机床完成工件组的单工序或多工序加工；成组加工单元是将机床布置在一个封闭单元中，以完成二组或多组工件加工。加工单元中的主要设备为多工位专用机床。

1．用于单机成组加工的成组夹具

图 6-2-8 所示为用于双孔立式专用镗床的成组夹具，用于加工支架工件组的垂直孔（见图 6-2-9）。

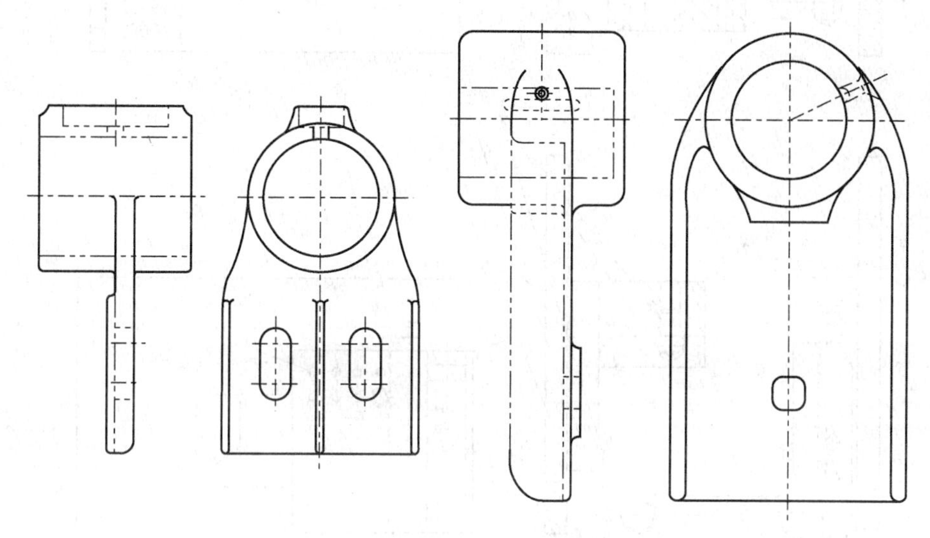

图 6-2-9　支架类工件组

本夹具采用更换式调整如图 6-2-8（b）所示，辅以局部的调节式调整。在夹具的基础部分如图 6-2-8（a）所示设置两套相同的连接元件和夹紧装置，液压动力装置压力为 20MPa。可更换的子夹具按不同工件设计。图 6-2-8（b）所示为两种子夹具结构，使用时，将子夹具在基础部分的定位块 7 和削边销 12 上相对定位，再用内六角螺钉紧固。这种结构更换方便、调整简单。为增加工件定位的刚度，将辅助支承 10 上的支承套 13 支承于工件下端，调整螺钉 8 可改变支承套 13 的支承位置。液压操纵程序要求先将工件夹紧，然后再锁紧辅助支承。上述程序的工作过程为扳动手柄 6，压力油由管道 *D* 经分配阀 5 进入液压缸 16，推动活塞 14 使活塞杆 15 移动，通过杠杆机构使压块 11 将工件夹紧，图 6-2-8（a）所示为夹紧状态时的油路通道位置。随后，另一路高压油进入锁紧液压缸，推动锁紧油塞 2 使锁紧块 1 把辅助支承 10 锁紧，便可进行加工。

2．用于成组加工单元主要机床的成组夹具

图 6-2-10 所示为用于拔叉成组加工单元的成组夹具。拔叉综合工件（见图 6-2-5）的相似性良好。其调整部分由四个调整组组成：第Ⅰ调整组由三个支承钉 1 组成，其中，支承钉 *C* 可在坐标孔系中调节相应位置。第Ⅱ调整组由两个支承钉 6 组成，可在定位板 5 的坐标孔系中作间断调节，其定位板 5 的凸件 *E* 可在钳口 3 的槽中移位调整。第Ⅲ调整组由支承钉 4 组成。第Ⅳ调整组为夹紧调整。工件由液压传动的钳口 7 实现夹紧。摆动式压板 10 上有两个夹紧点，调整时取下螺母 12，将螺杆 8 插入钳口 7 的坐标孔系 *F* 的孔中，然后再锁紧螺母 12 即可。夹紧点 11 的位置可在过渡板 9 的坐标孔系 *G* 中调整。

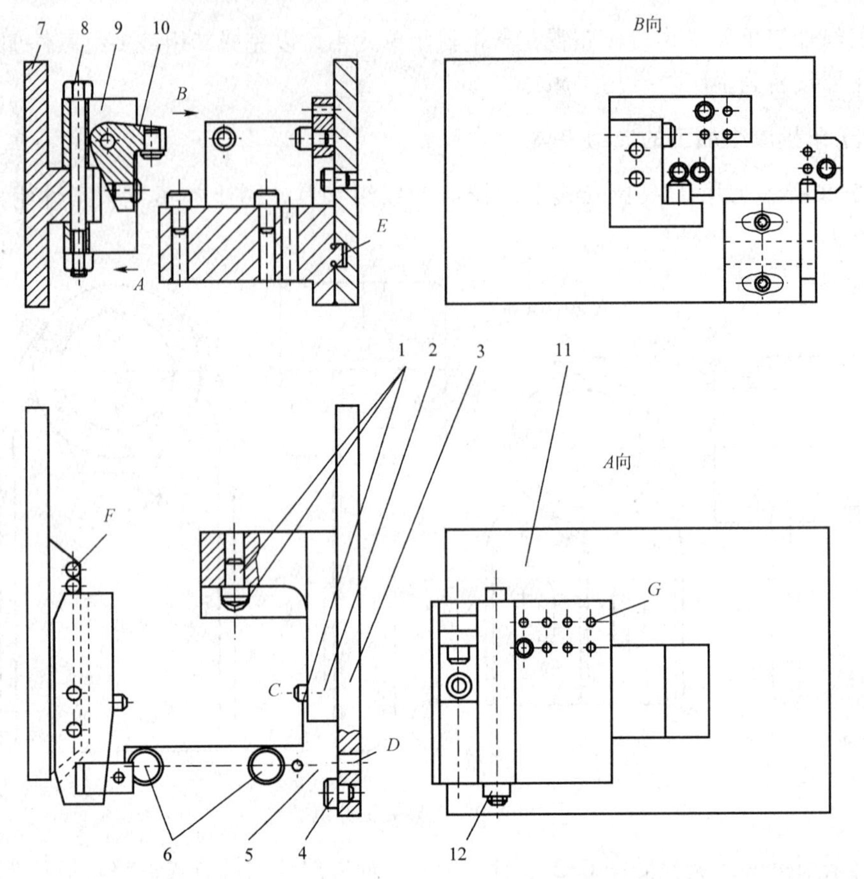

1、4、6—支承钉；2、5—定位板；3、7—钳口；8—螺杆；9—过渡板；10—压板；11—夹紧点；12—螺母

图 6-2-10　拔叉多工位加工成组夹具

五、成组夹具的设计步骤

1．建立成组夹具设计的资料系统

设计成组夹具的资料主要包括工件分类、分组资料及工件加工组清单；工件组的全部图样；工件组的成组工艺规程；成组夹具所使用的机床和刀具资料；成组夹具图册和有关标准资料；同类型新产品工件资料及成组夹具设计任务书等。

2．确定综合工件

在对同组工件结构工艺分析的基础上确定的综合工件必须符合两个基本要求：

（1）有相同的装夹方式。

（2）工件被加工面位置相同。通过对组内工件的定位夹紧分析，确定综合工件的定位、夹紧方案。

3．确定夹具形式

确定夹具形式包括确定成组的形式和具体的机床。考虑到机床负荷和夹具规格的大小，可对工件尺寸进行分段。尺寸范围较大且批量较大的工件组可分解成几个小工件组，以使夹具结构紧凑。

4．结构设计

主要包括以下六个方面内容：

（1）确定夹具调整部分的结构。

（2）确定夹具基础部分的结构。

（3）夹具的精度分析和夹紧力计算。

（4）绘制夹具总体结构草图。

（5）绘制夹具总图。

（6）成组夹具工艺审查。

下面用两例通用机床使用的成组夹具来说明成组夹具的设计。

例 1　图 6-2-11 所示为杠杆类工件组，工件以平面为主要定位基准。其他基准有三种：双孔如图 6-2-11（a）所示，一孔一外圆弧面如图 6-2-11（b）所示，一外圆面如图 6-2-11（c）所示。经分析选择如图 6-2-11（a）所示的杠杆为综合工件。工件组被加工孔径 D 的尺寸范围为ϕ10～25mm，拟在通用立式钻床上加工，采用手动夹紧。图 6-2-12 所示为杠杆类工件的成组钻模，分五个调整组：第Ⅰ调整组以定位销 2 和 T 形滑块 1 在 T 形基础板 3 上移位调整。第Ⅱ调整组采用更换式调整，压爪 5 与工件接触时通过锥面锁紧定心，更换压爪可满足多种定位夹紧要求。第Ⅲ调整组采用可移位的削边销 7 限制如图 6-2-11（a）所示工件的转动自由度。第Ⅳ调整组用于加工如图 6-2-11（c）所示的工件。第Ⅴ调整组为导向件调整，更换不同钻套可钻削不同的孔径。操作标准滑柱夹紧机构 9 的手柄 11，带动齿轮使齿条滑柱 10 向下压紧工件。

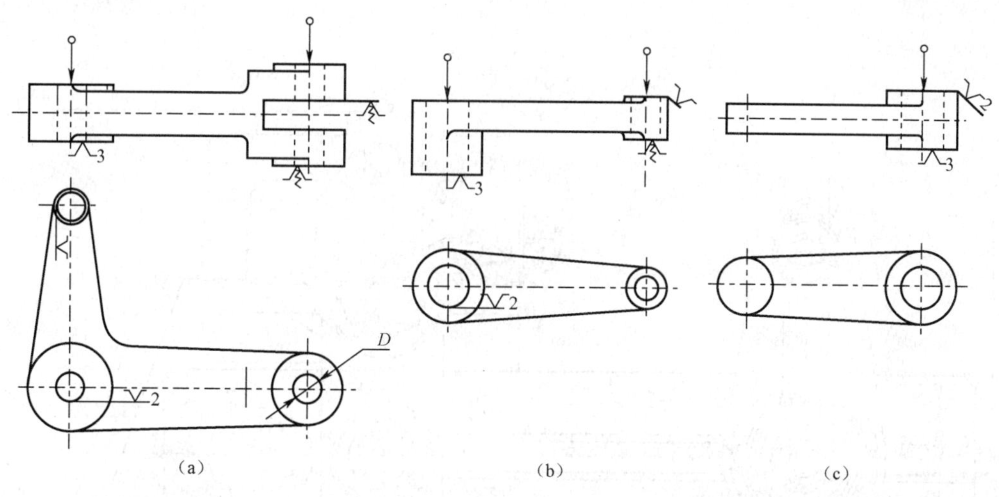

图 6-2-11　杠杆类工件组

例 2　图 6-2-13 所示为支架类工件组，用如图 6-2-14 所示的成组车床夹具车削支架的支承孔径。压紧组件 11 中的压块可更换并可调整夹紧高度。定位组件 10 通过ϕ20h6 和ϕ12h6 两圆销安装在角铁 7 上。定位组件采用更换调整。角铁 7 由螺杆 5 调整，在固定测量座之间可按工件所需中心距，垫上测量块进行调整。调整的中心距 H=20～80mm。

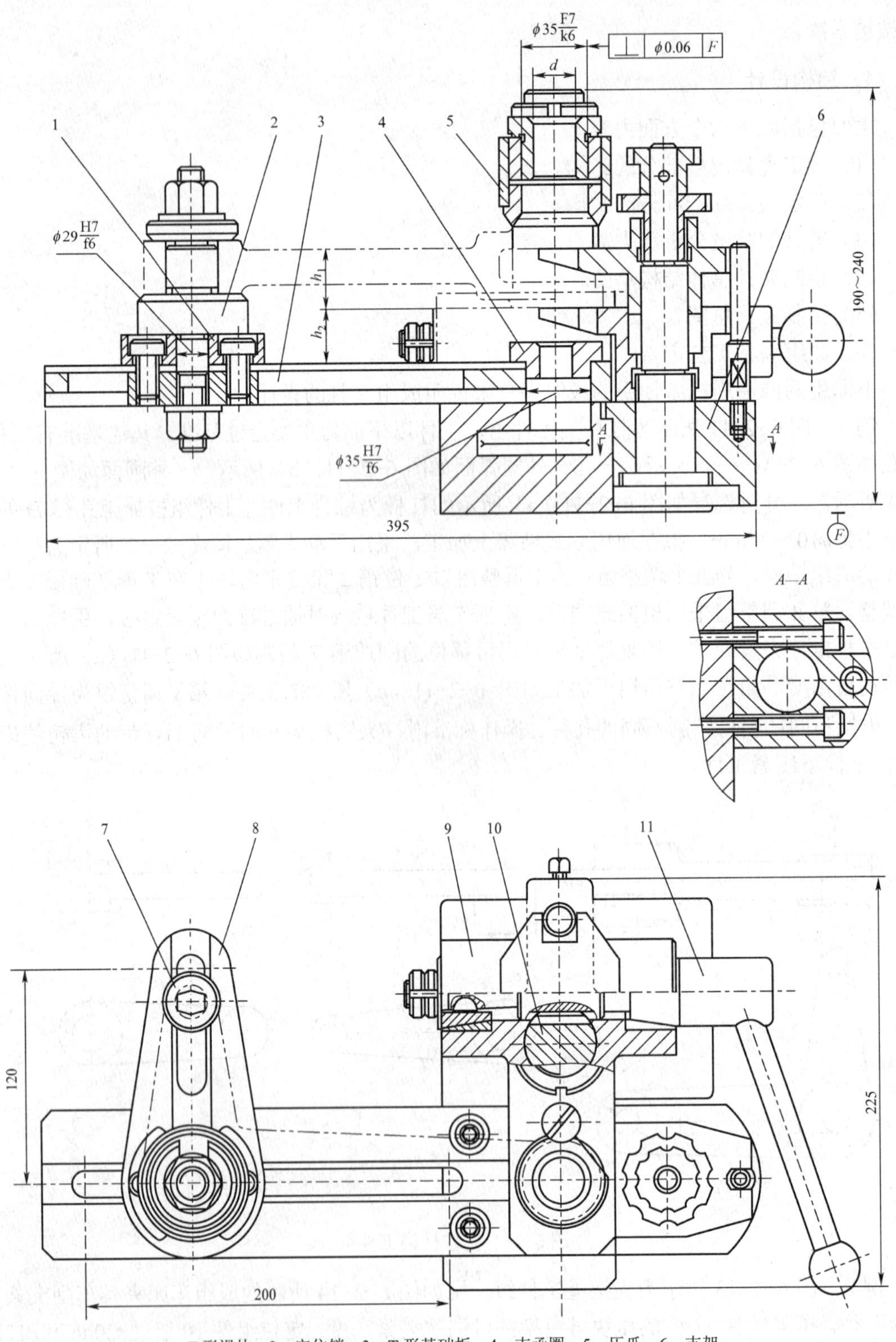

1—T 形滑块；2—定位销；3—T 形基础板；4—支承圈；5—压爪；6—支架；

7—削边销；8—悬臂板；9—滑柱夹紧机构；10—齿条滑柱；11—手柄

图 6-2-12　成组钻模

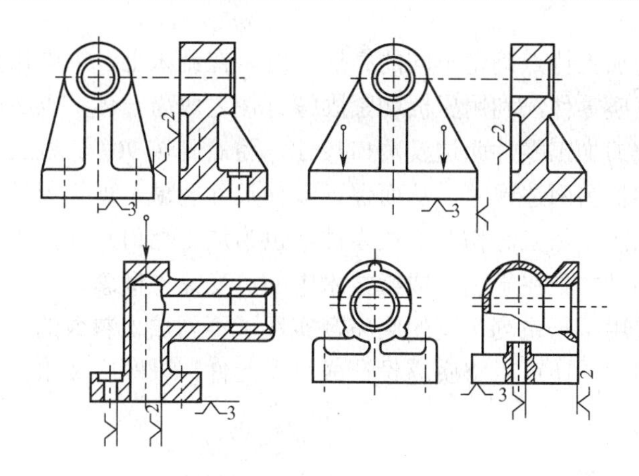

图 6-2-13　支架类工件组

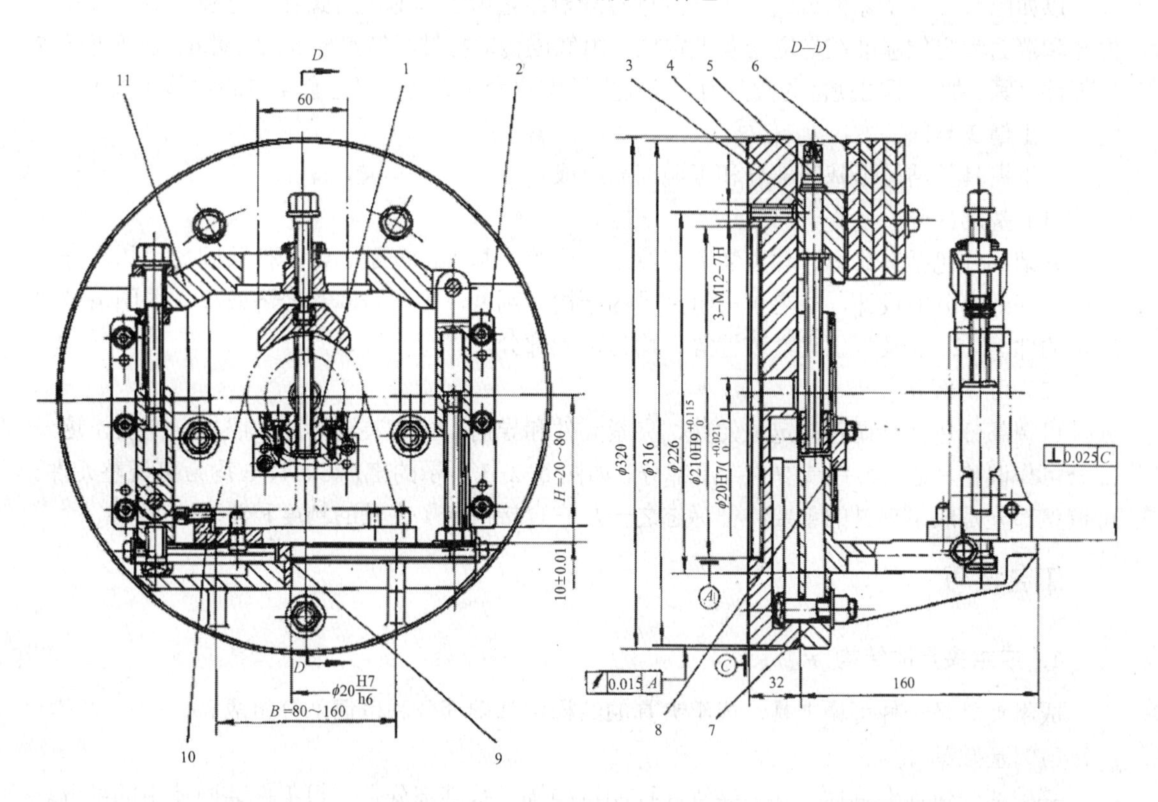

1—螺母；2—导向块；3、8—固定测量座；4—夹具体；5—螺杆；6—平衡块；

7—角铁；9—定位衬套；10—定位组件；11—压紧组件

图 6-2-14　成组车床夹具

完成任务

一、铣小块薄片零件成组铣床夹具

如图 6-2-1 所示，该工装的原理是通过安装在滑块上的可换顶头夹持一叠薄片零件坯料，可以根据不同材料的加工特点确定不同的叠层厚度。在铣床上，以虎钳夹持两端滑块，随后根据厚度尺寸选用底座零件，利用压板和紧固螺钉使之成为一体，以底座零件底面为基准装夹，就可以使用立铣刀加工零件两边及豁口尺寸，随后侧转 90°，以底座零件侧面为基准。同样，立铣刀加工零件另两边尺寸，从而保证零件尺寸要求。顶头零件前端与薄片零件一同加工至尺寸，既可以防止加工时伤及滑块零件，也为加工豁口尺寸提供了丈量基准。

此工装设计的巧妙之处在于利用成组技术中的可变元件概念，针对此类零件批量较为固定的特点，设计中采用了一系列可变的底座，实现了不同加工参数的工装标准化。在变批量类似零件加工的应用中，还可以将底座设计成可调元件，以顺应要求。

二、成组车床夹具

以如图 6-2-3 所示的成组车床夹具进行分析：它用于车削一组阀片的外圆。多件阀片以内孔和端面为定位基准在定位套 4 上定位，由气压传动拉杆，经滑柱 5、压圈 6、快换垫圈 7 使工件夹紧。加工不同规格的阀片时，只需更换定位套 4 即可。定位套 4 与心轴体 1 按 H6/h5 配合，由健 3 紧固。

成组夹具的结构由基础部分和可调部分组成。

（1）基础部分

基础部分包括夹具体、动力装置和控制机构等。基础部分是一组工件共同使用的部分。因此，基础部分的设计，决定了成组夹具的结构、刚度、生产效率和经济效果。如图 6-2-3 所示的件 1、2、5 及气压夹紧装置等，均为基础部分。

（2）可调部分

可调部分包括可调整的定位元件、夹紧元件和导向、分度装置等。按照加工需要，这一部分可作调整，是成组夹具中的专用部分。如图 6-2-3 所示的工件 3、4、6 均为可调整元件。可调整部分是成组夹具的重要特征标志之一，它直接决定了夹具的精度和效率。

工艺技巧

1．成组夹具的结构

成组夹具是一种可调夹具，成组夹具的结构由基础部分和可调部分组成。

（1）基础部分

基础部分包括夹具体、动力装置和控制机构等。基础部分是一组工件共同使用的部分。

（2）可调部分

成组夹具的可调部分包括可调整的定位元件、夹紧元件和导向、分度装置等。

2．成组夹具的设计原理

成组夹具是在成组工艺基础上，针对一组工件的一个或几个工序，按相似性原理专门设计的可调整夹具。

1）工件的相似性原理

（1）工艺相似：工艺相似是指工件加工工艺路线相似，并能使用成组夹具等工艺装备。

（2）装夹表面相似：因为夹紧力一般应与主要定位基准垂直。因此，定位基准的位置是确定成组夹具夹紧机构的重要依据之一。

（3）形状相似：形状相似包括工件的基本形状要素（外圆、孔、平面、螺纹、圆锥、槽、齿形等），如几何表面位置的相似。

（4）尺寸相似：尺寸相似是指工件之间的加工尺寸和轮廓尺寸相近。工件的最大轮廓尺寸决定了夹具基体的规格尺寸。

（5）精度相似：精度相似是指工件对应表面之间公差等级相近。为了保持成组夹具的稳定精度，不同精度的工件不应划入同一成组夹具加工。

2）工件的分类归族

设计前，先要按相似性原理将工件分类归族和编码，建立加工工件组并确定工件组的综合工件。

（1）工件组：是一组具有相似性特征的工件群，称为族。

（2）综合工件：又称为合成工件或代表工件。综合工件可以是工件组中一个具有代表性的工件，也可以是一个人为假设的工件。

3．成组夹具的结构设计

1）基础部分设计

基础部分的主要元件是夹具体。设计时，应注意结构的合理性和稳定性。应保证在零件族内轮廓尺寸较小的工件时，结构不至过于笨重；而加工轮廓尺寸较大工件时，要有足够的刚度。

2）调整部分设计

为了保证调整元件快速、正确地更换和调节，对调整元件的设计提出以下要求：

（1）结构简单，调整方便可靠，元件使用寿命长，操作安全。

（2）调整件应具有良好的结构工艺性，能迅速装拆，满足生产率的要求。

（3）定位元件的调整应能保证工件的加工精度和有关的工艺要求。

（4）提高调整件的通用化和标准化程度减少调整件的数量，以便于成组夹具的使用和管理。

4．成组夹具的典型结构

成组夹具的结构形式取决于成组加工的生产组织形式。通常，成组加工的形式有单机成组和成组加工单元等。图 3-79 所示为双孔立镗成组夹具。

（1）单机成组：是使用单一（通用或专用）机床完成工件组的单工序或多工序加工。

（2）成组加工单元：是将机床布置在一个封闭单元中，来完成二组或多组工件加工。加工单元中的主要设备为多工位专用机床或加工中心。

5．成组夹具的设计步骤

1）建立成组夹具设计的资料系统

设计成组夹具的资料主要包括如下：

（1）工件分类、分组资料及工件加工组清单。

（2）工件组的全部图样；工件组的成组工艺规程。

（3）成组夹具所使用的机床和刀具资料。

（4）成组夹具图册和有关标准资料；同类型新产品工件资料及成组夹具设计任务书等。

2）确定综合工件

通过对组内工件的定位夹紧分析，确定综合工件的定位、夹紧方案。

3）确定夹具形式

确定夹具形式包括确定成组的形式和使用的机床。考虑到机床负荷和夹具规格的大小，可对工件尺寸进行分段。尺寸范围较大且批量较大的工件组可分解成几个小工件组，以使夹具结构紧凑。

4）结构设计

（1）确定夹具调整部分的结构。

（2）确定夹具基础部分的结构。

（3）夹具的精度分析和夹紧力计算。

通用可调夹具简介

一、通用可调夹具的特点

通用可调夹具是在通用夹具的基础上发展的一种可调夹具，目前尚未商品化。因此，在使用上受到一定的限制。与通用夹具、成组夹具相比，有以下特点：

（1）通用可调夹具适应的加工范围更广。

（2）适应于不同生产类型工件的加工。

（3）调整的环节增多，调整较费时。

二、通用可调夹具的典型结构

通用可调夹具常见的结构有通用可调虎钳、通用可调三爪自定心卡盘、通用可调钻模等。

图 6-3-15（a）所示为采用机械增力机构通用可调气动虎钳。当气源压力为 0.45MPa 时，夹紧力达 1270N。夹紧时活塞 7 左移，使杠杆 6 作逆时针方向摆动，并经活塞杆 5、螺杆 4、活动钳口 3 夹紧工件。活动钳口可作小角度摆动，以补偿毛坯面的误差。钳口夹紧范围为 20～100mm，最大加工长度为 200mm。按照工件的不同形状可更换件 1、2。更换件部分为 T 形槽结构。图 6-3-15（b）、（c）所示为两种更换调整件供设计时的参考。

图 6-3-16（a）所示为通用可调三爪自定心卡盘，规格有ϕ250mm、ϕ320mm、ϕ400mm 三种。螺杆 1 与气动装置连接，螺母 2 中的弹簧制动销 3 可防止螺杆在卡盘工作过程中松动。螺杆 1 经套筒 4、杠杆 5、卡爪 7 将工件定心夹紧。活塞回程时，卡爪 7 沿套筒 4 的斜面退出，将工件松开。图 6-3-16（b）所示为卡爪用于装夹小直径工件。图 6-3-16（c）所示为卡爪用于装夹大直径工件。图 6-3-16（d）所示为卡爪用于装夹台阶外圆。

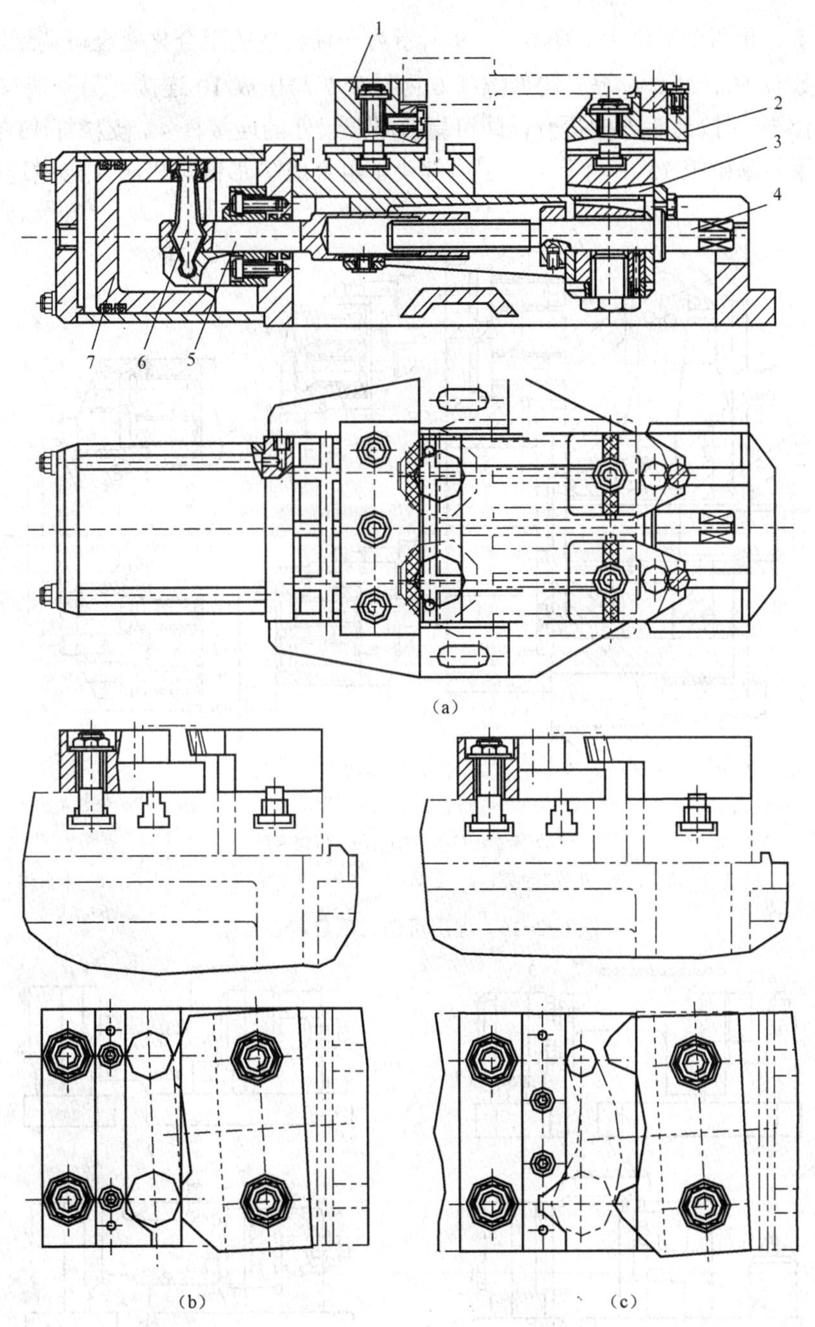

1、2—可更换调整件；3—活动钳口；4—螺杆；5—活塞杆；6—杠杆；7—活塞

图 6-2-15　通用可调气动虎钳

三、通用可调夹具的调整

通用可调夹具常采用复合调整方式。它是利用多种通用调整元件的组合和变位实现调整的。图 6-3-17 所示为通用虎钳的调整件，主要由 V 形块 1、定位钳口 2 和夹紧钳口 3 等组成。通过适当组合变位，工件便可获得五个工位。图 6-3-18 所示为又一实例，其钳口可使

工件装夹在Ⅰ、Ⅱ两个工位上。图 6-2-19 所示为一种典型的组合化复合可调螺旋压板机构，主要调整参数有 H_1、H_2、L 等。钩形螺杆 6 由衬套 7 与压板 10 连接，另一端与连接杆 4 连接，将连接套 5、3 按箭头方向提升，即可更换不同尺寸的连接杆 4。支撑杆 13 有几种尺寸，供调整时使用。基础板 15 由两个半工字型健块 1 组合成 T 形键与机床 T 形槽连接。

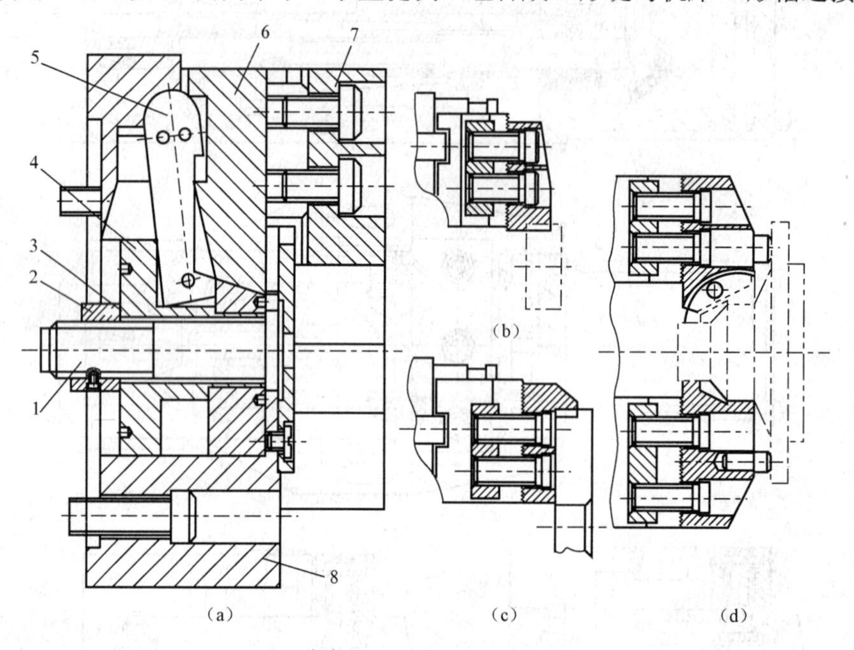

(a) 卡盘；(b)、(c)、(d) 可调卡爪

1—螺杆；2—螺母；3—弹簧制动销；4—套筒；5—杠杆；6—卡爪座；7—卡爪；8—卡盘体

图 6-2-16　通用可调三爪自定心卡盘

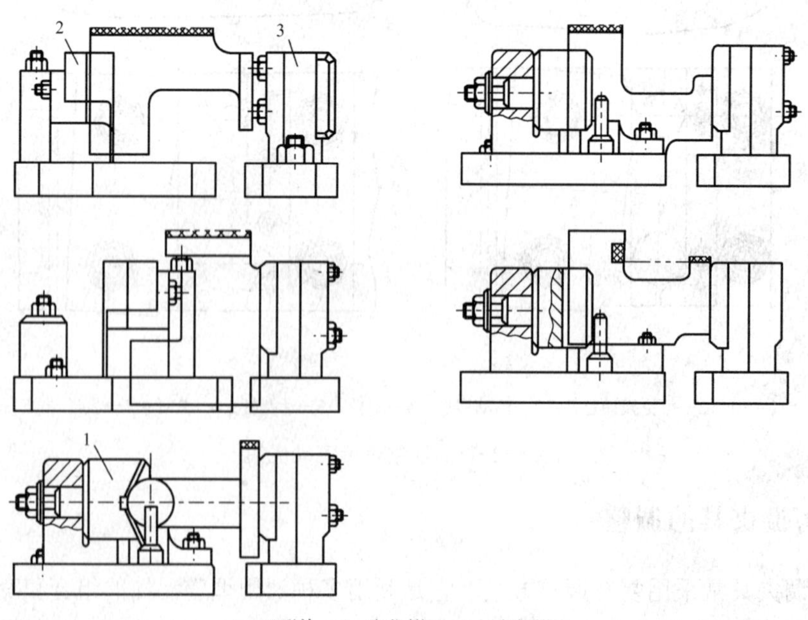

1—V 形块；2—定位钳口；3—夹紧钳口

图 6-2-17　五工位复合调整

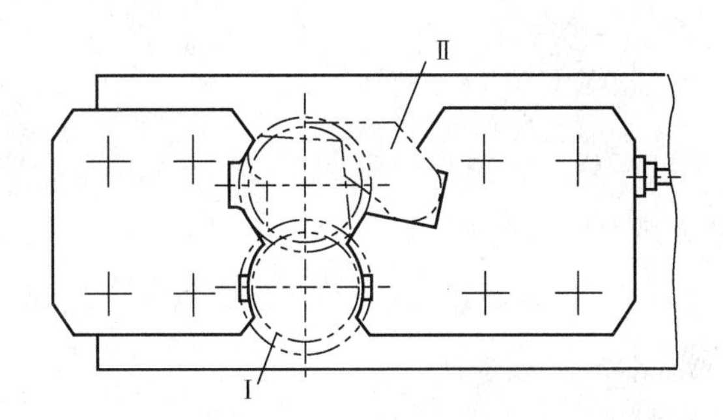

图 6-2-18　二工位复合调整

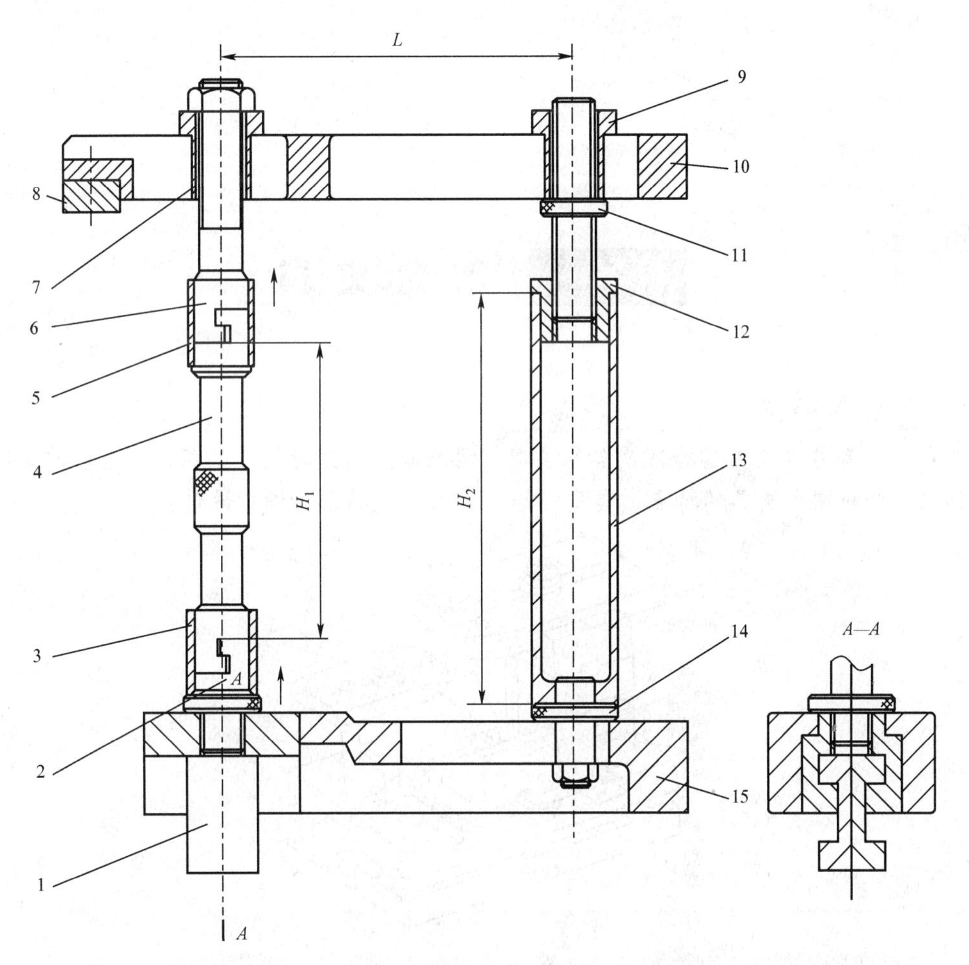

1—半工字型键块；2—钩形件；3、5—连接套；4—连接杆；6—钩形螺杆；7、9—衬套；
8—压块；10—压块；11—螺杆；12—螺套；13—支撑杆；14—螺钉；15—基础板

图 6-2-19　复合调整螺旋压板

思考与练习

1. 什么叫成组夹具？成组夹具由哪几部分组成？各组成部分有何功用？

2. 成组夹具的调整方法有哪几种？

3. 工件分类归族的主要内容包括哪些方面？

任务三 组合夹具

任务描述

图 6-3-1 和 6-3-2 是组合成的钻床夹具，要求学生通过对模型的拆装，结合前面所讲的夹具知识，分析组合夹具的特点、类型、组装方法、能够进行模拟设计。

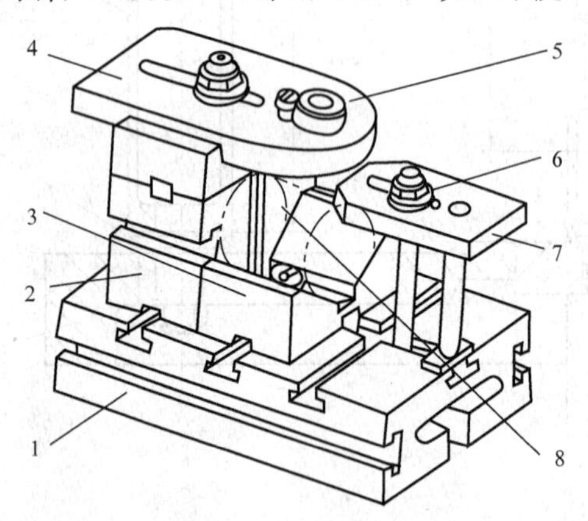

1—长方形基础板；2—方形支承；3—V 形架；4—钻磨板；5—钻套；6—压紧螺母；7—压板；8—工件

图 6-3-1 组合钻床夹具

学习目标

1. 了解组合夹具的特点和组合夹具系统。
2. 掌握 T 形槽组合夹具的系列和基本要求、元件的分类、组装。
3. 了解孔系组合夹具的特点。

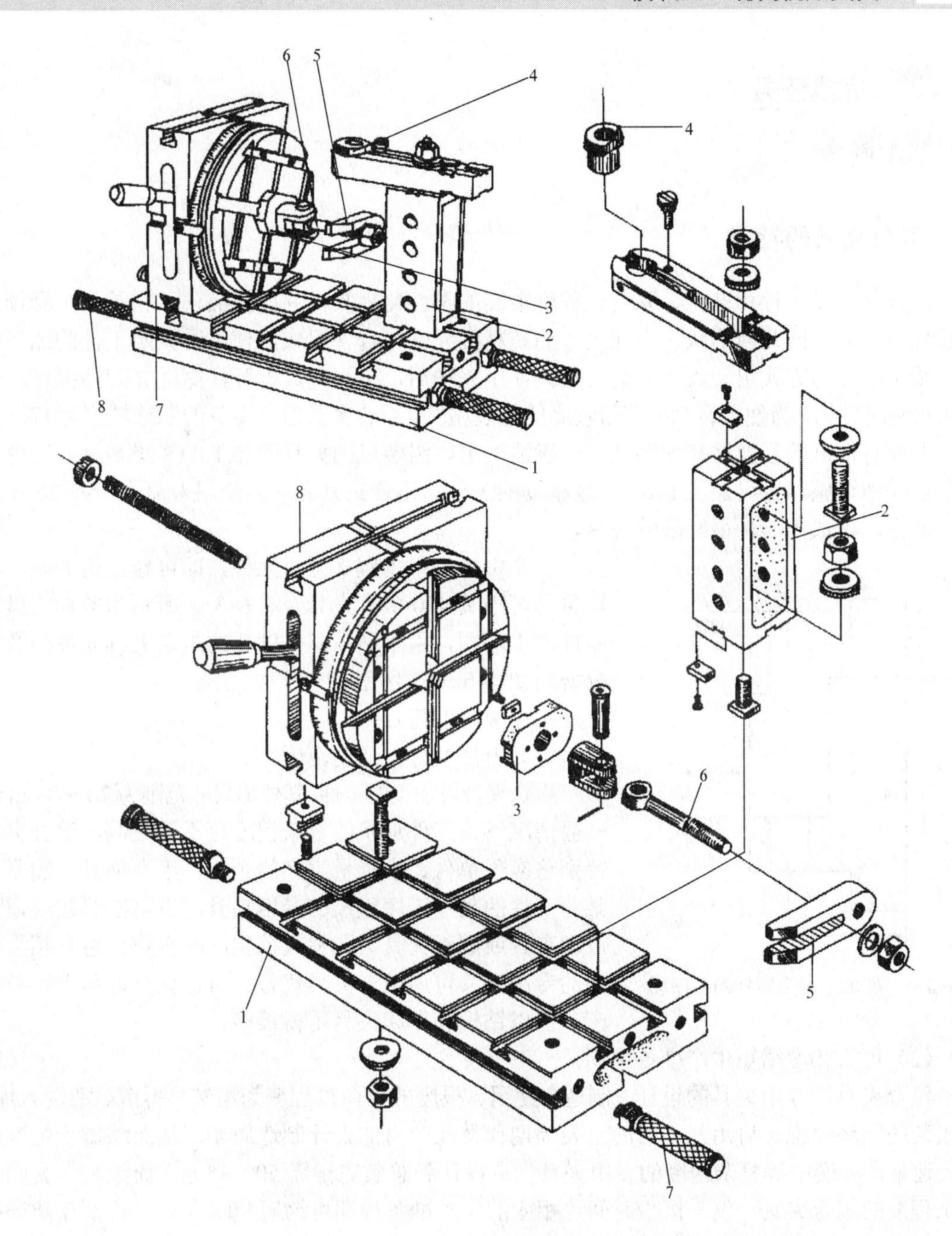

1—基础件；2—支承件；3—定位件；4—导向件；5—夹紧件；6—紧固件；7—其他件；8—合件

图 6-3-2　钻盘类零件径向孔的组合夹具

任务分析

任务要求学生对结合组合夹具模型或实物、前面所讲的几种夹具实例、能对工厂的机床夹具按照系统分类，了解组合夹具的特点及组装方法，有条件可到工厂现场对照机床夹具的实物讲解。

完成任务

基本概念

一、组合夹具的特点

组合夹具是一种标准化、系列化程度很高的柔性化夹具，并已商品化。它是由一套预先制造好的具有不同几何形状、不同尺寸的高精度元件与合件组成。使用时按照工件的加工要求，采用组合的方式组装成所需的夹具。使用完毕后，可将夹具拆开，擦洗并归档保存，以便再组装时使用。为便于组合并获得较高的组装精度，组合夹具组件本身的制造精度为IT6～7级，并要有很好的互换性和耐磨性。一般情况下，组装成的夹具能加工IT8级精度的工件，如经过仔细调整，也可加工IT6～7级精度的工件。组合夹具元件的使用寿命为15～20年，选用得当，可成为一种很经济的夹具。

一个中型工厂备置2万个元件，即可建立组装站，平均每月可组装400多套夹具。图6-3-3所示为被加工盘类零件的工序图，用来钻径向分度孔的组合夹具立体图及其分解图如图6-3-2所示。

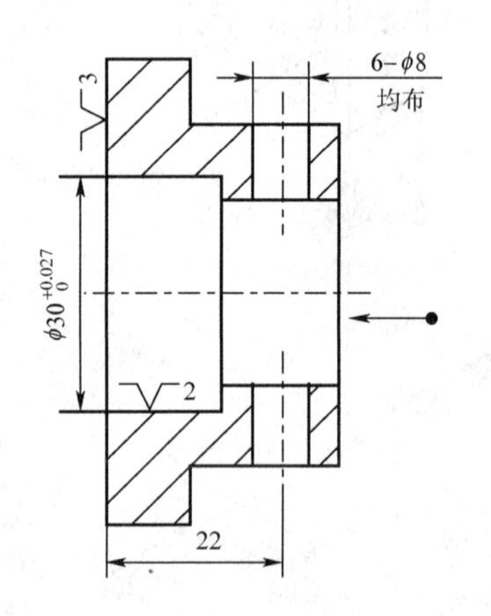

图6-3-3　被加工盘类零件的工序图

组合夹具的特点：

（1）万能性好，适用范围广。

组合夹具可加工的工件，其外形尺寸范围为20～600mm。一般情况下，工件形状的复杂程度可不受限制，组合夹具特别适应于单件、小批量生产的企业。组合夹具一般是为某一工件的某一工序组装的专用夹具，也可以组装成通用可调夹具或成组夹具。即使大批生产的企业，也有相当比例的专用夹具可用组合夹具代替。组合夹具适用于各类机床，但以钻模和车床夹具用得最多。

（2）可大幅度缩短生产准备周期。

组合夹具把专用夹具的设计、制造、使用、报废的单向过程变为组装、拆散、清洗入库、再组装的循环过程。可用几小时的组装周期代替几个月的设计制造周期，从而缩短了生产周期；通常，一套中等复杂程度的专用夹具，从设计到总装完毕需50～150h，而组装一套同等复杂程度的组合夹具，仅需极少时间，相应的生产准备周期可缩短90%左右。特别在新产品试制过程中，组合夹具具有明显的优越性。

（3）使用组合夹具后，减少了专用夹具的成本，从而降低产品的制造成本。

（4）减少了夹具的库存面积。专用夹具的数量随着产品的更新将逐年累积，需较大的库存面积；而组合夹具的库存面积为一常数，且易于管理。

（5）组合夹具的元件精度高、耐磨，并且实现了完全互换，元件精度一般为IT6～IT7级。用组合夹具加工的工件，位置精度一般可达IT8～IT9级，若精心调整，可以达到IT7级。

（6）组合夹具的外形尺寸较大，结构较笨重、刚度较低，一次投资多，成本高，这使组合夹具的推广应用受到一定限制。

二、组合夹具系统

根据组合夹具组装连接基面的形状，可将其分为槽系和孔系两大类。

槽系组合夹具的连接基面为T形槽，元件由键和螺栓等元件定位紧固连接。孔系组合夹具的连接基面为圆柱孔和螺孔组成的坐标孔系，即通过孔和销来实现元件间的定位。

组合夹具的结构经过几十年的发展，在世界各工业国家已逐步形成了若干独立系统。槽系组合夹具有英国的“华尔通”（Wharton）系统，由560种元件组成，其结构紧凑、通用性好。俄罗斯的“乌斯贝”（YCII）系统，它由495种类型、2504种规格的元件组成。我国不少工业城市建立了组合夹具制造厂，其系统沿用YCII系统。孔系组合夹具用于装夹小型精密工件，由于它便于计算机编程，所以特别适合于加工中心、数控机床等加工。较著名的有德国的“蔡司”（Zeiss）系统等。

三、T形槽系组合夹具的系列和基本要素

1．T形槽系组合夹具的系列

T形槽系组合夹具分大型、中型、小型三种系列。一般机床制造、拖拉机制造、纺织机械制造等企业，常用中型系列。大型系列用于重型机械制造、造船等生产部门。仪表、仪器和电讯电子等部门主要用小型系列。组合夹具两相邻系列可混合组装。

三种系列的标志是螺栓直径、定位键宽度、槽距及外形尺寸（见表6-3-1）。

表6-3-1　T形槽系组合夹具的系列

系　列（mm）	槽　宽（mm）	槽　距（mm）	槽　栓（mm）	支承件截面（mm）×（mm）
大　型	16	60	M16×1.5	90×90
中　型	12	60	M12×1.5	60×60
小　型	8	30	M8×1.25	30×30

2．T形槽系组合夹具的基本要素

图6-3-4所示为我国ZJ-12型系列组合夹具元件的结构要素。基础件T形槽唇部厚度H=10±0.1mm，其他元件H=6±0.1mm。T形槽唇部有较高的强度，允许载荷达110000N。定位键与键槽的配合尺寸为12H7/h6。主要支承件的截面为60mm×60mm，并以此为基础，派生其他截面尺寸。

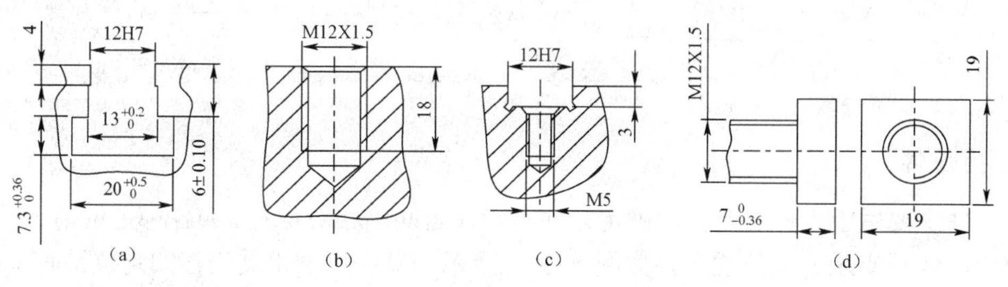

图6-3-4　ZJ-12型系列基本要素

四、T 形槽系组合夹具元件的分类

按组合夹具元件功能要素的不同可分为基础件、定位件、支承件、导向件、夹紧件、紧固件、其他件及合件共八大类。

1. 基础件

基础件上组合夹具尺寸最大的元件，它包括圆形、方形、矩形基础板和基础角铁等四种结构，如图 6-3-5 所示。基础件主要用作夹具体，也是各类元件组装的基础。方形和长方形基础板的各个工作面均有 T 形槽，用键和槽用螺栓可组装其他元件，其底面的一条平行于侧面的槽，可安装定位键。基础板两端设有耳座。圆形基础板工作面上的 T 形槽按 90、45、60 三种角度排列，其中心部位有一基准圆柱孔和一个能与机床主轴法兰配合的定位止口。如图 6-3-2 所示的基础件 1 为长方形基础板做的夹具体。

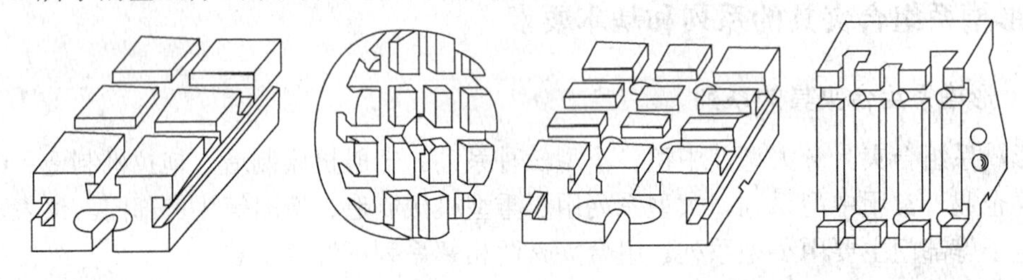

图 6-3-5 基础件

2. 支承件

支承件的规格较多主要包括各种方形支承、长方形支承、伸长板、角铁、角度支承和角度垫板等，如图 6-3-6 所示。在一般情况下，支承件和基础件可共同组成夹具体。它们是组合夹具中的骨架元件，数量最多，应用最广。它可作为各元件间的连接件，又可作为大型工件的定位件。支承件主要用作不同高度的支承或角度关系的支承。如图 6-3-2 所示，支承件 2 将钻模板与基础板连成一体，并保证钻模板的高度和位置。

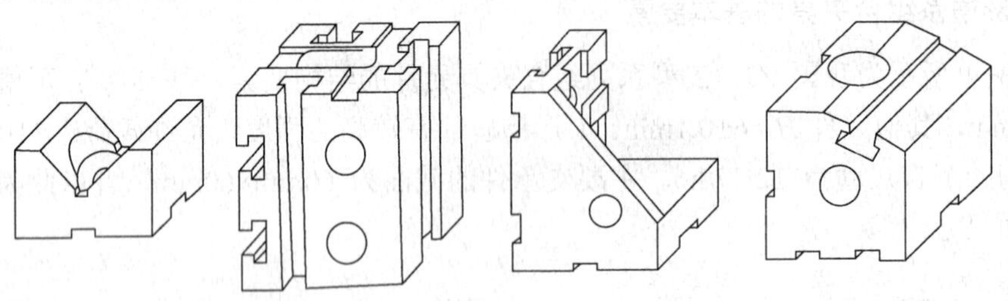

图 6-3-6 支承件

3. 定位件

定位件主要用于工件的定位和确定元件与元件之间的相对位置。如各种定位销、定位盘、定位支承、V 形支承、定位键等，如图 6-3-7 所示，其中用于组装连接的定位键有平键、T 形键、偏心键、过渡键四种。组装时，定位键用量较大，除了能够确定元件之间位置外，还能提高组装强度和整个夹具的刚度。如图 6-3-2 所示，定位件 3 为菱形定位盘，用作工件的定位；支承件 2 与基础件 1、钻模板之间的平键、合件（端齿分度盘）8 与基础件 1 之间的 T 形键，均用作元件之间的定位。

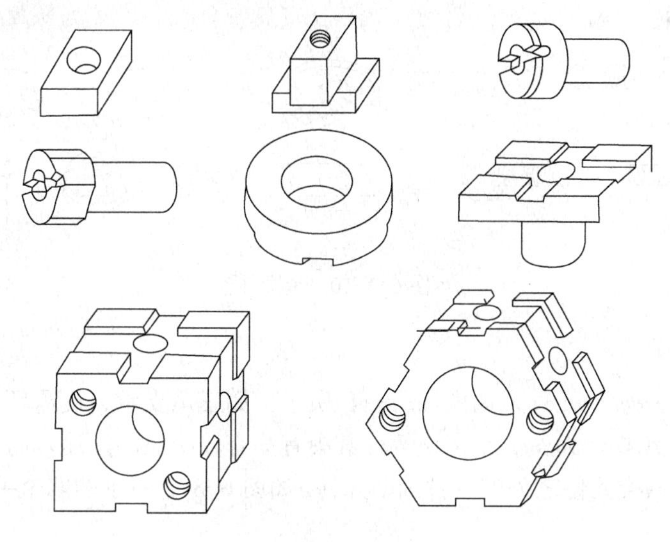

图 6-3-7 定位件

4. 导向件

导向件是用来确定刀具与工件间相对位置的元件，包括各种尺寸规格的导向支承、镗孔支承、固定钻套、快换钻套、钻模板、左/右偏心钻模板、立式钻模板等，如图 6-3-8 所示。它们主要用于确定刀具与夹具的相对位置，并起引导刀具的作用。如图 6-3-2 所示，安装在钻模板上的导向件 4 为快换钻套。

5. 压紧件

压紧件专指各种形式的压板，用于压紧工件，如图 6-3-9 所示。有弯压板、摇板、U 形压板、叉形压板等。它们主要用于压紧工件，也可用作垫板和挡板。如图 6-3-2 所示的夹紧件 5 为 U 形压板。

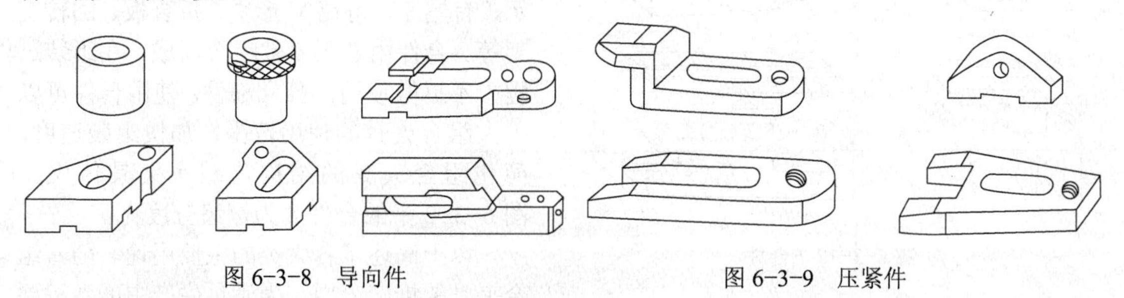

图 6-3-8 导向件　　图 6-3-9 压紧件

6. 紧固件

其作用是用来连接组合夹具元件和紧固工件。它包括各种螺栓、螺钉、螺母、垫圈等，如图 6-3-10 所示。由于紧固件在一定程度上影响整个夹具的刚性，所以，螺纹件均采用细牙螺纹，可增加各元件之间的连接强度。同时，所选用的材料、制造精度及热处理等要求均高于一般标准紧固件。其中，紧固用螺栓所用材料为 40Cr，它有较高的抗拉强度。如图 6-3-2 所示，紧固件 6 为关节螺栓，用来压紧工件，且各元件间均采用槽用方头螺栓、螺钉、螺母、垫圈等紧固件紧固。

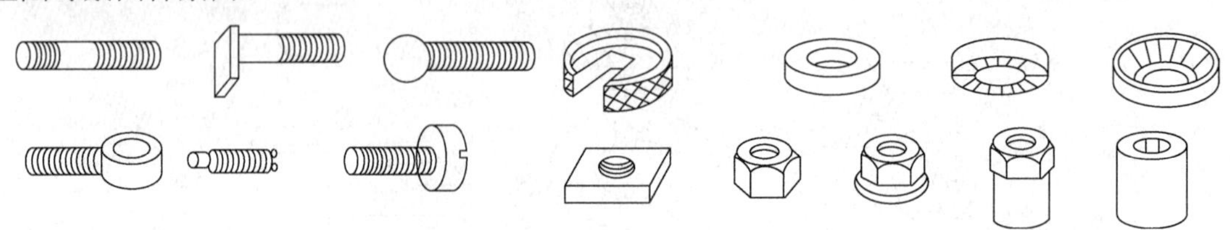

图 6-3-10　紧固件

7．其他件

这类元件为一些辅助元件，如图 6-3-11 所示。如三爪支承、支承环、连接板、摇板、滚花手柄、各种支承帽、弹簧、平衡块等，其中有些有较明显的用途，而有些则无固定的用途。它们是指以上六类元件之外的各种辅助元件。如图 6-3-2 所示的四个手柄就属此类元件，用于夹具的搬运。

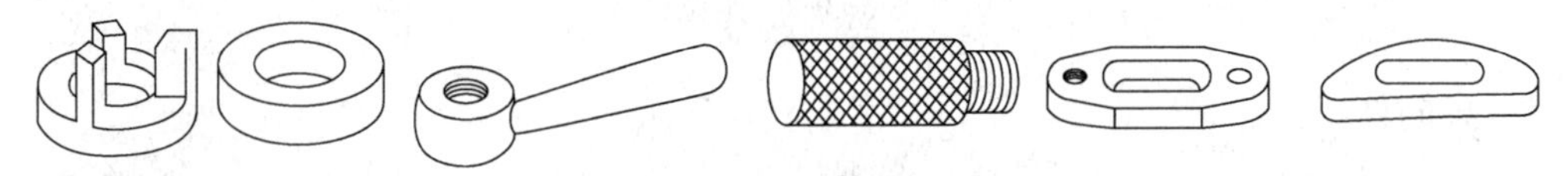

图 6-3-11　其他件

8．合件

合件是一种由多种元件组成的独立的且结构较复杂的标准部件。按其用途可分为定位合件、分度合件、支承合件、导向合件及夹紧合件等。合件是组合夹具的重要组合元件，在现有基础上已逐步发展可调整合件、多功能合件和高效夹紧合件等，如图 6-3-12 所示，有尾座、可调 V 形块、折合板、回转支架等。合件由若干零件组合而成，在组装过程中不拆散使用的独立部件。使用合件可以扩大组合夹具的使用范围，加快组装速度，简化组合夹具的结构，减小夹具体积。图 6-3-2 中的合件 8 为端齿分度盘。

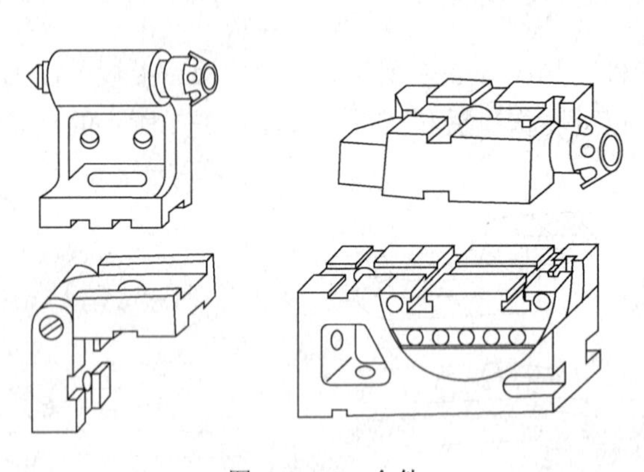

图 6-3-12　合件

以上简述了各大类的主要用途。随着组合夹具的推广应用，为满足生产中的各种要求，出现了很多新元件和合件。图 6-3-13 所示为密孔节距钻模板。本体 1 与可调钻模板 2 上均有齿距为 1mm 的锯齿，加工孔的中心距可在 15～174mm 调节，并有 I 形、L 形和 T 形等。图 6-3-14 所示为带液压缸的基础板。基础板内有油道连通七个液压缸 4，利用分配器供油，使活塞 6 上、下运动，作为夹紧机构的动力源，活塞通过键 5 与夹紧机构连接。这种基础板结构紧凑，效率高。但需配备液压系统，价格较高。

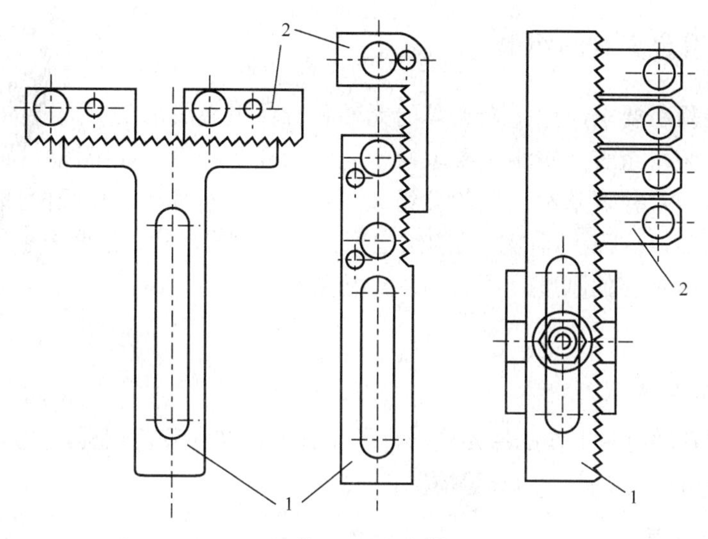

1—本体；2—可调钻模板

图 6-3-13　密孔节距钻模板

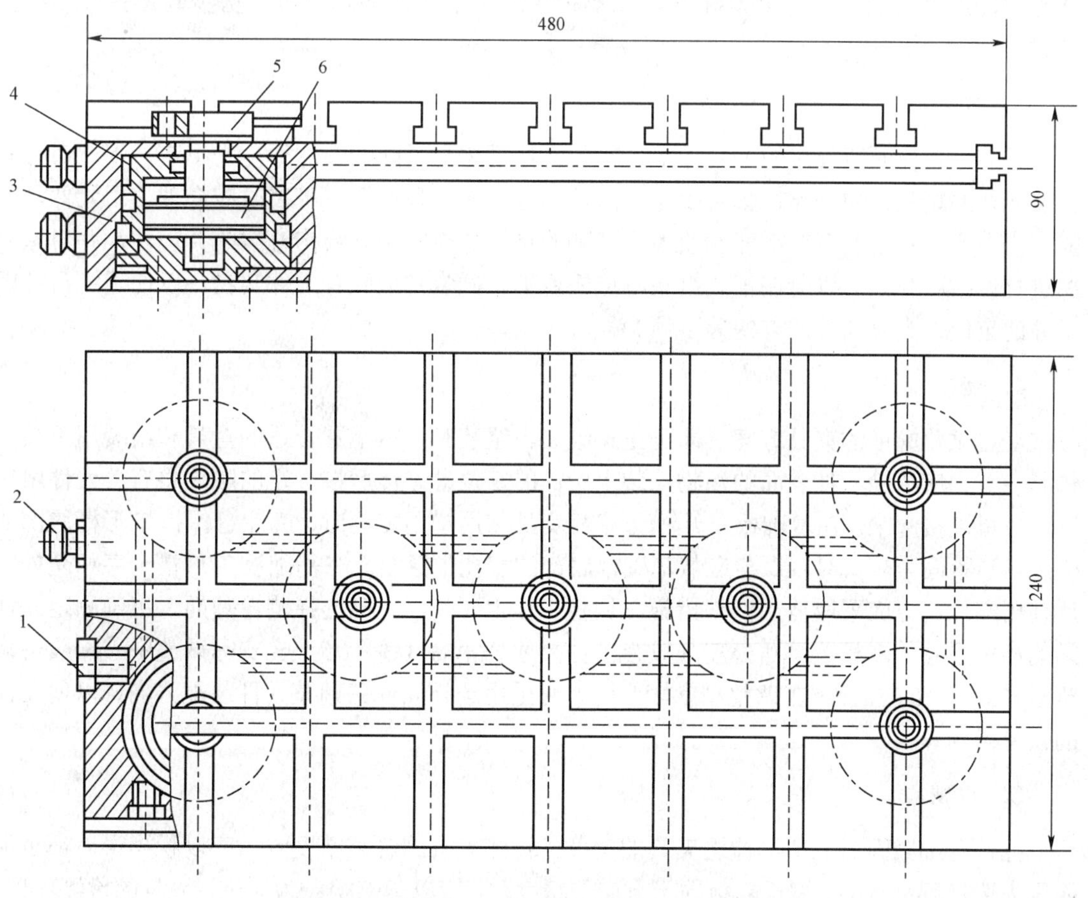

1—螺塞；2—油管接头；3—基础板；4—液压缸；5—键；6—活塞

图 6-3-14　液压缸的基础板

五、T 形槽系组合夹具的组装

按一定的步骤和要求，把组合夹具的元件和合件组装成加工所需要的夹具的过程，称为组合夹具的组装。组装的费用主要取决于组装的复杂程度，如审图、确定组装方案、组织相关数据计算、尺寸调整和组装等。组装工作量分基本级和附加级两部分。前者由夹具的基本技术参数确定；后者则由夹具的结构形式和工件的尺寸、精度要求等特殊因素而定。组装后，夹具应有足够的刚度，同时力求结构紧凑、轻巧、灵活。正确的组装过程一般按下列步骤进行。

1．组装前的准备

组装前必须熟悉组装工作的原始资料，即工件的图样和工艺规程，了解工件的形状、尺寸和加工要求及所使用机床、刀具等情况。

2．确定组装方案

按照工件的定位原理和夹紧的基本要求，确定工件的定位基准，需限制的自由度及夹紧部位，选择定位元件、夹紧元件，以及相应的支承件、基础板等，初步确定夹具的结构形式。

3．试装

试装是将前面所设想的夹具方案，在各元件不完全紧固的条件下，先组装一下。对有些主要元件的精度，如等高、垂直度等，需预先进行测量和挑选。组装时应合理使用元件，不能在损害元件精度的情况下任意使用。试装的目的是检验夹具结构方案的合理性，并对原方案进行修改和补充，以免在正式组装时造成返工。试装时最好有工件实物，以便于统盘考虑工件的定位、夹紧和装卸方便等事项。

4．连接

经过试验验证的夹具方案，即可正式组装。组装时，需配置合适的量具和组装用工具、辅具。首先应清除元件表面的污物，装上所需的定位键，然后按一定的顺序将有关元件用螺钉和螺母连接起来。在基础板 T 形槽十字相交处使用槽用螺栓时，应注意保护 T 形槽唇部的强度。当紧固力较大时，螺栓应从基础板底部的沉孔中穿出。在基础板 T 形槽十字相交处附近使用螺栓，也应采取适当保护措施。调整工作主要是，正确选择测量基面，正确测定元件间的相关尺寸等。相关尺寸公差一般为工件尺寸公差的 1/3～1/5。在实际调整中，一般可调整至±0.01～±0.05mm。在调整精度较高时，可采用选择元件并调整元件装配方向，以使元件的误差得到补偿。

5．检测

元件全部紧固后，便可检测夹具的精度。检测夹具的总装精度时，应以积累误差最小为原则来选择测量基准。测量一组同一方向的精度时，应以基准统一为原则。夹具的检测项目。可根据工件的加工精度要求确定，除有关尺寸精度外，还包括同轴度、平行度、垂直度、位置度等公差要求。

现以下例说明组合夹具的应用及组装过程。

（1）组装前的准备

图 6-3-15（a）所示为支承座的工序图。工件为一小尺寸的板块状零件。工件的 2×ϕ10H7 孔及平面 *C* 为已加工表面，工序内容是在立式钻床上钻铰ϕ20H7 孔，表面粗糙度为 R_a0.8μm。孔距尺寸为 75±0.2mm、55±0.1mm。

（2）确定组装方案

按照定位基准和工序基准相重合的原则，采用工件底面 *C* 和 2×ϕ10H7 孔为定位基准，以保证工序尺寸 75±0.2mm、55±0.1mm 及ϕ20H7 孔轴线对平面的平行度公差 0.05mm 的要求。为防止工件ϕ20H7 孔壁处产生夹紧变形，选择 *D* 面为夹紧面，以使夹紧稳定可靠。

（3）试装

选用方形基础板和基础角铁作夹具体。为了便于调整 100mm 尺寸，将圆柱销和削边销分别装在兼作定位件的两块中孔钻模板上。为使夹紧平稳，采用两压板夹紧工件。按工件的孔距尺寸 75±0.2mm、55±0.1mm 组装导向件。在基础角铁 3 的上 T 形槽上组装导向板 11，并选用 5mm 偏心钻模板 10 安装上，以简化组装尺寸的调整。

（4）连接

组合夹具的连接过程如下：

① 组装基础板 1 和基础角铁 3 如图 6-3-15（b）所示，在基础板上安装 T 形键 2，并从基础板的底部贯穿螺栓将基础角铁紧固。

② 在中孔钻模板 4 上组装ϕ10mm 圆柱销 6，在中孔钻模板 4 的定位键槽中放入定位键 5，然后用紧固件将其紧固在基础角铁上，如图 6-3-15（c）所示。

③ 组装工件孔 *b* 用的中孔钻模板 8 和ϕ10mm 削边销 9。用标准量块和百分表检测调整削边销 9 相对于圆柱销 6 的中心距尺寸 100±0.02mm，然后用紧固件紧固如图 6-3-15（d）所示。

④ 组装导向件。导向板 11 用定位健 12 定位装至基础角铁 3 上端，再在导向板 11 上装入 5mm 偏心钻模板 10。在偏心钻模板的定位孔中插入量棒 14，借助标准量块及百分表，调整中心距尺寸至 55±0.02mm 如图 6-3-15（e）所示。同理，调整孔距尺寸至 75±0.04mm，如图 6-3-15（f）所示。

⑤ 组装压板。组装两平压板，使夹紧力指向 *C* 面。

（5）检测

检查各元件的紧固情况及工件装卸是否方便。检测距离尺寸：75±0.04mm、55±0.02mm、100±0.02mm。中孔钻模板支承面对基础板 1 底面的垂直度公差 0.01mm。

组合夹具的精度由元件精度和组装精度两部分组成。组合夹具元件的精度很高。配合面精度一般为 IT6～IT7，主要元件的平行度、垂直度公差为 0.01mm，槽距公差为 0.02mm，槽对外形的对称度公差为 0.005mm，工作表面的表面粗糙度值为 R_a0.4μm。为了减少变形和磨损，主要元件用 12CrNi3A、20CrMnTi 经热处理淬硬至 58～62HRC。图 6-3-16 所示为支承元件的工作图。

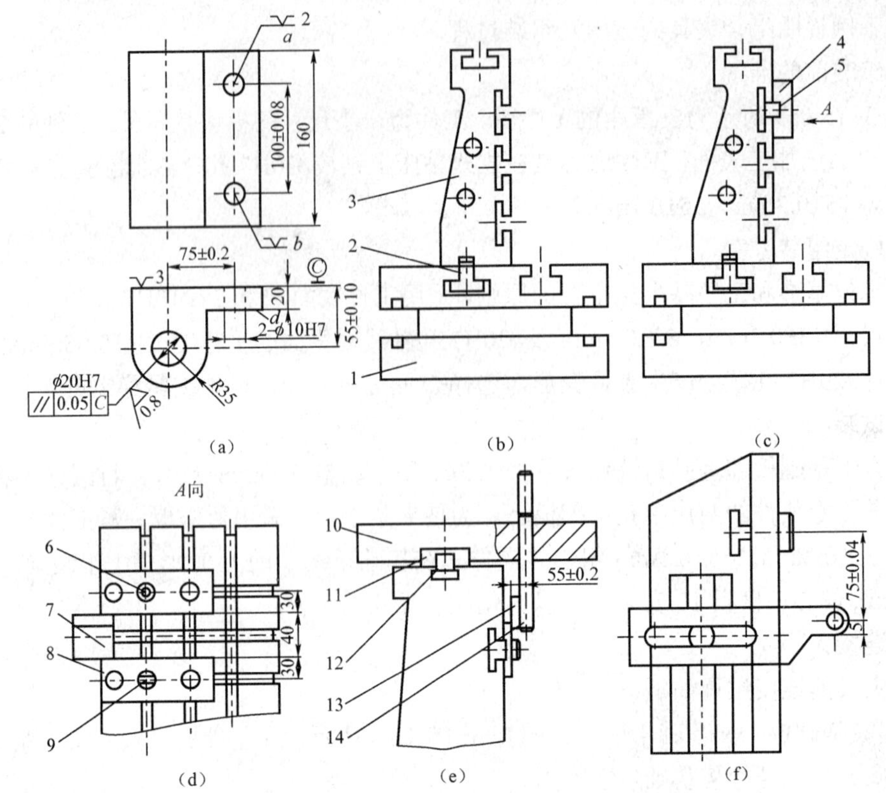

1—基础版；2—T形键；3—基础角铁；4、8—中孔钻模板；5、12—定位键；6—圆柱销；

7、13—标准量块；9—削边销；10—钻模板；11—导向板；14—量棒

图 6-3-15　组装实例

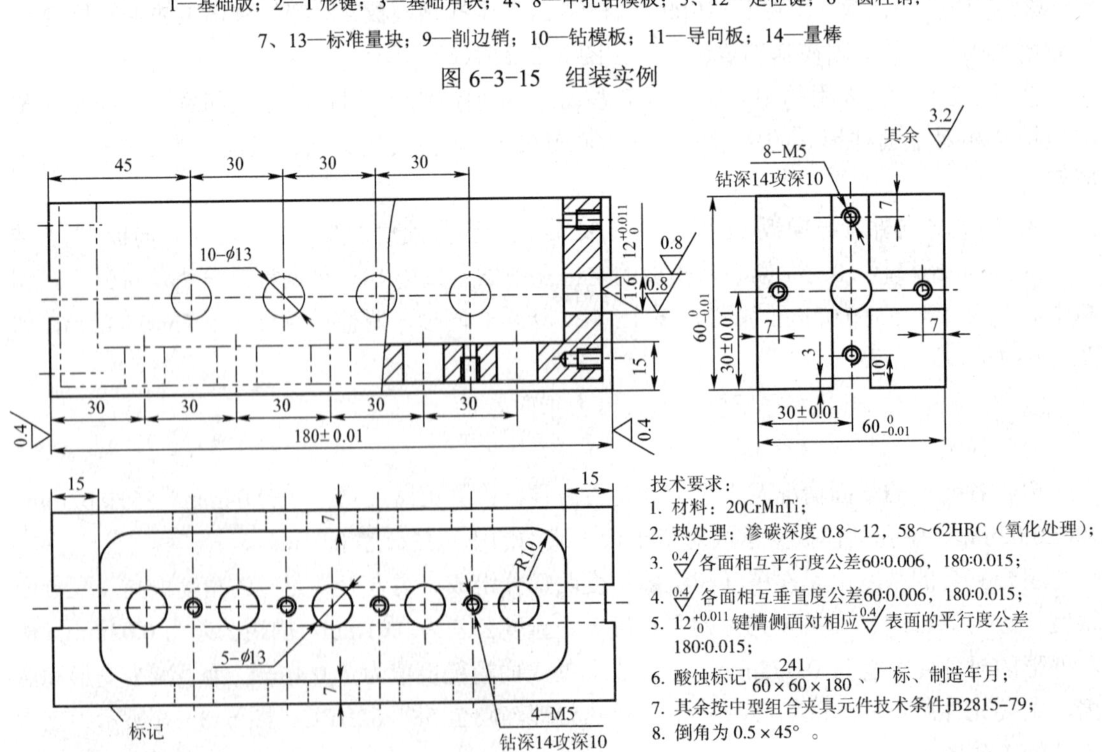

图 6-3-16　支承元件工作图

组合夹具的组装精度可由互换法和补偿法实现。用互换法时，组合夹具的精度取决于元件自身的精度；对于精度较高的夹具则应采用补偿法来提高精度。

表 6-3-2 所列为互换法和补偿法所能达到的组装精度，供应用时参考。

表 6-3-2　互换法和补偿法所能达到的组装精度

夹具种类	精度项目	一般精度（mm）	提高精度（mm）
车床夹具	两孔间距离误差	±0.03/100	±0.02/100
	孔与基准面间的平行度	0.02/100	0.01/100
	孔与基准面间的垂直度	0.02/100	0.01/100
铣床夹具	斜面角度误差	±5′	±2′
	面与基准面间的平行度		
	面与基准面间的垂直度	0.05/100	0.02/100
钻床夹具	钻铰两孔的距离误差	±0.05/100	±0.03/100
	钻铰两孔的垂直度	0.05/100	0.03/100
	钻铰孔与基准面的垂直度	0.05/100	0.03/100
	钻铰上下孔间的同轴度	0.03/100	0.02/100
	钻铰圆周各孔距离误差	±0.03	±0.02
	钻铰圆周各孔间角度误差	±2′	±30″
	钻斜孔的角度误差	±2′	±1′
镗床夹具	镗两孔的距离误差	±0.02/100	±0.01/100
	镗两孔的平行度	0.01/100	0.01/200
	镗两孔的垂直度	0.01/100	0.01/200
	镗两孔的同轴度	0.03	0.01
平面磨床夹具	斜面的角度误差	±2′	±2″
	面与基准面的平行度	0.02/100	0.01/100
	面与基准面间的垂直度	0.02/100	0.01/100

完成任务

一、T 形槽系组合夹具元件的分类

按组合夹具元件功能要素的不同可分为基础件、定位件、支承件、导向件、夹紧件、紧固件、其他件及合件共八大类。

1. 基础件

基础件上组合夹具尺寸最大的元件，它包括圆形、方形、矩形基础板和基础角铁等四种结构，如图 6-3-1 和 6-3-2 所示。基础件为长方形，主要用作夹具体，也是各类元件组装的基础。方形和长方形基础板的各个工作面均有 T 形槽，用键和槽用螺栓可组装其他元件，其底面的一条平行于侧面的槽，可安装定位键。基础板两端设有耳座。圆形基础板工作面上的 T 形槽按 90、45、60 三种角度排列，其中心部位有一基准圆柱孔和一个能与机床主轴法兰配合的定位止口。

2．支承件

支承件的规格较多主要包括各种方形支承、长方形支承、伸长板、角铁、角度支承和角度垫板等，如图 6-3-1 所示。方形支承件和基础件可共同组成夹具体。用其将钻模板和基础件连成一整体。又可作为大型工件的定位件。支承件主要用作不同高度的支承或角度关系的支承。如图 6-3-1 和 6-3-2 所示的支承件 2 将钻模板与基础板连成一体，并保证钻模板的高度和位置。

3．定位件

定位件主要用于工件的定位和确定元件与元件之间的相对位置。如各种定位销、定位盘、定位支承、V 形支承、定位键等，如图 6-3-1 所示的 V 形块用于给圆形工件定位。其中，用于组装连接的定位键有平键、T 形键、偏心键、过渡键四种。组装时，定位键用量较大，除了能够确定元件之间位置外，还能提高组装强度和整个夹具的刚度。在图 6-3-2 中，定位件 3 为菱形定位盘，用作工件的定位；支承件 2 与基础件 1、钻模板之间的平键、合件（端齿分度盘）8 与基础件 1 之间的 T 形键，均用作元件之间的定位。

4．导向件

导向件是用来确定刀具与工件间相对位置的元件，包括各种尺寸规格的导向支承、镗孔支承、固定钻套、快换钻套、钻模板、左、右偏心钻模板、立式钻模板等，它们主要用于确定刀具与夹具的相对位置，并起引导刀具的作用。在图 6-3-1 中的导向件 5 为钻套，在图 6-3-2 中，安装在钻模板上的导向件 4 为快换钻套。

5．压紧件

压紧件专指各种形式的压板，用于压紧工件，如图 6-3-9 所示。有弯压板、摇板、U 形压板、叉形压板等。它们主要用于压紧工件，也可用作垫板和挡板。如图 6-3-2 所示的夹紧件 5 为 U 形压板。

6．紧固件

其作用是用来连接组合夹具元件和紧固工件，包括各种螺栓、螺钉、螺母、垫圈等，由于紧固件在一定程度上影响整个夹具的刚性。所以，螺纹件均采用细牙螺纹，可增加各元件之间的连接强度。同时所选用的材料、制造精度及热处理等要求均高于一般标准紧固件。其中紧固用螺栓所用材料为 40Cr，它有较高的抗拉强度。图 6-3-1 和图 6-3-2 中的紧固件 6 为关节螺栓，用来压紧工件，且各元件间均采用槽用方头螺栓、螺钉、螺母、垫圈等紧固件紧固。

7．合件

合件是一种由多种元件组成的独立的且结构较复杂的标准部件。按其用途可分为定位合件、分度合件、支承合件、导向合件及夹紧合件等。合件是组合夹具的重要组合元件，在现有基础上已逐步发展可调整合件、多功能合件和高效夹紧合件等。如图 6-3-1 所示的 V 形块和螺栓组成定位元件用于安装圆形工件、基础件 1 和方形支承 2 组成夹具体。合件由若干零件组合而成，在组装过程中不拆散使用的独立部件。使用合件可以扩大组合夹具的使用范围，加快组装速度，简化组合夹具的结构，减小夹具体积。图 6-3-2 中的合件 8 为端齿分度盘。用来加工图 6-3-2 中的径向孔。

二、T 形槽系组合夹具的组装

1. 组装前的准备

图 6-3-3 所示为被加工盘类零件的工序图，工件的孔 2 及平面 3 为已加工表面，工序内容是在立式钻床上钻 6×ϕ8 孔，用来钻径向分度孔的组合夹具立体图及其分解图见图 6-3-2。

2. 确定组装方案

如图 6-3-2 和图 6-3-3 所示，按照定位基准和工序基准相重合的原则，采用工件底面 3 和孔 2 为定位基准，用夹紧件 5 和螺栓螺母夹紧工件的右端面。

3. 试装

选用长方形基础件 1 和方形支承件 2 作夹具体。为使夹紧平稳，采用夹紧件 5 和螺栓螺母夹紧工件。按工件的孔距尺寸组装导向件。在基础件 1 的上 T 形槽上组装方形支承和钻模板，以简化组装尺寸的调整。

4. 连接

经过试验验证的夹具方案，即可正式组装。组装时，需配置合适的量具和组装用工具、辅具。首先应清除元件表面的污物，然后按一定的顺序将有关元件用螺钉和螺母连接起来。在基础板 T 形槽十字相交处使用槽用螺栓时，应注意保护 T 形槽唇部的强度。当紧固力较大时，螺栓应从基础板底部的沉孔中穿出。在基础板 T 形槽十字相交处附近使用螺栓，也应采取适当保护措施。调整工作主要是，正确选择测量基面，正确测定元件间的相关尺寸等。

5. 检测

元件全部紧固后，便可检测夹具的精度。检测夹具的总装精度时，应以积累误差最小为原则来选择测量基准。测量一组同一方向的精度时，应以基准统一为原则。夹具的检测项目。可根据工件的加工精度要求确定孔距 22mm 及圆周上均分的 6 个角度。

工艺技巧

一、T 形槽系组合夹具元件的分类

按组合夹具元件功能要素的不同可分为基础件、定位件、支承件、导向件、夹紧件、紧固件、其他件及合件共 8 大类。

二、T 形槽系组合夹具的组装

按一定的步骤和要求，把组合夹具的元件和合件组装成加工所需要的夹具的过程，称为组合夹具的组装。正确的组装过程一般按下列步骤进行：组装前的准备、确定组装方案、试装、连接、检测。

组合夹具的精度由元件精度和组装精度两部分组成。组合夹具元件的精度很高。配合面精度一般为IT6～IT7，主要元件的平行度、垂直度公差为0.01mm，槽距公差为0.02mm，槽对外形的对称度公差为0.005mm，工作表面的表面粗糙度值为R_a0.4μm。为了减少变形和磨损，主要元件用12CrNi3A、20CrMnTi经热处理淬硬至58～62HRC。

知识链接

孔系组合夹具简介

孔系组合夹具的元件用一面两圆柱销定位，属允许使用的过定位；其定位精度高，刚性比槽系组合夹具好，组装可靠，体积小，元件的工艺性好，成本低，可用作数控机床夹具。但组装时元件的位置不能随意调节，常用偏心销钉或部分开槽元件进行弥补。

目前，许多发达国家都有自己的孔系组合夹具。图6-3-17所示为德国BIUCO公司的一种孔系组合夹具组装示意图。元件与元件间用两个销钉定位，一个螺钉紧固。它有四种系列：ϕ10mm系列，孔距为30±0.01mm，用M10mm的螺钉连接；ϕ12mm系列，孔距为40±0.01mm，用M12mm的螺钉连接；ϕ16mm系列，孔距为50±0.01mm，用M16mm的螺钉连接；ϕ24mm系列，孔距为80±0.01mm，用M24mm的螺钉连接。元件的平行度公差为0.01/500mm，垂直度公差为0.01/300mm，孔径公差为H7。

图6-3-18所示为我国近年制造的KD形孔系组合夹具。其定位孔径为ϕ16.01H6，孔距为50±0.01mm，定位销直径为ϕ16k5，用M16mm的螺钉连接。

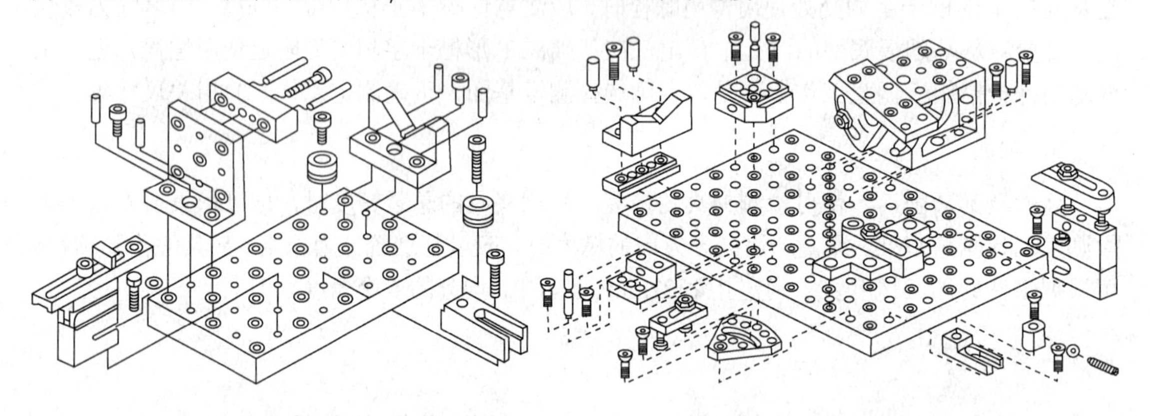

图6-3-17　BIUCO孔系组合夹具组装示意图　　图6-3-18　KD形孔系组合夹具

思考与练习

1. 组合夹具有何特点？T形槽系组合夹具由哪几部分组成？各组成部分有何功用？

2. T形槽系分哪几个系列？其主要参数是什么？

3. 试述组合夹具的组装步骤？若组装车床夹具，工件两孔间的距离误差可达多少？

任务四　拼装夹具

任务描述

图6-4-1所示为一种拼装式模块化钻模，图6-4-2所示为用于铣镗床的拼装夹具，要求学生仔细观察图形并通过对模型的拆装，结合前面所讲的组合夹具知识，思考拼装夹具有何特点？由哪几部分组成，工件如何定位和夹紧？设计时应注意哪些问题？

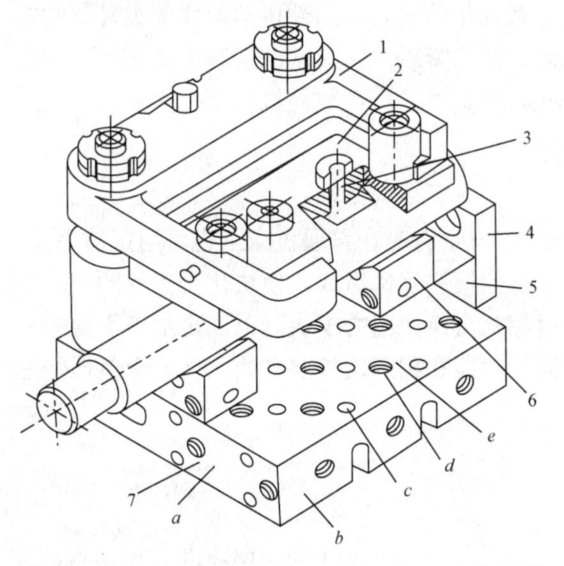

1—滑柱式钻模板；2—可换钻模板；3—可换钻套；4—板形模块；5—方形模块；6—V形模块；7—基础板；

图6-4-1　拼装式模块化钻模

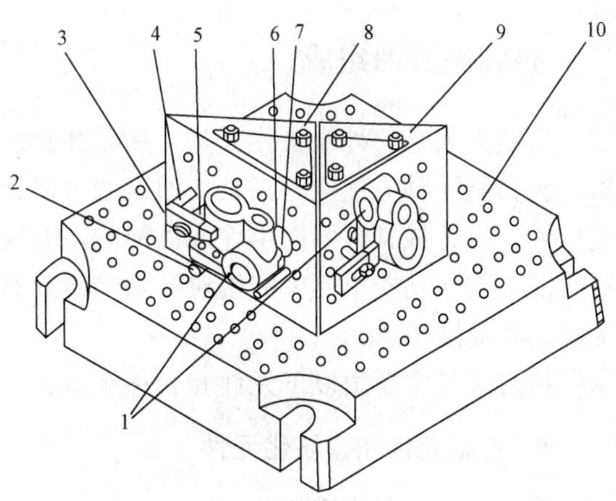

1—工件；2、6、7—支承；3—压板；4—支承螺栓；5—螺钉；8、9—多面体模块；10—基础块

图6-4-2　用于铣镗床的拼装夹具

【知识目标】

掌握拼装夹具的特点、组成及工件的定位和装夹。

【技能目标】

机床夹具的操作及工作原理。

任务要求对如图 6-4-1 和图 6-4-2 所示的拼装夹具进行结构分析，而拼装夹具和组合夹具之间有许多相同之处，同时通过模型对照，或者有条件去工厂参观相关真实夹具，使学生对新知识更易于理解和吸收。

基本概念

拼装夹具是将标准化的、可互换的零部件装在基础件上或直接装在机床工作台上，并利用调整件装配而成的夹具。调整件有标准的或专用的，它是根据被加工零件的结构设计的。当某种零件加工完毕，即把夹具拆开，将这些标准零部件放入仓库中，以便重复用于装配成加工另一零件的夹具。这种夹具是通过调整其活动部分和更换定位元件的方式重新调整的。

一、拼装夹具的特点

拼装夹具是在成组工艺基础上，用标准化、系列化的夹具零部件拼装而成的夹具。它有组合夹具的优点，但比组合夹具精度高、效能高、结构紧凑。它的基础板和夹紧部件中常带有小型液压缸。因而较适合柔性加工的要求，此类夹具更适合在数控机床上使用。

二、拼装夹具的组成

拼装夹具是一种模块化夹具，主要用于数控加工中，有时在普通机床上也可用拼装夹具。拼装夹具是一种柔性化的夹具，通常由基础件和其他模块元件组成。模块化是指将同一功能的单元，设计成具有不同用途或性能的，且可以相互交换使用的模块，以满足加工需要的一种方法。同一功能单元中的模块，是一组具有同一功能和相同连接要素的元件，也包括能增加夹具功能的小单元。

拼装夹具主要由以下元件和合件组成。

1．基础元件和模块化元件

图 6-4-3 所示为拼装夹具的基础件，它分为板式、六面体形和方形，图 6-4-4 所示为普通矩形平台，只有一个方向的 T 形槽 1，使平台有较好的刚性。平台上布置了定位销孔 2，如图 6-4-4（d）所示，可用于工件或夹具元件定位，也可作数控编程的起始孔。图 6-4-4（e）所示为中央定位孔。基础平台侧面设置紧固螺纹孔系 3，用于拼装元件和合件。两个孔 4（*C*–*C* 剖面）

为连接孔，用于基础平台和机床工作台的连接定位。

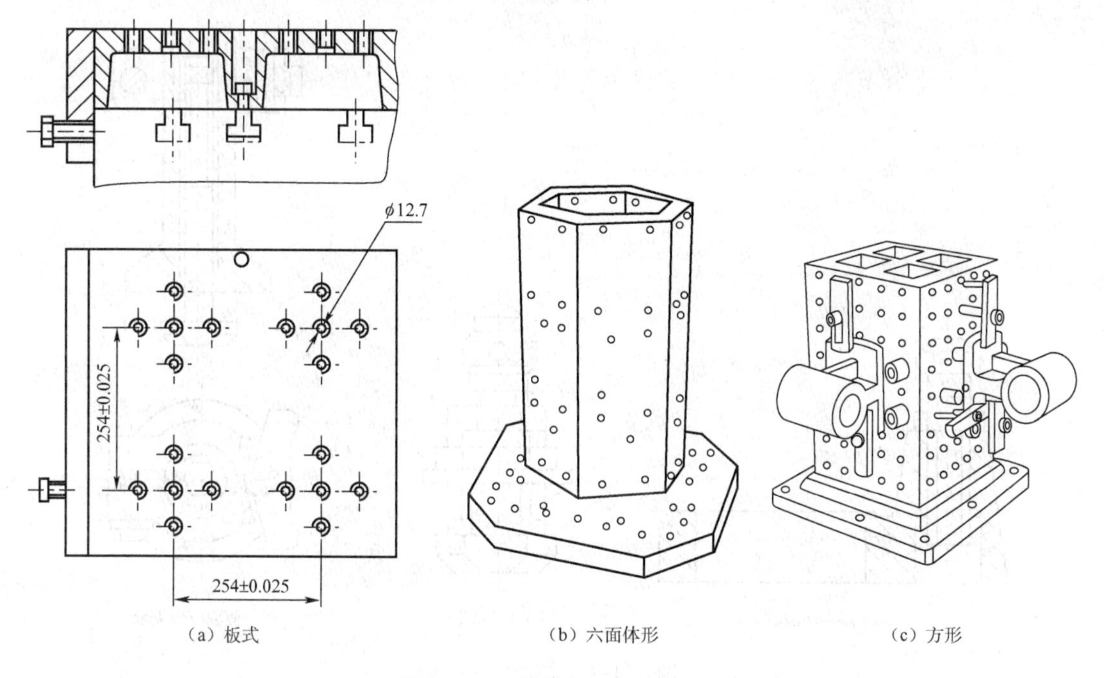

（a）板式　（b）六面体形　（c）方形

图 6-4-3　拼装夹具的基础件

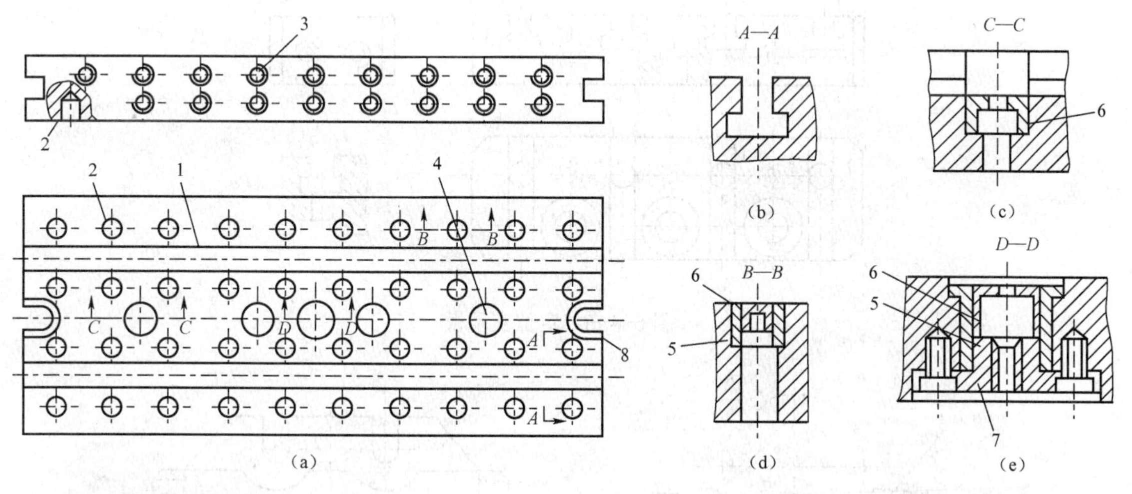

（a）　（b）　（c）　（d）　（e）

1—T 形槽；2—定位销孔；3—紧固螺纹孔；4—连接孔；5—高强度耐磨衬套；6—防尘罩；7—可卸法兰盘；8—耳座

图 6-4-4　普通矩形平台

2．定位元件和合件

图 6-4-5（a）所示为平面安装可调支承钉；图 6-4-5（b）所示为 T 形槽安装可调支承钉；图 6-4-5（c）所示为侧面可调支承钉。

图 6-4-6 所示为定位支承板，可用作定位板或过渡板。

图 6-4-7 所示为可调 V 形块，以一面两销在基础平台上定位、紧固，两个 V 形块 4、5

可通过左、右螺纹螺杆 3 调节，以实现不同直径工件 6 的定位。

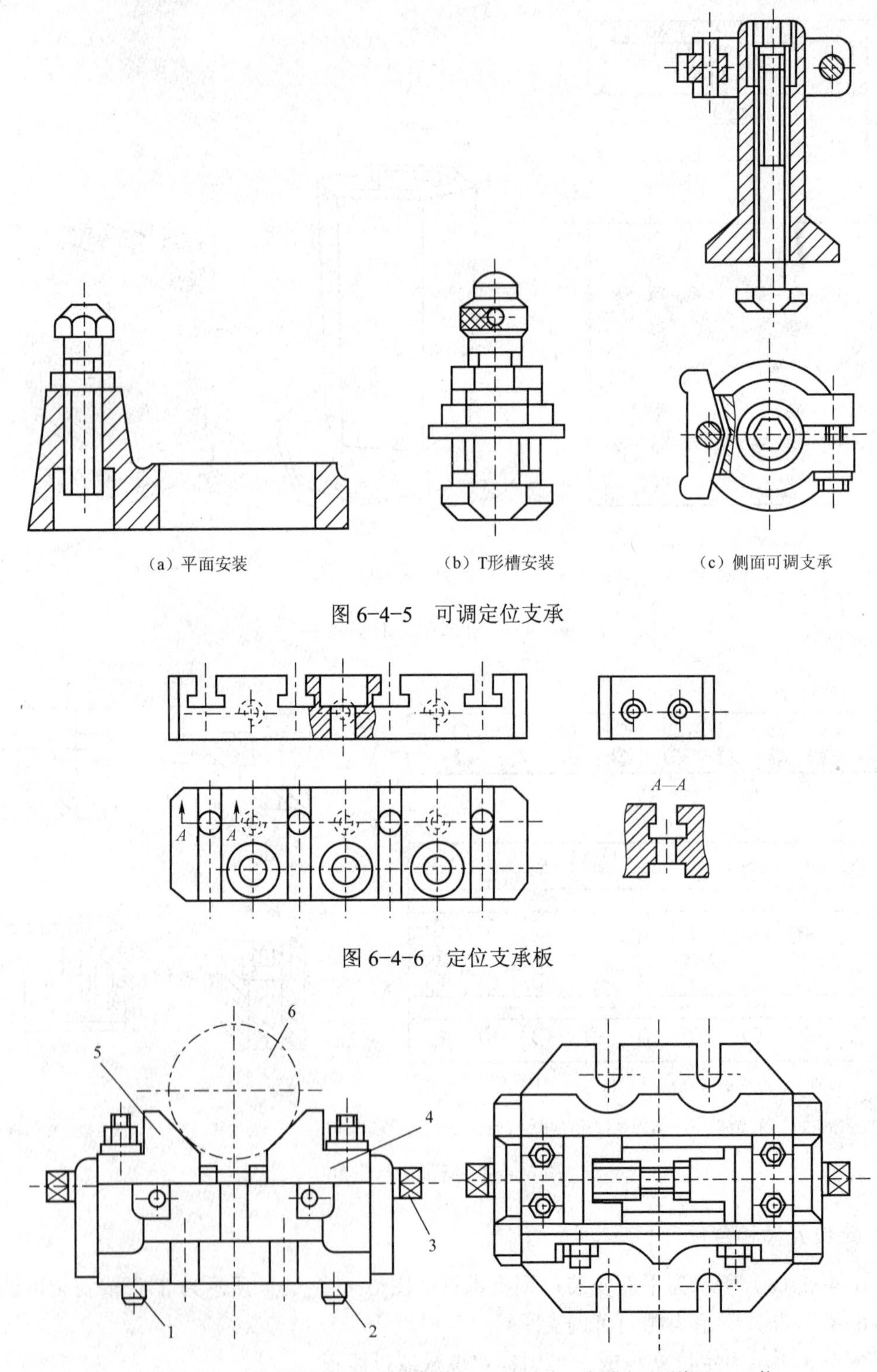

（a）平面安装　　（b）T形槽安装　　（c）侧面可调支承

图 6-4-5　可调定位支承

图 6-4-6　定位支承板

1—圆柱销；2—菱形销；3—左、右螺纹螺杆；4、5—左、右活动 V 形块；6—工件

图 6-4-7　可调 V 形块合件

3. 夹紧元件和合件

图 6-4-8 所示为手动可调夹紧压板，均可用 T 形螺栓在基础平台的 T 形槽内连接。

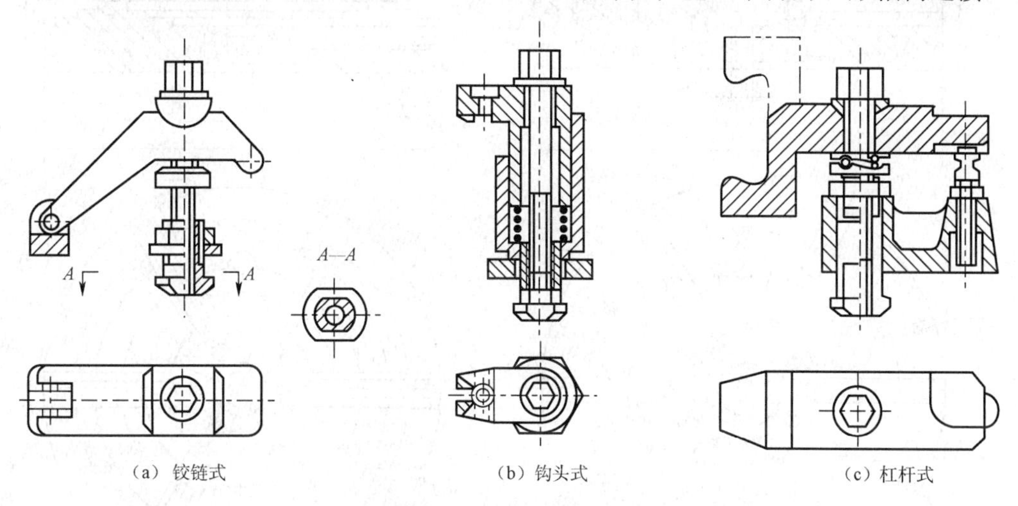

（a）铰链式　（b）钩头式　（c）杠杆式

图 6-4-8　手动可调夹紧压板

图 6-4-9 所示为液压组合压板，夹紧装置中带有液压缸。

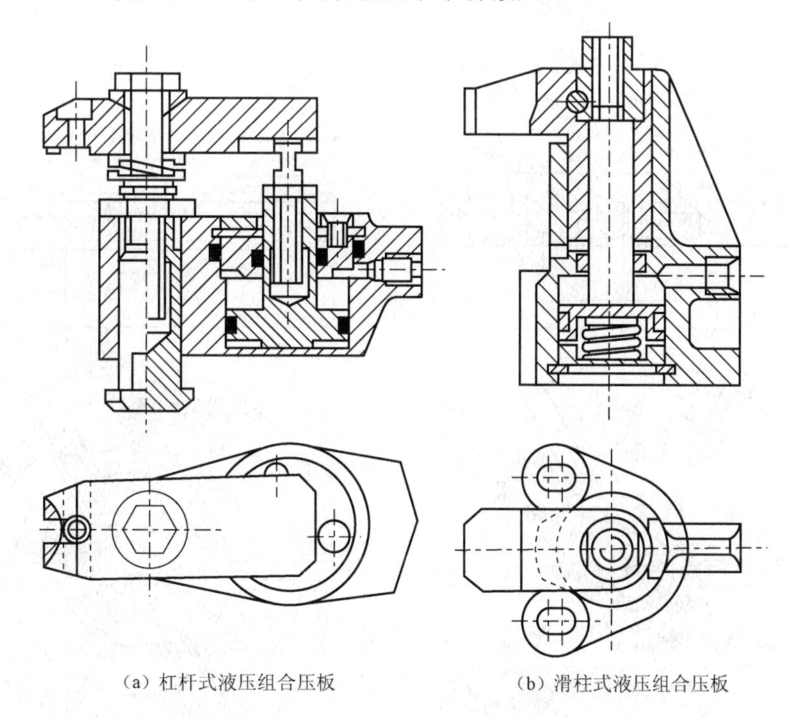

（a）杠杆式液压组合压板　（b）滑柱式液压组合压板

图 6-4-9　液压组合压板

4. 回转过渡花盘

用于车、磨夹具的回转过渡花盘如图 6-4-10 所示。

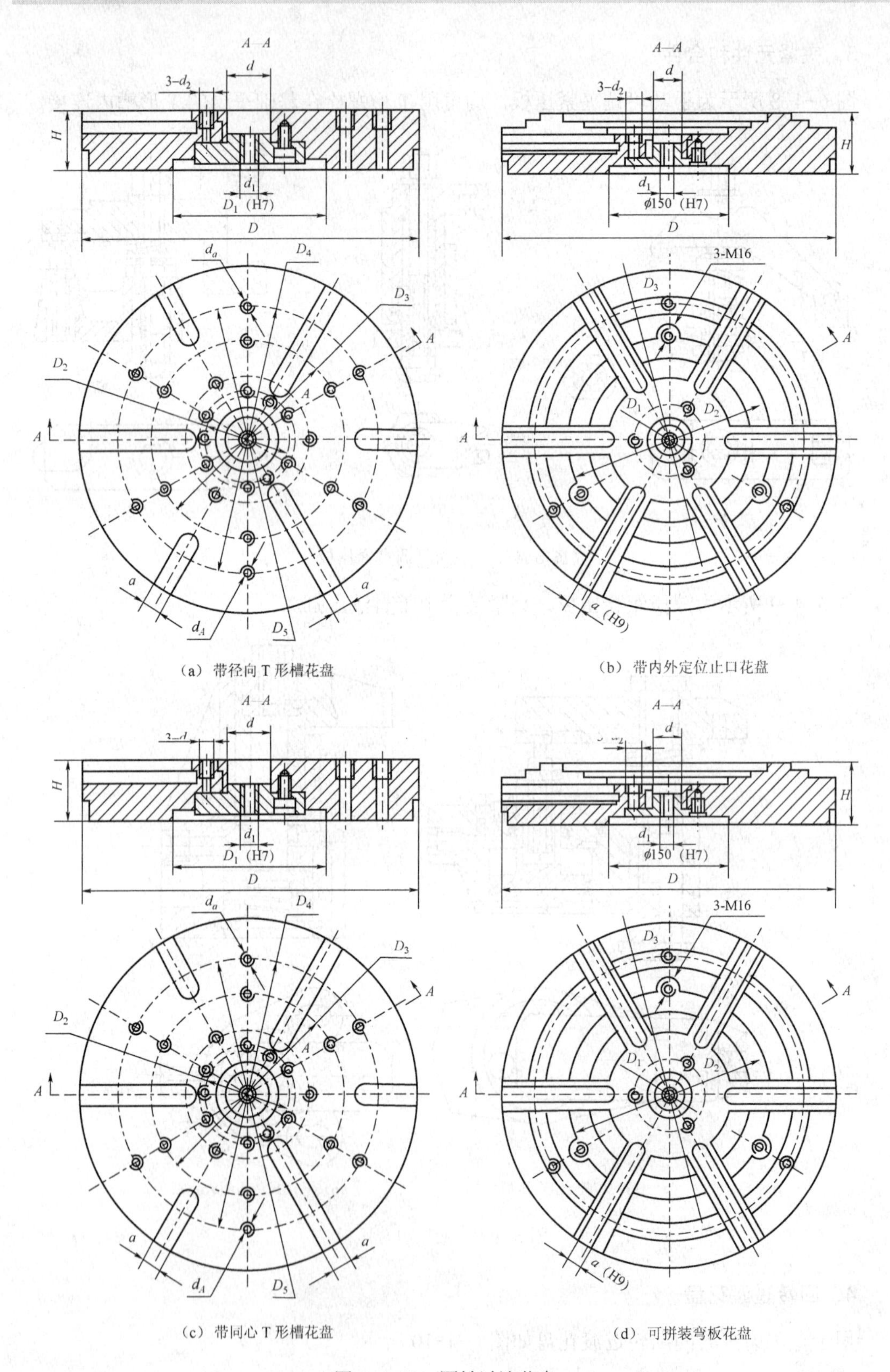

(a) 带径向T形槽花盘

(b) 带内外定位止口花盘

(c) 带同心T形槽花盘

(d) 可拼装弯板花盘

图 6-4-10 回转过渡花盘

完成任务

图 6-4-1 所示为一种拼装式的模块化钻模，主要由基础板 7 滑柱式钻模板 1 和模块 4、5、6 等组成，基础板 7 上有坐标系孔 *c* 和螺孔 *d*，在其平面 *e* 和侧面 *a*、*b* 上可拼装模块元件。图中所配置的 V 形模块 6 和板形模块 4 的作用是使工件定位。按照被加工孔的位置要求用方形模块 5 可调整模块 4 的轴向位置。可换钻套 3 和可换钻模板 2 按工件的加工需要加以更换调整。

图 6-4-2 所示为用于铣镗床的拼装式夹具。主要由基础板 10 和多面体模块 8、9 组成。多面体模块常用的几何角度为 30°、60°、90° 等，按照工件的加工要求，可将其安装成不同的位置。左边的工件 1 由支承 2、6、7 定位，用压板 3 夹紧，右边的工件为另一工位。

工艺技巧

拼装夹具是一种模块化夹具，主要用于数控加工中，有时在普通机床上也可用拼装夹具。拼装夹具是一种柔性化的夹具，通常由基础件和其他模块元件组成。模块化是指将同一功能的单元，设计成具有不同用途或性能的，且可以相互交换使用的模块，以满足加工需要的一种方法。同一功能单元中的模块，是一组具有同一功能和相同连接要素的元件，也包括能增加夹具功能的小单元。

知识链接

随行夹具简介

随行夹具是一种大批量生产中在自动线上使用的移动式夹具。工件安装在随行夹具上，由运输装置把随行夹具运送到各台机床上，并对随行夹具进行定位和夹紧。随行夹具主要用于自动生产线、加工中心、柔性制造系统等自动化生产中，用于外形不太规则、不便于自动定位、夹紧和运送的工件，也常用于形状复杂且无良好输送基面，或虽有良好的输送基面，但材质较软的工件。使用随行夹具时，工件随夹具一起由输送带依次送到各工位。

随行夹具属于专用夹具范围，其装夹工件部分需按工件形状和工艺要求设计。为了满足多台机床设备能同时加工并在加工区外装卸和储备工件的要求，同样的随行夹具要制造一定的数量，并保证互换性。

一、随行夹具的分类

（1）按机床工种分车床夹具、铣床夹具、钻床夹具、磨床夹具、镗床夹具、自动机床夹具、数控机床夹具等。

（2）按其夹紧装置的动力源分手动夹具、气动夹具、液动夹具、电磁夹具、真空夹具。

二、随行夹具的运输及其在机床夹具上的安装

随行夹具的定位与一般夹具相同，考虑运输、提升、翻转、排屑、清洗和轴振动引起的松动，能够自锁。没有手柄、杠杆等伸出的手动操作元件，采用机动扳手操作。在组合机床

自动线中，对于某些形状复杂、缺少可靠输送基面的工件或有色金属工件，常常采用随行夹具作为定位夹紧和自动输送的附加装置。随行夹具可以做出一个很可靠的输送基面，并采用“一面两孔”的典型定位方式在自动线的工位上安装，从而使某些原来不便于在组合机床自动线上加工的工件成为可能，扩大了自动线的应用范围。

图 6-4-11 所示为随行夹具在自动线机床上工作的结构简图。随行夹具 1 由带棘爪的步伐式输送带 2 运送到机床上。固定夹具 4 除了在输送支承 3 上用一面两销定位及夹紧装置使随行夹具定位并夹紧外，它还提供输送支承面 A_1。图中件 7 为定位机构，液压缸 6、杠杆 5、钩形压板 8 为夹紧装置。

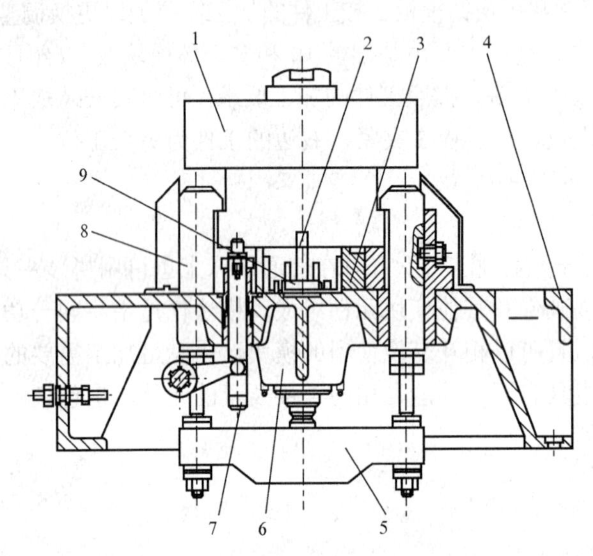

1—随行夹具；2—输送带；3—输送支承；4—固定夹具；5、9—杠杆；6—液压缸；7—定位机构；8—钩形压板

图 6-4-11　随行夹具在自动线机床的固定夹具上的工作简图

图 6-4-12（b）所示为加工汽车转向节的随行夹具。它可完成转向节叉部及法兰四个平面、主销孔、螺孔、法兰孔，以及定位孔的铣、钻、扩、锪、铰、攻螺纹、拉削等 17 道加工工序。工件如图 6-4-12（a）所示，以法兰端面、杆部外圆和工艺孔为基准，用支承板 3、定位套 4、削边销 1 定位，并用钩形压板 2 夹紧。为了保持随行夹具的精度，其定位基面 *B* 和输送基面 *A* 分开，粗加工用的定位销孔与精加工用的定位销孔 *C* 也分开。随行夹具还设有集屑盆 5，将每道工序的切屑集中在盆中，当随行夹具至倒屑工位时，倒屑机构便将其翻转 180° 实现振荡倒屑。

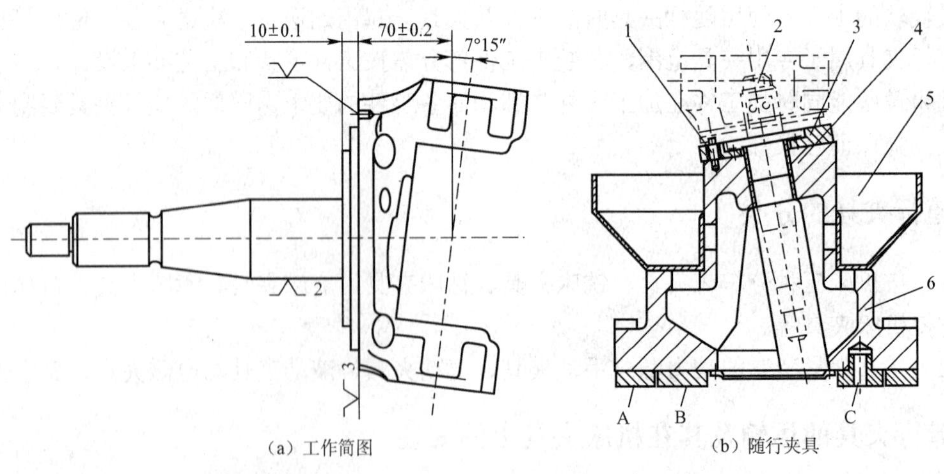

（a）工作简图　　（b）随行夹具

1—削边销；2—钩形压板；3—支承板；4—定位套；5—集屑盆；6—夹具体

图 6-4-12　转向节随行夹具

图 6-4-13　随行夹具实例

思考与练习

1. 什么是拼装夹具？

2. 拼装夹具有何特点？

3. 拼装夹具由哪些元件和合件组成？

任务五　数控机床夹具

任务描述

图 6-5-1～图 6-5-2 所示为数控机床夹具，要求学生通过对夹具或模型的拆装，结合前面所讲夹具知识，思考数控机床夹具的结构组成，夹具和数控机床怎么连接？如何调整？设计时要注意哪些问题？

图 6-5-1　数控机床或加工中心的液压夹具

图 6-5-2　数控车床快速柔性夹具

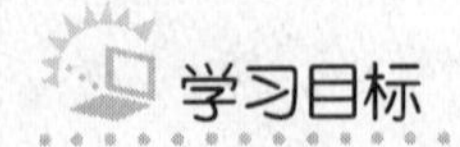

【知识目标】

数控机床夹具的特点、分类及结构。

【技能目标】

数控机床夹具的操作。

任务分析

因数控机床夹具有较高的精度，在进行典型模型拆装的时候要注意设计、加工、装配、安装调整等方面的技巧。有条件也可以去工厂里参观实物，针对实物进行讲解分析，增加学生的理性认识。

完成任务

基本概念

一、数控机床夹具系统和特点

数控机床夹具系统包括通用夹具、通用可调夹具、组合夹具、模块化夹具、成组夹具以及专用夹具等。数控机床夹具具有高效化、柔性化和高精度等特点，设计时，除了应遵循一般夹具设计的原则外，还应注意以下特点：

（1）数控机床夹具应具有较高的精度，以满足数控加工的精度要求。

（2）数控机床夹具应有利于实现加工工序的集中，即可使工件在一次装夹后能进行多个表面的加工，以减少工件装夹次数。

（3）数控机床夹具的夹紧应牢固可靠，操作方便夹紧元件的位置应固定不变，防止在自动加工过程中，元件与刀具相碰。

图 6-5-3 所示为用于数控车床的液动自定心三爪卡盘，在高速车削时平衡块 1 所产生的离心力经杠杆 2 给卡爪 3 一个附加的力，以补偿卡爪夹紧力的损失。卡爪由活塞 5 经拉杆和楔槽轴 4 的作用将工件夹紧。图 6-5-4 所示为数控铣镗床夹具的局部结构，要防止刀具（主轴端）进入夹紧装置所处的区域。通常应对该区域确定一个极限值。

（4）每种数控机床都有自己的坐标系和坐标原点，是编制程序的重要依据之一。设计数控机床夹具时，应按坐标图上规定的定位和夹紧表面及机床坐标的起始点，确定夹具坐标原点的位置。图 6-5-3（a）中的 A 为机床原点，B 为工件在夹具上的原点。

图 6-5-5 所示为数控铣镗床夹具，其柔性化程度很高。夹具主要由四个定位夹紧组件构成，其中三个组件可由机床的脉冲指令控制其坐标位置。控制时，由脉冲信号起动步进电动机 2 经丝杠 5 传动大滑板 7 作 y 向坐标位置的调整。支承 4、9 安装在小滑板 6 上，可由步进电动机经齿轮、丝杆传动作 x 向坐标位置的调整。夹具的调整可编入程序中。在图 6-5-6 中，a 为夹具原点，b 为机床原点。

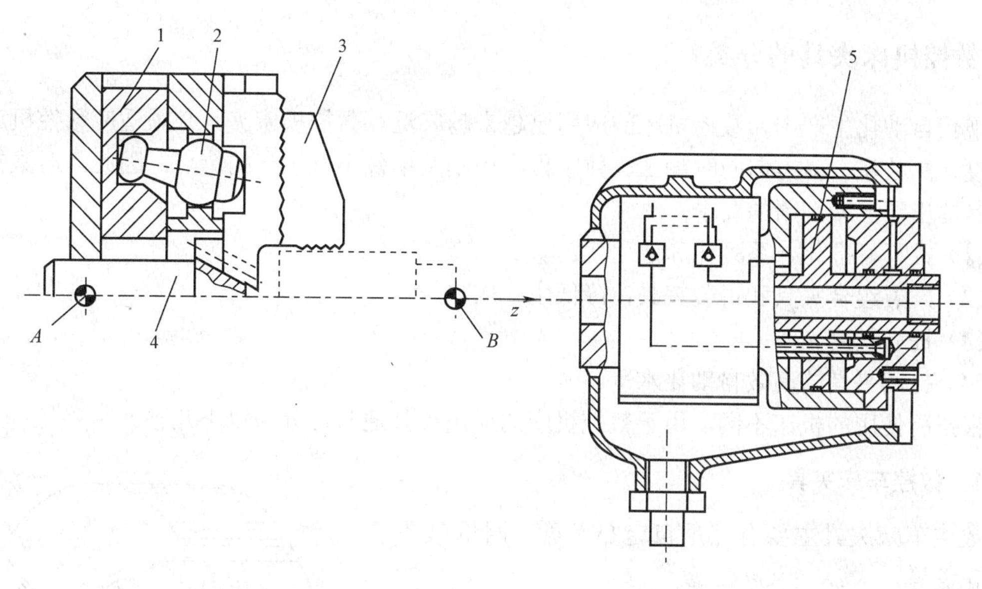

（a）卡盘　　　　（b）工作液压缸

1—平衡块；2—杠杆；3—卡爪；4—楔槽轴；5—活塞

图 6-5-3　液动三爪自定心卡盘

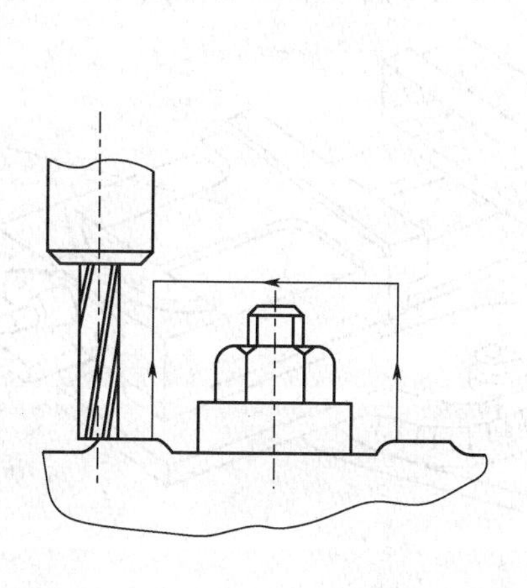

图 6-5-4　防止刀具与夹具元件相碰

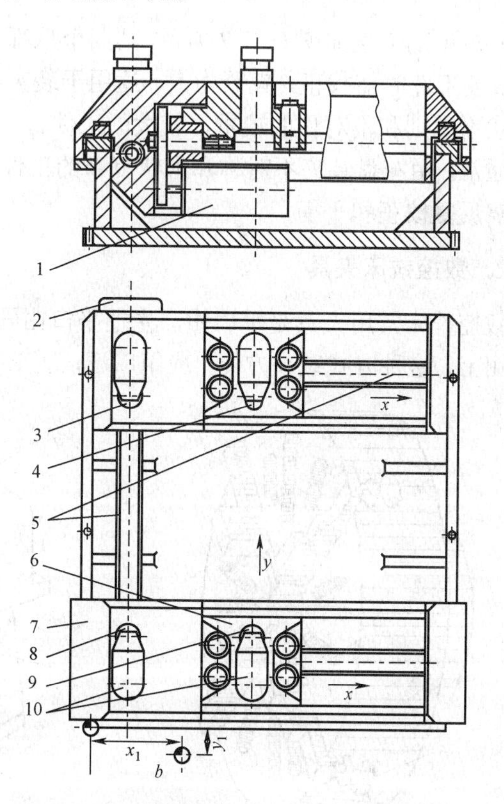

1、2—步进电动机；3、4、8、9—支承；
5—丝杠；6—小滑块；7—大滑块；10—钩形压板

图 6-5-5　数控铣撑床夹具

二、数控机床夹具的分类

现代自动化生产中，数控机床的应用已越来越广泛。数控机床夹具必须适应数控机床的高精度、高效率、多方向同时加工、数字程序控制及单件小批生产的特点。因此，对数控机床夹具提出了一系列新的要求。

（1）推行标准化、系列化和通用化。

（2）发展组合夹具和拼装夹具，降低生产成本。

（3）提高精度。

（4）提高夹具的高效自动化水平。

根据所使用的机床不同，用于数控机床的通用夹具通常可分为以下几种。

1. 数控车床夹具

数控车床夹具主要有三爪自定心卡盘、四爪单动卡盘、花盘等。

三爪自定心卡盘如图 6–5–6 所示，可自动定心，装夹方便，应用较广，但它夹紧力较小，不便于夹持外形不规则的工件。

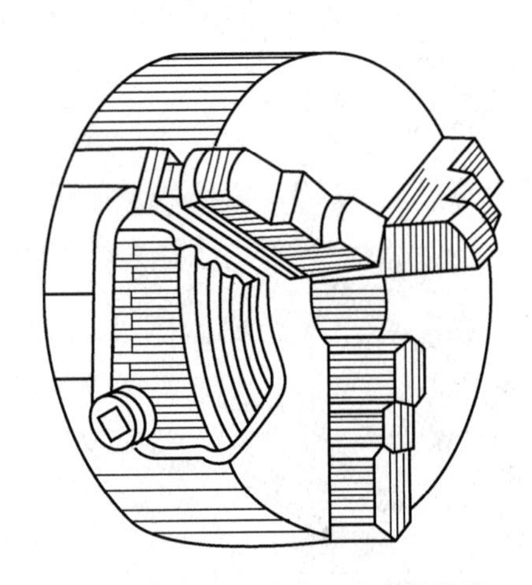

图 6–5–6　三爪自定心卡盘的构造

四爪单动卡盘如图 6–5–7 所示，其四个爪都可单独移动，安装工件时需找正，夹紧力大，适用于装夹毛坯及截面形状不规则和不对称的较重、较大的工件。

通常，用花盘装夹不对称和形状复杂的工件，装夹工件时需反复校正和平衡。

2. 数控铣床夹具

数控铣床常用夹具是平口钳，先把平口钳固定在工作台上，找正钳口，再把工件装夹在平口钳上，这种方式装夹方便，应用广泛，适于装夹形状规则的小型工件。如图 6–5–8 所示。

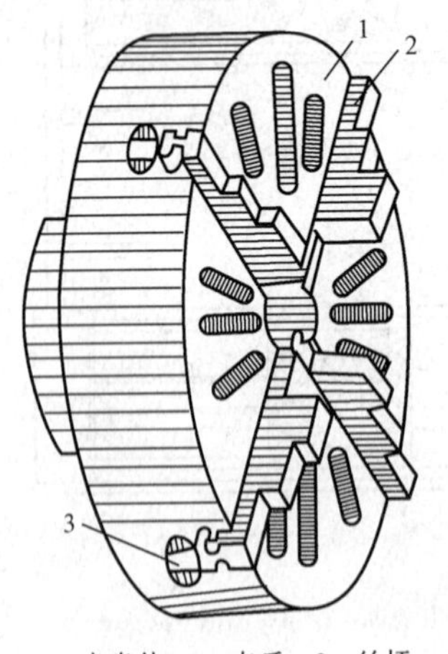

1—卡盘体；2—卡爪；3—丝杆

图 6–5–7　四爪单动卡盘

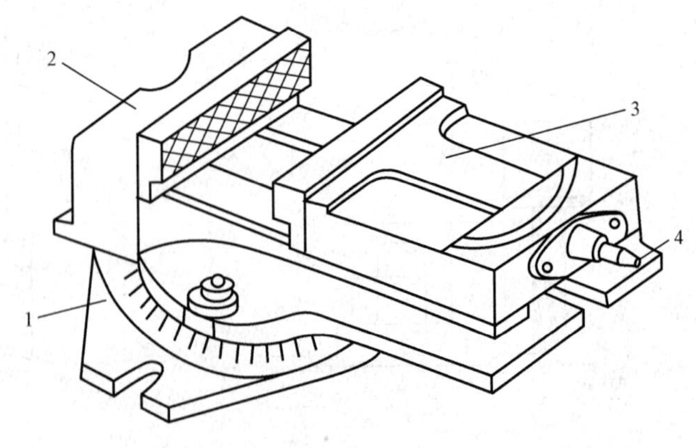

1—底座；2—固定钳口；3—活动钳口；4—螺杆

图 6–5–8　平口钳

3. 加工中心夹具

数控回转工作台是各类数控铣床和加工中心的理想配套附件，有立式工作台、卧式工作台和立卧两用回转工作台等不同类型产品。立卧回转工作台在使用过程中可分别以立式和水平两种方式安装于主机工作台上。工作台工作时，利用主机的控制系统或专门配套的控制系统，完成与主机相协调的各种必须的分度回转运动。

为了扩大加工范围，提高生产效率，加工中心除了沿 *X*、*Y*、*Z* 三个坐标轴的直线进给运动之外；往往还带有 *A*、*B*、*C* 三个回转坐标轴的圆周进给运动。数控回转工作台作为机床的一个旋转坐标轴由数控装置控制，并且可以与其他坐标联动，使主轴上的刀具能加工到工件除安装面及顶面以外的周边。回转工作台除了用来进行各种圆弧加工或与直线坐标进给联动进行曲面加工以外，还可以实现精确的自动分度。因此，回转工作台已成为加工中心一个不可缺少的部件。

除以上通用夹具外，数控机床夹具主要采用拼装夹具、组合夹具、可调夹具和数控夹具。

完成任务

对于如图 6-5-1 和图 6-5-2 所示的夹具进行结构分析及现场数控机床夹具的操作。

工艺技巧

一、数控机床夹具的分类

1. 数控车床夹具

数控车床夹具主要有三爪自定心卡盘、四爪单动卡盘、花盘等。

通常，用花盘装夹不对称和形状复杂的工件，装夹工件时需反复校正和平衡。

2. 数控铣床夹具

数控铣床常用夹具是平口钳，先把平口钳固定在工作台上，找正钳口，再把工件装夹在平口钳上，这种方式装夹方便，应用广泛，适于装夹形状规则的小型工件。

3. 加工中心夹具

数控回转工作台是各类数控铣床和加工中心的理想配套附件，有立式工作台、卧式工作台和立卧两用回转工作台等不同类型产品。立卧回转工作台在使用过程中可分别以立式和水平两种方式安装于主机工作台上。工作台工作时，利用主机的控制系统或专门配套的控制系统，完成与主机相协调的各种必须的分度回转运动。

夹具的制造方法

一、夹具制造的基本要求

1．保证夹具的质量

保证夹具的质量是指在正常生产条件下，按加工工艺过程所加工的夹具应达到设计图样上所规定的全部精度的要求，并能保证零件加工工序的加工要求。

2．保证夹具的制造周期

夹具的制造周期是指在规定的时间内将夹具制造完毕。在制造夹具时，在保证夹具精度的前提下，应力求制造周期短，以实际工件能按期生产。

3．保证夹具一定的使用寿命

夹具的使用寿命是指夹具在使用过程中的耐用度，一般用夹具加工合格工件数量为衡量标准。高的夹具使用寿命是衡量夹具制造质量的重要指标。

4．保证夹具制造成本低廉

夹具的制造成本是指夹具的制作费用。由于夹具是单件生产，在生产中不能按照批量组织生产，因而夹具和制造成本较高。为了降低夹具的制造成本，应根据加工工件的生产批量，合理设计夹具的结构，制定合理的夹具的制造方案，尽可能降低夹具的制造成本。

二、夹具制造的过程

夹具的制造过程和其他机械产品的制造过程一样，包括以下内容：

1．夹具设计

夹具图样设计是制造夹具中最关键的技术工作之一，是夹具制造的依所据。夹具设计内容见《机床夹具课程设计指导书》。

2．夹具零件制造工艺规程设计

夹具的加工工艺文件是制造夹具零件指令性文件。由于夹具是单件生产，其工艺规程是以加工工序为单位，简要说明夹具或零部件的加工工序名称、加工内容。加工设备及必要的说明。

3．夹具零部件的制造

夹具的零部件制造是按照加工工艺来组织生产的，一般可以采用机械加工，铸造和钳工等加工方法加工出符合要求的零件。

4．夹具的装配与调试

思考与练习

1. 数控机床夹具系统包括哪些？

2. 请列举出用于数控机床的通用夹具。

3. 数控机床夹具有何特点？

第四篇
机床夹具设计题库

模块七　夹具理论题库

任务一　中级工（国家四级）理论题库

子任务 1　中级工（国家四级）理论试题

一、填空（每空 1 分，共 20 分）

1．机床夹具的主要功能是_________和_________，机床夹具的特殊功能是___________和__________。

2．机床夹具的基本组成部分有__________、__________和___________特殊元件或装置有___________、____________和__________。

3．粗基准平面常用的定位元件有_______________和_____________。

4．按夹具的通用特性分，可分为通用夹具、______________、可调夹具、___________和______________。

5．造成定位误差的原因有_________、___________。

6．设计夹具夹紧机构时，必须首先合理确定夹紧力的三要素：_________、_________、和__________。

二、单项选择题（每小题 2 分，共 40 分）

1．如下关于诚实守信的认识和判断中，正确的选项是（　　）。

A．诚实守信与经济发展相矛盾

B．诚实守信要视具体对象而定

C．是否诚实守信要视具体对象而定

D．诚实守信应以追求利益最大化为准则

2．Super（萨珀）将人生职业生涯发展划分为五个阶段，其中，15～24 岁为（　　）阶段。

A．成长　　B．探索　　C．确定　　D．维持

3．（　　）就是要求把自己职业范围内的工作做好。

A．爱岗敬业　　B．奉献社会　　C．办事公道　　D．忠于职守

4．工件以圆柱孔为定位基面时，常用的定位元件为定位销和（　　）。

A．心轴　　B．支承板　　C．可调支承　　D．支承钉

5．四爪卡盘是（　　）夹具。

A．通用　　B．专用　　C．铣床　　D．钻床

6．专用夹具适用于（　　）。

A．新产品开发　　B．大批量生产

C．单件小批生产　　D．高技术含量的产品

7．用三个支承点对工件的平面进行定位，能控制（　　）自由度。

A．一个移动和两个转动　　B．三个移动

C．三个转动　　D．一个转动和一两个转动

8．采用夹具后，工件上有关表面的（　　）由夹具保证。

A．尺寸精度　　B．位置精度　　C．几何要素　　D．表面粗糙度

9．采用长圆柱孔定位，可以消除工件的（　　）自由度。

A．两个　　B．三个　　C．四个　　D．五个

10．长V形块定位能消除工件（　　）自由度。

A．两个　　B．三个　　C．四个　　D．五个

11．加工两种或两种以上工件的同一夹具，称为（　　）。

A．通用　　B．专用　　C．铣床　　D．组合

12．在用大平面定位时，把定位平面做成（　　）以提高工件定位的稳定性。

A．中凸　　B．刚性　　C．中凹　　D．网纹面

13．V形铁是以（　　）为定位基面的定位元件。

A．外圆柱面　　B．外圆锥面　　C．内圆柱面　　D．内圆锥面

14．工件以圆柱孔为定位基面时，常用的定位元件为定位销和（　　）。

A．支承板　　B．支承钉　　C．可调支承　　D．心轴

15．工件以外圆为定位基面时，常用的定位元件为（　　）。

A．支承板　　B．支承钉　　C．V形铁　　D．心轴

16．实际生产中，限制工件三个或四个自由度仍可达到工序要求是（　　）定位。

A．完全　　B．不完全　　C．重复　　D．欠定位

17．限制工件自由度超六点的定位称为（　　）。

A．完全　　B．不完全　　C．过定位　　D．欠定位

18．用已加工的表面定位时，工件的平面定位时的定位副不准误差（　　）。

A．不考虑　　B．考虑　　C．一定考虑　　D．一般不考虑

19．工件的精度取决于夹具精度，一般将夹具制造公差定为工件相应尺寸公差的（　　）。

A．1/3～1/5倍　　B．1倍　　C．2倍　　D．1/10倍

20．工件设计基准与定位基准重合时，基准不重合误差等于（　　）。

A．定位误差　　B．基准不重合误差

C．基准位移误差　　　　　　　　　　D．零

三、判断题（对的打“√”，错的打“×”；每小题 1 分，共 30 分）

1．专业技能和专业知识是职业素质中最具特色的内容。（　）

2．保持工作场地清洁，有利于提高工作效率。（　）

3．车床上的三、四爪卡盘属于专用夹具。（　）

4．长 V 形块定位能消除三个自由度。（　）

5．使用夹具，可保证有关表面的相互位置精度。（　）

6．长 V 形块定位能消除四个自由度。（　）

7．短 V 形块定位能消除三个自由度。（　）

8．机床夹具按其通用化程度一般可分为通用夹具，专用夹具，成组可调夹具和组合夹具等。（　）

9．使用夹具可扩大机床的工艺范围。（　）

10．工件常见定位方法有平面定位、圆柱孔定位和圆柱面定位等。（　）

11．当工件以平面作为定位基准时，为保证定位的稳定可靠应采用三点定位的方法。（　）

12．在所有情况下，都必须使工件完全定位，即六个自由度全部被限制，缺一不可。（　）

13．没有完全限制工件六个自由度的定位称为不完全定位。（　）

14．工件以孔为定位基准，长心轴和长销限制两个自由度，短心轴和短销限制四个自由度。（　）

15．工件以圆孔为定位基准，通常，夹具所用的相应定位元件是定位销和心轴。（　）

16．定位基准与设计基准不重合，必然产生基准不重合引起的误差。（　）

17．定位误差是由于工件和定件元件的制造误差产生的。（　）

18．一般机体夹具至少由夹具体、定位元件和夹紧装置三部分组成的。（　）

19．机床夹具不能保证加工精度，没有划线找正加工的精度高，成批生产时，零件加工精度不稳定。（　）

20．机床夹具的使用，可以保证工件加工精度，稳定生产质量。（　）

21．用适当分布的六个定位支承点，限制工件的三个自由度，使工件在夹具上的位置完全确定，这就是夹具的六点定位原则。（　）

22．在夹具中工件自由度的限制是由支承点来实现的。（　）

23．长方体工件定位，主要定位基准面上应布置三个支承点。（　）

24．长方体工件定位导向基准面上应布置二个支承点。（　）

25．用于精基准的导向定位用支承钉。（　）

26．轴类零件定位，防转支承应尽可能远离回转中心，以减小转角误差。（　）

27．工件定位时，被消除的自由度少于六个，但完全能满足加工要求的定位称不完全定位。（　）

28．由一套预制的标准元件及部件，按照工件的加工要求拼装组合而成的夹具，称为组

合夹具。 （ ）

29．工件在夹具中与各定位元件接触，虽然没有夹紧尚可移动，但由于其已取造得确定的位置，所以可以认为工件已定位。 （ ）

30．具有独立的定位作用且能限制工件的自由度的支承称为辅助支承。 （ ）

四、分析题（共 10 分）

分析图示工件的定位情况。

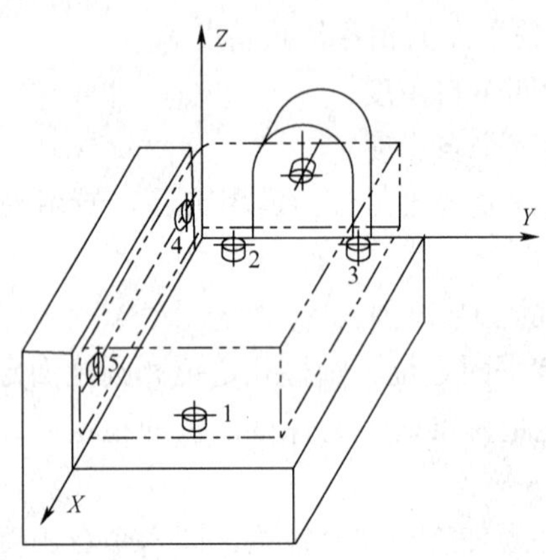

子任务 2　中级工（国家四级）理论试题

一、填空题（每空 1 分，共 20 分）

1．研究机床夹具的三大主要问题是________、________和________。

2．工件具有的自由度越_____，说明工件的空间位置确定性越好。

3．长 V 形块可消除工件_____ 个自由度。

4．夹紧不允许破坏________。

5．斜楔夹紧机构的自锁条件用公式表示是________。

6．工件的某个自由度被_____限制称过定位（重复定位）。

7．工件的实际定位点数，如不能满足加工要求，少于应有的定位点数，称为________定位。这在加工中是不允许的。

8．主要支承用来限制工件的_______。辅助支承用来提高工件的______和_______，不起______作用。

9．工件的________个自由度被________的定位称完全定位。

10．成组夹具为________的专用夹具。

11．对夹具的最基本要求是能够保证________。

12．一面两销组合定位中，为避免两销定位时出现______干涉现象，实际应用中将其中之一做成_______结构。

13．在车床上，当工件形状复杂或不规则无法用三爪和四爪卡盘装夹时，常用________和_______装夹。

二、单项选择题（每小题 2 分，共 40 分）

1．斜楔机构为了保证自锁手动夹紧时升角 α 一般取（　　）。

A．6°～8°　　B．12°～15°　　C．15°～30°　　D．18°～25°

2．平面支承定位的基准位移误差为（　　）。

A．大于 0　　B．等于 0　　C．小于 0　　D．无法确定

3．V 形块主要用于（　　）。

A．工件以外圆柱面定位　　B．工件以内孔定位

C．工件以端面定位　　D．工件以止口定位

4．工件以精度基准平面定位时采用的定位元件是（　　）。

A．齿纹支承钉　　B．球头支承钉

C．支承板和平头支承钉　　D．可换支承钉

5．车轴类零件的外圆时采用的定位方式是（　　）。

A．完全定位　　B．不完全定位　　C．欠定位　　D．过定位。

6．波纹套定位夹紧机构主要用于加工工件的（　　）。

A．外圆和右端面　　B．内孔

C．切槽和打中心孔　　D．中心孔

7．弹簧筒夹式定心夹紧机构主要用于安装（　　）。

A．轴套类工件　　B．圆盘类工件　　C．箱体类工件　　D．托架类工作

8．螺旋式定心夹紧机构双向螺杆的螺纹（　　）。

A．旋向相同　　B．旋向相反　　C．与旋向无关　　D．旋向相近

9．夹紧力和作用点应该（　　）。

A．落在定位元件的支承范围内　　B．在工件刚性较好的部位

C．靠近加工表面　　D．远离加工表面

10．工件以两孔一面定位时，属于（　　）。

A．完全定位　　B．不完全定位　　C．欠定位　　D．过定位

11．辅助支承所起的作用是（　　）。

A．支撑作用　　B．定位作用　　C．夹紧作用　　D．对刀作用

12．可调节支承所用的材料是（　　）。

A．T8 钢　　B．45 钢　　C．20 钢　　D．70 钢

13．两中心孔定位时，固定顶尖控制（　　）。

A．三个移动自由度　　B．两个转动自由度

C．一个移动、两个转动自由度　　D．四个转动自由度

14．限制自由度与加工技术要求的关系是（　　）。

A．所有自由度都与加工技术要求有关

B．所有自由度都与加工技术要求无关

C．有些自由度与加工技术要求有关，有些则无关

D．不能确定

15．机床上的卡盘，中心架等属于（　　）夹具。

A．通用　　B．专用　　C．组合　　D．可调夹具

16．重复限制自由度的定位现象称为（　　）。

A．完全定位　　B．欠定位　　C．不完全定位　　D．过定位

17．夹紧中确定夹紧力大小时，最好状况是力（　　）。

A．尽可能的大　　B．尽可能的小　　C．大小应适当　　D．大小应固定

18．在夹具中，用一个平面对工件进行定位，可限制工件的（　　）自由度。

A．两个　　B．三个　　C．四个　　D．五个

19．工件定位时，被消除的自由度少于六个，且不能满足加工要求的定位称为（　　）。

A．欠定位　　B．过定位　　C．完全定位　　D．不完全定位

20．用三个不在一条直线上的支承点对工件的平面进行定位，能消除其（　　）自由度。

A．三个平动　　B．三个转动

C．一个平动两个转动　　D．一个转动两个平动

三、判断题（对的打“√”，错的打“×”；每小题 1 分，共 30 分）

1．三点定位时允许三点共线。（　　）

2．短圆锥套可限制工件三个移动自由度。（　　）

3．实际生产中允许出现欠定位和重复定位。（　　）

4．定位基准和工序基准是同一个基准。（　　）

5．基准不重合误差用ΔB表示。（　　）

6．楔升角α越小，则夹紧力W就越大。（　　）

7．V 形块定位的主要特点是定心作用好。（　　）

8．为使夹紧可靠，夹紧力越大越好。（　　）

9．自位支撑可改善重复定位。（　　）

10．偏心夹紧机构中偏心距e越大，夹紧越可靠。（　　）

11．长的 V 形块可消除四个自由度。短的 V 形块可消除二个自由度。（　　）

12．为了防止工件变形，夹紧部位要与支承对应，不能在工件悬空处夹紧。（　　）

13．长 V 形块可消除五个自由度。短的 V 形块可消除两个自由度。（　　）

14．工件定位时，被消除的自由度少于 6 个，但完全能满足加工要求的定位称为不完全定位。（　　）

15．由一套预制的标准元件及部件，按照工件的加工要求拼装组合而成的夹具，称为组合夹具。

16．工件以其经过加工的平面，在夹具的四个支承块上定位，属于四点定位。（　　）

17．工件在夹具中与各定位元件接触，虽然没有夹紧尚可移动，但由于其已取造得确定的位置，所以可以认为工件已定位。（　　）

18．具有独立的定位作用且能限制工件的自由度的支承称为辅助支承。（　　）

19．为保证工件的加工质量，夹具的定位精度越高越好。（　　）

20．一般在没有加工尺寸要求及位置精度要求的方向上，允许工件存在自由度，所以在此方向上可以不进行定位。（　　）

21．不完全定位是一种正确的定位方式。（　　）

22．下图所示的定位方式是合理的。（　　）

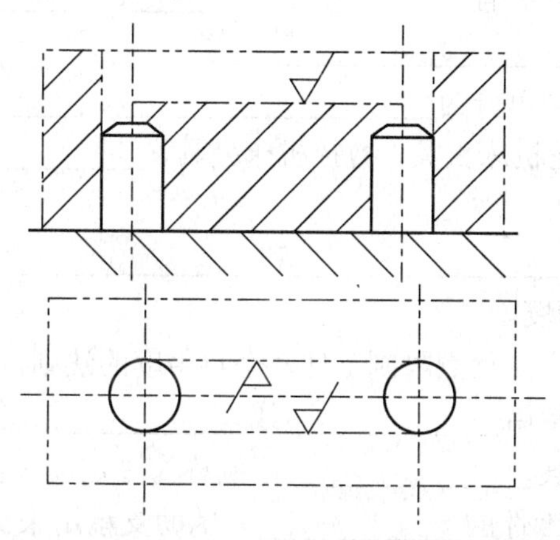

23．工件定位时，若定位基准与工序基准重合，就不会产生定位误差。（　　）

24．辅助支承是为了增加工件的刚性和定位稳定性，并不限制工件的自由度。（　　）

25．浮动支承是为了增加工件的刚性和定位稳定性，并不限制工件的自由度。（　　）

26．车削外圆柱表面通常采用下图所示的装夹定位方式。（　　）

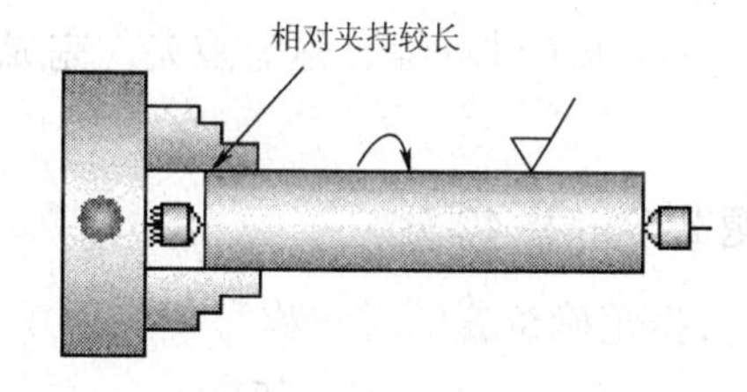

27．工件夹紧了，也就完成定位了。（　　）

28．在使用夹具装夹工件时，不允许采用不完全定位和过定位。（　　）

29．采用欠定位的定位方式，既可保证加工质量，又可简化夹具结构。（　　）

30．在夹具设计中，不完全定位是绝对不允许的。（　　）

四、分析题（共 10 分）

试确定各元件限制了工件的几个自由度如下图所示。

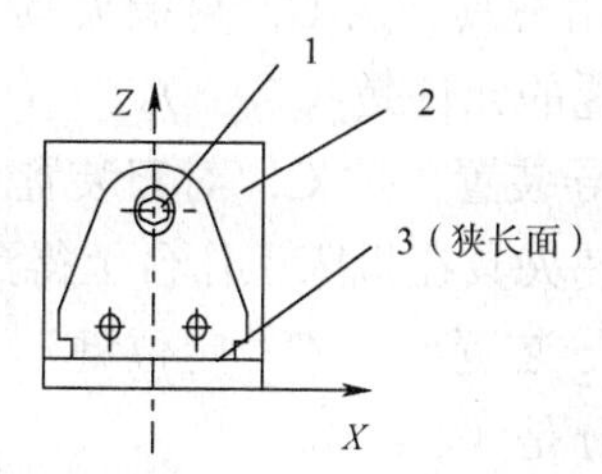

子任务3　中级工（国家四级）理论试题

一、填空题（每小题 2 分，共 20 分）

1．按夹具的使用特点分类有__________、__________、可调夹具、__________和__________等。

2．夹具按使用机床不同可分为__________、__________、钻床夹具、__________、齿轮机床夹具、数控机床夹具、__________、自动线随行夹具及其他机床夹具等。

3．铣床夹具一般要有__________和__________装置，以确保在铣床工作台上安装准确及加工的尺寸精度。

4．采用布置恰当的六个支承点限制工件六个自由度的法则，称为__________。

5．车加工细长轴时，常用__________或__________来增强刚性，提高加工精度。

6．工件的某个自由度被__________限制称为过定位（重复定位）。

7．主要支承用来限制工件的__________。辅助支承用来提高工件的装夹刚度和稳定性，不起__________作用。

8．工件的__________个自由度被__________的定位称为完全定位。

9．根据六点定位原理可将工件的定位方式分为__________、__________、__________和__________ 。

10．__________和__________两个过程综合称为装夹，完成工件装夹的工艺装备称为机床夹具。

二、单项选择题（每小题 2 分，共 40 分）

1．工件在夹具或机床中占据正确位置的过程称为（　　）。

A．定位　　B．夹紧　　C．装夹　　D．加工

2．四爪单动卡盘属于（　　）。

A．通用夹具　　B．专用夹具　　C．可调夹具　　D．组合夹具

3．回转工作台属于（　　）。

A．通用夹具　　B．专用夹具　　C．可调夹具　　D．随行夹具

4．加工完一种工件后，经过调整或更换个别元件，即可加工形状相似，尺寸相近或加工工艺相似的多种工件的夹具是（　　）。

A．通用夹具　　B．专用夹具　　C．可调夹具　　D．数控夹具

5．用于确定工件在夹具中位置的元件是（　　）。

A．定位元件　　B．引导装置　　C．对刀装置　　D．夹紧装置

6．夹具用于铣床、刨床时，使夹具在机床工作台上得到定位的是（　　）。

A．定位元件　　B．引导装置　　C．定位键　　D．对刀元件

7．机床夹具最基本的组成部分是（　　）。

A．定位元件、对刀装置、夹紧装置　B．定位元件、夹具体、夹紧装置

C．定位元件、对刀装置、定向装置　D．定位元件、导向装置、夹紧装置

8．解决工件定位问题的首要问题是（　　）。

A．使一批工件在夹具中占有准确位置

B．使夹具安装在机床上有一正确位置

C．使刀具相对夹具有一准确的位置。

D．夹紧

9．未被定位的工件，在空间有（　　）个自由度。

A．三个移动　　B．三个转动

C．三个移动和三个转动平　　D．六个转动

10．工件在夹具中定位时，工件以定位面与夹具定位元件的定位工作面保持（　　）来限制其自由度。

A．接触或配合　　B．脱离　　C．相对移动　　D．相对转动

11．主要定位基准可限制工件的（　　）个自由度。

A．2　　B．6　　C．4　　D．5

12．确定工件在夹具中应限制的自由度数目，应考虑的因素是（　　）。

A．工序加工要求

B．定位的稳定

C．工序加工要求、定位的稳定及夹具结构

D．操作方便

13．工件定位后，（　　）。

A．允许工件定位面与定位元件的定位工作面在保持接触前提下发生相对位移

B．不允许工件定位面与定位元件的定位工作面发生相对位移

C．可以使工件定位面与定位元件的定位工作面发生脱离

D．可以使工作定位面与定位元件的定位工作面发生转动

14．工件以外圆柱面放在V形块上定位时，定位误差随V形块夹角α增大而（　　）。

A．增大　　B．减少　　C．不变　　D．等于零

15．长V形块能限制工件的（　　）自由度。

A．两个移动和一个转动　　B．两个转动和一个移动

C．一个转动、一个移动　　D．两个移动和两个转动

16．加工中实际所限制的自由度少于工件所应限制的自由度，称为（　　）。

A．重复定位　　B．不完全定位　　C．欠定位　　D．完全定位

17．夹具上定位元件重复限制工件的一个成几个自由度是（　　）的。

A．允许　　B．不允许　　C．应避免　　D．根据实际情况而定

18．在轴的两端用两短V形块进行定位，限制了工件的（　　）自由度。

A．2个　　B．4个　　C．5个　　D．2个

19．定位误差是（　　）误差的综合效果。

A．基准不重合误差和基准移误差　　B．重复定位和欠定位

C．对刀块移位和塞尺不符　　D．定位支承面与切削面位移

20．工件以圆孔与短削边销成的定位副，削边销只限制工作（　　）自由度。

A. 1个　　　　B. 2个　　　　C. 3个　　　　D. 4个

三、判断题（对的打"√"，错的打"×"；每小题1分，共30分）

1．工件的装夹包括定位和夹紧两个过程。（　　）

2．工件夹紧后，此时工件的位置一定正确。（　　）

3．工作在夹具中定位的目的是要使同一批工件在夹具中占有一致的正确加工位置。（　　）

4．找正法装夹工作，由于不需设计和制造专用夹具，所以一般生产成本低。（　　）

5．要保证工件尺寸精度和相互位置精度，必须保证工艺系统各环节之间具有正确的几何关系。（　　）

6．夹具可以缩短工件加工时的基本时间。（　　）

7．四爪单动卡盘属于专用夹具。（　　）

8．三爪自定心卡盘在工件装夹时不需调整，故属于专用夹具。（　　）

9．随行夹具是自动或半自动生产线上使用的夹具，但它只适用于某一种工件。（　　）

10．通用夹具均已标准化，所以使用通用夹具可降低成本。（　　）

11．专用夹具主要适用于生产批量大，产品品种相对稳定的场合。（　　）

12．机械加工中，采用夹具定位的加工精度一定高于找正方法的加工精度。（　　）

13．当工件在夹具中已确定和保持了准确位置时，就可以保证工件的加工精度。（　　）

14．可调夹具经过调整或换个别元件后，适用于各类零件的加工。（　　）

15．成组夹具属于随行夹具。（　　）

16．定位元件是夹具中必不可少的元件，任何夹具都不能离开定位元件。（　　）

17．夹具体是夹具的基体，所以任何夹具中都不能没有夹具体。（　　）

18．工件的精度一般比夹具的精度高2～3倍。（　　）

19．长圆柱心轴和长圆锥心轴一样控制工件的四个自由度。（　　）

20．只要定位基准与工序基准重合就没有定位误差了。（　　）

21．夹紧力的作用点应落在定位元件的支承范围内。（　　）

22．膜片卡盘定心夹紧机构不但定心精度高，而且夹紧力大。（　　）

23．过定位在任何夹具中都是不允许的。（　　）

24．定位误差可由基准不重合误ΔB与基准位移误差ΔY合成。（　　）

25．工件夹紧了，也就完成定位了。（　　）

26．为使夹紧可靠，夹紧力越大越好。（　　）

27．不完全定位是一种正确的定位方式。（　　）

28．V形块定位的主要特点是定心作用好。（　　）

29．斜楔夹紧机构，对斜楔的斜角大小没有要求。（　　）

30．三点定位时允许三点共线。（　　）

31．短圆锥套可限制工件的三个移动自由度。（　　）

四、分析题（共 10 分）

如下图所示。

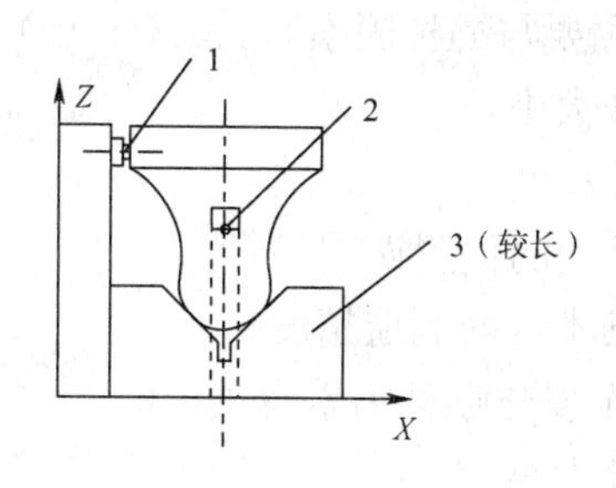

子任务 4　中级工（国家四级）理论试题

一、填空题（每空 1 分，共 20 分）

1．机床夹具设计主要研究的是____________夹具的设计。

2．设计专用夹具其结构应_____、_____，操作应简便、省力、______、________。

3．一面两销组合定位中，为避免两销定位时出现__________干涉现象，实际应用中将其中之一做成________结构。

4．在车床上，当工件形状复杂或不规则无法用三爪和四爪卡盘装夹时，常用于_______和______装夹。

5．设计基准是指在______上用以确定其他____、____、____的基准。

6．工件的实际定位点数，如不能满足加工要求，少于应有的定位点数，称为_______定位，这在加工中是不允许的。

7．斜楔的自锁条件公式表达式是_____________。

8．造成定位误差的原因有_________误差和________误差。

9．设计夹具夹紧机构时，必须首先合理确定夹紧力的三要素：_____、_____和_____。

二、单项选择题（每小题 2 分，共 40 分）

1．在夹具中，用一个平面对工件进行定位，可限制工件的（　　）自由度。

A．两个　　B．三个　　C．四个　　D．五个

2．三爪自定心卡盘夹住一端，另一端搭中心架钻中心孔时，如果夹住部分较短，属于（　　）。

A．部分定位　　B．完全定位　　C．重复定位　　D．欠定位

3．工件在夹具中安装时，绝对不允许采用（　　）

A．完全定位　　B．不完全定位　　C．欠定位　　D．过定位

4．决定某种定位方法属几点定位，主要根据（　　）。

A．有几个支承点与工件接触　　B．工件被消除了几个自由度

C．工件需要消除几个自由度　　D．夹具采用几个定位元件

5．轴类零件用双中心孔定位，能消除（　　）个自由度。

A．三　　B．四　　C．五　　D．六

6．基准不重合误差的大小主要与哪种因素有关。（　　）

A．本工序要保证的尺寸大小

B．本工序要保证的尺寸精度

C．工序基准与定位基准间的位置误差

D．定位元件和定位基准本身的制造精度

7．基准不重合误差的大小主要与哪种因素有关。（　　）

A．本工序要保证的尺寸大小

B．本工序要保证的尺寸精度

C．工序基准与定位基准间的位置误差

D．定位元件和定位基准本身的制造精度

8．铣床上用的平口钳属于（　　）。

A．通用夹具　　B．专用夹具　　C．成组夹具　　D．随行夹具

9．机床上的卡盘，中心架等属于（　　）夹具。

A．专用　　B．通用　　C．组合　　D．成组夹具

10．决定某种定位方法属几点定位，主要根据（　　）。

A．有几个支承点与工件接触　　B．工件需要消除几个自由

C．工件被消除了几个自由度　　D．夹具采用几个定位元件

11．轴类零件用双中心孔定位，能消除（　　）个自由度。

A．六　　B．五　　C．四　　D．三

12．在简单夹紧机构中，（　　）夹紧机构行程不受限制。（　　）夹紧机构夹紧行程与自锁性能有矛盾。（　　）夹紧机构动作迅速，操作简便。（每空 1 分，共 3 分）

A．斜楔　　B．螺旋　　C．定心　　D．杠杆

E．铰链　　F．偏心

13．使工件相对于刀具占有一个正确位置的夹具装置称为（　　）装置。

A．夹紧　　B．定位　　C．对刀　　D．导向装置

14．只有在（　　）精度很高时，过定位才允许采用，且有利于增强工件的（　　）。

A．设计基准面和定位元件　　B．定位基准面和定位元件

C．夹紧机构　　D．刚度　　E．强度

15．镗模采用双支承时，镗杆与机床主轴是（　　）连接，机床主轴只起（　　）作用，镗杆回转中心及镗孔精度由（　　）保证。（每空 1 分，共 3 分）

A．刚性　　B．柔性（或浮动）

C．传递动力　　D．镗模　　E．机床

16．基准不重合误差的大小主要与哪种因素有关。（　　）

A．本工序要保证的尺寸大小

B．本工序要保证的尺寸精度

C．工序基准与定位基准间的位置误差

D．定位元件和定位基准本身的制造精度

17．机床上的卡盘，中心架等属于（　　）夹具。

A．专用　　B．通用　　C．组合　　D．柔性

18．决定某种定位方法属几点定位，主要根据（　　）。

A．有几个支承点与工件接触　　B．工件需要消除几个自由

C．工件被消除了几个自由度　　D．夹具采用几个定位元件

19．轴类零件用双中心孔定位，能消除（　　）个自由度。

A．六　　B．五　　C．四　　D．三

20．使工件相对于刀具占有一个正确位置的夹具装置称为（　　）装置。

A．夹紧　　B．定位　　C．对刀　　D．导向

三、判断题（对的打“√”，错的打“×”；每小题 1 分，共 30 分）

1．长的 V 形块可限制四个自由度。短的 V 形块可限制两个自由度。（　　）

2．为了防止工件变形，夹紧部位要与支承对应，不能在工件悬空处夹紧。（　　）

3．组合夹具是由一套完全标准化的元件，根据工件的加工要求拼装成的不同结构和用途的夹具。（　　）

4．如下图所示，定位方式是合理的。（　　）

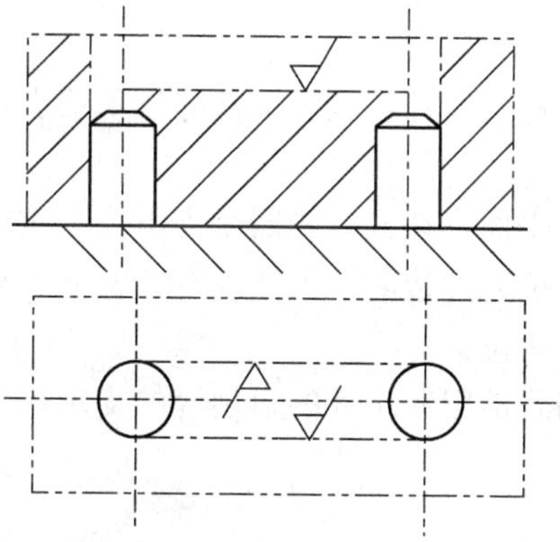

5．浮动支承是为了增加工件的刚性和定位稳定性，并不限制工件的自由度。（　　）

6．在车床上用三爪自定心卡盘多次装夹同一工件时，三爪定心卡盘的对中精度将直接影响工件上被加工表面的位置精度。（　　）

7．采用欠定位的定位方式，既可保证加工质量，又可简化夹具结构。（　　）

8．为了保证工件达到图样所规定的精度和技术要求，夹具上的定位基准应与工件上设计基准、测量基准尽可能重合。（　　）

9．固定式普通钻模主要用于加工直径小于 10mm 的孔。（　　）

10．成组夹具是成组工艺中为一组零件的某一工序而专门设计的夹具。（　　）

11．一次装夹，完成多道工序加工，是减小误差的有效方法。（　　）

12．在夹具定位中，可以不用考虑工件本工序的工序基准。（　　）

13．长销定位和短销定位所约束的不定长度都是相同的。（　　）

14．工件夹紧了，也就完成定位了。（　　）

15．斜楔夹紧机构，对斜楔的斜角大小没有要求。（　　）

16．工件在夹具中与各定位元件接触，虽然没有夹紧尚可移动，但由于其已取得确定的位置，所以可以认为工件已定位。（　　）

17．采用一夹一顶加工轴类零件，只限制六个自由度，这种定位属于完全定位。（　　）

18．一般在没有加工尺寸要求及位置精度要求的方向上，允许工件存在自由度，所以，在此方向上可以不进行定位。（　　）

19．工件定位时，若定位基准与工序基准重合，就不会产生定位误差。（　　）

20．浮动支承是为了增加工件的刚性和定位稳定性，并不限制工件的自由度。（　　）

21．在夹具设计中，不完全定位是绝对不允许的。（　　）

22．在批量生产的情况下，用直接找正装夹工件比较合适。（　　）

23．为了保证工件达到图样所规定的精度和技术要求，夹具上的定位基准应与工件上设计基准、测量基准尽可能重合。（　　）

24．分度式钻模用于加工孔系。（　　）

25．夹具总图上标注的尺寸公差和位置公差一般取相应工件尺寸公差和位置公差的1/2～1/5。（　　）

26．工件定位时，被消除的自由度少于六个，但完全能满足加工要求的定位称为不完全定位。（　　）

27．由一套预制的标准元件及部件，按照工件的加工要求拼装组合而成的夹具，称为组合夹具。（　　）

28．工件以其经过加工的平面，在夹具的四个支承块上定位，属于四点定位。（　　）

29．工件在夹具中与各定位元件接触，虽然没有夹紧尚可移动，但由于其已取造得确定的位置，所以可以认为工件已定位。（　　）

30．具有独立的定位作用且能限制工件的自由度的支承称为辅助支承。（　　）

四、分析题（共 10 分）

试分析浮动长 V 形块和活动锥坑各限制了哪些自由度，如下图所示？

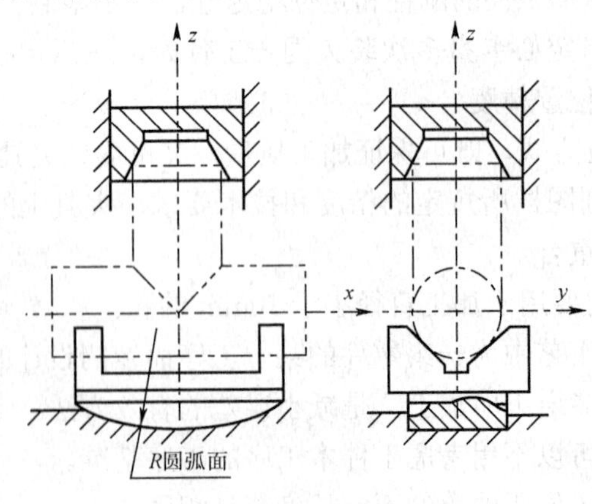

任务二　高级工（国家三级）理论题库

子任务1　高级工（国家三级）理论试题

一、填空题（每空 1 分，共 20 分）

1．机床夹具的基本组成为__________、__________和_________。

2．夹紧机构的组成为________、_________、__________。

3．常用基本夹紧机构可分为斜楔、_______、偏心、铰链四类。

4．_________和_________两个过程综合称为装夹，完成工件装夹的工艺。

5．夹具按夹紧的动力源可分为_______、气动夹具、_______、气液增力夹具、_______及__________等。

6．机床夹具的主要功能是 _________和_________。

7．短圆柱销可限制____个自由度。长圆柱销可限制_____个自由度。菱形销可限制____个自由度。圆锥销一般只能限止_____个自由度。窄 V 形块限止____个自由度。长 V 形块限止________个自由度。

二、多项选择题（每小题 2 分，共 40 分）

1．在金属切削机床上使用的夹具统称为（　　）。

A．工艺装备　　B．机床夹具　　C．加工定位装置　　D．机床附件

2．把工件在夹具中占据正确位置后并固定的过程称为（　　）。

A．装夹　　B．定位　　C．划线找正　　D 找正过程

3．在三维空间用合理分布的 6 个支承点制约物体的 6 个自由度称为（　　）。

A．定位原理　　B．夹紧原则　　C．六点定位规则　　D．定位过程

4．一个没有完全定位的工件在空间其位置是不确定的，空间三维直角坐标系中，这个不确定的工件可能有（　　）自由度。

A．一个　　B．两个　　C．三个　　D．六个

E 少于六个

5．在各种类型的固定支承钉中，适合于较大型工件的粗基准面定位的支承钉类型是（　　）。

A．E 型支承钉　　B．C 型支承钉　　C．B 型支承钉　　D．A 型支承钉

6．车床夹具，铣床夹具，钻床夹具，镗床夹具等夹具叫法是按（　　）来分类的。

A．夹具的作用　　B．夹具的功能　　C．夹紧方式　　D．夹具所在的机床

7．凡是夹具，其中一定有（　　）。

A．对刀装置　　B．分度装置　　C．平衡配重块　　D．定位元件

8．在夹具设计中，当结构方案拟定之后，应该对夹具的方案进行精度分析和估算；在夹具总图设计完成后，还应该根据夹具有关元件的配合性质及技术要求，再进行一次复核。这是确保产品（　　）而必须进行的误差分析。

A．能够被夹紧　　B 加工质量　　C 定位　　D 加工

9．镗床夹具又称为镗模，主要用于加工箱体或支座类零件上的精密孔和孔系。主要由镗模底座、支架、镗套、镗杆及必要的定位和夹紧装置组成。镗床夹具的种类按（　　）支架的布置形式分为双支承镗模、单支承镗模和无支承镗模。

A．导向　　B．夹紧　　C．定位　　D．安全

10．下列对定机构中对定精度最低的结构型式是（　　）。

A．单斜面楔形槽对定　　B．双斜面楔形槽对定

C．钢球对定结构　　D．正多面体对定

11．定位元件的材料一般选择（　　）。（多选，3 分）

A．20 钢渗碳淬火　　B．铸铁　　C．中碳钢；

D．合金钢　　E．T7A 钢　　F．中碳钢淬火

12．下列工件定位面与定位元件一般限制两个自由度的是（　　）。（多选、3 分）

A．外圆柱面与长支承平板　　B．外圆柱面与一短 V 型铁

C．圆柱孔与固定锥销　　D．圆柱孔与短圆柱销

E．长轴与两个半圆孔定位座

13．铣床上采用的通用夹具有（　　）。（多选、3 分）

A．分度头　　B．V 形铁及压板

C．四爪单动卡盘　D．电磁吸盘　　E．平口虎钳

14．夹紧力作用方向的确定原则是（　　）。（多选、3 分）

A．应垂直向下　　B．应垂直于主要定位基准面

C．使所需夹紧力最小　　D．使工件变形尽可能小

E．应与工件重力方向垂直

15．在简单夹紧机构中，（　　）夹紧机构行程不受限制。（　　）夹紧机构夹紧行程与自锁性能有矛盾。（　　）夹紧机构动作迅速，操作简便。（每空 1 分，共 3 分）

A．斜楔　　B．螺旋　　C．定心　　D．杠杆

E．铰链　　F．偏心

16．只有在（　　）精度很高时，过定位才允许采用，且有利于增强工件的（　　）。

A．设计基准面和定位元件　　B．定位基准面和定位元件

C．夹紧机构　　D．刚度　　E．强度

17．镗模采用双支承时，镗杆与机床主轴是（　　）连接，机床主轴只起（　　）作用，镗杆回转中心及镗孔精度由（　　）保证。（每空 1 分，共 3 分）

A．刚性　　B．柔性（或浮动）

C．传递动力　　D．镗模　　E．机床

18．夹紧力作用方向的确定原则是（　　）。（多选、3 分）

A．应垂直向下　　B．应垂直于主要定位基准面

C．使所需夹紧力最小　　D．使工件变形尽可能小

E．应与工件重力方向垂直

19．在简单夹紧机构中，（　　）夹紧机构一般不考虑自锁；（　　）夹紧机构既可增力又可减力；（　　）夹紧机构实现工件定位作用的同时，并将工件夹紧；（　　）夹紧机构夹

紧行程与自锁性能有矛盾。（4 分）

A．斜楔　　B．螺旋　　C．定心　　D．杠杆

E．铰链　　F．偏心

20．在车床上加工轴，用三爪卡盘安装工件，相对夹持较长，它的定位是（　　）。

A．六点定位　　B．五点定位　　C．四点定位　　D．三点定位

21．工件在夹具中安装时，绝对不允许采用（　　）。

A．完全定位　　B．不完全定位　　C．过定位　　D．欠定位

22．基准不重合误差的大小主要与哪种因素有关（　　）。

A．本工序要保证的尺寸大小

B．本工序要保证的尺寸精度

C．工序基准与定位基准间的位置误差

D．定位元件和定位基准本身的制造精度

三、判断题（对的打“√”，错的打“×”；每小题 1 分，共 20 分）

1．工件被夹紧后，不能动弹了，所以这个工件就定位了，这种理解是正确的。（　　）

2．对于轴类零件而言，定位元件只能用 V 形块。（　　）

3．为了提高工件的定位精度，工件被限制的自由度应该越多越好。（　　）

4．欠定位就是不完全定位，定位设计时要尽量避免。（　　）

5．一套优良的机床夹具必须满足保证工件的加工精度。（　　）

6．夹具设计一般是在零件的机械加工工艺过程制订之后按照某一工序的具体要求进行的。制订工艺过程，应充分考虑夹具实现的可能性，而设计夹具时，如确有必要也可以对工艺过程提出修改意见。（　　）

7．夹具与刀具的联系尺寸：用来确定夹具上对刀、导引元件位置的尺寸。对于铣、刨床夹具，是指对刀元件与定位元件的位置尺寸；对于钻、镗床夹具，则是指钻（镗）套与定位元件间的位置尺寸，钻（镗）套之间的位置尺寸，以及钻（镗）套与刀具导向部分的配合尺寸等。（　　）

8．有时为了满足工件的夹紧需求，可以改变工件已经在夹具中定位的正确位置。（　　）

9．偏心夹紧机构通常因为结构简单，操作简便，所以得到了广泛的运用。除了在铣床上运用，在车床上也等到了充分的运用。（　　）

10．在夹具设计图纸全部完成后，还有待于精心制造和使用来验证设计的科学性。经试用后，有时还可能要对原设计作必要的修改。因此，要完成一套能用于实际生产的专用夹具设计，设计人员通常还应参与夹具的制造、装配，使用和调整的全过程。（　　）

11．组合夹具是由一套完全标准化的元件，根据工件的加工要求拼装成的不同结构和用途的夹具。（　　）

12．一般在没有加工尺寸要求及位置精度要求的方向上，允许工件存在自由度，所以，在此方向上可以不进行定位。（　　）

13．采用一夹一顶加工轴类零件，只限制六个自由度，这种定位属于完全定位。（　　）

14．长的 V 形块可消除四个自由度。短的 V 形块可消除两个自由度。（　　）

15．为了防止工件变形，夹紧部位要与支承对应，不能在工件悬空处夹紧。（　　）

16．长 V 形块可消除五个自由度。短的 V 形块可消除两个自由度。（　　）

17．工件定位时，被消除的自由度少于六个，但完全能满足加工要求的定位称为不完全定位。（　　）

18．由一套预制的标准元件及部件，按照工件的加工要求拼装组合而成的夹具，称为组合夹具。（　　）

19．工件以其经过加工的平面，在夹具的四个支承块上定位，属于四点定位。（　　）

20．工件在夹具中与各定位元件接触，虽然没有夹紧尚可移动，但由于其已取得确定的位置，所以可以认为工件已定位。（　　）

四、简答题（每题 5 分共 10 分，回答要求简明扼要）

1．机床夹具在机械加工中的作用是什么？

2．过定位危害产生的原因是什么？

五、根据工件加工要求判别工件应该限制的自由度（每小题 5 分，共 10 分）

（1）在球形工件上铣削平面，如下图所示。（2）图示工件铣削通槽，如下图所示。

子任务 2　高级工（国家三级）理论试题

一、填空题（每空 1 分，共 15 分）

1．机床夹具的基本功能__________和__________。

2．工件的加工误差由___________、_______、____________、__________四项组成。

3．常用基本夹紧机构_______、_______、_______、________四类。

4．回转分度装置由_______、_______、_______、_______、_______五部分组成。

二、单项选择题（每小题 1 分，共 20 分）

1．在金属切削机床上使用的夹具统称为（　　）。

A．工艺装备　　B．机床夹具　　C．加工定位装置　　D．机床附件

2．把工件在夹具中占据正确位置后并固定的过程称为（　　）。

A 装夹　　B．定位　　C．划线找正　　D．找正过程

3．在三维空间用合理分布的六个支承点制约物体的六个自由度称为（　　）。

A．定位原理　　B．夹紧原则　　C．六点定位规则　　D．定位过程

4．一个没有完全定位的工件在空间其位置是不确定的，空间三维直角坐标系中，这个不确定的工件可能有（　　）自由度。

A．一个　　B．两个　　C．三个　　D．六个

E．少于六个

5．在各种类型的固定支承钉中，适合于较大型工件的粗基准面定位的支承钉类型是（　　）。

A．E 形支承钉　　B．C 形支承钉　　C．B 形支承钉　　D．A 形支承钉

6．在平面磨床上磨削平面时，要求保证被加工平面与底平面之间的尺寸精度和平行度，这时应限制（　　）个自由度。

A．5　　B．4　　C．3　　D．2

7．工件以外圆柱面在长 V 形块上定位时，限制了工件（　　）自由度。

A．6 个　　B．5 个　　C．4 个　　D．3 个

8．箱体类工件常以一面两孔定位，相应的定位元件应是（　　）。

A．一个平面、两个短圆柱销　　B．一个平面、一个短圆柱销、一个短削边销

C 一个平面、两个长圆柱销　　D．一个平面、一个长圆柱销、一个短圆柱销

9．用双顶尖装夹工件车削外圆，限制了（　　）个自由度。

A．6　　B．5　　C．4　　D．3

10．在平面磨床上磨削工件的平面时，不能采用下列哪一种定位？（　　）

A．完全定位　　B．不完全定位　　C．过定位　　D．欠定位

11．夹具的主要功能是定位和（　　），另外，可能还有对刀及导向功能。

A 找正　　B 装夹　　C 保证安全　　D 夹紧

12．各类专用夹具之所以得到广泛应用，就是因为夹具能降低生产成本，提高劳动生产率，改善工人的劳动条件，更重要的是能够保证（　　）。

A 装夹　　B 定位　　C 加工精度　　D 找正过程

13．可调节支承所用的材料是（　　）。

A．T8 钢　　B．45 钢　　C．20 钢　　D．65 钢

14．铣床上用的平口钳属于（　　）。

A．通用夹具　　B．专用夹具　　C．成组夹具　　D．组合夹具

15．定位误差研究的主要对象是工件的工序基准和定位基准，它的变动量将影响工件的（　　）精度和位置精度。

A．尺寸　　　B．C 几何　　　C．B 最高　　　D．最低

16．车床夹具、铣床夹具、钻床夹具、镗床夹具等夹具叫法是按（　　）来分类的。

A．夹具的作用　　B．夹具的功能　　C．夹紧方式　　D．夹具所在的机床

17．对定位元件的基本要求是（1）足够的精度；（2）足够的（　　）精度；（3）足够的强度和刚度；（4）应协调好与其他元件有关元件的空间几何关系；（5）良好的结构工艺性。

A．几何　　B．位置　　C．尺寸　　D．储备

18．在夹具设计中，当结构方案拟定之后，应该对夹具的方案进行精度分析和估算；在夹具总图设计完成后，还应该根据夹具有关元件的配合性质及技术要求，再进行一次复核。这是确保产品（　　）而必须进行的误差分析。

A．能够被夹紧　　B．加工质量　　C．定位　　D．加工

E．尺寸精度

19．分度装置能使工件加工的工序（　　），故广泛地用于车削、钻削、铣削等加工中。

A．质量　　B．顺利进行　　C．定位　　D．集中

20．夹具体是夹具的基础元件，夹具体的安装基面与（　　）连接，其他工作表面则装配各种元件和装置，以组成夹具的总体。

A．机床　　B．工件　　C．定位元件　　D．导向键

三、判断题（对的打“√”，错的打“×”；每小题 1 分，共 20 分）

1．工件定位的目的是使同一批工件逐次在夹具能占有同一正确的位置。（　　）

2．只要工件夹紧，就实现了工件的定位。（　　）

3．采用辅助支承或工艺肋装夹薄壁工件时，只要夹紧力的作用点和支承点相对应时，才能防止工件的变形。（　　）

4．六个自由度是工件在空间不确定的最高程度。（　　）

5．工件定位时，一个支承点只能限制一个自由度，两个支承点必然限制两个自由度，以此类推。（　　）

6．部分定位一般不允许，而欠定位是绝对不允许的。（　　）

7．工件的六个自由度全部被限制，使它在夹具中只有唯一正确的位置，这种定位称为完全定位。（　　）

8．为保证工件在加工过程中牢固可靠，夹紧力越大越好。（　　）

9．用七个支承点定位，一定是重复定位。（　　）

10．部分定位时，工件被限制的自由度数少于六个，所以会影响加工精度。（　　）

11．用六个支承点就可使工件实现完全定位。（　　）

12．工件夹紧变形会使被加工工件产生形状误差。（　　）

13．专用夹具是专为某一种工件的某道工序的加工而设计制造的夹具。（　　）

14．在大型、重型工件上钻孔时，可以不用夹具。（　　）

15．车床夹具应保证工件的定位基准与机床的主轴回转中心线保持严格的位置关系。（　　）

16．夹具设计一般是在零件的机械加工工艺过程制订之后，按照某一工序的具体要求进

行的。制订工艺过程，应充分考虑夹具实现的可能性，而设计夹具时，如确有必要也可以对工艺过程提出修改意见。（　　）

17．夹具与刀具的联系尺寸：用来确定夹具上对刀、导引元件位置的尺寸。对于铣、刨床夹具，是指对刀元件与定位元件的位置尺寸；对于钻、镗床夹具，则是指钻（镗）套与定位元件间的位置尺寸，钻（镗）套之间的位置尺寸，以及钻（镗）套与刀具导向部分的配合尺寸等。（　　）

18．有时为了满足工件的夹紧需求，可以改变工件已经在夹具中定位的正确位置。

（　　）

19．偏心夹紧机构通常因为结构简单，操作简便，所以得到了广泛的运用。除了在铣床上运用，在车床上也等到了充分的运用。（　　）

20．在夹具设计图纸全部完成后，还有待于精心制造和使用来验证设计的科学性。经试用后，有时还可能要对原设计作必要的修改。因此，要完成一套能用于实际生产的专用夹具设计，设计人员通常还应参与夹具的制造、装配，使用和调整的全过程。（　　）

四、简答题（每题 8 分，共 32 分，回答要求简明扼要）

1．夹紧力作用点和方向选择原则是什么？

2．防护过定位危害产生的措施是什么？

3．设计联动夹紧机构的要点是什么？

4．机床夹具的设计特点是什么？

五、根据工件加工要求判别工件应该限制的自由度（共 13 分）

（1）在球形工件上铣削平面，如下图所示。（2）在球面上加工通孔，如下图所示。

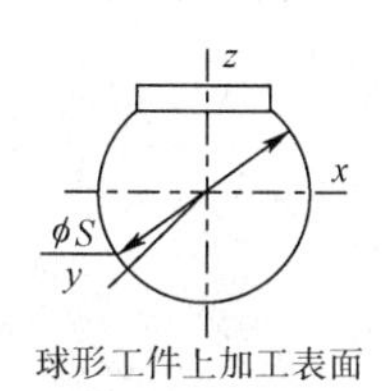

球形工件上加工表面

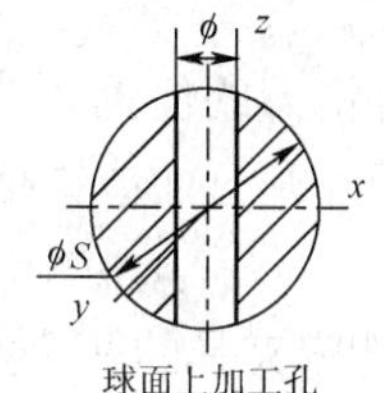

球面上加工孔

（3）钻削ϕd孔，如图所示。

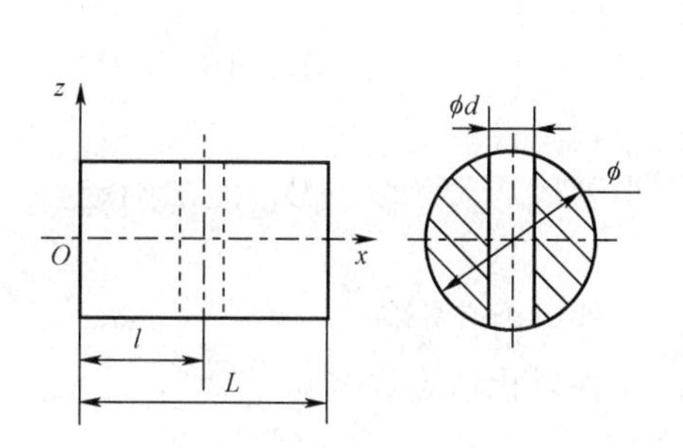

（4）铣右上角的平面，如下图所示。

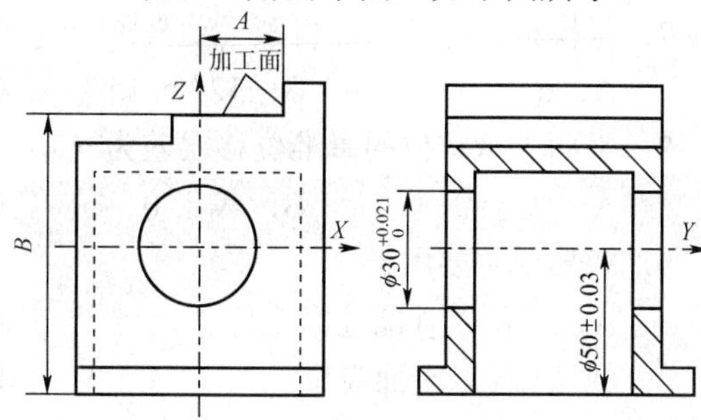

子任务3　高级工（国家三级）理论试题

一、填空（每小题 1 分，共 20 分）

1．钻床夹具的种类繁多，一般分为 ________、________、________、________、________、________几种类型。

2．常见的分度装置有下述两大类：________和________。

3．基本夹紧机构有________、________、________、________及由它们组合而成的夹紧装置。

4．机床夹具一般是由________、________、________ 三部分组成。

5. 机床夹具按通用特性分类，可分为________、________、________、________、________五大类型。

二、单项选择题（每小题 1 分，共 24 分）

1．适用于加工中小型工件，包括工件在内所产生的总重力不超过 100N 的钻模是（　　）。

A．固定式钻模　　B．滑柱式钻模　　C．翻转式钻模　　D．移动式钻模

2．镗套内径公差带为（　　）。

A．H6 或 H7　　B．F6 或 F7　　C．h6 或 h7　　D．G7

3．对于径向尺寸 $D \leqslant 140$mm 的小型车床夹具在机床主轴上的连接安装一般用（　　）安装在机床主轴的锥孔中。

A．过渡盘　　B．锥柄　　C．花盘　　D．三爪卡盘

4．圆形对刀块在铣床夹具中的作用是（　　）。

A．用于加工平面

B．用于调整组合铣刀的位置

C．用于加工两相互垂直面或铣槽时的对刀

D．用于加工斜面

5．为了提高精度，铣床夹具的两个定位键间的距离应当（　　）。

A．尽可能小　　B．尽可能大　　C．大小都无所谓　　D．固定

6．下面三种分度对定机构，分度对定精度较高的是（　　）。

A．钢球对定　　B．圆柱销对定　　C．圆锥销对定　　D．削边销对定

7．斜楔机构为了保证自锁手动夹紧时升角 α 一般取（　　）。

A．6°～8°　　B．12°～15°　　C．15°～30°　　D．18°～25°

8．平面支承定位的基准位移误差为（　　）。

A．大于 0　　B．等于 0　　C．小于 0　　D．无法确定

9．V 形块主要用于（　　）。

A．工件以外圆柱面定位　　B．工件以内孔定位

C．工件以端面定位　　D．工件以止口定位

10．工件以精基准平面定位时采用的定位元件是（　　）。

A．球头支承钉　　B．齿纹支承钉

C．支承板和平头支承钉

11．车轴类零件的外圆时采用的定位方式（　　）。

A．完全定位　　B．不完全定位　　C．欠定位　　D．过定位

12．对定销运动方向与分度盘回转轴线平行这种分度属于（　　）。

A．轴向分度　　B．径向分度　　C．圆周分度　　D．直线分度

13．端齿盘分度装置的分度精度很高的原因是（　　）。

A．它利用了精确的对定销　　B．它利用了精密的分度衬套

C．它利用了误差平均效应　　D．它利用了精确的定位销

14．欠定位的定位方式（　　）。

A．能保证工件加工要求　　B．不能保证工件加工要求

C．有时能保证工件加工要求　　D．有时不能保证工件加工要求

15．重复定位，在生产中（　　）。

A．允许出现　　B．不允许出现

C．有时允许出现、有时不允许出现　　D．没有影响

16．重复定位时，所限制工件自由度的数目（　　）。

A．多于 6 个

B．少于 6 个

C．可能多于 6 个，也可能等于或少于 6 个

D．等于 6 个

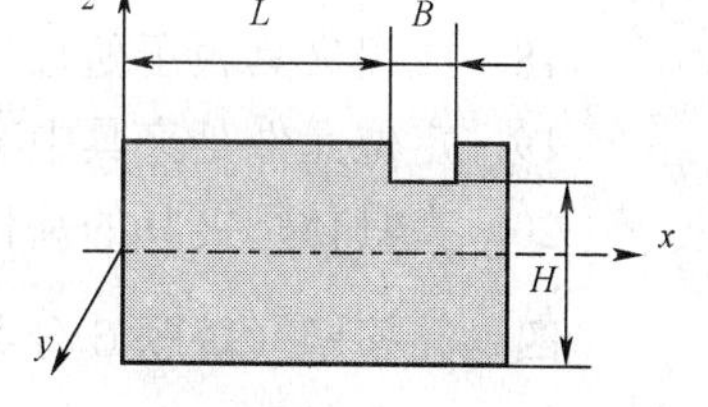

17．右图所示为在小轴上铣槽，保证尺寸 H 和 L，所必须限制的自由度个数为（　　）

A．六个　　B．五个

C．四个　　D．三个

18．在车床上加工轴，用三爪卡盘安装工件，相对夹持较长，它的定位是（　　）。

A．六点定位　　B．五点定位　　C．四点定位　　D．三点定位

19．工件在夹具中安装时，绝对不允许采用（　　）。

A．完全定位　　B．不完全定位　　C．过定位　　D．欠定位

20．基准不重合误差的大小主要与哪种因素有关（　　）。

A．本工序要保证的尺寸大小　　B．本工序要保证的尺寸精度

C．工序基准与定位基准间的位置误差　　D．定位元件和定位基准本身的制造精度

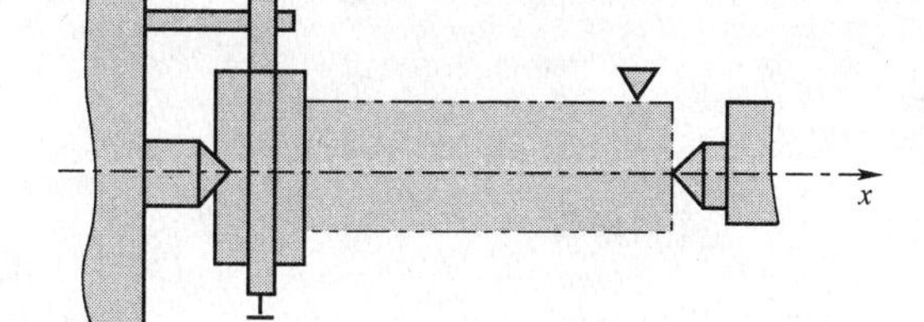

21．如左图所示在车床上用两顶尖安装工件时，它的定位是（　　）。

A．六点定位　　B．五点定位

C．四点定位　　D．三点定位

22．铣床上采用的通用夹具有（　　）。

A．分度头　　B．V 形铁及压板

C．四爪单动卡盘　　D．电磁吸盘

E．平口虎钳

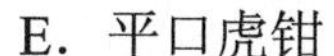

三、判断题（对的打“√”，错的打“×”；每小题 1 分，共 20 分）

1．机床夹具都是安装在机床工作台上。 （ ）
2．工件的精度一般比夹具的精度高 2～3 倍。 （ ）
3．长圆柱心轴和长圆锥心轴一样控制工件的四个自由度。 （ ）
4．只要定位基准与工序基准重合就没有定位误差了。 （ ）
5．夹紧力的作用点应落在定位元件的支承范围内。 （ ）
6．膜片卡盘定心夹紧机构不但定心精度度高而且夹紧力大。 （ ）
7．过定位在任何夹具中都是不允许的。 （ ）
8．定位误差可由基准不重合误差ΔB与基准位移误差ΔY合成。 （ ）
9．为保证必要的强度和刚度铸造夹具体的壁厚为 8～15mm。 （ ）
10．盖板式钻模和其他夹具一样由夹具体、定位装置和夹紧装置组成。 （ ）
11．镗套外径公差带粗加工采用 g6，精加工采用 g5。 （ ）
12．夹具体上的尺寸和角度公差取（1/2～1/5）δ_k。 （ ）
13．通用夹具均已标准化，所以，使用通用夹具可降低成本。 （ ）
14．专用夹具主要适用于生产批量大，产品品种相对稳定的场合。 （ ）
15．机械加工中，采用夹具定位的加工精度一定高于找正方法的加工精度。 （ ）
16．当工件在夹具中已确定和保持了准确位置时，就可以保证工件的加工精度。 （ ）
17．可调夹具经过调整或换个别元件后，适用于各类零件的加工。 （ ）
18．成组夹具属于随行夹具。 （ ）
19．定位元件是夹具中必不可少的元件，任何夹具都不能离开定位元件。 （ ）
20．夹具体是夹具的基体，所以任何夹具中都不能没有夹具体。 （ ）

四、简答题（每题 6 分共 24 分，回答要求简明扼要）

1．机床夹具在机械加工中的作用是什么？

2．防护过定位危害产生的措施是什么？

3．设计联动夹紧机构的要点是什么？

4．机床夹具的设计特点是什么？

五、根据工件加工要求判别工件应该限制的自由度（每小题 3 分.共 12 分）

（1）在球形工件上铣削平面，如下图所示。

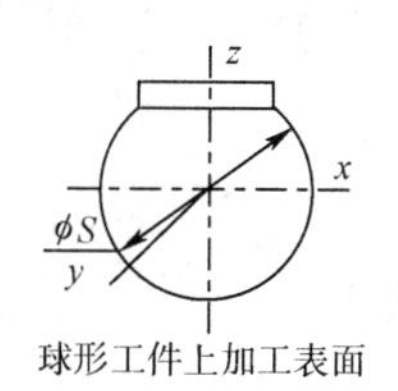

球形工件上加工表面

（2）在球面上加工通孔，如下图所示。

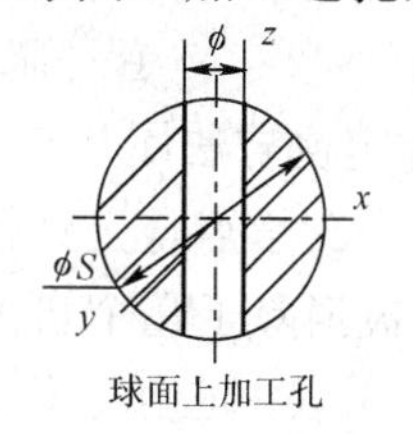

球面上加工孔

（3）钻削ϕd孔，如下图所示。

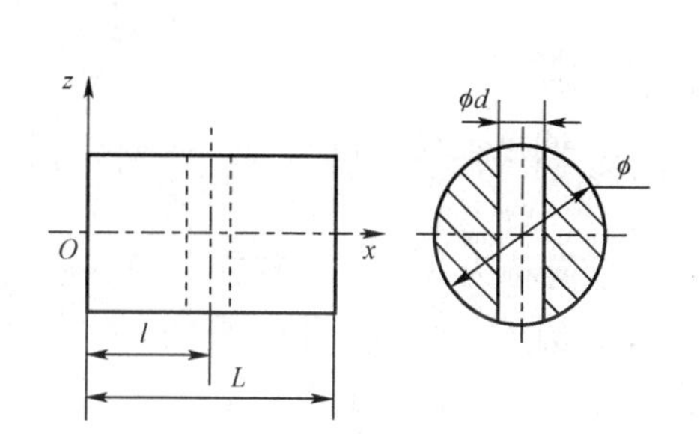

（4）铣右上角的平面，如下图所示。

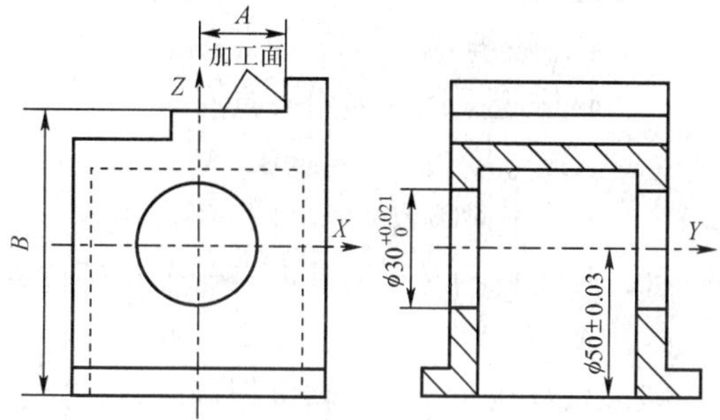

子任务 4　高级工（国家三级）理论试题

一、填空（每小题 1 分，共 20 分）

1．按夹具的使用特点分类有________、________、可调夹具、________和________等。

2．夹具按使用机床不同可分为________、________、钻床夹具、________、齿轮机床夹具、数控机床夹具、____________、自动线随行夹具及其他机床夹具等。

3．铣床夹具一般要有_____和_____装置，以确保在铣床工作台上安装准确，以及加工的尺寸精度。

4．采用布置恰当的六个支承点限制工件六个自由度的法则，称为________。

5．车加工细长轴时，常用_____或______来增强刚性，提高加工精度。

6．工件的某个自由度被________限制称为过定位（重复定位）。

7．主要支承用来限制工件的_______。辅助支承用来提高工件的装夹刚度和稳定性，不起______作用。

8．工件的______个自由度被_________的定位称为完全定位。

9．根据六点定位原理可将工件的定位方式分为 ________、________、____________和________________。

二、选择题（每小题 1 分，共 24 分，除注明分数外）

1. 机床上的卡盘，中心架等属于（　　）夹具。

A. 专用　　B. 通用　　C. 组合　　D. 可调

2. 决定某种定位方法属几点定位，主要根据（　　）。

A. 有几个支承点与工件接触　　B. 工件需要消除几个自由

C. 工件被消除了几个自由度　　D. 夹具采用几个定位元件

3. 轴类零件用双中心孔定位，能消除（　　）个自由度。

A. 六　　B. 五　　C. 四　　D. 三

4. 在简单夹紧机构中，（　　）夹紧机构行程不受限制。（　　）夹紧机构夹紧行程与自锁性能有矛盾。（　　）夹紧机构动作迅速，操作简便。（每空 1 分，共 3 分）

A. 斜楔　　B. 螺旋　　C. 定心　　D. 杠杆

E. 铰链　　F. 偏心

5. 铣床上采用的通用夹具有（　　）。（多选、3 分）

A. 分度头　　B. V 形铁及压板　　C. 四爪单动卡盘

D. 电磁吸盘　　E. 平口虎钳

6. 使工件相对于刀具占有一个正确位置的夹具装置称为（　　）装置。

A. 夹紧　　B. 定位　　C. 对刀　　D. 导向

7. 只有在（　　）精度很高时，过定位才允许采用，且有利于增强工件的（　　）。

A. 设计基准面和定位元件　　B. 定位基准面和定位元件

C. 夹紧机构　　D. 刚度　　E. 强度

8. 镗模采用双支承时，镗杆与机床主轴是（　　）连接，机床主轴只起（　　）作用，镗杆回转中心及镗孔精度由（　　）保证。（每空 1 分，共 3 分）

A. 刚性　　B. 柔性（或浮动）　　C. 传递动力　　D. 镗模

E. 机床

9. 基准不重合误差的大小主要与哪种因素有关？（　　）。

A. 本工序要保证的尺寸大小　　B. 本工序要保证的尺寸精度

C. 工序基准与定位基准间的位置误差　　D. 定位元件和定位基准本身的制造精度

10. 夹紧力作用方向的确定原则是（　　）。（多选、3 分）

A. 应垂直向下　　B. 应垂直于主要定位基准面

C. 使所需夹紧力最小　　D. 使工件变形尽可能小

E. 应与工件重力方向垂直

11. 在夹具中，用一个平面对工件进行定位，可限制工件的（　　）自由度。

A. 两个　　B. 三个　　C. 四个　　D. 五个

12. 三爪自定心卡盘夹住一端，另一端搭中心架钻中心孔时，如果夹住部分较短，属于（　　）。

A. 部分定位　　B. 完全定位　　C. 重复定位　　D. 不完全定位

13. 定位元件的材料一般选择（　　）。（多选，3 分）

A. 20 钢渗碳淬火　B. 铸铁　　C. 中碳钢　　D. 合金钢

E．T7A 钢　　F．中碳钢淬火

14．工件在夹具中安装时，绝对不允许采用（　　）。

A．完全定位　　B．不完全定位　　C．欠定位　　D．过定位

15．下列工件定位面与定位元件一般限制两个自由度的是（　　）。（多选、3 分）

A．外圆柱面与长支承平板　　B．外圆柱面与一短 V 形铁

C．圆柱孔与固定锥销　　D．圆柱孔与短圆柱销

E．长轴与两个半圆孔定位座

16．在简单夹紧机构中，（　　）夹紧机构一般不考虑自锁；（　　）夹紧机构既可增力又可减力；（　　）夹紧机构实现工件定位作用的同时，并将工件夹紧；（　　）夹紧机构夹紧行程与自锁性能有矛盾。（4 分）

A．斜楔　　B．螺旋　　C．定心　　D．杠杆

E．铰链　　F．偏心

17．基准不重合误差的大小主要与哪种因素有关？（　　）。

A．本工序要保证的尺寸大小　　B．本工序要保证的尺寸精度

C．工序基准与定位基准间的位置误差　　D．定位元件和定位基准本身的制造精度

18．铣床上用的平口钳属于（　　）。

A．通用夹具　　B．专用夹具　　C．成组夹具　　D．组合夹具

三、判断题（对的打“√”，错的打“×”；每小题 1 分，共 20 分）

1．夹具可以缩短工件加工时的基本时间。（　　）

2．四爪单动卡盘属于专用夹具。（　　）

3．三爪自定心卡盘在工件装夹时不需调整，故属于专用夹具。（　　）

4．随行夹具是自动或半自动生产线上使用的夹具，但它只适用于某一种工件。（　　）

5．通用夹具均已标准化，所以使用通用夹具可降低成本。（　　）

6．专用夹具主要适用于生产批量大，产品品种相对稳定的场合。（　　）

7．机械加工中，采用夹具定位的加工精度一定高于找正方法的加工精度。（　　）

8．当工件在夹具中已确定和保持了准确位置时，就可以保证工件的加工精度。（　　）

9．可调夹具经过调整或换个别元件后，适用于各类零件的加工。（　　）

10．成组夹具属于随行夹具。（　　）

11．定位元件是夹具中必不可少的元件，任何夹具都不能离开定位元件。（　　）

12．夹具体是夹具的基体，所以，任何夹具中都不能没有夹具体。（　　）

13．用六个支承点就可使工件实现完全定位。（　　）

14．工件夹紧变形会使被加工工件产生形状误差。（　　）

15．专用夹具是专为某一种工件的某道工序的加工而设计制造的夹具。（　　）

16．在大型、重型工件上钻孔时，可以不用夹具。（　　）

17．车床夹具应保证工件的定位基准与机床的主轴回转中心线保持严格的位置关系。（　　）

18．采用机床夹具装夹工件，主要是为了保证工件加工表面的位置精度。（　　）

19．工件加工时，采用完全定位、不完全定位都是允许的。（　　）

20．采用机床夹具装夹工件，工件的加工表面与定位表面之间的相互位置关系主要由夹具来保证。（　　）

21．专为某一种工件的某道工序的加工而设计制造的夹具，称为组合夹具。（　　）

22．工件以平面定位时的定位误差，只有基准位置误差。（　　）

四、简答题（每题 6 分，共 24 分，回答要求简明扼要）

1．什么是定位误差？它由那几部分组成？

2．夹紧装置主要由哪几部分组成？对夹紧装置有哪些要求？

3．为什么说夹紧不等于定位？

4．可调支撑与辅助支撑两者之间有哪些区别？

五、根据工件加工要求判别工件应该限制的自由度（每小题 3 分，共 12 分）

（1）钻ϕd孔，如下图所示。

z
ϕd
x
O
y

理限（　　　　）

（2）钻ϕd孔，如下图所示。

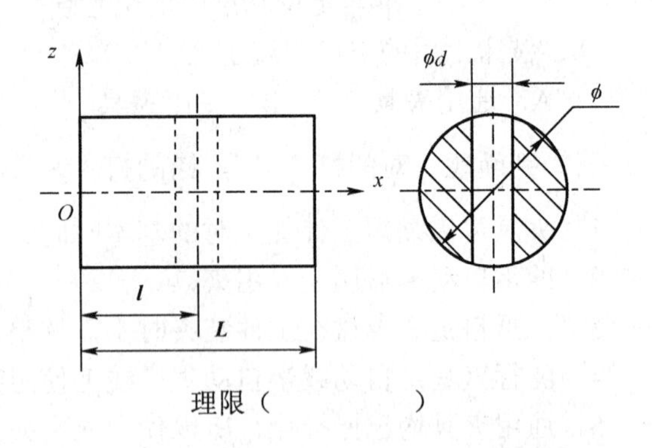

理限（　　　　）

（3）钻ϕd孔，如下图所示。

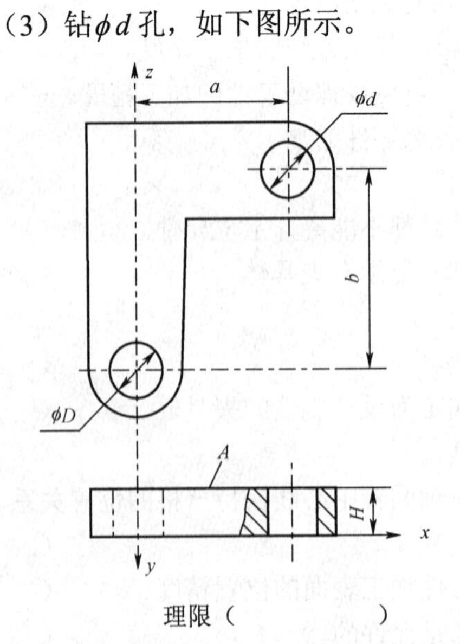

理限（　　　　）

（4）钻$\phi 2$孔，如下图所示。

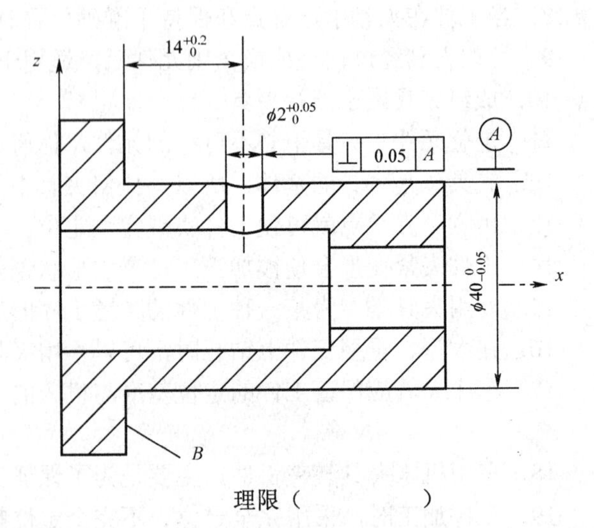

理限（　　　　）

任务三　技师（国家二级）理论题库

子任务1　技师（国家二级）理论试题

一、填空题（每空1分，共15分）

1．定位误差由两部分组成，即__________和______________。

2．钻套的类型有_________、________、__________和________四种。

3．常用基本夹紧机构______、_______、_______和_______四类。

4．回转分度装置由_______、________、_______、_______和________五部分组成。

二、单项选择题（每小题1分，共10分）

1．夹具的主要功能是定位和（　　），另外，可能还有对刀及导向功能。

A．找正　　B．装夹　　C．保证安全　　D．夹紧

2．各类专用夹具之所以得到广泛应用，就是因为夹具能降低生产成本，提高劳动生产率，改善工人的劳动条件，更重要的是能够保证（　　）。

A．装夹　　B．定位　　C．加工精度　　D．找正过程

3．在三维空间用合理分布的六个支承点制约物体的六个自由度称为（　　）。

A．定位原理　　B．夹紧原则　　C．六点定位规则　　D．定位过程

4．一个没有完全定位的工件在空间其位置是不确定的，在空间三维直角坐标系中，这个不确定的工件可能有（　　）自由度。

A．一个　　B．两个　　C．三个　　D．六个

E．少于六个

5．定位误差研究的主要对象是工件的工序基准和定位基准，它的变动量将影响工件的（　　）精度和位置精度。

A．尺寸　　B．C几何　　C．B最高　　D．最低

6．在平面磨床上磨削平面时，要求保证被加工平面与底平面之间的尺寸精度和平行度，这时应限制（　　）自由度。

A．5个　　B．4个　　C．3个　　D．2个

7．工件以外圆柱面在长V形块上定位时，限制了工件（　　）自由度。

A．6个　　B．5个　　C．4个　　D．3个

8．箱体类工件常以一面两孔定位，相应的定位元件应是（　　）。

A．一个平面、两个短圆柱销　　B．一个平面、一个短圆柱销、一个短削边销

C．一个平面、两个长圆柱销　　D．一个平面、一个长圆柱销、一个短圆柱销

9．用双顶尖装夹工件车削外圆，限制了（　　）自由度。

A．6个　　B．5个　　C．4个　　D．3个

10．在平面磨床上磨削工件的平面时，不能采用下列哪一种定位？（　　）

A．完全定位　　B．不完全定位　　C．过定位　　D．欠定位

三、判断题（对的打“√”，错的打“×”；每小题 1 分，共 10 分）

1．用六个支承点就可使工件实现完全定位。（ ）

2．工件夹紧变形会使被加工工件产生形状误差。（ ）

3．专用夹具是专为某一种工件的某道工序的加工而设计制造的夹具。（ ）

4．在大型、重型工件上钻孔时，可以不用夹具。（ ）

5．车床夹具应保证工件的定位基准与机床的主轴回转中心线保持严格的位置关系。（ ）

6．部分定位一般不允许，而欠定位是绝对不允许的。（ ）

7．工件的六个自由度全部被限制，使它在夹具中只有唯一正确的位置，这种定位称为完全定位。（ ）

8．为保证工件在加工过程中牢固可靠，夹紧力越大越好。（ ）

9．用七个支承点定位，一定是重复定位。（ ）

10．部分定位时，工件被限制的自由度数少于六个，所以会影响加工精度。（ ）

四、根据工件加工要求，分析应该限制哪些自由度？（每小题 5 分，共 25 分）

（1）车 D 面，如图所示。（2）钻 ϕd 孔，如下图所示。（3）镗 $\phi 30_{-0.10}^{\ 0}$ 孔，如下图所示。

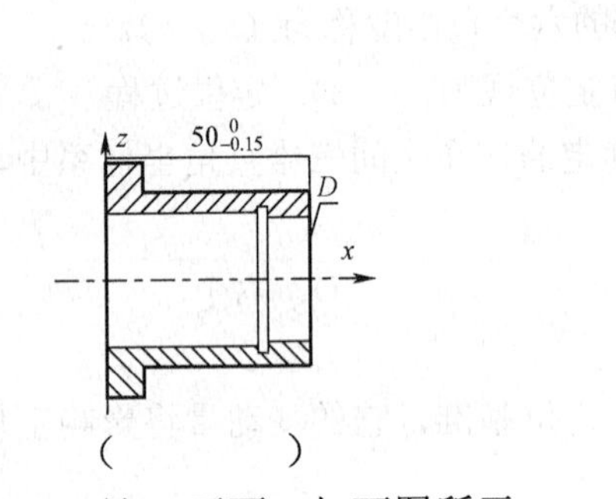

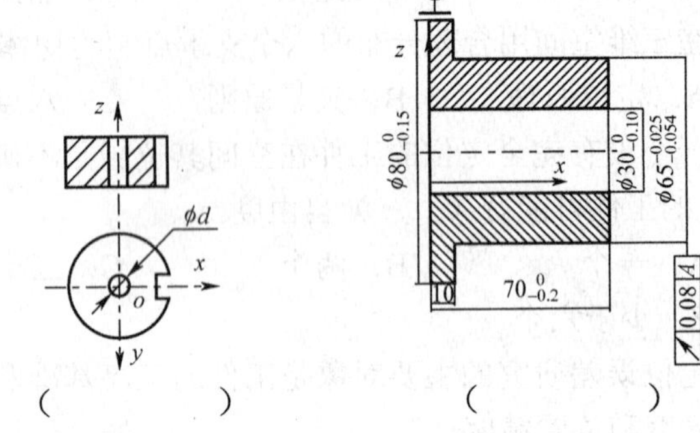

（ ）（ ）（ ）

（4）铣 A 平面，如下图所示。（5）钻 ϕd 孔，如下图所示。

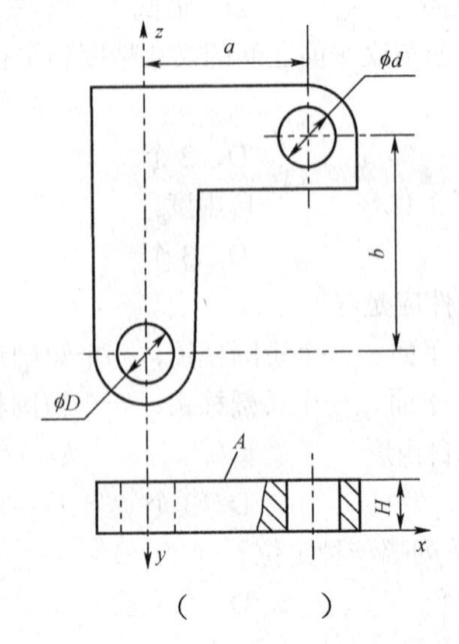

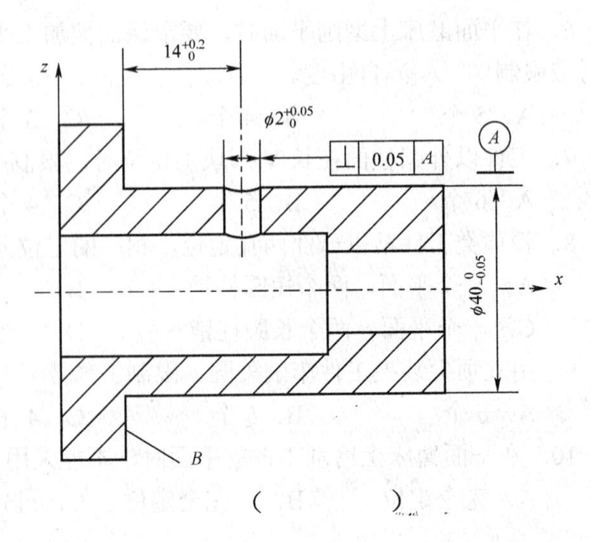

（ ）（ ）

五、简答（每小题 10 分，共 30 分）

1．可调支撑与辅助支撑两者之间有哪些区别？

2．如何正确选择夹紧力的方向？

3．设计夹具时，对机床夹具应有哪几方面的基本要求？

六、定位误差的分析计算（每小题 1 分，共 10 分）

下图所示为示铣键槽，保证图示加工要求，其余表面已加工，试设计定位方案并计算定位误差。

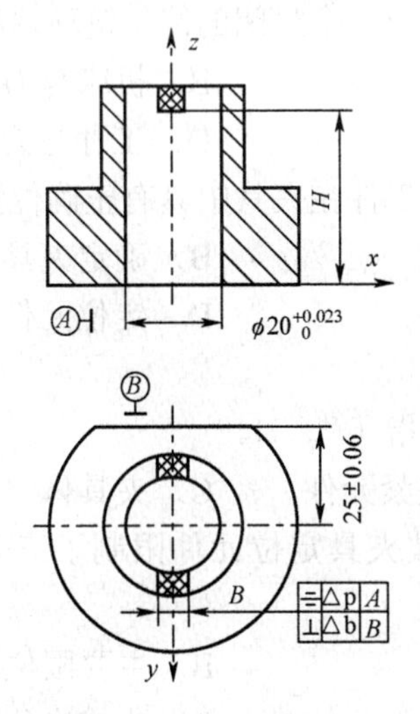

子任务 2　技师（国家二级）理论试题

一、填空题（每空 1 分，本题共 20 分）

1. 研究机床夹具的三大主要问题是_____________、_____________和_____________。

2．工件具有的自由度越_______，说明工件的空间位置确定性越好。

3．长 V 形块可消除工件_______个自由度。

4．影响定位误差的最主要因素是________________误差和________________误差。

5．夹紧不允许破坏________________。

6．斜楔夹紧机构的自锁条件用公式表示是________________。

7．对夹具转位的严格______________控制称为夹具的分度。

8．回转分度装置一般结构包括____________、____________、________________三个基本环节。

9．________________的螺钉头并不压紧在钻套台阶上。

10．固定式镗套适用于加工孔径________________、线速度为________________的工件。

11．成组夹具为________________的专用夹具。

12．对夹具的最基本要求是能够保证________________。

13．夹具结构应便于________________和________________。

二、单项选择题（每小题 1 分，本题共 10 分）

1．当被加工面在一个坐标方向或两个坐标方向有位置尺寸要求时，夹具应采用（　　）定位。

A．完全　　B．不完全　　C．欠　　D．过

2．通过夹具把（　　）连接成一个封闭的终结链环，称为机械加工工艺系统。

A．机床与工件　　B．机床与刀具

C．机床、工件与刀具　　D．工件与刀具

3．在专用夹具中，用来保证工件在夹具中具有正确位置的元件称为（　　）。

A．对刀导向装置　　B．确定夹具位置元件

C．夹紧装置　　D．定位元件

E．夹具体与其他元件

4．在夹具中的基础件一般是指（　　）。

A．定位元件　　B．夹紧元件　　C．夹具体　　D．确定夹具位置元件

5．工件在夹具中定位时，被夹具定位元件限制了三个自由度的工件上的那个基面称为（　　）。

A．导向定位基面　　B．主要限位基面

C．主要定位基面　　D．止推定位基面

6．限制工件自由度数少于六个仍可满足加工要求的定位称为（　　）定位。

A．完全　　B．不完全　　C．过　　D．欠

7．夹具体用一个大平面对工件的主要定位基面进行限位时，它可限制工件（　　）自由度。

A．两个　　B．三个　　C．四个　　D．五个

8．外圆柱工件在长 V 形块上定位时，被限制（　　）自由度。

A．两个移动　　B．两个转动

C．两个移动、两个转动　　D．两个移动、一个转动

9．用长圆锥心轴或两顶尖对工件定位时，限位面共限制工件（　　）自由度。

A．三个移动、两个转动　　　　　　B．两个移动、三个转动

C．一个移动、三个转动　　　　　　D．两个移动、两个转动

10．利用工件已精加工且面积较大的平面作主要定位基面定位时，应选择的基本支承是（　　）。

A．支承钉　　　B．支承板　　　C．浮动支承　　　D．可调支承

三、判断题（对的打“√”，错的打“×”；每小题 1 分，共 10 分）

1．三点定位时允许三点共线。（　　）

2．短圆锥套可限制工件三个移动不定度。（　　）

3．实际生产中允许出现欠定位和重复定位。（　　）

4．定位基准和工序基准是同一个基准。（　　）

5．基准不重合误差用 ΔB 表示。（　　）

6．楔升角 α 越小，则夹紧力 W 就越大。（　　）

7．翻转式钻模只能加工同一圆周上的多个孔。（　　）

8．绘制夹具装配图时最好采用 1∶1 的比例。（　　）

9．自位支撑可改善重复定位。（　　）

10．偏心夹紧机构中偏心距 e 越大，夹紧越可靠。（　　）

四、根据工件加工要求判别工件应该限制的自由度（每小题 5 分，共 20 分）

（1）在球形工件上铣削平面，如下图所示。

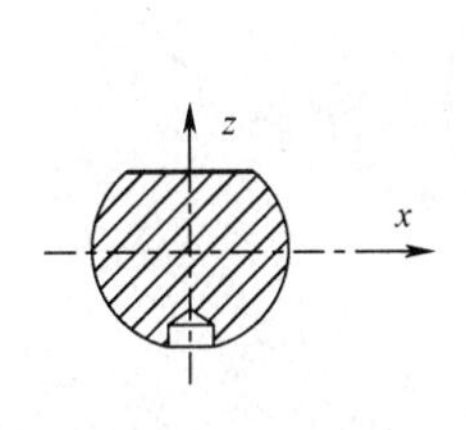

（2）如下图所示为工件铣削通槽。

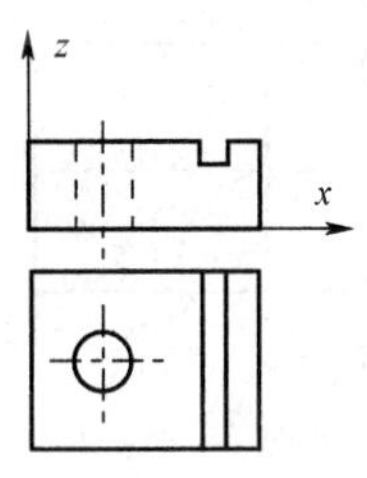

（3）钻图示管的上壁小孔，如下图所示。

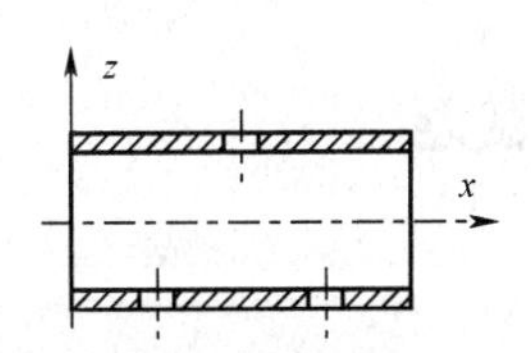

（4）球形工件上加工平面，如下图所示。

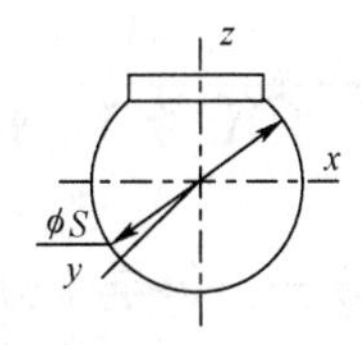

五、简答题（每题 7 分，共 28 分，回答要求简明扼要）

1．机床夹具在机械加工中的作用是什么？

2. 过定位产生的危害是什么？

3. 设计联动夹紧机构的要点是什么？

4. 夹紧力的作用点和方向选择原则是什么？

六、计算题（本题 12 分）

图示工件以ϕ30 外圆在 V 形块中定位铣平面，保证下图所示的加工要求，试计算定位误差。

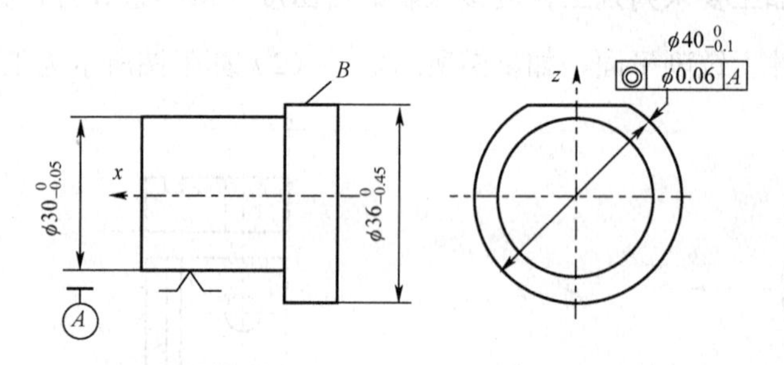

子任务 3　技师（国家二级）理论试题

一、填空题（共 23 分，每空 1 分）

1. 按夹具的通用性分类有________、________、可调夹具、________和__________等。

2. 夹具按使用机床不同可分为_________、_______、钻床夹具、_________、齿轮机床夹具、数控机床夹具、___________、自动线随行夹具及其他机床夹具等。

3. 铣床夹具一般要有_____和_____装置，以确保在铣床工作台上安装准确，以及加工的尺寸精度。

4．采用布置恰当的六个支承点限制工件六个自由度的法则，称为________。

5．车加工细长轴时，常用_____或______来增强刚性，提高加工精度。

6．主要支承用来限制工件的_______。辅助支承用来提高工件的装夹刚度和稳定性，不起______作用。

7．工件的______个自由度被_________的定位称完全定位。

8．根据六点定位原理可将工件的定位方式分为 ______、_______、_______和________。

9．_______和_______两个过程综合称为装夹，完成工件装夹的工艺装备称为机床夹具。

二、单项选择题（每小题 1 分，共 10 分）

1．夹具体用一个大平面对工件的主要定位基面进行限位时，它可限制工件（　　）个自由度。

A．2　　B．3　　C．4　　D．5

2．外圆柱工件在长 V 形块上定位时，被限制（　　）自由度。

A．两个移动　　B．两个转动

C．两个移动、两个转动　　D．两个移动、一个转动

3．用长圆锥心轴或两顶尖对工件定位时，限位面共限制工件（　　）自由度。

A．三个移动、两个转动　　B．两个移动、三个转动

C．一个移动、三个转动　　D．两个移动、两个转动

4．利用工件已精加工且面积较大的平面作主要定位基面定位时，应选择的基本支承是（　　）。

A．支承钉　　B．支承板　　C．浮动支承　　D．可调支承

5．工件毛坯以高低不平的粗基面定位时，夹具应设置（　　）定位支承点支承。

A．两个　　B．三个　　C．四个　　D．五个

6．由于定位副的制造误差而引起的定位基准在加工尺寸方向上的最大位置变动范围称为（　　）。

A．基准不重合误差　　B．基准位移误差

C．转角误差　　D．加工方法误差

7．工件以圆柱孔在心轴上定位时，由于定位副的制造误差存在，故当心轴水平放置时，工件与定位元件为（　　）接触。

A．双边　　B．单边　　C．任意边　　D．上下

8．在基本夹紧机构中，从原理上说，（　　）是最基本的一种形式。

A．斜楔夹紧　　B．螺旋夹紧　　C．偏心轮夹紧　　D．定心夹紧

9．在分度装置中，影响分度精度的关键部分是（　　）。

A．固定部分　　B．转动部分　　C．抬起与锁紧机构

D．分度对定机构

10．若夹具上遇到相互既不平行、又不垂直的孔轴线、基面、空间角度等位置精度的加工和测量难题，可采用（　　）方法解决。

A．精密划线　　B．在机床上加工时测量

C．设置工艺孔　　　　　　　　　　D．设计专用检具

三、判断题（对的打“√”，错的打“×”；每小题1分，共15分）

1．专用机床夹具至少必须由夹具体、定位元件和夹紧元件三个基本部分组成。（　）

2．一个物体在空间不加任何约束、限制，有六个自由度。（　）

3．用六个适当分布的定位支承点，限制工件的六个自由度，简称六点定则。（　）

4．一个支承点只能限制工件的一个自由度，但如果六个支承点分布不当，就可能限制不了工件的六个自由度。（　）

5．夹具费用的高低将直接影响劳动生产率的高低和效益好坏。（　）

6．采用不完全定位法可简化夹具结构。（　）

7．采用不完全定位是违背六点规则的，故很少被夹具设计采用。（　）

8．工件定位的实质是确定工件上定位基准的位置，此时，应从有利于夹具结构简化和定位误差小两方面考虑。（　）

9．即能起定位作用，又能起刚性定位作用的支承称为辅助支承。（　）

10．若支承点的位置在工件定位过程中，随定位基面的变化而自动与之相适应的定位元件称为浮动支承。（　）

11．工件在夹具中定位后，在加工过程中始终保持准确位置，应由夹具定位元件来实现。（　）

12．工件加工时应限制的自由度取决于工序加工要求，夹具支承点的布置取决于工件的形状。（　）

13．用六个支承点来限制工件的六个自由度，当支承点分布不合理时，会产生既是过定位又是欠定位的情况。（　）

14．定位基面和限位基面指的都是工件上的同一个表面。（　）

15．工件以圆柱孔作基面定位时，常用的定位元件是V形块或定位套筒。（　）

四、根据工件加工要求判别工件应该限制的自由度（每小题3分，共12分）

（1）钻孔，如图所示。　　　　（2）铣*A*、*B*，如下图所示。

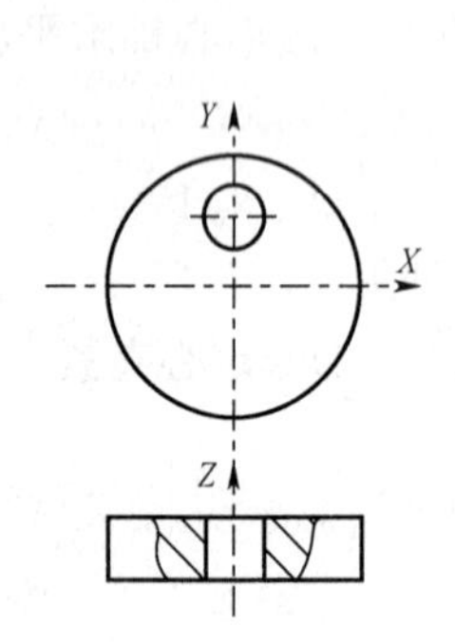

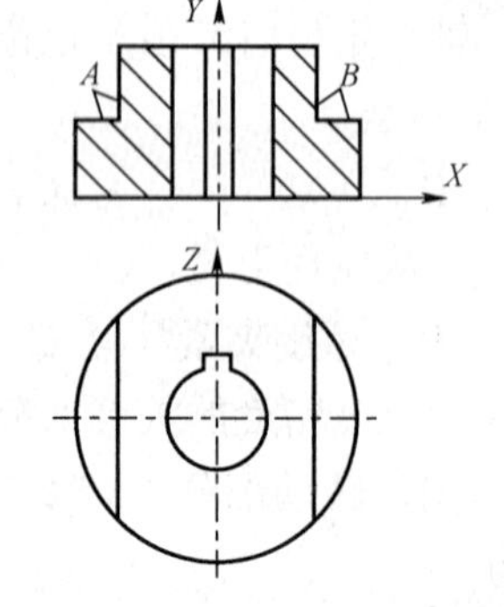

（3）下图所示为工件铣削通槽。

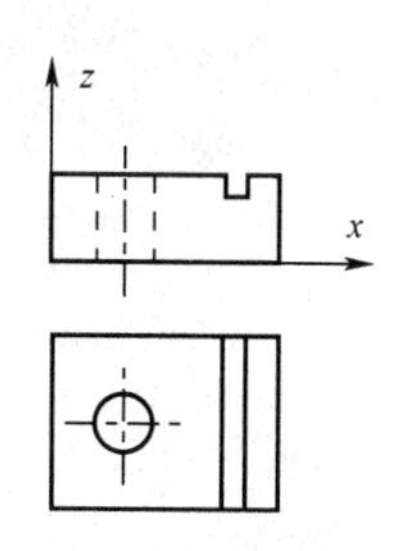

（4）钻ϕd孔，如下图所示。

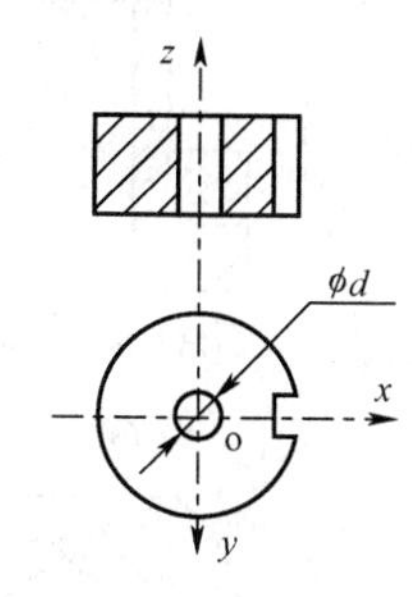

五、简答题（每小题 7 分，共 28 分）

1．什么是夹具的对定？

2．如何正确选择夹紧力的方向？

3．设计联动夹紧机构的要点是什么？

4．机床夹具的设计要求是什么？

5．机床夹具的设计特点是什么？

6．为什么夹紧不等于定位？

7．什么是定位误差？它由哪几部分组成？

六、计算题（本题 12 分）

1．下图所示为铣键槽，保证图示加工要求，其余表面已加工，试设计定位方案并计算定位误差。（本题 6 分）

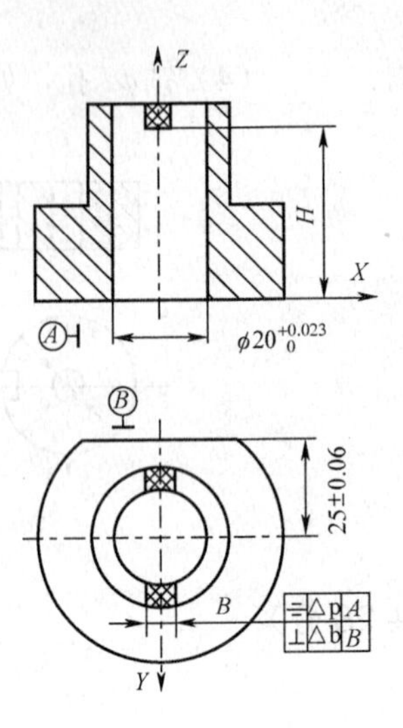

2．下图所示工件以ϕ30 外圆在 V 形块中定位铣平面，保证图示加工要求，试计算定位误差。（本题 6 分）

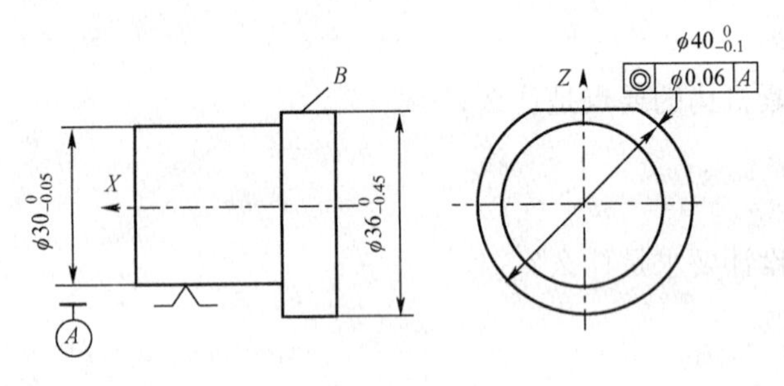

子任务 4　技师（国家二级）理论试题

一、填空题（每空 1 分，共 20 分）

1．在使用圆偏心轮夹紧工件时能保证自锁，则应使圆偏心轮上任意一点的__________。角都小于该点工作时的______角。

2．工件的加工误差由___________、__________、_________、___________四项组成。

3．钻套的类型有________、________、________、________四类。

4．回转分度装置由______、_______、_______、_______、_______五部分组成。

5．铣床夹具一般要有_______和_______装置，以确保在铣床工作台上安装准确，以及加工的尺寸精度。

6．采用布置恰当的六个支承点限制工件六个自由度的法则，称为________。

7．车加工细长轴时，常用_____或______来增强刚性，提高加工精度。

二、多项选择题（每小题 1 分，共 11 分）

1．专用夹具在机械加工过程中的作用是（　　）。

A．保证工件加工质量　　B．降低加工成本

C．改善工人劳动条件　　D．扩大机床工艺范围和改变机床用途

E．提高劳动生产率　　F．加强企业生产管理

2．要消除或改善过定位造成的不良后果，可采取以下举措（　　）。

A．避免两定位元件互相干涉　　B．改善定位装置的结构

C．提高定位副的制造精度　　D．减少或增加支承点的数目

3．对定位副的基本要求是（　　）。

A．有足够的强度、精度和刚度　　B．耐磨性和工艺性好

C．便于清除切屑　　D．结构简单

4．定位基面的选择应遵循以下原则（　　）。

A．基准重合原则　　B．基准统一原则

C．基面必须精加工　　D．装夹稳定、方便、变形最小 。

5．工件以精基面定位，夹具以两支承钉限位时常会产生的定位误差有（　　）；工件以外圆柱面在 V 形块中定位时常会产生的定位误差有（　　）；工件以一面两孔在夹具体大平面及一个圆柱销和一个削边销上定位时，常会产生的定位误差有（　　）。

A．基准位移误差　B．基准不重合误差　C．转角误差　　D．对中误差

6．欲提高工件以平面定位的精度，可采取以下措施。（　　）

A．尽量减少定位基面的面积　　B．力求选择基准重合的限位基面

C．提高限位基面的制造精度　　D．增大支承钉间的距离并保持等高

7．对夹紧装置的基本要求是（　　）。

A．不破坏工件定位　　B．压紧夹牢

C．结构简单、容易制造　　D．安全、迅速、省力

8．夹紧力作用方向的选择，应考虑到下列问题（　　）。

A．夹紧力应背向定位基面

B．主要夹紧力应朝向主要限位基面

C．夹紧力最好与工件重力、切削力同向

D．夹紧力最好与工件重力、切削力方向垂直

9．夹紧力的着力点的位置应位于（　　）。

A．限位支承面内　B．工件刚度较大处　C．远离加工点　D．接近加工部位

10．采用轴向分度的圆柱销对定机构时，影响分度精度的误差有（　　）。

A．对定销与分度盘衬套孔的配合间隙

B．对定销与固定部分衬套孔的配合间隙

C．分度盘衬套内外径的不同轴度

D．分度盘两相邻孔距误差

E．转盘回转轴与分度盘配合孔的配合间隙

F．分度孔至分度盘回转中心距的误差

11．为了使夹具尺寸链的封闭环便于用调整、修配法保证装配精度，通常采用以下方法。（　　）

A．修磨某元件的尺寸　　B．移动某元件

C．控制尺寸链各环的公差　　D．加入垫片

三、判断题

1．工件定位基准与工序基准重合时，基准不重合误差等于零。（　　）

2．用V形块定位时，V形槽夹角α越大，定位精度越高且越稳定。（　　）

3．当心轴与工件定位孔采用有间隙配合时，无论心轴水平安装还是垂直安装，所产生的基准位移误差都是相同的。（　　）

4．当心轴与工作定位孔采用无间隙配合时，定位基面与限位基面完全重合时，故基准不重合误差不存在。（　　）

5．工件以外圆柱面作定位基面，在V形块上定位时，当加工尺寸是以外圆的下母线为工序基准标注，则定位误差最小。（　　）

6．螺旋压板夹紧装置是应用最广泛的夹紧装置。（　　）

7．在夹具中采用偏心轮夹紧工件比用螺旋压板夹紧工件的动作迅速，但其自锁性要比后者差。（　　）

8．用三爪自定心卡盘夹持工件车削时，每个卡爪所受的力是变化的，工件伸出卡爪越长，所需的夹紧力也越大。（　　）

9．钻削大型工件上的小孔时，由于钻削时的转矩较小，不论钻孔的方位如何，即使不用夹紧装置也无妨。（　　）

10．定心夹紧机构的特点是将定位元件与夹紧元件协调配合使两者利弊互补，达到工件装夹精度要求。（　　）

11．各种定心夹紧机构都是利用均分定位基准公差的原理而设计的。（　　）

12．弹性筒夹的锥度对定心夹紧的性能的影响较大，故关键在于锥套的锥角与筒夹的锥角必须严格保持一致。（　　）

13．操纵一个手柄就能同时实现多点、从各个方向均匀地夹紧一个工件，或者能同时夹紧若干个工件的夹紧机构，都是联动夹紧机构。（　　）

14．在斜楔增力机构中，斜角α越大，增力比也越大，因而夹紧力也越大。（　　）

15．铰链杠杆增力机构中，杠杆的夹紧力是随被夹工件的尺寸而变化的，倾角α越小，夹紧力越大，但杠杆末端的行程越小。（　　）

16．各种精密分度装置大多是利用误差平均效应的工作原理设计制造的。（　　）

四、简答（每小题4分，共28分）

1．机床夹具的设计要求是什么？

2．机床夹具的设计特点是什么？

3．为什么夹紧不等于定位？

4．什么是定位误差？它由那几部分组成？

五、分析题（共 10 分，每小题 5 分）

1．下图所示为工件欲均布的 4×ϕ6 孔，试分析：①工序基准；②所需要限制的自由度（用坐标表示）；③选择定位基准（在图上用定位符号标注）；④选择相应的定位元件。

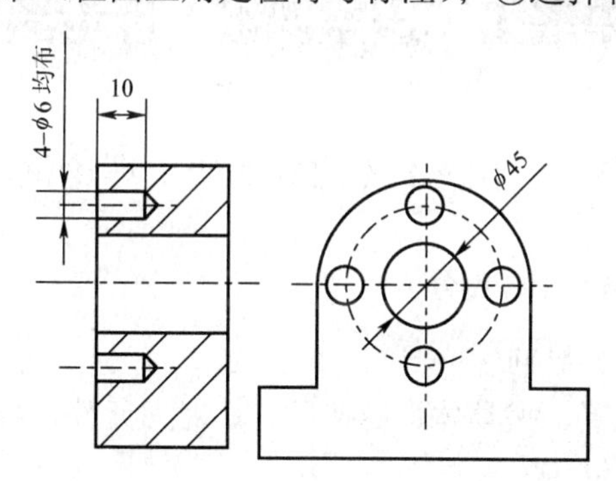

2．下图所示为工件欲铣键槽 16H7，试分析：①工序基准；②所需要限制的自由度（用坐标表示）；③选择定位基准（在图上用定位符号标注）；④选择相应的定位元件。

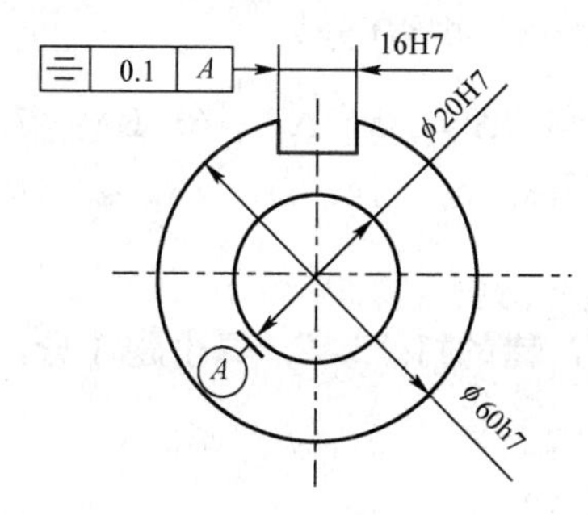

六、计算题（共 9 分）

下图所示为工件的键槽，以圆柱面 $d_{-\delta_d}^{\ 0}=\phi 50_{-0.074}^{\ 0}$ 在 α=90° 的 V 形块上定位，求加工尺寸 A_2 时的定位误差。

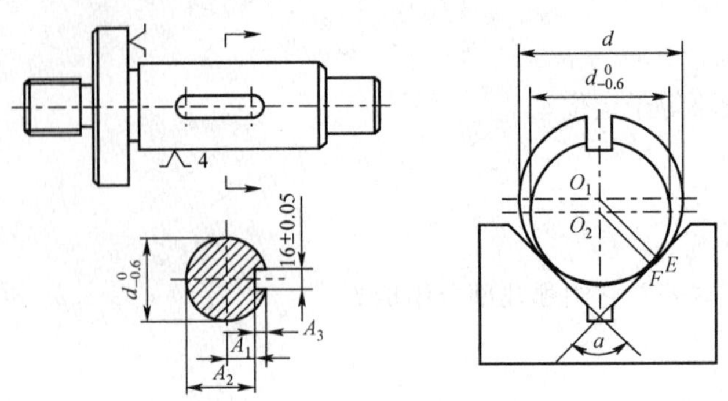

任务一 中级工（国家四级）理论题库参考答案

子任务 1 中级工（国家四级）理论试题答案

一、填空题（每空 1 分，共 20 分）

1．定位、夹紧、对刀、导向
2．定位元件、夹紧装置、夹具体、连接元件、对刀元件、导向元件
3．支承钉、调节支承钉
4．专用夹具、组合夹具、自动线夹具
5．基准不重合误差、基准位移误差
6．夹紧力方向、夹紧力作用点、夹紧力大小

二、单项选择题（每小题 2 分，共 40 分）

1．B　2．B　3．A　4．A　5．A　6．B　7．A　8．B　9．C
10．C　11．A　12．C　13．A　14．D　15．C　16．B　17．C　18．D
19．A　20．D

三、判断题（对的打“√”，错的打“×”；每小题 1 分，共 30 分）

1．√　2．×　3．×　4．×　5．√　6．√　7．×　8．√　9．√
10．√　11．√　12．×　13．×　14．×　15．√　16．√　17．√　18．√
19．×　20．√　21．×　22．√　23．√　24．√　25．×　26．√　27．√
28．√　29．√　30．×

四、分析题（共 10 分）

答：1、2、3 消除工件 $\overleftrightarrow{Z}$、$\widehat{X}$、$\widehat{Y}$　；4、5 消除工件 $\overleftrightarrow{X}$、$\overleftrightarrow{Y}$；
6 消除工件 $\widehat{Z}$。共消除工件六个不定度。

子任务 2　中级工（国家四级）理论试题答案

一、填空题（每空 1 分，共 20 分）

1．工件的定位、夹紧、夹具的对定
2．少
3．4 个
4．工件的定位
5．$\alpha < \phi_1 + \phi_2$
6．重复
7．欠
8．自由度、刚性、定位稳定性、定位
9．6 个、完全控制
10．可调节式的
11．工件加工的精度
12．过定位、菱形销
13．花盘、角铁

二、单项选择题（每小题 2 分，共 40 分）

1．A　2．C　3．A　4．C　5．B　6．A　7．A　8．B　9．A、B、C
10．A　11．A　12．B　13．A　14．C　15．A　16．D　17．C　18．B
19．A　20．C

三、判断题（对的打“√”，错的打“×”；每小题 1 分，共 30 分）

1．×　2．√　3．×　4．×　5．√　6．√　7．√　8．×　9．×
10．×　11．√　12．√　13．×　14．√　15．×　16．×　17．√　18．×
19．×　20．√　21．√　22．×　23．×　24．√　25．×　26．×　27．×
28．×　29．×　30．×

四、分析题（共 10 分）

答：1 消除工件 $\overleftrightarrow{X}$；2 消除工件 $\overleftrightarrow{Y}$、$\widehat{X}$、$\widehat{Z}$；3 消除工件 $\overleftrightarrow{Z}$、$\widehat{Y}$。共消除工件六个不定度。

子任务3　中级工（国家四级）理论试题答案

一、填空题（每小题2分，共20分）

1．通用夹具、专用夹具、组合夹具、拼装夹具
2．车床夹具、铣床夹具、镗床夹具、自动机床夹具
3．定向键、对刀元件
4．六点定则
5．中心架、跟刀架
6．重复
7．自由度、定位
8．完全限制
9．完全定位、不完全定位、过定位、欠定位
10．定位、夹紧

二、单项选择题（每小题2分，共40分）

1．A　2．A　3．A　4．C　5．A　6．C　7．B　8．A　9．C
10．A　11．C　12．C　13．A　14．B　15．D　16．C　17．D　18．B
19．A　20．A

三、判断题（对的打“√”，错的打“×”；每小题1分，共30分）

1．√　2．×　3．√　4．×　5．√　6．×　7．×　8．×　9．×
10．×　11．√　12．×　13．√　14．×　15．×　16．√　17．×　18．×
19．×　20．×　21．√　22．×　23．×　24．√　25．×　26．×　27．√
28．√　29．×　30．×　31．

四、分析题（共10分）

答：1 消除工件$\widehat{Y}$；2 消除工件$\vec{Y}$；3 消除工件$\vec{X}$、$\vec{Z}$、$\widehat{X}$、$\widehat{Z}$。共消除工件六个不定度。

子任务4　中级工（国家四级）理论试题答案

一、填空题（每空1分，共20分）

1．专用
2．简单、合理、安全可靠、排屑方便
3．过定位、菱形销
4．花盘、角铁
5．零件图、点、线、面
6．欠
7．$\alpha \leqslant \phi_1 + \phi_2$
8．基准位移、基准不重合

9．大小、方向、作用点

二、单项选择题（每小题 2 分，共 40 分）

1．B　2．A　3．C　4．B　5．C　6．C　7．C　8．A　9．B
10．C　11．B　12．B、A、F　13．B　14．B　15．B、C、D　16．C
17．B　18．C　19．B　20．B

三、判断题（对的打“√”，错的打“×”；每小题 1 分，共 30 分）

1．√　2．√　3．√　4．×　5．×　6．√　7．×　8．√　9．×
10．√　11．√　12．×　13．×　14．×　15．×　16．√　17．×　18．√
19．×　20．×　21．×　22．×　23．√　24．√　25．√　26．√　27．√
28．×　29．√　30．×

四、分析题（共 10 分）

答：浮动长 V 形块消除工件 $\vec{Y}$、$\vec{Z}$、$\widehat{Z}$；
活动锥坑消除工件 $\vec{X}$、$\widehat{X}$；共消除工件 5 个自由度。

任务二　高级工（国家三级）理论题库参考答案

子任务 1　高级工（国家三级）理论试题答案

一、填空题（每空 1 分，共 20 分）

1．定位元件、夹紧装置、夹具体
2．力源、中间传力、夹紧元件
3．螺旋
4．定位、夹紧
5．手动夹具、液压夹具、电磁夹具、真空夹具
6．2、4、1、3、4

二、多项选择题（40 分）

1．B　2．B　3．C　4．D　5．B　6．D　7．D　8．B　9．A
10．C　11．A、D、F　12．A、C、E　13．A、B、E　14．B、C、D
15．B、A、F　16．B、D　17．B、C、D　18．B、C、D　19．E、D、C、A
20．C　21．D　22．C

三、判断题（对的打“√”，错的打“×”；每小题 1 分，共 20 分）

1．×　2．√　3．×　4．×　5．√　6．√　7．×　8．×　9．×
10．×　11．√　12．√　13．×　14．√　15．√　16．×　17．√　18．√

19. × 20. √

四、简答题（每题 5 分，共 10 分，回答要求简明扼要）

1. 机床夹具在机械加工中的作用是什么？

答：（1）保证加工精度。 （2）提高劳动生产效率。

（3）改善工人的劳动条件。（4）降低生产成材。

（5）保证工艺纪律。 （6）扩大机床的工艺范围。

2. 过定位危害产生的原因是什么？

答：由于定位元件与工件的定位基准的制造误差造成定位干涉和无法定位。

五、根据工件加工要求判别工件应该限制的自由度（每小题 5 分，共 10 分）

（1）在球形工件上铣削平面，如图所示。 （2）图示工件铣削通槽，如下图所示。

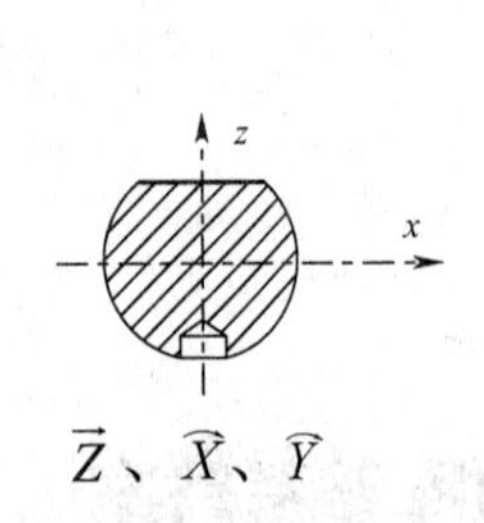

$\vec{Z}$、$\widehat{X}$、$\widehat{Y}$

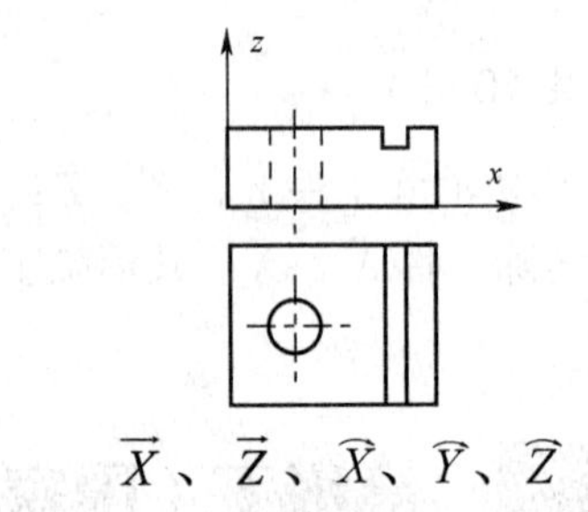

$\vec{X}$、$\vec{Z}$、$\widehat{X}$、$\widehat{Y}$、$\widehat{Z}$

子任务 2 高级工（国家三级）理论试题答案

一、填空题（每空 1 分，共 15 分）

1. 定位、夹紧
2. 定位误差、夹具安装误差、对刀误差、加工方法误差
3. 斜楔、螺旋、偏心、铰链
4. 固定、转动、分度对、抬起、润滑

二、单项选择题（每小题 1 分，共 20 分）

1. B 2. B 3. C 4. E 5. B 6. C 7. C 8. B 9. B
10. D 11. D 12. C 13. B 14. A 15. A 16. D 17. D 18. B
19. D 20. A

三、判断题（对的打“√”，错的打“×”；每小题 1 分，共 20 分）

1. √ 2. × 3. × 4. √ 5. × 6. × 7. × 8. × 9. √
10. × 11. × 12. √ 13. √ 14. √ 15. √ 16. √ 17. √ 18. √
19. × 20. ×

四、简答题（每题 8 分，共 32 分，回答要求简明扼要）

1. 机床夹具在机械加工中的作用是什么？

答：（1）保证加工精度。 （2）提高劳动生产效率。

（3）改善工人的劳动条件。（4）降低生产成材。

（5）保证工艺纪律。　　　（6）扩大机床的工艺范围。

2．过定位危害产生的原因是什么？

答：由于定位元件与工件的定位基准的制造误差造成定位干涉和无法定位。

3．夹紧力作用点和方向选择原则是什么？

答：夹紧力的作用点选择原则如下：

（1）夹紧力的作用点应落在定位元件的支承范围内。

（2）夹紧力的作用点应选在工件刚度较高的范围内。

（3）夹紧力的作用点应尽量靠近工件加工位置附近。

夹紧力的方向选择原则如下：

（1）夹紧力的方向应有利于定位的稳定，且主要夹紧力应朝主要定位基面。

（2）夹紧力的方向应有利于夹紧力的减少。

（3）夹紧力的方向应是工件刚度较高的方向。

4．机床夹具的设计要求是什么？

答：（1）保证工件的加工精度。

（2）保证工人操作方便。

（3）达到工件的加工效率。

（4）满足夹具一定的使用寿命和经济要求。

五、根据工件加工要求判别工件应该限制的自由度（共 13 分）

（1）在球形工件上铣削平面，如下图所示。（2）在球面上加工通孔，如下图所示。

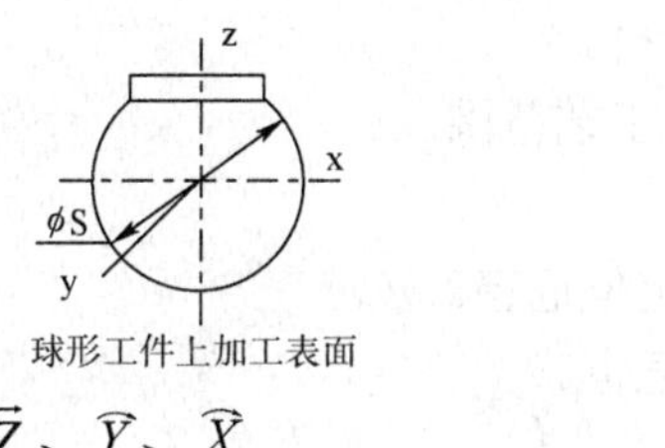

球形工件上加工表面

$\vec{Z}$、$\widehat{Y}$、$\widehat{X}$

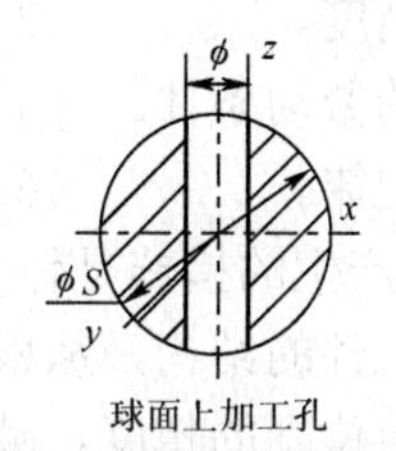

球面上加工孔

$\vec{X}$、$\vec{Y}$

（3）钻图示管的上壁小孔，如下图所示。（4）铣右上角的平面，如下图所示。

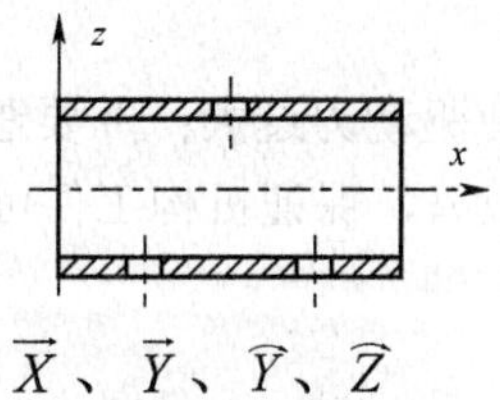

$\vec{X}$、$\vec{Y}$、$\widehat{Y}$、$\widehat{Z}$

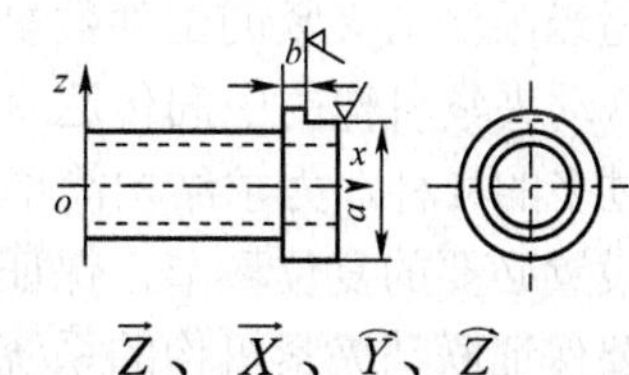

$\vec{Z}$、$\vec{X}$、$\widehat{Y}$、$\widehat{Z}$

子任务3　高级工（国家三级）理论试题答案

一、填空题（每小题1分，共24分）

1. 固定式、移动式、回转式、翻转式、盖板式、滑柱式
2. 回转分度、直线分度
3. 斜楔、螺旋、偏心、铰链
4. 定位元件、夹紧装置、夹具体
5. 通用夹具、专用夹具、组合夹具、可调夹具、自动线夹具

二、单项选择题（每小题1分，共22分）

1. C　2. A　3. B　4. A　5. B　6. C　7. A　8. B　9. A
10. C　11. B　12. A　13. C　14. B　15. C　16. C　17. B　18. C
19. D　20. C　21. B　22. A、B、E

三、判断题（对的打“√”，错的打“×”；每小题1分，共20分）

1. ×　2. ×　3. ×　4. ×　5. √　6. ×　7. ×　8. √　9. ×
10. ×　11. √　12. √　13. ×　14. √　15. ×　16. √　17. ×　18. ×
19. √　20. ×

四、简答题（每题6分，共24分，回答要求简明扼要）

1. 机床夹具在机械加工中的作用是什么？

答：（1）保证加工精度。　（2）提高劳动生产效率。
（3）改善工人的劳动条件。（4）降低生产成材。
（5）保证工艺纪律。　（6）扩大机床的工艺范围。

2. 防护过定位危害产生的措施是什么？

答：（1）改变定位元件的结构，从根本上消除过定位危害。
（2）酌情提高定位副的精度，减小过定位的危害。

3. 设计联动夹紧机构的要点是什么？

答：（1）联动夹紧机构在两个夹紧点之间必须设置必要的浮动环节，并具有足够的浮动量。
（2）适当限制被夹紧的工件数量。
（3）联动夹紧机构的中间传达室力应力求增力，以免使驱动力过大；并要避免采用过多的杠杆，力求结构简单紧骤，提高劳动生产效率，保证机构工件可靠。
（4）设置必要的复位环节，保证复位准确，松夹装卸方便。
（5）要保证联动夹紧机构的系统刚度。
（6）正确处理夹紧力与工件加工面之间的关系，避免工件在定位时的逐胩累积误差对加工精度的影响

4. 机床夹具的设计特点是什么？

答：（1）要有较短的设计与制造周期，一般没有条件对夹具进行原理性试验和复杂的计算工作。

（2）夹具的精度一般比工件的精度高 2～3 倍。

（3）夹具和操作工人的关系特别密切，要求夹具与生产条件和工件的操作习惯密切结合。

（4）夹具一般是单件生产，没有重复制造的机会。

（5）夹具的社会协作条件差。

五、根据工件加工要求判别工件应该限制的自由度（每小题 3 分，共 12 分）

（1）在球形工件上铣削平面，如下图所示。（2）在球面上加工通孔，如下图所示。

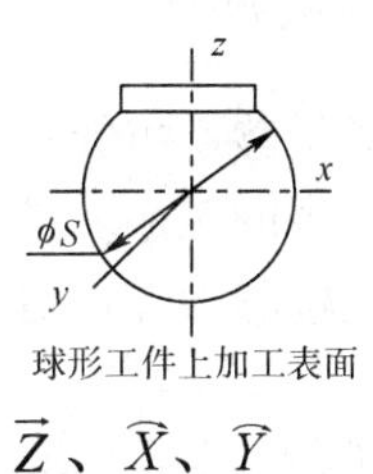

球形工件上加工表面

$\vec{Z}$、$\widehat{X}$、$\widehat{Y}$

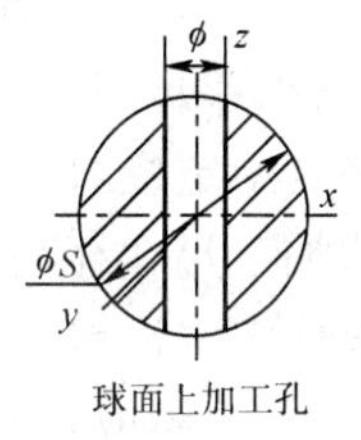

球面上加工孔

$\vec{X}$、$\vec{Y}$

（3）钻削 ϕd 孔，如下图所示。　　（4）铣右上角的平面，如下图所示。

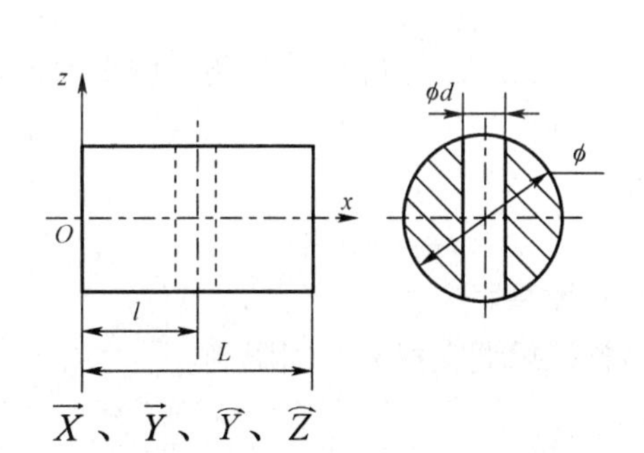

$\vec{X}$、$\vec{Y}$、$\widehat{Y}$、$\widehat{Z}$

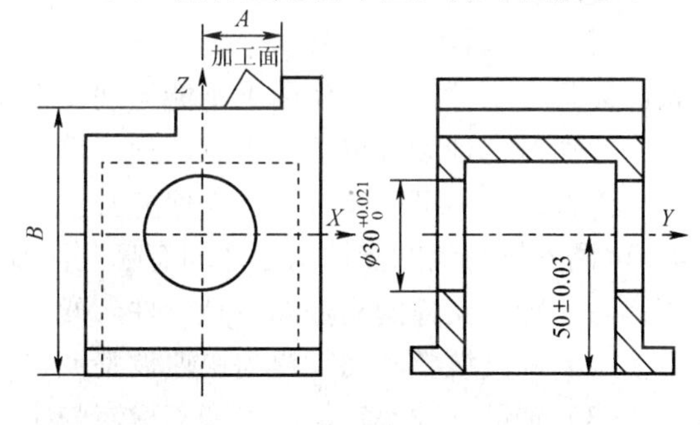

子任务 4　高级工（国家三级）理论试题答案

一、填空题（每小题 1 分，共 20 分）

1．通用夹具、专用夹具、组合夹具、拼装夹具

2．车床夹具、铣床夹具、镗床夹具、自动机床夹具

3．定向键、对刀元件

4．六点定则

5．中心架、跟刀架

6．重复

7．自由度、定位

8．六、完全限制

9．完全定位、不完全定位、过定位、欠定位

二、选择题（每小题 2 分，共 24 分，除注明分数外）

1．B　2．C　3．B　4．B、A、F　5．A、B、E　6．B　7．B、D

8．B、C、D　9．C　10．B、C、D　11．B　12．A　13．A、D、F
14．C　15．A、C、E　16．E、D、C、A　17．C　18．A

三、判断题（对的打“√”，错的打“×”；每小题 1 分，共 22 分）

1．×　2．√　3．×　4．×　5．×　6．√　7．×　8．√　9．×
10．×　11．√　12．×　13．×　14．√　15．√　16．√　17．√　18．√
19．√　20．√　21．×　22．×

四、简答题（每题 6 分，共 24 分，回答要求简明扼要）

1．什么是定位误差？它由那几部分组成？

答：一批工件逐个在夹具中定位时，各个工件在夹具上所占据的位置不可能完全一致，使加工后各工件的加工尺寸存在误差，这种因工件定位而产生的工序基准在工序尺寸上的最大变动量称定位误差。它由基准不重合误差、基准位移误差组成。

2．夹紧装置主要由哪几部分组成？对夹紧装置有哪些要求？

答：由动力装置和夹紧机构组成。对其要求有（1）夹紧力大小适当；（2）工艺性好；（3）使用性好。

3．为什么夹紧不等于定位？

答：夹紧是工件在外力作用下不能运动，而工件在夹具中的正确位置需要定位来保证，即通过合理设置定位支承点，使工件的定位基准面与定位支承点紧贴接触，来限制工件的自由度，通过夹紧来保持其正确位置。

4．可调支撑与辅助支撑两者之间有哪些区别？

答：（1）辅助支撑的支撑高度是一件一变；可调支撑是固定的。

（2）高度调整辅助支撑为快速调整或自动调整，可调支撑无时间限制。

（3）辅助支撑不定位，可调支撑参与定位。

（4）操作顺序不同。

五、根据工件加工要求判别工件应该限制的自由度（每小题 5 分.共 10 分）

（1）钻ϕd孔，如下图所示。

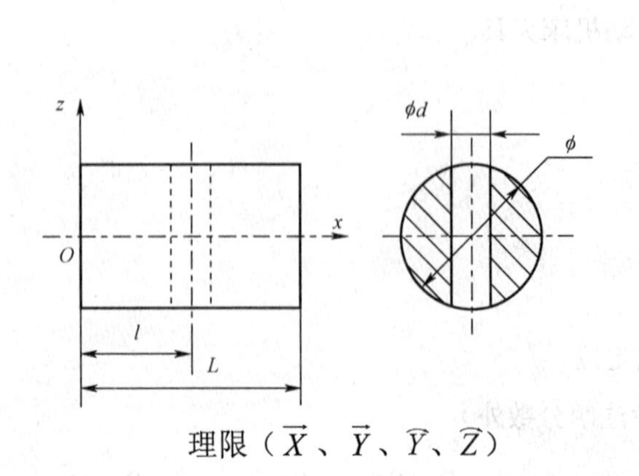

理限（$\vec{X}$、$\vec{Y}$、$\widehat{Y}$、$\widehat{Z}$）

（2）钻ϕd孔，如下图所示。

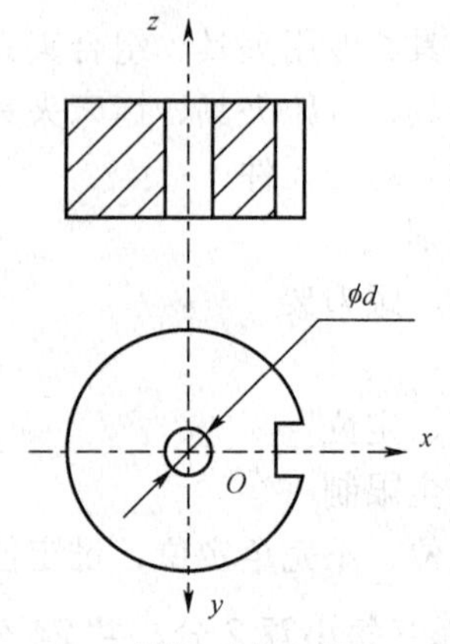

理限（$\vec{X}$、$\vec{Y}$、$\widehat{X}$、$\widehat{Y}$、$\widehat{Z}$）

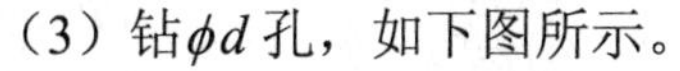

（3）钻ϕd孔，如下图所示。　　（4）钻$\phi 2$孔，如下图所示。

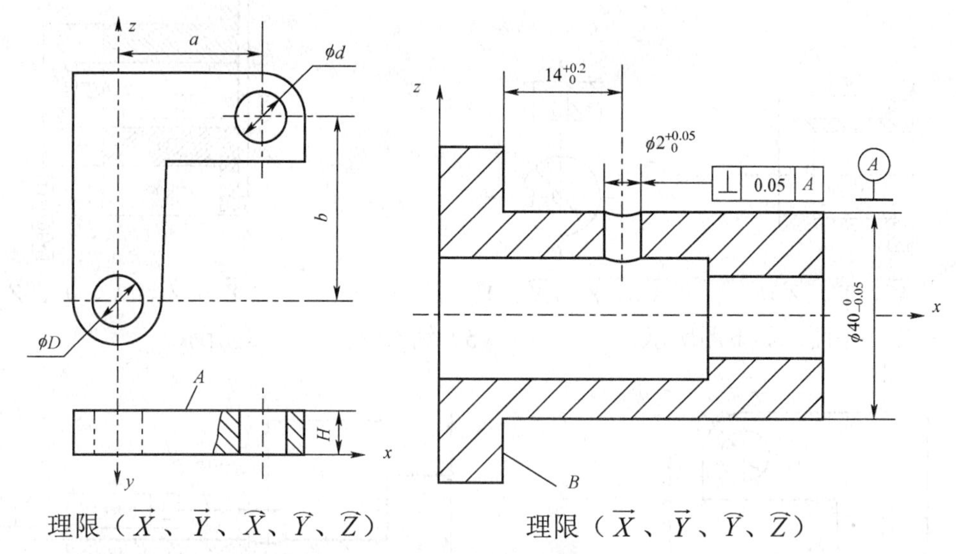

理限（$\overrightarrow{X}$、$\overrightarrow{Y}$、$\widehat{X}$、$\widehat{Y}$、$\widehat{Z}$）　　理限（$\overrightarrow{X}$、$\overrightarrow{Y}$、$\widehat{Y}$、$\widehat{Z}$）

任务三　技师（国家二级）理论题库参考答案

子任务1　技师（国家二级）理论试题答案

一、填空题（每空1分，共15分）

1．基准不重合、基准位移误差
2．固定、可换、快换、特殊
3．斜楔、螺旋、偏心、铰链
4．固定、转动、分度对、抬起、润滑

二、单项选择题（每小题1分，共10分）

1．D	2．C	3．C	4．E	5．A
6．C	7．C	8．B	9．B	10．D

三、判断题（对的打“√”，错的打“×”；每小题1分，共10分）

1．×	2．√	3．√	4．√	5．√
6．×	7．√	8．×	9．√	10．×

四、根据工件加工要求，分析应该限制哪些自由度？（每小题5分，共25分）

（1）车D面，如下图所示。（2）钻ϕd孔，如下图所示。（3）镗$\phi 30^{\ 0}_{-0.10}$孔，如下图所示。

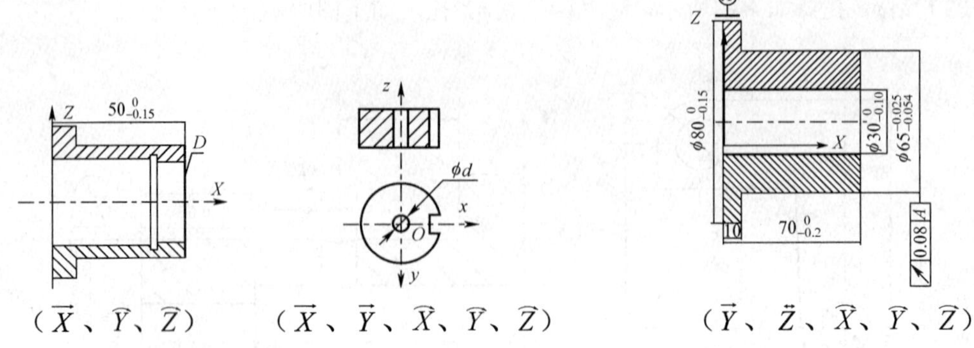

（$\vec{X}$、$\vec{Y}$、$\vec{Z}$）　（$\vec{X}$、$\vec{Y}$、$\widehat{X}$、$\widehat{Y}$、$\widehat{Z}$）　（$\vec{Y}$、$\vec{Z}$、$\widehat{X}$、$\widehat{Y}$、$\widehat{Z}$）

（4）铣 A 平面，如下图所示。　（5）钻 ϕd 孔，如下图所示。

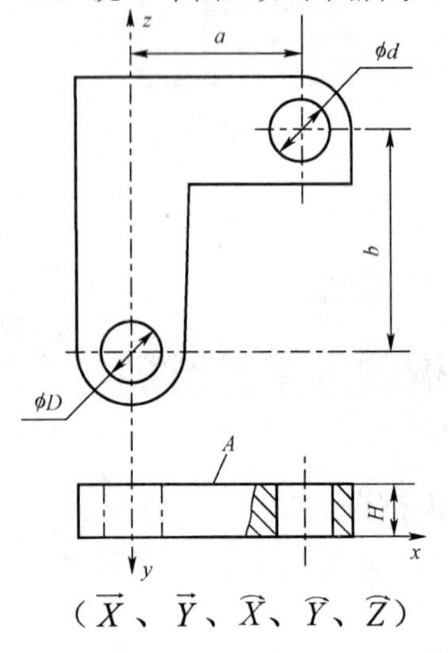

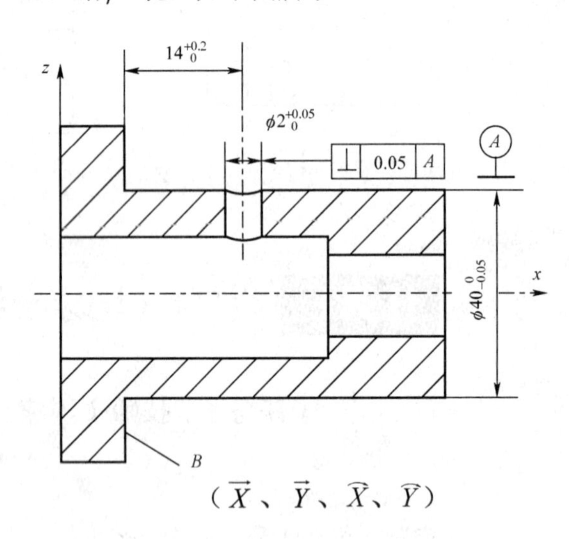

（$\vec{X}$、$\vec{Y}$、$\widehat{X}$、$\widehat{Y}$、$\widehat{Z}$）　（$\vec{X}$、$\vec{Y}$、$\widehat{X}$、$\widehat{Y}$）

五、简答（每小题 10 分，共 30 分）

1．可调支撑与辅助支撑两者之间有哪些区别？

答：（1）辅助支撑的支撑高度是一件一变，可调支撑是固定的。

（2）高度调整辅助支撑为快速调整或自动调整，可调支撑无时间限制。

（3）辅助支撑不定位，可调支撑参与定位。

（4）操作顺序不同。

2．如何正确选择夹紧力的方向？

答：（1）主要夹紧力的方向应尽量指向工件的主要定位基准表面。

（2）尽量与切削力、重力方向保持一致。

（3）尽量施与工件 较强的方向。

（4）夹紧力的作用线应分布与工件有效支撑面范围以内，以防止工件发生倾覆。

3．设计夹具时，对机床夹具应有哪几方面的基本要求？

答：（1）能够保证工件的加工精度要求。

（2）能够提高机械加工生产效率。

（3）能够降低工件的生产成本。

（4）夹具要有良好的工艺性。

六、定位误差的分析计算（每小题 1 分，共 10 分）

下图所示为铣键槽，保证图示加工要求，其余表面已加工，试设计定位方案并计算定位误差。

解：1．定位方案

定位基准为底面限制工件$\overrightarrow{Z}$、$\widehat{X}$、$\widehat{Y}$三个自由度，基准 A 用菱形销限制$\overrightarrow{X}$、菱形销的尺寸为$\phi 20_{-0.016}^{\ 0}$基准 B 支承板限制$\overrightarrow{Y}$、$\widehat{Z}$

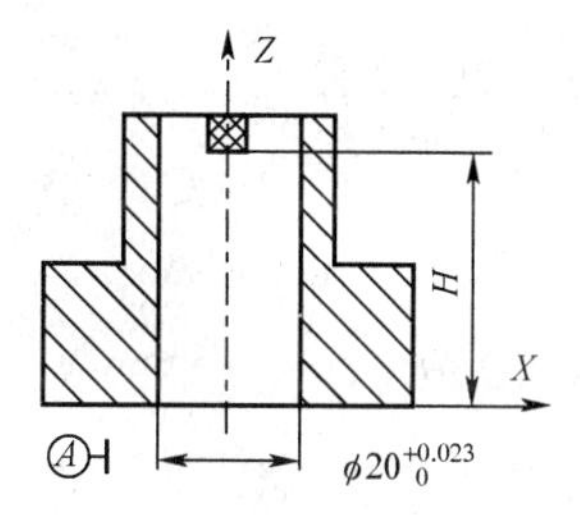

2．定位误差

（1）对基准 A 的对称度

$$\Delta B=0$$

$$\Delta Y-=X_{\max}=0.02-(-0.016)=0.036$$

$$\Delta D=\Delta B+\Delta Y=0+0.036=0.036$$

（2）对基准 B 的垂直度定位误差

$$\Delta B=0$$

$$\Delta Y=0$$

$$\Delta D=\Delta B+\Delta Y=0$$

子任务 2　技师（国家二级）理论试题答案

一、填空题（每空 1 分，共 20 分）

1．工件的定位、夹紧、夹具的对定

2．少

3．4

4．基准不重合　基准位置

5．定位

6．$\alpha<\phi_1+\phi_2$

7．位置
8．转位、对定、锁紧
9．快换钻套
10．较小、<0.3m/s
11．可调式
12．工件的加工精度要求
13．测量、检验

二、单项选择题（每小题 1 分，共 10 分）

1．B　　2．C　　3．D　　4．C　　5．C
6．B　　7．B　　8．C　　9．A　　10．B

三、判题题（每小题 1 分，共 10 分）

1．×　　2．√　　3．×　　4．×　　5．√
6．√　　7．×　　8．√　　9．√　　10．×

四、根据工件加工要求判别工件应该限制的自由度（每小题 5 分，共 20 分）

（1）在球形工件上铣削平面，如下图所示。（2）下图所示为工件铣削通槽

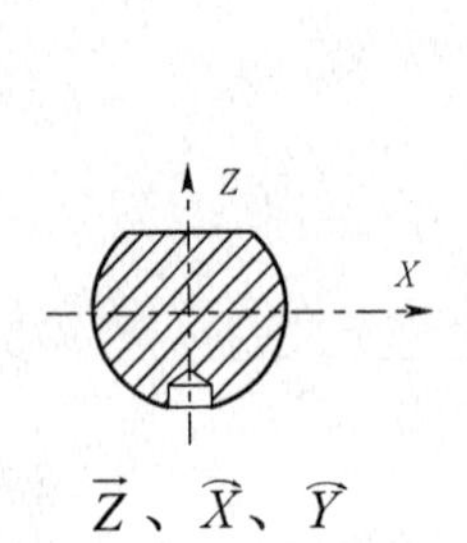

$\vec{Z}$、$\overset{\frown}{X}$、$\overset{\frown}{Y}$

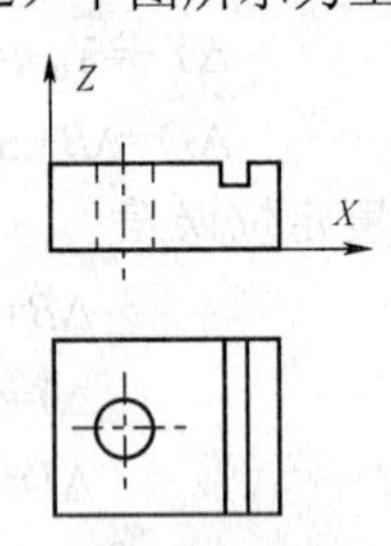

$\vec{X}$、$\vec{Z}$、$\overset{\frown}{X}$、$\overset{\frown}{Y}$、$\overset{\frown}{Z}$

（3）钻图示管的上壁小孔，如下图所示。（4）球形工件上加工平面，如下图所示。

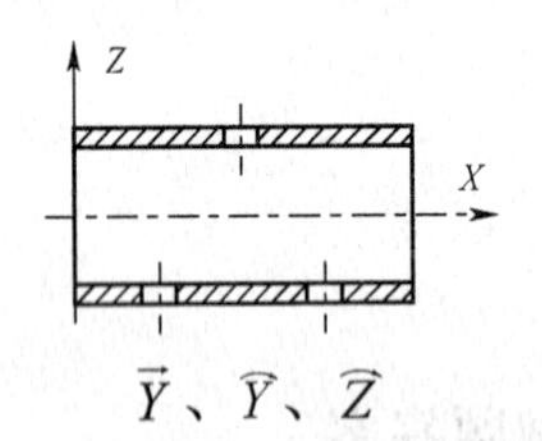

$\vec{Y}$、$\overset{\frown}{Y}$、$\overset{\frown}{Z}$

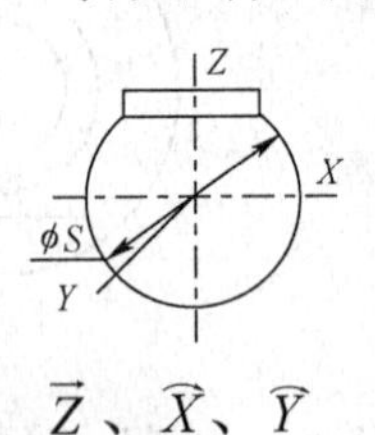

$\vec{Z}$、$\overset{\frown}{X}$、$\overset{\frown}{Y}$

五、简答题（每题 7 分共 28 分，回答要求简明扼要）

1．机床夹具在机械加工中的作用是什么？

答：（1）保证加工精度。　　（2）提高劳动生产效率。
（3）改善工人的劳动条件。（4）降低生产成材。
（5）保证工艺纪律。　　（6）扩大机床的工艺范围。

2．过定位产生的危害是什么？

答：造成定位干涉和无法定位。

3．设计联动夹紧机构的要点是什么？

答：（1）联动夹紧机构在两个夹紧点之间必须设置必要的浮动环节，并具有足够的浮动量。

（2）适当限制被夹紧的工件数量。

（3）联动夹紧机构的中间传达室力应力求增力，以免使驱动力过大；并避免采用过多的杠杆，力求结构简单紧骤，提高劳动生产效率，保证机构工件可靠。

（4）设置必要的复位环节，保证复位准确，松夹装卸方便。

（5）要保证联动夹紧机构的系统刚度。

（6）正确处理夹紧力与工件加工面之间的关系，避免工件在定位时的累积误差对加工精度的影响

4．夹紧力的作用点和方向选择原则是什么？

答：夹紧力的作用点选择原则如下：

（1）夹紧力的作用点应落在定位元件的支承范围内。

（2）夹紧力的作用点应选在工件刚度较高的范围内。

（3）夹紧力的作用点应尽量靠近工件加工位置附近。

夹紧力的方向选择原则如下：

（1）夹紧力的方向应有利于定位的稳定，且主要夹紧力应朝主要定位基面。

（2）夹紧力的方向应有利于夹紧力的减少。

（3）夹紧力的方向应是工件刚度较高的方向。

六、计算题（本题 12 分）

下图所示为工件以$\phi30$ 外圆在 V 形块中定位铣平面，保证图示加工要求，试计算定位误差。

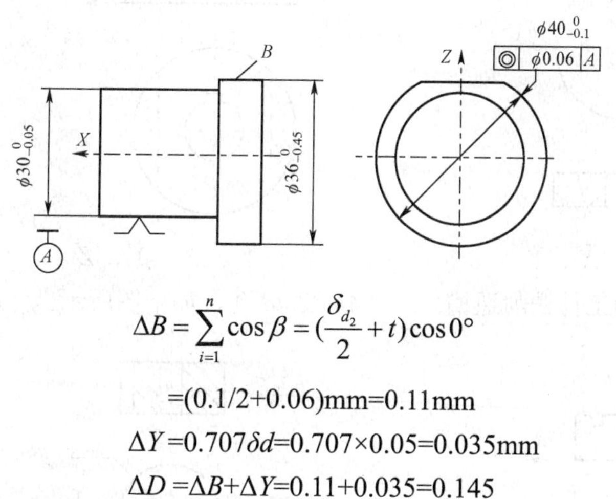

$$\Delta B=\sum_{i=1}^{n}\cos\beta=(\frac{\delta_{d_2}}{2}+t)\cos0^\circ$$

$$=(0.1/2+0.06)\text{mm}=0.11\text{mm}$$

$$\Delta Y=0.707\delta d=0.707\times0.05=0.035\text{mm}$$

$$\Delta D=\Delta B+\Delta Y=0.11+0.035=0.145$$

子任务 3　技师（国家二级）理论试题答案

一、填空题（每空 1 分，共 23 分）

1．通用夹具、专用夹具、组合夹具、拼装夹具

2．车床夹具、铣床夹具、镗床夹具、自动机床夹具

3．定向键、对刀元件
4．六点定则
5．中心架、跟刀架
6．自由度、定位
7．完全限制
8．完全定位、不完全定位、过定位、欠定位
9．定位、夹紧

二、单项选择题

1．B　2．C　3．A　4．B　5．B　6．B
7．B　8．B　9．D　10．C

三、判断题

1．√　2．√　3．√　4．√　5．×　6．√
7．×　8．√　9．×　10．√　11．×　12．√
13．√　14．×　15．×

四、根据工件加工要求判别工件应该限制的自由度（每小题 3 分，共 12 分）

（1）钻孔，如下图所示。

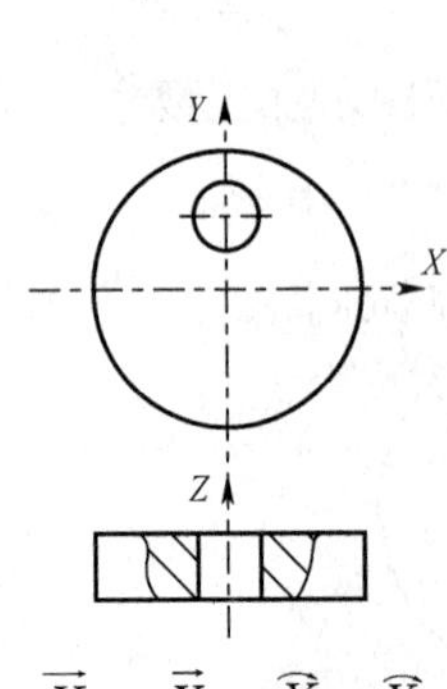

$\overrightarrow{X}$、$\overrightarrow{Y}$、$\overset{\frown}{X}$、$\overset{\frown}{Y}$

（2）铣 *A*、*B*，如下图所示。

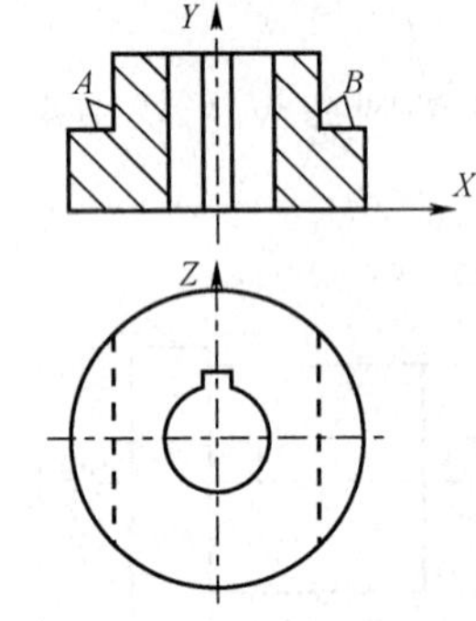

$\overrightarrow{X}$、$\overrightarrow{Y}$、$\overset{\frown}{X}$、$\overset{\frown}{Y}$、$\overset{\frown}{Z}$

（3）下图所示为工件铣削通槽。

$\overrightarrow{X}$、$\overrightarrow{Z}$、$\overset{\frown}{X}$、$\overset{\frown}{Y}$、$\overset{\frown}{Z}$

（4）钻 ϕd 孔，如下图所示。

$\overrightarrow{X}$、$\overrightarrow{Y}$、$\overset{\frown}{X}$、$\overset{\frown}{Y}$

五、简答（每小题 4 分，共 28 分）

1．什么是夹具的对定？

答：使夹具相对于机床、相对于机床上的刀具、相对于机床刀具的切削成形运动，处于正确的空间位置的过程，称为夹具的对定。

2．如何正确选择夹紧力的方向？

答：（1）主要夹紧力的方向应尽量指向工件的主要定位基准表面。
（2）尽量与切削力、重力方向保持一致。
（3）尽量施与工件 较强的方向。
（4）夹紧力的作用线应分布与工件有效支撑面范围以内，以防止工件发生倾覆。

3．设计联动夹紧机构的要点是什么？

答：（1）联动夹紧机构在两个夹紧点之间必须设置必要的浮动环节，并具有足够的浮动量。
（2）适当限制被夹紧的工件数量。
（3）联动夹紧机构的中间传达室力应力求增力，以免使驱动力过大；并要避免采用过多的杠杆，力求结构简单紧骤，提高劳动生产效率，保证机构工件可靠。
（4）设置必要的复位环节，保证复位准确，松夹装卸方便。
（5）要保证联动夹紧机构的系统刚度。
（6）正确处理夹紧力与工件加工面之间的关系，避免工件在定位时的累积误差对加工精度的影响。

4．机床夹具的设计要求是什么？

答：（1）保证工件的加工精度。
（2）保证工人操作方便。
（3）达到工件的加工效率。
（4）满足夹具一定的使用寿命和经济要求。

5．机床夹具的设计特点是什么？

答：（1）要有较短的设计与制造周期，一般没有条件对夹具进行原理性试验和复杂的计算工作。
（2）夹具的精度一般比工件的精度高 2～3 倍。
（3）夹具和操作工人的关系特别密切，要求夹具与生产条件和工件的操作习惯密切结合。
（4）夹具一般是单件生产，没有重复制造的机会。
（5）夹具的社会协作条件差。

6．为什么夹紧不等于定位？

答：夹紧是工件在外力作用下不能运动，而工件在夹具中的正确位置需要定位来保证，即通过合理设置定位支承点，使工件的定位基准面与定位支承点紧贴接触，来限制工件的自由度，通过夹紧来保持其正确位置。

7．什么是定位误差？它由那几部分组成？

答：一批工件逐个在夹具中定位时，各个工件在夹具上所占据的位置不可能完全一致，以致使加工后各工件的加工尺寸存在误差，这种因工件定位而产生的工序基准在工序尺寸上的最大变动量称为定位误差。它由基准不重合误差、基准位移误差组成。

六、计算题（本题 12 分）

1．下图所示为铣键槽，保证图示加工要求，其余表面已加工，试设计定位方案并计算定位误差。（本题 6 分）

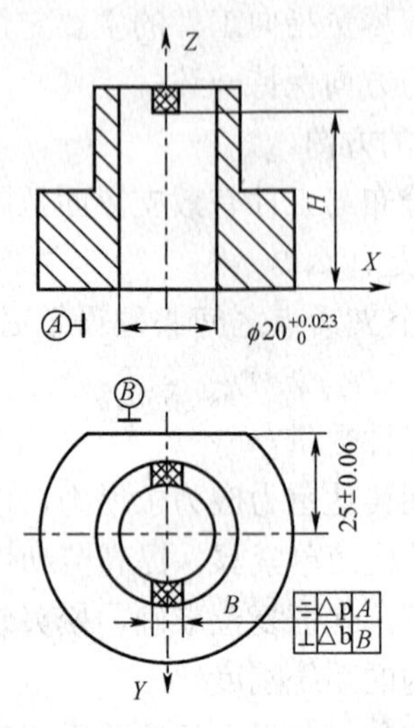

解：

1　定位方案

定位基准为底面限制工件$\vec{Z}$、$\widehat{X}$、$\widehat{Y}$三个自由度，基准 A 用菱形销限制$\vec{X}$、菱形销的尺寸为$\phi 20_{-0.016}^{\ 0}$基准 B 支承板限制$\vec{Y}$、$\widehat{Z}$。

2　定位误差

（1）对基准 A 的对称度

$$\Delta B = 0$$
$$\Delta Y - = X_{\max} = 0.02 - (-0.016) = 0.036$$
$$\Delta D = \Delta B + \Delta Y = 0 + 0.036 = 0.036$$

（2）对基准 B 的垂直度定位误差

$$\Delta B = 0$$
$$\Delta Y = 0$$
$$\Delta D = \Delta B + \Delta Y = 0$$

2．下图所示为工件以$\phi 30$外圆在 V 形块中定位铣平面，保证图示加工要求，试计算定位误差。（本题 6 分）

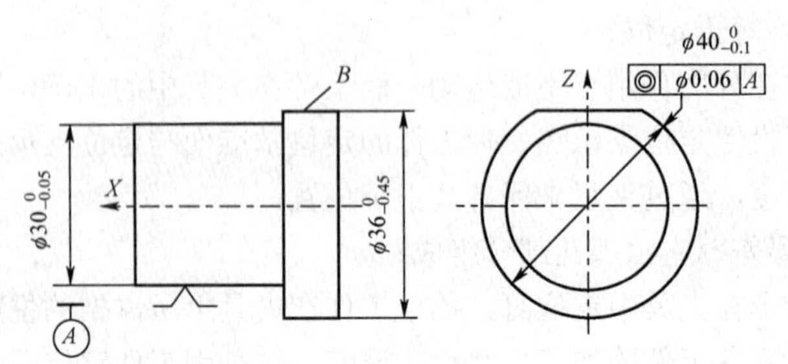

$$\Delta B=\sum_{i=1}^{n}\cos\beta=(\frac{\delta_{d_2}}{2}+t)\cos 0°$$

$$=(0.1/2+0.06)\text{mm}=0.11\text{mm}$$

$$\Delta Y=0.707\delta_d=0.707\times0.05=0.035\text{mm}$$

$$\Delta D=\Delta B+\Delta Y=0.11+0.035=0.145$$

子任务4　技师（国家二级）理论试题答案

一、填空题（每空1分，共20分）

1．楔角、压力
2．定位误差、夹具安装误差、对刀误差、加工方法
3．固定、可换、快换、特殊
4．固定、转动、对定、抬起、润滑
5．定向键、对刀元件
6．六点定则
7．中心架、跟刀架

二、多项选择题（每空0.5分，共21分）

1．A、B、C、D、E　　2．A、B、C　　3．A、B、C　　4．A、B、D
5．A、B、C、A、B、A、C　　6．B、C、D　　7．A、B、C、D　　8．B、C
9．A、B、D　　10．A、B、C、D、E、F　　11．A、B、D

三、判断题（对的打“√”，错的打“×”；每小题1分，共16分）

1．√　2．×　3．√　4．×　5．√　6．√　7．√　8．√　9．×
10．√　11．×　12．×　13．√　14．×　15．√　16．√

四、简答题（每小题6分，共24分）

1．机床夹具的设计要求是什么？

答：（1）保证工件的加工精度。

（2）保证工人操作方便。

（3）达到工件的加工效率。

（4）满足夹具一定的使用寿命和经济要求。

2．机床夹具的设计特点是什么？

答：（1）要有较短的设计与制造周期，一般没有条件对夹具进行原理性试验和复杂的计算工作。

（2）夹具的精度一般比工件的精度高2～3倍。

（3）夹具和操作工人的关系特别密切，要求夹具与生产条件和工件的操作习惯密切结合。

（4）夹具一般是单件生产，没有重复制造的机会。

（5）夹具的社会协作条件差。

3．为什么夹紧不等于定位？

答：夹紧是工件在外力作用下不能运动，而工件在夹具中的正确位置需要定位来保证，即通过合理设置定位支承点，使工件的定位基准面与定位支承点紧贴接触，来限制工件的自由度，通过夹紧来保持其正确位置。

4．什么是定位误差？它由那几部分组成？

答：一批工件逐个在夹具中定位时，各个工件在夹具上所占据的位置不可能完全一致，以致使加工后各工件的加工尺寸存在误差，这种因工件定位而产生的工序基准在工序尺寸上的最大变动量称为定位误差。它由基准不重合误差、基准位移误差组成。

五、分析题（每小题 5 分，共 10 分）

1．下图所示为工件欲均布的 4×ϕ6 孔，试分析：①工序基准；②所需要限制的自由度（用坐标表示）；③选择定位基准（在图上用定位符号标注）；④选择相应的定位元件。

解：建坐标如下图所示。

（1）工序基准：ϕ45 轴线、左面。

（2）需限制自由度：$\vec{x}$，$\vec{y}$，$\vec{z}$，$\overset{\frown}{x}$，$\overset{\frown}{y}$，$\overset{\frown}{z}$。

（3）定位基准：ϕ45 轴线、右面、前侧面。

（4）长圆柱销、轴肩和定位钉。

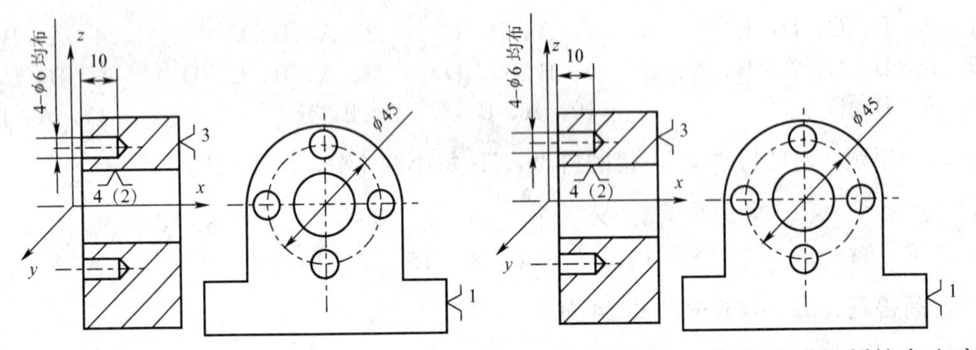

2．下图所示为工件欲铣键槽 16H7，试分析：①工序基准；②所需要限制的自由度（用坐标表示）；③选择定位基准（在图上用定位符号标注）；④选择相应的定位元件。

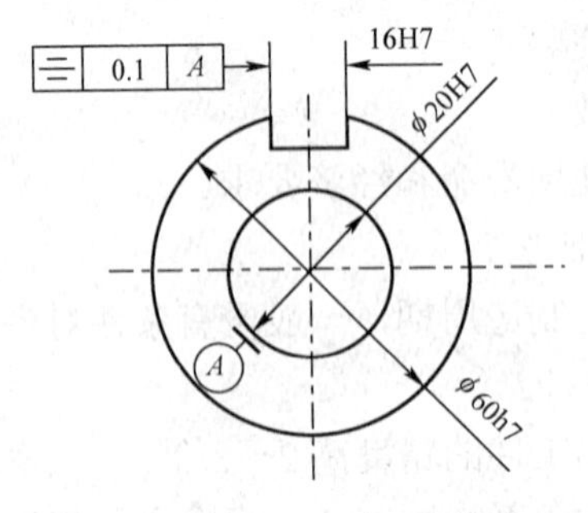

解：建坐标如下图；

（1）工序基准：ϕ20 轴线。

（2）需限制自由度：$\vec{x}$，$\vec{z}$，$\overset{\frown}{x}$，$\overset{\frown}{z}$。

（3）定位基准：ϕ20 轴线（或ϕ60 外圆柱面）。

（4）长圆柱销（或长 V 形块）

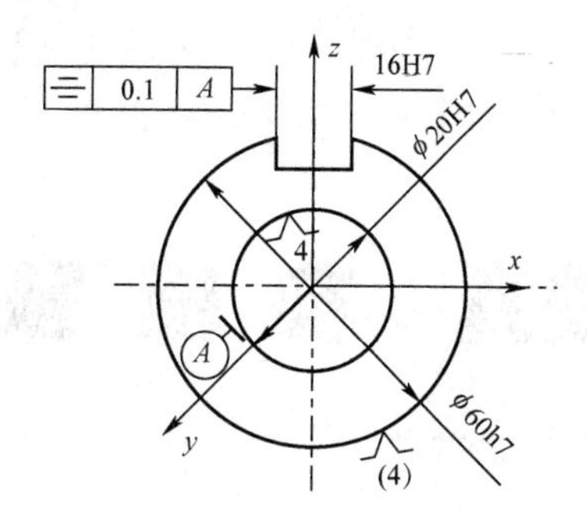

六、计算题（共 9 分）

下图所示为工件的键槽，以圆柱面 $d_{-\delta_d}^{\ 0}=\phi50_{-0.074}^{\ 0}$ 在 $\alpha=90°$ 的 V 形块上定位，求加工尺寸 A_2 时的定位误差。

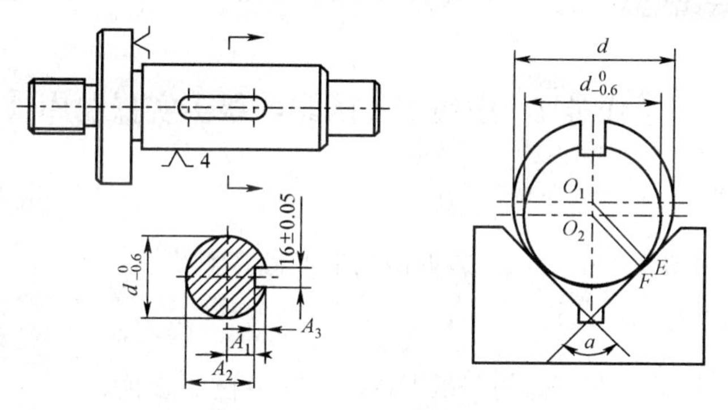

解：

答：定位误差为

$$\Delta D=\Delta Y=\frac{\delta_{\mathrm{d}}}{2\sin\dfrac{\alpha}{2}}-\frac{\delta_{\mathrm{d}}}{2}=\frac{0.074}{2\sin45°}-\frac{0.074}{2}=0.015$$

模块八 实操题库

任务一 中级工（国家四级）实操题库十套

子任务1 中级工（国家四级）实操题库

1．内容及要求

液压三爪卡盘如图8-1-1所示，装拆该三爪卡盘并测绘。

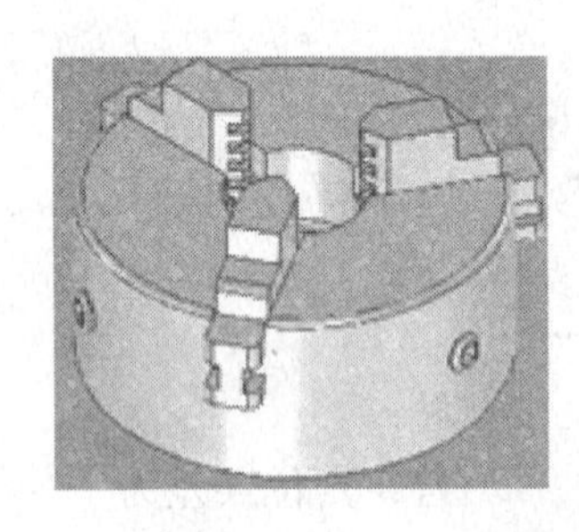

图8-1-1 三爪卡盘

2．准备工作

（1）考场准备：拆装实训所需的三爪卡盘、ϕ30×60圆钢2根、车床、夹具拆装用各种工具、机床夹具安装、调试常用的量具。

（2）考生准备：纸、笔、图板等绘图工具。

3．考核时限：6小时

4．配分与评分标准

序号	考核内容及要	配分	评 分 标 准	扣分	得分
1	熟悉三爪卡盘的总体结构，找出三爪卡盘中的定位元件、夹紧元件、夹具体；熟悉各元件之间的连接及在夹具中的定位安装方式	20	定位元件、夹紧元件、夹具体准确标出得满分；每标错1项扣5分		
2	按拆装工艺顺序把夹具各零件拆开，注意各元件之间的连接状况，并把拆掉的各元件摆放整齐。作好记录	15	按拆装工艺顺序把夹具各零件拆开并把拆掉的各元件摆放整齐、作好记录得满分；记录不完整或错误扣5～10分		
3	利用工具，按正确的顺序在把各元件装配好，了解装配方法，并调整好各工作表面之间的位置，并作好零件尺寸测绘记录	15	三大元件安装正确、零件尺寸测绘记录正确得满分，否则，酌情扣2～10分		
4	把三爪卡盘装到相应车床上，注意夹具在机床上的定位，调整好夹具相对机床的位置，然后将夹具夹紧在机床上	15	三爪卡盘在车床上安装正确满分，否则，酌情扣5～10分		

续表

序号	考核内容及要	配分	评分标准	扣分	得分
5	将工件安装到夹具中，注意工件在夹具中的定位、夹紧；用百分表找正。加工工件	20	工件在夹具中的定位、夹紧正确并试切削工件到正确尺寸得满分，径向圆跳动和轴向跳动超差则酌情扣5～15分		
6	绘制机床夹具的装配图	15	绘制草图正确清晰得满分；图纸不清晰或不整洁扣5～10分；绘图表达错误扣10～15分		

子任务2　中级工（国家四级）实操题库

1．内容及要求

四爪卡盘如图8-1-2所示，装拆该四爪卡盘并测绘。

图8-1-2　四爪卡盘

2．准备工作

（1）考场准备：拆装实训所需的四爪卡盘、ϕ30×60圆钢2根、车床、夹具拆装用各种工具、机床夹具安装、调试常用的量具。

（2）考生准备：纸、笔、图板等绘图工具。

3．考核时限：6小时

4．配分与评分标准

序号	考核内容及要	配分	评分标准	扣分	得分
1	熟悉四爪卡盘的总体结构，找出四爪卡盘中的定位元件、夹紧元件、夹具体；熟悉各元件之间的连接及在夹具中的定位安装方式	20	定位元件、夹紧元件、夹具体准确标出得满分；每标错1项扣5分		
2	按拆装工艺顺序把夹具各零件拆开，注意各元件之间的连接状况，并把拆掉的各元件摆放整齐。作好记录	15	按拆装工艺顺序把夹具各零件拆开并把拆掉的各元件摆放整齐、作好记录得满分；记录不完整或错误扣5～15分		
3	利用工具，按正确的顺序在把各元件装配好，了解装配方法，并调整好各工作表面之间的位置，并作好零件尺寸测绘记录	15	三大元件安装正确、零件尺寸测绘记录正确得满分，否则，酌情扣2～15分		
4	把四爪卡盘装到相应车床上，注意夹具在机床上的定位，调整好夹具相对机床的位置，然后将夹具夹紧在机床上	15	四爪卡盘在车床上安装正确满分，否则，酌情扣5～10分		
5	将工件安装到夹具中，注意工件在夹具中的定位、夹紧；用百分表找正。加工工件	20	工件在夹具中的定位、夹紧正确并试切削工件到正确尺寸得满分，径向圆跳动和轴向跳动超差则酌情扣5～15分		
6	绘制机床夹具的装配图	15	绘制草图正确清晰得满分；图纸不清晰或不整洁扣5～10分；绘图表达错误扣10～15分		

子任务3　中级工（国家四级）实操题库

平口钳分固定侧与活动侧，固定侧与底面作为定位面，活动侧用于夹紧。

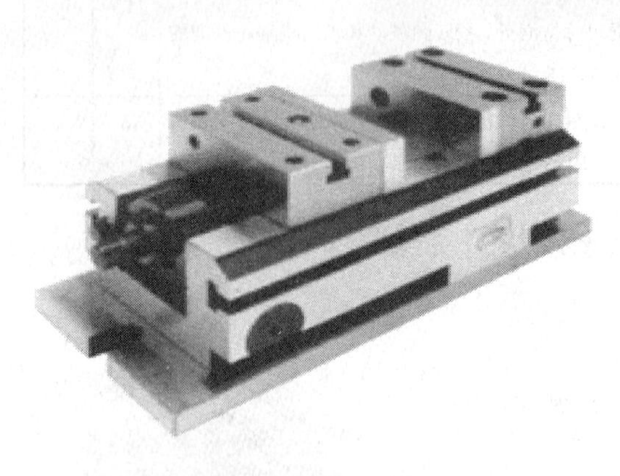

图 8-1-3　平口钳

1. 内容及要求

平口钳如图 8-1-3 所示，装拆该平口钳并测绘。

2. 准备工作

（1）考场准备：拆装实训所需的平口钳、ϕ30×60 圆钢 2 根、铣床、夹具拆装用各种工具、机床夹具安装、调试常用的量具。

（2）考生准备：纸、笔、图板等绘图工具。

3. 考核时限：6 小时

4. 配分与评分标准

序号	考核内容及要	配分	评 分 标 准	扣分	得分
1	熟悉平口钳的总体结构，找出平口钳中的定位元件、夹紧元件、夹具体；熟悉各元件之间的连接及在夹具中的定位安装方式	20	定位元件、夹紧元件、夹具体准确标出得满分；每标错 1 项扣 5 分		
2	按拆装工艺顺序把夹具各零件拆开，注意各元件之间的连接状况，并把拆掉的各元件摆放整齐。作好记录	15	按拆装工艺顺序把夹具各零件拆开并把拆掉的各元件摆放整齐、作好记录得满分；记录不完整或错误扣 5～15 分		
3	利用工具，按正确的顺序在把各元件装配好，了解装配方法，并调整好各工作表面之间的位置，并作好零件尺寸测绘记录	15	三大元件安装正确、零件尺寸测绘记录正确得满分，否则，酌情扣 2～15 分		
4	把平口钳装到相应铣床上，注意夹具在机床上的定位，调整好夹具相对机床的位置，然后将夹具夹紧在机床上	15	平口钳在铣床上安装正确满分，否则酌情扣 5～15 分		
5	将工件安装到平口钳中，注意工件在夹具中的定位、夹紧；用百分表找正。加工工件	20	工件在夹具中的定位、夹紧正确并试切削工件到正确尺寸得满分，否则，酌情扣 5～20 分		
6	绘制机床夹具的装配图	15	绘制草图正确清晰得满分；图纸不清晰或不整洁扣 5～10 分；绘图表达错误扣 10～15 分		

子任务4　中级工（国家四级）实操题库

连杆加工专用夹具：该夹具靠工作台 T 形槽和夹具体上定位键确定其在数控铣床上的位置，并用 T 形螺栓紧固。

1. 内容及要求

连杆加工专用夹具如图 8-1-4 所示，装拆该连杆加工专用夹具并测绘。

图 8-1-4 连杆加工专用夹具

2. 准备工作

（1）考场准备：拆装实训所需的连杆加工专用夹具、连杆至少 8 根、铣床、夹具拆装用各种工具、机床夹具安装、调试常用的量具。

（2）考生准备：纸、笔、图板等绘图工具。

3. 考核时限：6 小时

4. 配分与评分标准

序号	考核内容及要	配分	评 分 标 准	扣分	得分
1	熟悉连杆加工专用夹具的总体结构，找出连杆加工专用夹具中的定位元件、夹紧元件、夹具体；熟悉各元件之间的连接及在夹具中的定位安装方式	20	定位元件、夹紧元件、夹具体准确标出得满分；每标错 1 项扣 5 分		
2	按拆装工艺顺序把夹具各零件拆开，注意各元件之间的连接状况，并把拆掉的各元件摆放整齐。作好记录	15	按拆装工艺顺序把夹具各零件拆开并把拆掉的各元件摆放整齐、作好记录得满分；记录不完整或错误扣 5～15 分		
3	利用工具，按正确的顺序在把各元件装配好，了解装配方法，并调整好各工作表面之间的位置，并作好零件尺寸测绘记录	15	三大元件安装正确、零件尺寸测绘记录正确得满分，否则，酌情扣 2～15 分		
4	把连杆加工专用夹具装到相应铣床上，注意夹具在机床上的定位，调整好夹具相对机床的位置，然后将夹具夹紧在机床上	15	连杆加工专用夹具在铣床上安装正确满分，否则，酌情扣 5～15 分		
5	将工件安装到连杆加工专用夹具中，注意工件在夹具中的定位、夹紧；用百分表找正。加工工件	20	工件在夹具中的定位、夹紧正确并试切削工件到正确尺寸得满分，否则，酌情扣 5～20 分		
6	绘制机床夹具的装配图	15	绘制草图正确清晰得满分；图纸不清晰或不整洁扣 5～10 分；绘图表达错误扣 10～15 分		

子任务 5 中级工（国家四级）实操题库

套筒零件铣槽专用夹具：该夹具靠工作台 T 形槽和夹具体上定位键确定其在铣床上的位置，并用 T 形螺栓紧固。

1．内容及要求

套筒零件铣槽专用夹具如图 8-1-5 所示，装拆该套筒零件铣槽专用夹具并测绘。

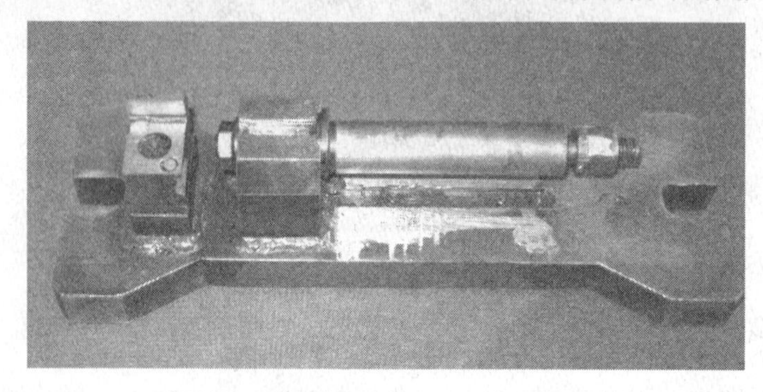

图 8-1-5　套筒零件铣槽专用夹具

2．准备工作

（1）考场准备：拆装实训所需的套筒零件铣槽专用夹具、套筒零件至少 2 个、铣床、夹具拆装用各种工具、机床夹具安装、调试常用的量具。

（2）考生准备：纸、笔、图板等绘图工具。

3．考核时限：6 小时

4．配分与评分标准

序号	考核内容及要	配分	评 分 标 准	扣分	得分
1	熟悉套筒零件铣槽专用夹具的总体结构，找出套筒零件铣槽专用夹具中的定位元件、夹紧元件、对刀元件、夹具体；熟悉各元件之间的连接及在夹具中的定位安装方式	20	定位元件、夹紧元件、夹具体、对刀元件准确标出得满分；每标错 1 项扣 5 分		
2	按拆装工艺顺序把夹具各零件拆开，注意各元件之间的连接状况，并把拆掉的各元件摆放整齐。作好记录	15	按拆装工艺顺序把夹具各零件拆开并把拆掉的各元件摆放整齐、作好记录得满分；记录不完整或错误扣 5～15 分		
3	利用工具，按正确的顺序在把各元件装配好，了解装配方法，并调整好各工作表面之间的位置，并作好零件尺寸测绘记录	15	三大元件安装正确、零件尺寸测绘记录正确得满分，否则，酌情扣 2～15 分		
4	把套筒零件铣槽专用夹具装到相应铣床上，注意夹具在机床上的定位，调整好夹具相对机床的位置，然后将夹具夹紧在机床上	15	连杆加工专用夹具在铣床上安装正确满分，否则，酌情扣 5～15 分		
5	将工件安装到套筒零件铣槽专用夹具中，注意工件在夹具中的定位、夹紧；利用对刀塞尺，调整好刀具的位置，注意对刀时塞尺的使用；加工工件	20	工件在夹具中的定位、夹紧正确并试切削工件到正确尺寸得满分，否则，酌情扣 5～20 分		
6	绘制机床夹具的装配图	15	绘制草图正确清晰得满分；图纸不清晰或不整洁扣 5～10 分；绘图表达错误扣 10～15 分		

子任务6 中级工（国家四级）实操题库

1. 内容及要求

钻模如图 8-1-6 所示，装拆该套钻模并测绘。

图 8-1-6 钻模

2. 准备工作

（1）考场准备：拆装实训所需的钻模、工件至少2个、钻床、夹具拆装用各种工具、机床夹具安装、调试常用的量具。

（2）考生准备：纸、笔、图板等绘图工具。

3. 考核时限：6 小时

4. 配分与评分标准

序号	考核内容及要	配分	评 分 标 准	扣分	得分
1	熟悉该钻模的总体结构，找出钻模的定位元件、夹紧元件、导向元件、夹具体；熟悉各元件之间的连接及在夹具中的定位安装方式	20	定位元件、夹紧元件、夹具体、导向元件准确标出得满分；每标错 1 项扣 5 分		
2	按拆装工艺顺序把夹具各零件拆开，注意各元件之间的连接状况，并把拆掉的各元件摆放整齐。作好记录	15	按拆装工艺顺序把夹具各零件拆开并把拆掉的各元件摆放整齐、作好记录得满分；记录不完整或错误扣 5～15 分		
3	利用工具，按正确的顺序在把各元件装配好，了解装配方法，并调整好各工作表面之间的位置，并作好零件尺寸测绘记录，	15	定位元件、夹紧元件、导向元件、夹具体安装正确、零件尺寸测绘记录正确得满分，否则，酌情扣 2～15 分		
4	把钻模装到相应钻床上，注意夹具在机床上的定位，调整好夹具相对机床的位置，然后将夹具夹紧在机床上	15	钻模在钻床上安装正确满分，否则，酌情扣 5～15 分		
5	将工件安装到钻模中，注意工件在夹具中的定位、夹紧；利用钻套，调整好刀具的位置，加工工件	20	工件在夹具中的定位、夹紧正确并试加工工件到正确尺寸得满分，否则，酌情扣 5～20 分		
6	绘制机床夹具的装配图	15	绘制草图正确清晰得满分；图纸不清晰或不整洁扣 5～10 分；绘图表达错误扣 10～15 分		

子任务7 中级工（国家四级）实操题库

1. 内容及要求

偏心联动夹紧铣床夹具如图 8-1-7 所示，装拆该套夹具并测绘。

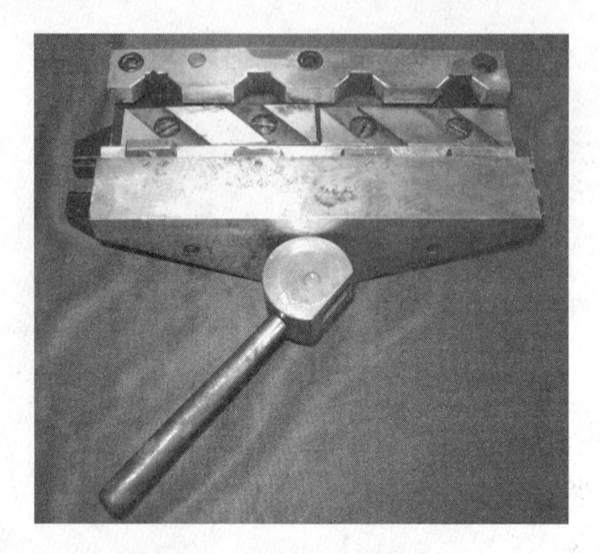

图 8-1-7　偏心联动加紧铣床夹具

2．准备工作

（1）考场准备：拆装实训所需的偏心联动夹紧铣床夹具、工件至少 4 个、铣床、夹具拆装用各种工具、机床夹具安装、调试常用的量具。

（2）考生准备：纸、笔、图板等绘图工具。

3．考核时限：6 小时

4．配分与评分标准

序号	考核内容及要	配分	评 分 标 准	扣分	得分
1	熟悉该夹具的总体结构，找出夹具的定位元件、夹紧元件、对刀元件、夹具体、定位键等；熟悉各元件之间的连接及在夹具中的定位安装方式	20	定位元件、夹紧元件、夹具体、对刀元件、定位键准确标出得满分；每标错 1 项扣 5 分		
2	按拆装工艺顺序把夹具各零件拆开，注意各元件之间的连接状况，并把拆掉的各元件摆放整齐。作好记录	15	按拆装工艺顺序把夹具各零件拆开并把拆掉的各元件摆放整齐、作好记录得满分；记录不完整或错误扣 5～15 分		
3	利用工具，按正确的顺序在把各元件装配好，了解装配方法，并调整好各工作表面之间的位置，并作好零件尺寸测绘记录	15	定位元件、夹紧元件、导向元件、夹具体安装正确、零件尺寸测绘记录正确得满分，否则，酌情扣 2～15 分		
4	把夹具装到相应铣床上，注意夹具在机床上的定位，调整好夹具相对机床的位置，然后将夹具夹紧在机床上	15	夹具在铣床上安装正确满分，否则，酌情扣 5～15 分		
5	将工件安装到铣床夹具中，注意工件在夹具中的定位、夹紧；利用对刀元件，调整好刀具的位置，加工工件	20	工件在夹具中的定位、夹紧正确并试加工工件到正确尺寸得满分，否则，酌情扣 5～20 分		
6	绘制机床夹具的装配图	15	绘制草图正确清晰得满分；图纸不清晰或不整洁扣 5～10 分；绘图表达错误扣 10～15 分		

子任务8 中级工（国家四级）实操题库

1. 内容及要求

钻模如图 8-1-8 所示，装拆该套钻模并测绘。

图 8-1-8 固定式钻模

2. 准备工作

（1）考场准备：拆装实训所需的钻模、工件至少 2 个、钻床、夹具拆装用各种工具、机床夹具安装、调试常用的量具。

（2）考生准备：纸、笔、图板等绘图工具。

3. 考核时限：6 小时

4. 配分与评分标准

序号	考核内容及要求	配分	评 分 标 准	扣分	得分
1	熟悉该钻模的总体结构，找出钻模的定位元件、夹紧元件、导向元件、夹具体；熟悉各元件之间的连接及在夹具中的定位安装方式	20	定位元件、夹紧元件、夹具体、导向元件准确标出得满分；每标错 1 项扣 5 分		
2	按拆装工艺顺序把夹具各零件拆开，注意各元件之间的连接状况，并把拆掉的各元件摆放整齐。作好记录	15	按拆装工艺顺序把夹具各零件拆开并把拆掉的各元件摆放整齐、作好记录得满分；记录不完整或错误扣 5～15 分		
3	利用工具，按正确的顺序在把各元件装配好，了解装配方法，并调整好各工作表面之间的位置，并作好零件尺寸测绘记录	15	定位元件、夹紧元件、导向元件、夹具体安装正确、零件尺寸测绘记录正确得满分，否则，酌情扣 2～15 分		
4	把钻模装到相应钻床上，注意夹具在机床上的定位，调整好夹具相对机床的位置，然后将夹具夹紧在机床上	15	钻模在钻床上安装正确满分，否则，酌情扣 5～15 分		
5	将工件安装到钻模中，注意工件在夹具中的定位、夹紧；利用钻套，调整好刀具的位置，加工工件	20	工件在夹具中的定位、夹紧正确并试加工工件到正确尺寸得满分，否则，酌情扣 5～20 分		
6	绘制机床夹具的装配图	15	绘制草图正确清晰得满分；图纸不清晰或不整洁扣 5～10 分；绘图表达错误扣 10～15 分		

子任务9 中级工（国家四级）实操题库

1. 内容及要求

钻模如图 8-1-9 所示，装拆该套钻模并测绘。

图 8-1-9 翻转式钻模

2. 准备工作

（1）考场准备：拆装实训所需的钻模、工件至少 2 个、钻床、夹具拆装用各种工具、机床夹具安装、调试常用的量具。

（2）考生准备：纸、笔、图板等绘图工具。

3. 考核时限：6 小时

4. 配分与评分标准

序号	考核内容及要	配分	评 分 标 准	扣分	得分
1	熟悉该钻模的总体结构，找出钻模的定位元件、夹紧元件、导向元件、夹具体；熟悉各元件之间的连接及在夹具中的定位安装方式	20	定位元件、夹紧元件、夹具体、导向元件准确标出得满分；每标错 1 项扣 5 分		
2	按拆装工艺顺序把夹具各零件拆开，注意各元件之间的连接状况，并把拆掉的各元件摆放整齐。作好记录	15	按拆装工艺顺序把夹具各零件拆开并把拆掉的各元件摆放整齐、作好记录得满分；记录不完整或错误扣 5～15 分		
3	利用工具，按正确的顺序在把各元件装配好，了解装配方法，并调整好各工作表面之间的位置，并作好零件尺寸测绘记录	15	定位元件、夹紧元件、导向元件、夹具体安装正确、零件尺寸测绘记录正确得满分，否则，酌情扣 2～15 分		

续表

序号	考核内容及要	配分	评 分 标 准	扣分	得分
4	把钻模装到相应钻床上，注意夹具在机床上的定位，调整好夹具相对机床的位置，然后将夹具夹紧在机床上	15	钻模在钻床上安装正确满分，否则，酌情扣5～15分		
5	将工件安装到钻模中，注意工件在夹具中的定位、夹紧；利用钻套，调整好刀具的位置，加工工件	20	工件在夹具中的定位、夹紧正确并试加工工件到正确尺寸得满分，否则，酌情扣5～20分		
6	绘制机床夹具的装配图	15	绘制草图正确清晰得满分；图纸不清晰或不整洁扣5～10分；绘图表达错误扣10～15分		

子任务10　中级工（国家四级）实操题库

1. 内容及要求

钻模如图8-1-10所示，装拆该套钻模并测绘。

图8-1-10　可卸式钻模板钻模

2. 准备工作

（1）考场准备：拆装实训所需的钻模、工件至少2个、钻床、夹具拆装用各种工具、机床夹具安装、调试常用的量具。

（2）考生准备：纸、笔、图板等绘图工具。

3. 考核时限：6小时

4．配分与评分标准

序号	考核内容及要	配分	评 分 标 准	扣分	得分
1	熟悉该钻模的总体结构，找出钻模的定位元件、夹紧元件、导向元件、夹具体；熟悉各元件之间的连接及在夹具中的定位安装方式	20	定位元件、夹紧元件、夹具体、导向元件准确标出得满分；每标错 1 项扣 5 分		
2	按拆装工艺顺序把夹具各零件拆开，注意各元件之间的连接状况，并把拆掉的各元件摆放整齐。作好记录	15	按拆装工艺顺序把夹具各零件拆开并把拆掉的各元件摆放整齐、作好记录得满分；记录不完整或错误扣 5～15 分		
3	利用工具，按正确的顺序在把各元件装配好，了解装配方法，并调整好各工作表面之间的位置，并作好零件尺寸测绘记录	15	定位元件、夹紧元件、导向元件、夹具体安装正确、零件尺寸测绘记录正确得满分，否则，酌情扣 2～15 分		
4	把钻模装到相应钻床上，注意夹具在机床上的定位，调整好夹具相对机床的位置，然后将夹具夹紧在机床上	15	钻模在钻床上安装正确满分，否则，酌情扣 5～15 分		
5	将工件安装到钻模中，注意工件在夹具中的定位、夹紧；利用钻套，调整好刀具的位置，加工工件	20	工件在夹具中的定位、夹紧正确并试加工工件到正确尺寸得满分，否则，酌情扣 5～20 分		
6	绘制机床夹具的装配图	15	绘制草图正确清晰得满分；图纸不清晰或不整洁扣 5～10 分；绘图表达错误扣 10～15 分		

任务二　高级工（国家三级）实操题库十套

子任务 1　高级工（国家三级）实操题库

1．题目

根据如图 8-2-1 所示的托盘零件工序图，工件的材料为铸钢，年产 10000 件，已加工面为ϕ30H7 孔及图上尺寸 50 上下平面和工艺孔ϕ12，本工序加工四条导向键槽 16H7。试为本工序设计一套夹具方案。

2．考核内容

（1）根据零件工序图确定定位方案，确定夹具类型。

（2）根据定位方案确定定位装置和定位元件。

（3）计算定位误差，验算定位方案是否合理。

（4）确定夹紧方案。

（5）给制方案草图。

（6）定位元件加工工艺的编制。

（7）确定夹具与机床的连接和装配方法。

（8）夹具操作动作说明。

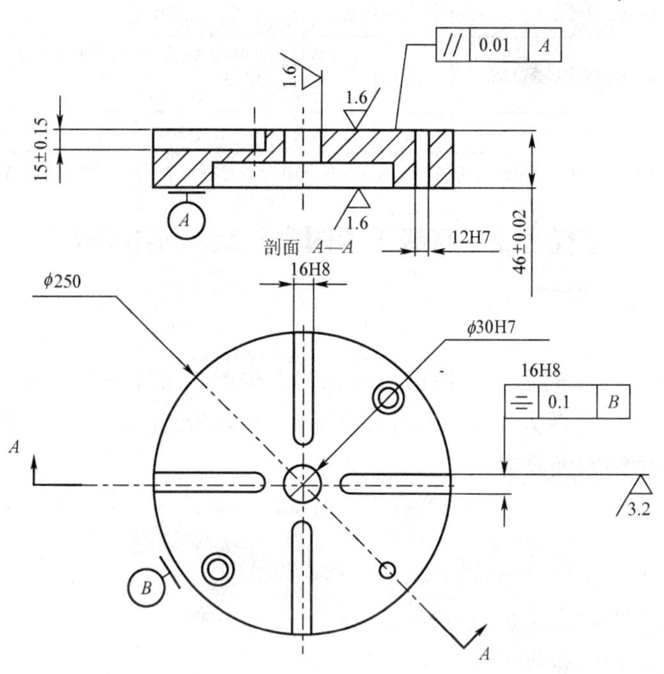

图 8-2-1　托盘零件工序图

3．准备工作

（1）考场准备：零件工序图。

（2）考生准备：纸、笔、图板等绘图工具。

（3）考生准备：夹具设计手册，相关技术资料，计算器等。

4．考核时间：6 小时

5．配分与评分标准

序号	考核内容及要	配分	评 分 标 准	扣分	得分
1	确定夹具类型	15	方案可行性强得满分；方案不完整或有缺陷扣 5～10 分；方案不可行，扣 10～15 分		
2	确定定位方案和确定定位元件	15	方案合理可行性强得满分；方案不完整扣 5～10 分；方案不可行，扣 10～15 分		
3	定位误差的计算	10	定位误差计算正确得满分，否则，酌情扣 1～15 分		
4	确定夹紧方案及导引装置设计	10	方案合理可行性强得满分，夹紧方向或夹紧力每一项不合理扣 5～10 分		
5	绘制方案草图	15	绘制草图正确清晰得满分；图纸不清晰或不整洁扣 5～10 分；绘图表达错误扣 10～15 分		
6	定位元件加工工艺的编制	10	方案可行性强得满分；方案不完整或缺陷扣 1～5 分，方案不可行，扣 5～10 分		

续表

序号	考核内容及要	配分	评 分 标 准	扣分	得分
7	确定夹具与机床的连接和装配方法	15	方案可行性强得满分；方案不完整或缺陷扣 1～5 分，方案不可行，扣 5～15 分		
8	夹具操作动作说明	10	可行性强得满分；否则，酌情扣 1～10 分		

注：造成设备严重损坏及人员重伤以上事故，考核全程否定，即按 0 分处理提前 2～3 天通知考试试题，做好相应准备工作。

子任务 2　高级工（国家三级）实操题库

1．题目

根据如图 8-2-2 所示的后盖零件钻径向孔的工序图，工件的材料为 HT250，年产 9800 件，已加工面为ϕ30H7 孔及大平面（底平面）和三个ϕ5.8mm 孔，本工序钻径向孔ϕ10mm。试为本工序设计一套钻床夹具方案。

2．考核内容

（1）根据零件工序图确定定位方案，确定夹具类型。

（2）根据定位方案确定定位装置和定位元件。

（3）计算定位误差，验算定位方案是否合理。

（4）确定夹紧方案。

（5）给制方案草图。

（6）定位元件加工工艺的编制。

（7）确定夹具与机床的连接和装配方法。

（8）夹具操作动作说明。

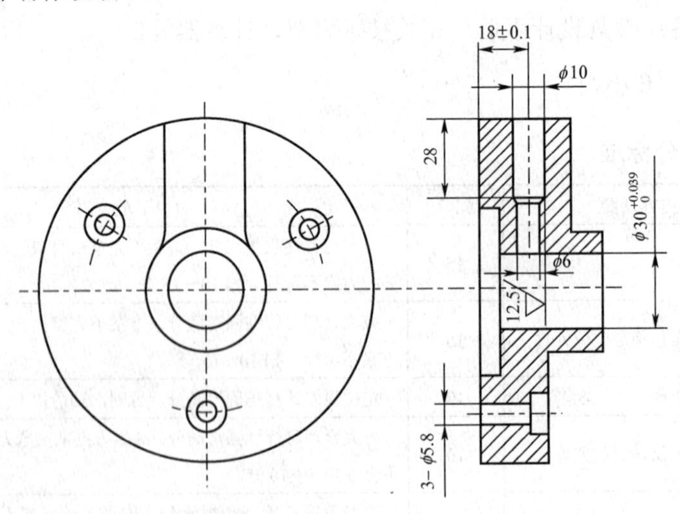

图 8-2-2　后盖零件钻径向孔工序图

3．准备工作

（1）考场准备：零件工序图。

（2）考生准备：纸、笔、图板等绘图工具。

（3）考生准备：夹具设计手册，相关技术资料，计算器等。

4．考核时间：6 小时

5．配分与评分标准

序号	考核内容及要	配分	评 分 标 准	扣分	得分
1	确定夹具类型	15	方案可行性强得满分；方案不完整或有缺陷扣 5～10 分；方案不可行，扣 10～15 分		
2	确定定位方案和确定定位元件	15	方案合理可行性强得满分；方案不完整扣 5～10 分；方案不可行，扣 10～15 分		
3	定位误差的计算	10	定位误差计算正确得满分，否则，酌情扣 1～15 分		
4	确定夹紧方案及导引装置设计	10	方案合理可行性强得满分，夹紧方向或夹紧力每一项不合理扣 5～10 分		
5	绘制方案草图	15	绘制草图正确清晰得满分；图纸不清晰或不整洁扣 5～10 分；绘图表达错误扣 10～15		
6	定位元件加工工艺的编制	10	方案可行性强得满分；方案不完整或缺陷扣 1～5 分，方案不可行扣 5～10 分		
7	确定夹具与机床的连接和装配方法	15	方案可行性强得满分；方案不完整或缺陷扣 1～5 分，方案不可行，扣 5～15 分		
8	夹具操作动作说明	10	可行性强得满分；否则，酌情扣 1～10 分		

子任务 3 高级工（国家三级）实操题库

1．题目

如图 8-2-3 所示，设计加工链子板上 2×ϕ22mm 孔的钻床夹具。图中其他各表面均已加工完毕。

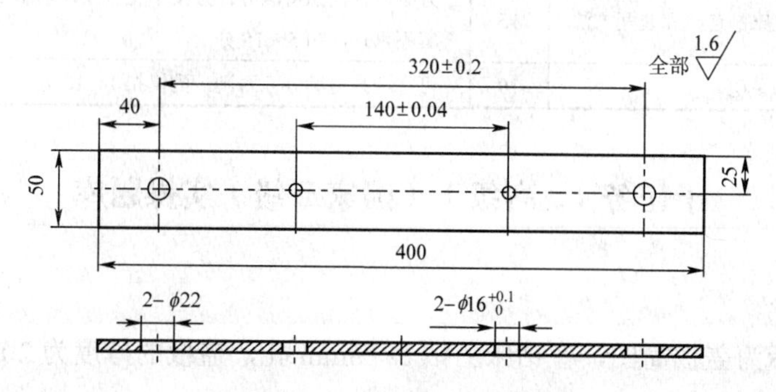

图 8-2-3 链子板工序图

2．考核内容

（1）根据零件工序图确定定位方案，确定夹具类型。

（2）根据定位方案确定定位装置和定位元件。

（3）计算定位误差，验算定位方案是否合理。
（4）确定夹紧方案。
（5）绘制方案草图。
（6）定位元件加工工艺的编制。
（7）确定夹具与机床的连接和装配方法。
（8）夹具操作动作说明。

3．准备工作

（1）考场准备：零件工序图。
（2）考生准备：纸、笔、图板等绘图工具。
（3）考生准备：夹具设计手册，相关技术资料，计算器等。

4．考核时间：6 小时

5．配分与评分标准

序号	考核内容及要	配分	评 分 标 准	扣分	得分
1	确定夹具类型	15	方案可行性强得满分；方案不完整或有缺陷扣 5～10 分；方案不可行，扣 10～15 分		
2	确定定位方案和确定定位元件	15	方案合理可行性强得满分；方案不完整扣 5～10 分；方案不可行，扣 10～15 分		
3	定位误差的计算	10	定位误差计算正确得满分，否则，酌情扣 1～15 分		
4	确定夹紧方案及导引装置设计	10	方案合理可行性强得满分，夹紧方向或夹紧力每一项不合理扣 5～10 分		
5	绘制方案草图	15	绘制草图正确清晰得满分；图纸不清晰或不整洁扣 5～10 分；绘图表达错误扣 10～15		
6	定位元件加工工艺的编制	10	方案可行性强得满分；方案不完整或缺陷扣 1～5 分，方案不可行，扣 5～10 分		
7	确定夹具与机床的连接和装配方法	15	方案可行性强得满分；方案不完整或缺陷扣 1～5 分，方案不可行，扣 5～15 分		
8	夹具操作动作说明	10	可行性强得满分；否则，酌情扣 1～10 分		

子任务 4　高级工（国家三级）实操题库

1．题目

图 8-2-4 所示为盖板简图，在钻床上钻 6×ϕ8mm 孔，盖板的厚度为 20mm。

2．考核内容

（1）根据零件工序图确定定位方案，确定夹具类型。
（2）根据定位方案确定定位装置和定位元件。
（3）计算定位误差，验算定位方案是否合理。

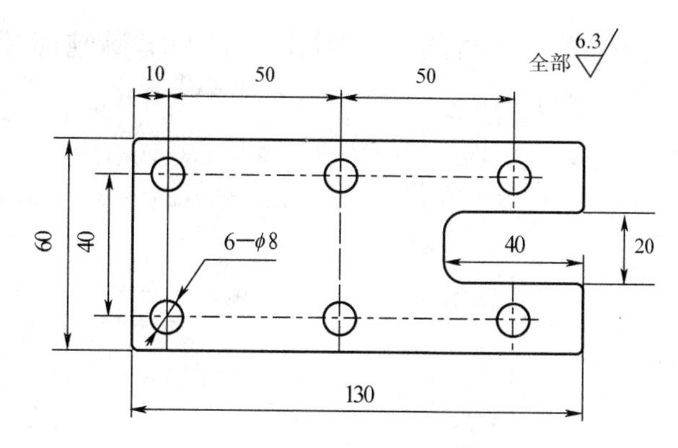

图 8-2-4 盖板工序图

（4）确定夹紧方案。
（5）给制方案草图。
（6）定位元件加工工艺的编制。
（7）确定夹具与机床的连接和装配方法。
（8）夹具操作动作说明。

3．准备工作

（1）考场准备：零件工序图。
（2）考生准备：纸、笔、图板等绘图工具。
（3）考生准备：夹具设计手册，相关技术资料，计算器等。

4．考核时间：6 小时

5．配分与评分标准

序号	考核内容及要	配分	评 分 标 准	扣分	得分
1	确定夹具类型	15	方案可行性强得满分；方案不完整或有缺陷扣 5～10 分；方案不可行扣 10～15 分		
2	确定定位方案和确定定位元件	15	方案合理可行性强得满分；方案不完整扣 5～10 分；方案不可行扣 10～15 分		
3	定位误差的计算	10	定位误差计算正确得满分，否则，酌情扣 1～15 分		
4	确定夹紧方案及导引装置设计	10	方案合理可行性强得满分，夹紧方向或夹紧力每一项不合理扣 5～10 分		
5	绘制方案草图	15	绘制草图正确清晰得满分；图纸不清晰或不整洁扣 5～10 分；绘图表达错误扣 10～15		
6	定位元件加工工艺的编制	10	方案可行性强得满分；方案不完整或缺陷扣 1～5 分，方案不可行扣 5～10 分		
7	确定夹具与机床的连接和装配方法	15	方案可行性强得满分；方案不完整或缺陷扣 1～5 分，方案不可行扣 5～15 分		
8	夹具操作动作说明	10	可行性强得满分；否则，酌情扣 1～10 分		

子任务5　高级工（国家三级）实操题库

1. 题目

如图 8-2-5 所示，设计加工端盖上 6×ϕ6mm 小孔的钻孔夹具。图中其他各表面均已加工完毕。

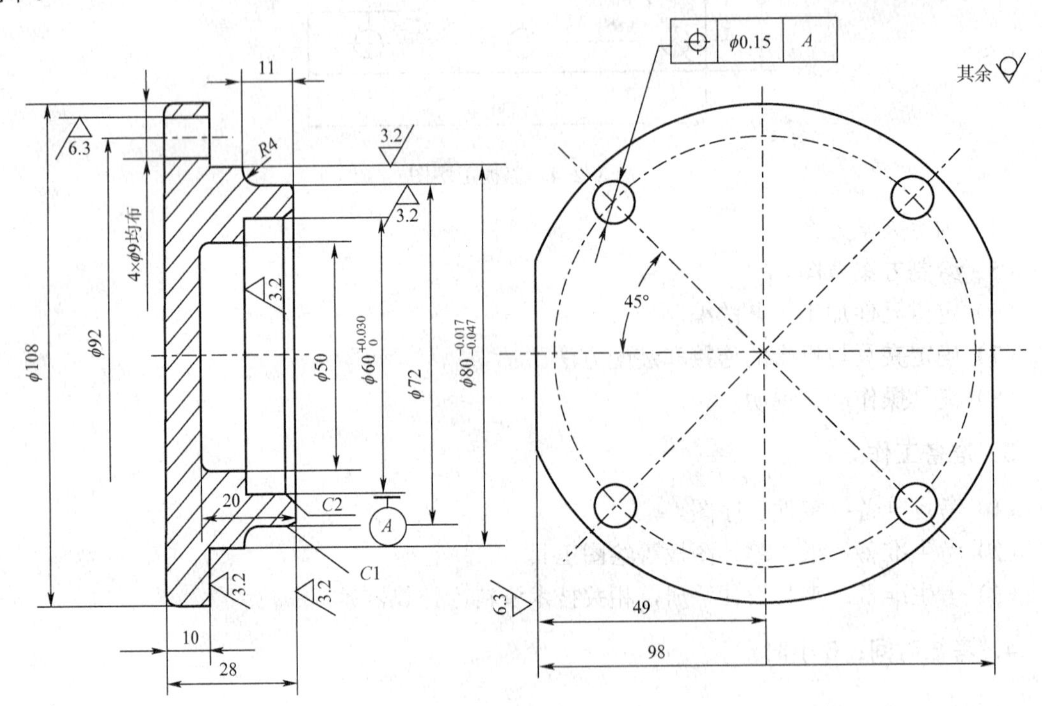

图 8-2-5　加工盖工序图

2. 考核内容

（1）根据零件工序图确定定位方案，确定夹具类型。

（2）根据定位方案确定定位装置和定位元件。

（3）计算定位误差，验算定位方案是否合理。

（4）确定夹紧方案。

（5）给制方案草图。

（6）定位元件加工工艺的编制。

（7）确定夹具与机床的连接和装配方法。

（8）夹具操作动作说明。

3. 准备工作

（1）考场准备：零件工序图。

（2）考生准备：纸、笔、图板等绘图工具。

（3）考生准备：夹具设计手册，相关技术资料，计算器等。

4. 考核时间：6 小时

5. 配分与评分标准

序号	考核内容及要	配分	评 分 标 准	扣分	得分
1	确定夹具类型	15	方案可行性强得满分；方案不完整或有缺陷扣 5～10 分；方案不可行扣 10～15 分		
2	确定定位方案和确定定位元件	15	方案合理可行性强得满分；方案不完整扣 5～10 分；方案不可行扣 10～15 分		
3	定位误差的计算	10	定位误差计算正确得满分，否则酌情扣 1～15 分		
4	确定夹紧方案及导引装置设计	10	方案合理可行性强得满分，夹紧方向或夹紧力每一项不合理扣 5～10 分		
5	绘制方案草图	15	绘制草图正确清晰得满分；图纸不清晰或不整洁扣 5～10 分；绘图表达错误扣 10～15		
6	定位元件加工工艺的编制	10	方案可行性强得满分；方案不完整或缺陷扣 1～5 分，方案不可行扣 5～10 分		
7	确定夹具与机床的连接和装配方法	15	方案可行性强得满分；方案不完整或缺陷扣 1～5 分，方案不可行扣 5～15 分		
8	夹具操作动作说明	10	可行性强得满分；否则，酌情扣 1～10 分		

子任务 6 高级工（国家三级）实操题库

1. 题目

如图 8-2-6 所示，设计加工挡环上ϕ10H7 小孔的钻孔夹具。图中其他各表面均已加工完毕。

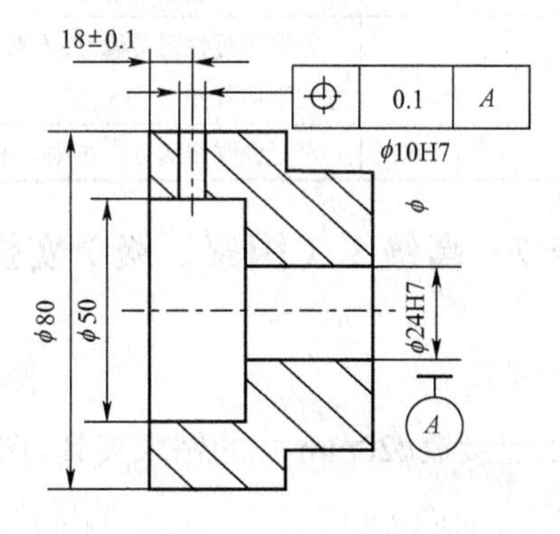

图 8-2-6 挡环工序图

2. 考核内容

（1）根据零件工序图确定定位方案，确定夹具类型。

（2）根据定位方案确定定位装置和定位元件。

（3）计算定位误差，验算定位方案是否合理。

（4）确定夹紧方案及导向元件设计。

（5）给制方案草图。
（6）定位元件加工工艺的编制。
（7）确定夹具与机床的连接和装配方法。
（8）夹具操作动作说明。

3．准备工作

（1）考场准备：零件工序图。
（2）考生准备：纸、笔、图板等绘图工具。
（3）考生准备：夹具设计手册，相关技术资料，计算器等。

4．考核时间：6 小时

5．配分与评分标准

序号	考核内容及要	配分	评 分 标 准	扣分	得分
1	确定夹具类型	15	方案可行性强得满分；方案不完整或有缺陷扣 5～10 分；方案不可行扣 10～15 分		
2	确定定位方案和确定定位元件	15	方案合理可行性强得满分；方案不完整扣 5～10 分；方案不可行扣 10～15 分		
3	定位误差的计算	10	定位误差计算正确得满分，否则，酌情扣 1～15 分		
4	确定夹紧方案及导引装置设计；	10	方案合理可行性强得满分，夹紧方向或夹紧力每一项不合理扣 5～10 分		
5	绘制方案草图	15	绘制草图正确清晰得满分；图纸不清晰或不整洁扣 5～10 分；绘图表达错误扣 10～15		
6	定位元件加工工艺的编制	10	方案可行性强得满分；方案不完整或缺陷扣 1～5 分，方案不可行扣 5～10 分		
7	确定夹具与机床的连接和装配方法	15	方案可行性强得满分；方案不完整或缺陷扣 1～5 分，方案不可行扣 5～15 分		
8	夹具操作动作说明	10	可行性强得满分；否则，酌情扣 1～10 分		

子任务 7　高级工（国家三级）实操题库

1．题目

如图 8-2-7 所示，设计加工连接板ϕ20mm 孔的钻床夹具。图中其他各表面均已加工完毕。

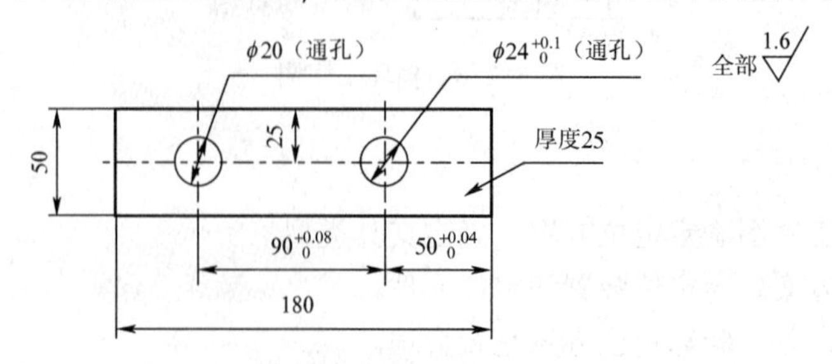

图 8-2-7　连接板工序图

2．考核内容

（1）根据零件工序图确定定位方案，确定夹具类型。
（2）根据定位方案确定定位装置和定位元件。
（3）计算定位误差，验算定位方案是否合理。
（4）确定夹紧方案。
（5）绘制方案草图。
（6）定位元件加工工艺的编制。
（7）确定夹具与机床的连接和装配方法。
（8）夹具操作动作说明。

3．准备工作

（1）考场准备：零件工序图。
（2）考生准备：纸、笔、图板等绘图工具。
（3）考生准备：夹具设计手册，相关技术资料，计算器等。

4．考核时间：6 小时

5．配分与评分标准

序号	考核内容及要	配分	评 分 标 准	扣分	得分
1	确定夹具类型	15	方案可行性强得满分；方案不完整或有缺陷扣 5～10 分；方案不可行扣 10～15 分		
2	确定定位方案和确定定位元件	15	方案合理可行性强得满分；方案不完整扣 5～10 分；方案不可行扣 10～15 分		
3	定位误差的计算	10	定位误差计算正确得满分，否则酌情扣 1～15 分		
4	确定夹紧方案及导引装置设计	10	方案合理可行性强得满分，夹紧方向或夹紧力每一项不合理扣 5～10 分		
5	绘制方案草图	15	绘制草图正确清晰得满分；图纸不清晰或不整洁扣 5～10 分；绘图表达错误扣 10～15		
6	定位元件加工工艺的编制	10	方案可行性强得满分；方案不完整或缺陷扣 1～5 分，方案不可行扣 5～10 分		
7	确定夹具与机床的连接和装配方法	15	方案可行性强得满分；方案不完整或缺陷扣 1～5 分，方案不可行扣 5～15 分		
8	夹具操作动作说明	10	可行性强得满分；否则，酌情扣 1～10 分		

子任务 8　高级工（国家三级）实操题库

1．题目

如图 8-2-8 所示，本工序需在钢套上钻ϕ5mm 孔，应满足如下加工要求：
（1）ϕ5mm 孔轴线到端面 B 的距离为 20±0.1mm。
（2）ϕ5mm 孔对ϕ20H7 孔的对称度为 0.1mm。

（3）已知工件材料为 Q235A 钢，批量 N=500 件。

试设计钻ϕ5mm 孔的钻床夹具。

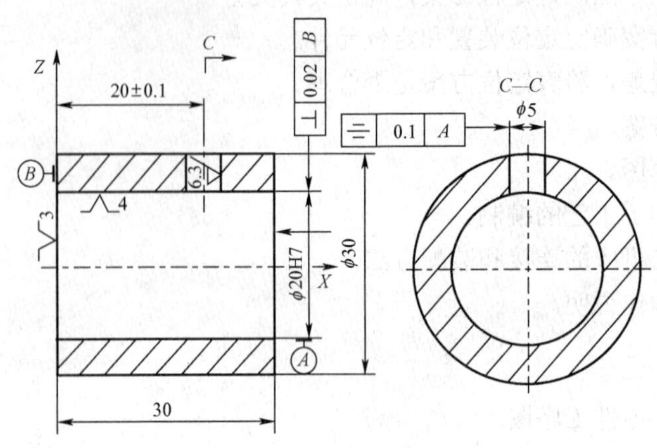

图 8-2-8 钢套工序图

2．考核内容

（1）根据零件工序图确定定位方案，确定夹具类型。

（2）根据定位方案确定定位装置和定位元件。

（3）计算定位误差，验算定位方案是否合理。

（4）确定夹紧方案。

（5）给制方案草图。

（6）定位元件加工工艺的编制。

（7）确定夹具与机床的连接和装配方法。

（8）夹具操作动作说明。

3．准备工作

（1）考场准备：零件工序图。

（2）考生准备：纸、笔、图板等绘图工具。

（3）考生准备：夹具设计手册，相关技术资料，计算器等。

4．考核时间：6 小时

5．配分与评分标准

序号	考核内容及要	配分	评 分 标 准	扣分	得分
1	确定夹具类型	15	方案可行性强得满分；方案不完整或有缺陷扣 5～10 分；方案不可行扣 10～15 分		
2	确定定位方案和确定定位元件	15	方案合理可行性强得满分；方案不完整扣 5～10 分；方案不可行扣 10～15 分		
3	定位误差的计算	10	定位误差计算正确得满分，否则，酌情扣 1～15 分		
4	确定夹紧方案及导引装置设计	10	方案合理可行性强得满分，夹紧方向或夹紧力每一项不合理扣 5～10 分		

续表

序号	考核内容及要	配分	评 分 标 准	扣分	得分
5	绘制方案草图	15	绘制草图正确清晰得满分；图纸不清晰或不整洁扣5～10分；绘图表达错误扣10～15		
6	定位元件加工工艺的编制	10	方案可行性强得满分；方案不完整或缺陷扣1～5分，方案不可行扣5～10分		
7	确定夹具与机床的连接和装配方法	15	方案可行性强得满分；方案不完整或缺陷扣1～5分，方案不可行扣5～15分		
8	夹具操作动作说明	10	可行性强得满分；否则，酌情扣1～10分		

子任务9 高级工（国家三级）实操题库

1．题目

图8-2-9所示为活塞套零件简图，在铣床上加工活塞套上端6mm的槽，*A*面和下端6mm的槽，以及ϕ60H7的孔已经加工好。设计一套铣床夹具。

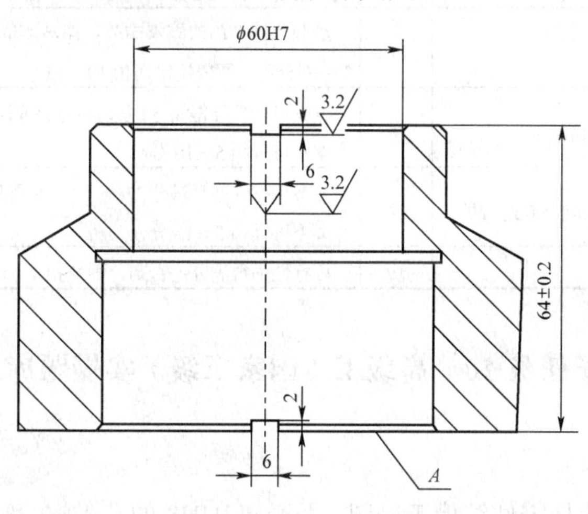

图8-2-9 活塞套工序图

2．考核内容

（1）根据零件工序图确定定位方案，确定夹具类型。

（2）根据定位方案确定定位装置和定位元件。

（3）计算定位误差，验算定位方案是否合理。

（4）确定夹紧方案额及对刀装置的设计。

（5）给制方案草图。

（6）定位元件加工工艺的编制。

（7）确定夹具与机床的连接和装配方法。

（8）夹具操作动作说明。

3．准备工作

（1）考场准备：零件工序图。
（2）考生准备：纸、笔、图板等绘图工具。
（3）考生准备：夹具设计手册，相关技术资料，计算器等。

4．考核时间：6 小时

5．配分与评分标准

序号	考核内容及要	配分	评 分 标 准	扣分	得分
1	确定夹具类型	15	方案可行性强得满分；方案不完整或有缺陷扣 5～10 分；方案不可行扣 10～15 分		
2	确定定位方案和确定定位元件	15	方案合理可行性强得满分；方案不完整扣 5～10 分；方案不可行扣 10～15 分		
3	定位误差的计算	10	定位误差计算正确得满分，否则，酌情扣 1～15 分		
4	确定夹紧方案及对刀装置设计	10	方案合理可行性强得满分，夹紧方向或夹紧力每一项不合理扣 5～10 分		
5	绘制方案草图	15	绘制草图正确清晰得满分；图纸不清晰或不整洁扣 5～10 分；绘图表达错误扣 10～15		
6	定位元件加工工艺的编制	10	方案可行性强得满分；方案不完整或缺陷扣 1～5 分，方案不可行扣 5～10 分		
7	确定夹具与机床的连接和装配方法	15	方案可行性强得满分；方案不完整或缺陷扣 1～5 分，方案不可行扣 5～15 分		
8	夹具操作动作说明	10	可行性强得满分；否则，酌情扣 1～10 分		

子任务 10　高级工（国家三级）实操题库

1．题目

图 8-2-10 所示为连杆零件铣槽工序图，两个ϕ13HH8 的孔 1、2 及底平面 3 已经加工好，要加工 $45^{+0.1}_{0}$ 的槽，设计一套铣床夹具。

2．考核内容

（1）根据零件工序图确定定位方案，确定夹具类型。
（2）根据定位方案确定定位装置和定位元件。
（3）计算定位误差，验算定位方案是否合理。
（4）确定夹紧方案额及对刀装置的设计。
（5）给制方案草图。
（6）定位元件加工工艺的编制。
（7）确定夹具与机床的连接和装配方法。
（8）夹具操作动作说明。

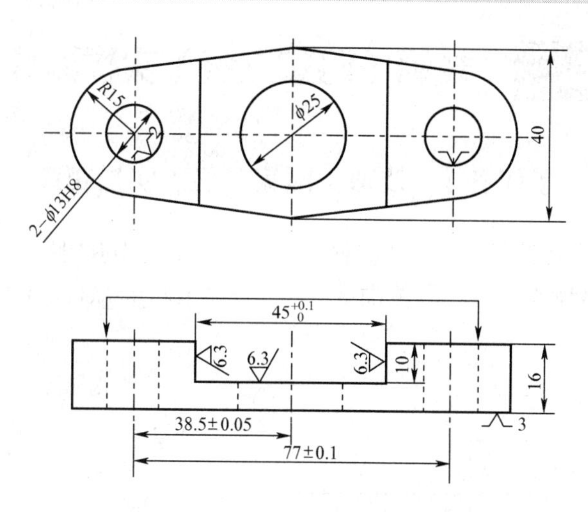

图 8-2-10 连杆零件铣槽工序图

3. 准备工作

（1）考场准备：零件工序图。

（2）考生准备：纸、笔、图板等绘图工具。

（3）考生准备：夹具设计手册，相关技术资料，计算器等。

4. 考核时间：6 小时

5. 配分与评分标准

序号	考核内容及要	配分	评 分 标 准	扣分	得分
1	确定夹具类型	15	方案可行性强得满分；方案不完整或有缺陷扣 5～10 分；方案不可行扣 10～15 分		
2	确定定位方案和确定定位元件	15	方案合理可行性强得满分；方案不完整扣 5～10 分；方案不可行扣 10～15 分		
3	定位误差的计算	10	定位误差计算正确得满分，否则，酌情扣 1～15 分		
4	确定夹紧方案及对刀装置设计	10	方案合理可行性强得满分，夹紧方向或夹紧力每一项不合理扣 5～10 分		
5	绘制方案草图	15	绘制草图正确清晰得满分；图纸不清晰或不整洁扣 5～10 分；绘图表达错误扣 10～15		
6	定位元件加工工艺的编制	10	方案可行性强得满分；方案不完整或缺陷扣 1～5 分，方案不可行扣 5～10 分		
7	确定夹具与机床的连接和装配方法	15	方案可行性强得满分；方案不完整或缺陷扣 1～5 分，方案不可行扣 5～15 分		
8	夹具操作动作说明	10	可行性强得满分；否则，酌情扣 1～10 分		

任务三　技师（国家二级）实操题库六套

子任务 1　技师（国家二级）实操题库

图 8-3-1 所示为托架工序图，工件的材料为铸铝，年产 1000 件，已加工面为ϕ33H7 孔及其两端面 A、C 和距离为 44mm 的两侧面 8。本工序加工两个 M12mm 的底孔ϕ10.1mm，试设计钻模。

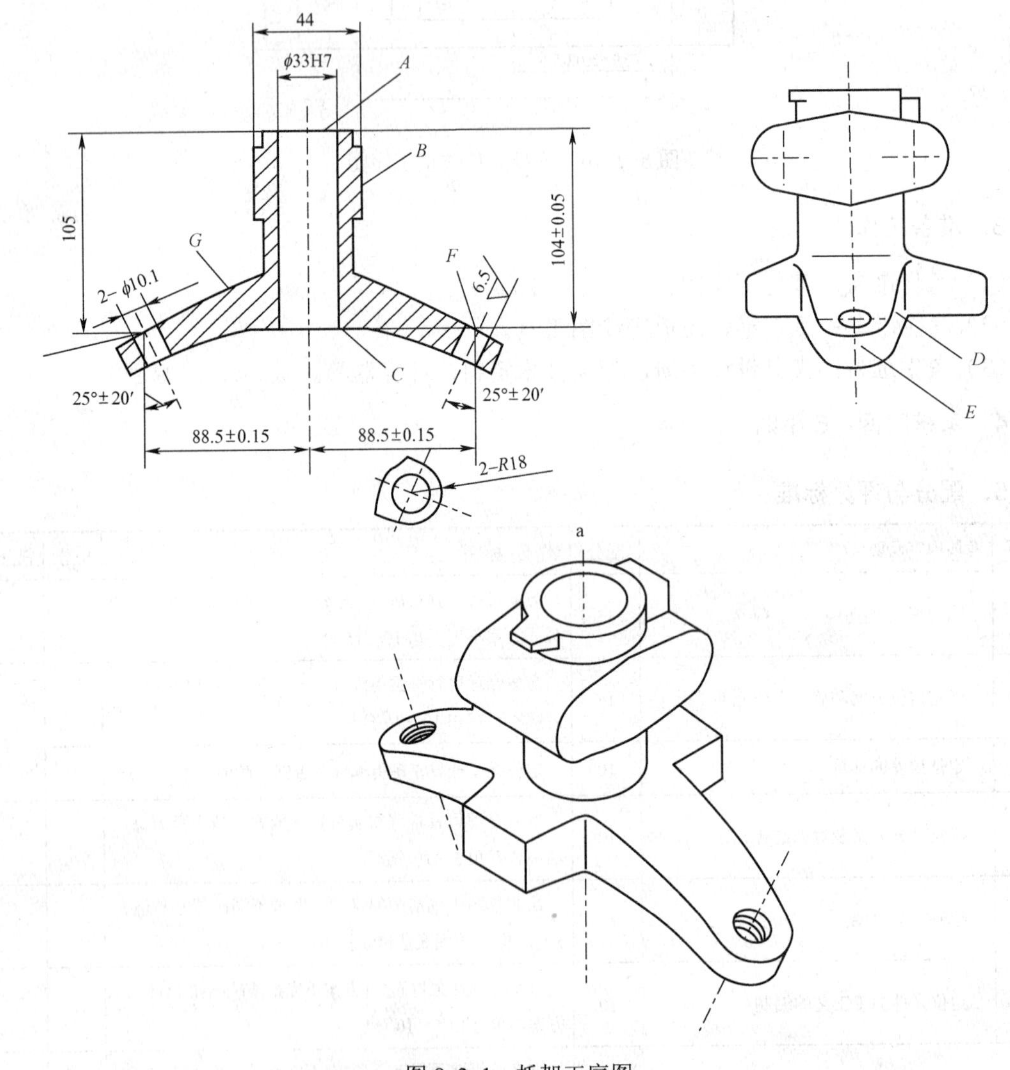

图 8-3-1　托架工序图

子任务 2　技师（国家二级）实操题库

如图 8-3-2 所示，加工液压泵上体的三个阶梯孔，中批生产，试设计所需的车床夹具。根据工艺规程，在加工阶梯孔之前，工件的顶面与底面、两个声 8H7 孔和两个声 8mm

孔均已加工好。本工序的加工要求有三个阶梯孔的距离为 25±0.1mm、三孔轴线与底面的垂直度、中间阶梯孔与四小孔的位置度。后两项未注公差，加工要求较低。

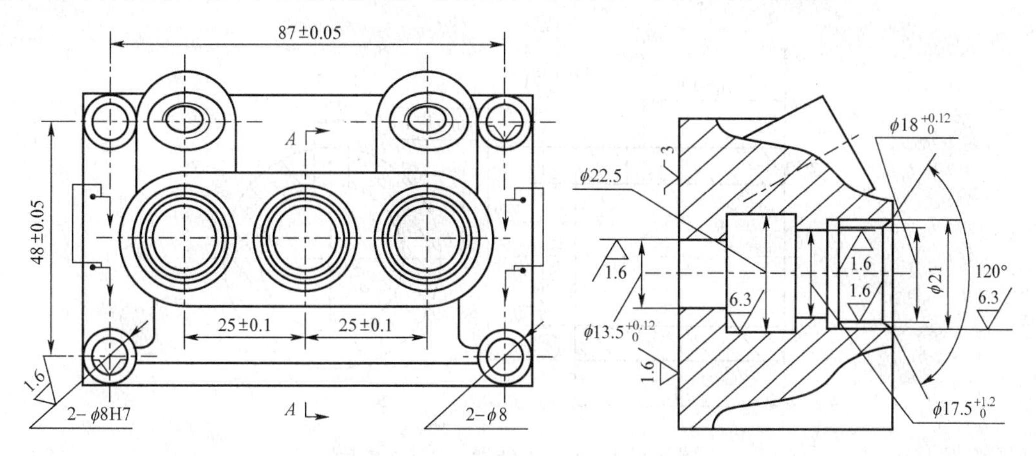

图 8-3-2　液压泵上体镗孔工序图

子任务 3　技师（国家二级）实操题库

如图 8-3-3 所示，要求铣一车床尾座顶尖套上的键槽和油槽，试设计大批生产时所用的铣床夹具。

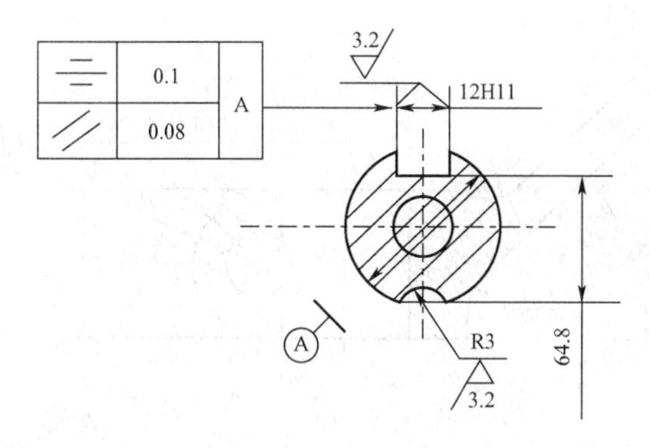

图 8-3-3　铣顶尖套双槽工序图

根据工艺规程，在铣双槽之前，其他表面均已加工好，本工序的加工要求如下：

（1）键槽宽 12H11。槽侧面对ϕ70.8h6 轴线的对称度为 0.10mm，平行度为 0.08mm。槽深控制尺寸为 64.8mm。键槽长度为 60±0.4mm。

（2）油槽半径为 3mm，圆心在轴的圆柱面上。油槽长度为 170mm。

（3）键槽与油槽的对称面应在同一平面内。

子任务 4　技师（国家二级）实操题库

如图 8-3-4 所示，本工序需在钢套上钻ϕ5mm 孔，应满足如下加工要求：

（1）ϕ5mm 孔轴线到端面 *B* 的距离为 20±0.1mm。

（2）ϕ5mm 孔对ϕ20H7 孔的对称度为 0.1mm。

（3）已知工件材料为 Q235A 钢，批量 N=500 件。

试设计钻ϕ5mm 孔的钻床夹具。

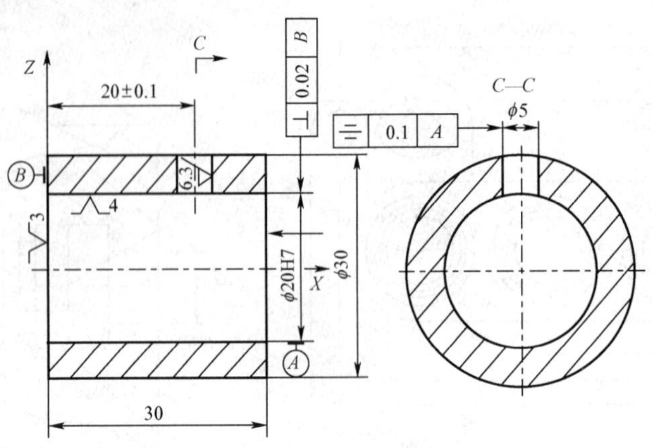

图 8-3-4　钢套上钻ϕ5mm 孔工序图

子任务 5　技师（国家二级）实操题库

设计在摇臂钻床上加工杠杆臂零件上孔ϕ10mm 和ϕ13mm 的钻夹具，如图 8-3-5 所示。

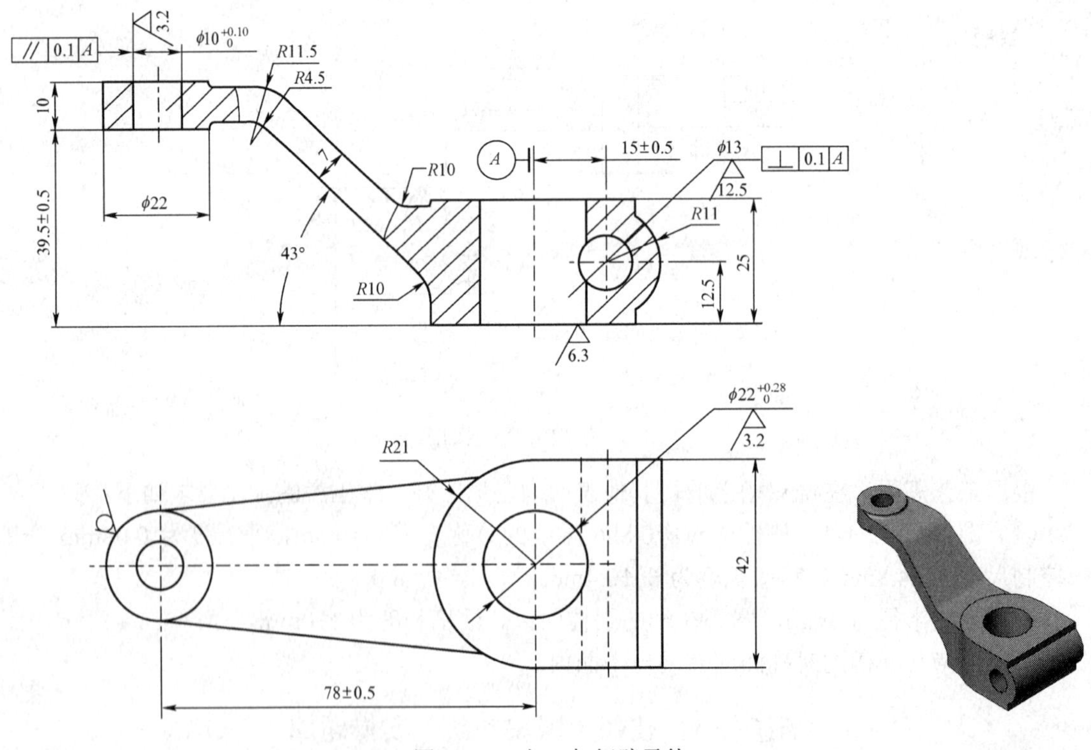

图 8-3-5　加工杠杆臂零件

子任务 6 技师（国家二级）实操题库

设计在铣床上加工套筒零件上键槽的专用夹具，如图 8-3-6 所示。

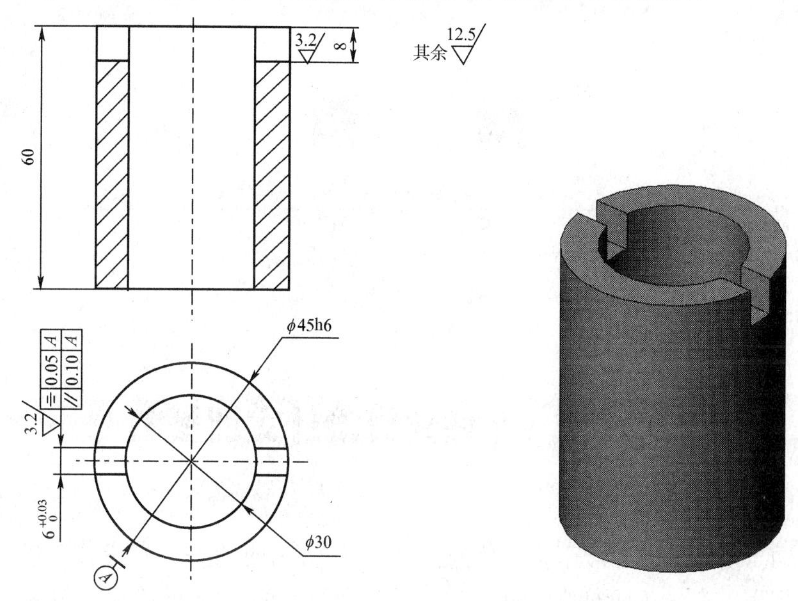

图 8-3-6 套筒零件上键槽工序图

附　　件

附件1　车床夹具设计实训参考

如附件 1 图 1 所示，加工液压泵上体的三个阶梯孔，中批生产，试设计所需的车床夹具。

根据工艺规程，在加工阶梯孔之前，工件的顶面与底面、两个声 8H7 孔和两个声 8mm 孔均已加工好。本工序的加工要求有三个阶梯孔的距离为 25±0.1mm、三孔轴线与底面的垂直度、中间阶梯孔与四小孔的位置度。后两项未注公差，加工要求较低。

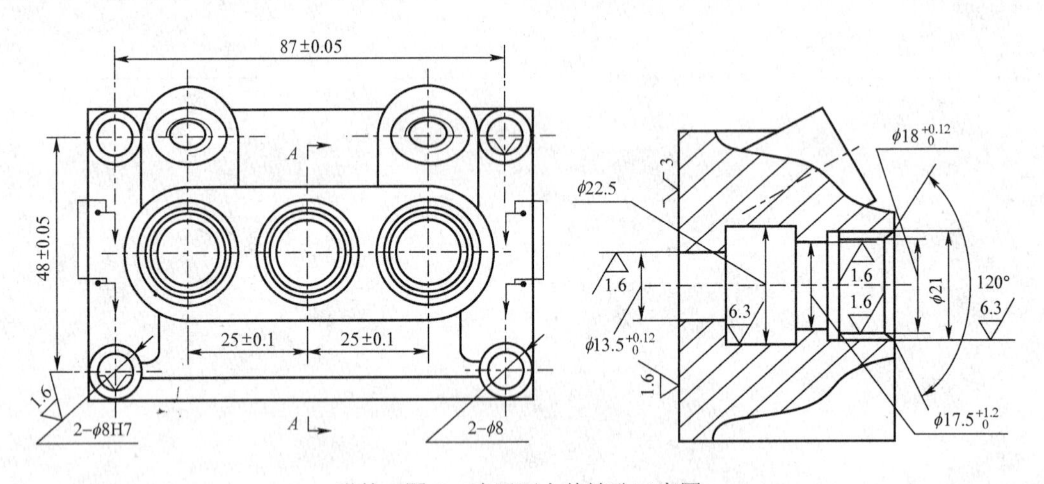

附件 1 图 1　液压泵上体镗孔工序图

根据加工要求，可设计成花盘式车床夹具。这类夹具的夹具体是一个大圆盘（俗称花盘），在花盘的端面上固定着定位、夹紧元件及其他辅助元件，夹具的结构不对称。

1．定位装置

根据加工要求和基准重合原则，应以底面和两个声 8H7 孔定位，定位元件采用“一面两销”，定位孔与定位销的主要尺寸如附件 1 图 2 所示。

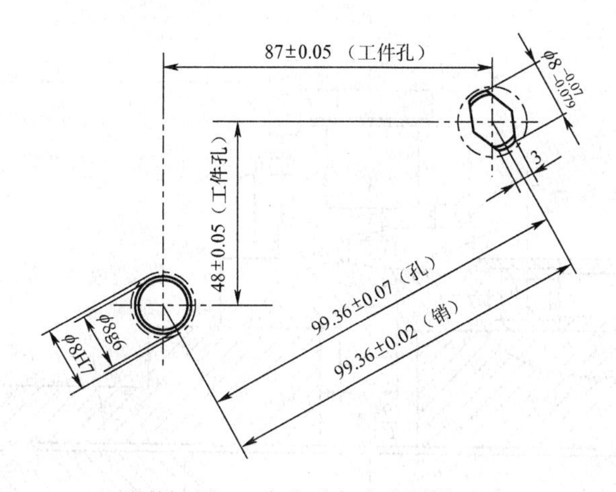

附件 1 图 2 定位孔与定位销的尺寸

（1）两定位孔中心距 L 及两定位销中心距 L

$$L=\sqrt{87^2+48^2}=99.36\text{mm}\quad L_{\max}=\sqrt{87.05^2+48.05^2}=99.43\text{mm}$$

$$L_{\min}=\sqrt{86.95^2+47.95^2}=99.29\text{mm}$$

所以

$$L=99.36\pm0.07\text{mm:}$$

取 L_o=99.36±0.02nm

（2）取圆柱销直径为

$$\phi 8\text{g}6=8^{-0.005}_{-0.014}$$

（3）查表得菱形销尺寸

$$b=3\text{mm}$$

（4）菱形销的直径

$$A=(\delta_{\text{Ld}}+\delta_{\text{ld}})=(0.14+0.04)=0.09\text{mm}$$

由式 $X_{2\min}=\dfrac{2ab}{D_{2\min}}$=2×0.09×3/8=0.07mm

$$d_{2\max}=D_{2\max}-X_{\min}=8-0.07=7.93\text{mm}$$

菱形销直径的公差取 IT6 为 0.009mm，得菱形销的直径为 $\phi 8^{-0.07}_{-0.079}$ mm。

2．夹紧装置

因为是中批生产，不必采用复杂的动力装置。为使夹紧可靠，采用两副移动式螺旋压板 5 夹压在工件顶面两端，如附件 1 图 3 所示。

3．分度装置

液压泵上体三孔呈直线分布，要在一次装夹中加工完毕，需设计直线分度装置。在上图，花盘 6 为固定部分，移动部分为分度滑块 8。分度滑块与花盘之间用导向键 9 连接，用两对 T 形螺钉 3 和螺母锁紧。由于孔距公差为±0.1mm，分度精度不高，用手拉式圆柱对定销 7 即可。为了不妨碍工人操作和观察，对定机构不宜轴向布置而应径向安装。

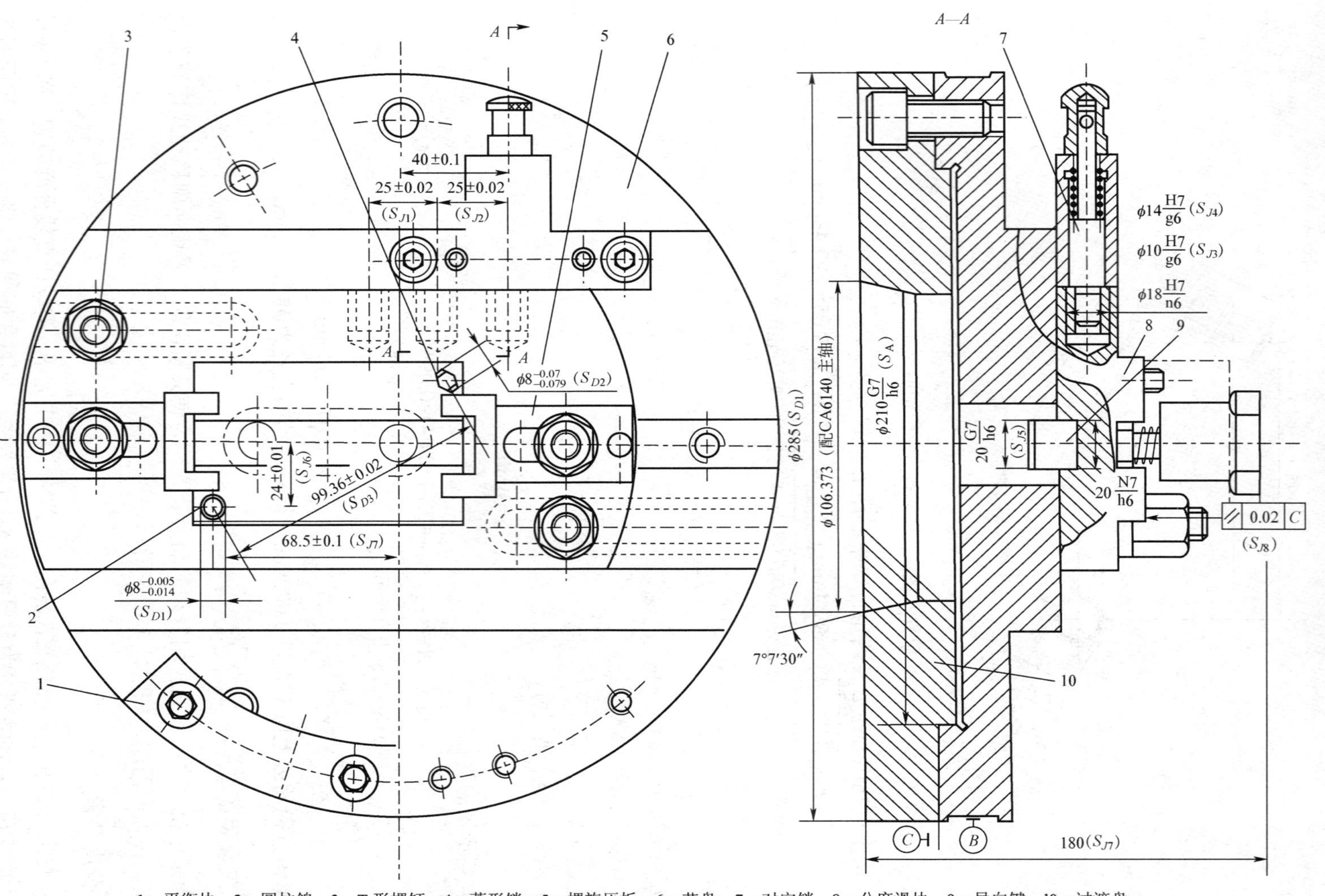

1—平衡块；2—圆柱鹄；3—T形螺钉；4—菱形销；5—螺旋压板；6—花盘；7—对定销；8—分度滑块；9—导向键；10—过渡盘

附件1图3 液压泵上体镗三孔夹具

4．夹具在车床主轴上的安装

由于本工序在 CA6140 车床上进行，过渡盘应以短圆锥面和端面在主轴上定位，用螺钉紧固，有关尺寸可查阅“夹具手册”或附表 8。花盘的止口与过渡盘凸缘的配合为 H7/h6。在花盘的外圆上设置找正圆 *B*。

5．夹具总图上尺寸、公差和技术要求的标注

（1）最大外形轮廓尺寸 S_L：ϕ285mm 和长度 180mm。

（2）影响工件定位精度的尺寸和公 S_D：两定位销孔的中心距为 99.36±0.02mm、圆柱销与工件孔的配合尺寸为$\phi8_{-0.014}^{-0.005}$及菱形销的直径为$\phi8_{-0.079}^{-0.07}$ mm。

（3）影响夹具精度的尺寸和公差 S_J：相邻两对定套的距离为 25±0.02mm、对定销与对定套的配合尺寸ϕ10H7/g6、对定销与导向孔的配合尺寸ϕ14H7/g6、导向键与夹具的配合尺寸 20G7/h6，以及圆柱销 2 到加工孔轴线的尺寸为 24±0.1mm、68.5±0.1mm，定位平面相对基准 *C* 的平行度为 0.02mm。

（4）影响夹具在机床上安装精度的尺寸和公差 *s*：夹具体与过渡盘的配合尺寸声 210H7/h。

（5）其他重要配合尺寸：对定套与分度滑块的配合尺寸声 18H7/n；导向键与分度滑块的配合尺寸 20N7/g6。

附件2　钻模设计实训案例

附件 2 图 1 所示为托架工序图，工件的材料为铸铝，年产 1000 件，已加工面为ϕ33H7 孔及其两端面 *A*、*C*和距离为 44mm 的两侧面 8。本工序加工两个 M12mm 的底孔ϕ10.1mm，试设计钻模。

一、工艺分析

1．工件加工要求

（1）ϕ10.1mm 孔轴线与ϕ33H7 孔轴线的夹角为 25° ±20′。

（2）ϕ10.1mm 孔到ϕ33H7 孔轴线的距离为 88.55±0.15mm。

（3）两加工孔对两个 *R*18mm 轴线组成的中心面对称（未注公差）。

此外，105mm 的尺寸是为了方便斜孔钻模的设计和计算而必须标注的工艺尺寸。

2．工序基准

根据以上要求，工序基准为ϕ33H7 孔、*A* 面及两个 *R*18mm 的中间平面。

3．其他一些需要考虑的问题

为保证钻套及加工孔轴线垂直于钻床工作台面，主要限位基准必须倾斜，主要限位基准相对钻套轴线倾斜的钻模称为斜孔钻模；设计斜孔钻模时，需设置工艺孔；两个 410.1mm 孔应在一次装夹中加工，因此，钻模应设置分度装置；工件加工部位刚度较差，设计时应考虑加强。

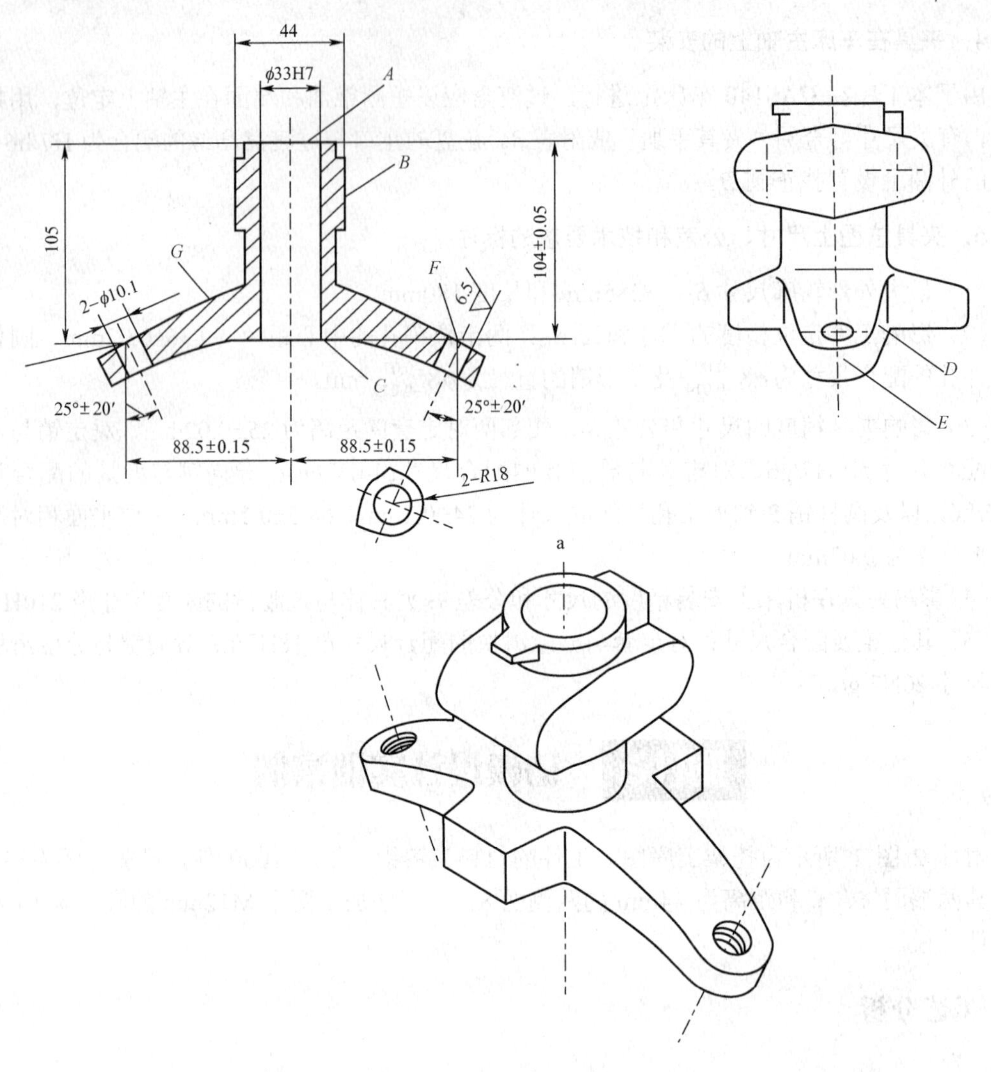

附件 2 图 1　托架工序图

二、托架斜孔分度钻模结构设计

1．定位方案和定位装置的设计

方案 1：选工序基准ϕ33H7 孔、A 面及 R18mm 作定位基面。如右图附件 2 图 2（a）所示，以心轴和端面限制五个自由度，在 R18mm 处用活动 V 形块 1 限制一个角度自由度 z。加工部位设置两个辅助支承钉 2，以提高工件的刚度。此方案由于基准完全重合而定位误差小，但夹紧装置与导向装置易互相干扰，而且结构较大。

方案 2：选ϕ33H7 孔、C面及 R18mm 作定位基面。其结构如附件 2 图 2（b）所示，心轴及其端面限制五个自由度，用活动 V 形块 1 限制 z。在加工孔下方用两个斜楔作辅助支承。此方案虽然工序基准 A 与定位基准 C 不重合，但由于尺寸 105mm 精度不高，故影响不大；此方案结构紧凑，工件装夹方便。

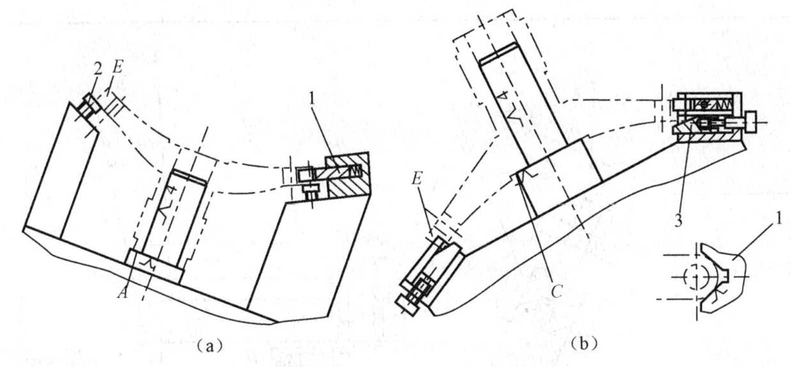

1—活动V形块；2—辅助支承钉；3—斜楔辅助支承

附件2图2 托架定位方案

为使结构设计方便，选择第二方案更有利。

2．导向方案

由于两个加工孔是螺纹底孔，装卸方便的情况下，尽可能选用固定式钻模板。导向方案如附件2图3（a）所示。

3．夹紧方案

为便于快速装卸工件，采用螺钉及开口垫圈夹紧机构，如附件2图3所示。

4．分度方案

由于两个ϕ10.1mm孔对ϕ33H7孔的对称度要求不高（未标注公差），设计一般精度的分度装置即可。如附件2图3（c）所示，回转轴1与定位心轴做成一体，用销钉与分度盘3连接，在夹具体6的回转套5中回转。采用圆柱对定销2对定、锁紧螺母4锁紧。此分度装置结构简单、制造方便，能满足加工要求。

5．夹具体

选用铸造夹具体，夹具体上安装分度盘的表面与夹具体安装基面B成25°±107′倾斜角，安装钻模板的平面与8面平行，安装基面8采用两端接触的形式。在夹具体上设置工艺孔。

附件2图4是托架钻模的总图。由于工件可随分度装置转离钻模板，所以装卸很方便。

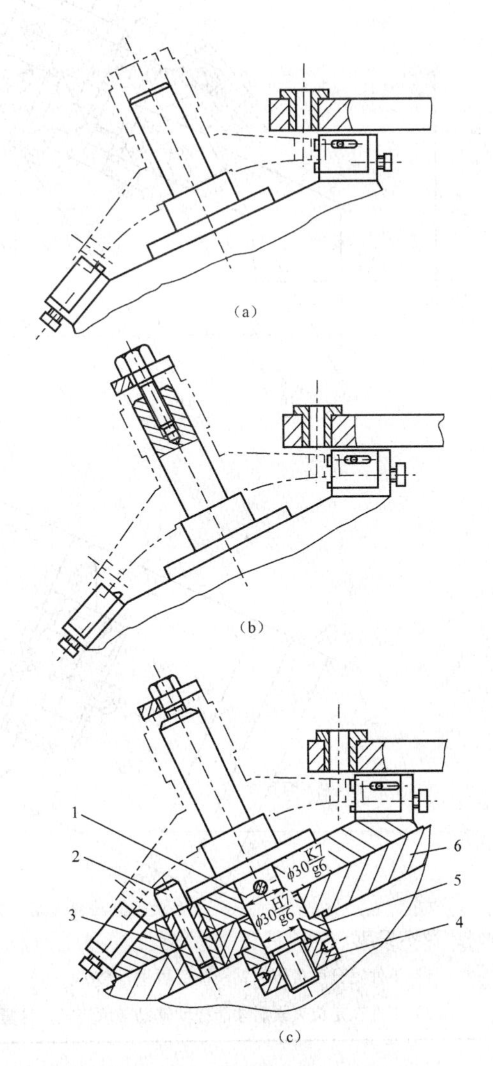

1—回转轴；2—圆柱对定销；3—分度盘；
4—锁紧螺母；5—回转套；6—夹具体

附件2图3 托架导向、夹紧、分度方案

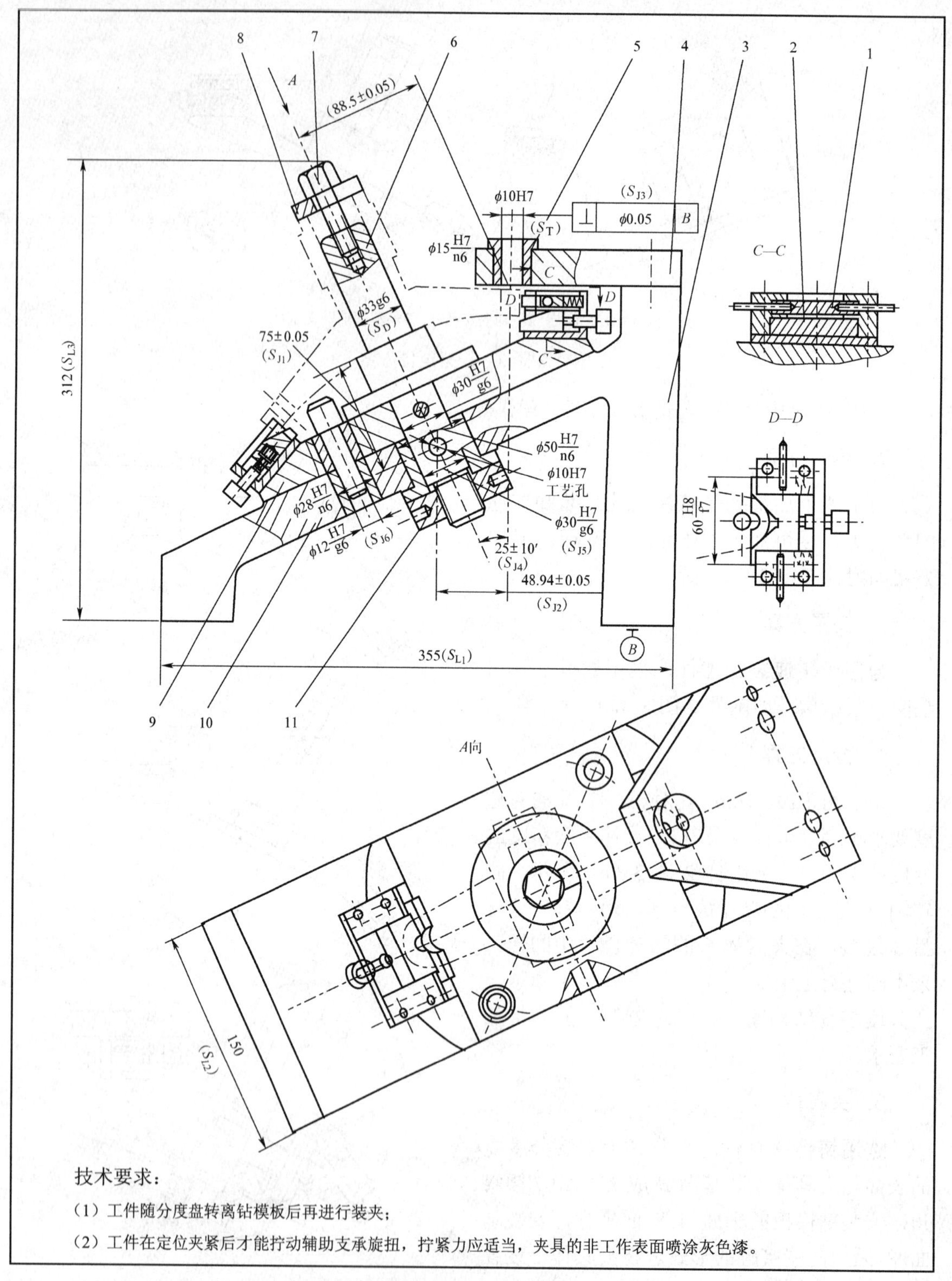

1—活动V形块；2—斜楔辅助支承；3—夹具体；4—钻模板；5—钻套；6—定位心轴；
7—夹紧螺钉；8—开口垫圈；9—分度盘；10—圆柱对定销；11—锁紧螺母

附件2图4 托架钻模总图

三、斜孔钻模上工艺孔的设置与计算

在斜孔钻模上，钻套轴线与限位基准倾斜，其相互位置无法直接标注和测量。因此，常在夹具的适当部位设置工艺孔，利用此孔间接确定钻套与定位元件之间的尺寸，以保证加工精度。如附件2图2所示，在夹具体斜面的侧面设置了工艺孔ϕ10H7。105可直接钻出；又因批量不大，故宜选用固定钻套。在工件设置工艺孔应注意以下几点：

（1）工艺孔的位置必须便于加工和测量，一般设置在夹具体的暴露面上。

（2）工艺孔的位置必须便于计算，一般设置在定位元件轴线上或钻套轴线上，在两者交点上更好。

（3）工艺孔尺寸应选用标准心棒的尺寸。

本方案的工艺孔符合以上原则。工艺孔到限位基面的距离为75mm。通过附件2图2的几何关系，可以求出工艺孔到钻套轴线的距离，即

$$
\begin{aligned}
X &= BD - BF\cos\alpha \\
&= [AF-(OE-EA)\tan\alpha]\cos\alpha \\
&= [88.5-(75-1)\tan 25°]\cos 25° \\
&= 48.94\text{mm}
\end{aligned}
$$

在夹具制造中要求控制 75±0.05mm 及 48.94±0.05mm 这两个尺寸，即可间接地保证 88.5±0.15mm 的加工要求。

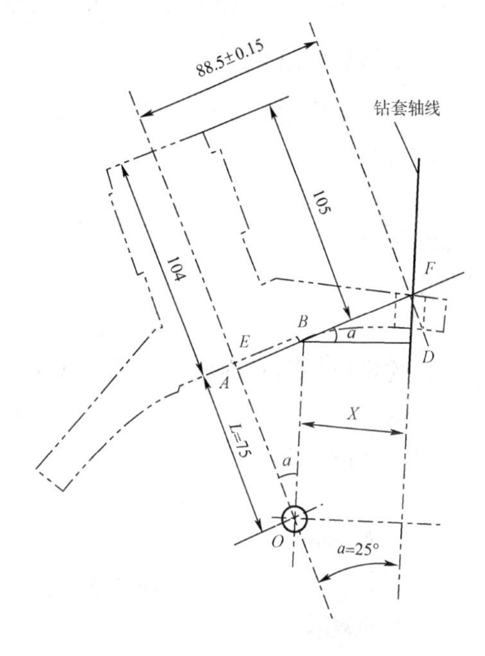

附件2图2 用工艺孔确定钻套位置

四、夹具总图技术要求的标注

如附件2图3所示，主要标注如下尺寸和技术要求：

（1）最大轮廓尺寸 S_L：355mm、150mm、312mm。

（2）影响工件定位精度的尺寸、公差 S_D。定位心轴与工件的配合尺寸为ϕ33g6。

（3）影响导向精度的尺寸、公差 S_T，钻套导向孔的尺寸、公差为ϕ10.1F7。

（4）影响夹具精度的尺寸、公差 S_J。

① 工艺孔到定位心轴限位端面的距离 L=75±0.05mm。

② 工艺孔到钻套轴线的距离 X=48.94±0.05mm。

③ 钻套轴线对安装基面 B 的垂直度为 0.05mm。

④ 钻套轴线与定位心轴轴线间的夹角为 25° ±10′。

⑤ 回转轴与夹具体回转套的配合尺寸为ϕ30H7/g6。

⑥ 圆柱对定销10与分度套及夹具体上固定套的配合尺寸为ϕ12 H7/g6。

（5）其他重要尺寸。

① 回转轴与分度盘的配合尺寸为ϕ30KI7/g6；

② 分度套与分度盘 9 及固定衬套与夹具体 3 的配合尺寸为ϕ28 H7/n6。

③ 钻套 5 与钻模板 4 的配合尺寸为ϕ15 H7/n6。

④ 活动 V 形块 1 与座架的配合尺寸为 60 H8/f7 等。

（6）需标注的技术要求。

工件随分度盘转离钻模板后再进行装夹；工件在定位夹紧后才能拧动辅助支承旋钮，拧紧力应适当；夹具的非工作表面喷涂灰色漆。

4．工件的加工精度分析

本工序的主要加工要求是尺寸为 88.5±015 和角度为 25° ±20′。加工孔轴线与两个 R18mm 半圆面的对称度要求不高，可不进行精度分析。

（1）定位误差 ΔD

工件定位孔为ϕ33H7 $\phi 33_{0}^{+0.025}$，圆柱心轴为ϕ33g6 $\phi 33_{-0.025}^{-0.009}$ 在尺寸 88.5mm 方向上的基准位移误差为

$$\Delta Y = X_{\max} = (0.025+0.025)\text{mm}=0.05\text{mm}$$

工件的定位基准 C 面与工序基准 A 面不重合，定位尺寸 s=104±0.06mm，因此

$$\Delta B'=0.1\text{mm}$$

如附件 2 图 6（a）所示，$\Delta B'$对尺寸 88.5mm 形成的误差为

$$\Delta B=\Delta B'\tan\alpha = 0.10\tan25^\circ\ \text{mm}=0.047\text{mm}$$

因此，尺寸 88.5mm 的定位误差为

$$\Delta D=\Delta Y+\Delta B=(0.05+0.047)\text{mm}=0.097\text{mm}$$

（2）对刀误差ΔT

因加工孔处工件较薄，可不考虑钻头的偏斜。

钻套导向孔尺寸为ϕ10F7 $\phi 10_{+0.013}^{+0.028}$；钻头尺寸为$\phi 10_{-0.036}^{\ 0}$ mm。

对刀误差为

$$\Delta T'=(0.028+0.036)\text{mm}=0.064\text{mm}$$

在尺寸 88.5ram 方向上的对刀误差如附件 2 图 6（b）所示

$$\Delta T=\Delta T'\cos\alpha=0.064\cos25^\circ\ \text{mm}=0.058\text{mm}$$

（3）安装误差

$$\Delta A = 0$$

（4）夹具误差由以下几项组成：

① 尺寸 L 的公差δ_L=±0.05mm，如图附件 2 图 6（c）所示，在尺寸为 88.5mm 方向上产生的误差为

$$\Delta J_1=\delta_L\tan25^\circ=0.046\text{mm}$$

② 尺寸δx 的公差，δx = ±0.05mm，它在尺寸为 88.5mm 方向上产生的误差为

$$\Delta J_2=\delta x\cos\alpha=0.1\cos25^\circ=0.09\text{mm}$$

③ 钻套轴线对底面的垂直度$\delta_\perp$=0.05mm，它在尺寸为 88.5mm 方向上产生的误差为

$$\Delta J_3=\cos\delta_\perp\cos\alpha-0.05\cos25^\circ=0.045\text{mm}$$

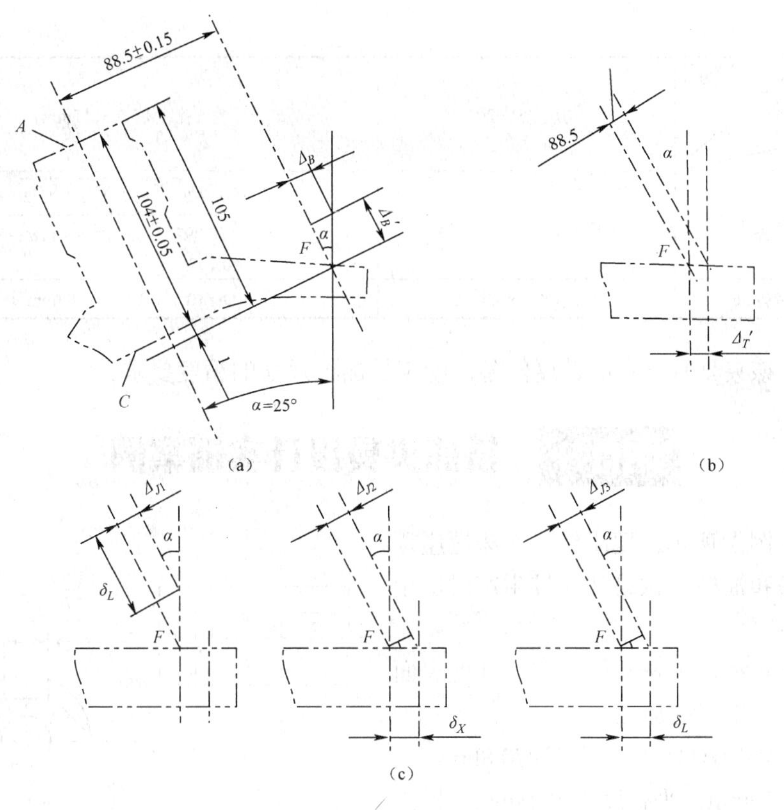

附件 2 图 3　各项误差对加工尺寸的影响

④ 回转轴与夹具体回转套的配合间隙给尺寸 88.5mm 造成的误差，即

$$\Delta J_4 = X_{max} = (0.021+0.02) = 0.041\text{mm}$$

⑤ 钻套轴线与定位心轴轴线的角度误差ΔJ_a= ±10′，直接影响 25°±20′的精度。

⑥ 分度误差盘仅影响两个 R18mm 的对称度，对 88.5mm 及 25°均无影响。

（5）加工方法误差盘对于孔距为 88.5±0.15mm，ΔG=0.3/3=0.1mm；对角度为 25°±20′，ΔG_a =40′/=13.3′。

具体计算列于下表中。

托架斜孔钻模加工精度计算

加工要求 / 误差计算 / 误差名称	角度 25°±20′	孔距 88.5±0.15mm
定位误差ΔD	0	$\Delta D=\Delta B+\Delta Y$ =(0.05+0047)mm =0.097mm
对刀误差ΔT	（不考虑钻头偏斜）	$\Delta T=\Delta T'\cos\alpha=0.064\cos25°=0.058$mm
夹具误差ΔJ	ΔJ_a=±0′	$\Sigma\Delta=\sqrt{\nabla J_1^2+\nabla J_2^2+\nabla J_3^2+\nabla J_4^2}$ $=\sqrt{0.064^2+0.09^2+0.045^2+0.041^2}$ =0.118mm
加工方法误差ΔG	ΔG_a =40′/=13.3′	ΔG= 0.01mm

续表

加工要求 误差计算 误差名称	角度 25°±20′	孔距 88.5±0.15mm
加工总误差ΣΔ	$\Sigma\Delta=\sqrt{20'^2+1.3'^2}=24'$	$\Sigma\Delta=\sqrt{\nabla D_2+\nabla T_2+\nabla J_2+\nabla G_2}$ $=\sqrt{0.097^2+0.058^2+0.118^2+0.1^2}$ $=0.192$
夹具精度储备 *Jc*	*J*ca=40′−16′=24′>0	*J*c=(0.3−0.192)=0.108mm>0

经计算，该夹具有一定的精度储备，能满足加工尺寸的精度要求。

附件3 铣床夹具设计实训案例

如附件 3 图 1 所示，要求铣一车床尾座顶尖套上的键槽和油槽，试设计大批生产时所用的铣床夹具。

根据工艺规程，在铣双槽之前，其他表面均已加工好，本工序的加工要求：

（1）键槽宽 12H11。槽侧面对ϕ70.8h6 轴线的对称度为 0.10mm，平行度为 0.08mm。槽深控制尺寸 64.8mm。键槽长度 60±0.4mm。

（2）油槽半径 3mm，圆心在轴的圆柱面上。油槽长度 170mm。

（3）键槽与油槽的对称面应在同一平面内。

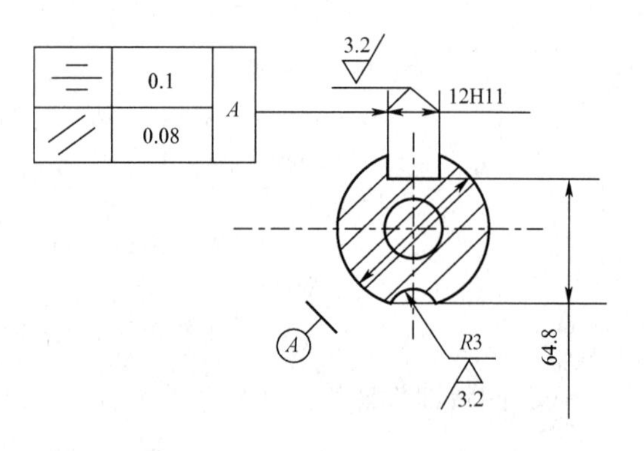

附件 3 图 1　铣顶尖套双槽工序图

1. 定位方案

若先铣键槽后铣油槽，按加工要求，铣键槽时，应限制五个自由度；铣油槽时，应限制六个自由度。

因为是大批生产，为了提高生产率，可在铣床主轴上安装两把直径相等的铣刀，同时对两个工件铣键槽和油槽，每进给一次，即能得到一个键槽和油槽均已加工好的工件，这类夹具称为多工位加工铣床夹具。附件 3 图 2 所示为顶尖套铣双槽的两种定位方案。

厂 j f	、//八	
弋	扩	黼

附件 3 图 2　顶尖套铣双槽定位方案

方案Ⅰ：工件以ϕ70.8h6 外圆在两个互相垂直的平面上定位，端面加止推销，如附件 3 图 2 所示。

方案Ⅱ：工件以ϕ70.8h6外圆在V形块上定位，端面加止推销，如附件3图2所示。

为保证油槽和键槽的对称面在同一平面内，两方案中的第二工位（铣油槽工位）都需要用一短销与已铣好的键槽配合，限制工件绕轴线的角度自由度。由于键槽和油槽的长度不等，要同时进给完毕，需将两个止推销沿工件轴线方向错开适当的距离。

比较以上两种方案，方案Ⅰ使加工尺寸为64.8mm的定位误差为零，方案Ⅱ则使对称度的定位误差为零。由于64.8mm未注公差，加工要求低，而对称度的公差较小，故选用方案Ⅱ较好。从承受切削力的角度看，方案Ⅱ也较可靠。

2. 夹紧方案

根据夹紧力的方向应朝向主要限位面，以及作用点应落在定位元件的支承范围内的原则。

如附件3图3所示，夹紧力的作用线应落在β区域内（N'为接触点），夹紧力与垂直方向的夹角应尽量小，以保证夹紧稳定可靠。铰链压板的两个弧形面的曲率半径应大于工件的最大半径。

由于顶尖套较长，须用两块压板在两处夹紧。如果采用手动夹紧，工件装卸所花时间较多，不能适应大批生产的要求；若用气动夹紧，则夹具体积太大，不便安装在铣床工作台上，因此，宜用液压夹紧，如附件3图3所示。采用小型夹具用法兰式液压缸5固定在Ⅰ、Ⅱ工位之间，采用联动夹紧机构使两块压板7同时均匀地夹紧工件。液压缸的结构型式和活塞直径可参考“夹具手册”。

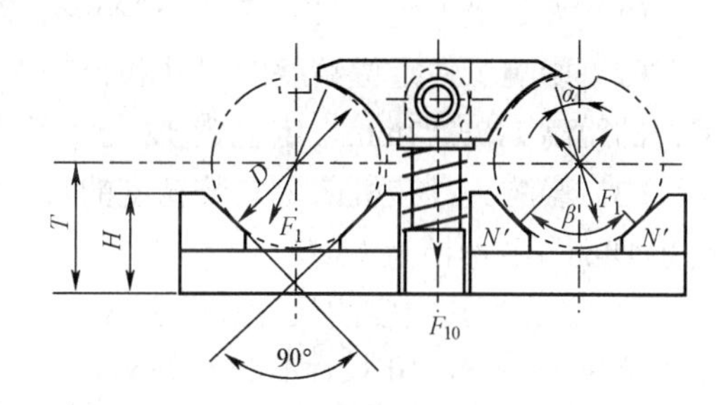

附件3图3　夹紧力的方向和作用点

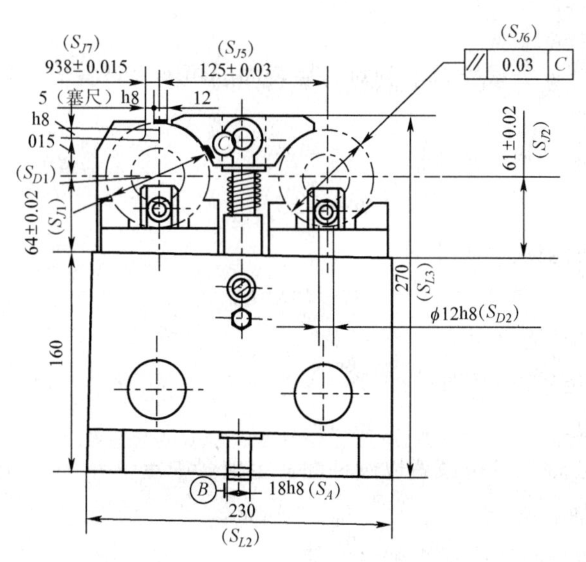

1—夹具体；2—浮动杠杆；3—螺杆；4—支钉；5—液压缸；6—对刀块；7—压振；

8、9、10、11—V形块；12—定位销；13、14—止推销

附件3图4　双件铣双槽夹具

3．对刀方案

键槽铣刀需两个方向对刀，故应采用侧装直角对刀块 6。由于两铣刀的直径相等，油槽深度由两工位 V 形块定位高度之差保证。两铣刀的距离为 125±0.03ram 则由两铣刀间的轴套长度确定。因此，只需设置一个对刀块即能满足键槽和油槽的加工要求。

4．夹具体与定位键

为了在夹具体上安装液压缸和联动夹紧机构，夹具体应有适当高度，中部应有较大的空间。为保证夹具在工作台上安装稳定，应按照夹具体的高宽比不大于 1.25 的原则确定其宽度，并在两端设置耳座，以便固定。

为了保证槽的对称度要求，夹具体底面应设置定位键，两定位键的侧面应与 V 形块的对称面平行。为减小夹具的安装误差，宜采用 B 形定位键。

5．夹具总图上的尺寸、公差和技术要求

（1）夹具最大轮廓尺寸 S_L 为 570mm、230mm、270mm。

（2）影响工件定位精度的尺寸和公差 S_D 为两组 V 形块的设计心轴直径ϕ70.79mm、两止推销的距离 112±0.1mm、定位销 12 与工件上键槽的配合尺寸声 12h8。

（3）影响夹具在机床上安装精度的尺寸和公差 S_A 为定位键与铣床工作台 T 形槽的配合尺寸 18h8（T 形槽为 18H8）。

（4）影响夹具精度的尺寸和公差 S_J 为两组 V 形块的定位高度为 64±0.02mm、61±0.02mm；Ⅰ工位 V 形块 8、10 设计心轴轴线对定位键侧面 8 的平行度 0.03mm；Ⅰ工位 V 形块设计心轴轴线对夹具底面 4 的平行度 0.05mm；Ⅰ工位与Ⅱ工位 V 形块的距离尺寸为 125+0.03mm；Ⅰ工位与Ⅱ工位 V 形块设计心轴轴线间的平行度 0.03mm。对刀块的位置尺寸为$11_{-0.077}^{-0.047}$mm、$24.5_{-0.020}^{+0.010}$。

对刀块的位置尺寸 h 为限位基准到对刀块表面的距离。计算时，要考虑定位基准在加工尺寸方向的最小位移量i_{min}。

当最小位移量使加工尺寸增大时

$$h = H \pm S - i_{min}$$

当最小位移量使加工尺寸缩小时

$$h = H \pm S + i_{min}$$

式中 h——对刀块的位置尺寸；

H——定位基准至加工表面的距离；

S——塞尺厚度。

当工件以圆孔在心轴上定位或者以圆柱面在定位套中定位并在外力作用下单边接触时，得

$$i_{min} = X_{min}/2$$

式中 X_{min}——圆柱面与圆孔的最小配合间隙。

当工件以圆柱面在 V 形块上定位时i_{min}=0

按附件 3 图 5 所示的两个尺寸链，将各环转化为平均尺寸（对称偏差的基本尺寸），分别算出 h_1 和 h_2 的平均尺寸，然后取工件相应尺寸公差的 1/2～1/5 作为 h_1 和 h_2 的公差，即可确定

对刀块的位置尺寸和公差。

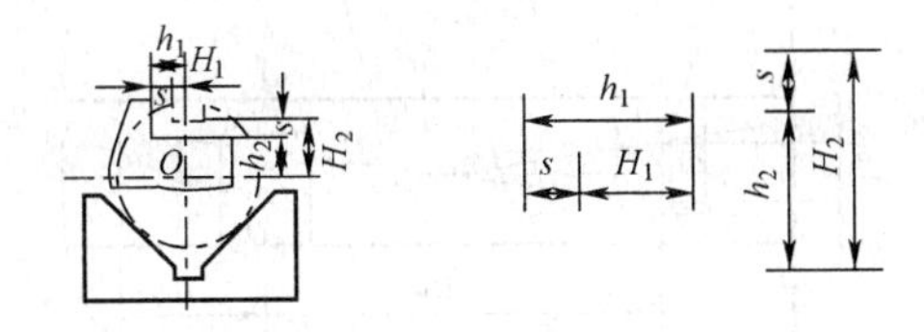

附件 3 图 5　对刀块位置尺寸计算

本例中，由于工件定位基面直径ϕ70.8h6($70.8_{-0.019}^{\ 0}$ mm)

塞尺厚度 S=5h8($8_{-0.018}^{\ 0}$)mm 键槽宽 12H11($12_{\ 0}^{+0.011}$)mm；

槽深控制尺寸 64.8J_S12=64.8±0.15mm，所以对刀块水平方向的位置尺寸为

$$H1=12.055/2$$

$$h1=(6.0275+4.91)=10.938 \text{（基本尺寸）}$$

对刀块垂直方向的位置尺寸为

$$H_2=(64.8-70.79/2)=29.405\text{mm}$$

$$h_2=(29.4055-4.91)=24.495\text{mm}$$

取工件相应尺寸公差的 1/2～1/5 得

$$h_1=10.938\pm0.015\text{mm}=11_{-0.077}^{-0.047}\ \text{mm}$$

$$h_2=24.495\pm0.015\text{mm}=24.5_{-0.020}^{+0.010}\ \text{mm}$$

（5）影响对刀精度的尺寸和公差 S_T：塞尺的厚度尺寸 5h8= $8_{-0.018}^{\ 0}$ mm。

（6）夹具总图上应标注下列技术要求：键槽铣刀与油槽铣刀的直径相等。

6．加工精度分析

顶尖套铣双槽工序中，键槽两侧面对ϕ70.8h6 轴线的对称度和平行度要求较高，应进行精度分析，其他加工要求未注公差或公差很大，可不进行精度分析。

1）键槽侧面对ϕ70.8h6 轴线的对称度的加工精度

（1）定位误差ΔD 由于对称度的工序基准是ϕ70.8h6 轴线，定位基准也是此轴线，故ΔB=0 由于 V 形块的对中性，ΔY=0。因此，对称度的定位误差为零。

（2）安装误差ΔA 定位键在 T 形槽中有两种位置，如附件 3 图 6 所示。因加工尺寸在两定位键之间，按附件 3 图 6 所示计算

$$\Delta A=X_{max}=(0.027+0.027)\text{mm}=0.54\text{mm}$$

若加工尺寸在两定位键之外，则应按附件 3 图 6 所示计算，即

$$\Delta A=X_{max}+2\tan\Delta\alpha$$

$$\tan\Delta\alpha = X_{max}/L_0$$

（3）对刀误差ΔT 对称度的对刀误差等于塞尺厚度的公差，即Δ_T=0.018mm。

（4）夹具误差ΔJ 影响对称度的误差：Ⅰ工位 V 形块设计心轴轴线对定位键侧面 B 的平行度为 0.03mm、对刀块水平位置尺寸为$11_{-0.077}^{-0.047}$ mm 的公差，所以

$$\Delta J=(0.03+0.03)\text{mm}=0.06\text{mm}$$

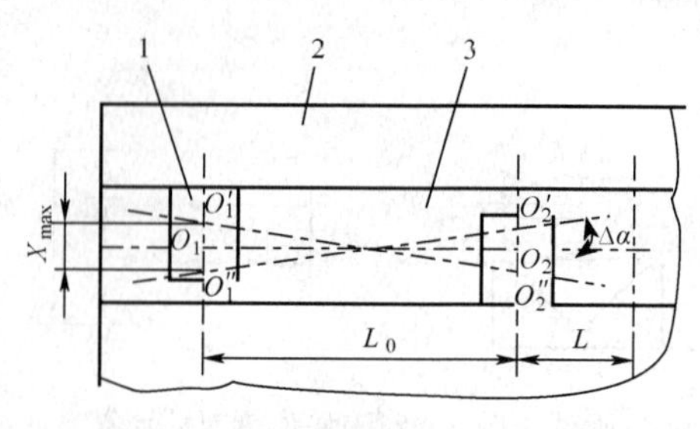

1—定位键；2—工作台；3—T 形槽

附件 3 图 6　顶尖套铣双槽夹具的安装误差

2）键槽侧面对ϕ70.8h6 轴线的平行度的加工误差

（1）定位误差ΔD

由于两 V 形块 8、10 一般在装配后一起精加工 V 形面，它们的相互位置误差极小，可视为一长 V 形块，所以ΔD=0。

（2）安装误ΔA

当定位键的位置如附件 3 图 6a 所示时，工件的轴线相对工作台导轨平行，所以ΔA=0。

当定位键的位置如附件 3 图 6（b）所示时，工件的轴线相对工作台导轨有转角误差，使键槽侧面对声ϕ70.8h6 轴线产生平行度误差，故

$$\Delta A=L\tan\Delta\alpha=(0.054/400\times282)\text{mm}=0.038\text{mm}$$

（3）对刀误ΔT

由于平行度不受塞尺厚度的影响，所以ΔT=0。

（4）夹具误差由影响平行度的制造误差

Ⅰ工位 V 形块设计心轴轴线与定位键侧面 B 的平行度为 0.03mm，所以ΔJ=0.03mm。

总加工误差$\Sigma\Delta$和精度储备 J_c 的计算：经计算可知，顶尖套铣双槽夹具不仅可以保证加工要求，还有一定的精度储备。

表 5-2　顶尖套铣双槽夹具的加工误差

代　号 \ 加工要求	对称度 0.1	平行度 0.08
ΔD	0	0
ΔA	0.054	0.038
ΔR	0.018	0
ΔJ	0.06	0.03
ΔG	0.1/3=0.033	0.08/3−0.027
$\Sigma\Delta$	$\sqrt{0.056^2+0.018^2+0.06^2+0.033^2}$ =0.089	$\sqrt{0.038^2+0.03^2+0.027^2}$ =0.055
Jc	0.01−0.089=0.011	0.088−0.055−0.025

附　　表

附表 1　固定式定位销（GB/T2203-91）　（mm）

<table>
<tr><th rowspan="2">D</th><th rowspan="2">H</th><th colspan="2">d</th><th rowspan="2">D_1</th><th rowspan="2">l</th><th rowspan="2">h</th><th rowspan="2">h_1</th><th rowspan="2">B</th><th rowspan="2">b</th><th rowspan="2">b_1</th></tr>
<tr><th>基本尺寸</th><th>极限偏差 r6</th></tr>
<tr><td rowspan="2">>3～6</td><td>8</td><td rowspan="2">6</td><td rowspan="2">+0.023
+0.015</td><td rowspan="2">12</td><td>16</td><td>3</td><td rowspan="10">—</td><td rowspan="2">D-0.5</td><td rowspan="2">2</td><td rowspan="2">1</td></tr>
<tr><td>14</td><td>22</td><td>7</td></tr>
<tr><td rowspan="2">>6～8</td><td>10</td><td rowspan="2">8</td><td rowspan="4">+0.028
+0.019</td><td rowspan="2">14</td><td>20</td><td>3</td><td rowspan="2">D-1</td><td rowspan="2">3</td><td rowspan="2">2</td></tr>
<tr><td>18</td><td>28</td><td>7</td></tr>
<tr><td rowspan="2">>8～10</td><td>12</td><td rowspan="2">10</td><td rowspan="2">16</td><td>24</td><td>4</td><td rowspan="9">D-2</td><td rowspan="9">4</td><td rowspan="15">3</td></tr>
<tr><td>22</td><td>34</td><td>8</td></tr>
<tr><td rowspan="2">>10～14</td><td>14</td><td rowspan="2">12</td><td rowspan="13">+0.034
+0.023</td><td rowspan="2">18</td><td>26</td><td>4</td></tr>
<tr><td>24</td><td>36</td><td>9</td></tr>
<tr><td rowspan="2">>14～18</td><td>16</td><td rowspan="2">15</td><td rowspan="2">22</td><td>30</td><td>5</td></tr>
<tr><td>26</td><td>40</td><td>10</td></tr>
<tr><td rowspan="3">>18～20</td><td>12</td><td rowspan="3">12</td><td rowspan="15">—</td><td>26</td><td rowspan="15">—</td><td rowspan="3">1</td></tr>
<tr><td>18</td><td>32</td></tr>
<tr><td>28</td><td>42</td></tr>
<tr><td rowspan="3">>20～24</td><td>14</td><td rowspan="6">15</td><td>30</td><td rowspan="6">2</td><td rowspan="3">D-3</td><td rowspan="6">5</td></tr>
<tr><td>22</td><td>38</td></tr>
<tr><td>32</td><td>48</td></tr>
<tr><td rowspan="3">>24～30</td><td>16</td><td>36</td><td rowspan="3">D-4</td></tr>
<tr><td>25</td><td>45</td></tr>
<tr><td>34</td><td>54</td></tr>
<tr><td rowspan="3">>30～40</td><td>18</td><td rowspan="3">18</td><td rowspan="6">+0.041
+0.028</td><td>42</td><td rowspan="6">3</td><td rowspan="6">D-5</td><td rowspan="3">6</td><td rowspan="3">4</td></tr>
<tr><td>30</td><td>54</td></tr>
<tr><td>38</td><td>62</td></tr>
<tr><td rowspan="3">>40～50</td><td>20</td><td rowspan="3">22</td><td>50</td><td rowspan="3">8</td><td rowspan="3">5</td></tr>
<tr><td>35</td><td>65</td></tr>
<tr><td>45</td><td>75</td></tr>
</table>

注：D 的公差带按设计要求决定。

附表 2　锥度心轴（GB/T12875-91）　（mm）

公差直径（适用工件孔径）	k	支号 No	d_1	d_2	L	l	l_1	l_2
34	1∶3000	Ⅰ	34.020	33.966	265	230	22	68
		Ⅱ	34.074	34.020				
	1∶5000	Ⅰ	34.002	33.966	280	248		
		Ⅱ	34.038	34.002				
		Ⅲ	34.074	34.038				
	1∶8000	Ⅰ	33.993	33.966	315	284		
		Ⅱ	34.020	33.993				
		Ⅲ	34.047	34.020				
		Ⅳ	34.074	34.047				
35	1∶3000	Ⅰ	35.020	34.966	270	232	25	70
		Ⅱ	35.074	35.020				
	1∶5000	Ⅰ	35.002	34.966	285	250		
		Ⅱ	35.038	35.002				
		Ⅲ	35.074	35.038				
	1∶8000	Ⅰ	34.993	34.966	320	286		
		Ⅱ	35.020	34.993				
		Ⅲ	35.047	33.020				
		Ⅳ	35.074	35.047				
37	1∶3000	Ⅰ	37.020	36.966	275	236		74
		Ⅱ	37.074	37.020				
	1∶5000	Ⅰ	37.002	36.966	390	254		
		Ⅱ	37.038	37.002				
		Ⅲ	37.074	37.038				
	1∶8000	Ⅰ	36.993	36.966	325	290		
		Ⅱ	37.020	36.993				
		Ⅲ	37.047	37.020				
		Ⅳ	37.074	37.047				
38	1∶3000	Ⅰ	38.020	37.966	275	238	25	76
		Ⅱ	38.074	38.020				
	1∶5000	Ⅰ	38.002	37.966	290	256		
		Ⅱ	38.038	38.002				
		Ⅲ	38.074	38.038				
	1∶8000	Ⅰ	37.993	37.966	330	292		
		Ⅱ	38.020	37.993				
		Ⅲ	38.047	38.020				
		Ⅳ	38.074	38.047				

续表

公差直径（适用工件孔径）	k	支号 No	d_1	d_2	L	l	l_1	l_2
40	1∶3000	Ⅰ	40.020	39.996	280	242	28	80
		Ⅱ	40.074	40.020				
	1∶5000	Ⅰ	40.002	39.966	300	260		
		Ⅱ	40.038	40.002				
		Ⅲ	40.074	40.038				
	1∶8000	Ⅰ	39.993	39.966	335	296		
		Ⅱ	40.020	39.993				
		Ⅲ	40.047	40.020				
		Ⅳ	40.074	40.047				
42	1∶3000	Ⅰ	42.020	41.966	285	246		84
		Ⅱ	42.074	42.020				
	1∶5000	Ⅰ	42.002	41.966	305	264		
		Ⅱ	42.038	42.002				
		Ⅲ	42.074	42.038				
	1∶8000	Ⅰ	41.993	41.966	340	300		
		Ⅱ	42.020	41.993				
		Ⅲ	42.047	42.020				
		Ⅳ	42.074	42.047				

附表 3　麻花钻的直径公差

（mm）

钻头直径 D	用于精密机械和仪表制造业的钻头			一般用途的钻头			钻头直径 D	用于精密机械和仪表制造业的钻头			一般用途的钻头		
	偏　差		公差	偏　差		公差		偏　差		公差	偏　差		公差
	上偏差	下偏差		上偏差	下偏差			上偏差	下偏差		上偏差	下偏差	
0.25～0.5				0	−0.010	0.010	>6～10	0	−0.022	0.022	0	−0.036	0.036
>0.5～0.75	0	−0.009	0.009	0	−0.015	0.015	>10～18	0	−0.027	0.027	0	−0.043	0.043
>0.75～1	0	−0.011	0.011	0	−0.020	0.020	>18～30	0	−0.033	0.033	0	−0.052	0.052
>1～3	0	−0.014	0.014	0	−0.025	0.025	>30～50	0	−0.039	0.039	0	−0.062	0.062
>3～6	0	−0.018	0.018	0	−0.030	0.030	>50～80	0	−0.046	0.046	0	−0.074	0.074

附表 4　扩孔钻的直径公差　（mm）

扩孔钻直径 *D* 基本尺寸	*D* 基本尺寸的允差		
	1 号扩孔钻	2 号扩孔钻	3 号扩孔钻
>3～6	−0.125	−0.05	+0.05
	−0.150	−0.085	+0.025
>6～10	−0.130	−0.05	+0.06
	−0.160	−0.085	+0.03
>10～18	−0.210	−0.060	+0.07
	−0.245	−0.100	+0.035
>18～30	−0.245	−0.070	+0.08
	−0.290	−0.120	+0.04
>30～50	−0.290	−0.08	+0.10
	−0.340	−0.14	+0.05
>50～80	−0.350	−0.10	+0.12
	−0.410	−0.175	+0.06

注：1 号扩孔钻用于 H7、H8 级精度的粗铰刀铰孔前扩孔；

2 号扩孔钻用于 H9、H10、H11 级精铰刀铰孔前扩孔；

3 号扩孔钻用于精加工 H11、H12 级精度的孔。

附表 5　铰刀的直径公差　（mm）

铰刀直径 *D* 基本尺寸	H7 级精度铰刀			H8 级精度铰刀			H9 级精度铰刀			磨　损
	上偏差	上偏差	公差	上偏差	上偏差	公差	上偏差	上偏差	公差	
1～3	+0.008	+0.004	0.004	+0.010	+0.006	0.004	+0.013	+0.006	0.007	−0.002
>3～6	+0.010	+0.005	0.005	+0.013	+0.008	0.005	+0.016	+0.008	0.008	−0.003
>6～10	+0.012	+0.006	0.006	+0.016	+0.009	0.007	+0.020	+0.010	0.010	−0.004
>10～18	+0.015	+0.007	0.008	+0.020	+0.011	0.009	+0.024	+0.012	0.012	−0.005
>18～30	+0.017	+0.008	0.009	+0.024	+0.013	0.011	+0.030	+0.015	0.015	−0.006
>30～50	+0.020	+0.009	0.011	+0.028	+0.016	0.012	+0.035	+0.018	0.017	−0.007
>50～80	+0.024	+0.010	0.014	+0.033	+0.019	0.014	+0.040	+0.020	0.020	−0.008

附表 6　快换钻套（GB/T2265-91）　　（mm）

a		D			D_1	D_2	H			h	h_1	r	m	m_1	α	t	配用螺钉 GB/T2268
基本尺寸	极限偏差 F7	基本尺寸	极限偏差 m6	极限偏差 h6	滚花前												
>0～3	+0.016 +0.006	8	+0.015 +0.006	+0.010 +0.001	15	12	10	16	—	8	3	11.5	4.2	4.2	50°	0.008	M5
>3～4	+0.022 +0.010																
>4～6		10			18	15	12	20	25			13	6.5	5.5			
>6～8	+0.028 +0.013	12	+0.018 +0.007	+0.012 +0.001	22	18				10	4	16	7	7			M6
>8～10		15			26	22	16	28	56			18	9	9	55°		
>10～12	+0.034 +0.015	18			30	26						20	11	11			
>12～15		22	+0.021 +0.008	+0.016 +0.002	34	30	20	36	45	12	56	23.5	12	12			M8
>15～18		26			39	35						26	14.5	14.5		0.012	
>18～22	+0.041 +0.020	30			46	42	25	45	56			29.5	18	18			
>22～26		35	+0.025 +0.0009	+0.018 +0.002	52	46						32.5	21	21			
>26～30		42			59	53	30	56	67			36	24.5	25	65°		
>30～35	+0.050 +0.025	48			66	60				16	7	41	27	28			M10
>35～42		55	+0.030 +0.011	+0.021 +0.002	74	68						45	31	32			
>42～48		62			82	76	35	67	78			49	35	36	70°		
>48～50		70			90	84						53	39	40		0.040	
>50～55	+0.060 +0.030																
>55～62		78			100	94	40	78	105			58	44	45			
>62～70		85	+0.035 +0.013	+0.025 +0.003	110	104						63	49	50			
>70～78		95			120	114	45	89	112			68	54	55	75°		
>78～80					130	124						73	59	60			
>80～85	+0.071 +0.036	105															

注：1．当作铰（扩）使用时，d 的公差带推荐如下：

① 采用 GE1132、GB1133 铰刀，铰 H7 孔时取 F7，铰 H9 孔时取 E7；

② 铰（扩）其他精度孔时，公差带由设计选定。

2．铰（扩）套标记示例：d=12mm 公差带为 E7、D=18mm 公差带为 m6、H=16mm 的快换铰（扩）套：铰（扩）套 12E7×18m6×16GB/T2265。

参考文献

[1] 薛源顺．机床夹具设计[M]．北京：机械工业出版社，2008.

[2] 刘友才，肖继德．机床夹具设计[M]．北京：机械工业出版社，1991.

[3] 刘登平．机械制造工艺及机床夹具设计[M]．北京：北京理工大学出版社，2008.

[4] 李昌年．机床夹具设计与制造[M]．北京：机械工业出版社，2007.

[5] 周世学．机械制造工艺与夹具[M]．北京：北京理工大学出版社，2006.

[6] 王启平．机床夹具设计[M]．哈尔滨工业大学出版社，1995.

[7] 南充职业技术学院．实用机床夹具设计（精品课程）[M]．2010.

[8] 李庆寿．机床夹具设计与制造[M]．北京：机械工业出版社，1984.

[9] 哈尔滨工业大学，上海工业大学．机床夹具设计（第二版）[M]．上海：上海科技出版社，1989.

[10] 汤湘中．机床夹具设计[M]．北京：国防出版社，1988.

[11] 王栋．机械制造工艺学课程设计指导书[M]．北京：机械工业出版社，2010.

[12] 徐发仁．机床夹具设计[M]．重庆：重庆大学出版社，1993.

[13] 吴拓．现代机床夹具设计[M]．北京：化学工业出版社，2009.